四川省造价工程师协会成立三十周年
工程造价典型案例与指标分析精选集

四川省造价工程师协会 ◎ 主编

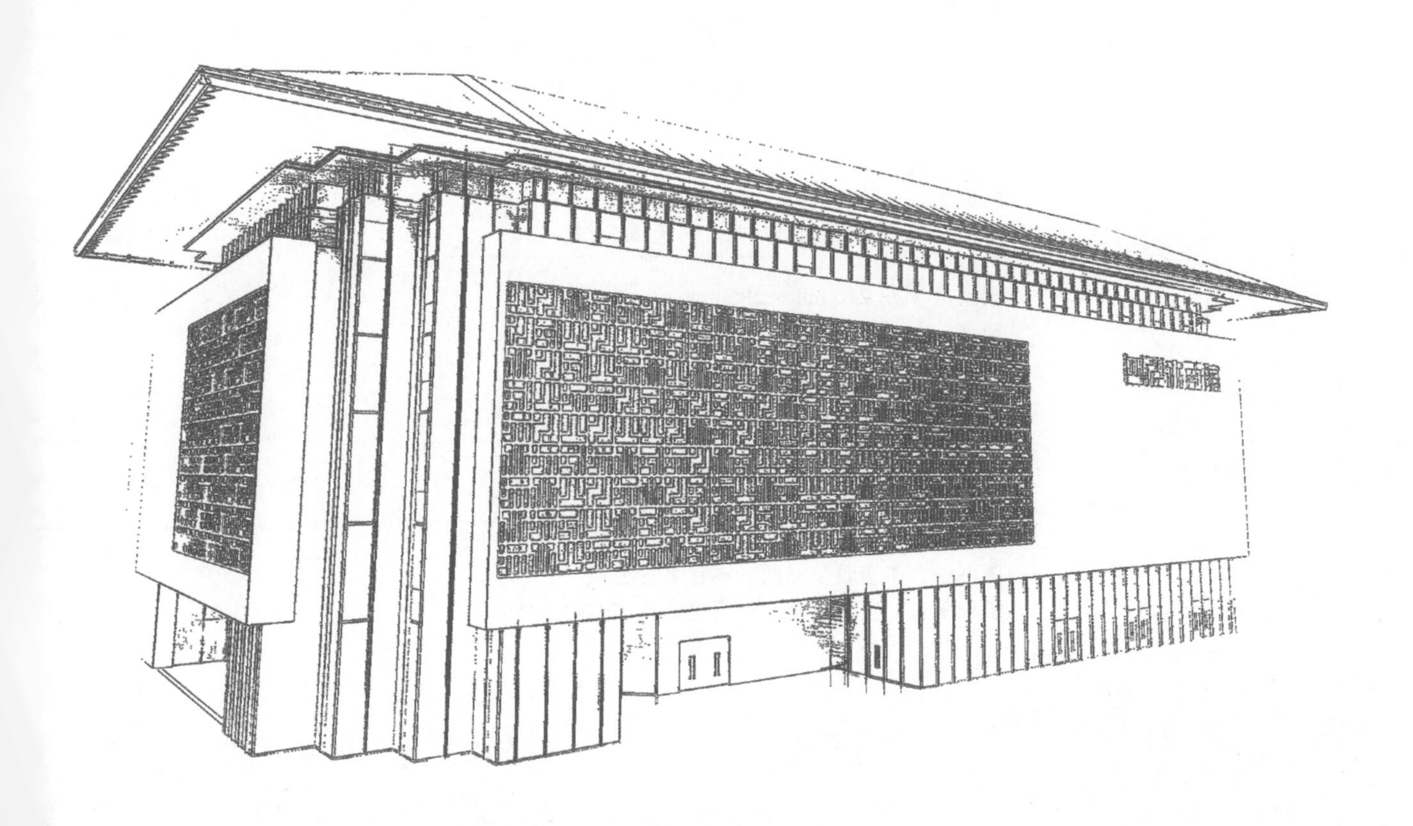

西南交通大学出版社
·成　都·

图书在版编目（CIP）数据

四川省造价工程师协会成立三十周年·工程造价典型案例与指标分析精选集 / 四川省造价工程师协会主编
. 一成都：西南交通大学出版社，2023.8
ISBN 978-7-5643-9430-1

Ⅰ. ①四… Ⅱ. ①四… Ⅲ. ①建筑造价 – 案例 – 四川
Ⅳ. ①TU723.3

中国国家版本馆 CIP 数据核字（2023）第 146630 号

Sichuan Sheng Zaojia Gongchengshi Xiehui Chengli Sanshi Zhounian •
Gongcheng Zaojia Dianxing Anli yu Zhibiao Fenxi Jingxuanji

四川省造价工程师协会成立三十周年·
工程造价典型案例与指标分析精选集

四川省造价工程师协会　主编

责任编辑　韩洪黎
封面设计　曹天擎

出版发行　西南交通大学出版社
（四川省成都市金牛区二环路北一段 111 号
西南交通大学创新大厦 21 楼）
邮政编码　610031
发行部电话　028-87600564　　028-87600533
网址　http://www.xnjdcbs.com
印刷　成都新都华兴印务有限公司

成品尺寸　210 mm × 285 mm
印张　29.5
字数　892 千
版次　2023 年 8 月第 1 版
印次　2023 年 8 月第 1 次
书号　ISBN 978-7-5643-9430-1
定价　168.00 元

本书编委会

PREFACE

前言

2023年，四川省造价工程师协会迎来成立30周年的日子。30年来，在中国共产党的领导下，四川省造价工程师协会始终坚持办会宗旨，围绕党和政府的中心工作，以促进工程造价行业进步，提升工程造价从业人员综合素质，全心全意服务会员为己任，在党和政府与会员之间发挥桥梁和纽带作用，为全面建设中国特色社会主义现代化四川贡献力量。

为迎接协会成立30周年，进一步提高工程造价咨询成果质量及服务水平，树立咨询成果行业标杆，协会组织征选了具有工程造价先进技术水平和完整造价指标数据的典型案例共101个项目，在组织专家学者评出优胜奖项的基础上，精选出28个典型案例，编纂了《四川省造价工程师协会成立三十周年·工程造价典型案例与指标分析精选集》一书。本书分为三大篇章，即全过程工程咨询篇、全过程工程造价管理篇、建设项目跟踪审计篇。其中，全过程工程咨询篇入选项目9个，全过程工程造价管理篇入选项目10个，建设项目跟踪审计篇入选项目9个。

本书全面地反映了四川省工程造价咨询企业在建设项目投资决策阶段、设计阶段、发承包阶段、施工建造阶段、竣工结算阶段等全过程造价管控中，以投资管控为抓手，以设计阶段造价控制为重点，以设计优化、限额设计为手段，以动态造价控制为主线，为实现建设项目“技术经济最优”“盈利最大化”“保障项目质量和工期”的工程造价管控最终目标所作出的努力。全书以具体工程案例为依托，对全过程工程咨询、全过程造价管理的运作思路、组织架构、合同管理、风险管理、清标管理、签证变更管理、进度款管理、认质认价管理等项目管控的难点和痛点进行了全面梳理，提出并实践了全过程工程咨询、全过程造价管理的创新理念和解决方案，展示了四川省工程造价行业发展进步取得的优秀成果和领先水平。

本书的另一大特点是每个典型案例都列出了详尽的项目工程造价指标分析、单项工程造价指标分析、单项工程主要工程量指标分析。在大数据时代，数据为王。工程造价大数据和各类造价指标，是工程造价咨询企业开展全过程工程咨询、全过程造价管理的必备工具，是进行前期投资估算、设计方案选择、工程造价对比分析、工程成本分析，进而开展全过程工程造价管控的重要依据。

书中入选案例项目具有代表性，咨询服务方式、思路和手段具有创新性，咨询服务实践具有可借鉴性，凝聚了四川省众多工程造价咨询企业专业人士的专业智慧和奉献精神，历经数位专家、学者三月有余的优中选优，方能呈现于读者眼前。在此，我们衷心感谢为本书提供案例的咨询企业、优秀的撰稿人以及参与评审的专家和各位编委老师，感谢大家为推动四川省工程造价行业更上一层楼作出的贡献。同时，也感谢广大读者的支持，希望大家对本书多提宝贵意见。让我们共同携手，治蜀兴川！

本书编委会

2023 年 3 月

目 录

第一篇

全过程工程咨询案例

第二篇

全过程工程造价管理案例

第三篇

建设项目跟踪审计案例

第一篇

全过程工程咨询案例

四川大剧院项目

——晨越建设项目管理集团股份有限公司

◎ 王宏毅，张述林，徐旭东，何勇，陈倩，潘志广，郑怡，张珽，杨永刚，李颖汉

1 项目概况

1.1 项目基本信息

四川大剧院位于成都市市中心天府广场，作为四川省具有文化传承价值的地标建筑，被誉为西南的演出中心、四川的文艺舞台、成都的艺术殿堂。项目属于公共建筑项目，总建筑面积 59 000 m^2，初步设计总投资为 86 780 万元（含土地费用），资金来源分为 3 部分：四川省锦城艺术宫国有资产处置收入 72 000 万元，省预算内资金 9 428 万元，业主自筹 5 302 万元。工程建设费用 43 151.19 万元。项目地上剧场部分 3 层、辅助功能区部分 6 层、地下建筑 4 层，包含一个 1 601 座的甲等特大型剧场、450 座的小剧场、800 座的多功能中型电影院等文化展示、文化配套设施，能为市民提供多种文化服务，4 层地下室则兼具影院、停车场、地铁接驳口等多种复合功能。

1.2 项目特点

（1）工程技术难度大。

剧院建设是建筑领域公认的工程技术难度最高的建筑，涉及建筑声学、剧院装饰技术、舞台音响、舞台灯光及舞台机械、座椅选型等 20 多个学科领域，是建筑与艺术的完美结合。剧院常常与博物馆、图书馆等文化设施并置在城市中心广场位置，大都是当地城市的地标建筑。剧院建设体现两个特点：

① 大剧院项目通常规模较大，建筑形态有很强的艺术需求，需要与城市中心广场结合形成以其为中心的城市空间感。在建筑形态上，都是有 2～3 个演出场所，包裹进一个带有寓意的形状中，例如国家大剧院、珠海大剧院、哈尔滨大剧院等。在方案设计阶段需要综合考虑艺术性与当地城市特色的结合。

② 剧院作为当地地标性建筑，在建设的进度、质量、安全、成本等方面都有较高的要求。工程建设地址通常位于城市中心广场，需要考虑场地、交通、环境等多方面因素。

（2）功能设计要求高。

① 项目功能布局复杂。项目要求具备立体布局的小剧场、甲等特大型剧场、电影院等文化展示、文化配套设施，辅之以停车、人防、地铁接驳等多种复合功能的公共建筑。

② 建筑艺术造型要求高。在设计上要求具有地标文化价值创意，还要肩负推动文化产业发展的重任，保证设计至少 50 年不落后。

③ 舞台综合设计要求高。因剧场功能的特殊性，对舞台各功能区的综合设计能力要求很高，并且会用到一些专有技术，不仅内部结构比较复杂，而且专业设施较多。

（3）工程质量要求高。

① 以获得鲁班奖为最终质量要求，并经过一年以上使用不能发现质量缺陷和质量隐患。

② 剧场工艺复杂。灯光、音响、舞台机械、声学系统、机电安装、弱电智能化等专业性强，工艺繁杂。

③ 大小剧场重叠设计。剧场为大跨度大空间结构，且大小剧场上下重叠，要求室内背景噪声限值达到 NR20 标准。

（4）项目投资控制严。

① 投资金额有限。四川省锦城艺术宫作为事业单位在投资上以“预备费零使用”为资金控制目标，缺乏融资能力，也不能依靠银行贷款，仅能依靠工程节约以及项目交付后营业所得作为偿还。因此，项目对于资金的使用效率和使用时间有严格的要求，务必保持在控制范围之内。

② 项目专业性强。作为一个剧院项目，具有非常强的专业性和独一性，不仅内部结构比较复杂，而且专业设施较多，对投资管理人员的相关技术要求高。

（5）项目进度控制难。

该项目地点位于成都市中心城区，为了尽可能减少对周围居民及环境的影响，工期上要求务必在 2 年内按时完成。此外，由于工程施工场地小（无场地施工）、设计难度大、功能及施工质量要求高等客观因素，以及后期各单位交叉施工多、协调工作量大，加大了进度控制的难度。

2 咨询服务范围及组织模式

2.1 咨询服务的业务范围

2012 年 1 月 16 日，项目使用单位四川省锦城艺术宫通过甄选确定我司为四川大剧院项目管理单位，项目管理合同服务内容包括项目管理、造价咨询及招标代理。

2013 年 2 月 28 日，项目移交四川省政府投资非经营性项目代建中心，由其实行代建管理。我司受该中心委托作为项目实施过程中的实际代建人，后与其补充签订 BIM 服务及监理服务合同。

2.2 咨询服务的组织模式

四川大剧院作为一种大型公共建筑，它的设计具有一定的复杂性和唯一性，在接受咨询委托前期，我们首先根据合同约定和项目特点，编制四川大剧院全过程咨询工作大纲，对该项目概况、全过程工程控制思路、组织结构、工作进度、风险管理、合同管理、信息管理、档案管理、质量管理等进行了安排，明确各个阶段的咨询服务内容、把控要点和难点以及应对措施。在人员安排上，针对项目特点，安排经验较为丰富的人员组建四川大剧院项目组来完成相关工作。项目整体组织架构如图 1 所示。

2.3 咨询服务工作职责

本项目咨询服务工作职责如表 1 所示。

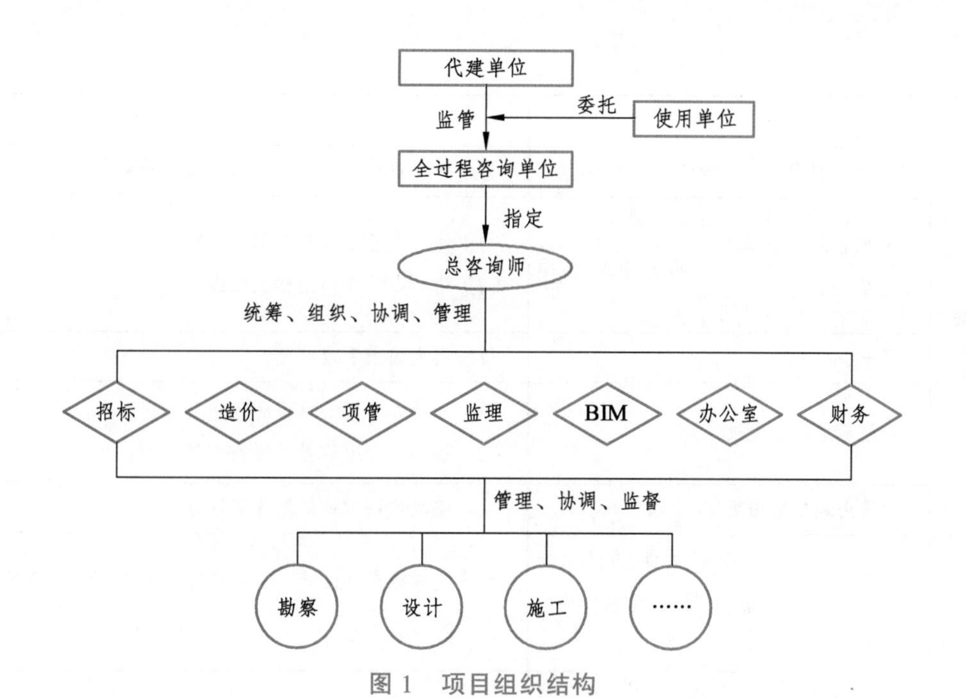

图 1　项目组织结构

表 1　咨询服务工作职责

序号	建设阶段	主要工作内容	工作开展内容	具体工作职责
1	前期决策阶段	项目立项（项目建议书）批复	项目立项（项目建议书）编制 评审及批复	（1）在业主牵头组织下完成项目立项（项目建议书）所需的前期调查工作，收集相关信息。 （2）负责组织项目立项（项目建议书）的编制及修订。 （3）协助完成项目立项（项目建议书）申报及审批手续，取得立项报告
		用地预审批复	土地评估报告及评审 用地预审办理 选址意见书办理	（1）负责编制单位的甄选，完成编制单位的招标、中标及合同签订。 （2）协调、督促编制单位按要求完成编制及修订。 （3）协助完成专家评审，并取得相关评审意见。 （4）协助办理方案申报及审批手续，取得方案批复文件
		环评、交评批复	环评、交评报告编制 评审及批复	（1）协助编制单位的甄选，完成编制单位的招标、中标及合同签订。 （2）协调、督促编制单位按要求完成编制及修订。 （3）协助完成专家评审，并取得相关评审意见。 （4）协助办理环评申报及审批手续，取得环评批复
		节能评估报告批复	节能评估报告编制 评审及批复	（1）协助编制单位的甄选，完成编制单位的招标、中标及合同签订。 （2）协调、督促编制单位按要求完成编制及修订。 （3）协助完成专家评审，并取得相关评审意见。 （4）协助办理方案申报及审批手续，取得方案批复文件
		可研报告编制及评审	完成可研报告的编制及修订 可研评审及批复办理	（1）牵头组织并完成可研编制所需的前期调查工作，收集相关信息。 （2）组织完成可研报告的编制及修订。 （3）组织完成可研报告的专家评审，并取得相关评审意见。 （4）协助办理可研申报及审批手续，取得可研批复

续表

序号	建设阶段		主要工作内容	工作开展内容	具体工作职责
1	前期决策阶段		招标核准批复	招标核准申请及批复	协助办理招标核准申请，取得相关批复
			规划指标及红线图	土地前置调查	（1）协助办理土地前置调查事宜。 （2）协助办理规划指标及红线图
				规划指标及红线图办理	
			国土手续办理		协助完成国土手续办理
			用地界址测绘成果		（1）协助办理测绘单位的甄选及合同签订。 （2）协助办理用地界址测绘成果
			建设用地规划许可证		协助完成建设用地规划许可证办理
2	设计阶段	设计准备	勘察、设计、场地平整施工招标	招标文件编制（勘察、设计、场地平整施工）、备案	负责完成勘察、设计、场地平整施工招标文件编制，牵头组织招标文件备案
				勘察、设计单位招标、备案	负责完成招标、中标、合同签订、合同备案
				场地平整施工招标、备案	负责完成招标、中标、合同签订、合同备案
			地质勘查及场地平整	施工打围及临设搭建	（1）组织施工单位完成临设搭建、打围施工及场地平整施工。 （2）协调、督促施工单位完成施工工作
				场地内土方平整施工	
				地质勘查	（1）组织地勘单位完成地勘施工工作，出具地勘报告。 （2）协调、督促地勘施工，办理地勘报告审查备案工作
		方案阶段	坐标放线测绘成果图		负责办理坐标放线测绘成果
			规划方案设计		（1）设计单位负责完成规划方案设计及方案确认。 （2）项管公司配合完成规划方案的提前沟通、协调工作
			规划方案报批报建	规划方案报规委会评审	（1）负责牵头完成方案报送规委会进行评审，取得评审意见，进行修改。 （2）负责完成规划方案的审批手续，取得规划方案批复
			建设工程规划许可证办理		协助完成规划许可证办理
		初步设计阶段	初步设计图纸		（1）组织设计单位完成初设施工图设计。 （2）项管公司牵头组织沟通、确认工作；取得初步设计图纸资料
			初步设计审查		（1）组织设计单位完成初步设计图纸报送、审查，取得评审意见，进行修改。 （2）协助取得初设审查意见
			水土保持方案批复	水土保持方案编制	（1）负责编制单位的甄选，完成编制单位的招标、中标及合同签订。 （2）负责协调、督促编制单位按要求完成编制及修订。 （3）协助完成专家评审，并取得相关评审意见。 （4）协助办理方案申报及审批手续，取得方案批复文件
				评审及批复	

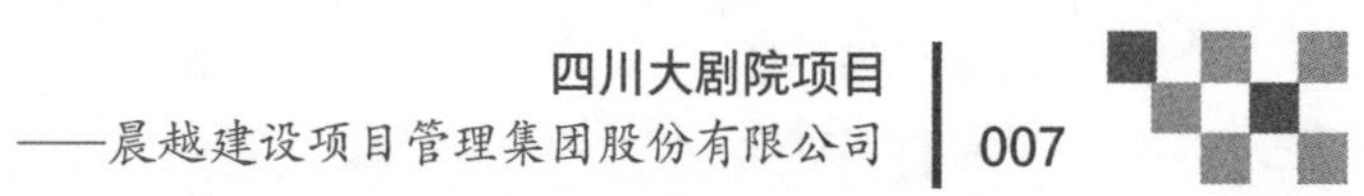

续表

序号	建设阶段		主要工作内容	工作开展内容	具体工作职责
2	设计阶段	施工图设计阶段	施工图设计		督促设计单位完成施工图设计并牵头组织沟通、确认工作，取得施工图设计图纸资料
			施工图机构审查		（1）负责完成审图机构的筛选，签订合同。 （2）负责完成施工图机构审查，并牵头组织沟通、确认工作；取得施工图审查意见
			施工图行政审查		负责办理施工图行政审查及备案手续，牵头组织审查过程中的沟通、协调工作（含消防、人防审查）
			清单控制价编制及评审	清单控制价编制	负责完成清单控制价编制及确认工作
				评审及批复	负责组织进行清单财政评审，办理财评批复手续
3	实施前准备	招标阶段	施工招标		负责完成施工、监理、材料设备采购招标工作，办理招标、中标备案手续，完成合同签订及备案
			监理招标		
			材料设备采购招标		
		临设阶段	临水施工	确定临水施工单位	负责办理临水手续，完成施工单位的甄选，签订合同
				临水安装施工	负责协调、督促施工单位完成临水安装施工，办理临水相关手续
			临电施工	确定临电施工单位	负责办理临电手续，完成施工单位的甄选，签订合同
				临电安装施工	负责协调、督促施工单位完成临电安装施工，办理临电相关手续
			道路开口及占道施工手续（如有）		负责到住建局办理道路开口及占道施工手续
			现场安监条件准备	临设搭建	负责协调、督促施工单位完成现场临设搭建施工，办理现场安监条件勘验手续
				现场安监条件勘验	
4	施工阶段		施工许可办理	中标及合同备案	负责完成中标备案及合同签订，完成质监、安监备案，负责完成施工许可证的办理
				质监备案	
				报建费核缴	
				安监备案	
				施工许可证办理	
			基坑开挖、主体施工、水电安装、装饰装修、总平绿化施工		（1）组织施工单位负责完成施工图纸内容所有工作。 （2）项管公司负责完成施工期间的监理工作。 （3）项管公司负责完成施工全过程的项目管理工作。 （4）项管公司负责完成全过程造价控制
5	竣工验收及保修阶段		竣工验收及备案		（1）项管公司负责完成工程竣工验收及备案手续办理。 （2）施工、监理配合完成验收及整改工作
			项目移交	现场移交	负责牵头组织现场移交，协调落实移交过程中的相关问题
				工程结算审计	负责完成工程结算审计工作，协调处理结算、审计过程中的相关问题
				项目移交	负责组织并完成项目移交工作，协调处理相关问题
				项目保修	负责组织项目移交后的保修工作，协调处理相关问题

3 咨询服务的运作过程

3.1 咨询服务的理念及思路

（1）服务理念。

① 以客户需求为本。

以实现建设项目预期目的为中心，以投资控制为抓手，以提高工程质量、保障安全生产和满足工期要求为基点，全面落实全过程工程咨询服务责任制，推进绿色建造与环境保护，促进科技进步与管理创新，实现工程建设项目的最佳效益。

② 提高业主管理效率。

对工程咨询服务进行集成化管理，提高业主管理效率。将项目策划、工程设计、招标、造价咨询、工程监理、项目管理等咨询服务作为整体统一管理，形成具有连续性、系统、集成化的全过程工程咨询管理系统。通过多种咨询服务的组合，提高业主的管理效率。

③ 促进工程全寿命价值的实现。

不同的工程咨询服务都要立足于工程的全寿命期。以工程全寿命期的整体最优作为目标，注重工程全寿命期的可靠、安全和高效率运行，资源节约、费用优化，反映工程全寿命期的整体效率和效益。

④ 建立相互信任合作关系。

全过程工程咨询服务是为业主定制，业主将不同程度地参与咨询实施过程的控制，并对许多决策工作有最终决定权。同时，咨询工作质量形成于服务过程中，最终质量水平取决于业主和全过程工程咨询单位之间互相协调的程度。因此需要建立相互信任的合作关系。

（2）服务思路。

由于项目业主四川省锦城艺术宫作为事业单位，缺乏融资能力，也不能依靠银行贷款，仅能依靠工程节约以及修复后营业所得偿还，因此对于资金的使用效率和使用时间有严格的要求，务必在控制范围之内，并以“预备费零使用”为资金控制目标。

如此高难度的造价咨询是一般的团队难以实现的，我司在中标后为该项目制定了以投资控制为主线的全过程工程咨询服务体系，将先进的全过程咨询管理模式应用到大剧院项目的管理中，开创了四川省首例“BIM+大数据”全过程咨询服务模式。在项目管理、工程监理、招标代理等方面与造价控制采取联合经营，除了传统手段，更以 BIM 技术、晨越云系统、建筑蚂蚁网、中央数据库、368 项建设生产管理标准为技术支撑，结合先进的现代技术和优质的信息平台（例如：“BIM 建筑信息模型+造价”“建筑蚂蚁网+造价”“中央数据库+造价”），使得全过程造价控制服务效率进一步提高，为业主提供了全过程、一站式、全甲级造价咨询服务。其技术支撑架构如图 2 所示。

项目团队从工程开工建设→施工→结算全过程搜集、取证项目信息，为项目投资控制提供大量依据；及时发现和纠正招投标管理、合同管理、施工管理等建设环节中的关键问题，督促建设单位加强内控管理、健全管理制度、规范运作、强化责任意识，将该项目工程造价控制在合理有效的目标范围内。

3.2 咨询服务的方法及手段

（1）服务方法。

① 决策阶段工作方法。

决策阶段的主要工作分为项目策划和项目经济评价。投资控制从项目之初就参与其中，合理计算和预测投资过程中各种静态和动态因素的变化。为了更加准确地把控投资，我司配合建设单位在前期收集和走访了国内十几个类似剧院的中标价和合同价，收集和分析概算指标，将工程费用、工程建设其他费用、基本预备费等所有项目投资进行整体投资分析并制定了对应的总投资分年度使用计划。

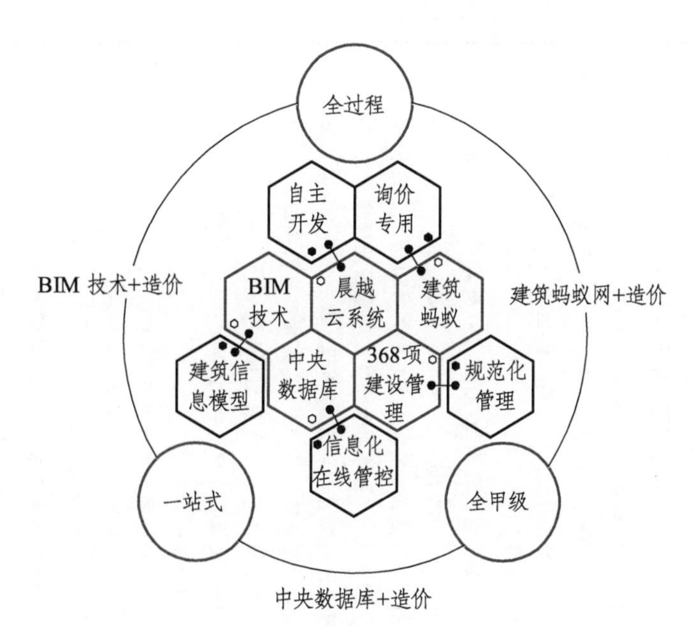

图 2　技术支撑架构

② 设计阶段工作方法。

四川大剧院作为剧场项目，专业强、类别交叉多，在设计阶段就采取了限额设计、三算控制（表 2）、BIM+造价技术等方法进行严格把控，将估算、概算、预算应用到实际中。

③ 发承包阶段工作方法。

采取工程量清单形式的公开招标。四川大剧院因专业类别较多且跨度时间较长，因此将工程分为基坑工程、施工总承包工程、舞台机械工程、灯光音响工程、精装修工程共 5 个标段进行招标。5 个标段分别编制了工程量清单和招标控制价，高质量的招标控制价可以有效控制工程造价，减少施工阶段合同纠纷（表 3）。

在询价过程中，除了利用常规的价格渠道进行询价，我们还充分利用“建筑蚂蚁网”的询价平台，快速找到符合我们需求的生产厂家和材料供应商，进行一对一专业的、准确的询价服务。

④ 施工阶段工作方法。

· 项目资金使用计划的编制和进度款的审核；

· 参加涉及投资问题的施工协调会、工程监理例会，及时掌握施工过程中发生的对投资产生影响的情况；

· 根据施工图对项目中的主要材料、装饰及安装未计价材料、设备的实际发生数量和价格进行测算和审核；

· 对重大设计变更进行技术经济分析和论证，测算增（减）金额，向业主单位提供投资咨询意见；

· 记录现场动态，收集证据，为业主单位“反索赔”提供建议，审核“工程索赔”报告书，防止或减少“工程索赔”事件的发生，协助业主单位处理索赔与反索赔问题。

⑤ 项目竣工阶段工作方法。

竣工结算审核是全过程工程控制的重要环节，主要工作包括：熟悉资料；现场踏勘；初步审核；向业主单位通报初步审查意见；核对工程造价；出具审核报告；编制竣工结算报告；归纳整理造价相关资料，向业主单位提供工程造价咨询工作总结。

（2）服务手段。

① 采用高效的工作方法。

本项目中采用“1+3（专家组+专业团队分组）总分协作碰撞体系”，运用“大脑指挥手足”的方法，通过肢解+碰撞+汇总的方式有效解决项目规模大、工作复杂化的难题。

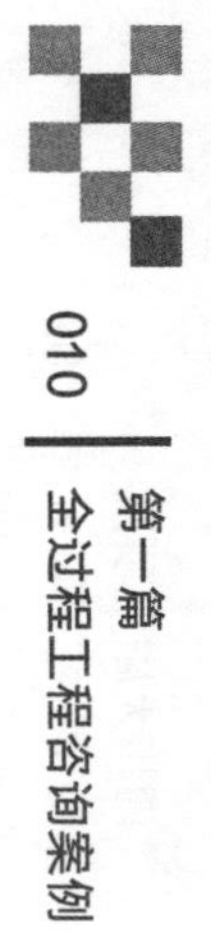

表 2　三算对比分析

序号	费用及名称	可研估算 投资估算/万元	设计概算 投资估算/万元	清单控制价 投资估算/万元	控制价与概算比（负数表示超概算）	控制价与投资估算比（负数表示超估算）	控制价低于概算或估算说明	控制价超过概算或估算说明
一	工程建设费用	34 052.77	32 782.25	34 007.20	−1 224.95	45.57		
（一）	土建工程	18 026.72	15 692.41	16 420.87	−728.46	1 605.85		
1	地上土建（土建+基装）	1 804.82	1 049.44	3 532.70	−2 483.26	−1 727.88	（1)概算时的钢材价格在 3 400 元/t 左右，现在钢材价格在 2 300 元/t 左右，导致综合单价下降约 800 元/t，控制价比概算减少约 82 万元。 （2）安全文明施工费由于 15 定额和 09 定额取费基数和费率不同，控制价减少约 70 万元。 （3）规费费率 15 定额中降低较多，规费合计减少约 27 万元。 （4）概算中人工费单独进行调差，控制价没有此项单独调差（控制价人工费调差已计入各综合单价，不再单独调差），控制价此项减少 527.8 万元。 控制价合计减少：82+70+27+527.8=706.8 万元。 *另投资估算比概算增加 750 万元，明细不详	（1）砌体工程增加约 30 万元：09 定额要求人工费乘以 1.2，15 定额要求人工费乘以 1.25。 （2）混凝土工程增加约 30 万元：工程量增加，项目增加。 （3）屋面及防水工程增加约 26 万元：工程量及单价都略高于概算。 （4）保温工程增加 92.8 万：概算中没有墙体保温（50 万），没有水泥蛭石找坡（45 万）。 （5）门窗、玻璃隔断等增加约 180 万元、栏杆项目增加约 32 万元、地面墙面天棚抹灰等基层处理增加约 238 万元、腻子涂料工程增加约 67 万元、部分精装修面层（如副楼地面砖，设备用房隔音天棚、副楼卫生间隔断等）增加约 148 万元，概算中以上项目均计入精装修。 （6）模板工程增加约 92 万元：工程量增加、模板材料和项目有变化。 （7）增加高大模板项目约 46 万元。 （8）增加总承包服务费（地上地下各计入一半在土建内）约 234 万元。 （9）暂列金 258 万元：原概算不含暂列金。 （10）营业税改增值税增加约 170 万元。 （11）钢结构中的油漆应业主要求，其投资额在土建中扣除（原概算油漆计入精装修部分，本次控制价为了预留足够的精装修费用，应业主要求将钢结构油漆项目投资额在土建中扣除）投资额减少约 1 550 万元。 控制价合计增加：30+30+26+92.8+180+32+238+67+148+92+46+234+258+170+1 550=3 193 万元

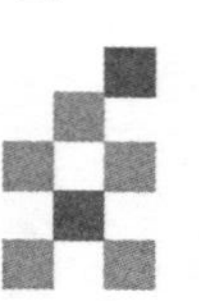

续表

序号	费用及名称	可研估算	设计概算	清单控制价	控制价与概算比（负数表示超概算）	控制价与投资估算比（负数表示超估算）	控制价低于概算或估算说明	控制价超过概算或估算说明
		投资估算/万元	投资估算/万元	投资估算/万元				
2	地下土建（土建+基装）	9 894.65	8 396.41	6 804.17	1 592.23	3 090.47	（1）概算中有 1 400 万的土方大开挖，控制价只有一些集水坑的土方开挖。 （2）概算钢筋多了 830 t 左右，约 282 万。 （3）概算时的钢材价格在 3 400 元/t 左右，现在钢材价格在 2 300 元/t 左右，钢筋质量 3 334 t 左右，相差 383 万左右。 （4）概算中楼地面工程有部分二装工程项，约 114 万。 （5）概算墙柱面工程与控制价图纸中措施表做法不一致，且有部分为二装项，此项金额约 352 万。 （6）投资额中增加二类费用中的人防费用 80 万元。 （7）安全文明施工费、规费等由于 15 定额和 09 定额取费基数和费率不同，控制价减少约 80 万元。 （8）概算中人工费单独进行调差，控制价没有此项单独调差（控制价人工费调差已计入各综合单价，不再单独调差），控制价此项减少 652.5 万元。 控制价合计减少约：1 400+282+383+114+352+80+80+652.5 =3 343.5 万元。 *投资估算比概算增加了 1 500 万，明细不详	（1）概算中模板单价为 25 元/m^{2}左右，控制价采用复合模板，单价为 42 元/m^{2}左右，总金额相差 257 万元左右。 （2）门窗 82 万元工程概算计入了装修，本次设计计入土建造价内。 （3）概算中卷材防水单价为 58 元/m^{2}左右，控制价卷材防水（双面粘）单价为 76 元/m^{2}左右，总金额相差 47 万元左右。 （4）天棚工程增加约 62 万元：工程量和措施做法变化。 （5）钢结构中的油漆应业主要求，其投资额在土建中扣除（原概算油漆计入精装修部分，本次控制价为了预留足够的精装修费用，应业主要求将钢结构油漆项目投资额在土建中扣除）投资额减少约 150 万元。 （6）控制价增加暂列金：411.4 万元。 （7）增加总承包服务费（地上地下各计入一半在土建内）约 234 万元。 （8）营业税改增值税增加约 374 万元。 控制价合计增加约：257+82+47+62+150+411.4+234+374=1 617.4 万元
3	钢结构	3 769.00	3 769.00	2 839.77	929.23	929.23	（1）概算期间钢材价格比控制价高 1 000 元/左右（09 定额钢材材料价仅为钢材本身，15 定额按成品钢材计价，包含除锈和底漆），此部分减少 252 万元。 （2）概算的油漆项目套取的定额消耗量偏高，且 09 定额中油漆均单独套取，控制价 15 定额底漆和除锈已经计入了成品钢材单价中，此部分减少约 677 万元。 控制价合计减少：252+677=929 万元	
4	护壁降水工程	2 558.26	2 477.57	3 244.23	−766.66	−685.97	已施工，超过概算和估算	

表 3 投资估算与中标价对比分析

<table>
<tr><th>序号</th><th>费用及名称</th><th>投资估算明细/万元</th><th>投资估算合计/万元</th><th>中标价明细/万元</th><th>中标价包含范围</th><th>中标价合计/万元</th><th>投标价与投资估算比（负数表示超估算）</th></tr>
<tr><td>一</td><td>工程建设费用</td><td>34 150.77</td><td>34 150.77</td><td>32 245.63</td><td></td><td>32 245.63</td><td>1 905.14</td></tr>
<tr><td>（一）</td><td>土建工程</td><td>18 026.72</td><td>18 026.72</td><td>15 776.85</td><td></td><td>15 776.85</td><td>2 249.87</td></tr>
<tr><td>1</td><td>地上土建</td><td>5 423.59</td><td rowspan="5">15 468.46</td><td>3 212.54</td><td>地上土建+部分基装</td><td rowspan="5">12 532.63</td><td rowspan="5">2 935.83</td></tr>
<tr><td>2</td><td>地下土建</td><td>8 916.14</td><td>6 162.56</td><td>地下土建+人防+地下车库及设备用房装饰</td></tr>
<tr><td>3</td><td>地下室车库及设备用房装饰</td><td>1 048.73</td><td>2 567.31</td><td>全部钢结构</td></tr>
<tr><td rowspan="2">4</td><td rowspan="2">原人防工程接口建设费</td><td rowspan="2">80.00</td><td>333.00</td><td>全部总承包服务费</td></tr>
<tr><td>257.21</td><td>地下室抗浮锚杆</td></tr>
<tr><td>5 清单以外部分</td><td>护壁降水工程</td><td>2 558.26</td><td>2 558.26</td><td>3 244.23</td><td>基坑土方、降水</td><td>3 244.23</td><td>-685.97</td></tr>
</table>

专业团队平行完成任务的同时，团队之间对相似的以及有差异的问题进行碰撞讨论、交叉质控，意见汇总后移交专家组，由专家组组织会议对问题解决方案进行确定优化。

② 任务目标管理流程。

将“任务目标管理流程”应用到四川大剧院项目全过程工程咨询中，把控任务进度目标。

制定任务分工+任务目标流程图（图 3），根据流程图制定“进度管理+考核+奖励”制度，通过目标、制度结合的方式，实现任务进度透明、清晰化，同时提高员工协作性、竞争性、积极性、责任感、荣誉感，保证任务目标的顺利完成。

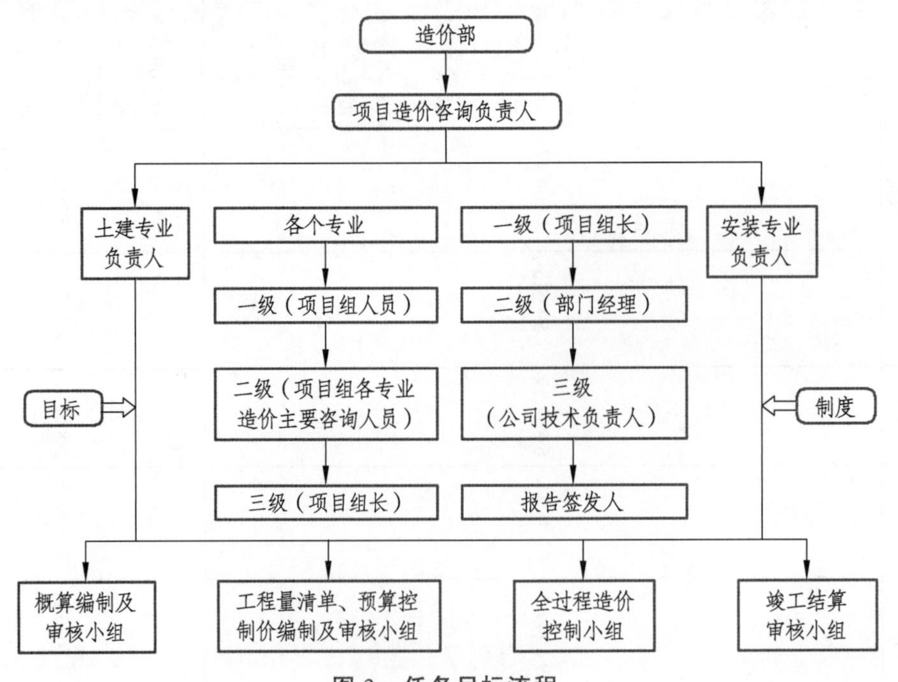

图 3 任务目标流程

③ 平台+实地考察碰撞询价体系。

将“平台+实地考察碰撞询价体系”应用到四川大剧院项目全过程工程咨询中，把控成本目标。通过专业平台搜集整理相关数据，筛选有效、合理的信息，有针对性地组织专业人员到北京、天津、深圳、上海、浙江等地对 FM 认证的材料进行实地考察。通过“平台+实地考察”信息数据的碰撞，确定合理价格，有效地控制成本目标。

④ 特殊工艺及措施方案的处理采用编制补充定额。

将“特殊工艺及措施方案的处理采用编制补充定额”应用到四川大剧院项目全过程工程咨询中，输出有据，保证成果文件的合法、合规性。

对于特殊工艺及措施方案通过专家组论证、测量、分析，编制符合规范的补充定额，使成果性文件更具说服力，科学、合理、合规地控制成本目标。

⑤ 以定制化方案深化设计成果。

四川大剧院有限的场地包含了立体布置的小剧场、大剧场、电影院及完善的配套设施，极大地挖掘了项目的价值；项目聘请世界一流的马歇尔戴声学公司进行了专项声学设计，采用浮筑楼板、隔音沟等声学处理技术阻断噪声传导的同时，最大限度保证了声学效果；大量石材和玻璃独特的金镶钻等创意设计提升了项目的档次；篆刻、窗花、坡屋顶、金丝壁画诠释和传承了巴蜀文化。设计方案如图 4、图 5 所示。

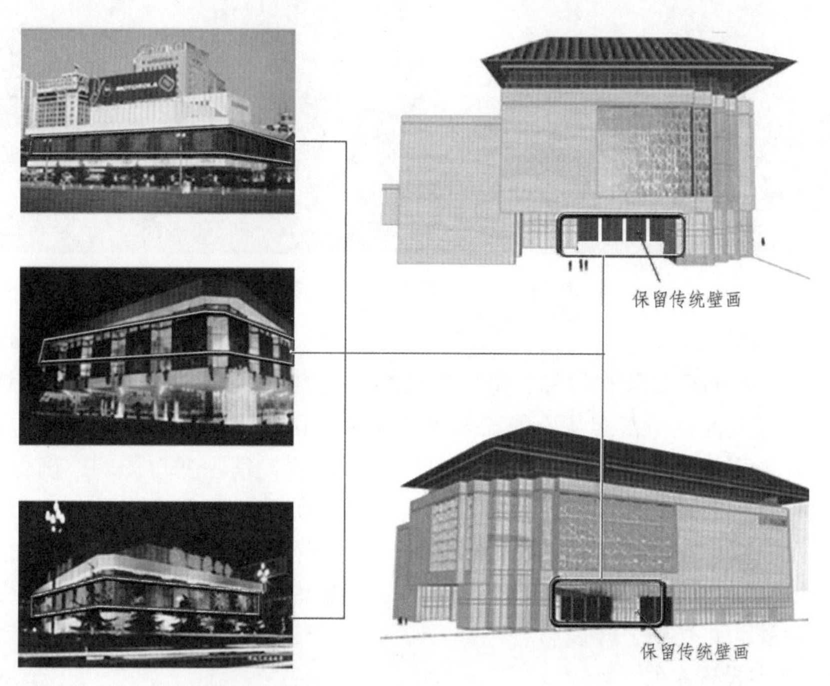

图 4　四川大剧院外立面设计方案

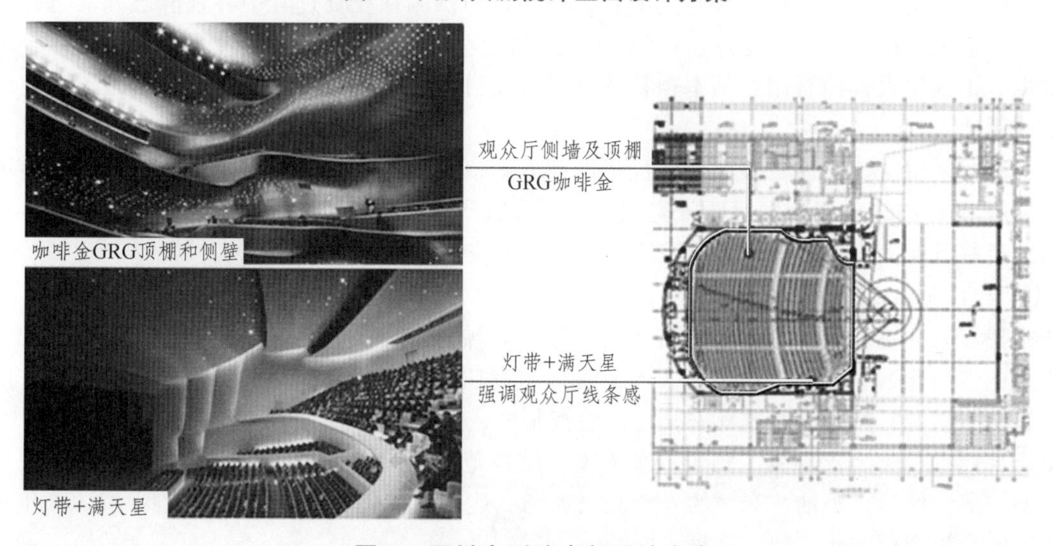

图 5　四川大剧院内部设计方案

项目的设计不仅得到了专业人士和政府部门的高度评价，还通过网上投票得到了市民的认可。

⑥ 以“BIM+进度”严把工期关。

我司利用 BIM 软件将项目的地理位置、建筑特点、交通环境进行全面三维数字展示，基于 BIM 软件编制进度计划表。此外，我司通过 4D 施工进度模拟（图 6），发现了现场施工进度和计划进度之间的偏差，从而及时调整了施工方案，通过周报、月报的形式向业主汇报施工及 BIM 进度情况。

图 6　4D 施工进度模拟

⑦ 以鲁班奖对标高质量要求。

我司以鲁班奖为项目的质量管理目标，坚持质量第一的原则，严把质量关，从思想、组织、技术、检查程序、检测手段等方面逐一落实从而保证工程的质量。由于施工场地有限，周边建筑、道路、管网复杂，四川大剧院采用信息化监测技术对基坑进行变形监测，消除变形影响，确保了大剧院基础施工的顺利推进。此外，项目还应用阻尼墙、混合结构等技术保障结构安全，并自主研发双层弧形墙免支模、大直径钢筋直螺纹连接等技术，在确保质量的同时，降低施工难度，提高经济效益。

最终，项目取得“2018 年度成都市结构优质工程”“四川省 QC 小组一等奖”以及两项“全国 QC 小组Ⅱ类成果”等荣誉，并受到公开表彰。

⑧ 以事前控制贯穿投资主线。

本项目投资控制从项目之初就参与其中，合理计算和预测在投资过程中各种静态和动态因素的变化，对项目的规模、标准、建设地点、设计方案、环境保护、节能效果、社会评价等进行综合考虑，将工程费用、工程建设其他费用、基本预备费等所有项目投资进行整体投资分析并制订了对应的总投资分年度使用计划。

此外，我司采用限价设计，多次调整优化设计方案；利用丰富的造价预控经验对造价调整进行严格约束；采用 BIM 技术和蚂蚁网对造价实施控制；采取严格的造价调整审批流程等过控手段，有力地保证了造价控制目标，实现了“预备费零使用”的资金控制目标。

⑨ 以标化工地落实安全文明责任。

我司坚持以人为本的指导思想，坚持“安全第一、预防为主”的工作方针，以安全管理规定为准绳，以资金的专项投入为保证，严格落实安全管理的责任制度，严格执行安全技术交底制度，严格执行安全检查验收制度，严格落实过程安全日常检查制度，严格落实违反安全管理的惩罚制度。

按政府部门的相关要求加强了扬尘治理力度，按规范规定设置安全防护设施，及时纠正现场不良的安全文明现象，保持了整洁、有序的安全文明现场，达到了标化工地的要求，荣获“2018 年全国建设工程项目安全生产标准化工地”称号。

⑩ 数字工地成功应用。

为了提高对项目的控制，现场还采用了"数字工地"技术，这是一种集信息管理和视频监控于一体的监管系统，为施工现场提供一种全新、直观的视觉管理工具，在对项目、从业人员、施工设备的管理等方面起到了积极的辅助作用。这种"数字工地"看似与投资控制无关，其实也是与全过程投资控制结合的一种技术手段，对建筑元素（人工、材料、机械等）进行监管，对质量、安全、进度、成本这 4 个目标进行动态把控，解决管理人员不在岗、设备操作不当、材料浪费、施工人员效率低等一系列具体问题，达到全天候管理监控、全流程安全监督、全方位智能分析的管理效果。

4 经验总结

4.1 咨询服务的实践成效

（1）四川省首例真正意义的全过程工程咨询服务。

该项目的报批报建、招标代理、项目管理、工程监理、造价咨询、BIM 全过程应用等项目建设的全过程工程咨询均由我司承揽，各个管理目标直接对业主负责。此外，四川大剧院项目的全过程工程咨询是在传统管理手段的基础上加入了新的技术手段（例如，利用"BIM 技术+PM+大数据""建筑蚂蚁网""数字工地"等），进一步提高了专业度和准确性，体现出更高的经济价值。

（2）四川省首例 BIM 技术应用示范项目。

四川大剧院项目是四川省首例 BIM 技术应用示范项目。我司利用自主研发的中央数据库，将全过程全专业的所有信息和数据保存到中央数据库，对所有参与方进行三级授权，对数据和信息进行整合和分析，形成大数据，在每个阶段为所有参与方提供科学真实的数据分析支持，让各个专业、各个参与方应用同一个平台进行管理。

实施过程中，通过将 BIM+PM+大数据融合，创新出基于 BIM+PM 全生命周期、全专业的一体化协同管控平台，在项目全生命周期提供全过程全专业的 BIM 管控服务（大纲见图 7），实现精细化管理，从而保证项目的成本、进度和质量安全控制，实现缩短工期、节约投资、提高质量的目标。

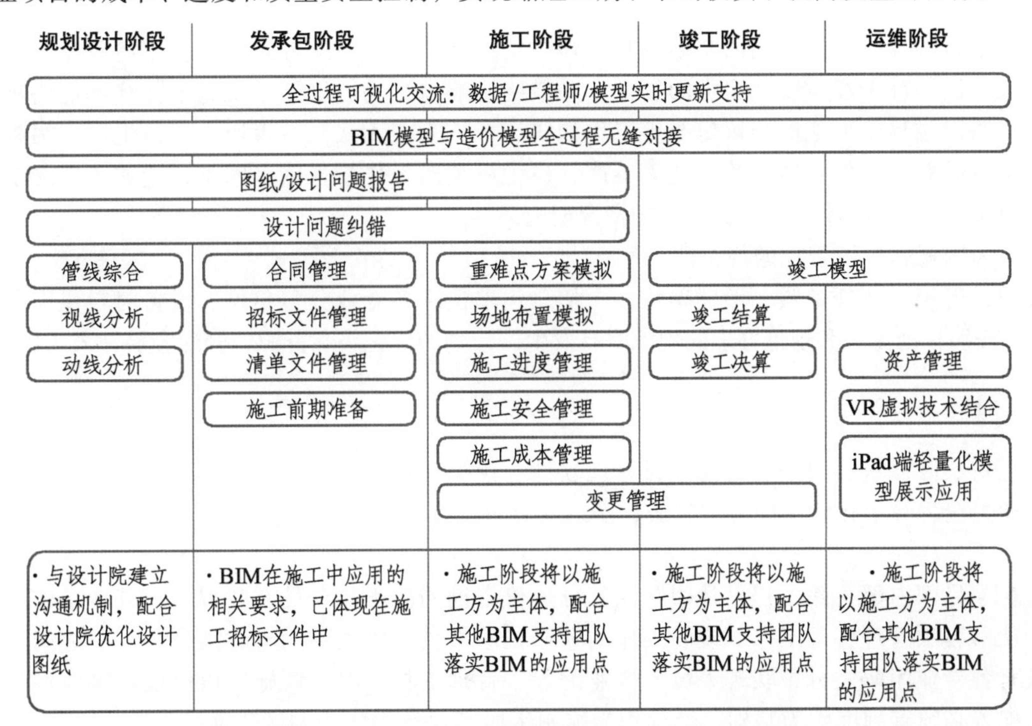

图 7 四川大剧院项目全过程 BIM 应用大纲

（3）实现全部主要管理目标。

① 一次性介入，管理全面、到位。

全过程工程咨询模式，对整个工程项目建设进行整体构思、全面安排、协调运行，便于前后衔接和系统化管理。例如本项目前期通过整体考虑，提前制定整个项目的招标计划，并且根据剧院项目特点，打破常规，在基坑招标阶段即进行舞台机械招标工作，使舞台机械单位提前介入与建筑设计单位进行配合。通过设计协作，前期充分修改剧场图纸，避免了后期大量返工的风险，节约了大量的时间，同时剧院的核心使用功能更加完善。

② 伴随式的全过程咨询，信息准确、完整，更好地满足了业主的需求。

立项阶段即深入了解业主的投融资情况，根据业主的资金情况有的放矢，使每一分投资都用在刀刃上。项目管理同造价相结合，有效地进行投资控制，限额设计、限额施工、限额采购。从设计阶段就开始对设计要求进行限额设计，跟踪审核设计概算，在保证使用功能得到满足的情况下从源头为业主控制投资。招标清单编制阶段充分考虑投资，对工艺、设备、材料等均进行投资控制，严格把控招标控制价。项目实施阶段采用限额施工、限额采购，严格按招标清单及设计图纸实施，确保项目实施不超过投资控制。

③ 以投资控制为主线的全过程咨询使各个环节得到了更紧密的衔接。

投资控制覆盖项目全过程，从决策阶段—设计阶段—发承包阶段—施工阶段—竣工阶段，投资控制的效果是逐渐下降的，所以投资控制介入时间越早，对于投资的控制效果越明显。

④ 实现项目共建共赢。

四川大剧院项目作为一个以投资控制为主线的全过程工程咨询项目，为开展全过程工程咨询积累了一定的经验，也对全过程投资控制有了更深体会，真正地做到了事前控制，在确保工程优质并按期完工的前提下，降低项目投资，实现建设单位、施工单位和参建各方的多赢，营造工程建设和谐有序发展的氛围。

4.2 咨询服务的不足

（1）流程效率不高。

目前，项目各参建单位之间的文档资料处理主要还是通过纸质文件来流转，审签效率低，各类突发事件（人员出差等）经常影响文件的签审，并最终影响项目的进度。手工签审往往不能将项目在计划、执行、跟踪过程中形成的会议纪要等工作如实记录下来，无法对签审历史进行追溯。另外，文件签审不仔细的问题，文件资料的签审把关不严，也为后续的工作带来诸多困难，造成了不必要的返工和进度的拖延，“一天设计，三天更改”的情况时有发生。

（2）人为因素影响了管理的规范性。

工程项目普遍存在任务紧、参建单位多（如总包单位、各专业分包单位、设备材料供应单位等）的特点，不按照标准流程和规范办事的现象时有发生，计划的优先级和资源的分配容易被人为因素影响。

4.3 具体解决方式

（1）针对实际需求，引进合适的项目管理软件，优化项目运作流程，缩短业务处理时间，提高工作效率。通过全程数字化管理的转型升级，努力实现办公实时在线管理、BIM 技术的应用、大数据的积累。

（2）在项目部内部，除工程设计团队及部分造价咨询团队不需全员常驻现场，其他工作人员均在项目现场从事各项管理咨询工作。现场工作的专业技术人员力争达到无缝隙结合，人员之间只有职责之分，没有各专业团队之分，实现人员、专业配置、管理工具、办公设施、通信设施等资源的最优配置。最优配置必须有制度作为基础，流程作为控制手段，执行力作为制度落地的保障。

（3）制定项目管理制度、流程与作业标准。健全管理机制、制度，逐步完善施工管理、合同管理、工程监理管理、安全生产管理、资金管理等方面制度，用制度管人、靠制度管事，避免在建设过程中出现问题和责任，无章可循、难以追究，减少和杜绝违纪行为的发生。建立完善的行政管理制度、成本管理制度、技术管理制度、安全管理制度，明确各专业技术岗位的岗位职责，同时制定与管理制度配套的管理流程。

（4）重视前期阶段工作。项目前期工作包括立项、规划方案审批、用地审批、施工图设计、工程招投标等。对项目的建设规划、前期论证、政策措施、相关审批手续等要认真研究，要全方位地吃透，不能流于形式，疏于流程，每个阶段的工作都要达到应有的深度。

5 项目主要经济技术指标

5.1 建设项目造价指标分析表

表 4 建设项目工程造价指标分析

项目名称：四川大剧院建设项目　　项目类型：公共建筑-剧院

投资来源：政府和其他　　项目地点：四川省成都市青羊区

总建筑面积：59 000 m²　　功能规模：座位/剧场

承发包方式：施工总承包　　造价类别：结算价

开工日期：2016 年 11 月 9 日　　竣工日期：2019 年 6 月 28 日

地基处理方式：桩基础　　基坑支护方式：护壁喷射混凝土

序号	单项工程名称	规模/m²	层数	结构类型	装修档次	计价期	造价/元	单位/（元/m²）	指标分析和说明
1	地上部分	22 383	地上7层	框架结构	精装修	2016-11-09—2019-06-28	243 870 519.13	10 895.35	按照建筑面积计算指标，本指标适用于剧场项目
2	地下部分	36 617	地下4层	框架结构	精装修	2016-11-09—2019-06-28	157 912 700.00	4 312.55	按照建筑面积计算指标，本指标适用于剧场项目
3	合计						401 783 219.13	6 809.89	

5.2 单项工程造价指标分析表

表 5 地下室工程造价指标分析

单项工程名称：地下室　　业态类型：公共建筑-剧院地下室

单项工程规模：36 617 m²　　层数：地下 4 层，地上 7 层

装配率：0%　　绿建星级：/

地基处理方式：桩基础　　基坑支护方式：护壁喷射混凝土

基础形式：桩基础　　计税方式：增值税

序号	单位工程名称	规模/m²	造价/元	其中/元				单位指标/（元/m²）	占比	指标分析和说明
				分部分项	措施项目	其他项目	税金			
1	建筑与装饰工程	36 617	61 847 458.3	45 677 118.4	2 562 426.486	3 980 494.565	5 924 220.446	1 689.04	15.39%	按照建筑面积计算指标，地下和地上已经综合考虑
2	强电工程	36 617	18 135 991.08	13 741 672.36	807 144.645 9	1 631 950.565	1 797 260.376	495.29	4.51%	按照建筑面积计算指标，地下和地上已经综合考虑

续表

序号	单位工程名称	规模/m^2	造价/元	其中/元				单位指标/(元/m^2)	占比	指标分析和说明
				分部分项	措施项目	其他项目	税金			
3	给排水工程	36 617	2 445 976.035	1 848 669.359	111 601.547 1	211 196.857 7	242 394.020 4	66.80	0.61%	按照建筑面积计算指标，地下和地上已经综合考虑
4	消防工程	36 617	14 052 060.37	10 376 233.5	821 713.408 2	1 219 837.568	1 392 546.515	383.76	3.50%	按照建筑面积计算指标，地下和地上已经综合考虑
5	弱电工程	36 617	8 376 190.814	6 271 307.068	424 807.433 6	750 728.641 6	830 072.957 6	228.75	2.08%	按照建筑面积计算指标，地下和地上已经综合考虑
6	空调工程	36 617	10 569 934.05	8 081 264.24	395 227.798 9	958 781.073 4	1 047 470.941	288.66	2.63%	按照建筑面积计算指标，地下和地上已经综合考虑
7	室内燃气工程	36 617	769 547.626	381 388.869 3	264 627.012 5	44 685.810 41	76 261.474 94	21.02	0.19%	按照建筑面积计算指标，地下和地上已经综合考虑
8	电梯工程	36 617	5 815 185.031	4 722 962.25		515 943.180 8	576 279.599 7	158.81	1.45%	按照建筑面积计算指标，地下和地上已经综合考虑
9	基坑	36 617	29 508 808	24 787 008.11	1 911 342.15		2 924 296.29	805.88	7.34%	按照建筑面积计算指标，地下和地上已经综合考虑
10	临时用电工程	36 617	246 136.687 4	137 669.667 2	3 633.231 834	17 292.936 81	24 391.924 25	6.72	0.06%	按照建筑面积计算指标，地下和地上已经综合考虑
11	高低压配电	36 617	6 145 412.026	5 536 407.23			609 004.796	167.83	1.53%	按照建筑面积计算指标，地下和地上已经综合考虑

表 6　地上工程造价指标分析

单项工程名称：剧场地上　　　　业态类型：公共建筑-剧院地上
单项工程规模：22 383 m^2　　　　层数：地上 7 层
装配率：0%　　　　绿建星级：/
地基处理方式：桩基础　　　　基坑支护方式：护壁喷射混凝土
基础形式：桩基础　　　　计税方式：增值税

序号	单位工程名称	规模/m^2	造价/元	其中/元				单位指标/(元/m^2)	占比	指标分析和说明
				分部分项	措施项目	其他项目	税金			
1	建筑与装饰工程	22 383	37 805 709.34	27 921 209.85	1 566 343.28	2 433 170.65	3 621 318.68	1 689.04	9.41%	按照建筑面积计算指标，地下和地上已经综合考虑
2	钢结构工程	22 383	25 673 102.12	19 669 097.06	766 306.62	2 288 997.43	2 544 181.29	1 146.99	6.39%	按照建筑面积计算指标，地下和地上已经综合考虑
3	幕墙工程	22 383	34 572 383.44	27 181 824.40	660 310.97	2 618 468.07	3 426 092.05	1 544.58	8.60%	按照建筑面积计算指标，仅有地上

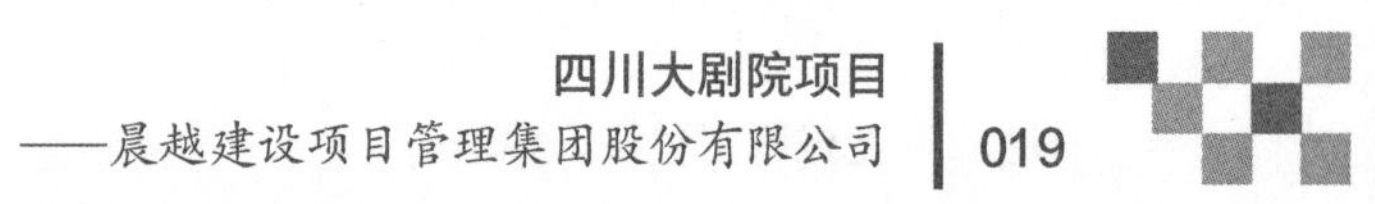

续表

序号	单位工程名称	规模/m²	造价/元	其中/元				单位指标/（元/m²）	占比	指标分析和说明
				分部分项	措施项目	其他项目	税金			
4	强电工程	22 383	11 086 049.88	8 399 919.50	493 386.09	997 568.06	1 098 617.55	495.29	2.76%	按照建筑面积计算指标，地下和地上已经综合考虑
5	给排水工程	22 383	1 495 160.21	1 130 042.50	68 219.06	129 099.03	148 169.03	66.80	0.37%	按照建筑面积计算指标，地下和地上已经综合考虑
6	消防工程	22 383	8 589 651.46	6 342 716.08	502 291.59	745 654.32	851 226.72	383.76	2.14%	按照建筑面积计算指标，地下和地上已经综合考虑
7	弱电工程	22 383	5 120 143.08	3 833 483.52	259 673.51	458 900.49	507 401.56	228.75	1.27%	按照建筑面积计算指标，地下和地上已经综合考虑
8	空调工程	22 383	6 461 120.08	4 939 862.29	241 592.26	586 077.42	640 291.18	288.66	1.61%	按照建筑面积计算指标，地下和地上已经综合考虑
9	室内燃气工程	22 383	470 404.03	381 388.87	264 627.01	44 685.81	76 261.47	21.02	0.12%	按照建筑面积计算指标，地下和地上已经综合考虑
10	电梯工程	22 383	3 554 668.23	4 722 962.25		515 943.18	576 279.60	158.81	0.88%	按照建筑面积计算指标，地下和地上已经综合考虑
11	临时用电工程	22 383	150 456.82	137 669.67	3 633.23	17 292.94	24 391.92	6.72	0.04%	按照建筑面积计算指标，地下和地上已经综合考虑
12	精装修	59 000	53 492 750.28	48 191 666.92			5 301 083.36	906.66	13.31%	按照建筑面积计算指标，地下和地上已经综合考虑
13	舞台机械	59 000	21 307 286.00	19 195 753.15			2 111 532.85	361.14	5.30%	按照建筑面积计算指标，地下和地上已经综合考虑
14	高低压配电	36 617	3 756 527.22	5 536 407.23			609 004.80	102.59	0.93%	按照建筑面积计算指标，地下和地上已经综合考虑
15	座椅舞台反声罩	59 000	5 580 170.00	5 027 180.18			552 989.82	94.58	1.39%	按照建筑面积计算指标，地下和地上已经综合考虑
16	舞台灯光音响	59 000	20 285 558.93	18 275 278.32			2 010 280.61	343.82	5.05%	按照建筑面积计算指标，地下和地上已经综合考虑

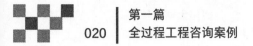

5.3 单项工程主要工程量指标分析表

表 7 单项工程主要工程量指标分析

单项工程名称：四川大剧院建设项目　　业态类型：公共建筑-剧院

建筑面积：59 000 m^2　　座位数：2 051

序号	工程量名称	工程量	单位	指标	指标分析和说明
1	土石方开挖	1 888 855.75	m^3	920.94	按照座位数分摊，适用于剧场项目参考指标
2	桩	5 890.2	m	2.87	按照座位数分摊，适用于剧场项目参考指标
3	护壁	12 022.58	m^2	5.86	按照座位数分摊，适用于剧场项目参考指标
4	预应力锚索	22 617	m	11.03	按照座位数分摊，适用于剧场项目参考指标
5	钢筋	622.27	t	0.3	按照座位数分摊，适用于剧场项目参考指标
6	预应力钢绞线	102.75	t	0.05	按照座位数分摊，适用于剧场项目参考指标
7	土石方工程	5 477	m^3	2.67	按照座位数分摊，适用于剧场项目参考指标
8	混凝土	54 980.52	m^3	26.81	按照座位数分摊，适用于剧场项目参考指标
9	钢筋	4 990.75	t	2.43	按照座位数分摊，适用于剧场项目参考指标
10	砌筑工程	12 572.95	m^3	6.13	按照座位数分摊，适用于剧场项目参考指标
11	金属工程	25 020	m^2	12.2	按照座位数分摊，适用于剧场项目参考指标
12	门窗工程	4 374	m^2	2.13	按照座位数分摊，适用于剧场项目参考指标
13	屋面及防水工程	91 862	m^2	44.79	按照座位数分摊，适用于剧场项目参考指标
14	保温	31 547	m^2	15.38	按照座位数分摊，适用于剧场项目参考指标
15	楼地面装饰	103 882	m^2	50.65	按照座位数分摊，适用于剧场项目参考指标
16	钢结构	2 304.94	t	1.12	按照座位数分摊，适用于剧场项目参考指标
17	幕墙	19 627	m^2	9.57	按照座位数分摊，适用于剧场项目参考指标
18	模板	233 744	m^2	113.97	按照座位数分摊，适用于剧场项目参考指标
19	天棚工程	63 229	m^2	30.83	按照座位数分摊，适用于剧场项目参考指标
20	油漆工程	59 142	m^2	28.84	按照座位数分摊，适用于剧场项目参考指标
21	座椅	2 051	座	1	按照座位数分摊，适用于剧场项目参考指标

青岛国际院士港二期项目

——中国建筑西南设计研究院有限公司

◎ 董立，张镭宝，王斐，胡超，高星，王艺萱，向军，李林芸，朱意萍

1　项目概况

1.1　项目基本信息

青岛国际院士港二期项目坐落于山东省青岛市李沧区东部金水路以南、东川路以东、东九路以北、李村河以西地区。规划净用地面积约 12 万 m^2，总建筑面积约 88 万 m^2。其中，地上建筑面积约 35.4 万 m^2，地下建筑面积约 52.6 万 m^2。地上建筑由院士楼、住宅楼、工程技术中心组成，共计 25 栋单体（其中工程技术中心为超高层，楼层 38 层，高度约 158 m）；地下室（含人防）为 6 层，局部为 4 层，由实验室、地下停车场、仓储和配套用房组成。项目采用单价合同类型，清单计价模式。可研批复总投资 124 亿元，建设工期 30 个月。

1.2　项目特点

青岛国际院士港二期项目是李沧区为助推新旧动能转换，助力经济发展腾飞的重要举措之一。项目突出“高精尖缺”导向，在全球范围招纳院士开展科学研究和成果转化，构建以高端人才为支撑的现代产业体系和区域创新体系，打造国内首家以原始创业为服务内容的高端园区。

本项目中应用了大量新技术，如被动式房屋、废热利用系统、能源站、BIM 技术等。此外，本项目是青岛市首次利用地下 6 层做科研实验室及仓储使用，地下深度达 26.7 m，在国内无同类项目借鉴，项目整体难度大。

2　咨询服务范围及组织模式

2.1　咨询服务的业务范围

（1）协助建设单位对本项目 C4 地块施工阶段造价进行控制，编制项目资金计划，处理项目签证、认质核价、设计变更、进度款审核等，提出相应的控制措施，阶段性地进行动态成本分析，为建设单位提供与工程建设相关的造价信息服务。

（2）服务过程中，根据建设单位委托编制招标工程量清单、招标控制价和变更项目引起的重新计量工作。

（3）竣工验收及移交使用阶段，根据承建单位上报的竣工结算资料，负责项目结算资料完整性、真实性的审核并报相关部门审批，组织相关责任单位配合审计机关的审计工作。

2.2 咨询服务的组织模式

根据项目的特点、体量以及合同的约定，组建项目造价咨询团队，以保障该项目造价咨询工作的顺利进行。为保证业务质量，实施项目工作任务多重管理，本项目造价咨询团队内部组织模式如图 1 所示。

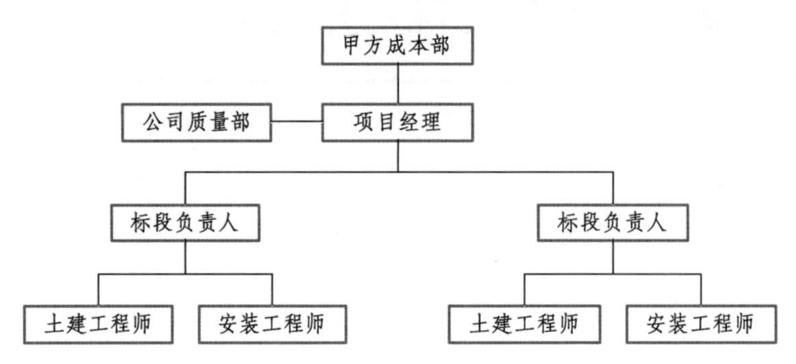

图 1 项目组织架构

2.3 咨询服务工作职责

本项目现场造价咨询组织分为项目经理、标段负责人、专业工程师三级，具体工作职责详见表 1。

表 1 各职位的岗位职责

序号	职位	岗位职责	备注
1	项目经理	负责组织造价咨询团队的工作，对甲方及公司负责，代表公司向甲方提供造价咨询成果文件，协调各方关系，及时反馈有关意见及处理存在的问题，负责统一咨询业务的技术条件，统一技术经济分析原则。负责工程造价业务中各子项、各标段之间的技术协调、组织管理、质量管理工作，进行成果文件的一级校对	
2	标段负责人	负责本标段全过程造价咨询工作的实施和质量管理工作，在项目经理领导下，组织本标段工程师完成具体业务的实施，动态掌握本标段人员任务分配，完成进程成果文件自校和互校	
3	专业工程师	负责土建、安装专业现场收方、工程签证审核、工程认质认价审核、进度款审核等标段负责人分配的工作，依据造价咨询业务要求，执行作业计划，遵守有关业务的标准和原则，对所承担的工作质量和进度负责，完成的造价成果符合规定要求，内容表述清晰规范	

3 咨询服务的运作过程

3.1 咨询服务的理念及思路

施工阶段是实现投资及决策意图的阶段，是工程建设周期中工作量最大，投入的人力、物力和财力最多，工程管理难度最大的时期，同时也是投资控制难度最大和工作量最大的时期。要实施以成本目标控制为核心的项目管理，把建设工程造价控制在预计的目标内，随时纠正发生的偏差，以保证项目管理目标的实现，实现整个建设项目工程造价有效控制与调整，缩小投资偏差，控制投资风险，协助建设单位进行建设投资的控制。更要立足于事前控制、主动控制，要主动影响设计、施工。重点对以下 3 方面进行控制：

（1）严格执行变更审批流程：为有效控制造价，要严格控制变更的审批流程，变更发生前，应与施工、监理、设计等单位对变更产生的原因、必要性、技术可行性方面进行分析交流，并对因变更可

能发生的费用进行预估和测算，综合技术及造价两方面信息，并经甲方内部确认审批后，变更才能实施。

（2）动态成本控制：本项目在施工过程中建立了动态成本控制机制，编制动态成本分析表，实时统计项目实际成本，并与目标成本进行对比。当实际成本对比目标成本有超支风险时，及时进行预警、提出相关措施，确保项目实际成本在可控范围内。

（3）严格工程支付管理：对于工程款的支付管理，主要体现在对工程计量和工程进度款的审核，要依据合同、形象进度以及现场实际情况，严格审查和修正进度款工程量清单，建立工程款支付台账，重点审核进度款支付中的增减工程变更金额，审核是否有虚报、超报的项目，将审定完成的进度款计入台账。

3.2 咨询服务的方法及手段

（1）采用三级复核制度。

对所有成果文件实行“校对、审核、审定”的三级质量审核制度。成果文件初稿完成后，由项目团队的各标段负责人进行自校和互校，再交由项目经理统一校对，然后交由公司技术质量部进行审核，最后交由院技术管理团队进行审定。通过层层把关，找出存在的问题和缺漏，并通过编制人员的及时修正，保证了造价咨询成果的质量。校审控制流程如图2所示。

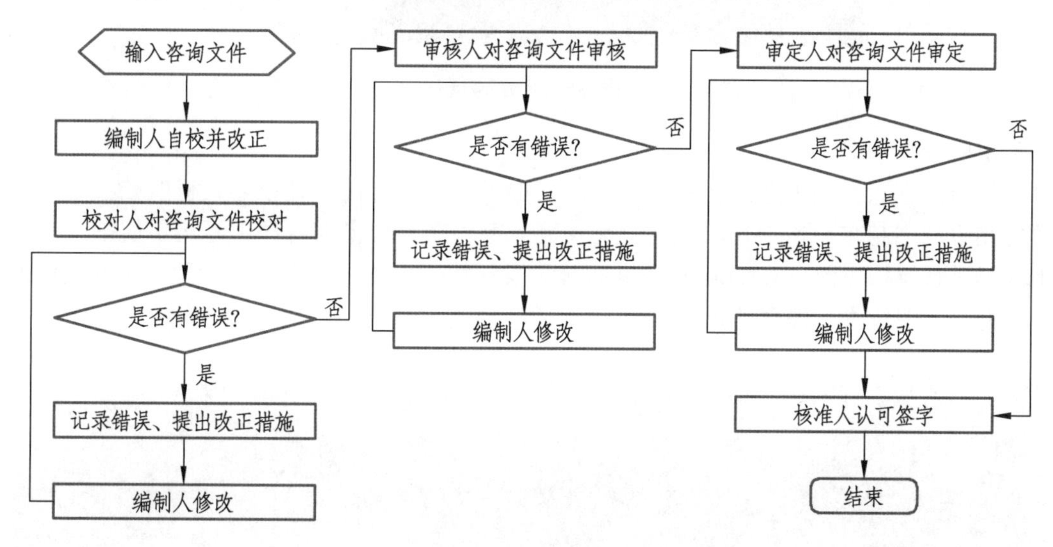

图2 校审控制流程

（2）对合同进行风险分析。

收集本项目合同、图纸以及相关建设工程的法律、法规及政策文件，对合同文件进行研究分析，为业主提供“歧义澄清”“错误修正”及“风险提示”。

（3）中标价复核。

根据招标控制价、中标清单、施工合同，按招标文件、招标基准期的政策文件、造价咨询合同或委托书及业主关于清标的管理办法要求，进行中标价的复核，检查有无漏项，复核安全文明施工费、其他措施费、规费及税金的计取，分析中标价与控制价的差异，形成对比表，并就以上内容同承建单位核对，对发现的有歧义的问题及时澄清，给出投资控制建议，作为项目造价控制目标和进度支付的依据。

（4）重新计量。

在项目招标完成后，建设单位对项目功能、规模进行了调整及优化。根据优化后的施工图、已标价工程量清单，利用建模软件对项目重新算量，在重新计量过程中发现图纸的设计问题可及时通过设

计变更的形式进行事前控制，减少施工后发现问题并调整造成的签证，并及时发现中标工程量清单中有偏差的工程量，修正造价目标，避免在过程中资金超付。

（5）借助 BIM 技术。

在项目造价管理过程中，既要使用传统手段控制造价，更要借助新技术、新手段控制造价，本项目采用了 BIM 技术，充分考虑现场实际，根据机电构件安装、操作、检修的空间要求，进行施工管综深化模型的创建，提前发现并解决管道的交叉碰撞问题，使管道排布错落有序、走向合理、安装美观，并在满足净高要求的同时减少了管道的翻弯次数。通过 BIM 技术的应用（图 3），提前预估、测算对成本有影响的问题，主动影响设计文件，有效减少了施工阶段签证变更的发生，节约了造价。

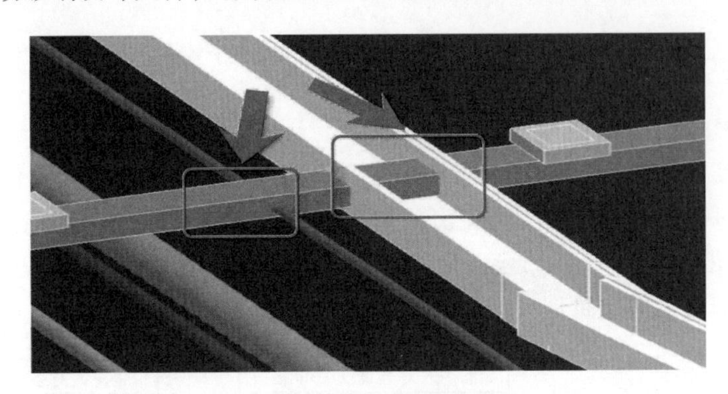

图 3　BIM 碰撞

（6）采用航拍技术。

为贯彻发展新理念，国内建筑行业已加快步伐进入信息化时代，其中无人机航拍技术在建筑工程管理中的应用也越来越多。本项目顺应信息化发展大势，在造价咨询管理中运用了航拍技术，通过定期对施工现场进行航拍（图 4），能够快速获得施工现场第一手资料，为造价管理决策提供依据，在一定程度上降低了管理成本，提高了管理效率。

图 4　现场航拍

（7）编制资金使用计划。

根据目标成本，编制资金使用计划（图 5），按施工承包合同分别将造价分解到分项或分部工程。随时掌握资金使用情况，并及时对资金投入和使用进行动态控制。

青岛国际院士港二期项目_2021年7月资金计划表

序号	合同名称	签订合同单位	合同付款约定	合同金额（万元）	阶段/结算产（万元）	合同付款比例	已付款（万元） 已付款	已付款（万元） 已付款小计	应付款（万元）	7月付款计划（万元）	付款后比例
							518,165.54	520,410.03	27,892.3	4,800.0(	#DIV/0
二	总包类工程合同			420,027.1339	514,587.9329		406,389.4879	408,653.9365	17,411.6776	1,500.0000	
2	二标段总包合同	青岛一建集团有限公司	月度70%进度款；地下结构和主体结构封顶后80%进度款；竣工结算后付至审计值的97%；财务决算后且提供质量保函或保险后付至财务决算审批值的100%。	106,488.6701	95,275.0500	分示	72,000.0000	72,000.0000	1,370.6940	500.0000	76.10%
2.1	安全文明施工措施费				3,978.0500	100%			3,978.0500		
2.2	结构工程费				29,822.5500	80%			23,858.0400		
2.3	装饰安装工程费				30,669.5700	70%			21,468.6990		
2.4	其他项目工程费				9,831.2300	70%			7,286.9850		
2.5	专业暂估价工程费				20,973.6500	80%			16,778.9200		
3	三标段总包合同（一）	上海宝冶集团有限公司	月度80%进度款；地下结构和主体结构封顶后85%进度款；竣工结算后付至审计值的90%；财务决算后且提供质量保函或保险后付至财务决算审批值的100%。	82,935.6713	99,968.8000	分示	77,920.0000	77,920.0000	3,956.7460	400.0000	78.34%
3.1	安全文明施工措施费				3,162.2700	100%			3,162.2700		
3.2	结构工程费				25,385.0400	85%			21,577.2840		
3.3	装饰安装工程费				24,396.6200	80%			19,517.2960		
3.4	其他项目工程费				25,699.9400	80%			20,559.9520		
3.5	专业暂估价工程费				21,324.9300	80%			17,059.9440		
4	三标段总包合同（二）	青建股份有限公司	月度80%进度款；地下结构和主体结构封顶后85%进度款；竣工结算后付至审计值的90%；财务决算后且提供质量保函或保险后付至财务决算审批值的100%。	55,290.4476	53,396.7300	分示	44,100.0000	44,100.0000	-129.5700	600.0000	83.71%
4.1	安全文明施工措施费				2,108.1800	100%			2,108.1800		
4.2	结构工程费				16,628.2000	85%			14,133.9700		
4.3	装饰安装工程费				16,623.5300	80%			13,298.8240		
4.4	其他项目工程费				6,185.8600	80%			4,948.6880		
4.5	专业暂估价工程费				11,850.9600	80%			9,480.7680		

图 5　资金使用计划

（8）签证、认质认价管理。

签证的内容属于额外工作，责任方是签证是否成立的关键。为防止乱签证行为发生，规范了签证审批流程，要求签证方必须提供签证内容、签证原因、签证责任方及相关支持材料，做到材料齐全准确、内容完整、记录真实、说明详尽。

（9）协调争议。

协调甲方与承包商之间的争议，协助甲方处理合同纠纷，公正、合理地处理甲方和承包商提出的费用索赔，对索赔内容进行核定。

4　经验总结

4.1　咨询服务的实践成效

（1）施工阶段造价控制就是在施工阶段分解项目的投资控制目标，通过施工阶段实施过程的审核、控制，使得项目的造价控制在目标值内。本项目通过加强合同管理、严格把控设计变更、签证、认质核价、进度款的思路及手段，有效地将投资控制在目标之内，如图 6 所示。

青岛国际院士港院士研究院项目预估决算成本

建筑面积	地下	559,817.95		883,892.62	
序号	费用项目名称	124亿立项投资	单方造价	动态成本	单方造价
一	建设投资	1,169,538.26	12,570.75	931,654.03	10,540.35
C01	工程费用	806,843.08	8,672.33	562,231.76	6,360.86
C02	工程建设其他费	293,987.31	3,159.91	289,937.87	3,280.24
C03	预备费	68,707.87	738.50	79,484.40	899.25
二	建设期利息	62,107.50	667.56	78,469.12	887.77
三	流动资金	10,000.00	107.48	-	-
四	总投资	1,241,645.76	13,345.79	1,010,123.15	11,428.12

图 6　目标成本控制

（2）因本项目为李沧区重点工程，有着关键的时间节点，若按照正常施工则无法满足预定时间节点，需对工期进行优化，而工期优化势必带来人工、材料、机械的投入加大，成本的上涨，合同也没有工期优化相关条款，盲目施工只会给施工方和建设方带来成本和投资的风险。此时，我方协助建设单位根据施工单位提出的工期优化专项方案，对方案引起的人工、材料、机械及相关措施项目的额外投入进行测算分析，并开展市场调研，最终确定了经建设单位、施工单位、监理单位共同确认的《方案优化费审核计量计价表》（表 2），明确了计量计价原则，控制了各方的风险。

表 2　1#楼方案优化费审核计量计价

序号	事项	内容	计量方式	计价原则	计算
1	人工增加费		现场实际用工总工日数-原施组合理推算劳动力计划工日数	人工工日单价参考市场价，执行认质认价	（现场实际用工总工日数-原施组合理推算劳动力计划工日数）×认质认价
2	主要材料增加费	早强剂+防冻剂	根据建设单位下发的指令单开始，期间完成的形象进度对应的混凝土方量按实计算	材价信息	混凝土方量×材价信息
		泵送费租赁增加费用	根据在场实际租赁时间及费用优化方案对应增加的数量按实结算	参考市场价，执行认质认价	在场实际租赁时间×认质认价
		核心筒采用方钢加固	根据确定的方案及实际现场计量钢柱工程量	参考市场价，执行认质认价	钢柱工程量×认质认价
		提升防护架	根据优化方案，较原施组实际增加数量	参考市场价，执行认质认价	增加数量×认质认价
		盘扣架与钢管架租赁增加费	根据优化方案工期及建设单位确认对应租赁时间计算租赁费-同期间原施组对应的合同内模板支撑费用	参考市场价，执行认质认价	（根据优化方案工期及建设单位确认对应租赁时间计算租赁费-原施组对应的合同内支撑费用）×认质认价
3	机械费	T7020-12E 重型塔吊	根据优化方案，较原施组实际增加数量	对照合同价，如不同则进行认质认价按实计算	实际增加数量×对照合同价（如不同则进行认质认价按实计算）
		汽车吊	根据优化方案，现场确认增加的机械工作台班	参考市场价，执行认质认价/长期使用可参考包月价	工作台班×认质认价/包月
		运输车	根据优化方案，现场确认增加的机械工作台班	参考市场价，执行认质认价/长期使用可参考包月价	工作台班×认质认价/包月
		单梁吊	根据优化方案，现场确认增加的机械工作台班	参考市场价，执行认质认价/长期使用可参考包月价	工作台班×认质认价/包月
		高速人货电梯	根据优化方案，增加的机械数量，参照包月时间按实计算	参考市场价，执行认质认价/长期使用可参考包月价	包月时间×认质认价/包月

续表

序号	事项	内容	计量方式	计价原则	计算
4	模板周转增加费用		根据建设单位下发的指令单，期间完成的形象进度对应的模板数量	根据甲方确定的实际周转次数调整投标模板摊销系数计入	根据甲方确定的实际周转次数调整投标模板摊销系数计入-形象进度对应的中标模板周转次数费用
5	技术措施增加费	材料堆放架	因优化方案增加的堆放架，按照t计量	参考市场价，执行认质认价	增加的堆放架（t）×认质认价
		保湿系统——雾炮	因优化方案增加的台数，按实计算	参考市场价，执行认质认价	增加的台数×认质认价
		电热毯、电热带、暖风机、防火岩棉	因优化方案增加的工程量	参考市场价，执行认质认价	增加的工程量×认质认价
6	其他措施项目增加费用测算	材料加工区材料堆放场地租赁增加费	场地费	租赁单价	场地费×租赁单价
		租赁场地临时设施费	因优化方案增加的工程量，以及规费、安全文明施工费中的临时设施费不重复计取	市场价	因优化方案增加的工程量×市场价

（3）在项目的关键时期，面对施工现场条件复杂、工期紧张、施工难度大、周边环境复杂等诸多不利因素下，项目部积极协调各方关系，解决难题，保证了项目的进度和成本控制，受到了建设方的好评。

综上所述，本项目造价控制成效显著。

4.2 咨询服务的经验和不足

（1）注意各种来往资料的收发时间节点，按照规定的时间节点进行回复及处理，并以函件中的时间节点为依据，与其他签证变更资料进行时间上的符合性、合理性闭环审核。

（2）加强对合同的研究与管理，深入研读合同文件，明确参建各方的合同权利及义务，以合同为依据确定签证变更等事件的责任主体，签证变更、认质核价、进度款支付均需以合同为依据执行。

（3）进度款的审核不能单以施工方报送和监理签认的形象进度进行审核，还需到施工现场对实际形象进度进行复核，针对有问题的形象进度及时沟通各方进行确认，避免超付。

（4）技术和经济相结合是控制工程造价最有效的手段，长期以来技术人员缺乏经济观念，设计思路保守，缺乏节约投资的观念，在项目实施中应将组织、技术与经济有机地结合起来，通过经济分析、技术比较及效果评价，正确地处理技术先进与经济合理之间的对立统一关系。

（5）在资料管理方面还存在一些不足，本项目体量大、参建单位多、资料整理归类工作量大，需要花费大量的时间，因其他造价管理工作任务量大，导致资料的管理存在一定的不足，针对此项不足应制订资料管理目标，定期进行检查，并将资料管理工作落实到每个人。

5 项目主要经济技术指标

5.1 建设项目造价指标分析表

表 3 建设项目造价指标分析

项目名称：青岛国际院士港二期　　项目类型：公共建筑项目总部基地等办公项目

投资来源：政府　　项目地点：山东省青岛市李沧区

总建筑面积：386 730.94 m²　　功能规模：无

承发包方式：施工总承包　　造价类别：中标价

开工日期：2019 年 6 月　　竣工日期：2022 年 6 月

序号	单项工程名称	规模/m²	层数	结构类型	装修档次	计价期	造价/元	单位/（元/m²）	指标分析和说明
1	1#楼	74 701.38	38	框架核心筒	清水房	2018 年第 12 期	352 151 516.4	4 714.12	2013 清单，2016 定额
2	2#楼	13 947.71	23	框剪结构	清水房	2018 年第 12 期	62 619 058.2	4 489.56	2013 清单，2016 定额
3	3#楼	12 600.04	20	框剪结构	清水房	2018 年第 12 期	54 504 351.28	4 325.73	2013 清单，2016 定额
4	4#楼	10 936.93	21	框剪结构	清水房	2018 年第 12 期	55 172 493.41	5 044.61	2013 清单，2016 定额
5	5#楼	11 087.85	10	框剪结构	清水房	2018 年第 12 期	66 350 953.61	5 984.11	2013 清单，2016 定额
6	6#楼	7 262.28	5	框架结构	清水房	2018 年第 12 期	74 262 804.33	10 225.82	2013 清单，2016 定额
7	7#楼	12 836.08	10	框剪结构	清水房	2018 年第 12 期	74 210 393.48	5 781.39	2013 清单，2016 定额
8	8#楼	12 308.76	10	框架结构	清水房	2018 年第 12 期	72 663 159.2	5 903.37	2013 清单，2016 定额
9	9#楼	5 145.18	5	框架结构	清水房	2018 年第 12 期	57 652 773.83	11 205.2	2013 清单，2016 定额
10	10#楼	11 961.67	10	框架结构	清水房	2018 年第 12 期	75 120 292.96	6 280.08	2013 清单，2016 定额
11	11#楼	15 033.84	12	框剪结构	清水房	2018 年第 12 期	78 366 772.41	5 212.69	2013 清单，2016 定额
12	C4 地块地下	198 909.22	4	框剪结构	清水房	2018 年第 12 期	1 378 616 061	6 930.88	2013 清单，2016 定额
13	合计	386 730.94					2 401 690 630	6 210.24	

注：① 本表选择了本项目的部分单项工程。

② 地基处理方式：换填垫层；基坑支护方式：桩+预应力锚杆。

5.2 单项工程造价指标分析表（房屋建筑类）

表 4 1#楼工程造价指标分析

单项工程名称：1#楼　　业态类型：酒店大楼

单项工程规模：74 701.38 m²　　层数：38

装配率：0　　绿建星级：无

地基处理方式：无　　基坑支护方式：无

基础形式：无　　计税方式：一般计税

序号	单位工程名称	规模/m²	造价/元	其中/元				单位指标/（元/m²）	占比	指标分析和说明
				分部分项	措施项目	其他项目	税金			
一	1#楼		352 151 516.43							
1	建筑工程	74 701.38	146 137 401.10	85 988 796.98	37 672 303.24	9 191 082.60	13 285 218.28	1 956.29	41.50%	
2	装饰工程	74 701.38	58 622 193.62	47 653 325.40	2 316 439.46	3 323 138.43	5 329 290.33	784.75	16.65%	
3	给排水工程	74 701.38	4 371 103.26	2 902 732.80	671 346.98	292 115.98	397 373.02	58.51	1.24%	
4	消防水预留预埋	74 701.38	216 475.48	142 631.11	38 888.07	15 276.71	19 679.59	2.90	0.06%	

续表

序号	单位工程名称	规模/m²	造价/元	其中/元				单位指标/（元/m²）	占比	指标分析和说明
5	消防电预留预埋	74 701.38	1 261 455.93	855 921.11	204 060.30	86 796.71	114 677.81	16.89	0.36%	
6	智能化工程	74 701.38	3 330 850.73	2 339 937.42	462 508.83	225 599.87	302 804.61	44.59	0.95%	
7	新风、空调、通风排烟系统	74 701.38	21 456 284.66	13 183 690.88	3 094 076.08	1 346 167.16	1 950 571.33	287.23	6.09%	
8	电气工程	74 701.38	11 239 535.14	6 561 998.75	950 354.11	583 901.14	1 021 775.92	150.46	3.19%	
9	门窗工程	74 701.38	1 664 792.14	1 421 749.32	9 143.16	96 439.76	137 459.90	22.29	0.47%	
10	幕墙工程	74 701.38	55 774 100.24	48 205 695.21	0.00	2 963 204.09	4 605 200.94	746.63	15.84%	
11	电梯工程	74 701.38	13 391 808.82	13 391 808.82	0.00	0.00	1 205 262.79	179.27	3.80%	
12	智能化工程	74 701.38	15 165 883.43	3 834 148.06	397 447.95	328 685.72	1 252 228.91	203.02	4.31%	
13	消防工程	74 701.38	15 444 366.98	1 337 594.72	294 759.92	133 330.79	133 330.79	206.75	4.39%	
14	配电箱工程	74 701.38	4 075 264.90	3 738 775.14	0.00	0.00	336 489.76	54.55	1.16%	

表 5　2#楼工程造价指标分析

单项工程名称：2#楼　　业态类型：公寓

单项工程规模：13 947.71 m²　　层数：23

装配率：0　　绿建星级：无

地基处理方式：无　　基坑支护方式：无

基础形式：无　　计税方式：一般计税

序号	单位工程名称	规模/m²	造价/元	其中/元				单位指标/（元/m²）	占比	指标分析和说明
				分部分项	措施项目	其他项目	税金			
一	2#楼		62 619 058.12							
1	建筑工程	13 947.71	27 019 396.70	15 120 413.43	7 751 434.05	1 691 240.43	2 456 308.79	1 937.19	43.15%	
2	装饰工程	13 947.71	9 137 823.73	7 146 209.68	618 400.83	542 501.97	830 711.25	655.15	14.59%	
3	电气工程	13 947.71	2 645 456.54	1 949 504.54	150 696.83	165 535.25	240 496.05	189.67	4.22%	
4	通风空调系统	13 947.71	14 075.14	8 356.40	741.17	960.78	1 279.56	1.01	0.02%	
5	给排水工程	13 947.71	1 695 637.48	1 307 978.89	117 821.07	115 688.66	154 148.86	121.57	2.71%	
6	采暖工程	13 947.71	1 250 301.11	979 683.63	73 853.34	83 100.40	113 663.74	89.64	2.00%	
7	弱电预留预埋	13 947.71	302 484.49	222 524.99	30 739.40	21 721.51	27 498.59	21.69	0.48%	
8	消防电预留预埋	13 947.71	232 782.70	177 646.50	17 877.19	16 096.95	21 162.06	16.69	0.37%	
9	消火栓预留预埋	13 947.71	25 422.53	18 761.02	2 367.67	1 982.70	2 311.14	1.82	0.04%	
10	门窗工程	13 947.71	3 257 972.35	2 791 543.91	11 324.93	186 096.62	269 006.89	233.58	5.20%	
11	幕墙工程	13 947.71	12 789 024.36	11 053 585.93	0.00	679 463.94	1 055 974.49	916.93	20.42%	
12	电梯工程	13 947.71	1 195 303.53	1 195 303.53	0.00	0.00	107 577.32	85.70	1.91%	
13	智能化工程	13 947.71	1 324 255.10	761 656.17	280 175.95	61 556.82	109 342.17	94.94	2.11%	
14	消防工程	13 947.71	1 106 538.97	859 813.80	76 754.75	74 312.78	91 365.60	79.33	1.77%	
15	配电箱工程	13 947.71	622 583.39	533 925.43	0.00	37 251.99	51 405.97	44.64	0.99%	

表 6 3#楼工程造价指标分析

单项工程名称：3#楼　　业态类型：公寓
单项工程规模：12 600.04 m²　　层数：20
装配率：0　　绿建星级：无
地基处理方式：无　　基坑支护方式：无
基础形式：无　　计税方式：一般计税

序号	单位工程名称	规模/m²	造价/元	其中/元				单位指标/（元/m²）	占比	指标分析和说明
				分部分项	措施项目	其他项目	税金			
一	3#楼		54 504 351.28							
1	建筑工程	12 600.04	22 705 118.24	13 136 235.05	6 088 343.85	1 416 437.68	2 064 101.66	1 801.99	41.66%	
2	装饰工程	12 600.04	8 386 764.06	6 599 182.94	532 050.44	492 897.58	762 433.10	665.61	15.39%	
3	电气工程	12 600.04	2 383 256.21	1 757 884.11	134 952.25	149 105.26	216 659.66	189.15	4.37%	
4	通风空调系统	12 600.04	4 254.82	778.69	62.23	89.87	386.80	0.34	0.01%	
5	给排水工程	12 600.04	1 348 983.58	1 037 554.72	96 717.58	92 076.41	122 634.87	107.06	2.48%	
6	采暖工程	12 600.04	1 152 405.12	903 075.15	67 975.69	76 590.18	104 764.10	91.46	2.11%	
7	弱电预留预埋	12 600.04	282 168.60	207 646.32	28 602.50	20 268.09	25 651.69	22.39	0.52%	
8	消防电预留预埋	12 600.04	207 805.37	156 685.01	17 843.52	14 385.44	18 891.40	16.49	0.38%	
9	消火栓预留预埋	12 600.04	24 081.44	17 762.14	2 241.56	1 888.52	2 189.22	1.91	0.04%	
10	门窗工程	12 600.04	3 101 263.12	2 657 673.83	10 492.60	177 029.09	256 067.60	246.13	5.69%	
11	幕墙工程	12 600.04	10 890 024.49	9 412 275.57	0.00	578 572.59	899 176.33	864.28	19.98%	
12	电梯工程	12 600.04	876 478.12	876 478.12	0.00	0.00	78 883.03	69.56	1.61%	
13	智能化工程	12 600.04	1 383 237.41	795 774.65	57 065.40	65 670.34	114 212.26	109.78	2.54%	
14	消防工程	12 600.04	898 224.53	695 025.27	64 470.80	60 271.09	74 165.33	71.29	1.65%	
15	配电箱工程	12 600.04	860 286.17	737 778.56	0.00	51 474.81	71 032.80	68.28	1.58%	

表 7 4#楼工程造价指标分析

单项工程名称：4#楼　　业态类型：公寓
单项工程规模：10 936.93 m²　　层数：21
装配率：0　　绿建星级：无
地基处理方式：无　　基坑支护方式：无
基础形式：无　　计税方式：一般计税

序号	单位工程名称	规模/m²	造价/元	其中/元				单位指标/（元/m²）	占比	指标分析和说明
				分部分项	措施项目	其他项目	税金			
一	4#楼		55 172 493.41							
1	建筑工程	10 936.93	20 200 752.94	12 510 038.66	4 600 701.92	1 253 580.27	1 836 432.09	1 847.02	36.61%	
2	装饰工程	10 936.93	7 637 057.16	6 088 183.89	400 822.49	453 772.86	694 277.92	698.28	13.84%	
3	电气工程	10 936.93	1 987 911.61	1 433 572.51	119 254.45	122 469.02	180 719.24	181.76	3.60%	
4	通风空调系统	10 936.93	4 771.15	2 116.42	437.56	231.71	433.74	0.44	0.01%	
5	给排水工程	10 936.93	1 337 126.34	971 384.79	150 610.91	93 573.70	121 556.94	122.26	2.42%	

续表

序号	单位工程名称	规模/m²	造价/元	其中/元				单位指标/（元/m²）	占比	指标分析和说明
				分部分项	措施项目	其他项目	税金			
6	采暖工程	10 936.93	4 136 357.92	3 187 588.03	294 097.36	278 639.99	376 032.54	378.20	7.50%	
7	塔楼弱电预留预埋	10 936.93	182 008.71	134 731.39	17 951.62	12 779.45	16 546.25	16.64	0.33%	
8	塔楼消防电预留预埋	10 936.93	172 130.13	133 230.52	11 745.01	11 506.41	15 648.19	15.74	0.31%	
9	消火栓预留预埋	10 936.93	14 369.34	10 626.92	1 426.21	1 009.91	1 306.30	1.31	0.03%	
10	门窗工程	10 936.93	2 384 592.60	2 044 640.88	7 262.17	135 796.58	196 892.97	218.03	4.32%	
11	幕墙工程	10 936.93	13 459 985.83	11 633 499.64	0.00	715 111.21	1 111 374.98	1 230.69	24.40%	
12	电梯工程	10 936.93	648 968.00	648 968.00	0.00	0.00	58 407.12	59.34	1.18%	
13	消防水喷淋工程	10 936.93	1 127 319.16	871 190.57	86 116.53	76 930.66	93 081.40	103.07	2.04%	
14	消防报警电气工程	10 936.93	350 142.19	263 785.92	29 436.86	23 690.01	28 910.82	32.01	0.63%	
15	智能化工程	10 936.93	1 252 074.10	498 928.26	41 368.49	42 207.69	103 382.27	114.48	2.27%	
16	配电箱工程	10 936.93	276 926.23	237 491.02	0.00	16 569.74	22 865.47	25.32	0.50%	

表 8　5#楼工程造价指标分析

单项工程名称：5#楼　　业态类型：科研楼
单项工程规模：11 087.85 m²　　层数：10
装配率：0　　绿建星级：无
地基处理方式：无　　基坑支护方式：无
基础形式：无　　计税方式：一般计税

序号	单位工程名称	规模/m²	造价/元	其中/元				单位指标/（元/m²）	占比	指标分析和说明
				分部分项	措施项目	其他项目	税金			
一	5#楼		66 350 953.61							
1	建筑工程	11 087.85	15 914 455.02	8 543 692.34	4 921 107.17	1 002 886.87	1 446 768.64	1 435.31	23.99%	
2	装饰工程	11 087.85	15 331 227.60	12 718 026.48	369 821.97	849 631.19	1 393 747.96	1 382.71	23.11%	
3	电气工程	11 087.85	1 393 627.49	991 007.83	41 832.29	79 611.25	126 693.41	125.69	2.10%	
4	通风空调系统	11 087.85	2 333 279.94	1 559 017.48	114 235.37	138 089.77	212 116.36	210.44	3.52%	
5	给排水工程	11 087.85	282 078.26	223 078.49	14 079.07	19 077.22	25 643.48	25.44	0.43%	
6	塔楼弱电预留预埋	11 087.85	277 644.99	219 900.21	13 541.76	18 962.57	25 240.45	25.04	0.42%	
7	塔楼消防电预留预埋	11 087.85	212 611.56	167 048.96	11 541.57	14 692.71	19 328.32	19.18	0.32%	
8	消防水预留预埋	11 087.85	8 762.01	6 595.77	559.19	810.50	796.55	0.79	0.01%	
9	门窗工程	11 087.85	345 075.74	295 405.73	1 390.29	19 787.23	28 492.49	31.12	0.52%	
10	幕墙工程	11 087.85	23 571 560.40	20 372 958.97	0.00	1 252 325.80	1 946 275.63	2 125.89	35.53%	
11	电梯工程	11 087.85	1 871 614.31	1 871 614.31	0.00	0.00	168 445.29	168.80	2.82%	
12	智能化工程	11 087.85	2 373 643.29	831 879.99	27 932.77	65 767.14	195 988.90	214.08	3.58%	
13	消防工程	11 087.85	1 979 067.17	1 578 048.09	99 741.69	133 576.14	163 409.21	178.49	2.98%	
14	配电箱工程	11 087.85	456 305.83	418 629.20	0.00	0.00	37 676.63	41.15	0.69%	

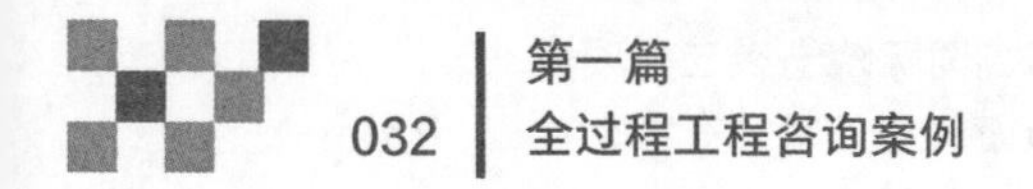

表 9 6#楼工程造价指标分析

单项工程名称：6#楼　　业态类型：科研楼

单项工程规模：7 262.28 m²　　层数：5

装配率：0　　绿建星级：无

地基处理方式：无　　基坑支护方式：无

基础形式：无　　计税方式：一般计税

序号	单位工程名称	规模/m²	造价/元	其中/元				单位指标/（元/m²）	占比	指标分析和说明
				分部分项	措施项目	其他项目	税金			
一	6#楼		74 262 804.33							
1	建筑工程	7 262.28	10 934 371.34	6 268 987.85	2 995 133.91	676 215.82	994 033.76	1 505.64	14.72%	
2	装饰工程	7 262.28	9 097 112.29	7 543 697.63	223 896.84	502 507.61	827 010.21	1 252.65	12.25%	
3	电气工程	7 262.28	895 271.64	646 828.07	17 519.54	51 087.43	81 388.33	123.28	1.21%	
4	通风空调系统	7 262.28	1 213 518.14	844 365.22	43 873.44	73 136.35	110 319.83	167.10	1.63%	
5	给排水工程	7 262.28	278 083.73	224 308.99	9 691.01	18 803.39	25 280.34	38.29	0.37%	
6	塔楼弱电预留预埋	7 262.28	217 183.54	175 505.01	7 101.52	14 833.05	19 743.96	29.91	0.29%	
7	塔楼消防电预留预埋	7 262.28	111 180.44	89 123.49	4 158.17	7 791.47	10 107.31	15.31	0.15%	
8	消防水预留预埋	7 262.28	5 788.79	4 416.96	243.86	601.72	526.25	0.80	0.01%	
9	门窗工程	7 262.28	815 529.45	696 072.43	4 762.90	47 356.83	67 337.29	112.30	1.10%	
10	幕墙工程	7 262.28	46 776 075.25	40 428 679.56	0.00	2 485 150.94	3 862 244.75	6 440.96	62.99%	
11	电梯工程	7 262.28	1 000 600.70	1 000 600.70	0.00	0.00	90 054.06	137.78	1.35%	
12	智能化工程	7 262.28	1 284 974.77	431 432.43	14 289.21	34 062.55	106 098.83	176.94	1.73%	
13	消防工程	7 262.28	1 348 021.35	1 060 221.14	69 422.89	89 931.20	111 304.52	185.62	1.82%	
14	配电箱工程	7 262.28	285 092.90	261 553.12	0.00	0.00	23 539.78	39.26	0.38%	

表 10 7#楼工程造价指标分析

单项工程名称：7#楼　　业态类型：科研楼

单项工程规模：12 836.08 m²　　层数：10

装配率：0　　绿建星级：无

地基处理方式：无　　基坑支护方式：无

基础形式：无　　计税方式：一般计税

序号	单位工程名称	规模/m²	造价/元	其中/元				单位指标/（元/m²）	占比	指标分析和说明
				分部分项	措施项目	其他项目	税金			
一	7#楼		74 210 393.48							
1	建筑工程	12 836.08	19 284 762.48	10 664 295.53	5 648 643.75	1 218 462.97	1 753 160.23	1 502.39	25.99%	
2	装饰工程	12 836.08	18 730 550.74	15 524 914.43	464 168.20	1 038 490.77	1 702 777.34	1 459.21	25.24%	
3	电气工程	12 836.08	1 700 893.43	1 199 331.84	73 423.91	98 252.39	154 626.68	132.51	2.29%	
4	通风空调系统	12 836.08	2 641 018.03	1 631 981.43	165 313.75	148 365.02	240 092.55	205.75	3.56%	
5	给排水工程	12 836.08	534 174.93	418 438.49	31 326.41	35 848.67	48 561.36	41.62	0.72%	
6	塔楼弱电预留预埋	12 836.08	370 853.76	287 844.93	24 160.08	25 134.77	33 713.98	28.89	0.50%	

续表

序号	单位工程名称	规模/m²	造价/元	其中/元				单位指标/（元/m²）	占比	指标分析和说明
				分部分项	措施项目	其他项目	税金			
7	塔楼消防电预留预埋	12 836.08	229 800.99	174 938.18	18 041.81	15 930.00	20 891.00	17.90	0.31%	
8	消防水预留预埋	12 836.08	9 067.44	6 595.77	814.95	832.41	824.31	0.71	0.01%	
9	门窗工程	12 836.08	166 565.84	142 535.72	710.14	9 566.84	13 753.14	12.98	0.22%	
10	幕墙工程	12 836.08	23 390 554.79	20 216 515.38	0.00	1 242 709.20	1 931 330.21	1 822.25	31.52%	
11	电梯工程	12 836.08	1 996 309.37	1 996 309.37	0.00	0.00	179 667.84	155.52	2.69%	
12	智能化工程	12 836.08	2 461 665.60	861 117.67	46 313.43	69 563.47	203 256.79	191.78	3.32%	
13	消防工程	12 836.08	1 989 781.41	344 175.60	27 255.30	30 069.42	36 521.31	155.01	2.68%	
14	配电箱工程	12 836.08	704 394.67	604 086.53	0.00	42 147.11	58 161.03	54.88	0.95%	

表 11　8#楼工程造价指标分析

单项工程名称：8#楼　　业态类型：科研楼

单项工程规模：12 308.76 m²　　层数：10

装配率：0　　绿建星级：无

地基处理方式：无　　基坑支护方式：无

基础形式：无　　计税方式：一般计税

序号	单位工程名称	规模/m²	造价/元	其中/元				单位指标/（元/m²）	占比	指标分析和说明
				分部分项	措施项目	其他项目	税金			
一	8#楼		72 663 159.20							
1	建筑工程	12 308.76	16 994 445.24	9 591 329.15	4 788 645.90	1 069 520.62	1 544 949.57	1 380.68	23.39%	
2	装饰工程	12 308.76	16 254 866.32	13 473 629.38	401 943.61	901 578.21	1 477 715.12	1 320.59	22.37%	
3	电气工程	12 308.76	1 624 651.23	1 154 512.66	56 968.17	92 371.41	147 695.57	131.99	2.24%	
4	通风空调系统	12 308.76	2 779 295.75	1 495 280.14	560 995.59	175 254.08	252 663.25	225.80	3.82%	
5	给排水工程	12 308.76	538 410.74	422 392.66	30 285.68	36 785.97	48 946.43	43.74	0.74%	
6	塔楼弱电预留预埋	12 308.76	347 818.64	277 324.17	15 799.76	23 074.83	31 619.88	28.26	0.48%	
7	塔楼消防电预留预埋	12 308.76	221 094.49	175 895.87	10 379.21	14 719.91	20 099.50	17.96	0.30%	
8	消防水预留预埋	12 308.76	7 870.49	6 058.29	545.40	551.30	715.50	0.64	0.01%	
9	门窗工程	12 308.76	167 014.45	142 897.84	727.57	9 598.86	13 790.18	13.57	0.23%	
10	幕墙工程	12 308.76	24 602 741.76	21 264 211.64	0.00	1 307 111.08	2 031 419.04	1 998.80	33.86%	
11	电梯工程	12 308.76	2 013 509.38	2 013 509.38	0.00	0.00	181 215.84	163.58	2.77%	
12	消防水喷淋工程	12 308.76	1 353 881.50	1 062 271.97	87 881.89	91 939.26	111 788.38	109.99	1.86%	
13	消防报警电气工程	12 308.76	372 537.32	286 147.00	26 188.89	25 122.89	30 759.96	30.27	0.51%	
14	智能化工程	12 308.76	4 939 993.51	2 387 084.96	193 678.85	204 681.80	407 889.37	401.34	6.80%	
15	配电箱工程	12 308.76	445 028.38	381 654.87	0.00	26 628.05	36 745.46	36.16	0.61%	

表 12　9#楼工程造价指标分析

单项工程名称：9#楼　　业态类型：科研楼
单项工程规模：5 145.18 m²　　层数：5
装配率：0　　绿建星级：无
地基处理方式：无　　基坑支护方式：无
基础形式：无　　计税方式：一般计税

序号	单位工程名称	规模/m²	造价/元	其中/元				单位指标/（元/m²）	占比	指标分析和说明
				分部分项	措施项目	其他项目	税金			
一	9#楼		57 652 773.83							
1	建筑工程	5 145.18	8 553 790.33	5 167 071.68	2 076 775.70	532 325.65	777 617.30	1 662.49	14.84%	
2	装饰工程	5 145.18	8 751 762.84	7 358 972.81	119 546.19	477 629.04	795 614.80	1 700.96	15.18%	
3	电气工程	5 145.18	684 673.07	479 576.46	12 239.32	37 338.43	62 243.01	133.07	1.19%	
4	通风空调系统	5 145.18	1 028 702.32	726 646.76	40 166.43	63 474.45	93 518.39	199.94	1.78%	
5	给排水工程	5 145.18	181 303.67	143 256.28	9 045.52	12 519.72	16 482.15	35.24	0.31%	
6	塔楼弱电预留预埋	5 145.18	135 003.64	109 343.37	4 372.71	9 014.50	12 273.06	26.24	0.23%	
7	塔楼消防电预留预埋	5 145.18	83 947.99	68 167.15	2 576.67	5 572.53	7 631.64	16.32	0.15%	
8	消防水预留预埋	5 145.18	7 635.01	6 053.69	353.00	534.23	694.09	1.48	0.01%	
9	门窗工程	5 145.18	59 024.40	50 517.38	245.70	3 387.75	4 873.57	11.47	0.10%	
10	幕墙工程	5 145.18	34 095 060.76	29 468 446.83	0.00	1 811 425.43	2 815 188.50	6 626.60	59.14%	
11	电梯工程	5 145.18	1 581 598.46	1 581 598.46	0.00	973 205.37	1 205 255.89	307.39	2.74%	
12	消防水喷淋工程	5 145.18	631 352.87	501 801.90	34 593.29	42 827.63	52 130.05	122.71	1.10%	
13	消防报警电气工程	5 145.18	158 842.19	121 904.01	9 002.46	10 501.73	13 115.41	30.87	0.28%	
14	智能化工程	5 145.18	1 340 690.58	494 324.89	38 278.57	42 966.54	110 699.22	260.57	2.33%	
15	配电箱工程	5 145.18	359 385.70	308 207.98	0.00	21 503.67	29 674.05	69.85	0.62%	

表 13　10#楼工程造价指标分析

单项工程名称：10#楼　　业态类型：科研楼
单项工程规模：11 961.67 m²　　层数：10
装配率：0　　绿建星级：无
地基处理方式：无　　基坑支护方式：无
基础形式：无　　计税方式：一般计税

序号	单位工程名称	规模/m²	造价/元	其中/元				单位指标/（元/m²）	占比	指标分析和说明
				分部分项	措施项目	其他项目	税金			
一	10#楼		75 120 292.96							
1	建筑工程	11 961.67	17 219 792.25	10 178 468.32	4 387 314.71	1 088 573.56	1 565 435.66	1 439.58	22.92%	
2	装饰工程	11 961.67	18 349 044.54	15 360 788.30	305 422.33	1 014 738.95	1 668 094.96	1 533.99	24.43%	
3	电气工程	11 961.67	1 671 076.08	1 129 760.80	109 134.93	95 350.50	151 916.01	139.70	2.22%	
4	通风空调系统	11 961.67	2 555 675.72	1 544 853.76	338 372.91	158 607.03	232 334.16	213.66	3.40%	
5	给排水工程	11 961.67	632 373.43	428 401.60	102 534.47	43 948.87	57 488.49	52.87	0.84%	
6	塔楼弱电预留预埋	11 961.67	319 110.73	234 447.63	34 110.67	21 542.36	29 010.07	26.68	0.42%	

续表

序号	单位工程名称	规模/m²	造价/元	其中/元				单位指标/（元/m²）	占比	指标分析和说明
				分部分项	措施项目	其他项目	税金			
7	塔楼消防电预留预埋	11 961.67	233 918.04	172 574.85	24 323.97	15 753.94	21 265.28	19.56	0.31%	
8	消防水预留预埋	11 961.67	8 767.04	6 050.49	1 299.32	620.23	797.00	0.73	0.01%	
9	门窗工程	11 961.67	223 887.10	191 554.52	977.93	12 868.56	18 486.09	18.72	0.30%	
10	幕墙工程	11 961.67	26 999 967.49	23 336 139.86	0.00	1 434 472.52	2 229 355.11	2 257.21	35.94%	
11	电梯工程	11 961.67	2 190 593.18	2 190 593.18	0.00	0.00	197 153.39	183.13	2.92%	
12	消防水喷淋工程	11 961.67	1 288 775.58	1 006 891.38	87 463.44	88 008.10	106 412.66	107.74	1.72%	
13	消防报警电气工程	11 961.67	354 653.88	272 126.74	25 014.92	23 910.29	29 283.35	29.65	0.47%	
14	智能化工程	11 961.67	2 458 119.13	882 944.64	81 884.21	77 674.82	202 963.96	205.50	3.27%	
15	配电箱工程	11 961.67	614 538.77	527 026.40	0.00	36 770.64	50 741.73	51.38	0.82%	

表 14　11#楼工程造价指标分析

单项工程名称：11#楼　　业态类型：科研楼

单项工程规模：15 033.84 m²　　层数：12

装配率：0　　绿建星级：无

地基处理方式：无　　基坑支护方式：无

基础形式：无　　计税方式：一般计税

序号	单位工程名称	规模/m²	造价/元	其中/元				单位指标/（元/m²）	占比	指标分析和说明
				分部分项	措施项目	其他项目	税金			
一	11#楼		78 366 772.41							
1	建筑工程	15 033.84	22 431 520.55	13 089 269.90	5 887 190.14	1 415 831.37	2 039 229.14	1 492.07	28.62%	
2	装饰工程	15 033.84	20 725 182.64	16 878 184.13	801 378.09	1 161 512.91	1 884 107.51	1 378.57	26.45%	
3	电气工程	15 033.84	2 148 444.99	1 382 874.13	247 663.17	127 077.20	195 313.18	142.91	2.74%	
4	通风空调系统	15 033.84	2 553 475.64	1 545 147.19	322 712.39	157 896.66	232 134.15	169.85	3.26%	
5	给排水工程	15 033.84	608 107.68	440 037.89	70 755.37	42 031.90	55 282.52	40.45	0.78%	
6	塔楼弱电预留预埋	15 033.84	415 285.33	304 715.61	44 757.86	28 058.65	37 753.21	27.62	0.53%	
7	塔楼消防电预留预埋	15 033.84	265 787.23	211 439.38	12 488.24	17 697.13	24 162.48	17.68	0.34%	
8	消防水预留预埋	15 033.84	7 859.93	6 050.49	544.38	550.52	714.54	0.52	0.01%	
9	门窗工程	15 033.84	240 797.50	206 034.35	1 043.57	13 837.22	19 882.36	16.02	0.31%	
10	幕墙工程	15 033.84	22 581 053.91	19 516 861.73	0.00	1 199 701.49	1 864 490.69	1 502.02	28.81%	
11	电梯工程	15 033.84	2 291 425.92	2 291 425.92	0.00	0.00	206 228.33	152.42	2.92%	
12	消防水喷淋工程	15 033.84	1 143 651.35	893 725.48	77 452.08	78 043.86	94 429.93	76.07	1.46%	
13	消防报警电气工程	15 033.84	404 197.64	310 635.90	28 569.94	27 299.10	33 374.12	26.89	0.52%	
14	智能化工程	15 033.84	2 157 818.01	610 699.57	72 798.64	56 894.42	178 168.46	143.53	2.75%	
15	配电箱工程	15 033.84	392 164.09	336 318.62	0.00	23 464.95	32 380.52	26.09	0.50%	

表 15 C4 地下室工程造价指标分析

单项工程名称：C4 地下室　　业态类型：地下室

单项工程规模：198 909.22 m²　　层数：4

装配率：0　　绿建星级：无

地基处理方式：换填垫层　　基坑支护方式：无

基础形式：筏板基础　　计税方式：桩+预应力锚杆

序号	单位工程名称	规模/m²	造价/元	其中/元				单位指标/（元/m²）	占比	指标分析和说明
				分部分项	措施项目	其他项目	税金			
一	C4 地块地下		1 378 616 060.69							
1	建筑工程	198 909.22	920 443 238.96	681 127 996.83	73 635 459.12	82 839 891.51	82 839 891.51	4 627.45	66.77%	
2	装饰工程	198 909.22	131 475 528.44	97 291 891.05	10 518 042.28	11 832 797.56	11 832 797.56	660.98	9.54%	
3	暖通工程	198 909.22	41 461 803.85	30 681 734.85	3 316 944.31	3 731 562.35	3 731 562.35	208.45	3.01%	
4	电气工程	198 909.22	58 631 443.91	43 387 268.49	4 690 515.51	5 276 829.95	5 276 829.95	294.76	4.25%	
5	给排水工程	198 909.22	6 192 984.28	4 582 808.37	495 438.74	557 368.59	557 368.59	31.13	0.45%	
6	弱电预留预埋	198 909.22	9 213 884.31	6 818 274.39	737 110.74	829 249.59	829 249.59	46.32	0.67%	
7	消防电预留预埋	198 909.22	8 454 782.81	6 256 539.28	676 382.62	760 930.45	760 930.45	42.51	0.61%	
8	消防水预留预埋	198 909.22	362 974.35	268 601.02	29 037.95	32 667.69	32 667.69	1.82	0.03%	
9	门窗工程	198 909.22	4 979 426.84	3 684 775.86	398 354.15	448 148.42	448 148.42	25.03	0.36%	
10	幕墙工程	198 909.22	1 686 912.65	1 248 315.36	134 953.01	151 822.14	151 822.14	8.48	0.12%	
11	电梯工程	198 909.22	54 554 511.29	40 370 338.35	4 364 360.90	4 909 906.02	4 909 906.02	274.27	3.96%	
12	智能化工程	198 909.22	55 063 594.27	40 747 059.76	4 405 087.54	4 955 723.48	4 955 723.48	276.83	3.99%	
13	消防工程	198 909.22	43 170 831.31	31 946 415.17	3 453 666.50	3 885 374.82	3 885 374.82	217.04	3.13%	
14	配电箱工程	198 909.22	17 201 791.52	12 729 325.72	1 376 143.32	1 548 161.24	1 548 161.24	86.48	1.25%	
15	车库变电站气体灭火系统	198 909.22	5 563 845.93	4 117 245.99	445 107.67	500 746.13	500 746.13	27.97	0.40%	
16	地下车库人防门工程	198 909.22	6 437 854.12	4 764 012.05	515 028.33	579 406.87	579 406.87	32.37	0.47%	
17	人防安装工程	198 909.22	13 720 651.85	10 153 282.37	1 097 652.15	1 234 858.67	1 234 858.67	68.98	1.00%	

5.3 单项工程主要工程量指标分析表（房屋建筑类）

表 16 1#楼工程主要工程量指标分析

单项工程名称：1#楼

业态类型：酒店大楼　　建筑面积：74 701.38 m²

序号	工程量名称	工程量	单位	指标	指标分析和说明
1	土石方开挖量		m³	0	
2	桩（含桩基和护壁桩）		m³	0	
3	护坡		m²	0	
4	砌体	9 148.52	m³	0.12	

续表

序号	工程量名称	工程量	单位	指标	指标分析和说明
5	混凝土	30 642.83	m^3	0.41	
5.1	装配式构件混凝土		m^3	0	
6	钢筋	4 749 130	kg	63.57	
6.1	装配式构件钢筋		kg	0	
7	型钢		kg	0	
8	模板	198 136.62	m^2	2.65	
9	外门窗及幕墙	27 836.87	m^2	0.37	
10	保温	6 849.35	m^2	0.09	
11	楼地面装饰	72 060	m^2	0.96	
12	内墙装饰	172 565.58	m^2	2.31	
13	天棚工程	74 626.67	m^2	1	
14	外墙装饰	41 751.94	m^2	0.56	

表 17　2#楼工程主要工程量指标分析

单项工程名称：2#楼

业态类型：公寓　　　　　　　建筑面积：13 947.71 m^2

序号	工程量名称	工程量	单位	指标	指标分析和说明
1	土石方开挖量		m^3	0	
2	桩（含桩基和护壁桩）		m^3	0	
3	护坡		m^2	0	
4	砌体	2 587.05	m^3	0.19	
5	混凝土	4 334.65	m^3	0.31	
5.1	装配式构件混凝土		m^3	0	
6	钢筋	495 814	kg	35.55	
6.1	装配式构件钢筋		kg	0	
7	型钢	293 160	kg	3.92	
8	模板	43 582.54	m^2	3.12	
9	外门窗及幕墙	11 549.01	m^2	0.83	
10	保温	7 504.75	m^2	0.54	
11	楼地面装饰	13 120.2	m^2	0.94	
12	内墙装饰	34 965.69	m^2	2.51	
13	天棚工程	11 588.17	m^2	0.83	
14	外墙装饰	8 617.1	m^2	0.62	

表 18　3#楼工程主要工程量指标分析

单项工程名称：3#楼

业态类型：公寓　　　　　　　　　　　　建筑面积：12 600.04 m^2

序号	工程量名称	工程量	单位	指标	指标分析和说明
1	土石方开挖量		m^3	0	
2	桩（含桩基和护壁桩）		m^3	0	
3	护坡		m^2	0	
4	砌体	2 264.71	m^3	0.18	
5	混凝土	3 798.25	m^3	0.3	
5.1	装配式构件混凝土		m^3	0	
6	钢筋	437 594	kg	34.73	
6.1	装配式构件钢筋		kg	0	
7	型钢		kg	0	
8	模板	33 110.07	m^2	2.63	
9	外门窗及幕墙	10 129.78	m^2	0.8	
10	保温	6 562.74	m^2	0.52	
11	楼地面装饰	11 458.2	m^2	0.91	
12	内墙装饰	32 575.52	m^2	2.59	
13	天棚工程	10 097.5	m^2	0.8	
14	外墙装饰	7 766.17	m^2	0.62	

表 19　4#楼工程主要工程量指标分析

单项工程名称：4#楼

业态类型：公寓　　　　　　　　　　　　建筑面积：10 936.93 m^2

序号	工程量名称	工程量	单位	指标	指标分析和说明
1	土石方开挖量		m^3	0	
2	桩（含桩基和护壁桩）		m^3	0	
3	护坡		m^2	0	
4	砌体	2 092.57	m^3	0.19	
5	混凝土	3 542.02	m^3	0.32	
5.1	装配式构件混凝土		m^3	0	
6	钢筋	460 660	kg	42.12	
6.1	装配式构件钢筋		kg	0	
7	型钢		kg	0	
8	模板	34 165.82	m^2	3.12	
9	外门窗及幕墙	10 576.93	m^2	0.97	
10	保温	8 344.01	m^2	0.76	
11	楼地面装饰	9 614.12	m^2	0.88	
12	内墙装饰	22 051.36	m^2	2.02	
13	天棚工程	9 614.12	m^2	0.88	
14	外墙装饰	7 539.97	m^2	0.69	

表 20　5#楼工程主要工程量指标分析

单项工程名称：5#楼

业态类型：科研楼　　　　　　　　　　建筑面积：11 087.85 m²

序号	工程量名称	工程量	单位	指标	指标分析和说明
1	土石方开挖量		m³	0	
2	桩（含桩基和护壁桩）		m³	0	
3	护坡		m²	0	
4	砌体	1 240.45	m³	0.11	
5	混凝土	3 246.49	m³	0.29	
5.1	装配式构件混凝土		m³	0	
6	钢筋	387 929	kg	34.99	
6.1	装配式构件钢筋		kg	0	
7	型钢		kg	0	
8	模板	44 671.24	m²	4.03	
9	外门窗及幕墙	10 773.27	m²	0.97	
10	保温	2 417.84	m²	0.22	
11	楼地面装饰	10 568.1	m²	0.95	
12	内墙装饰	17 339.68	m²	1.56	
13	天棚工程	13 289.27	m²	1.2	
14	外墙装饰	10 359.77	m²	0.93	

表 21　6#楼工程主要工程量指标分析

单项工程名称：6#楼

业态类型：科研楼　　　　　　　　　　建筑面积：7 262.28 m²

序号	工程量名称	工程量	单位	指标	指标分析和说明
1	土石方开挖量		m³	0	
2	桩（含桩基和护壁桩）		m³	0	
3	护坡		m²	0	
4	砌体	782.9	m³	0.11	
5	混凝土	2 042.83	m³	0.28	
5.1	装配式构件混凝土		m³	0	
6	钢筋	253 017	kg	34.84	
6.1	装配式构件钢筋		kg	0	
7	型钢		kg	0	
8	模板	29 867.42	m²	4.11	
9	外门窗及幕墙	9 823.08	m²	1.35	
10	保温	2 236.59	m²	0.31	
11	楼地面装饰	6 896.56	m²	0.95	
12	内墙装饰	14 440.04	m²	1.99	
13	天棚工程	9 323.42	m²	1.28	
14	外墙装饰	6 325.29	m²	0.87	

表 22　7#楼工程主要工程量指标分析

单项工程名称：7#楼

业态类型：科研楼　　建筑面积：12 308.76 m^2

序号	工程量名称	工程量	单位	指标	指标分析和说明
1	土石方开挖量		m^3	0	
2	桩（含桩基和护壁桩）		m^3	0	
3	护坡		m^2	0	
4	砌体	1 920.57	m^3	0.15	
5	混凝土	3 743.02	m^3	0.29	
5.1	装配式构件混凝土		m^3	0	
6	钢筋	477 455	kg	37.2	
6.1	装配式构件钢筋		kg	0	
7	型钢		kg	0	
8	模板	64 516.98	m^2	5.03	
9	外门窗及幕墙	10 224.46	m^2	0.8	
10	保温	4 131.2	m^2	0.32	
11	楼地面装饰	11 983.65	m^2	0.93	
12	内墙装饰	19 987.08	m^2	1.56	
13	天棚工程	14 734.73	m^2	1.15	
14	外墙装饰	13 207.33	m^2	1.03	

表 23　8#楼工程主要工程量指标分析

单项工程名称：8#楼

业态类型：科研楼　　建筑面积：12 308.76 m^2

序号	工程量名称	工程量	单位	指标	指标分析和说明
1	土石方开挖量		m^3	0	
2	桩（含桩基和护壁桩）		m^3	0	
3	护坡		m^2	0	
4	砌体	1845	m^3	0.15	
5	混凝土	3 328.46	m^3	0.27	
5.1	装配式构件混凝土		m^3	0	
6	钢筋	501 460	kg	40.74	
6.1	装配式构件钢筋		kg	0	
7	型钢		kg	0	
8	模板	23 508.47	m^2	1.91	
9	外门窗及幕墙	11 740.33	m^2	0.95	
10	保温	3 968.49	m^2	0.32	
11	楼地面装饰	12 012.3	m^2	0.98	
12	内墙装饰	4 141.39	m^2	0.34	
13	天棚工程	14 871.48	m^2	1.21	
14	外墙装饰	4 530	m^2	0.37	

表 24 9#楼工程主要工程量指标分析

单项工程名称：9#楼

业态类型：科研楼　　　　　　建筑面积：5 145.18 m^2

序号	工程量名称	工程量	单位	指标	指标分析和说明
1	土石方开挖量		m^3	0	
2	桩（含桩基和护壁桩）		m^3	0	
3	护坡		m^2	0	
4	砌体	940.15	m^3	0.18	
5	混凝土	1 431.6	m^3	0.28	
5.1	装配式构件混凝土		m^3	0	
6	钢筋	212 650	kg	41.33	
6.1	装配式构件钢筋		kg	0	
7	型钢		kg	0	
8	模板	23 508.47	m^2	4.57	
9	外门窗及幕墙	7 249.14	m^2	1.41	
10	保温	1 921.49	m^2	0.37	
11	楼地面装饰	3 916.87	m^2	0.76	
12	内墙装饰	8 077.52	m^2	1.57	
13	天棚工程	6 127.92	m^2	1.19	
14	外墙装饰	0	m^2	0	

表 25 10#楼工程主要工程量指标分析

单项工程名称：10#楼

业态类型：科研楼　　　　　　建筑面积：11 961.67 m^2

序号	工程量名称	工程量	单位	指标	指标分析和说明
1	土石方开挖量		m^3	0	
2	桩（含桩基和护壁桩）		m^3	0	
3	护坡		m^2	0	
4	砌体	2 054.13	m^3	0.17	
5	混凝土	3 491.53	m^3	0.29	
5.1	装配式构件混凝土		m^3	0	
6	钢筋	488 130	kg	40.81	
6.1	装配式构件钢筋		kg	0	
7	型钢		kg	0	
8	模板	41 189.03	m^2	3.44	
9	外门窗及幕墙	11 636.34	m^2	0.97	
10	保温	4 273.64	m^2	0.36	
11	楼地面装饰	11 543	m^2	0.96	
12	内墙装饰	20 725.38	m^2	1.73	
13	天棚工程	15 210.97	m^2	1.27	
14	外墙装饰	1 744.18	m^2	0.15	

表 26　11#楼工程主要工程量指标分析

单项工程名称：11#楼

业态类型：科研楼　　　　建筑面积：15 033.84 m^2

序号	工程量名称	工程量	单位	指标	指标分析和说明
1	土石方开挖量		m^3	0	
2	桩（含桩基和护壁桩）		m^3	0	
3	护坡		m^2	0	
4	砌体	2 037.75	m^3	0.14	
5	混凝土	5 057.36	m^3	0.34	
5.1	装配式构件混凝土		m^3	0	
6	钢筋	716 870	kg	47.68	
6.1	装配式构件钢筋		kg	0	
7	型钢		kg	0	
8	模板	56 096.46	m^2	3.73	
9	外门窗及幕墙	15 066.18	m^2	1	
10	保温	3 099.53	m^2	0.21	
11	楼地面装饰	14 320.33	m^2	0.95	
12	内墙装饰	25 031.91	m^2	1.67	
13	天棚工程	19 793.62	m^2	1.32	
14	外墙装饰	1 171.84	m^2	0.08	

表 27　C4 地下室工程主要工程量指标分析

单项工程名称：C4 地下室

业态类型：地下室　　　　建筑面积：198 909.22 m^2

序号	工程量名称	工程量	单位	指标	指标分析和说明
1	土石方开挖量	1 404 005.63	m^3	7.06	
2	桩（含桩基和护壁桩）	10 387.05	m^3	0.05	
3	护坡	21 203.38	m^2	0.11	
4	砌体	42 372.6	m^3	0.21	
5	混凝土	151 441.9	m^3	0.76	
5.1	装配式构件混凝土		m^3	0	
6	钢筋	21 973 350	kg	110.47	
6.1	装配式构件钢筋		kg	0	
7	型钢		kg	0	
8	模板	668 606.59	m^2	3.36	
9	外门窗及幕墙	8 785.31	m^2	0.04	
10	保温		m^2	0	
11	楼地面装饰	192 659.66	m^2	0.97	
12	内墙装饰	485 609.42	m^2	2.44	
13	天棚工程	285 127.95	m^2	1.43	
14	外墙装饰		m^2	0	

成洛大道（三环路至四环路）快速路改造工程

——四川良友建设咨询有限公司

◎ 杨文洪，廖俊松，陈敏，黄全文，胡斌，邓琳，陈燕，孙林

1 项目概况

1.1 项目基本信息

成洛大道（三环路至四环路）快速路改造工程项目坐落于成都市成华区、龙泉驿区。成洛大道位于成都城东核心区域，是连接成安渝高速路的主要进出城通道，为成都实施“交通先行”战略、大力建设中心城区“三环十六射”城市快速路网体系中的一条射线快速路，是通往周边区域及国家级经济开发区、洛带镇、黄土镇、洪安镇等的交通要道，同时也是道路沿线居民进出城和相互联系的主要道路。本项目由道路改造工程、高架桥工程、下穿隧道工程、城市综合管廊工程、涵洞工程、人行天桥工程、景观提升改造工程、海绵城市工程等组成，其中道路全长约 5 370 m，高架桥长 1 715 m，管廊工程全长 4 437 m。本项目的高架桥、综合管廊、道路建设与地铁 4 号线同步实施，项目专业多、工艺复杂、工期短，且须保证现有道路通行，施工场地极为有限。项目采用单价合同类型，清单计价模式。可研批复总投资 28.22 亿元，实际结算总投资（过控总结工程费用总投资）23.49 亿元，建设工期 52 个月。

1.2 项目特点

（1）项目规模大、复杂程度高。

道路位于成都市中心城区东部，西起于三环路十陵立交，东止于绕城高速路，道路全长 5 370 m，道路红线 44 ~ 66 m，双向 8 ~ 12 车道。本项目为对原有道路进行升级改造，道路周边有长江职业技术学院、成都大学、青龙湖公园、明蜀王陵等重要建筑，道路范围内既有给排水、电力、电信、煤气管等市政管线种类及数量繁多，在施工的同时需要维护市政管线的正常运行，同时需要维持社会交通的正常通行，也要保障周边居民的正常出行、沿街商铺的有序开放，施工协调难度大。

桥梁工程主要包括成洛大道主线桥、十陵立交与成洛大道的主线转换、转换线的连接、成洛大道主线桥上下道桥、辅道跨东风渠桥梁以及附属工程等，主线桥梁长度 1 714.90 m，桥梁宽度为 16 ~ 45 m，采用两幅合修。本桥上部结构以预制小箱梁为主，并同时结合了钢箱梁、简支 T 梁；下部结构采用钻孔灌注桩结合 H 形、M 形、F 形等多种形式的异形倒圆角矩形桥墩、台，以及工形骑马、T 形骑马等类型的承台。

下穿隧道工程包含成都大学下穿隧道、明蜀路下穿隧道。成都大学下穿隧道长度 470 m，宽度为 33 m；明蜀路下穿隧道长度 420 m，宽度为 6.5 ~ 8 m。成都大学下穿隧道北侧紧邻成都大学正大门，南侧紧邻青龙湖入口，处于人流及车流密集地带。

城市综合管廊采用盾构法施工，采用预制装配式管片，其断面形式为内径 8.1 m，外径 9.0 m，内净空断面面积 51.50 m^2。全管廊共设 19 座管廊综合井，最大深度 36.2 m，最小深度 18 m。隧道内部空间分为 4 个舱室，分别为 220 kV 高压电力舱、水电信管线舱、燃气舱、ϕ1 400 输水管舱，综合管廊分舱与断面形式如图 1 所示。管廊与地铁 4 号线平行建设、周边重要建筑多，综合井采用围护桩、喷锚、内部支撑等支护措施，盾构采用大管棚、管棚内注浆、袖阀管注浆、环箍注浆等加固措施以保证周边设施的安全。该管廊为国内最大的盾构综合管廊项目，在建设规模、盾构尺寸、埋设深度、施工难度等方面都具有显著的代表性。2017 年 4 月，财政部副部长、住建部副部长、水利部副部长及四川省副省长对本项目设计、施工情况进行了现场观摩。

景观提升改造整体风格以《花重锦官城——成都市增花添彩总体规划（2016—2022）》为指导，综合考虑了环城生态带绿化景观风格，以本地乡土树种为主，景观节点重点突出市花、市树及木本花卉，充分展现城市森林的季相、林相、色相。为提升道路景观效果，道路分隔带上设置花箱，按现场提供样品标准，进一步优化，花箱采用工业化生产安装。广场、慢行系统等地面铺装采用装配式铺装。

管廊管片、花箱、人行道砖等，采用预制装配式施工；主体结构构件在专业工厂内完成，产品质量有保证；主体结构构件在施工场地外完成，现场装配速度快。在缩短工期、降低成本、节能环保等方面具有较为显著的优势。

海绵城市工程根据《海绵城市建设技术指南》及海绵城市雨水设计管理理念，针对道路红线范围内人行道和绿地的径流雨水，优先汇集进入生物滞留设施进行综合处置，通过设施对雨水的储存、过滤、蒸发、抑制降雨径流，使汇流时间延长，峰流减小，发挥控制面源污染、洪峰流量削减等方面的作用。本项目采用了透水铺装、植草沟和下沉式绿地 3 种雨水综合利用措施。

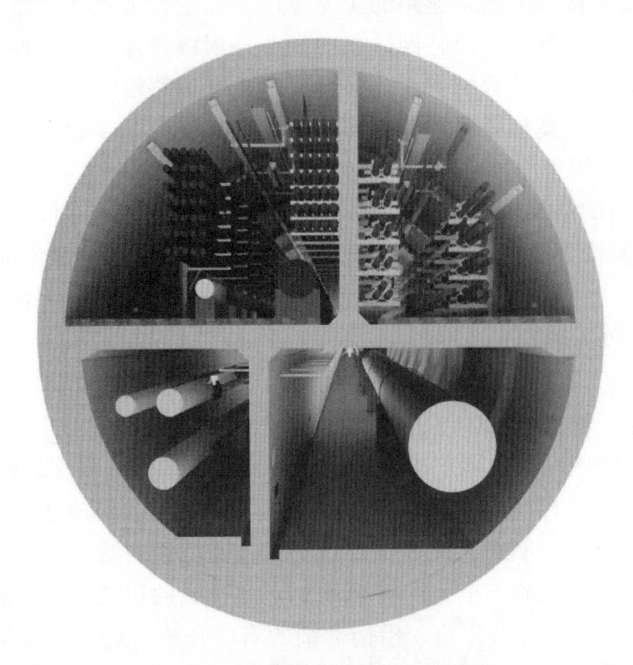

图 1　综合管廊分舱与断面形式

（2）项目建筑专业类别多、工艺复杂，对造价人员专业要求高。

本项目涵盖了道路工程、桥梁工程、下穿隧道工程、城市综合管廊工程、涵洞工程、人行天桥工程、海绵城市工程等多种项目类型。其中，道路工程包含了排水工程、景观工程、交安工程、照明工程、人行天桥工程、雨水泵站工程等；城市综合管廊工程包含了管廊土建工程、管廊安装工程、监控

中心的建筑与装修工程等；管廊安装工程包含了标识工程、管廊消防工程、管廊通风工程、管廊排水工程、管廊供电照明工程、管廊监控报警工程、监控中心安装工程、管廊建筑设备工程等。管廊土建工程结构复杂、消震减震结构专业度高；监控报警系统复杂程度高，包含环境与设备监控系统、安防监控系统、通信系统、火灾自动报警系统等。在专业涵盖范围如此广的情况下，需要造价人员具有更高的专业能力。

（3）项目新技术、新材料多，造价管理难度大。

作为国内最大的盾构综合管廊项目，其盾构管片外径高达 9.0 m，省内无适用定额，造价的确定难度大；玻璃纤维钢筋、气密性混凝土、工业化预制砼砖、新叶灯等新型材料的局限性较强，询价难度大，造价管理难度大。

（4）项目参建单位多、建设环境复杂、工期要求紧，过控工作量大。

本项目的新建桥梁、道路改造和新建地下综合管廊 4 个标段同步实施，共 4 个总包单位、若干个分包单位，协调工程量大。施工过程中涉及原有道路拆除、地下管线迁改、交通导改等，收方工作量大。在紧迫的工期任务下，同时需要维持社会交通正常通行，也要保障周边居民的正常出行、沿街商铺的有序开放，对收方的响应时限以及费用测算的完成时限要求高。各类管线迁改、签证、变更测算等内容繁多，动态成本管理难度大。由于施工过程中的变更，增加大量新增材料的认价，安装材料的专业性、局限性较强，询价难度大，过控工作量较常规项目大。

（5）市政工程的 BIM 试点，专业难度大。

该项目是全国最大的盾构式综合管廊，也是成都市首个采用 BIM 技术的市政工程。由于当时 BIM 的推广在成都还属于起步阶段，技术标准还不成熟，人员专业能力还不能完全满足项目需要，因此，我司在进行 BIM 咨询时，对 BIM 的建模标准、平台应用标准、交付标准等技术标准的建立和推动相当困难。

（6）数字化交付的数据对接工作难度大。

运维平台的建设滞后于工程建设，导致运维管理单位与建设单位前期策划阶段针对数字化交付要求不明确，我公司与平台开发单位、运维单位共同进行需求调研、数据整治，保证数据完整、安全地接入运维平台。

2 咨询服务范围及组织模式

2.1 咨询服务的业务范围

本项目咨询服务的业务范围包含全过程造价咨询服务和全过程 BIM 咨询服务，主要内容包括：初步设计概算编制、招标清单及控制价编制、施工全过程造价控制、迁改工程的预算审核；BIM 模型创建、碰撞检查及管线综合、设计管理、现场的进度控制、成本控制、质量安全管理、施工协调、技术交底、数字化交付等。

2.2 咨询服务的组织模式

本项目咨询服务采用项目经理负责制下的直线式项目管理模式，如图 2 所示。

2.3 咨询服务工作职责

（1）造价咨询。

① 初步设计概算阶段：完成初步设计概算的编制，并配合概算评审工作，确定准确的概算投资额，以便作为考核建设项目投资效果的依据。

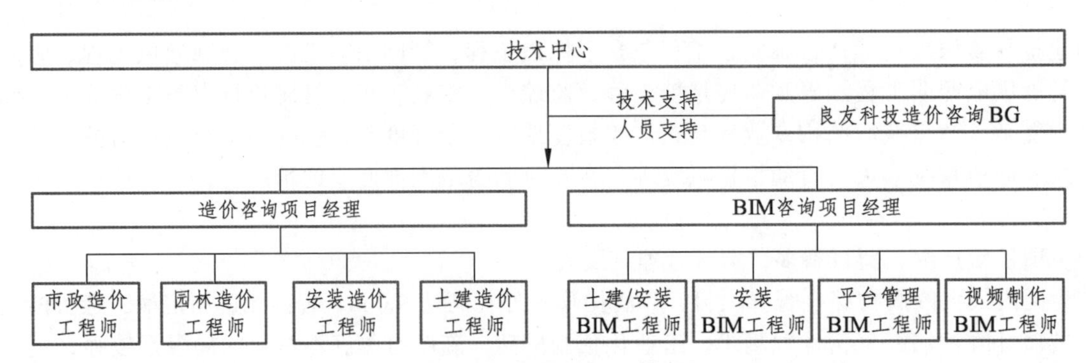

图 2　咨询服务组织模式

② 招标清单及控制价编制阶段：完成招标工程量清单及控制价的编制，并配合招标清单及控制价评审工作；为项目的标段划分、工期保证措施等出谋划策，为合同条款的拟定提供意见；确保工程量清单及控制价的准确性，以保障招标、投标工作的顺利完成；预判并规避施工过程和结算阶段可能会出现的风险和争议问题。

③ 施工全过程造价控制阶段：资金计划拟定；中标后的清标工作；进度款审核、现场收方计量、签证审核、设计变更测算、材料认价等的经济分析；施工部位抽查；索赔事项处理；签证、变更、认价等资料的收集，每周、每月向业主提供实时台账和经济分析；定期向业主汇报项目实施情况及过控工作情况；合同造价条款管理，造价争议事项协调管理，全过程投资动态管理等。为建设单位提供全方位的咨询意见，在牢抓安全、质量、进度的同时，也要保证投资的有效控制。

④ 迁改委托项目预算审核：接收资料后仔细审核，100 万元以内的项目 3 日内提供审核成果文件，100 万元及以上项目 5 日内提供审核成果文件。

（2）BIM 咨询。

① 施工准备阶段：模型创建、碰撞检查及管线综合、设计管理、工程量清单构件映射等，碰撞检查、设计优化如图 3 所示。

② 施工阶段：进度控制、成本控制、质量安全管理、资料管理、模型更新等。

③ 竣工阶段：竣工模型完善、竣工模型信息录入、数字化交付的数据对接等。

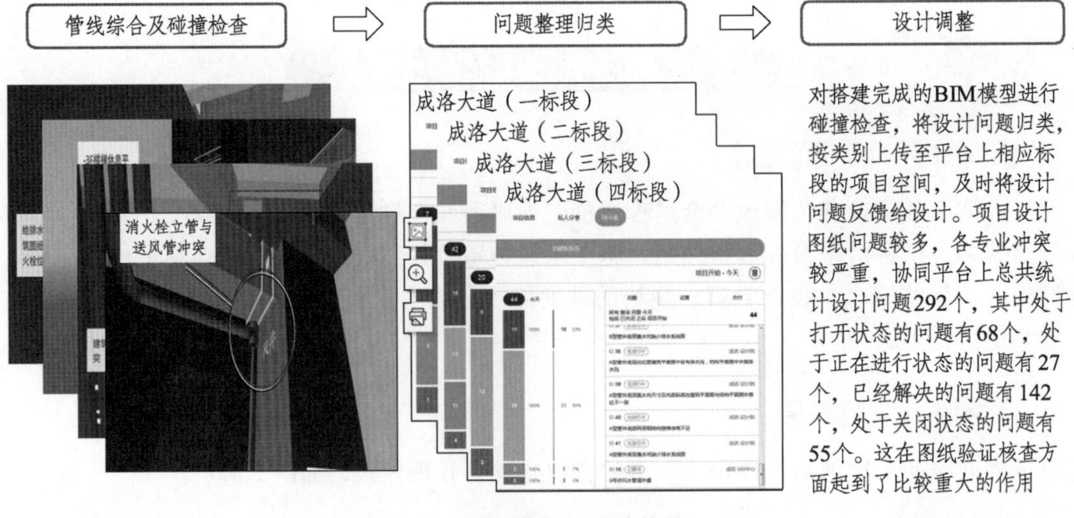

管线综合及碰撞检查
问题整理归类
设计调整
消火栓立管与送风管冲突
成洛大道（一标段）
成洛大道（二标段）
成洛大道（三标段）
成洛大道（四标段）
对搭建完成的BIM模型进行碰撞检查，将设计问题归类，按类别上传至平台上相应标段的项目空间，及时将设计问题反馈给设计。项目设计图纸问题较多，各专业冲突较严重，协同平台上总共统计设计问题292个，其中处于打开状态的问题有68个，处于正在进行状态的问题有27个，已经解决的问题有142个，处于关闭状态的问题有55个。这在图纸验证核查方面起到了比较重大的作用

图 3　碰撞检查、设计优化

（3）岗位职责。

① 技术总工程师：根据招标文件、项目实际情况进行项目全过程工程咨询的总控策划，包括重要节点排布及措施保证、重大技术问题指导、BIM 技术应用的实施规划、BIM 与造价工作的融合应用策划等。

② 技术经理：协调公司与业主及相关各方关系，项目咨询成果审核批准（三审），项目实施过程中咨询工作进度及质量检查，项目部人员调配，解决咨询业务中遇到的重点及难点。

③ 事业部总经理：协调业主及相关各方关系，项目咨询成果审核批准（二审），项目实施过程中工作进度及质量管理，制订项目实施计划，项目部人员调配，对咨询业务中遇到的重点及难点进行指导，并做好业主反馈及改进工作。

④ 运营经理：项目部运转情况宏观控制，项目实施过程中咨询业务进度及质量检查。对项目部人员进行行政管理，项目咨询成果审核批准（一审）。

⑤ 过控项目经理：项目负责人，代表项目部协调与业主现场管理机构关系，项目部运转情况宏观控制，项目实施过程中咨询业务进度及质量检查。对项目部人员进行行政管理，负责项目部日常工作安排，与现场业主及各方管理机构联系及协调关系，编制项目咨询业务计划，组织编制每月咨询报表，组织具体的业务开展。

⑥ 各专业造价工程师：按照过控项目经理的分工，开展具体专业咨询业务。

3 咨询服务的运作过程

3.1 咨询服务的理念及思路

基于该项目参建单位多、交叉作业工作面复杂、专业难度大等特点，同时又是成都市重点工程，为实现项目的投资、进度、质量目标，在项目实施前从组织、管理、经济和技术上进行策划，在项目实施过程中采用组织、管理、经济和技术措施，确保项目投资、进度和质量目标的实现，策划的内容主要包括：

（1）制定项目现场管理办法，统一 4 家总包单位及其他分包单位在施工过程中的标准化，包括统一进度款、新增单价、新增材料的报审时间和报审格式要求，统一 BIM 平台数据录入的标准和时间要求等。

（2）针对该项目 4 个标段间交叉工作面较多，我司基于 BIM 的可视化模型，本着施工便捷、责任明晰的原则划分各标段的工作界面，以保证项目的进度和质量。

（3）针对该项目施工难度大、现场作业面狭窄、政府保通要求下的交通组织难度大等特点，利用 BIM 模型制订各个施工阶段的交通组织方案，同时形成各个标段需要进行施工模拟的工艺，并合理划分 4 个标段的现场作业面，保证项目施工有序进行。

（4）编写《BIM 应用规划》《BIM 应用总体目标》《BIM 应用实施纲要》，对参建单位进行宣传和培训，保证 BIM 平台数据的准确性和实效性。

（5）根据项目特点，制定 BIM 辅助造价的应用点及成果要求。

3.2 咨询服务的方法及手段

（1）组织措施：建立项目经理负责制的项目管理机构，以项目经理为核心，项目工程师为主体的管理团队；对项目人员进行合理分工，从组织上确保项目的推进。

（2）质量控制措施：严格执行公司三级复核制度，所有咨询成果均由项目经理提交信息化管理系统，三级复核流程完成后，方可提交业主，确保咨询成果质量；加强领导质量责任，确保质量管理体系的持续有效性，及时纠偏和制定预防措施，持续改进和改善质量体系。三级复核流程如图 4 所示，信息化管理系统界面如图 5 所示。

① 进场交底专题会：根据本项目具体情况，收集相关政策文件、行业规范、编制进场须知、实施方案、计量方案、变更测算方案、材料及设备价格询价核价方案、台账报表等。对施工合同条款、工期条款、变更条款、价款调整条款、进度款支付条款、违约条款的解读等内容向项目组成员交底。开

工前我方会同建设单位、施工单位、监理单位对开展建设过程中的一切经济活动进行交底培训，工程实施过程中严格按照各编制方案流程开展工作，发现与目标偏离的情况及时纠正。

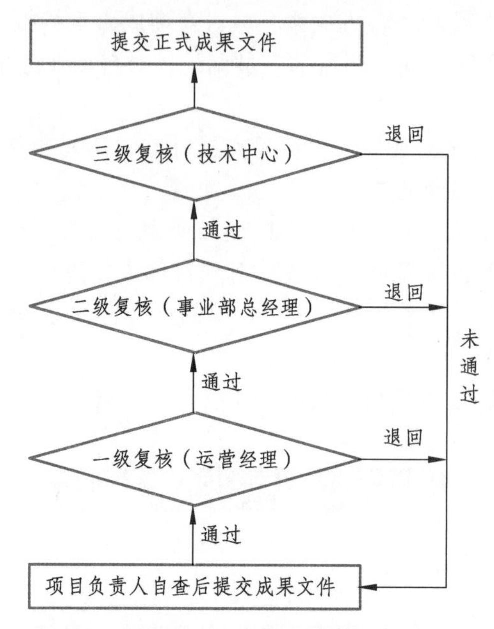

图 4　三级复核流程

四川良友建设咨询有限公司

行政办公　项目看板　过控项目信息库　全过程造价控制

新建　修订报告编号　已发　待发　查看

报告编号	项目名称	项目类型	客户名称	业主联系方式	实施方案编号	材料编号	进度款编号	签证、索赔编号	录入时间
101 SCLYGK2016-006	成洛大道（三环至四环路）快速路改造工程	其他	成都城投基础设施建设投资有限公司	青鹰					2019-10-23
102 SCLYGK2016-006	成洛大道（三环至四环路）快速路改造工程		成都城投基础设施建设投资有限公司	青鹰				QZSP[2019]206-00206	2019-10-20
103 SCLYGK2016-006	成洛大道（三环至四环路）快速路改造工程	材料(设备)询价、核价	成都城投基础设施建设投资有限公司	青鹰		XJHJ[2019]013-0013			2019-10-18
104 SCLYGK2016-006	成洛大道（三环至四环路）快速路改造工程	进度款审核	成都城投基础设施建设投资有限公司	青鹰			JDK[2019]035-0035		2019-09-24
105 SCLYGK2016-006	成洛大道（三环至四环路）快速路改造工程	签证、索赔审核	成都城投基础设施建设投资有限公司	青鹰				QZSP[2019]195-00195	2019-09-10
106 SCLYGK2016-006	成洛大道（三环至四环路）快速路改造工程		成都城投基础设施建设投资有限公司	青鹰		XJHJ[2019]012-0012			2019-09-09
107 SCLYGK2016-006	成洛大道（三环至四环路）快速路改造工程	签证、索赔审核	成都城投基础设施建设投资有限公司	青鹰				QZSP[2019]194-00194	2019-08-27
108 SCLYGK2016-006	成洛大道（三环至四环路）快速路改造工程		成都城投基础设施建设投资有限公司	青鹰				QZSP[2019]192-00193	2019-08-27
109 SCLYGK2016-006	成洛大道（三环至四环路）快速路改造工程		成都城投基础设施建设投资有限公司	青鹰				QZSP[2019]191-00191	2019-08-27
110 SCLYGK2016-006	成洛大道（三环至四环路）快速路改造工程	进度款审核	成都城投基础设施建设投资有限公司	青鹰			JDK[2019]034-0034		2019-08-19
111 SCLYGK2016-006	成洛大道（三环至四环路）快速路改造工程	进度款审核	成都城投基础设施建设投资有限公司	青鹰			JDK[2019]032-0032		2019-08-16
112 SCLYGK2016-006	成洛大道（三环至四环路）快速路改造工程	进度款审核	成都城投基础设施建设投资有限公司	青鹰			JDK[2019]032-0032		2019-08-16
113 SCLYGK2016-006	成洛大道（三环至四环路）快速路改造工程	进度款审核	成都城投基础设施建设投资有限公司	青鹰			JDK[2019]031-0031		2019-07-29
114 SCLYGK2016-006	成洛大道（三环至四环路）快速路改造工程		成都城投基础设施建设投资有限公司	青鹰				QZSP[2019]191-00191	2019-07-29
115 SCLYGK2016-006	成洛大道（三环至四环路）快速路改造工程	材料(设备)询价、核价	成都城投基础设施建设投资有限公司	青鹰		XJHJ[2019]011-0011			2019-07-11
116 SCLYGK2016-006	成洛大道（三环至四环路）快速路改造工程	测算、对比审核	成都城投基础设施建设投资有限公司	青鹰					2019-07-08
117 SCLYGK2016-006	成洛大道（三环至四环路）快速路改造工程		成都城投基础设施建设投资有限公司	青鹰				QZSP[2019]190-00190	2019-07-08
118 SCLYGK2016-006	成洛大道（三环至四环路）快速路改造工程	进度款审核	成都城投基础设施建设投资有限公司	青鹰			JDK[2019]030-0030		2019-06-17
119 SCLYGK2016-006	成洛大道（三环至四环路）快速路改造工程	进度款审核	成都城投基础设施建设投资有限公司	青鹰			JDK[2019]031-0031		2019-06-11
120 SCLYGK2016-006	成洛大道（三环至四环路）快速路改造工程		成都城投基础设施建设投资有限公司	青鹰					2019-06-03
121 SCLYGK2016-006	成洛大道（三环至四环路）快速路改造工程	进度款审核	成都城投基础设施建设投资有限公司	青鹰			JDK[2019]028-0028		2019-05-21
122 SCLYGK2016-006	成洛大道（三环至四环路）快速路改造工程		成都城投基础设施建设投资有限公司	青鹰					2019-05-20
123 SCLYGK2016-006	成洛大道（三环至四环路）快速路改造工程	进度款审核	成都城投基础设施建设投资有限公司	青鹰			JDK[2019]027-0027		2019-05-20
124 SCLYGK2016-006	成洛大道（三环至四环路）快速路改造工程		成都城投基础设施建设投资有限公司	青鹰				QZSP[2019]186-00188	2019-05-14

图 5　信息化管理系统界面

② 项目中标后清标工作：对工程量清单中的项目内容和数量再次核实，减少项目中的不确定因素，对甲乙双方在招投标过程中的失误，根据招标文件的约定进行修正，减少项目实施的风险。

③ 进场材料及设备核价：针对施工过程中新增的材料，在设计和业主确定材料品牌后，组织人员对各个品牌的价格进行网络调研、现场走访、电话咨询等，完成认质核价工作。

④ 现场抽查及取证：项目红线全长约 5 370 m，施工过程中，不定期对现场施工内容与相关技术要求、图纸、方案的一致性进行抽查，重点抽查部位为隐蔽工程及工程实体，针对与图纸不符的部分进行披露并确保全过程造价控制工作的独立性。

⑤ 现场收方：需收方的项目在项目实施时立即组织收方，隐蔽工程需在隐蔽前组织收方，并保留事前、事中、事后的相关影像或图像资料；收方完成后，须要求各方参与单位现场签字确认原始收方记录内容，并督促施工单位完成正式的收方单；收方资料要求清晰、准确，标明收方内容的部位、项目、工艺、几何尺寸、计算式，并附上简图。

⑥ 现场签证：根据项目招标文件及施工合同相关规定，对现场签证的合理性进行判定，并分类统

计签证原因、责任主体、涉及的专业；签证的计价依据、理由必须充分；签证的描述要求客观、准确，隐蔽签证要以图纸为依据，标明被隐蔽部位、项目、工艺，如果被隐蔽部位工程量在图纸上不确定，还要标明几何尺寸；施工合同范围以外的现场签证，必须写明时间、地点、事由，几何尺寸或原始数据，不能简单地仅注明工程量和工程造价。

⑦ 进度款审核：须从造价角度到现场核实实际进度情况；须严格按施工合同约定进行，如施工合同约定的支付比例、预付款、安全文明费、措施费等；须注意现场发生的签证、设计变更及技术核定单、人材机调差等在施工合同中是否约定与进度款同期支付；须提交进度款审核意见书，包括进度款审核说明、计算书、累计计量及支付情况等；进度款审核说明中须记录造价工程师对当期进度款计算的范围及其他需说明的情况；审核意见书须进行三级复核流程；每期工程量须填写《工程量形象进度支付累计台账》，避免分项工程超付；出具进度款审核意见书后，根据过控进度款计量及支付内容完成台账。

⑧ 建立电子链状台账：建立详尽、完善的电子链状台账，为审计做基础资料保障。建立收方、签证、变更、迁改、认价等台账，并且在每一期的周报、月报中向业主汇报本周、本月完成情况。

⑨ 公司巡查制度：本项目是我公司重点工程，公司对该项目高度重视，公司领导每半年率队到项目巡查，并当场指出工作中需要注意的事项。

（3）经济措施：施工过程中，对项目的计量、设计变更、现场签证、经济技术措施方案、图纸会审等与经济相关的工作进行动态管理，根据工期、施工合同对可能调整的材料、人工进行预测，实时更新项目动态成本情况，协助业主决策。

（4）技术措施：对造价疑难及争议问题，咨询公司技术中心、业内专家及造价站，为咨询服务寻求技术支持。例如：针对管片外径ϕ9 000 mm 盾构的组价问题，进行市场价格调研，并对比分析北京定额、广东定额与四川定额系数差异，发现四川发布的补充定额远低于外省水平，且低于市场价。咨询造价站得到处理意见后，借鉴北京ϕ11 000 mm 以内盾构定额消耗量，并咨询造价站盾构机的进出场费用，盾构机摊销、待机、预组装费，预制管片的预制场地、场外运费等，结合省内定额规定编制临时补充定额，进行备案后作为本项目编制招标控制价的依据。

（5）合同措施。

① 以合同为控制依据，同时做好工程变更、附加工作和索赔等方面的费用管理，尽量减少合同以外的费用支付。

② 每季度向委托人提供一份项目造价管理与控制报告，对这一季度的进度计划完成情况、应支付款额核定情况、报审造价及审定造价情况向委托人进行书面汇报。

③ 做好现场工程造价事件记录，实现工程造价控制与管理的可追溯性。

④ 对合同中争议条款及风险点，提前向业主进行专题汇报，并提出防范和咨询建议。

（6）BIM 软硬件运用。

① 采用 Phantom 4 Pro 无人机航拍既有建筑物（图 6），ScanStation C10 扫描仪对明挖部分土方进行点云扫描，BIM 结合点云扫描进行工程量统计分析（图 7）。

② 采用斯维尔 BIM 软件进行工程量计算，Lumion/Fuzor 软件进行漫游展示，3dmax/Cinema4D 软件制作施工进度模拟动画、施工工艺展示动画，Navisworks 软件对项目进度进行管理，项目参建单位可通过 Revizto 软件对项目进行可视化沟通协调和安全、质量管理。道路、高架漫游如图 8 所示，综合管廊区间管段漫游如图 9 所示。

③ 使用 Revit 软件对综合井、综合管廊各专业（含管线综合）、部分路桥进行建模。

（7）BIM 模型的构建。

① 对图纸中表达不一致、标注错误等问题进行核查，确保图纸的完整性、合理性，为构建模型创造条件；汇总图纸问题，反馈给设计，与设计沟通并明确问题处理办法；跟进问题处理情况，在开始建模前将所有图纸问题进行明确。

图 6　无人机航拍

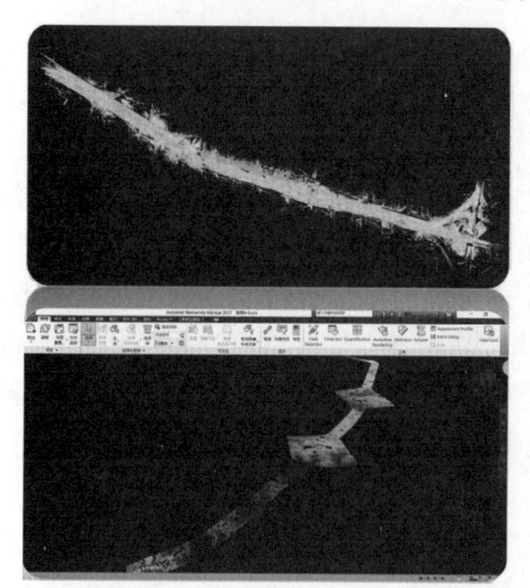

运用点云扫描生成的道路BIM模型提取路基土石方工程量

路基土石方数量计算表

（项目名称）　　第 6 页　共 20 页

桩号	横断面面积(m²) 挖方	横断面面积(m²) 填方	距离(m)	挖方分类及数量(m³) 总数量	土 I %	土 I 数量	土 II %	土 II 数量	土 III %	土 III 数量	石 IV %	石 IV 数量	石 V %	石 V 数量	石 VI %	石 VI 数量	填方数量(m³) 总数量	填方 土	填方 石	利用方数量及调配(m³) 本桩利用 土	本桩利用 石	填缺 土	填缺 石	挖余 土	挖余 石	远运利用方纵向调配示意	[illegible]方数量(m³)及运距(Km) 土	石	[illegible]方数量(m³)及运距(Km) 土	石	备注
1	2	3	5	6	7	8	9	10	11	12	13	14	15	16	17	18	19	20	21	22	23	24	25	26	27	28	29	30	31	32	33
K3+700	88.90																														
K3+720	85.28		20.00	1743	20	349	60	1046	20	349														1743							
K3+740	47.40		20.00	1327	20	265	60	796	20	265														1327							
K3+760	17.83		20.00	652	20	130	60	391	20	130														652							
K3+780	9.83		20.00	277	20	55	60	166	20	55														277							
K3+800	7.29		20.00	171	20	34	60	103	20	34														171							
K3+820	0.86	1.21	20.00	81	20	16	60	49	20	16							12	12		12				69							
K3+840	2.50		20.00	34	20	7	60	20	20	7							12	12		12				21							
K3+860	18.78		20.00	213	20	43	60	128	20	43														213							
K3+880	51.07		20.00	698	20	140	60	419	20	140														698							
K3+900	62.16		20.00	1132	20	226	60	679	20	226														1132							
K3+920	71.29		20.00	1334	20	267	60	801	20	267														1334							
K3+940	74.91		20.00	1462	20	292	60	877	20	292														1462							
K3+960	59.12		20.00	1340	20	268	60	804	20	268														1340							
K3+980	44.25		20.00	1034	20	207	60	620	20	207														1034							
K4+000	36.90		20.00	810	20	162	60	486	20	162														810							
K4+020	20.23		20.00	570	20	114	60	342	20	114														570							
K4+040	1.75	7.56	20.00	220	20	44	60	132	20	44							78	78		78				144							
K4+060	1.08	6.66	20.00	28	20	6	60	17	20	6							142	142		28		114									
K4+080	0.77	18.37	20.00	18	20	4	60	11	20	4							250	250		18		232									
K4+100	0.73	82.18	20.00	15	20	3	60	9	20	3							1005	1005		15		990									
K4+120	0.72	94.18	20.00	14	20	3	60	9	20	3							1764	1764		14		1750									

土方计算表001　土方计算表002　土方计算表003　土方计算表004　土方计算表005　土方计算表006　土方计算表007

图 7　BIM+点云扫描

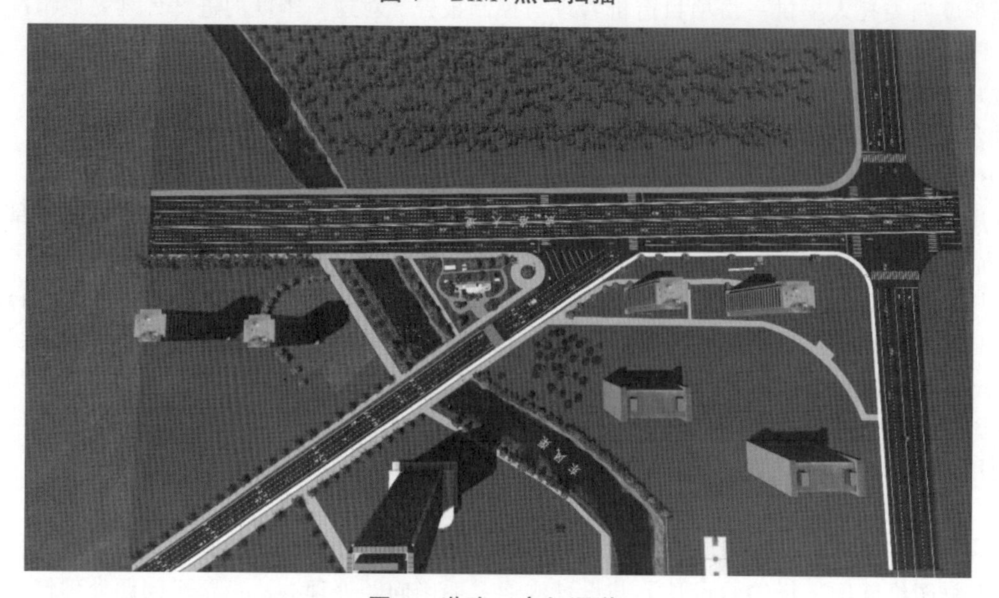

图 8　道路、高架漫游

图 9　综合管廊区间管段漫游

② 场地布置、道路高架等模型多为施工准备阶段创建，均为 1 版模型；综合井及区间管廊模型除设计准备阶段搭建完成的 1 版全专业模型外，在施工阶段陆续完成 2 版变更模型；后续在施工阶段完成的第 3 版模型的基础上深化完成竣工模型。

③ 通过对道路、高架的漫游，进行动线分析，模拟项目周边环境。

④ 基于初版模型，制作了 8 ~ 9 号综合管廊区间、9 号综合井内部的漫游视频。

⑤ 制作项目宣传视频，制作综合井及区间管廊的剖面效果图，协助业主完成项目宣传展板的制作；项目对内及对外宣传。

（8）BIM 成果的运用。

① 通过 BIM 模型后，基于初版设计模型完成管线综合优化及净高分析并形成分析报告，管线综合、净高分析如图 10 所示。

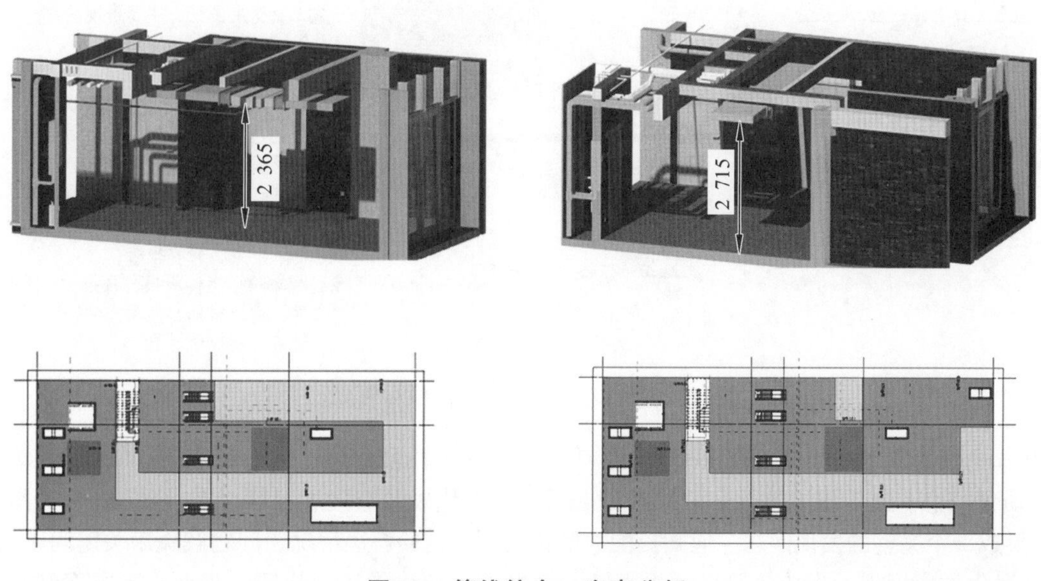

图 10　管线综合、净高分析

② 平台启用，根据项目实际情况，分别将模型上传至 Revizto 协同平台上对应的成洛大道的项目空

间，并依据成洛大道项目 BIM 云平台 Revizto 分级文件管理指导文件编辑完成各标段的资料存档目录，确保后续项目资料存档的规范性。

③ 通过 Revizto 云协同平台进行进度管理、目标设定、计划优化、计划校核和进度跟进；定期使用无人机进行航拍，掌握项目全段的工程形象进度。Revizto 云协同平台进度管理如图 11 所示，Revizto 云协同平台项目管理如图 12 所示。

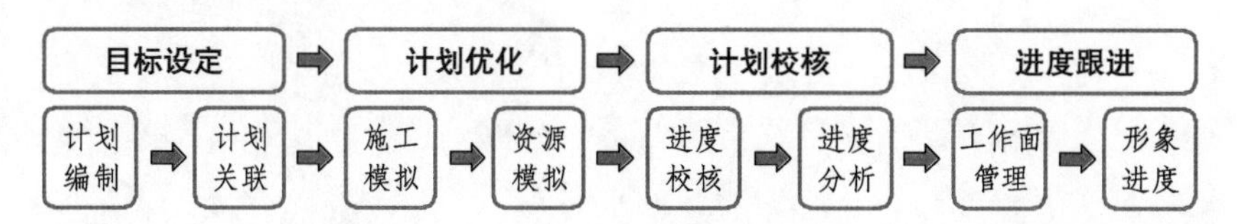

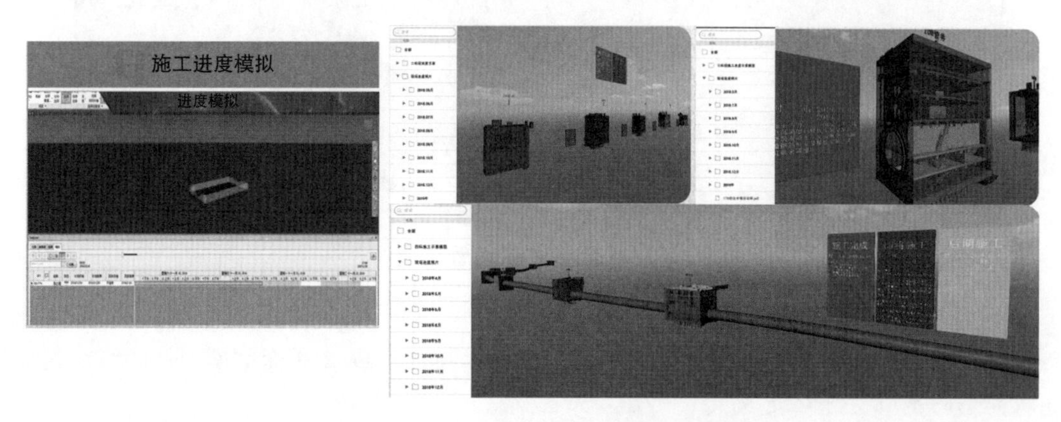

图 11 Revizto 云协同平台进度管理

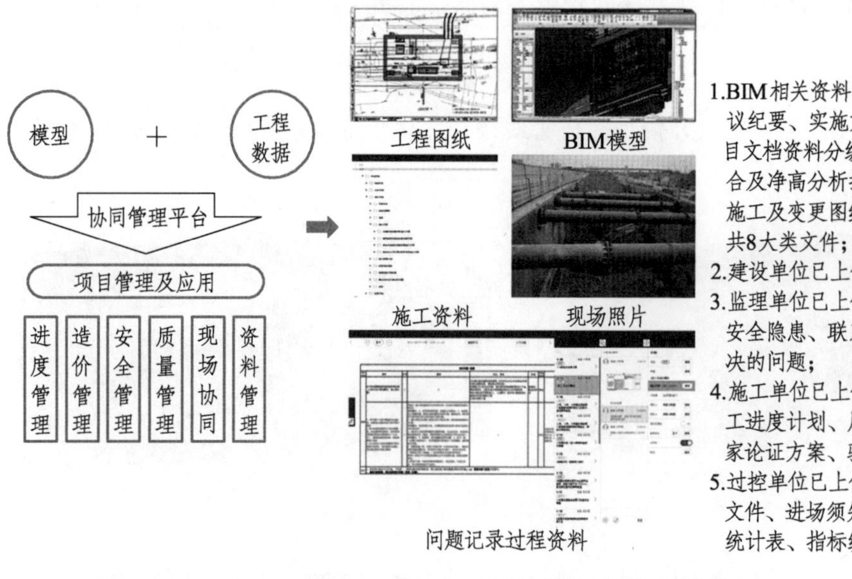

1.BIM相关资料已上传实施纲要、会议纪要、实施方案、BIM云平台项目文档资料分级管理目录、管线综合及净高分析报告、设计问题报告、施工及变更图纸、现场进度照片，共8大类文件；
2.建设单位已上传会议纪要、指令；
3.监理单位已上传监理例会会议纪要、安全隐患、联系单、周报、需要解决的问题；
4.施工单位已上传施工场地布置、施工进度计划、周报、设计变更、专家论证方案、验收报告；
5.过控单位已上传周报、月报、批复文件、进场须知、立项文件、动态统计表、指标统计表

图 12 Revizto 云协同平台项目管理

④ 甲方代表及监理工程师可在 Revizto 移动端记录安全质量信息；施工管理工程师可在 Revizto 中查看安全质量信息；施工班组整改安全质量问题后，甲方代表及监理工程师可在 Revizto 中关闭安全质量问题。形成一个完整的发现问题、通知提醒、解决问题、复验解决情况、问题解决后关闭问题的流程。

⑤ 可视化方案模拟。在施工阶段，根据与业主及施工单位沟通确认后的难点施工方案制作了可视化方案模型，通过进度方案验证与三维交底，指导施工方案的实施。

4 经验总结

4.1 咨询服务的实践成效

本项目作为成都东部的重要门户，是城东未来核心区域的城市快速通道，是展示城市化进程的主要窗口，承载着城东的文脉，凸显地域城市文化特征，是加强生态城市建设，构建自然和谐人居环境的代表。同时，成洛大道是成都市首条改建道路中实施综合管廊建设的道路，它将对沿途的地下管线进行集约管理。此外，在成洛大道沿途景观的打造上，运用了“海绵城市”的生态理念。

本项目全过程咨询服务有效控制了成本，提高了投资效益；缩短了工期，使项目顺利地投入使用，给周边的发展提供了有利条件；为建设单位提供了方便、快捷的管理模式；为项目组成员积累了丰富的经验，为企业积累了基础数据。

（1）本次全过程造价咨询服务有效控制了项目的成本，缩短了项目工期，提高了造价服务质量，有效规避了风险，同时也有效解决了信息不对称问题。

① 有效控制了项目成本：本项目的全过程造价咨询服务覆盖了项目设计阶段、施工阶段和竣工交付阶段，有效地整合了各个阶段的造价、施工的工作内容。从概算投资的控制到施工过程中的动态成本控制，优化了整个工程项目的造价，从而有效地降低风险，使项目成本得到有效的控制，实现资金效益最大化。

② 有效地缩短了项目工期：采用 BIM+造价的全过程咨询服务模式优化了整个工程项目的管理，通过项目策划、合理划分标段，减少了施工交叉，进而缩短了工期。

③ 提高了咨询服务质量：基于 BIM 的全过程工程咨询服务有效地弥补了单一咨询服务模式下可能出现的漏洞，从而提高了服务质量和水平，推动了工程项目品质的提升。

④ 有效规避了风险：全过程造价咨询服务在监管整个工程项目的造价时也需要对造价过程中出现的各种问题提供解决方案，从而能够帮助整个工程项目有效地规避风险。

⑤ 有效解决了信息不对称问题：基于 BIM 的全过程工程咨询服务相对于单一阶段造价咨询而言，参与到项目的整个过程，掌控工程项目实施全过程的信息，进而有效地整合各类信息，有效解决信息不对称问题，更有益于对项目造价的管控。

（2）通过 BIM 在本项目中的运用，从协同模型中的参数数据管理及运用，协同平台的运用，到减少变更及缩短工期，到成本预测控制等方面都具有显著成效，更是为后期整个生命周期内的运行和维护提供数据。

① 通过对搭建完成的 BIM 模型进行碰撞检查，梳理出几百条设计问题，并将设计问题归类，有效减少项目过程变更的数量和金额，为投资控制起到极大的作用。

② 从初版模型开始到竣工模型深化完成，总共有 5 版模型，分别运用于前期场地布置和交通流线布置、设计图纸问题核查、现场净高分析和管线综合、施工模拟和技术交底、设计深化，有力保障了项目造价咨询成效和项目的品质。

③ 本项目使用 Revizto 云平台为项目的协同平台，及时将设计问题在模型上精准定位后反馈给设计核查修改，同时对施工单位进行问题预警，避免了由于未及时发现问题带来的返工。

④ 通过平台的移动端，施工人员将 BIM 模型与施工现场进行比对，及时纠偏，保证了施工方案准确有效的执行，综合井施工模拟如图 13 所示。

⑤ 通过 BIM 模型提取了土建、水、暖、消防的工程量，并与传统算量数据进行了量差分析，为 BIM 算量与传统算量在准确性和效率性对比上提供有力依据，工程量计算对比如图 14 所示。

⑥ 利用无人机进行进度和现场安全实景拍摄，为项目业主准确掌握现场情况和进度、安全控制提供支撑。

图 13　综合井施工模拟

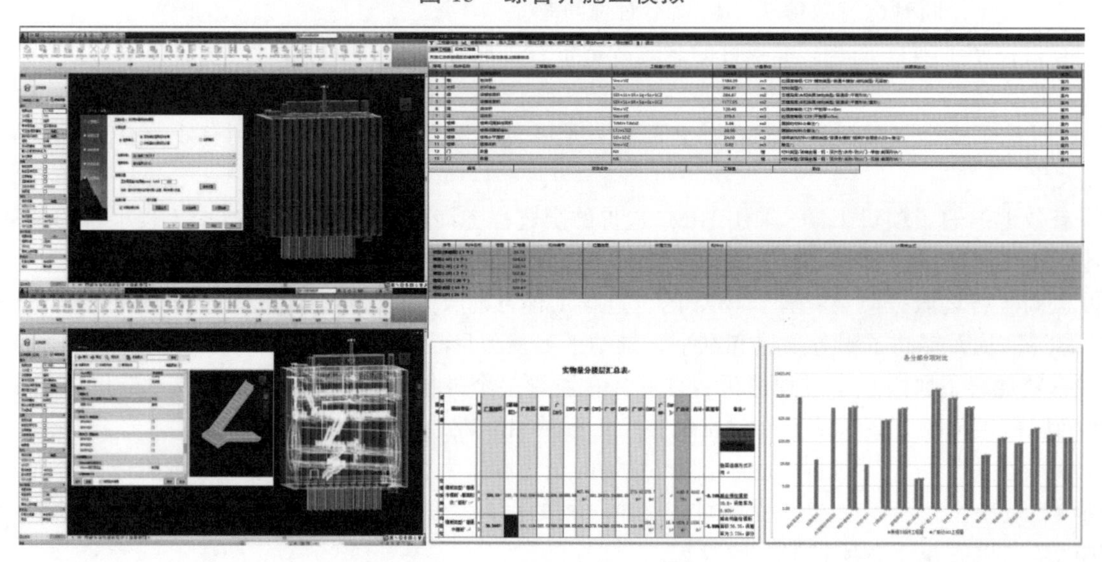

图 14　工程量计算对比

⑦ 应用点云技术对深基坑及明挖段土方进行测量，保证了数据的准确性，也为点云和无人机倾斜摄影土方算量的研究提供了数据支撑。

⑧ 通过 BIM 对设计图纸的核查，减少了变更，为后续项目咨询服务时基于设计管理进行投资控制起到了很好的借鉴作用。

⑨ 本项目的 BIM 应用从标准制定、人员培训和指导、设计管理、施工管理、数字化交付进行了全过程、全方位的服务，利用全新的方式辅助项目业主提高管控效率，同时也助力施工单位 BIM 应用水平的提升，该项目的成果获得成都市第三届“信永中和杯”工程造价专业技能竞赛“最佳 BIM 案例”奖。

（3）通过对本项目的全过程咨询，项目组成员积累了丰富的经验，为企业积累了基础数据。

① 保证计量、计价准确性，需要有相应识图能力、熟悉清单和定额等扎实的基础功底；需要保证计算底稿的规范性、完整性、数据来源的可追溯性，便于后续使用时能快速找到依据；也需要合理借助广联达、鹏业、斯维尔等计算软件，可以更快捷、更准确地算量；还需要了解施工工艺，结合定额的工作内容，方能准确组价。加强对成果文件的检查工作，除了自查外，还需借助鸿业的单价对比和自检功能、数据叮咚的项目自检功能等措施，以提高成果文件的准确性。

② 在咨询过程中遇到问题，首先分析问题产生的原因，分析各种影响因素及影响程度，制定解决思路；然后根据拟定的思路收集资料、寻找支撑依据；对疑难及争议问题，向公司技术中心、业内专

家及造价站咨询，为咨询服务寻求技术支持。

③ 重视清标工作，保证清标的准确性。清标虽然只是过控工作中的一个小小环节，但对这个项目的动态成本控制尤为重要。做好清标工作，可以减少项目中的不确定因素，对甲乙双方在招投标过程中的失误，根据招标文件的约定进行修正，减少项目实施的风险。

④ 进度款审核。每期工程量须填写《工程量形象进度支付累计台账》，如有变更，变更减少工程量同步录入《工程量形象进度支付累计台账》，避免分项工程超计；同时需注意变更、签证的计量，须按合同约定达到支付条件后方能计量。

⑤ 记录过控日志，做好工作台账，资料上传业务系统平台。过控日志是对每天工作的记录，也是对每天工作的一个总结；做好工作台账可以极为方便地了解每项任务的进展情况，也便于向公司和建设单位汇报工作；数字化管理是一种必然趋势，从线下搬到线上，保证所有数据的有效性和可追溯性。

⑥ 通过对本项目的造价咨询，进行指标提炼，为企业积累了综合管廊类项目基础数据，以便用于后续综合管廊类建设项目的招标控制价编制和投资估算。

⑦ 通过对本项目全过程咨询总结的经验总结形成了一系列的成果。《建筑工程造价的动态管理与控制研究》获成都市 2020 年度优秀工程造价学术论文二等奖，《浅谈 BIM+技术在全过程咨询项目管理中的应用》获成都市 2018 年度优秀工程造价学术论文三等奖。

4.2 咨询服务的不足

（1）造价工程师对风险的预判能力、宏观控制能力需要提高。

（2）由于项目在招标阶段并没有在施工单位的招标文件中对 BIM 应用提出具体的要求，导致 BIM 技术在项目施工过程中的标准落地难度大、平台信息维护积极性不高等，工作量增大。因此，在招标策划阶段，明确、清晰的要求，可以保障 BIM 在实施过程可度量、可考核。

（3）BIM 与造价融合的紧密程度还有待提高。该项目 BIM 与造价的结合主要体现在工程量核查、可视化辅助方案对比、现场工作面的明晰等方面，对于 BIM 与造价的其他结合点在当时还较为欠缺。

（4）BIM 数据接入运维平台缺少统一标准，导致后期模型修改工作量很大。运维管理单位与建设单位前期策划阶段针对数字化交付要求不明确，且管廊的运维管理实现数字化与智慧化的落地案例较少，前期需求调研不充分，平台开发滞后较为严重，导致了 BIM 模型的反复修改，一方面要满足项目竣工深度要求，另一方面还要满足运维管理要求。在这个过程中，反复调整模型去适配运维管理系统的可视化效果与数据兼容性，花费了较大人力、物力。

5 项目主要经济技术指标

5.1 建设项目造价指标分析表

表 1 建设项目造价指标分析

项目名称：成洛大道（三环至四环路）快速路改造工程

项目类型：市政道路、市政桥梁、城市地下综合管廊、城市下穿隧道

投资来源：项目业主自筹	项目地点：成都市成华区、龙泉驿区
总面积：291 037 m^2	道路等级：主干道
红线宽度：44 ~ 66 m	造价类别：控制价
承发包方式：施工总承包	建设类型：改扩建
开工日期：2016 年 4 月 9 日	竣工日期：2020 年 7 月 2 日

序号	单项工程名称	面积	长度	计价期	造价/元	单位指标/（元/m）	单位指标/（元/m^2）	指标分析和说明
1	道路工程	219 318.00	5 370.00	2016 年第 7 期	412 088 645.05	76 739.04	1 878.95	道路红线宽度 44～66 m；包含道路、排水、景观、交安、智能交通、照明等
2	桥梁工程	48 315.00	1 714.90	2015 年第 12 期	465 419 622.54	271 398.00	9 633.03	主线桥长度 1 714.897 m，宽度 16～45 m；上道桥长度 143.2 m，宽度 7.5 m；匝道长度 928.678 m，宽度 7.5～16 m
3	明蜀路下穿隧道	4 264.00	420.00	2015 年第 12 期	34 789 636.50	82 832.47	8 158.92	隧道长度 420 m，宽度 8 m；隧道两端挡墙段（50+49.53）m
4	成都大学下穿隧道	19 140.00	470.00	2015 年第 12 期	90 361 413.98	192 258.33	4 721.08	隧道长度 470 m，宽度 33 m；隧道两端挡墙（50+60）m
5	桥隧交安工程	71 719.00	2 604.90	2015 年第 12 期	3 957 179.87	1 519.13	55.18	含正式交安、临时交安
6	综合管廊工程		4 437.00	2016 年第 7 期	1 271 218 093.24	286 503.97		管廊长度 4 437 m，内径 8.1 m，外径 9 m，四舱室；包含盾构工程、管廊内部结构工程、21 座管廊综合井、电力隧道等
7	涵洞工程	364.00	72.80	2015 年第 12 期	1 428 889.57	19 627.60	3 925.52	涵洞断面 5 m×3.5 m
8	合计	291 037.00			2 279 263 480.75			

5.2 单项工程造价指标分析表

表 2 市政道路工程造价指标分析

单项工程名称：市政道路工程　　业态类型：主道

总长度：5 370 m　　道路面积：219 318 m^2

宽度：44～66 m　　车道数：8～12

车行道宽度：28～49 m　　人行道宽度：3～3.5 m

绿化带宽度：10～25 m　　隔离带宽度：5.5～23 m

序号	单位工程名称	建设规模	造价/元	其中/元				单位指标	占比	指标分析和说明
				分部分项	措施项目	其他项目	税金			
1	道路工程	219 318 m^2	164 122 891.14	117 222 015.72	15 813 328.10	13 303 534.39	16 264 430.65	748.33	39.83%	25 cm 水稳+25 cm 水稳+0.6 cm 稀浆封层+8 cm 中粒式+6 cm SBS 中粒式+4 cm SBS 玛蹄脂 SMA-13
2	排水工程	5 370 m	104 119 609.74	78 984 874.07	4 737 550.69	8 372 242.48	10 318 159.53	19 389.13	25.27%	（1）双雨水管 D500～2 000 mm；双污水管 D500～1 000 mm；（2）含海绵城市
3	景观工程	378 996 m^2	84 018 102.38	64 546 747.89	2 422 736.61	6 696 948.45	8 326 118.25	221.69	20.39%	
4	交安工程	5 370 m	5 519 922.56	4 401 099.00	72 763.78	447 386.28	547 019.35	1 027.92	1.34%	

续表

序号	单位工程名称	建设规模	造价/元	其中/元				单位指标	占比	指标分析和说明
				分部分项	措施项目	其他项目	税金			
5	智能交通	5 370 m	8 326 992.36	6 563 009.82	149 324.49	671 233.43	825 197.44	1 550.65	2.02%	
6	照明工程	5 370 m	17 299 808.91	13 725 639.04	251 034.98	1 397 667.40	1 714 395.48	3 221.57	4.20%	
7	1#水泵房土建	1 座	4 935 321.47	3 695 279.50	257 651.51	395 293.10	489 085.91	4 935 321.47	1.20%	泵站规模为 2 800 m^3/h，采用两套一体式雨水泵站并联运行
8	2#水泵房土建	1 座	2 389 395.90	1 790 135.79	124 489.58	191 462.54	236 786.98	2 389 395.90	0.58%	泵站规模为 800 m^3/h，采用两套一体式雨水泵站并联运行
9	人行天桥	1 103 m^2	7 842 801.61	6 160 050.86	154 340.29	631 439.12	777 214.57	7 110.43	1.90%	
10	雨水泵站安装	2 座	13 513 798.98	11 015 197.88	29 910.72	1 104 510.86	1 339 205.30	6 756 899.49	3.28%	
11	合计		412 088 645.05	308 104 049.57	24 013 130.75	33 211 718.05	40 837 613.46		100.00%	

注：市政给排水工程、交安工程、路灯工程的建设规模为道路总长度，土石方及路基工程、市政土建工程的建设规模为道路总面积，绿化工程的建设规模为其实施面积。

表 3　桥梁工程造价指标分析

单项工程名称：桥梁工程　　业态类型：高架桥

总长度：1 715 m　　道路面积：48 315 m^2

宽度：16 ~ 45 m　　车道数：4 ~ 8

车行道宽度：14.5 ~ 36.25 m　　人行道宽度：/

绿化带宽度：/　　隔离带宽度：0.5 m

序号	单位工程名称	建设规模/m^2	造价/元	其中/元				单位指标	占比	指标分析和说明
				分部分项	措施项目	其他项目	税金			
1	主线桥工程	48 315	318 154 408.92	232 427 627.05	41 500 108.64	27 392 773.57	10 699 433.16	6 585.00	68.36%	
2	上下道及辅道桥工程	48 315	17 730 948.72	12 168 107.10	3 024 332.06	1 519 243.92	596 286.25	366.99	3.81%	
3	匝道桥工程	48 315	51 544 413.68	38 222 798.27	6 138 602.07	4 436 140.03	1 733 422.49	1 066.84	11.07%	
4	桥梁附属工程、引道挡土墙及预留预埋	48 315	77 989 851.22	63 532 997.20	4 126 537.39	6 765 953.46	2 622 774.28	1 614.20	16.76%	含上部结构、桥面、防水、桥涵引道、预埋等
5	合计	48 315	465 419 622.54	346 351 529.62	54 789 580.16	40 114 110.98	15 651 916.18	9 633.03	100.00%	

表 4　明蜀路下穿隧道工程造价指标分析

单项工程名称：明蜀路下穿隧道工程　　业态类型：下穿隧道

总长度：420 m　　道路面积：4 264 m^2

宽度：8 m　　车道数：2

车行道宽度：8 m　　人行道宽度：/

绿化带宽度：/　　隔离带宽度：/

序号	单位工程名称	建设规模/m²	造价/元	其中/元				单位指标	占比	指标分析和说明
				分部分项	措施项目	其他项目	税金			
1	框架结构段	4 264	12 713 491.26	10 064 520.40	867 011.56	1 093 153.20	427 550.73	2 981.59	36.54%	
2	U 形槽结构段	4 264	16 672 785.18	13 367 239.55	969 107.77	1 433 634.73	560 700.55	3 910.13	47.92%	
3	附属工程及预留预埋	4 264	5 403 360.06	4 675 184.67	41 361.50	471 654.62	181 713.31	1 267.20	15.53%	含侧壁装饰、栏杆、路面、照明及交安的预埋等
4	合计	4 264	34 789 636.50	28 106 944.62	1 877 480.83	2 998 442.55	1 169 964.59	8 158.92	100.00%	

表 5　成都大学下穿隧道工程造价指标分析

单项工程名称：成都大学下穿隧道工程　　业态类型：下穿隧道
总长度：470 m　　道路面积：19 140 m²
宽度：33 m　　车道数：8
车行道宽度：33 m　　人行道宽度：/
绿化带宽度：/　　隔离带宽度：/

序号	单位工程名称	建设规模/m²	造价/元	其中/元				单位指标	占比	指标分析和说明
				分部分项	措施项目	其他项目	税金			
1	框架结构段	19 140	40 652 540.43	32 550 292.00	2 465 753.86	3 501 604.59	1 367 132.21	2 123.96	44.99%	
2	U 形槽结构段	19 140	40 116 033.75	33 264 862.95	1 435 459.63	3 470 032.26	1 349 089.65	2 095.93	44.40%	
3	附属工程及预留预埋	19 140	9 592 839.80	8 308 125.01	69 386.15	837 751.12	322 604.20	501.19	10.61%	含侧壁装饰、栏杆、路面、照明及交安的预埋等
4	合计	19 140	90 361 413.98	74 123 279.96	3 970 599.64	7 809 387.97	3 038 826.06	4 721.08	100.00%	

表 6　交安工程造价指标分析

单项工程名称：交安工程　　业态类型：附属工程
总长度：2 604.9 m　　道路面积：71 719 m²
宽度：8 ~ 37.75 m　　车道数：2 ~ 8
车行道宽度：8 ~ 36.25 m　　人行道宽度：/
绿化带宽度：/　　隔离带宽度：0.5 m

序号	单位工程名称	建设规模/m	造价/元	其中/元				单位指标	占比	指标分析和说明
				分部分项	措施项目	其他项目	税金			
1	隧道交安工程	2 604.9	3 957 179.87	3 369 564.46	77 242.80	344 680.73	133 078.72	1 519.13	100%	含正式交安、临时交安

表 7　涵洞工程造价指标分析

单项工程名称：涵洞工程　　业态类型：附属工程
总长度：72.8 m　　道路面积：364 m²
宽度：5 m　　车道数：/
车行道宽度：/　　人行道宽度：/
绿化带宽度：/　　隔离带宽度：/

序号	单位工程名称	建设规模/m	造价/元	其中/元				单位指标	占比	指标分析和说明
				分部分项	措施项目	其他项目	税金			
1	K2+590 箱涵	72.8	1 428 889.57	1 095 526.14	134 385.00	122 991.11	48 053.11	19 627.60	100%	涵洞断面 5 m×3.5 m

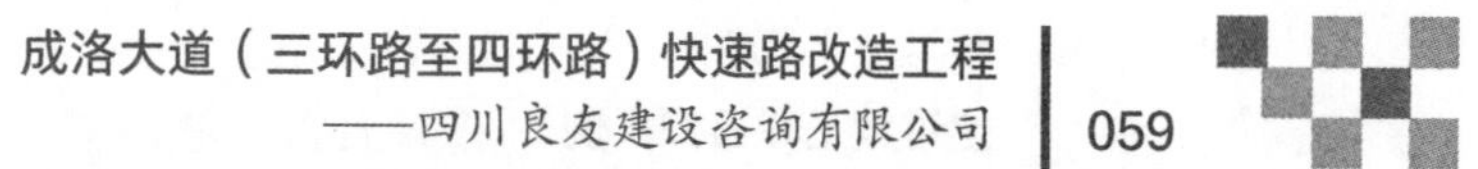

表 8　综合管廊盾构工程造价指标分析

单项工程名称：综合管廊盾构工程　　　　业态类型：城市地下综合管廊

单项工程规模：长度 4 437 m

序号	单位工程名称	建设规模/m	造价/元	其中/元				单位指标	占比	指标分析和说明
				分部分项	措施项目	其他项目	税金			
1	盾构工程	4 437	480 539 026.14	351 316 497.66	15 915 384.96	55 084 782.39	47 620 984.57	108 302.69	63.68%	内径 8.1 m，外径 9.0 m，内净空断面面积 51.50 m^2
2	管廊内部结构工程	4 437	136 633 256.26	83 243 619.85	21 391 763.73	15 695 307.54	13 540 232.60	30 794.06	18.11%	隧道内部空间分为 4 个舱室
3	接收及始发井工程	4 437	136 194 403.52	89 589 576.12	14 272 993.56	15 579 385.45	13 496 742.69	30 695.16	18.05%	5 座综合井，尺寸 12 m×18 m～15.5 m×40 m，深度 18～36.2 m，地下结构 4～6 层
4	监控中心土建工程	4 437	1 278 407.36	893 055.51	83 023.16	146 411.80	126 689.02	288.12	0.17%	
5	合计	4 437	754 645 093.28	525 042 749.14	51 663 165.41	86 505 887.18	74 784 648.88	170 080.03	100%	

表 9　综合管廊工程造价指标分析

单项工程名称：综合管廊工程　　　　业态类型：城市地下综合管廊

单项工程规模：长度 4 437 m

序号	单位工程名称	建设规模/m	造价/元	其中/元				单位指标	占比	指标分析和说明
				分部分项	措施项目	其他项目	税金			
1	管廊土建	4 437	299 456 340.77	204 487 397.61	34 582 328.73	23 906 972.64	29 675 853.59	67 490.72	57.97%	16 座综合井，尺寸 12 m×18 m～15.5 m×40 m，深度 18～36.2 m，地下结构 4～6 层
2	电力隧道	4 437	48 011 341.22	35 261 210.61	2 948 112.36	3 820 932.30	4 757 880.66	10 820.68	9.29%	电力隧道长度 952 m，断面 2.4 m×2.7 m～2.4 m×3.9 m
3	标识工程	4 437	1 376 904.71	1 041 086.66	49 082.35	109 016.90	136 450.02	310.32	0.27%	
4	综合管廊消防	4 437	25 997 174.09	20 866 679.88	244 926.12	2 111 160.60	2 576 296.54	5 859.18	5.03%	
5	综合管廊通风	4 437	7 658 035.78	5 781 827.59	300 049.64	608 187.73	758 904.44	1 725.95	1.48%	
6	综合管廊排水	4 437	4 516 851.74	3 554 547.81	88 366.86	364 291.47	447 615.94	1 018.00	0.87%	
7	综合管廊供电照明	4 437	61 116 925.63	48 467 174.47	948 715.02	4 846 717.45	6 056 632.27	13 774.38	11.83%	
8	综合管廊监控报警	4 437	54 599 315.75	43 385 825.83	787 421.99	4 417 324.79	5 410 743.00	12 305.46	10.57%	
9	监控中心安装	4 437	3 045 450.22	2 399 448.57	61 682.62	246 113.12	301 801.37	686.38	0.59%	
10	综合井建筑设备	4 437	10 794 660.05	8 663 420.42	105 236.69	876 865.72	1 069 741.09	2 432.87	2.09%	
11	合计	4 437	516 572 999.96	373 908 619.45	40 115 922.38	41 307 582.72	51 191 918.92	116 423.94	100.00%	

5.3 单项工程主要工程量指标分析表

表 10 市政道路工程主要工程量指标分析

单项工程名称：市政道路工程　　业态类型：主道

总长度：5 370 m　　道路面积：219 318 m^2

宽度：44 ~ 66 m　　车道数：8 ~ 12

序号	工程量名称	单项工程规模		工程量	单位	指标	指标分析和说明
		数量	计量单位				
1	道路工程						
1.1	挖土石方	219 318	m^2	293 153.75	m^3	1.34	
1.2	回填砂砾石	219 318	m^2	114 160.00	m^3	0.52	
1.3	主车道面积	219 318	m^2	193 541.00	m^2	0.88	
1.4	辅道、匝道及被交叉面积	219 318	m^2	25 777.00	m^2	0.12	
1.5	边坡防护	219 318	m^2	14 768.00	m^2	0.07	
1.6	挡土墙混凝土	219 318	m^2	2 946.00	m^3	0.01	
1.7	挡土墙钢筋	219 318	m^2	116.21	t	0.00	
1.8	挡土墙台背回填	219 318	m^2	3 700.00	m^3	0.02	
1.9	防撞护栏混凝土	219 318	m^2	1 610.60	m^3	0.01	
1.10	防撞护栏钢筋	219 318	m^2	306.60	t	0.00	
2	排水工程						
2.1	挖土石方	219 318	m^2	46 702.17	m^3	0.21	
2.2	回填砂砾石	219 318	m^2	37 646.12	m^3	0.17	
2.3	雨水管道	219 318	m^2	31 776.66	m	0.14	
2.4	污水管道	219 318	m^2	8 349.00	m	0.04	
2.5	雨水检查井	219 318	m^2	957.00	座	0.00	
2.6	污水检查井	219 318	m^2	245.00	座	0.00	
3	绿化工程						
3.1	种植土回填	219 318	m^2	157 911.41	m^3	0.72	
3.2	草皮面积	219 318	m^2	395 267.98	m^2	1.80	
3.3	乔木	219 318	m^2	5 830.00	株	0.03	
3.4	人行道铺装	219 318	m^2	40 229.91	m^2	0.18	
3.5	绿化喷灌管道	219 318	m^2	69 992.00	m^2	0.32	
3.6	旋转喷头	219 318	m^2	4 648.00	个	0.02	
4	交通工程						
4.1	交通标线	219 318	m^2	11 272.70	m^2	0.05	
4.2	交通标志	219 318	m^2	226.00	块	0.00	
4.3	电缆	219 318	m^2	18 285.33	m	0.08	
4.4	临时交通护栏	219 318	m^2	9 000.00	m	0.04	
5	智能交通工程						
5.1	单模光缆	219 318	m^2	18 501.00	m	0.08	

续表

序号	工程量名称	单项工程规模		工程量	单位	指标	指标分析和说明
		数量	计量单位				
5.2	电缆保护管	219 318	m^2	67 925.90	m	0.31	
5.3	电力电缆	219 318	m^2	16 573.00	m	0.08	
6	照明工程						
6.1	电缆	219 318	m^2	43 979.04	m	0.20	
6.2	电缆保护管	219 318	m^2	5 263.62	m	0.02	
6.3	路灯	219 318	m^2	1 057.00	套	0.00	
6.4	接地母线	219 318	m^2	18 063.43	m	0.08	
7	雨水泵站						2 座雨水泵站
7.1	基坑边坡支护	219 318	m^2	1 222.72	m^2	0.01	
7.2	混凝土	219 318	m^2	129.11	m^3	0.00	
7.3	钢筋	219 318	m^2	16.06	t	0.00	
7.4	电缆、配线	219 318	m^2	1 207.57	m	0.01	

表 11　桥梁工程主要工程量指标分析

单项工程名称：桥梁工程　　业态类型：高架桥

总长度：1 714.9 m　　道路面积：48 315 m^2

宽度：16～45 m　　车道数：4～8

序号	工程量名称	单项工程规模		工程量	单位	指标	指标分析和说明
		数量	计量单位				
1	主线桥工程						
1.1	开挖土石方	48 315	m^2	27 397	m^3	0.57	
1.2	回填土石方	48 315	m^2	22 098.5	m^3	0.46	
1.3	机械成孔 C30 砼灌注桩	48 315	m^2	6 999	m	0.14	
1.4	下部结构混凝土	48 315	m^2	25 946.56	m^3	0.54	
1.5	上部结构混凝土	48 315	m^2	18 747.5	m^3	0.39	
1.6	钢箱梁	48 315	m^2	8 856.89	t	0.18	
1.7	钢筋	48 315	m^2	11 973.07	t	0.25	
1.8	注浆	48 315	m^2	62 658	m	1.30	
2	上下道及辅道桥工程						
2.1	开挖土石方	48 315	m^2	10 233.1	m^3	0.21	
2.2	回填土石方	48 315	m^2	8 301.8	m^3	0.17	
2.3	机械成孔 C30 砼灌注桩	48 315	m^2	2 080.32	m	0.04	
2.4	下部结构混凝土	48 315	m^2	2 106.86	m^3	0.04	
2.5	上部结构混凝土	48 315	m^2	2 112.04	m^3	0.04	
2.6	钢筋	48 315	m^2	1 117.079		0.02	
3	匝道桥工程						
3.1	开挖土石方	48 315	m^2	5 822.5	m^3	0.12	

续表

序号	工程量名称	单项工程规模		工程量	单位	指标	指标分析和说明
		数量	计量单位				
3.2	回填土石方	48 315	m^2	4 449.4	m^3	0.09	
3.3	机械成孔 C30 砼灌注桩	48 315	m^2	1 663	m	0.03	
3.4	下部结构混凝土	48 315	m^2	3 133.32	m^3	0.06	
3.5	上部结构混凝土	48 315	m^2	4 089	m^3	0.08	
3.6	钢箱梁	48 315	m^2	1 437.7	t	0.03	
3.7	钢筋	48 315	m^2	224.54	t	0.00	
4	桥梁附属工程、引道挡土墙及预留						
4.1	上部结构附属混凝土	48 315	m^2	8 315.91	m^3	0.17	
4.2	路面面积	48 315	m^2	48 314.9	m^2	1.00	
4.3	桥梁防水涂料	48 315	m^2	48 314.9	m^2	1.00	
4.4	支座	48 315	m^2	1 362	个	0.03	
4.5	桥梁附属工程钢筋	48 315	m^2	2 098.08	t	0.04	
4.6	桥涵引道面积	48 315	m^2	4 554	m^2	0.09	

表 12 明蜀路下穿隧道工程主要工程量指标分析

单项工程名称：明蜀路下穿隧道工程　　业态类型：下穿隧道

总长度：420 m　　道路面积：4 264 m^2

宽度：8 m　　车道数：2

序号	工程量名称	单项工程规模		工程量	单位	指标	指标分析和说明
		数量	计量单位				
1	框架结构段						
1.1	开挖土石方	4 264	m^2	30 595	m^3	7.18	
1.2	回填土石方	4 264	m^2	4 119	m^3	0.97	
1.3	基坑支护面积	4 264	m^2	4 425	m^2	1.04	
1.4	隧道混凝土	4 264	m^2	5 089.78	m^3	1.19	
1.5	钢筋	4 264	m^2	750.25	t	0.18	
1.6	防火层	4 264	m^2	1 156.93	m^2	0.27	
1.7	防水卷材	4 264	m^2	5 027.29	m^2	1.18	
2	U 形槽结构段						
2.1	开挖土石方	4 264	m^2	33 814	m^3	7.93	
2.2	回填土石方	4 264	m^2	13 162	m^3	3.09	
2.3	基坑支护面积	4 264	m^2	4 855	m^3	1.14	
2.4	隧道混凝土	4 264	m^2	6 374.03	m	1.49	
2.5	钢筋	4 264	m^2	914.822	m	0.21	
3	附属工程及预留预埋						
3.1	隧道饰板	4 264	m^2	3 753	m^2	0.88	
3.2	路面	4 264	m^2	4 289	m^2	1.01	
3.3	预埋钢管	4 264	m^2	4 310.4	m^2	1.01	

表 13 成都大学下穿隧道工程主要工程量指标分析

单项工程名称：成都大学下穿隧道工程　　业态类型：下穿隧道
总长度：470 m　　道路面积：19 140 m^2
宽度：33 m　　车道数：8

序号	工程量名称	单项工程规模		工程量	单位	指标	指标分析和说明
		数量	计量单位				
1	框架结构段						
1.1	开挖土石方	19 140	m^2	55 285	m^3	2.89	
1.2	回填土石方	19 140	m^2	11 512	m^3	0.60	
1.3	基坑支护面积	19 140	m^2	3 133.52	m^2	0.16	
1.4	隧道混凝土	19 140	m^2	19 831.76	m^3	1.04	
1.5	钢筋	19 140	m^2	3 410.68	t	0.18	
1.6	防火层	19 140	m^2	4 812.43	m^2	0.25	
1.7	防水卷材	19 140	m^2	12 431.89	m^2	0.65	
2	U 形槽结构段						
2.1	开挖土石方	19 140	m^2	105 773.2	m^3	5.53	
2.2	回填土石方	19 140	m^2	19 701.8	m^3	1.03	
2.3	基坑支护面积	19 140	m^2	2 587.78	m^3	0.14	
2.4	隧道混凝土	19 140	m^2	21 446.41	m	1.12	
2.5	钢筋	19 140	m^2	2 186.16	m	0.11	
3	附属工程及预留预埋						
3.1	隧道饰板	19 140	m^2	5 652	m^2	0.30	
3.2	路面	19 140	m^2	4 289	m^2	0.22	
3.3	预埋钢管	19 140	m^2	5 399.04	m^2	0.28	

表 14 交安工程主要工程量指标分析

单项工程名称：交安工程　　业态类型：附属工程
总长度：2 604.9 m　　道路面积：71 719 m^2
宽度：16～45 m　　隔离带宽度：0.5 m

序号	工程量名称	单项工程规模		工程量	单位	指标	指标分析和说明
		数量	计量单位				
1	桥隧交安工程						
1.1	标线、标记	2 604.9	m	6 462	m^2	2.48	
1.2	标牌	2 604.9	m	31	块	0.01	
1.3	临时交安护栏	2 604.9	m	9 000	m	3.46	
1.4	临时标线	2 604.9	m	696.6	m^2	0.27	
1.5	电线、电缆	2 604.9	m	4 295.59	m	1.65	
1.6	电缆保护管	2 604.9	m	3 666.65	m	1.41	

表 15 涵洞工程主要工程量指标分析

单项工程名称：涵洞工程　　业态类型：附属工程
总长度：72.8 m　　道路面积：364 m²
宽度：5 m　　车道数：/

序号	工程量名称	单项工程规模		工程量	单位	指标	指标分析和说明
		数量	计量单位				
1	K2+590 箱涵						
1.1	开挖土石方	72.8	m	2 873.79	m³	39.48	
1.2	回填土石方	72.8	m	2 856.67	m³	39.24	
1.3	混凝土	72.8	m	856.92	m³	11.77	
1.4	钢筋	72.8	m	112.205	t	1.54	

表 16 综合管廊土建工程主要工程量指标分析

单项工程名称：综合管廊土建　　业态类型：城市地下综合管廊
单项工程规模：长度 4 437 m

序号	工程量名称	单项工程规模		工程量	单位	指标	指标分析和说明
		数量	计量单位				
1	盾构工程						
1.1	加固注浆	4 437	m	41 635	m³	9.38	
1.2	盾构掘进	4 437	m	4 347	m	0.98	
1.3	预制钢筋混凝土管片	4 437	m	52 348	m³	11.80	
1.4	盾构出渣弃土	4 437	m	292 965	m³	66.03	
2	管廊内部结构工程						
2.1	混凝土	4 437	m	39 366	m³	8.87	
2.2	钢筋	4 437	m	2 930	t	0.66	
2.3	托臂	4 437	m	92 265	套	20.79	
2.4	抗震支架	4 437	m	300	套	0.07	
3	接收及始发井工程						5 座综合井
3.1	综合井围护桩	4 437	m	7 815	m	1.76	
3.2	综合井围护钢筋	4 437	m	1 407	t	0.32	
3.3	挖土石方	4 437	m	71 510	m³	16.12	
3.4	顶板回填土石方	4 437	m	4 636	m³	1.04	
3.5	盾构过井填方	4 437	m	5 942	m³	1.34	
3.6	综合井回填土挖方	4 437	m	65 009	m³	14.65	
3.7	综合井混凝土	4 437	m	27 684	m³	6.24	
3.8	砖砌体	4 437	m	3 125	m³	0.70	
3.9	综合井钢筋	4 437	m	5 781	t	1.30	
3.10	防水卷材	4 437	m	24 474	m²	5.52	
3.11	止水带、止水条	4 437	m	10 973	m	2.47	
3.12	界面涂刷水泥基材	4 437	m	10 996	m²	2.48	
3.13	接地线	4 437	m	6 320	m	1.42	

续表

序号	工程量名称	单项工程规模		工程量	单位	指标	指标分析和说明
		数量	计量单位				
4	接收及始发井工程						16 座综合井
4.1	综合井围护桩	4 437	m	22 545	m	5.08	
4.2	综合井围护钢筋	4 437	m	3 516	t	0.79	
4.3	挖土石方	4 437	m	167 290	m^3	37.70	
4.4	顶板回填土石方	4 437	m	10 400	m^3	2.34	
4.5	盾构过井填方	4 437	m	87 391	m^3	19.70	
4.6	综合井混凝土	4 437	m	63 774	m^3	14.37	
4.7	砖砌体	4 437	m	6 017	m^3	1.36	
4.8	综合井钢筋	4 437	m	13 930	t	3.14	
5	托臂	4 437	m	8 722	套	1.97	
5.1	抗震支架	4 437	m	32	套	0.01	
5.2	预埋槽钢	4 437	m	2 164	m	0.49	
5.3	电缆桥架	4 437	m	2 697	m	0.61	
5.4	防水卷材	4 437	m	56 781	m^2	12.80	
5.5	止水带、止水条	4 437	m	25 457	m	5.74	
5.6	界面涂刷水泥基材	4 437	m	25 512	m^2	5.75	
5.7	接地线	4 437	m	14 789	m	3.33	
6	监控中心土建工程						
6.1	挖土石方	4 437	m	1 204	m^3	0.27	
6.2	回填土石方	4 437	m	482	m^3	0.11	
6.3	基坑边坡支护	4 437	m	278	m^2	0.06	
6.4	混凝土	4 437	m	392	m^3	0.09	
6.5	钢筋	4 437	m	20	t	0.00	
6.6	砖砌体	4 437	m	178	m^3	0.04	
6.7	装修面积	4 437	m	510	m^2	0.11	
7	电力隧道						断面 1∶2.4 m×3.9 m（断面面积 9.36 m^2），长度 951.79 m
7.1	基坑边坡支护	4 437	m	10 440	m^2	2.35	
7.2	暗挖初期支护	4 437	m	9 720	m^2	2.19	
7.3	开挖土石方	4 437	m	54 837	m^3	12.36	
7.4	回填土石方	4 437	m	26 219	m^3	5.91	
7.5	混凝土	4 437	m	6 064	m^3	1.37	
7.6	钢筋	4 437	m	647	t	0.15	
7.7	预埋槽钢	4 437	m	1 834	m	0.41	
7.8	托臂	4 437	m	3 026	套	0.68	
7.9	防水卷材	4 437	m	7 571	m^2	1.71	
7.10	止水带、止水条	4 437	m	3 831	m	0.86	

表 17　综合管廊安装工程主要工程量指标分析

单项工程名称：综合管廊安装　　　　业态类型：城市地下综合管廊

单项工程规模：长度 4 437 m

序号	工程量名称	单项工程规模		工程量	单位	指标	指标分析和说明
		数量	计量单位				
1	标识工程						
1.1	标识牌	4 437	m	4 664	个	1.05	
2	综合管廊消防工程						
2.1	细水雾不锈钢钢管	4 437	m	26 113	m	5.89	
2.2	喷头	4 437	m	3 363	个	0.76	
2.3	管道支架	4 437	m	6 278	kg	1.41	
2.4	灭火器	4 437	m	655	套	0.15	
3	管廊通风工程						
3.1	送、排风机	4 437	m	168	台	0.04	
3.2	防火门	4 437	m	338	m^2	0.08	
3.3	风管	4 437	m	6 762	m^2	1.52	
4	综合管廊排水工程						
4.1	潜水泵	4 437	m	248	台	0.06	
4.2	焊接钢管	4 437	m	8 105	m	1.83	
5	综合管廊供电照明工程						
5.1	配电箱	4 437	m	755	套	0.17	
5.2	开关柜	4 437	m	77	套	0.02	
5.3	照明灯具	4 437	m	4 180	套	0.94	
5.4	安全出口、疏散指示灯	4 437	m	1 289	套	0.29	
5.5	电线、电缆	4 437	m	459 434	m	103.55	
5.6	配管	4 437	m	51 839	m	11.68	
5.7	线槽	4 437	m	1 847	m	0.42	
5.8	电缆沟支架	4 437	m	50 981	m	11.49	
5.9	防火堵料	4 437	m	65 000	kg	14.65	
5.10	接地线	4 437	m	78 239	m	17.63	
6	综合管廊监控报警						
6.1	中心计算机系统						
6.1.1	设备	4 437	m	22	套	0.00	
6.1.2	线缆	4 437	m	2 490	m	0.56	
6.2	环境与设备监控系统						
6.2.1	仪器、设备	4 437	m	1 086	套	0.24	
6.2.2	光缆	4 437	m	17 430	m	3.93	
6.2.3	信号电缆	4 437	m	61 534	m	13.87	
6.2.4	电力电缆	4 437	m	72 954	m	16.44	

续表

序号	工程量名称	单项工程规模		工程量	单位	指标	指标分析和说明
		数量	计量单位				
6.2.5	配管	4 437	m	2 510	m	0.57	
6.3	安防监控系统						
6.3.1	仪器、设备	4 437	m	1 170	套	0.26	
6.3.2	光缆	4 437	m	37 380	m	8.42	
6.3.3	信号网线	4 437	m	31 448	m	7.09	
6.3.4	电力电缆	4 437	m	74 351	m	16.76	
6.3.5	配管	4 437	m	4 287	m	0.97	
6.4	通信系统						
6.4.1	电话主、副机	4 437	m	447	台	0.10	
6.4.2	光缆	4 437	m	10 500	m	2.37	
6.4.3	电话线	4 437	m	44 205	m	9.96	
6.4.4	配管	4 437	m	2 200	m	0.50	
6.5	火灾自动报警系统						
6.5.1	主机、控制柜	4 437	m	102	台	0.02	
6.5.2	模块、报警器	4 437	m	4 118	个	0.93	
6.5.3	感温电缆	4 437	m	36 750	m	8.28	
6.5.4	感温光缆	4 437	m	175 770	m	39.61	
6.5.5	单模光缆	4 437	m	17 430	m	3.93	
6.5.6	控制电缆	4 437	m	147 241	m	33.18	
6.5.7	配管	4 437	m	11 209	m	2.53	
6.6	防火桥架	4 437	m	27 300	m	6.15	
7	综合井建筑设备工程						21 座综合井
7.1	强电工程						
7.1.1	配电箱	4 437	m	21	台	0.00	
7.1.2	照明灯具	4 437	m	1 007	套	0.23	
7.1.3	安全出口、疏散指示灯	4 437	m	166	套	0.04	
7.1.4	电线、电缆	4 437	m	10 585	m	2.39	
7.1.5	配管	4 437	m	6 963	m	1.57	
7.2	高压细水雾系统						
7.2.1	不锈钢钢管	4 437	m	4 598	m	1.04	
7.2.2	灭火器	4 437	m	159	套	0.04	
7.2.3	喷头	4 437	m	1 354	个	0.31	
7.3	通风工程						
7.3.1	送、排风机	4 437	m	40	套	0.01	
7.3.2	风管	4 437	m	4 547	m^2	1.02	
8	监控中心安装						

续表

序号	工程量名称	单项工程规模		工程量	单位	指标	指标分析和说明
		数量	计量单位				
8.1	强电工程						
8.1.1	配电箱	4 437	m	24	台	0.01	
8.1.2	照明灯具	4 437	m	133	套	0.03	
8.1.3	安全出口、疏散指示灯	4 437	m	33	套	0.01	
8.1.4	电线、电缆	4 437	m	548	m	0.12	
8.1.5	配管	4 437	m	628	m	0.14	
8.1.6	桥架	4 437	m	1 927	m	0.43	
8.2	弱电工程						
8.2.1	模块、报警器、探测器	4 437	m	150	个	0.03	
8.2.2	控制电缆	4 437	m	1 486	m	0.33	
8.2.3	电气配线	4 437	m	570	m	0.13	
8.2.4	配管	4 437	m	375	m	0.08	
8.2.5	桥架	4 437	m		m	0.00	
8.3	高压细水雾系统						
8.3.1	不锈钢钢管	4 437	m	942	m	0.21	
8.3.2	喷头	4 437	m	243	个	0.05	
8.4	通风工程						
8.4.1	送、排风机	4 437	m	13	套	0.00	
8.4.2	风管	4 437	m	544	m^2	0.12	

年产 7.5 GW 高效晶硅太阳能电池国产智能装备（系统）运用项目

——华信众恒工程项目咨询有限公司

◎ 张可柬，廖峥嵘，龚燕，徐小龙，唐语曼

1 项目概况

1.1 项目基本信息

年产 7.5 GW 高效晶硅太阳能电池国产智能装备（系统）运用项目位于四川省眉山市甘眉工业园内康定大道北侧，总建筑面积 13.25 万 m^2，主要由 A1 电池车间、B1 配餐中心、B2 门卫室、U1 动力站、U2 纯水站及地下消防水池、W1 智能仓库、G1 硅烷站、G2 氨气站（含室外事故池）、G3 氮氧罐区基础、G4 危废库（含室外事故池）、G5 及 G6 化学品库（含室外事故池）、G7 固废库（含室外事故池）、G8 消防水池及 G9 甲烷站组成。其中，A1 电池车间占地面积 69 892.20 m^2，总建筑面积 80 620.23 m^2，其中地下管沟面积 3 366.50 m^2。实际结算总投资为 54 278.89 万元，建设工期 11 个月。本工程采用工程量清单计价，合同价款类型为固定单价。

1.2 项目特点

（1）发承包模式。

本项目采用平行发承包模式，其中主体工程、装饰工程、一般安装工程（包括各厂房梁、板、柱、地坪等现浇结构施工期间必须提前预埋的水电套管、线盒、防雷等工程）由土建总承包施工，机电设备安装工程、净化工程、消防工程、动力工程、暖通工程、电气工程、给排水工程、二次配工程由机电总承包施工，均采用单价合同。

（2）覆盖专业。

建筑、装饰、电设备安装、净化、消防、动力、暖通、电气、给排水及二次配，各专业界限划分复杂，专业搭接及配合烦琐。

（3）咨询难度。

咨询内容包括工程量清单及招标控制价编制、合同咨询、招投标咨询、施工阶段工程造价全过程控制、结算审核。主要难点包括：因采用平行发包模式，导致编制及结算审核时界面划分难度大；工程体量大，工期短；部分机电特殊材料询价困难；因工期紧张，现场各方协调事宜较多，涉及费用增/减情况测算、洽谈较多；开工后因生产规模调整，电池车间面积增大，导致变更较多。

2 咨询服务范围及组织模式

2.1 咨询服务的业务范围

（1）工程量清单及招标控制价的编制；
（2）协助业主现场开标并进行清标工作；
（3）施工阶段工程造价全过程控制；
（4）审核项目竣工结算，并出具项目竣工结算审查报告；
（5）配合建设单位进行竣工财务决算；
（6）严格执行委托人或代理业主单位制定的关于工程建设跟踪审核工作的管理制度和要求；
（7）委托人和代理业主单位委托的与本合同范围内相关的其他工作。

2.2 咨询服务的组织模式

项目的组织架构如图1所示，咨询单位组织架构如图2所示。

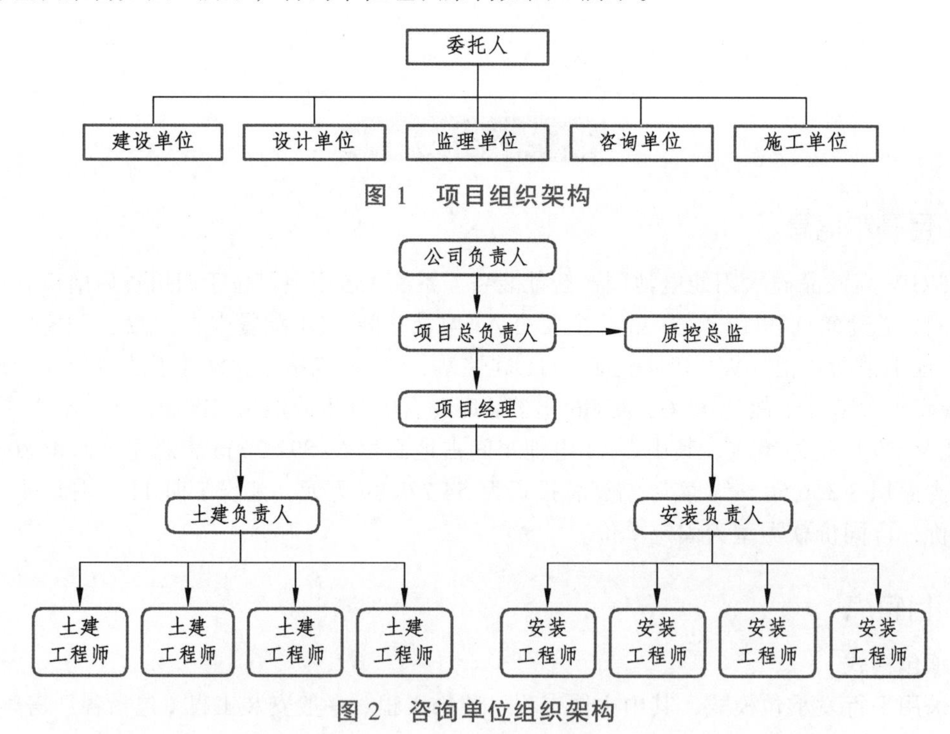

图1 项目组织架构

图2 咨询单位组织架构

2.3 咨询服务工作职责

（1）公司负责人职责：负责公司资源协调，客户管理、廉政监督、投诉处理，项目成果文件三级复核。

（2）项目总负责人职责：负责整个项目对内对外资源协调，组织保障配备咨询人员，参与项目重大问题处理，督促检查项目咨询进度和质量控制及成果文件二级复核，廉政监督、客户管理等工作。

（3）项目经理职责：全面梳理和推进项目各项咨询工作开展，负责咨询业务中各子项、各专业间的技术协调、组织管理、质量管理工作；根据咨询实施方案，有权对各专业咨询工作进行调整或修改，并负责统一咨询业务的技术条件，统一技术经济分析原则；动态掌握咨询业务实施状况，负责审查及确定各专业界面，协调各子项、各专业进度及技术关系，对成果文件进行一级复核，参与项目重大问题处理。

（4）专业负责人职责：协助项目经理推进项目各项咨询工作开展，进度款、索赔款、变更签证等审核，主持召开土建总包和机电总包造价会议，与委托人沟通汇报咨询成果，成果文件一级复核。

（5）专业工程师职责：熟悉省、市各有关预决算定额、估价表及收费标准，熟悉全套施工图纸；随时掌握国家和地方政策性调价文件及建筑材料价格的变动情况，并随时向上级领导汇报；参加发包工程招标文件的编制，并对投标单位的投标价进行审核、评定；审查施工单位提交的工程预算、材料设备价格及月报进度支付，并提交月报工程进度款拨付计划；配合建设单位提交的年度、季度、月度用款计划，并报告有关领导；审查工程变更、经济技术签证、合理化建议，提出审核意见；编制工程投资完成情况的图表、月报投资分析，及时进行投资跟踪；负责本部门相关文件、资料的整理、归档工作。

3 咨询服务的要求及重点

3.1 咨询服务的要求

（1）编制范围的准确性。

编制范围与招标范围必须一致，才能保证中标价与招标控制价的可比性，才能最大限度地避免结算价与中标价的偏差。在编制过程中，不仅仅是按照招标文件描述范围进行，还要注意结合全套设计施工图、工程现场实际情况，向招标人提出编制范围的咨询意见，以便招标人准确界定招标范围和编制范围，必要时，为避免三超，还要同工程概算的编制范围进行比较，要做到工程实施范围、内容的一致性。

（2）工程量的准确性。

工程量直接影响到工程造价，直接关系到结算价与中标价差异的幅度；量不准确，可能被投标人利用，进行不平衡报价。因此，要做好造价控制，量必须准确。在实际操作中，尽量采用电子版设计施工图进行工程量的计算，提高计算的准确性和速度。同时，还要注意电子图纸与纸质图纸的一致性，包括版本是否一致，比例是否一致等，在确认电子版图纸的可靠性后才能用其进行计算，计算时严格按照清单计价规范和计算规则的要求，避免多算、少算和漏算。

（3）工程量清单项目设置的准确性。

由于工程清单计价规范是国家工程量计算的统一规则，在清单列项时，应严格按照《建设工程工程量清单计价规范》中的项目列项，正确选取清单中项目编码的前九位，保持项目列项与清单规范项目划分的一致性，以便于工程在招标、施工过程管理以及竣工结算办理等过程核算工程量时，有统一、明确的工程量计算原则，尽量避免出现工程量计量争议。对于后三位编码，按同一招标工程项目编码不得有重码的规定进行设置。

严格执行工程量清单规范中的计量单位，若因项目实际情况，需要采用与清单项目不一致的计量单位的，按清单规范规定编制补充项目，并明确与该计量单位对应的工程量计算规则。

合理确定项目名称，按清单计价规范上规定的项目名称结合工程设计施工图的具体设计内容实际确定，符合简单、概括、明确的原则。

（4）工程量清单中项目特征描述的准确性、全面性。

工程量清单项目特征是确定一个清单项目综合单价的重要依据，在编制的工程量清单中必须对其项目特征进行准确和全面的描述，避免因描述不具体、特征不清、界限不明，使投标人无法准确理解工程量清单项目的构成要素，投标报价的内容与清单编制本意不一致，结算时，发承包双方引起争议。

（5）定额套项准确性。

必须依据计价定额正确选取定额子目，一个清单项目有可能选取多个定额子目进行组价。

（6）取费标准的准确性。

取费标准严格按照定额配套文件的规定执行，目前已经实施四川省 2015 定额，特别要注意新的配套文件以及新的调整政策的颁布。

（7）材料价格的来源和确定。

按照清单计价规范规定，编制控制价时，材料价格应按工程造价管理机构发布的工程造价信息上的价格进行编制；若有可调价的材料，选择信息价格作为调整的基准价格和编制招标控制价的材料价格，体现招标控制价编制口径与告知投标人风险口径的一致性；对于信息价中没有的材料，按市场询价不少于3家的原则结合参考类似项目的单价共同决定。

3.2 施工阶段全过程造价控制的重点

（1）协助委托人制定项目管理内部控制流程制度。

依据项目施工合同的约定，协助委托人制定包括建设单位（代建单位）、设计单位、施工单位、监理单位、咨询单位在内的多方对工程造价的申报、审批、支付工作流程，以确保造价管理工作规范运行。

（2）以全过程投资控制系统为基础动态分析影响造价控制目标的因素。

我公司与广州易达建信科技开发有限公司合作开发了全过程投资控制软件系统。根据项目实施进度和工程造价目标成本，建立项目全过程投资控制平台。在此平台系统中，结合建设单位提供的资料及数据，我们可以为建设单位提供资金使用动态的计划管理图，按月展现资金使用流量，使项目建设资金使用情况清晰直观、一目了然。为建设单位提供一个良性的资金使用管理计划平台，保证资金的运用发挥到最佳的效益。

（3）审核材料、设备价格及甲供材管理咨询。

协助建设单位编制甲供材管理办法，严格把控项目甲供材的领用、管理流程及耗量考评；对施工单位提交的需询价的乙供材料，及时有针对性地进行询价并向委托人出具合理的建议价。

（4）审核设计变更签证、施工实际情况变化签证。

图纸变更及现场签证包括建设单位、设计单位、施工单位、各参建单位对设计施工图的修改、补充（包括技术核定）以及施工中的返工、窝工、拆除报废等。本项工作直接影响到建设项目的造价控制目标，我们将协助委托人在项目施工前期根据图纸变更、签证编制审核程序和时间要求，制定审核原则，并进行严格分类处理和存档。

（5）施工索赔审核和及时主张反索赔。

索赔事件的发生一般是发生了非承包人原因造成的事件和损失，索赔条件是否成立，主要依据施工合同约定的双方权利、义务、责任划分以及事件的真实情况，因此，工程索赔的管理往往是涉及工程的各个方面，是全方位、全要素、全过程的造价管理。合同一旦签订，就应严格履行，任何一方违约，都可能遭到索赔。由于索赔的责任、内容和计算往往都较复杂，而且在索赔事件中，建设方和施工方在技术上及技巧上往往是不对称的，施工方强于建设方，在这时，造价工程师应发挥专业作用，及时收集证据，参加索赔谈判，防止索赔蔓延。

（6）审核工程预付款、进度款，编制月度分析报告。

工程预付款、进度款的审核，必须严格按照工程造价内部控制流程制度，由施工单位申报，监理单位审核后，造价咨询单位进行复审，最后由建设单位审核拨付。

工程预付款的审核，主要审核支付时间、支付金额、预付款扣回等是否符合合同约定。

进度款的审核，主要审核工程量计算是否正确，支付时间、支付比例是否符合合同约定，不得超付工程款。同时，通过对每期进度款的分析，分析已完计划工程量、已完计划工程投资和已完实际投资，以及未完项目的估算支出等，分析出进度的实际情况和存在问题，对于进度滞后的，及时在月报中向建设单位反映，并向建设单位提出加强进度管理的建议，督促承包单位及时调整进度。

（7）加强合同、施工图、变更签证等资料的台账管理。

施工中各个专业穿插烦琐，相关的往来函件、变更资料、审核日志、认质认价、进度款审核支付、总包合同、分包合同、材料设备订货单等资料纷繁复杂。我们在项目的全过程造价管理中，利用公司的全过程投资控制系统，及时进行登录统计。

（8）加强本项目投资的动态跟踪控制，建立项目投资月报制度。

无论设计变更是否最终批复和形成，及时根据现场实际发生计量工程量以及统计现场的实际进展情况，综合已发生和将发生的投资现状，对项目投资进行跟踪，汇总工程投资，与概算进行对比，按项目建设单位的要求及格式每月报送项目投资月报。

按期完整地填写工程月报分析，动态反映工程造价变化情况。工程月报分析，将按要求体现工程概况、工程进度情况、当期跟踪审计工作开展情况、当期出现的问题、提出跟踪审计的意见或建议。现场有关问题和重大事项将以附件的形式在报表后附相关图片和资料说明。

通过现场跟踪、计量和月报分析，对于工程进度、投资出现的问题和偏离，及时书面向建设单位进行汇报，并同时向建设单位提出调整建议，提醒建设方敦促施工单位进行整改。

（9）做好全过程造价咨询工作日记和阶段性工作总结。

项目部应认真写好全过程造价咨询工作日记和阶段性工作总结。过控日记由项目驻场文档控制人员按天记载发生的重要事项，部分同类事项也可多天记载一次，阶段性工作总结按年度或工程重要节点进行编制。

（10）做好价值工程分析及类似项目指标分析。

根据扩初图纸编制工程概算，与成本目标进行对比，并及时将对比结果反馈业主相关部门，切实起到限额设计的目的（如钢筋、混凝土含量测算是否符合甲方设计合同的限量标准，各专业工程的工程造价是否处于目标成本的范围内等），以我公司研发的“智慧造价”为工具，及时提供类似项目指标分析供参考。

3.3 咨询服务的方法及手段

3.3.1 组织措施

（1）加强项目的资源保障和建立快速响应机制。

公司领导亲自牵头项目管理，向项目派遣熟悉厂房的造价工程师，同时调配公司数字中心、BIM中心、材价中心、数据分析中心等后台资源加强对项目的技术支撑。

公司拥有强大的外部专家团队，部分国内知名建设管理（咨询）大师为公司的专家顾问，能够为建设项目各种疑难杂症提供完整的解决方案，为委托人提供更为优质高效的咨询服务。

（2）及时响应委托人需求，建立多层次的沟通协调机制。

固定联络人员和联络方式，项目负责人、公司负责人保持手机 24 小时畅通，对委托人的项目需求做到及时响应，及时到达委托人办公地点。

实行定期会议和汇报制度。咨询组每周召开例会，对发现的问题进行汇总、分析，并加强各专业小组之间沟通；每月向委托人汇报工作进展情况、下一步工作安排和需要协调的事项。

（3）建立重大问题处理沟通协商预案。

对咨询过程中遇到的重大问题，24 小时内向委托人书面报告，并当面向委托人汇报和解答委托人的相关疑问。汇报问题的同时，向委托人提出处理问题的初步意见和建议。

咨询组对重大问题需要进行资料搜集、整理分析、情况了解和现场踏勘验证等，及时向委托人提交咨询初步结论。

对重大争议问题采取集体会商制度，对有争议的重大问题，公司主要领导及时召集公司内部及外部技术、经济、法律、管理等方面的专家进行集体会商，从多方面进行分析评价，确保向委托人提交的结论和处理建议合法、准确、公允。

3.3.2 设立咨询期间突发事件处理预案

（1）突发事件沟通处理流程。

遇到咨询突发事件时，项目负责人应立刻报告公司主要领导和委托人代表，并同时做好现场相关证据的获取和保护。

项目负责人应立刻核实确认突发事件的状况、原因、可能的后果等，及时形成书面汇报材料提交公司主要领导和委托人。

如果突发事件由政府有关部门接手处理，咨询组全力做好配合。

（2）突发事件处置工作要求。

若出现突发事件，公司主要领导和项目组所有人员处于紧急加班状态，有任务的执行任务，无具体任务的随时待命，并保持手机 24 小时畅通。

及时向委托人和公司主要领导如实汇报发展情况，做好突发事件发生和进展情况记录，并妥善收集保存相关资料。

未经委托人和公司主要领导同意，不得对外透露突发事件相关情况，严格遵守咨询工作保密纪律和宣传纪律。

3.3.3 典型咨询方法及成果

（1）招投标阶段咨询工作。

根据本项目的专业性和重要性编写工程招标文件（咨询版）。

积极与招标组及设计单位沟通，在较短的时间内（7 ~ 15 天）完成工程量清单及招标控制价编制。由于我们编制的工程量清单投标报价条款设置清晰明确，清单项及项目特征完善准确，确保了投标人在短时间内及时完成投标工作，为本项目各类工程的开标、评标工作顺利进行打下了坚实的基础。

参与现场开标、评标、完成清标并协助建设单位完成招标工作。在开标过程中，及时对各投标人的商务标进行梳理评审，对报价错误部分、不平衡报价部分、未按招标文件报价要求报价部分及时予以提出，以确保投标人在二次报价中能根据自身报价情况进行更准确的报价，避免了部分项目投标人以低于成本价中标或高利润中标后所带来的一系列合同经济纠纷（如低价中标后拖延工期寻求变更、高价中标损害建设单位利益等）。在确定预中标人后，及时根据招标文件要求对预中标人的投标报价进行清标工作。

（2）施工过程咨询工作。

① 重点对施工期间现场施工情况进行跟踪审计。

重点审查施工单位是否按设计图纸、清单及相关规范要求施工，例如在现场巡查过程中发现道路基层做法与清单、设计图纸不符，根据设计图纸要求道路基层为连砂石基层，现场实际回填过程中，部分区域为回填建渣，对于该问题，已及时向建设单位汇报，并建议建设单位会同设计单位评估是否满足使用要求，不满足要求则督促施工单位及时整改并严格按照设计及相关文件施工以免影响工期。

② 对施工过程中图纸变更、工程变更单进行测算及汇报。

因生产规模调整及现场实际需求，施工过程中变更较多，主要为主电池车间较原招标图纸建筑面积增加 18 568.13 m^2。其中，CFG 桩、砌体、钢筋、混凝土（基础、柱、梁、板等）、钢结构（钢柱、钢梁、钢支撑、屋面、墙面及相关防腐工程）、装修等各项工程工程量增加；部分做法改变，如屋面保温工程中岩棉板的容重由 120 kg/m^3 变更为 160 kg/m^3。跟踪审计过程中对变更进行了测算并以联系函的方式汇报建设单位，以便建设单位及时了解增加金额及可能存在的超合同价风险，及时签订补充协议。

跟踪审计过程中共处理联系单 200 余份，协助建设单位处理咨询合同范围外专业包工程变更单 40 余份，并及时整理、统计变更单整理成台账以及在年度总结报告中进行汇报，并根据施工现场、设计变更、技术核定单以及认质认价中的问题，再结合委托单位实际管理方式，提出相关建议。

③ 重点审查工程进度计量款。

严格计算进度款工程量、审核价格，重点对现场未按要求施工及现场已发生变更但未完善变更手续的，进度款不予计取。未按要求施工的，如钢结构防火涂料现场实测厚度不符合要求，进度款中暂不计取，待整改完成后计取。现场变更但未完善变更手续的，如道路未按设计要求铺设连砂石，且未完成变更，进度款中只对铺设连砂石的部位进行计取。一期土建及机电共报送进度款 23 份，合计报送金额 875 515 677.40 元，审核金额 530 736 364.87 元，进度款审减金额 344 165 872.39 元。

④ 及时完成材料认价。

因施工范围增大、设计变更、绿化方案调整、装修方案变更，施工过程中存在较多材料需重新认价，跟踪审计过程中共处理材料认价单 100 多份，对认价的进行判定，对涉及需要重新认价的进行询价后整理单价处理流程，对不需要重新认价的与施工单位沟通后打回，为建设单位节约资金约 1 000 万元。如施工单位申报合同中复合夹心外墙板的烤漆由光面改为磨砂面，申报金额 45 万元，通过及时查询图纸及清单项目特征要求，以“标准图纸和施工图纸均未明确说明复合夹心外墙板的烤漆为光面还是磨砂面，且清单项目特征为‘颜色综合、满足设计及招标人要求’”打回施工单位认价要求，此项为建设单位节约资金 45 万元。

（3）竣工结算阶段典型咨询工作。

本项目于 2020 年 6 月 30 日竣工验收，我们及时组织委托单位、施工单位召开项目竣工结算审核审前会，明确施工单位需提供的竣工结算审核材料清单及报送方式，根据现场实际情况，分别对每个施工单位规定相应的竣工结算审核资料提交时间，以保证竣工结算审核工作顺利完成。本项目已完成土建及机电结算。

4 经验总结

本项目属新建大型钢构厂房及配套建筑物、构筑物项目，工期紧、体量大，项目咨询团队配备有类似项目经验的工程师进行全过程的造价咨询服务，让懂技术懂经济的专业工程师，从技术与经济相结合的方面为其提供专业的咨询服务。以下为本项目在造价管理中应关注的重点和难点。

4.1 合约管理重难点总结及应对措施

合约管理，又称合同管理，包括合约规划、合约签订、合约执行等 3 个方面。根据造价总站对工程造价纠纷调解的统计，合同纠纷占整个造价纠纷数量的 80%左右，这说明了合约管理在项目管理中的重要性。

合约规划主要依据项目施工总体进度计划、施工顺序、招投标法律法规等综合考虑，合理规划。项目施工总体进度计划是合约规划的基础，没有一个科学的施工总体进度计划，就无法进行科学的合约规划，现场施工就可能出现混乱，项目工期就无法推进，严重的还会出现窝工索赔、增加项目投资的情况。合约规划要紧扣施工总体进度计划，按照项目单项工程、单位工程的施工时间安排和工程施工顺序，结合国家招投标法律法规的强制性规定要求，研究标段合同划分，招标采购、合同签订的具体时间顺序安排，保证按照项目进度计划按时开工，不拖后腿。

工程造价咨询要紧密配合委托人的合约规划、合约签订和合约执行工作。承包合同是施工阶段质量、工期、造价、安全管理的依据，既是建设单位、承包人权利的保障，又是义务履行的依据。因此，在合同签订前应由建设单位的法律顾问对合同文件进行逐项审查，出具书面法律意见。在此基础上，造价工程师再对招标文件合同条款进行审查，对合同约定的矛盾之处进行澄清，以消除合同约定分歧、明晰各方责任。

4.2 施工方案重难点分析及应对措施

施工方案或专项施工组织设计是指导施工的关键性技术经济文件。科学合理的施工组织，可以充分发挥各项生产要素的积极作用，强化施工组织管理，充分利用现代化管理手段，优化资源配置，控制进度和质量，有效降低工程造价。但施工组织设计往往也是承包人操控工程造价的重要手段。因此，需要重点审查承包人是否存在利用编制施工组织设计或关键节点、重要部位专项施工方案增加合同价款的情况。

解决方案：对建设单位投标施工组设计、实施施工组织设计中的工程施工方案、工程施工进度计划、工程施工平面布置、工程技术保证措施、工程安全管理措施等关键内容进行审核，对工程造价进行测算，优化比选，查找投标人可能留下的方案变更、索赔伏笔，向建设单位提出书面建议意见，供建设单位审批参考。

4.3 各专业工程重难点分析及应对措施

（1）基础的设计及施工方案的造价控制。

基础在整个房屋的总造价中是一个变量较大（10%～50%）的单项工程，也是工程造价控制的重点。其中涉及基础形式（条形基础/独立基础/桩基础/筏板基础等）、地基处理方式（连砂石换填/毛石砼换填/灰土夯填/原土碾压夯实/整体或局部换填等）、基坑支护方式（喷锚支护/素混凝土喷射/放坡/护壁桩支护等）、土方开挖方式（大开挖/基坑开挖/沟槽开挖等）、土方输运及调配方式（就近堆放/指定堆场堆放/挖填各单体相互补充等）、回填方式（黏土回填/连砂石回填/土方回填/机械回填/人工回填等）、降排水方式（排水沟排水/轻型井点降水/深井降水）等方面，在设计及施工中一旦方案选择不当或施工组织不合理，均会涉及较大的造价差异。

因此，在项目建设前期，设计、地勘、监理、造价咨询及建设单位技术代表等各专业机构或人员均需充分沟通及论证后，根据不同的方案做出专业的费用测算，为建设单位选择最经济适用的基础设计及施工方案，提供最详细最全面的参考。

（2）钢结构施工的造价控制。

鉴于钢结构工程安装方便、美观、安装进度较快等特点，本项目钢结构工程的工程造价将占土建工程费用的较大比重，尤其可能会涉及部分重钢结构。其中涉及影响工程造价变化较大的主要有钢结构的非常规吊装费（主要指大型机械吊装费、施工场地或工程结构形式等导致的跨区吊装费等）、墙面及屋面维护系统（保温、隔热、防爆、美观等方面）的材料选用等。

针对上述问题，我们在工程招投标阶段对此拟定详细的报价说明，如措施费用包干报价、采用清单综合单价报价等；在工程实施阶段，对材料的选用进行专业建议，如尽量使用国内常规材料，避免采购渠道单一造成询价具有片面性，增加该部分的工程费用。

（3）工艺管道造价控制。

工艺管道支吊架安装是该项目造价控制的重点，因为该部分在整个项目中相对比较繁杂，数量大，规格多，也是施工单位最容易多报多计算的部分。因此，在施工过程中，通过严格分析每张变更签证单，避免了管道支架因设计变化而重复计算，或将规格型号进行分割计算以提高造价的情况。

（4）设备安装的造价控制。

设备安装中的设备吊装措施费（大型设备吊装机械费）容易产生争议，因为设备安装定额中不含大型机械设备吊装费用。对此，在招标工程量清单中，将此类费用单独在安装项目的措施费中列出，由投标人进行固定包干竞争报价，或者在设备安装的项目中将吊装费用考虑在综合单价中，从而避免在施工或结算中，施工单位漫天要价，无法合理控制造价。

5 项目主要经济技术指标

5.1 建设项目造价指标分析表

表 1 建设项目造价指标分析

项目名称：通威太阳能眉山一期建设项目
项目类型：工业厂房
投资来源：自筹
项目地点：四川省眉山市修文镇
总建筑面积：132 518.83 m²
功能规模：7.5 GW
承发包方式：施工总承包
造价类别：全过程造价控制
开工日期：2019 年 7 月 20 日
竣工日期：2020 年 6 月 30 日
地基处理方式：CFG 桩基础
基坑支护方式：/

序号	单项工程名称	规模/m²	层数	结构类型	装修档次	计价期	造价/万元	单位/（元/m²）	指标分析和说明
1	主体及装修工程	132 518.83	—	钢结构+框架结构	普通装修+部分精装修	2019 年 7 月—2020 年 6 月	29 388.24	2 217.67	
2	机电工程	132 518.83	—	钢结构+框架结构	普通装修+部分精装修	2019 年 7 月—2020 年 6 月	24 890.65	1 878.27	
3	合计	132 518.83	—	钢结构+框架结构	普通装修+部分精装修	2019 年 7 月—2020 年 6 月	54 278.89	4 095.94	

5.2 单项工程造价指标分析表

表 2 主体及装修工程造价指标分析

单项工程名称：主体及装修工程
业态类型：工业厂房
单项工程规模：132 518.83 m²
层数：部分多层
装配率：0
绿建星级：/
地基处理方式：CFG 桩基础
基坑支护方式：/
基础形式：桩基础
计税方式：增值税模式

序号	指标名称	指标单位	规模/m²	造价/万元	单位指标/（元/m²）	占比	指标分析和说明
1	主体及装修工程	总建筑面积	132 518.83	29 388.24	2 217.67	100.00%	
1.1	土石方工程	总建筑面积	132 518.83	263.85	19.91	0.90%	
1.2	地基处理与边坡支护工程	总建筑面积	132 518.83	1 446.83	109.18	4.92%	
1.3	主体工程（钢筋混凝土及砌体部分，不含钢结构）	总建筑面积	132 518.83	10 446.28	788.29	35.55%	
1.4	主体工程（钢结构部分）	总建筑面积	122 378.07	8 404.73	686.78	28.60%	
1.5	装修及其他工程	总建筑面积	132 518.83	8 193.84	618.32	27.88%	
1.6	安装工程（防雷接地、楼梯间卫生间一般安装工程）	总建筑面积	132 518.83	632.71	47.74	2.15%	

表 3　机电工程造价指标分析

单项工程名称：机电工程　　业态类型：工业厂房
单项工程规模：132 518.83 m²　　层数：部分多层
装配率：0　　绿建星级：/
地基处理方式：CFG 桩基础　　基坑支护方式：/
基础形式：桩基础　　计税方式：增值税模式

序号	指标名称	指标单位	规模/m²	造价/万元	单位指标/（元/m²）	占比	指标分析和说明
1	机电工程	总建筑面积	132 518.83	24 890.65	1 878.27	100%	
1.1	暖通工程	总建筑面积	132 518.83	6 302.50	475.59	25.32%	
1.2	动力工程	总建筑面积	132 518.83	970.52	73.24	3.90%	
1.3	电气工程	总建筑面积	132 518.83	6 693.11	505.07	26.89%	
1.4	净化工程	总建筑面积	132 518.83	4 277.45	322.78	17.18%	
1.5	消防工程	总建筑面积	132 518.83	1 386.09	104.60	5.57%	
1.6	给排水工程	总建筑面积	132 518.83	2 892.80	218.29	11.62%	
1.7	二次配工程	总建筑面积	132 518.83	2 078.17	156.82	8.35%	
1.8	管廊支架	总建筑面积	132 518.83	290.03	21.89	1.17%	

5.3 单项工程主要工程量指标分析表

表 4　单项工程主要工程量指标分析

单项工程名称：通威太阳能眉山一期建设项目（主体与装修工程）
业态类型：工业厂房　　建筑面积：132 518.83 m²

序号	工程量名称	工程量	单位	指标	指标分析和说明
1	砌体	2 650.8	m³	0.03	
2	混凝土	38 892.28	m³	0.48	
3	钢筋	4 120 887	kg	51.11	
4	钢结构	4 376.85	t	0.05	
5	隔热铝合金窗	614.191	m²	0.01	
5.1	装配式构件混凝土	—	m³	—	
6	屋面工程	68 690.98	m²	0.85	
6.1	装配式构件钢筋	—	kg	—	
7	屋面防水	62 835.83	m²	0.78	
8	屋面保温	62 526.42	m²	0.78	
9	内墙装饰	9 708.77	m²	0.12	
10	……				

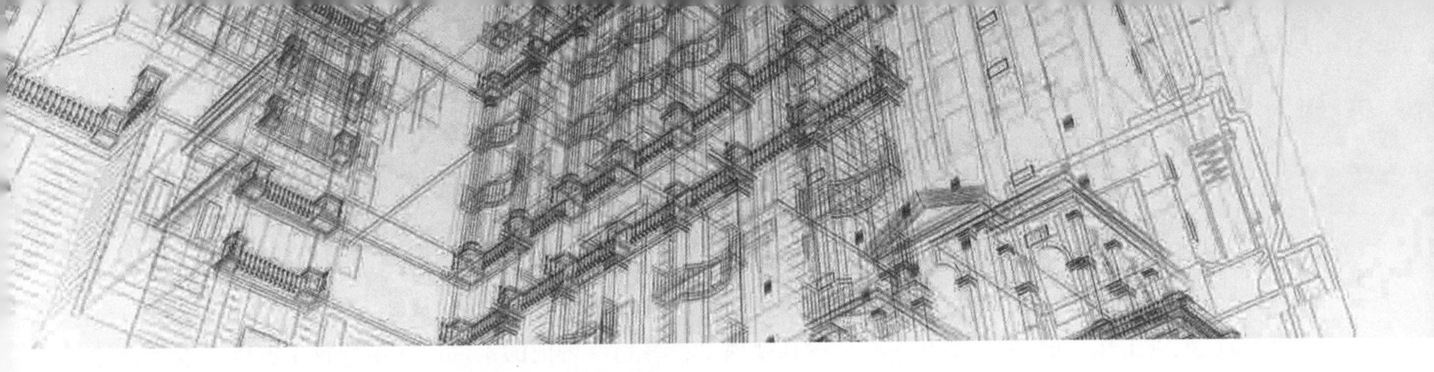

四川省妇幼保健院项目

——成都衡泰工程管理有限公司

◎ 唐娟，廖靖

1 项目概况

1.1 项目基本信息

四川省妇幼保健院工程建设项目为政府投资项目，项目总用地 69 608 m^2（104.412 亩），总体规划面积 122 197.80 m^2，拟建规模为 800 床位，分二期实施；本次建设为一期工程，总建筑面积为 69 560 m^2，项目总投资 41 994.7 万元。工程为妇女儿童综合医院，建成后将满足该区域及周边地区的基本医疗服务和高端医疗服务需求。

1.2 项目特点

四川省妇幼保健院全过程工程咨询项目具有以下特点：

（1）项目复杂。该项目多专业、多系统，技术要求高；需要建筑、医疗工艺、结构、机电、人防工程、医用专项工程、建筑专项工程、装饰、景观、绿色建筑等专业工种上下游协同工作，其中医用专项工程还包括水系统，供配电及医院电气安全系统，通风、供暖、空调及热力系统，消防系统，电梯、扶梯系统，医用气体系统，物流输送系统，辐射防护与电磁屏蔽系统，净化工程系统，标识导向系统，智能化系统等多个系统，专业化程度高，系统配置复杂，分包项目多，相互之间的工作界面划分较难。

（2）功能要求多。该项目使用功能特殊、医疗设备多，对建筑防护、屏蔽、荷载、水电及暖通空调要求高。例如，土建涉及大重量库存荷载，重型和重要尺度的医疗设备自重、安装口及通道预留要求，两层或两层以上高大空间要求，楼地面降板要求，设备管道穿墙洞口预留要求等；医用气体涉及对管道的材质、管井管路的分布、管径的大小等的要求；洁净室涉及对冷热源、新风净化处理、气流组织、通风等净化空调系统的要求，对装饰装修材料的选用，对热泵机组、空调装置、净化风机盘管的机电设备选用等。

（3）投资控制难。本项目在决策阶段无全过程工程咨询单位参与，在方案报规阶段，各板块专业人员对原估算进行梳理，造价板块搜集同类项目经济指标并对投资估算的各部分内容进行分解、比较、分析、修正，编制修正投资估算，发现原估算投资缺口达 2 650.2 万，为了不突破批复投资，初步设计以该批复投资为上限开展限额设计。

（4）工期紧。本项目社会影响力大、重要性强、关注度高，并且医疗建筑是业界公认的所有建筑类型中最复杂、专业性最强的建筑之一，有着多专业、多系统、功能要求复杂、设备繁杂及安装有特殊要求的特点，因此从 2018 年 10 月启动方案开始，经过多轮业主需求性调整、专家审查、院感审查、规划局审批等工作，最终于 2019 年 8 月达到办理工程规划许可证的条件。本项目属于省级重点项目，年初已制定施工合同签订、预付款支付、取得施工许可证等重要目标，但 2019 年 8 月 12 日开始上线办理工程规划许可证到年底仅有 4 个月多的时间，时间紧、任务重，在此期间需要办理工程规划许可证，完成初步设计及审查、抗震专篇及审查、施工图设计及审查、工程量清单及招标控制价编制、招标文件编制、招投标工作、施工合同签订以及诸如现场勘验等取得施工许可证前置条件的重要工作。

2 咨询服务范围及组织模式

2.1 咨询服务的业务范围

① 勘察服务；② 设计服务；③ 监理服务；④ 造价咨询服务；⑤ 项目管理服务；⑥ BIM 总控服务。

2.2 咨询服务的组织模式

（1）公司层面。

我公司全过程工程咨询委员会组成如下：主任（董事长），副主任（总经理），委员（分管副总经理，总工办、人力资源部、质控中心等职能部门负责人，勘察、设计、监理、项管、造价咨询、PPP 咨询、招标代理、检测试验等版块负责人）。本项目咨询管理架构如图 1 所示。

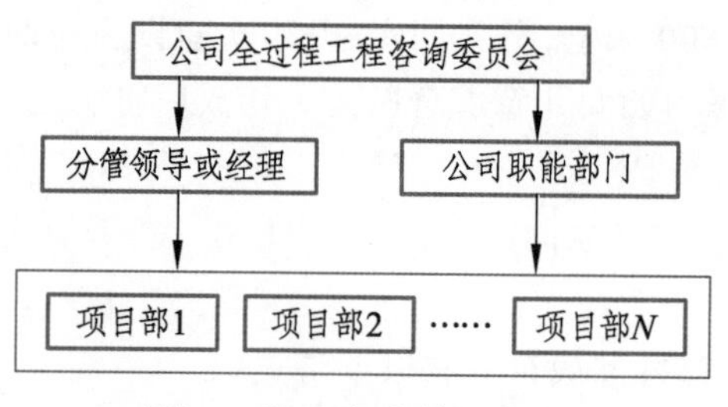

图 1 项目咨询管理架构

（2）项目层面。

① 项目咨询总负责人（总咨询师）。

本全过程工程咨询实行项目总负责人（总咨询师）负责制。项目咨询总负责人是全过程工程咨询项目成功的决定性因素之一。我公司在投标阶段选择项目咨询总负责人时，不仅使之符合招标文件要求，而且“优中选优”，强调项目总负责人要在工程技术、经济和管理 3 方面均具备较高水准且组织协调能力强。

② 优化项目机构，明确岗位职责，重视工作流程。

本项目咨询范围包括勘察服务、设计服务、监理服务、造价咨询服务、项目管理服务、BIM 总控服务。面对这种情况，只有优化项目机构、明确岗位职责、重视工作流程，才能有条不紊地高效开展全过程工程咨询工作。

本项目咨询组织机构图如图 2 所示。

（3）人员配置。

保证项目总负责人及主要专业管理人员及时到位，保持其岗位的相对稳定。例如，因为咨询人员的原因（除不可抗拒因素外）更换主要人员，须报请委托人批准。未经委托人批准，不得擅自更换配备本项目的项目总负责人及主要专业管理人员。工程实施阶段，项目总负责人根据项目需要安排项目咨询服务人员阶段驻场或全过程驻场。

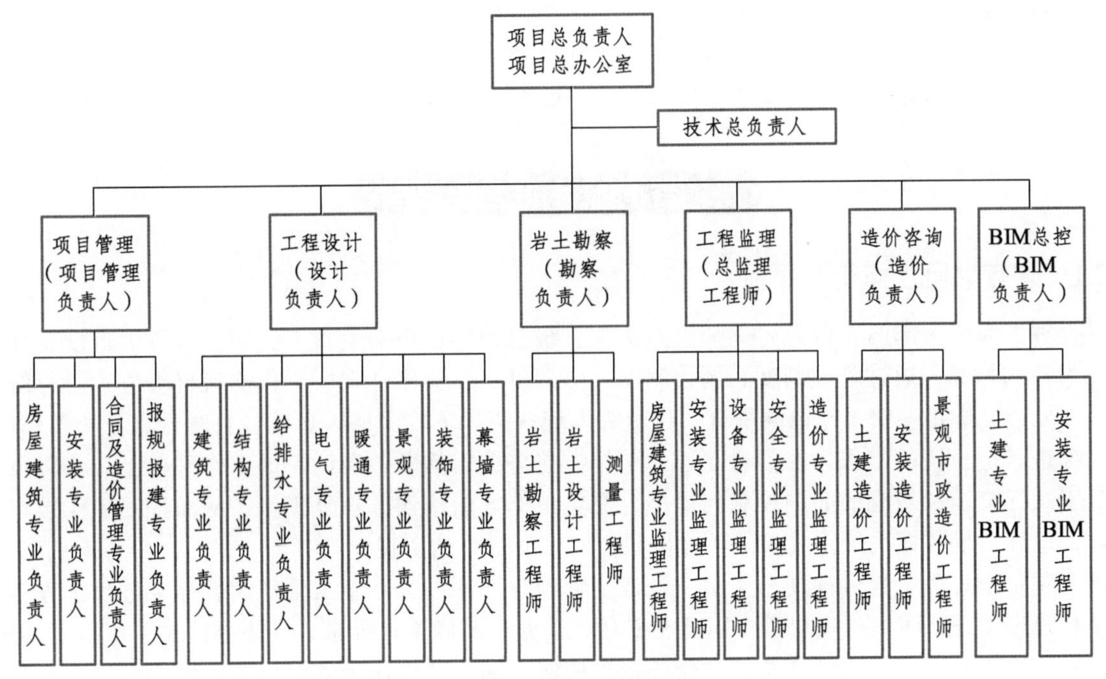

图 2　项目咨询组织机构

2.3　咨询服务工作职责

根据项目服务范围，我公司的工作职责是利用自身专业资源优势，通过创新有效的咨询方案，做好项目管理、勘察管理、设计管理、造价管理、监理管理及 BIM 管理，以及项目的投资、进度、质量、安全管理，尽力实现建设资源的集约发展、创新发展。

（1）公司全过程工程咨询委员会职责。

从企业层面牵引全过程工程咨询业务，整合资源，统筹管理各板块、各专业部门的人力资源配置、绩效分配和成果考核；明确对各专业板块的考核管理办法，奖罚分明，从制度上保证组织内部的动作协调性、目标一致性；负责提供项目的重大决策与重要问题的解决方案。

（2）分管领导或经理职责。

执行委员会的要求和相关制度；对分管业务范围内的工作进行计划、布置、检查、总结和评比；负责分管业务工作的重大决策；指导、协调、督促分管业务部门的相关工作。

（3）公司职能部门职责。

执行委员会的要求和相关制度；提供必要的技术、服务支持；对各项目部的工作质量进行监督。

（4）项目总负责人职责。

执行委员会的要求和相关制度；以项目总体目标为导向，确保项目全部工作在预算范围内按时、优质完成，满足投资人和项目使用者的要求；负责项目的总体协调与沟通；负责项目的投资、进度、质量、安全的管理与监督；负责组织编制项目的咨询方案；负责对整个项目工程的管理监督。

（5）板块负责人职责。

执行委员会的要求和相关制度；负责管理分管板块的专业工作，确保分管板块优质、高效地完成项目工作；负责与分管板块工作的相关方、相关板块沟通和协调相关事宜；负责协调、督促分管板块的相关工作。

（6）专业负责人职责。

执行板块负责人的要求；负责专业工程的管理工作；负责与相关方、相关专业沟通和协调，确保专业工程工作满足项目的技术要求，满足项目使用者的需求；负责协调、督促分管专业工程的相关工作。

（7）专业工程师职责。

执行专业负责人的要求；负责专业工程的技术工作，确保专业工程工作满足相关规范，满足项目的技术要求；负责与相关专业的沟通和协调工作，确保专业间相互配合与搭接。

3 咨询服务的运作过程

3.1 建立项目工作协同平台

以管理部为牵头部门，以总咨询师为牵头人，统筹协调各板块负责人，以“投资、进度、质量、安全”为控制目标，通过管理制度、例会制度、协调机制、进度计划、工作交流群等方式进行统一控制、协调配合，搭建一个工作协同平台。在牵头人统一指挥下，团队人员既各自履行自身的工作职能，又协同推进其他板块的工作。在信息互通、工作提前搭接、问题共同讨论的工作平台上，将以往各自独立分工缺乏交流和协调的问题控制到最小，避免工作方向错误、重复工作，从而提高工作效率和工作质量，最终实现各板块工作成果的联合控制，以保证目标的实现。

（1）制定全过程工程咨询规划大纲、各板块管理与考评办法、施工管理制度等全过程工程咨询服务指导和管理文件，明确各板块工作职责、权利、义务，明确工作要求、实施办法、工作程序。例如，按各自板块服务费用所占比例从总咨询服务费中抽取一部分费用作为各板块的考评费用；通过制定的考评办法，按月考评，对考评较差的板块限期整改，限期整改不到位的可能取消其下个项目的参与资格；项目竣工时，计算各月汇总的平均分，90 分以上的可全额获得考评费用，80 ~ 90 分的获得 80%考评费用，60 ~ 80 分的获得 70%考评费用，低于 60 分的无法获得考评费用。

（2）制订项目建设总周期计划、年度计划、月计划、周计划、重要事项专项计划、各板块工作计划等利于工作的计划及纠偏措施，便于使项目各阶段工作可控，及时调整工作思路、工作方向，并及时采取补救办法，保证工作进度按计划进行。

（3）建立健全沟通机制。项目开始后，建立了各板块的周例会、专题会等会议制度，建立了各板块的工作群、设计与造价沟通群、设计与三级厂家配合群、各板块总协调群、领导层协调群、业主沟通群，建立了函件、管理通知单、会议纪要等书面沟通方式。快速、有效、多方式的沟通渠道，使信息流通及时、对称，便于解决问题，也使领导的决策更加准确、快速。本项目沟通机制详见表 1。

表 1 本项目沟通机制

沟通方式	沟通形式	主要对象	作用	特点
交谈	面谈	各方沟通	及时了解情况、相互交换信息、减少矛盾、寻求共识、下达指令等	双方容易接受；处理问题及时、方便；面对面，实现目的的可能性大
	电话交谈	各方沟通		
会议沟通	周例会	各方沟通	通报各板块本周完成情况和下周计划，汇报各自板块的问题及需要的帮助；协调各板块之间的工作矛盾，调整工作思路，形成解决问题的办法或决策会议纪要，便于快速推动工作；领导提出工作要求	便于各板块工作进度、问题、需求等信息的互通；便于领导听取工作汇报；及时提出解决办法，便于工作推进；便于统一协调各板块之间的矛盾，建立常规协商机制；便于板块工作的整体性
	专题会	需协调方	根据工作需求，及时提出需要解决的问题以及板块之间工作的协调问题，避免问题解决不及时、问题累积而导致工作难以推进	灵活性强、目标明确，是解决问题的长效机制
	领导层会议	领导决策层	领导层会议可以对重大问题进行快速判断，做出决策，给予项目组推进工作的指导思想和解决办法	对重大问题和决策的处理具有及时性、指导性、准确性

续表

沟通方式	沟通形式	主要对象	作用	特点
会议沟通	其他需求性会议	需协调方	根据外部需求的会议，便于及时掌握项目外部信息，及时调整内部工作思路，避免工作方向错误	信息掌握及时、准确，便于领导决策、工作调整
网络沟通	报规首急微信群	领导层和项目负责人	领导层及时掌握信息，督促报规工作；项目负责人及时寻求领导协助	工作效率较高；领导掌握信息及时，便于及时协调工作
	上上之难微信群	领导层和项目负责人	领导层督促项目全过程工作、快速决策紧急问题；项目组及时汇报工作困难、寻求帮助	便于领导层全程了解项目进度情况，快速解决紧急问题
	妇幼保健院内部微信群	各板块负责人	会议通知、指令下达、信息沟通、工作协调、突发性问题汇报等	便于各板块及时掌握信息，及时上报突发问题，及时协调板块间问题
	妇保院（中群）	业主及各板块负责人	业主与各板块之间的沟通渠道，便于相互间的疑问、诉求得到及时沟通	快速获取各板块与业主间的信息沟通情况；保持板块间的信息互通
	设计造价沟通群、设计与三级厂家沟通群、其他专项工作群	工作方	具体专项工作的沟通群，便于具体工作人员点对点沟通	细节问题由具体工作人员直接对接，由负责人监管沟通结果
	预付款支付群、施工许可证办理群	管理公司、施工单位项目工作群	各方人员及时汇报工作进展、问题；项目领导层能及时获取信息，做出决策或上报寻求帮助	及时获取工作进展情况；及时解决问题或寻求帮助
书面沟通	管理通知单	管理公司向各部门	下达正式指令、要求	针对性强
	函件	各方沟通	重要信息的传达、诉求的确定	针对性强
	工作周报	各方沟通	工作完成情况和计划的汇报	定期性及针对性强
	会议纪要	各方沟通	记录会议过程和结论，形成决议	可约束参会各方共同遵守
	其他书面文件	各方沟通	项目各方用于信息传递	及时性强

3.2 各阶段咨询服务的运作

（1）项目前期阶段。

可行性研究报告是工程的重要组成部分。可行性研究报告会对整个工程的各个方面进行分析，其中包括对工程所需时间、成本及工程收益等各指数的分析，它是建设方对工程进行投资时的重要参考内容，也能够让工程承建者更好地衡量工程的可行性。

但是从目前的情况来看，我国的工程可行性研究报告编制的质量普遍不高且大多流于形式，并不能很好地指导工程的进行，对于工程投资的参考性也十分有限。本项目投资决策阶段的问题及全过程咨询参与优势分析见表 2。

表 2　投资决策阶段的问题及全过程咨询参与优势分析

类型	问题	原因	采用全过程咨询优势
设计	前期建筑面积确定有问题，导致设计阶段如病理科、检验科等科室使用面积不够	没有专业的设计团队，无法依照规范针对使用者需求进行充分的沟通，因而在平面布局和房间划分上均存在问题，最终在使用面积上表现出来	前期若有专业的设计团队对项目从规范、需求、专业方面进行确定，可避免后期设计阶段的捉襟见肘，使项目不至于留下遗憾

续表

类型	问题	原因	采用全过程咨询优势
进度	本项目进度计划严重不合理，导致最终实际可能竣工的时间较可行性研究报告晚1年半左右	缺乏对报规报建、方案设计、勘察、初设设计、施工图设计、审查审批、招投标、施工阶段等相关建设程序的进度经验	全过程咨询可借用管理、勘察、设计、造价、监理等专业团队对项目整体进度进行科学合理的分析和确定，以便确定最切实可行的进度计划
投资	绿建二星应调整为三星，该项增加费用1 391万	缺乏对政策的了解，本项目实际应为绿建三星，应在投资估算阶段考虑该费用	专业的设计团队可在此阶段发现该问题，提出解决办法，并在投资估算阶段合理测算相应费用
	计算“装配式建筑”投资时，工程量错误，该项需增加投资689万	缺乏专业的造价团队对工程量的确认	专业的造价团队，可在此阶段对工程量、单价等投资估算进行核算和确认，以防止实施阶段资金不足，影响工程建设和品质
	“外立面装饰”单方造价明显偏低，该项调整需增加投资558万	缺乏专业的造价团队对工程量及单价的确认	专业的造价团队，可在此阶段对工程量、单价等投资估算进行核算和确认，以防止实施阶段资金不足，影响工程建设和品质
	“总平”项目未考虑地形情况，应增设挡土墙，该项需增加投资200万	缺乏专业的设计团队对项目应有设计的确认	专业的设计团队可在此阶段发现该问题，提出解决办法，并在投资估算阶段合理测算相应费用
	漏项临水临电100万；漏项水保编制15万；漏项交平13.9万；漏项土壤氡5万；漏项多测合一20万	缺乏对建设程序的了解	专业的管理公司，可根据管理经验，结合工程建设程序，对投资估算漏项的二类费用进行核实

（2）报规报建阶段。

本项目中，工程规划许可证办理完成时间为8个工作日，施工许可证办理完成时间为20天。大多数项目都无法在如此短的时间内完成相应证件的办理，但我们在目标明确、任务清晰、计划紧密、协调机制奏效、团队工作有条不紊的情况下，最终实现了这两大目标。

① 制定合理而紧密的进度计划，落实人员职责。

首先，在制定进度计划前期，由报建专员仔细咨询报建窗口关于项目的办理清单、办理程序、办理时限和办理要求，同时咨询项目片区兄弟单位的项目办理经验，形成较为成熟的办事流程。其次，提早准备清单资料，这使得项目在报审资料上没有出现反复、增补等问题，节约了大部分时间。再者，落实人员职责，例如，办理规划许可证时，在人防审批、规划局等审查时间长的部门分别组织人员到现场进行疑问解答和合理的沟通催促，由此各部门在审批上得以快速地确定。

② 充分利用沟通机制，最大化整合团队资源以协调工作。

报规阶段建立了“报规首急”微信群，该微信群是由公司董事长、分管领导、部门经理和项目负责人组成的针对报规工作的协调群，一方面领导通过了解每天工作情况对工作进行方向上的指导和督促，另一方面执行团队把报建过程中面临的问题及时向领导汇报，通过团队资源的协调，加快办理进程，使实际取得时间比计划时间少了2个工作日。

施工许可证办理时建立了“施工许可证办理”微信群，执行团队每日进行资料准备和现场勘验准备工作的汇报，保持信息互通和准确；管理人员根据现场实际情况，及时调整人员的工作安排。整个团队秉持“今日事今日毕”的工作态度，在工作过程中不断纠偏，最终提早完成施工许可证的办理。

（3）设计控制阶段。

本项目为大型复杂公建，综合楼更是集中了门诊、急诊、医技、病房等于一体。初步设计阶段功能牵涉面广，具有极高的专业性、技术性和经济控制要求。鉴于此，我们提出管理目标，要求各专业设计师积极、主动、反复与业主沟通确定初步设计要求（包括材料、设备选型、冷热源等）；与各科室主任交流，根据不同科室的使用要点，对各科室的功能布局进行调整；了解医疗使用科室功能单元及流程布置要求，特别是有特殊要求的科室，在此基础上展开各专业的初步设计；及时将各阶段设计成果向业主反馈，在满足设计规范的前提下尽量满足各医疗科室及后勤科室的要求。

① 与大型医疗设备厂家沟通，咨询行业参数。

对于很多医疗专业设备，型号、品牌不同对建筑或其他专业的要求就不同；对于大型设备，其降板要求、承重要求、运输路线要求也更加严格，而对于大型的放射设备，则需提前考虑防辐射的问题。通过咨询业界医疗设备的大型厂家，整合了设备的共有参数，按照政府投资项目的有关规定，推进深化设计。

② 与专业设计结合。

对各类手术室、重症监护室、病理科、检验中心、放射科室、静配中心等，其专业化程度较高，设备安装与预留的部分对科室有较多的特殊要求，我们整合了业界专业设计公司进行深化设计。

③ 与行业专家结合，与国际接轨。

在准备专家评审的初设后期阶段，我们同步启动了室内装饰、景观、导视系统等全过程设计。针对本项目的后期运营阶段来说，服务的对象并非都是患者，大多是健康的人群，或是等待新生命降临的产妇，或是为呵护健康前来补种疫苗的幼儿。因而设计团队引入了具有国际化教育背景的年轻设计师，借鉴国外相关案例的设计理念（包括人性化设计理念、人文环境建设理念、疗愈环境设计理念等），遵循“妇女儿童综合医院应该是一个绽放着温馨与感动、充满新鲜活力的地方”的理念来进行工程系列设计。

（4）招投标阶段及合同签订。

① 成立招标小组。

为了避免出现流标、投诉以及在招标和施工合同谈判过程中浪费太多的时间，经公司批准，组成招投标文件编制及审批小组。小组由分管副总、总咨询师、总咨询室助理、项目经理、招投标部负责人、造价部负责人组成，主要分工与职责为：项目经理、总咨询师助理和造价部负责起草合同，小组全体成员讨论并通过招标文件，项目经理和总咨询师助理负责组织评审、答疑、开标协助等工作，造价部和招投标部负责招标过程具体问题解答。招标小组架构图如图 3 所示。

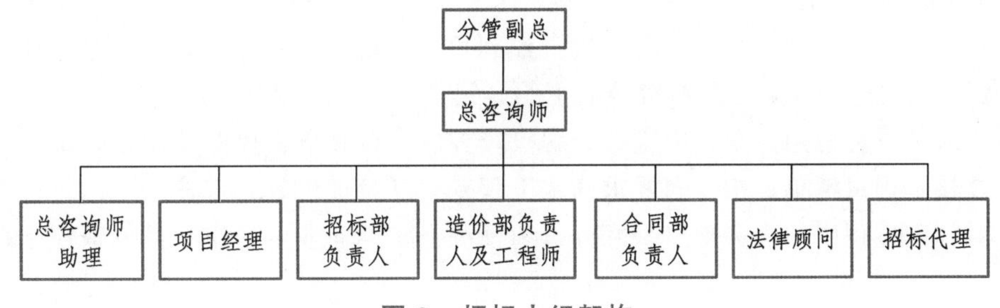

图 3　招标小组架构

② 建立沟通渠道。

建立讨论会议制度与“招标文件和合同讨论”微信群，通过定期与不定期的沟通方式，小组成员得以充分沟通，各种想法得以充分碰撞；最后，我们将流标和投诉的风险控制到最低，更好地控制了后期造价。

（5）造价控制阶段。

① 设计阶段的投资控制。

施工图设计阶段是决定建设项目投资额度的重要阶段。在该阶段实施过程中，施工图设计采用的技术标准、设计时间长短和施工图的合理细化程度对项目的投资成本有着相当重要的影响。本项目因属性特殊，前期方案须经各方多次修改，由此导致施工图设计工期遭到非正常压缩。为了保证项目定位、工程质量，同时在更短的时间内将施工图预算控制在批准的设计概算范围以内并有所节约，必须以控制工程造价为目标进行施工图设计。

为此，本项目的造价板块与设计板块分专业一对一，采取同时设计、同时测算、同时优化的方式进行工作推进。造价人员针对初设阶段提出的标准档次、功能效果、技术参数逐一梳理；各管理方对设计人员提出的新工艺、新技术、新材料共同商讨，在对比相同或相似项目的单方工程量指标和经济指标的基础上给出建议和意见以优化设计，达到投资控制的目的。

例如：在本工程中，结合总平面布置和基坑支护图纸，建议将护壁桩作为永久性挡土墙；结合前期方案，建议突出重要的装饰点位（如门诊大厅、急诊大厅、公共走道），同时在不改变其使用功能的前提下适当降低次要装饰点位（如普通病房、设备用房、次要空间等），真正把钱花在刀刃上；梳理建筑工程做法表，剔除不必要做法（如天棚抹面，混凝土墙面抹灰，地面和屋面可采用原浆收光的找平层等）；梳理各类材料和设备的技术规格和参数，检查其是否存在唯一指向性，是否存在独家供应材料等。

② 发、承包阶段的投资控制。

最高投标限价和工程量清单总说明的编制：因本项目复杂且时间紧，经过几次时间倒排计划后，总咨询师给清单编制单位仅 15 天左右的时间。这么短的时间要编制如此复杂且专业众多的项目，难度是相当大的。为了保证编制质量和施工过程中的造价控制，造价板块组织公司总工办、质控部对工程量清单编制总说明逐条进行了深入研讨，针对投标阶段可能出现质疑、施工阶段可能影响工期、结算阶段容易推诿扯皮的点位进行了梳理，将风险的被动控制转化为主动控制，提前预防。

招标文件和合同专用条款的拟定：在招标文件编制阶段，各部门组建了“招标文件和合同条款”讨论群，针对妇幼保健院项目的专业性和特殊性，在原有的招标文件基础上进行了补充和完善；从投标人资格要求，到投标文件格式，再到评标办法，逐一进行了讨论，杜绝了可能因招标文件引起的流标问题。在拟定合同专用条款时，造价板块结合工程量清单编制总说明，对合同专用条款中材料与设备的使用要求、变更的范围及估价原则、可调材料的种类和调整办法、合同的计量计价形式、预付款的支付和扣回、进度款的申请和审核、竣工结算的提交和办理要求等，在维护发、承包双方共同权利和义务的基础上，逐条进行了补充和完善，真正做到公平、公正、公开，为实施过程中的投资控制打下坚实的基础。

③ 施工阶段的投资控制。

组织措施：组建造价管理班子，落实从投资控制角度进行施工跟踪的人员，进行任务分工和职能分工。编制投资控制目标和计划，严格按照业主的详细工作流程图规范工作流程。

经济措施：编制资金使用计划，确定和分解投资控制目标，分析风险并制定防范性对策；完善中间计量环节，复核工程量清单；按合同要求确定工程变更和签证价款，审核竣工结算；按业主要求做好项目台账，对施工过程中的投资支出做好分析和预测，定期向业主提交项目投资控制存在的问题和建议报告。

技术措施：对设计变更和使用单位要求进行技术经济比较，严格控制设计变更；从设计、管理各个方面寻找各种节约投资的潜力和可能性；审核承包人的施工组织设计，对主要施工方案进行技术经济分析。

合同措施：做好工程施工记录，保存各种往来文件和图纸，积累素材，为正确处理可能发生的索赔提供依据。严格按照合同相关条款约定以及相关规定做好投资控制相关工作。

（6）BIM 总控。

① 设计阶段的运用。

建设项目的工程造价、性能及工期能否满足预期要求是建设单位非常关注的问题，而设计单位在设计过程中对项目的质量控制、优化控制是尤为关键的。本项目中，采用 BIM 配合造价、设计的方式，在项目投资、设计质量等方面起到重要作用。

·对设计过程进行优化，提高设计效率。

在满足甲方要求、概算要求的基础上，项目建设设计过程中各专业间缺乏相互的协同工作，使得生产效率较低、设计反复修改、生产成本上升。而可视化且信息共享的 BIM 系统信息模型促进了各专业间的协作交流，减少了因专业接口问题引起的设计失误，从而便于各专业间及时调整设计方案，提高设计效率。

·对设计结果进行优化，提高设计质量。

对于建设项目，设计结果不可避免地存在净高不符合规范要求、各管线之间在平面或高程上产生冲突等情况，需要更多的设计人员将时间用于设计检查。而 BIM 信息系统的建立大大减少了检查时间，设计人员只需要导入各专业的信息数据，通过计算机的相关操作，既快又准地发现问题，大大减轻了设计的工作量。

② 施工阶段的运用。

·辅助深化设计。

BIM 系统三维深化设计协调：按照制定好的 BIM 系统工作流程和 BIM 标准，进行施工图深化，在三维深化设计协调中，除了建筑和结构两大专业之间的协调外，还负责解决电梯井布置与其他设计布置及净空要求的协调、人防与其他设计布置的协调、地下排水布置与其他设计布置的协调等工作，做到全方位三维设计的检测和协调。

BIM 系统检查设计合理性：通过 BIM 模型，再结合工程经验，在施工图深化的过程中，对设计的合理性进行一个模拟检查，对设计变更的合理性和可行性进行模拟和判定，尽可能保证在面对各种可能出现的变化因素时，不盲目、不反复，做到有的放矢。

墙、梁、柱的尺寸与定位：在 BIM 模型中，可以直观地看到墙、梁、柱的尺寸、标高和定位是否合理。由此，不断完善的 BIM 模型可以准确表达建筑和结构完成后的空间关系，还可以为后期机电各专业的深化设计、各专业的管线综合做好充足准备。

预留洞口：通过 BIM 技术，整合水、电、暖通模型和结构模型，判断预留洞口的位置。通过详细报告，让施工人员提前知道预留位置，防止后期凿洞、破坏结构。

钢结构与土建工程协调深化：通过土建工程与钢结构模型的整合，检查钢构件的预留预埋、位置、尺寸等是否能与土建工程协调。

高大支模的位置定位：通过净高检测，直接找出高大支模的位置。

综合图：通过在 BIM 模型中进行协调、模拟和优化，可以为现场施工提供综合结构留洞图等施工图纸。

深化设计节点的 CAD 图纸输出：利用 BIM 精确的三维模型，直接输出深化设计部位的平面图、剖面图。不同专业提供不同配色线条，便于识别和理解，供施工使用。

·总平面管理。

现场总平面规划：利用 BIM 的三维可视性，规划现场施工平面，主要包括临建的布置、大型机械的安拆、施工堆场的定位、施工道路的规划等，并在 Navisworks 中进行管理，根据施工进度对施工现场情况进行更新和管理，使施工现场平面布置按施工进度进行更新。

现场垂直水平运输管理：首先进行塔吊管理，将塔吊的运行区域利用 BIM 技术准确定位，并用不同的色块标示出来，能够起到合理规划堆场、合理垂直运输作用，并通过 Navisworks 模拟塔吊等设备的运行范围；其次进行水平交通管理，在三维视图的可视性条件下，分不同施工阶段对场区进行合理规划和调整，使施工组织更加有序。

施工现场组织模拟管理：根据本工程特点，合理组织施工，在本工程施工总平面实施中，充分应用 BIM 系统三维模拟，对施工总调度进行规划，确保施工顺利开展。采取 BIM 系统动态管理，立足现场场地实际情况，根据施工进度安排，分阶段建立 BIM 三维模型模拟，借以呈现各主要阶段的交通组织规划、大型设备使用、材料堆场及加工场地、临建设施使用等，随施工进程调整施工平面规划。对周围环境、进场道路、施工现场机械设备以及建筑材料堆放、现场施工防火等进行全方位模拟，可以更有效地对施工现场进行综合规划与管理，以保证工程施工合理有序进行。

大型机械应用可行性预演：在施工平面中演示大型机械运行，从而合理选型、合理布置，使施工方案最优。

进度计划管理：采用 Project 计划管理软件，对整个施工过程进行管理和规划。通过规划可以得到该项目的时间进度，将这个时间进度和 BIM 模型进行匹配，从而得到更具可视化的基于三维模型的施工进度模拟。将各专业三维建筑模型及进度计划导入 Navisworks 软件中，进行各阶段施工进度模拟，分析工程施工进度计划的合理性，并及时调整计划。再结合工程预算、时间、费用和其他数据信息，达到 5D 模拟，可以提前进行施工材料、机械及劳动力准备，保障整个工程顺利实施，确保工程总工期。使用系列软件对项目 BIM 模型进行完善，在此过程中，寻找和发现各种问题并通过 BIM 技术解决问题，从而指导施工图深化设计和现场施工，再通过自动统计功能，进行施工材料的自动统计。在 BIM 模型的建立完善过程中，将模型转到 Navisworks 软件中对项目信息进行审阅、分析、仿真和协调。通过 4D（三维模型加项目的发展时间）仿真、动画和照片制作功能，对设计意图进行辅助演示，对施工流程进行仿真，从而加深对项目运作的理解，提高可预测性。实时漫游功能和校审工具能够提高项目团队之间的协作效率。

碰撞冲突检查：各专业在建模成形后便可对本专业进行碰撞检查，检索构件冲突或不满足空间距离的部位，对模型进行初步调整。然后根据土建提供的模型，各专业进行整合，再次进行碰撞检查，调整和深化各自专业模型，达到最终深化设计模型后再提交整理。

重要施工方案模拟：使用 BIM 技术对关键部位、重要施工方案的合理性进行动画模拟，并指导现场施工作业。

工程量计算：利用 BIM 软件准确计算出工程量，整理后的工程量统计数据供相关部门做造价控制之用。

复杂节点模拟并指导工厂化预制：将复杂节点准确建立模型，用来进行施工交底。另外，通过在 BIM 模型中采用三维技术进行钢结构深化设计，以保证尺寸准确。设计完成后再将得到的数据交给工厂进行加工。幕墙单位的幕墙龙骨和幕墙玻璃也可在模型建立后到工厂加工预制。

资源计划协调管理：通过计算出的工程量，对整个项目的资源做协调管理。通过对不同施工阶段的工程量实时计算，控制工程中的物料采购、劳动力配置，使施工资源达到最优利用。

质量管理：通过 BIM 技术的三维可视化优势，对施工进行交底，能够将施工流程表现得很具体，从而避免因平面图纸表达局限而造成的失误。利用 BIM 物料系统，对于特殊物料、构件进行信息追踪，保证从进场到安装施工的全过程监控，保证物料质量，从而保证施工质量。通过施工预演，提前预知在施工过程中出现的不利因素，在施工过程中做出应对措施，提高施工质量。日常质量检查的记录可随时录入到 BIM 信息管理平台中，自动分类为提交、待处理、已处理等不同状态，详细信息跟踪可改善质量管理。

安全管理：利用 BIM 技术，对现场施工进行实时监测，预测施工过程中的风险因素，提前预防，消除安全隐患，提前判断出需要进行防护加固的施工构架体系并进行合理防护加固，有效控制施工风险。将第三方监测单位的监测数据导入平台，可实时查询监测点的监测数据。日常安全检查记录录入平台中，以及时监督安全隐患的整改。

现场施工演示动画：将 BIM 模型导入 3Dmax 或 Navisworks，对施工工艺进行模拟，并生成施工演示动画，进行动画交底，指导现场施工。

BIM 协同平台：建立 BIM 平台以进行统一管理，BIM 协同平台管理流程如图 4 所示。

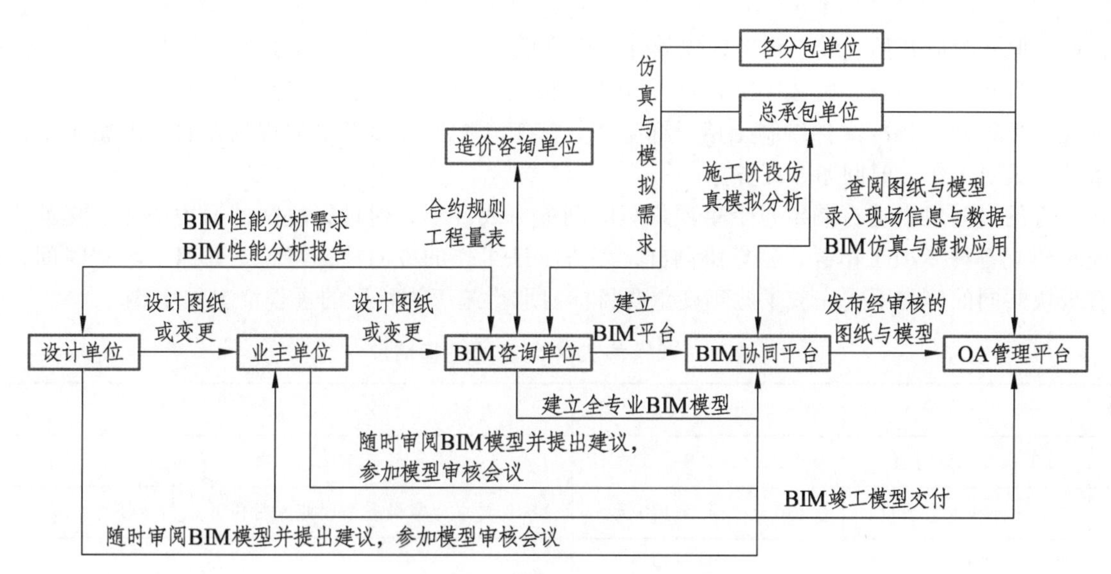

图 4　BIM 协同平台管理流程

4　经验总结

4.1　咨询服务的实践成效

（1）投资控制成效。

① 设计、造价与 BIM 协同成果。

根据项目特点，收集了包括某市中西医结合医院三期工程、第一骨科医院迁建工程、疾病预防控制中心迁建工程、妇女儿童中心医院二期项目等类似工程的相关资料。针对已评审的可行性研究报告和投资估算，结合拟建项目情况和初设方案，对投资估算的各部分内容进行了分解、比较、分析、修正，编制修正估算，形成前期投资控制的基础数据。经修正后的投资估算较批复的投资估算增减变化品迭后，还有近 2 650.2 万元的投资缺口。

针对修正估算的投资缺口，造价板块提前搭接，与设计板块组织了多次专题会议，设计板块总设计师将可研和设计原则、建设方案和各项控制经济指标向设计人员交底，造价板块对关键设备、工艺流程、总图方案、主要建筑和各项费用指标提出技术、经济比较和选择方案以及参考造价。同时，结合 BIM 板块的初设模型，由一体化平台提取主要工程量，各专业设计人员在拟定设计原则、技术方案和选择设备材料过程中将其作为参考，严格按照限额设计所分解的投资额和控制工程量进行设计，以单位工程为考核单元，事先做好专业内部的平衡调整，提出节约投资的措施。最终，通过各板块协同工作、提前搭接，将造价控制在了批复估算之内。

② 招投标与造价协同成果。

造价板块对清单编制、专用合同条款等招标文件内容进行充分讨论定稿，既防止了流标、投诉的发生，也大大缩短了合同签订的时间，同时最大程度控制后期不可预计费用的发生。

③ 施工阶段投资有效控制。

通过完善的投资控制程序、齐全的投资控制板块及人员、考虑全面的合同文件和造价文件对施工过程各项费用进行有效的投资控制。

（2）进度控制成效。

因本项目属性特殊，故从启动方案开始经过了多轮业主的需求性调整、专家审查、院感审查、规划局审批等工作，最终在 10 个月后才达到办理工程规划许可证的条件。

本项目属于省级重点项目，一开始就制定了施工合同签订、预付款支付、取得施工许可证等重要进度目标，但从项目开始上线办理工程规划许可证到取得施工许可证仅有 4 个月多的时间。在此期间，需要办理工程规划许可证，完成初步设计及审查、抗震专篇及审查、施工图设计及审查、工程量清单及招标控制价编制、招标文件编制、招投标工作、施工合同签订以及诸如现场勘验等取得施工许可证前置条件的重要工作，时间紧、任务重。

在仅有的时间里，通过制定每个事项最短时间的完成计划，通过板块间的通力协作、提前搭接工作，通过建立各种专项工作群、领导协调群，多方求证工作的方向性，避免走弯路、浪费时间，最终在所有板块共同的努力下，完成了此年度重要目标。取得施工许可证的进程情况见表 3。

表 3　取得施工许可证的进程情况

序号	事项	计划时间	实际时间	备注
1	工程规划许可证	10 个工作日	8 个工作日	
2	初步设计和施工图设计	130 天	130 天	项目要求为零误差，因此 5 月份开始初步设计
3	初设审查及修改完成	7 天	4 天	
4	清单编制	30 天	20 天	因提前搭接工作，清单编制实际在图纸未成熟时已开展工作
5	施工招标（含公示期）	40 天	55 天	因招标代理原因，存在 3 次补遗，导致时间延迟
6	施工合同签订	20 天	6 天	合同条款考虑细致，施工单位无修改意见
7	预付款支付	30 天	13 天	对各单位人员及时间协调缩短流程办理时间
8	施工许可证	30 天	20 天	公示期开始准备相关资料、中标通知书发放后施工单位进场

（3）质量控制成效。

由于按质量目标控制管理逐步完成施工任务，因此得以实现既定的质量目标。项目质量管控划分为 8 大模块（表 4），具体项目的项目管理服务内容根据合同内容另行制定。

表 4　本项目质量管控情况

序号	管理模块	管理工作事项
1	项目策划	①项目前期的环境调查；②对项目内容进行分解；③项目合同分解（土地使用类、勘察设计类、咨询服务类、施工类、设备采购类）；④项目总控计划（编制项目总控以及各阶段进度规划）；⑤编制项目管理手册；⑥项目前期准备阶段的技术策划；⑦工程前期准备阶段经济策划
2	报建管理	①立项报建；②用地规划报建；③专项审批；④设计审查；⑤施工报建；⑥竣工验收；⑦房产证办理；⑧报建进度管理；⑨报建资料
3	勘察设计管理	①设计管理总则（协助委托人确定项目设计标准，对项目方案进行优化等）；②勘察阶段（编制项目勘察技术要求，检查勘察进度和质量等）；③规划设计（方案设计优化、设计文件验收、审查等）；④道路和管线设计（验收、审查等）；⑤园林景观设计（方案优化、验收、审查等）；⑥组团及单体建筑设计（方案优化、验收、审核等）；⑦室内外装饰设计（方案设计优化、验收、审核等）；⑧现场设计服务（对设计单位进行管理，审核设计变更的合理性）；⑨设计进度管理（将每周的进展情况向委托人及时报告，制定进度纠偏措施，参加周/月例会）；⑩设计资料（整理、存档）
4	招标管理	①招标准备（审核相关资料、文件）；②招标进度管理（将每周的进展情况向委托人及时报告，制定进度纠偏措施，参加周/月例会）；③招标资料（整理、存档）
5	施工管理	①施工准备（设计交底，审查施工人员、设备、材料到位情况）；②质量控制（审核、检查）；③进度控制（审核、检查）；④安全文明生产管理（检查、监督）；⑤竣工验收（组织）；⑥协调（组织、协调、审查）；⑦施工管理资料（整理归档）

续表

序号	管理模块	管理工作事项
6	合同管理	①合同文本（编制及审核）；②设计阶段（审核勘察/设计单位工程款支付是否符合合同约定）；③招标阶段（审核、审查，起草合同初稿，主持合同谈判，协助委托人签订合同等）；④施工阶段（检查、参加、审核）；⑤风险防范（分析原因、制定对策，处理纠纷）；⑥合同管理报告（进行动态风险分析，定期向委托人提交项目合同履行情况报告）；⑦合同管理资料（整理存档）
7	信息管理	①建立信息管理平台；②信息处理（分析、创建、加工和整理、传递等）
8	档案管理	①档案收集；②档案应用

4.2 咨询服务的经验和不足

（1）团队的设计优化管理能力进一步加强。

针对此项目的投资缺口，团队的项目管理、设计以及造价专业反反复复做了大量的工作，设计人员进行了多种方案的比选，造价人员比对了不少类似工程建设项目，大家齐心协力不断地挖掘成本优化的点位，最终取得不错的成效，也丰富了公司成本优化项目库。

（2）专业间的融合还不够。

各专业的思考和行为模式主要还停留在传统的分阶段式咨询服务上，在合作的过程中难免站在自身专业的角度进行考量，使得总咨询师的协调和管理难度加大，项目的综合效益无法达到最优。

5 项目主要经济技术指标

5.1 建设项目造价指标分析表

表 5 建设项目造价指标分析

项目名称：四川省妇幼保健院（四川省儿童医学中心）天府院区一期工程建项目

项目类型：医院等卫生项目

投资来源：政府

项目地点：四川省成都市双流区永安镇松柏村 6 组

总建筑面积：69 560 m^2　　功能规模：800 床位

承发包方式：施工总承包　　造价类别：结算价

开工日期：2020 年 2 月 20 日　　竣工日期：2022 年 7 月 31 日

地基处理方式：/　　基坑支护方式：排桩锚索

序号	单项工程名称	规模/m^2	层数	结构类型	装修档次	计价期	造价/元	单位/（元/m^2）	指标分析和说明
1	地下室	11 246.13	1	框剪结构	精装房	2019 年 10 月—2022 年 8 月	111 862 523.5	9 946.76	包含土石方工程、人防工程、基坑支护工程、高低压配电等
2	1#楼门诊住院综合楼	51 943.09	9	框剪结构	精装房	2019 年 10 月—2022 年 8 月	254 534 578.1	4 900.26	包含门诊部、住院部、检验科、手术室、层流病房、ICU 等
3	2#楼后勤保障楼	6 138	5	框架结构	精装房	2019 年 10 月—2022 年 8 月	27 375 954.42	4 460.08	包括办公室、会议室、厨房、餐厅等

续表

序号	单项工程名称	规模/m²	层数	结构类型	装修档次	计价期	造价/元	单位/（元/m²）	指标分析和说明
4	配套附属设施	232.78	1	框架结构	精装房	2019 年 10 月—2022 年 8 月	5 907 110.35	25 376.37	包括垃圾房、制氧站、污水处理机房等
5	总平绿化工程	69 560	—	—	—	2019 年 10 月—2022 年 8 月	20 266 933.31	291.36	包括硬质铺装、道路、软景、小品等
6	合计	69 560	—	—			419 947 099.6	6 037.19	

5.2 单项工程造价指标分析表

表 6 地下室工程造价指标分析

单项工程名称：地下室　　业态类型：地下室

单项工程规模：11 246.13 m²　　层数：1

装配率：/　　绿建星级：三星

地基处理方式：/　　基坑支护方式：排桩锚索

基础形式：桩、片筏　　计税方式：增值税

序号	单位工程名称	规模/m²	造价/元	其中/元					单位指标/（元/m²）	占比	指标分析和说明
				分部分项	措施项目	其他项目	规费	税金			
1	土石方工程	11 246.13	5 288 269.32	4 548 090.28	197 835.35	0	105 697.61	436 646.09	470.23	4.72%	
2	基坑支护	11 246.13	15 543 934.59	13 431 469.67	540 067.53	0	288 953.25	1 283 444.14	1 382.16	13.90%	
3	建筑与装饰工程	11 246.13	61 652 891.23	53 338 361.57	2 107 783.97	0	1 116 140	5 090 605.7	5 482.14	55.11%	
4	给排水工程	11 246.13	5 253 800.7	4 682 594.19	89 473.98	0	47 932.49	433 800.05	467.17	4.70%	
5	电气工程	11 246.13	15 039 053.12	13 333 620.73	301 928.36	0	161 747.35	1 241 756.68	1 337.26	13.44%	
6	暖通工程	11 246.13	3 006 732.91	2 532 487.33	147 151.88	0	78 831.36	248 262.35	267.36	2.69%	
7	消防工程	11 246.13	3 010 554.25	2 536 145.28	147 052.82	0	78 778.28	248 577.87	267.7	2.69%	
8	建筑智能化	11 246.13	625 217.96	534 250.98	25 619.02	0	13 724.46	51 623.5	55.59	0.56%	
9	抗震支架	11 246.13	2 442 069.4	2 109 073.34	85 534.99	0	45 822.31	201 638.76	217.15	2.18%	

表 7 1#楼门诊住院综合楼工程造价指标分析

单项工程名称：1#楼门诊住院综合楼　　业态类型：门诊楼

单项工程规模：51 943.09 m²　　层数：9

装配率：30%　　绿建星级：三星

地基处理方式：/　　基坑支护方式：排桩锚索

基础形式：桩　　计税方式：增值税

序号	单位工程名称	规模/m²	造价/元	其中/元					单位指标/（元/m²）	占比	指标分析和说明
				分部分项	措施项目	其他项目	规费	税金			
1	建筑与装饰工程	51 943.09	143 037 640.2	123 277 146	5 176 774.7	0	2 773 272.16	11 810 447.36	2 753.74	56.20%	

续表

序号	单位工程名称	规模/m²	造价/元	其中/元					单位指标/（元/m²）	占比	指标分析和说明
				分部分项	措施项目	其他项目	规费	税金			
2	病理科、检验科、ICU、手术室、层流病房、静配中心装饰工程	51 943.09	7 065 781.92	6 042 979.77	286 113.74	0	153 275.22	583 413.19	136.03	2.78%	
3	给排水工程	51 943.09	8 327 750.78	7 300 867.19	220 920.73	0	118 350.39	687 612.46	160.32	3.27%	
4	电气工程	51 943.09	21 296 638.46	18 431 980.78	720 329.09	0	385 890.55	1 758 438.04	410	8.37%	
5	暖通工程	51 943.09	40 196 850.57	34 918 248.9	1 276 015.76	0	683 579.9	3 319 006.01	773.86	15.79%	
6	消防工程	51 943.09	6 421 157.7	5 352 011.5	350 949.96	0	188 008.91	530 187.33	123.62	2.52%	
7	建筑智能化	51 943.09	18 975 498.03	16 945 006.94	301 948.64	0	161 758.21	1 566 784.24	365.31	7.45%	
8	电梯工程	51 943.09	6 200 181.21	5 500 274.91	122 395.64	0	65 569.09	511 941.57	119.36	2.44%	
9	医用气体及护理呼叫系统	51 943.09	3 013 079.2	2 627 920.66	88 800.48	0	47 571.7	248 786.36	58.01	1.18%	

表 8　2#楼后勤保障楼工程造价指标分析

单项工程名称：2#楼后勤保障楼　　业态类型：后勤保障楼

单项工程规模：6 138 m²　　层数：5

装配率：30%　　绿建星级：三星

地基处理方式：/　　基坑支护方式：/

基础形式：桩　　计税方式：增值税

序号	单位工程名称	规模/m²	造价/元	其中/元					单位指标/（元/m²）	占比	指标分析和说明
				分部分项	措施项目	其他项目	规费	税金			
1	建筑与装饰工程	6 138	19 400 279.56	16 737 264.93	690 985.75	0	370 170.93	1 601 857.95	3 160.68	70.87%	
2	给排水工程	6 138	305 563.88	266 509.08	9 002.16	0	4 822.59	25 230.05	49.78	1.12%	
3	电气工程	6 138	1 489 604.24	1 264 593.74	66 428.8	0	35 586.85	122 994.85	242.68	5.44%	
4	暖通工程	6 138	2 813 304.92	2 458 624.83	79 695.07	0	42 693.79	232 291.23	458.34	10.28%	
5	消防工程	6 138	1 008 573.63	841 720.99	54 421.53	0	29 154.4	83 276.72	164.32	3.68%	
6	建筑智能化	6 138	1 857 311.79	1 595 633.65	70 535.34	0	37 786.79	153 356.02	302.59	6.78%	
7	电梯工程	6 138	501 316.4	442 959.35	11 046.29	0	5 917.66	41 393.1	81.67	1.83%	

表 9　配套附属设施工程造价指标分析

单项工程名称：配套附属设施　　业态类型：附属用房

单项工程规模：232.78 m²　　层数：1

装配率：/　　绿建星级：三星

地基处理方式：/　　基坑支护方式：/

基础形式：独立基础　　计税方式：增值税

序号	单位工程名称	规模/m²	造价/元	其中/元					单位指标/（元/m²）	占比	指标分析和说明
				分部分项	措施项目	其他项目	规费	税金			
1	垃圾房建筑与装饰工程	232.78	392 187.97	335 124.83	16 071.12	0	8 609.53	32 382.49	1 684.8	6.64%	

续表

序号	单位工程名称	规模/m^2	造价/元	其中/元					单位指标/(元/m^2)	占比	指标分析和说明
				分部分项	措施项目	其他项目	规费	税金			
2	中心供氧机房建筑与装饰工程	232.78	286 420.37	246 419.63	10 647.4	0	5 703.95	23 649.39	1 230.43	4.85%	
3	污水处理机房建筑与装饰工程	232.78	1 502 791.43	1 291 566.88	56 742.88	0	30 397.97	124 083.7	6 455.84	25.44%	
4	给排水工程	232.78	3 598 713.2	3 279 860.27	14 137.71	0	7 573.76	297 141.47	14 089.96	60.92%	
5	电气工程	232.78	84 966.58	73 685.81	2 777.33	0	1 487.85	7 015.59	315.19	1.44%	
6	暖通工程	232.78	42 030.75	36 840.75	1 119.74	0	599.83	3 470.43	156.92	0.71%	

表 10 总平工程造价指标分析

单项工程名称：总平　　业态类型：总平绿化

单项工程规模：69 560 m^2　　层数：/

装配率：/　　绿建星级：三星

地基处理方式：/　　基坑支护方式：/

基础形式：/　　计税方式：增值税

序号	单位工程名称	规模/m^2	造价/元	其中/元					单位指标/(元/m^2)	占比	指标分析和说明
				分部分项	措施项目	其他项目	规费	税金			
1	总平土建工程	69 560	8 755 435.675	7 708 496.82	210 985.2	0	113 027.78	722 925.88	125.87	43.20%	
2	园林绿化工程	69 560	4 159 348.44	3 564 557.26	163 675.46	0	87 683.28	343 432.44	59.8	20.52%	
3	给排水工程	69 560	3 773 564.86	3 340 544.52	79 078.24	0	42 363.36	311 578.75	54.25	18.62%	
4	电气工程	69 560	2 232 978.29	1 948 482.54	65 195.33	0	34 926.08	184 374.35	32.1	11.02%	
5	消防工程	69 560	486 191.22	412 764.23	21 672.5	0	11 610.26	40 144.23	6.99	2.40%	
6	建筑智能化	69 560	859 414.8 379	744 684.12	28 501.31	0	15 268.55	70 960.86	12.36	4.24%	

表 11 地下室工程（安装部分）造价指标分析

单项工程名称：地下室

业态类型：地下室　　建筑面积：11 246.13 m^2

序号	安装专业系统名称	建筑面积/m^2	造价/元	单位指标/(元/m^2)	指标分析和说明
1	给排水工程	11 246.13	5 253 800.7	467.17	
1.1	给水系统	11 246.13	2 012 654.82	178.96	
1.2	排水系统（污废水）	11 246.13	417 866.46	37.16	
1.3	中水系统（雨水回用）	11 246.13	22 287.66	1.98	
1.4	人防给排水	11 246.13	1 006 927.91	89.54	
1.5	冷却循环水	11 246.13	1 794 063.85	159.53	
2	电气工程	11 246.13	15 039 053.12	1 337.26	
2.1	变配电系统	11 246.13	13 481 263.15	1 198.75	
2.2	柴油发电机系统	11 246.13	881 412.93	78.37	
2.3	电气照明系统	11 246.13	676 377.04	60.14	

续表

序号	安装专业系统名称	建筑面积/m²	造价/元	单位指标/（元/m²）	指标分析和说明
3	暖通工程	11 246.13	3 006 732.91	267.36	
3.1	通风防排烟系统	11 246.13	2 625 802.56	233.48	
3.3	人防通风系统	11 246.13	380 930.35	33.87	
4	消防工程	11 246.13	3 010 554.25	267.7	
4.1	消火栓系统	11 246.13	248 632.03	22.11	
4.2	喷淋系统	11 246.13	718 623.18	63.9	
4.3	气体灭火系统	11 246.13	225 623.52	20.06	
4.4	火灾报警系统	11 246.13	1 481 611	131.74	
4.5	消防泵房	11 246.13	219 231.22	19.49	
4.6	自动跟踪定位射流灭火系统	11 246.13	116 833.31	10.39	
5	建筑智能化	11 246.13	625 217.96	55.59	
5.1	计算机应用、网络系统	11 246.13	98 675.38	8.77	
5.2	综合布线系统	11 246.13	190 452.47	16.93	
5.3	建筑设备自动化系统	11 246.13	144 611.36	12.86	
5.4	建筑信息综合管理系统	11 246.13	74 603.81	6.63	
5.5	安全防范系统	11 246.13	114 123.36	10.15	
5.6	智能灯光控制系统	11 246.13	2 751.58	0.24	
6	抗震支架	11 246.13	2 442 069.4	217.15	

表 12　1#楼门诊住院综合楼工程（安装部分）造价指标分析

单项工程名称：1#楼门诊住院综合楼

业态类型：门诊楼　　　　　　　　　建筑面积：51 943.09 m²

序号	安装专业系统名称	建筑面积/m²	造价/元	单位指标/（元/m²）	指标分析和说明
1	给排水工程	51 943.09	8 327 750.78	160.32	
1.1	给水系统	51 943.09	7 947 523.57	153	
1.2	雨水系统	51 943.09	36 537.52	0.7	
1.3	排水系统（污废水）	51 943.09	343 689.69	6.62	
2	电气工程	51 943.09	21 296 638.46	410	
2.1	变配电系统	51 943.09	14 269 564.46	274.72	
2.2	电气照明系统	51 943.09	7 027 074	135.28	
3	暖通工程	51 943.09	40 196 850.57	773.86	
3.1	通风防排烟系统	51 943.09	9 812 425	188.91	
3.2	空调系统	51 943.09	30 384 425.57	584.96	
4	消防工程	51 943.09	6 421 157.7	123.62	
4.1	消火栓系统	51 943.09	1 114 097.67	21.45	
4.2	喷淋系统	51 943.09	2 279 017.78	43.88	
4.3	火灾报警系统	51 943.09	2 465 600.13	47.47	

续表

序号	安装专业系统名称	建筑面积/m²	造价/元	单位指标/（元/m²）	指标分析和说明
4.4	气体灭火系统	51 943.09	562 442.13	10.83	
5	建筑智能化	51 943.09	18 975 498.03	365.31	
5.1	计算机应用、网络系统	51 943.09	6 752 015.85	129.99	
5.2	综合布线系统	51 943.09	2 094 610.28	40.33	
5.3	建筑设备自动化系统	51 943.09	3 364 836.19	64.78	
5.4	建筑信息综合管理系统	51 943.09	1 203 132.61	23.16	
5.5	有线电视、卫星接收系统	51 943.09	598 093.33	11.51	
5.6	音频、视频系统	51 943.09	1 204 881.59	23.2	
5.7	安全防范系统	51 943.09	1 186 486.83	22.84	
5.8	智能灯光控制系统	51 943.09	2 571 441.33	49.5	
6	电梯工程	51 943.09	6 200 181.21	119.36	
7	医用气体及护理呼叫系统	51 943.09	3 013 079.2	58.01	

表 13　2#楼后勤保障楼工程（安装部分）造价指标分析

单项工程名称：2#楼后勤保障楼

业态类型：配套用房　　　　　　　　建筑面积：6 138 m²

序号	安装专业系统名称	建筑面积/m²	造价/元	单位指标/（元/m²）	指标分析和说明
1	给排水工程	6 138	305 563.88	49.78	
1.1	给水系统	6 138	212 792.32	34.67	
1.2	雨水系统	6 138	37 740.2	6.15	
1.3	排水系统（污废水）	6 138	55 031.36	8.97	
2	电气工程	6 138	1 489 604.24	242.69	
2.1	变配电系统	6 138	853 187.25	139	
2.2	电气照明系统	6 138	636 416.99	103.68	
3	暖通工程	6 138	2 813 304.92	458.34	
3.1	通风、防排烟系统	6 138	383 501.8	62.48	
3.2	空调系统	6 138	2 429 803.12	395.86	
4	消防工程	6 138	1 008 573.63	164.32	
4.1	消火栓系统	6 138	76 972.01	12.54	
4.2	喷淋系统	6 138	262 018.94	42.69	
4.3	气体灭火系统	6 138	215 377.5	35.09	
4.4	火灾报警系统	6 138	454 205.19	74	
5	建筑智能化	6 138	1 857 311.79	302.59	
5.1	计算机应用、网络系统	6 138	328 496.12	53.52	
5.2	综合布线系统	6 138	571 909.23	93.18	
5.3	建筑设备自动化系统	6 138	49 335.84	8.04	
5.4	建筑信息综合管理系统	6 138	205 999.57	33.56	
5.5	有线电视、卫星接收系统	6 138	104 193.98	16.98	

续表

序号	安装专业系统名称	建筑面积/m²	造价/元	单位指标/（元/m²）	指标分析和说明
5.6	音频、视频系统	6 138	441 185.09	71.88	
5.7	安全防范系统	6 138	149 733.47	24.39	
5.8	智能灯光控制系统	6 138	6 458.5	1.05	
6	电梯工程	6 138	501 316.4	81.67	

表 14　配套附属设施工程（安装部分）造价指标分析

单项工程名称：配套附属设施

业态类型：附属用房　　　　建筑面积：232.78 m²

序号	安装专业系统名称	建筑面积/m²	造价/元	单位指标/（元/m²）	指标分析和说明
1	给排水工程	232.78	3 598 713.2	15 459.72	
1.1	给水系统	232.78	6 206.46	26.66	
1.2	污水系统	232.78	3 592 506.74	15 433.06	
2	电气工程	232.78	84 966.58	365.01	
2.1	变配电系统	232.78	74 253.402	318.99	
2.2	电气照明系统	232.78	10 713.18	46.02	
3	暖通工程	232.78	42 030.75	180.56	
3.1	通风、防排烟系统	232.78	42 030.75	180.56	

表 15　总平工程（安装部分）造价指标分析

单项工程名称：总平

业态类型：总平绿化　　　　建筑面积：69 560 m²

序号	安装专业系统名称	建筑面积/m²	造价/元	单位指标/（元/m²）	指标分析和说明
1	给排水工程	69 560	3 773 564.86	54.25	
1.1	给水系统	69 560	336 380.82	4.84	
1.2	排水系统（雨污废水）	69 560	2 684 270.45	38.59	
1.3	中水系统（雨水回用）	69 560	752 913.59	10.82	
2	电气工程	69 560	2 232 978.29	32.1	
2.1	变配电系统	69 560	1 918 819.67	27.59	
2.2	电气照明系统	69 560	314 158.62	4.52	
3	消防工程	69 560	486 191.22	6.99	
3.1	消防水工程	69 560	486 191.22	6.99	
4	建筑智能化	69 560	859 414.84	12.36	
4.1	综合布线系统	69 560	146 498.92	2.11	
4.2	建筑设备自动化系统	69 560	9 253.65	0.13	
4.3	安全防范系统	69 560	295 979.75	4.26	
4.4	停车场管理系统	69 560	160 343.28	2.31	
4.5	综合管网系统	69 560	247 339.23	3.56	

5.3 单项工程主要工程量指标分析表

表 16 地下室工程主要工程量指标分析

单项工程名称：地下室

业态类型：地下室　　　　　　　　　　建筑面积：11 246.13 m^2

序号	工程量名称	工程量	单位	指标	指标分析和说明
1	土石方开挖量	255 265.965	m^3	22.7	
2	桩（含桩基和护壁桩）	13 682.712	m^3	1.22	
3	护坡	7 675.85	m^2	0.68	
4	砌体	1 388.26	m^3	0.12	
5	混凝土	16 935.333	m^3	1.51	
6	钢筋	3 603 494	kg	320.42	
7	型钢	207 818	kg	18.48	
8	模板	51 528.838	m^2	4.58	
9	外门窗及幕墙	413.761	m^2	0.04	
10	楼地面装饰	1 805.938	m^2	0.16	
11	内墙装饰	38 861.753	m^2	3.46	
12	天棚工程	2 230.368	m^2	0.2	

表 17 1#楼门诊住院综合楼工程主要工程量指标分析

单项工程名称：1#楼门诊住院综合楼

业态类型：门诊楼　　　　　　　　　　建筑面积：51 943.09 m^2

序号	工程量名称	工程量	单位	指标	指标分析和说明
1	砌体	11 835.66 325	m^3	0.23	
2	混凝土	17 118.33	m^3	0.33	
2.1	装配式构件混凝土	1 190.49	m^3	0.02	
3	钢筋	3 790 385.12	kg	73.68	
3.1	装配式构件钢筋	223 812.12	kg	4.31	
4	型钢	444 556	kg	8.56	
5	模板	101 203.194	m^2	1.95	
6	外门窗及幕墙	18 572.11	m^2	0.36	含玻璃幕墙、门、窗
7	保温	23 240.37	m^2	0.45	
8	楼地面装饰	58 669.31	m^2	1.13	
9	内墙装饰	107 558.29	m^2	2.07	
10	天棚工程	43 824.55	m^2	0.84	
11	外墙装饰	45 347.9	m^2	0.87	含铝复合板、外墙涂料

表 18　2#楼后勤保障楼工程主要工程量指标分析

单项工程名称：2#楼后勤保障楼

业态类型：配套用房　　　　　　　　建筑面积：6 138 m^2

序号	工程量名称	工程量	单位	指标	指标分析和说明
1	土石方开挖量	10 209.298	m^3	1.66	
2	桩（含桩基和护壁桩）	1 632.53	m^3	0.27	
3	砌体	1 166.967	m^3	0.19	
4	混凝土	2 218.987	m^3	0.36	
4.1	装配式构件混凝土	179.88	m^3	0.03	
5	钢筋	453 919.44	kg	73.95	
5.1	装配式构件钢筋	33 817.44	kg	5.51	
6	模板	12 785.93	m^2	2.08	
7	外门窗及幕墙	2 838.66	m^2	0.46	含玻璃幕墙、门、窗
8	保温	4 396.46	m^2	0.72	
9	楼地面装饰	5 496.6	m^2	0.9	
10	内墙装饰	9 136.08	m^2	1.49	
11	天棚工程	5 680.44	m^2	0.93	
12	外墙装饰	6 220.92	m^2	1.01	含铝复合板、外墙涂料

表 19　配套附属设施工程主要工程量指标分析

单项工程名称：配套附属设施

业态类型：附属用房　　　　　　　　建筑面积：232.78 m^2

序号	工程量名称	工程量	单位	指标	指标分析和说明
1	土石方开挖量	2 327.214	m^3	10	
2	砌体	76.22	m^3	0.33	
3	混凝土	128.476	m^3	0.55	
4	钢筋	13 331	kg	57.27	
5	模板	2 956.47	m^2	12.7	
6	外门窗及幕墙	126.25	m^2	0.54	含玻璃幕墙、门、窗
7	保温	37.29	m^2	0.16	
8	楼地面装饰	260.07	m^2	1.12	
9	内墙装饰	444.69	m^2	1.91	
10	天棚工程	251.92	m^2	1.08	
11	外墙装饰	532.589	m^2	2.29	含铝复合板、外墙涂料

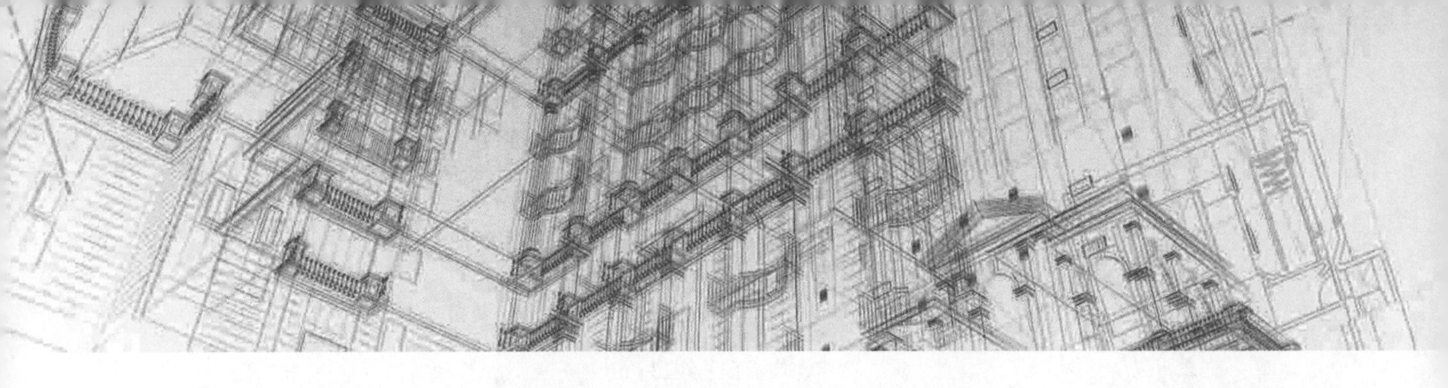

四川省骨科医院天府新区医院一期项目

——四川建科工程建设管理有限公司

◎ 包颂英，王际伟，王大军，陈思憧，冯婕

1 项目概况

1.1 项目基本信息

四川省骨科医院天府新区医院一期项目位于成都市新津区普兴镇骑龙村一组、二组。项目总建筑面积 88 896.157 2 m^2，其中医院综合楼和中医运动学中心 48 653.969 4 m^2，中医运动医学培训楼 7 574.555 m^2，制剂大楼和提取室 9 871.101 6 m^2，机动车停车位 808 个（地上 245 个，地下 563 个）以及管网、围墙等附属设施。项目采用 EPC 总承包合同，清单计价模式。可研批复总投资 49 367.46 万元，建设工期 36 个月。

1.2 项目特点

四川省骨科医院天府新区医院一期项目具有以下特点：

（1）本项目采用 EPC 模式发包；

（2）本项目采用装配式建筑，装配率 20%，绿色建筑星级要求为 2 星；

（3）本项目包含一栋专业制剂大楼及一栋制剂提取车间。

2 咨询服务范围及组织模式

2.1 咨询服务的业务范围

我公司负责本项目建设工程项目施工图预算价编制、建设工程项目施工阶段全过程造价控制，并且在施工图预算价的基础上进行清标工作，配合四川省财政投资评审中心对项目概算以及施工图预算价的评审，开展风险评估并提出解决方案，为业主提供必要的造价咨询服务工作（如招标配合工作等）。

2.2 咨询服务的组织模式

四川省骨科医院天府新区医院一期项目的施工阶段全过程造价控制咨询服务的内部组织模式如图 1 所示。

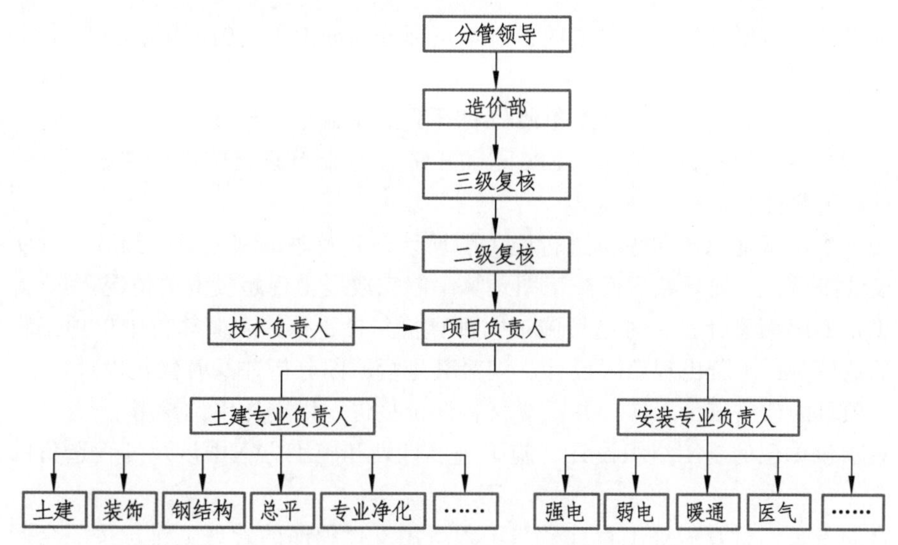

图 1　咨询服务内部组织模式

2.3　咨询服务工作职责

（1）服从委托人的管理及工作安排，遵纪守法，严守职业道德底线，积极主动地为委托单位提供咨询服务；

（2）确定本项目投资控制及工程造价控制目标，并制定行之有效的实施细则；

（3）严格遵守国家相关法律法规、地方政府及行政主管部门相关规定，认真熟悉本项目的立项文件、招标文件、招标技术要求、投标文件、EPC 总承包合同等资料，从建设单位利益出发，严格控制项目投资、合理确定工程造价，并保障总承包单位的合法利益；

（4）根据工程进度编制项目投资计划，审核总承包单位报送的月进度款资料，并出具进度款支付报告；

（5）参加与造价控制相关的会议；

（6）对项目出现的变更和签证资料进行合规、合法、合理性审查，并及时进行造价测算，并出具相关咨询报告，为委托单位决策提供依据；

（7）发承包双方出现索赔事项时，为委托单位提供咨询意见；

（8）其他与造价控制相关的服务。

3　咨询服务的运作过程

3.1　招标阶段

（1）协助委托单位、招标代理机构完成招标文件的编制，参与招标组织的分析、讨论，提供合理化的专业意见。本项目属于 EPC 项目，招标时业主提供了设计方案，为避免施工中可能遇到的增加投资的风险，提出了相对应的解决办法。

（2）进行现场踏勘、协助业主进行招标答疑。

（3）工程招标完成后，根据招标文件、投标文件以及相应资料，协助委托单位对中标人的投标文件商务部分进行审查，协助委托人进行合同谈判。

3.2　实施阶段

（1）组织项目组造价人员认真学习本项目的立项文件、招标文件、招标技术要求、投标文件、EPC

总承包合同等资料，并由项目负责人对本项目重难点部分（如工程实施范围、技术质量标准、EPC 总承包合同等）进行技术交底。

（2）组织委托单位、监理单位、总承包单位召开造价控制专题会议，重点对 EPC 发承包模式特点及重难点、招投标文件、招标技术要求、EPC 合同和造价控制管理措施进行交底，并强调施工图设计进度及限额设计的重要性。

（3）协助委托单位督促总承包单位进行施工图设计，并及时编制施工图预算。预防实际施工进度过快而施工图设计滞后，从而导致后面施工图预算编制完成后出现超投资的情况。

（4）重视项目的限额设计，实时进行施工图预算价与投资估算、概算价中单项工程、单位工程、分部分项工程的造价对比，若出现超限设计，则对其进行原因分析并及时优化设计。

（5）参与本项目的认质核价工作，并提交材料询价报告，供委托单位参考。

（6）审查总承包单位的施工组织设计、施工进度计划和施工方案中涉及工程造价的内容，并提出意见。

（7）根据合同条款，认真做好工程计量与工程费用支付程序的管理工作。按照合同文件所规定的方法、范围、内容、计量方式，对所有支付的各种款项的合理性、合法性进行审查，使造价控制工作更加科学化、规范化。

（8）审查总承包单位报送的工程量月进度报表，出具相关报告及签署意见后报委托单位审批。

（9）严格控制涉及工程造价增减的工程变更、现场签证。

（10）按照国家有关法律法规并结合现场实际情况，参与处理索赔与反索赔。

（11）建立造价控制台账、资料台账等，收集、整理项目建设中与造价有关的资料。

4 经验总结

4.1 咨询服务的实践成效

为了应对装配式建筑结构，并且把绿色建筑由一星提高到二星，再加上制药工艺以及新冠疫情导致的索赔、人工和材料价格上涨等因素导致的造价增加，对原施工图进行了一系列优化措施，如表 1 所示。

表 1 原施工图优化的一系列措施

序号	优化内容	优化前综合单价/元	优化后综合单价/元	优化前后综合单价差/元	优化的工程量	优化金额/元
1	原设计 2∶8 灰土回填优化为原土回填	240.22	14.7	225.52	2 108.64 m^3	475 540.49
2	地下车库：除车行道外的其他区域将金刚砂及固化剂地坪优化为普通豆石地坪，另 1～8 轴、A～M 轴已完成豆石地坪保留	30.55	9.77	20.78	21 051.62 m^2	437 452.66
3	屋面：取消种植屋面回填土及绿化种植部分，其余按原设计图施工					287 298.92
4	设备用房的耐磨及固化剂地坪优化为普通豆石地坪	30.55	9.77	20.78	1 939.21 m^2	40 296.78
5	减少原设计墙面干挂石材的施工区域，仅考虑门诊大厅及一楼住院部 J-P 病员电梯前室	600	0	600	1 384.26 m^2	830 556.00
6	减少原设计石材地面的施工区域，具体铺贴部位执行已签字确认的地面面层做法图	200	0	200	1 347.42 m^2	269 484.00

续表

序号	优化内容	优化前综合单价/元	优化后综合单价/元	优化前后综合单价差/元	优化的工程量	优化金额/元
7	屋面缸砖优化为普通混凝土刚性层					817 939.46
8	病区走道墙裙：瓷砖墙裙优化为无机涂料墙面	163.8	57.95	105.85	1 748.43 m^2	185 071.32
9	门诊大厅采用防火石膏、微孔铝板、铝板面漆吊顶优化为纸面石膏板造型和乳胶漆饰面吊顶	341.98	121.98	220	6 625 m^2	1 457 500.00
10	考虑到户外的安全性，架空走廊吊顶优化为乳胶漆饰面	475.04	45.04	430	610.98 m^2	262 721.40
11	外立面 GRC 线条造型优化为外墙面砖分色线条造型					284 710.62
12	原招标技术要求中空调品牌特灵、麦克维尔、约克调整为格力、美的、天加 3 个品牌（合资品牌调整为国产品牌）					2 899 587.88
13	暂不考虑规培楼用作活动室的用途，取消地面减震层及保温板					697 898.00
14	屋面缸砖优化为普通混凝土刚性层					81 954.00
15	规培楼门厅干挂石材墙面调整为乳胶漆墙面	375.04	45.04	330	365.16 m^2	120 502.80
16	原设计 2∶8 灰土回填优化为原土回填	240.22	14.7	225.52	2 377.44 m^3	536 160.27
17	围墙瓷砖面层优化为混凝土墙面，面层打磨并保证原色，取消砖砌围墙柱					107 222.00
18	围墙抹灰面层取消，按混凝土面打磨计价					49 000.00
19	合计					9 840 896.60

4.2 咨询服务的经验和不足

（1）咨询服务不足。

对相关的政策文件没有及时、动态地进行了解和收集，对招标前期的项目资料没有做到全面的收集（如可行性研究报告）。

（2）咨询服务经验。

针对招标时未考虑的装配率及绿建二星，考虑是否导致增加调整装配率和绿建二星级的费用，首先应梳理整个项目的建设程序。本项目方案设计完成时间为 2016 年 4 月 29 日，并报新津县相关部门审批，审批通过的方案中没有装配式专篇及相关说明。政府关于装配式建筑、绿色建筑星级标准的文件下发时间均在方案设计完成并通过审批以后。2017 年 1 月 5 日，成都市城乡建设委员会下发《关于进一步明确土地出让阶段绿色建筑和装配式建筑建设要求的通知》，文件中明确要求与绿色建筑和装配式建筑有关的内容必须写入（招拍挂）建设条件通知书中。新津县国土资源局于 2017 年 7 月 21 日正式出具本项目的建设用地划拨决定书，2017 年 7 月 22 日本项目正式挂网招标。通过对一系列建设程序的梳理，发现用于招标的方案设计文件中未考虑装配式结构，且方案设计完成时间在政府行政主管部门出台相关规定前完成。建设用地划拨决定书等文件下发时间与项目招标文件发布时间重叠，因此导致委托单位未能在方案设计、招标文件、招标技术要求中写明装配式和绿建星级的要求，此部分争议应属于非承包人原因造成的，委托单位应在原合同价基础上增加此部分费用。

针对是否增加制剂大楼及提取室制药工艺的费用，通过对招标文件和招标技术要求的仔细研读，发现此项争议确实不好解决。我们组织委托单位、总承包单位、监理单位先到四川省工程造价管理总站咨询解决办法，后到委托单位上级主管部门进行专题汇报，最后电话咨询了四川省发改委，最终形成一致意见：本项目为EPC项目，既要维护委托单位利益，保障国有资金不发生流失，也要保障总承包单位的合法利益。首先保证项目的完整性，在满足委托单位对使用功能需求的前提下，适当修改部分非关键部位的装饰装修做法、降低非关键部位装饰装修档次、调整一些非关键部位装饰装修材料的品牌，从设计、功能、材料优化上节约造价，用以弥补此部分制药工艺的费用。

（3）咨询服务建议。

工程造价人员，应熟悉项目前期建设程序，熟悉可行性研究报告，动态把握与行业相关的最新文件要求，协助委托单位规范项目前期的工作流程，完善项目前期的文件资料，做到从源头最大限度地规避后期可能产生的风险。

对于工程总承包项目，造价人员的工作应贯穿于项目策划、项目实施阶段，尤其是项目策划阶段，了解委托单位对项目的整体定位（功能需求）、项目实施范围、质量技术标准等关键信息，协助委托单位完成投资估算、设计概算，确保批复投资的准确性。实施阶段应协助委托单位完成招标文件、招标技术要求、合同等文件的编制与审核工作，确保招标文件中对功能需求、实施范围、质量技术标准等要求与批复投资匹配，合同条款清晰明确，避免出现争议问题。

5 项目主要经济技术指标

5.1 建设项目造价指标分析表

表2 建设项目造价指标分析

项目名称：四川省骨科医院天府新区医院一期项目　　项目类型：公共建筑项目

投资来源：政府投资和单位自筹　　项目地点：四川省成都市新津县普兴镇骑龙村

总建筑面积：88 896.157 2 m²　　功能规模：500床

承发包方式：工程总承包　　造价类别：施工图预算价

开工日期：2018年8月29日　　竣工日期：2022年5月30日

地基处理方式：/　　基坑支护方式：放坡和喷锚护壁

序号	单项工程名称	规模/m²	层数	结构类型	装修档次	计价期	造价/元	单位/（元/m²）	指标分析和说明
1	土石方	23 374.71	1	框架			7 411 428.35	317.07	
2	基坑支护及降排水	23 374.71	1	框架			1 433 831.62	61.34	
3	人防工程	23 374.71	1	框架			6 562 376.34	280.75	含人防安装
4	地下室	23 374.71	1	框架	精装修		69 877 906.64	2 989.47	不含安装
5	综合楼	48 653.97	12	框架	精装修		241 861 819.6	4 971.06	含地下室安装及手术室、ICU、中心供应净化工程
6	规培楼	7 824.69	10	框架	精装修		23 523 738.08	3 006.35	
7	制剂大楼	8 466.68	4	框架	精装修		41 227 606.43	4 869.39	含专业净化工程
8	提取室	1 320.48	2	框架	精装修		8 283 308.59	6 272.95	含专业净化工程
9	4#生活固废暂存处	40	1	框架	精装修		144 976.71	3 624.42	

续表

序号	单项工程名称	规模/m²	层数	结构类型	装修档次	计价期	造价/元	单位/（元/m²）	指标分析和说明
10	5#生活固废暂存处	30	1	框架	精装修		100 981.32	3 366.04	
11	6#药渣暂存处	30	1	框架	精装修		90 589.61	3 019.65	
12	7#辅助用房	51.18	1	框架	精装修		149 637.53	2 923.75	
13	污水处理站	245	1	框架	精装修		1 665 354.48	6 797.37	
14	总平工程	44 351.038					25 302 282.86	570.50	
15	抗震支架工程	13 387.57					3 391 562.73	253.34	
16	电梯工程	88 896.1 572					7 882 400.49	88.67	
17	合计	88 896.1 572	—	—			438 909 801.4	4 937.33	

注：① 本项目指标分析包含土石方工程、基坑支护及降排水工程、人防工程、地下室、综合楼、规培楼、制剂大楼、提取室、总平及辅助用房。

② 本项目根据EPC合同约定编制施工图预算价，人工费基期按2017年1月的人工费调整文件执行，信息价执行2017年1月新津县信息价。在本项目实施过程中，由于建筑材料价格涨幅过大，在借鉴使用时需考虑主要材料涨价因素。

③ 地下室单方造价指标仅包括建筑与装饰工程，综合楼指标内包含了地下室部分的安装工程，借鉴使用时需注意指标涵盖范围。

5.2 单项工程造价指标分析表

表3 地下室工程造价指标分析

单项工程名称：地下室　　业态类型：地下室

单项工程规模：23 374.71 m²　　层数：1

装配率：/　　绿建星级：2

地基处理方式：/　　基坑支护方式：放坡和喷锚护壁

基础形式：筏板基础　　计税方式：一般计税

序号	单位工程名称	规模/m²	造价/元	其中/元				单位指标/（元/m²）	占比	指标分析和说明
				分部分项	措施项目	其他项目	税金			
1	建筑工程	23 374.71	59 161 936.26	46 939 871.87	8 453 974.16			2 531.02	84.66%	
1.1	钢结构									
1.2	屋盖									
2	室内装饰工程	23 374.71	10 450 807.23	540 487.97				447.10	14.96%	
3	交安工程	23 374.71	265 163.13					11.34	0.38%	
3.1	幕墙									

表4 综合楼工程造价指标分析

单项工程名称：综合楼　　业态类型：综合楼

单项工程规模：48 653.97 m²　　层数：12

装配率：20%　　绿建星级：2

地基处理方式：/　　基坑支护方式：/

基础形式：/　　计税方式：一般计税

序号	单位工程名称	规模/m²	造价/元	其中/元				单位指标/（元/m²）	占比	指标分析和说明
				分部分项	措施项目	其他项目	税金			
1	建筑工程	48 653.97	76 389 966.89	55 142 104.46	14 842 735.56			1 570.07	31.58%	
1.1	钢结构									
1.2	屋盖									
2	室内装饰工程	48 653.97	38 893 684.39	33 513 559.68	1 529 316.22			799.39	16.08%	
3	净化工程	48 653.97	16 541 552.91					339.98	6.84%	
3.1	其中									
4	安装工程	48 653.97	110 036 615.5					2 261.62	45.50%	含地下室安装
4.1	强电工程	48 653.97	39 249 238.46					806.70	35.67%	
4.2	高低压配电	48 653.97	7 781 569.54					159.94	7.07%	
4.3	给排水工程	48 653.97	10 650 438.01					218.90	9.68%	
4.4	医气工程	48 653.97	3 201 290.86					65.80	2.91%	
4.5	普消、喷淋	48 654.97	8 148 587.73					167.48	7.41%	
4.6	弱电工程	48 653.97	14 048 749.01					288.75	12.77%	
4.7	防排烟工程	48 653.97	2 987 783.12					61.41	2.72%	
4.8	通风工程	48 653.97	1 851 859.73					38.06	1.68%	
4.9	空调风工程	48 653.97	8 147 705.78					167.46	7.40%	
4.10	空调供回水	48 653.97	4 909 830.59					100.91	4.46%	
4.11	气动工程	48 653.97	8 646 973.85					177.72	7.86%	

表 5 规培楼工程造价指标分析

单项工程名称：规培楼　　业态类型：规培楼

单项工程规模：7 824.69 m²　　层数：10

装配率：20%　　绿建星级：2

地基处理方式：/　　基坑支护方式：/

基础形式：/　　计税方式：一般计税

序号	单位工程名称	规模/m²	造价/元	其中/元				单位指标/（元/m²）	占比	指标分析和说明
				分部分项	措施项目	其他项目	税金			
1	建筑工程	7 824.69	11 258 038.62	7 820 161.47	2 536 395.93			1 438.78	47.86%	
1.1	钢结构									
2	室内装饰工程	7 824.69	6 477 232.4	5 535 441.14	297 459.44			827.79	27.53%	
3	安装工程	7 824.69	5 788 467.04					739.77	24.61%	
3.1	强电工程	7 825.69	1 829 076.18					233.73	31.60%	
3.2	给排水工程	7 824.69	1 738 262.01					222.15	30.03%	
3.3	普消、喷淋	7 824.69	590 267.02					75.44	10.20%	
3.4	消防弱电	7 824.69	464 145.51					59.32	8.02%	
3.5	弱电工程	7 824.69	623 075.19					79.63	10.76%	
3.6	排烟工程	7 824.69	180 407.59					23.06	3.12%	
3.7	通风工程	7 824.69	161 435.23					20.63	2.79%	
3.8	空调工程	7 825.69	201 798.31					25.79	3.49%	

表 6　制剂大楼工程造价指标分析

单项工程名称：制剂大楼

单项工程规模：8 466.68 m²　　　　层数：10

装配率：20%　　　　绿建星级：2

地基处理方式：/　　　　基坑支护方式：/

基础形式：/　　　　计税方式：/

序号	单位工程名称	规模/m²	造价/元	其中/元				单位指标/(元/m²)	占比	指标分析和说明
				分部分项	措施项目	其他项目	税金			
1	建筑工程	8 466.68	12 581 836.91	9 122 153.81	2 492 431.31			1 486.04	30.52%	
2	室内装饰工程	8 466.68	3 697 576.85	3 163 417.51	177 057.49			436.72	8.97%	
3	安装工程	8 466.68	4 643 141.77					548.40	11.26%	
3.1	电气工程	8 466.68	2 418 039.33					285.59	52.08%	
3.2	给排水工程	8 466.68	152 823.3					18.05	3.29%	
3.3	防排烟工程	8 466.68	389 086.92					45.96	8.38%	
3.4	普消、喷淋	8 466.68	1 009 912.78					119.28	21.75%	
3.5	消防弱电	8 466.68	673 279.44					79.52	14.50%	
4	净化工程	8 466.68	20 305 050.92					2 398.23	49.25%	

表 7　提取室工程造价指标分析

单项工程名称：提取室　　　　业态类型：提取室

单项工程规模：1 320.48 m²　　　　层数：2

装配率：/　　　　绿建星级：2

地基处理方式：/　　　　基坑支护方式：/

基础形式：/　　　　计税方式：一般计税

序号	单位工程名称	规模/m²	造价/元	其中/元				单位指标/(元/m²)	占比	指标分析和说明
				分部分项	措施项目	其他项目	税金			
1	建筑工程	1 320.48	3 104 813.39	2 299 604.99	555 157.17			2 351.28	37.48%	
2	室内装饰工程	1 320.48	840 527.49	718 887.7	42 554.07			636.53	10.15%	
3	安装工程	1 320.48	476 219.96					360.64	5.75%	
3.1	给排水工程	1 320.48	25 586.66					19.38	5.37%	
3.2	电气工程	1 320.48	168 095.47					127.30	35.30%	
3.3	防排烟工程	1 320.48	74 905.52					56.73	15.73%	
3.4	消火栓系统	1 320.48	81 493.14					61.71	17.11%	
3.5	消防弱电	1 320.48	126 139.17					95.53	26.49%	
4	净化工程	1 320.48	3 861 747.76					2 924.50	46.62%	

5.3 单项工程主要工程量指标分析表

表 8　地下室工程主要工程量指标分析

单项工程名称：地下室

业态类型：地下室　　　　建筑面积：23 374.71 m²

序号	工程量名称	工程量	单位	指标	指标分析和说明
1	土石方开挖量	236 498.36	m^3	10.117	
2	护坡	10 563.34	m^2	0.452	
3	砌体	2 519.94	m^3	0.108	
4	混凝土	39 317.62	m^3	1.682	
5	钢筋	4 155 958	kg	177.797	
6	模板	72 362.11	m^2	3.096	
7	保温	46 025.06	m^2	1.969	
8	天棚工程	1 944.25	m^2	0.083	

表 9　综合楼工程主要工程量指标分析

单项工程名称：综合楼

业态类型：综合楼　　　　建筑面积：48 653.97 m^2

序号	工程量名称	工程量	单位	指标	指标分析和说明
1	砌体	5 817.4	m^3	0.12	
2	混凝土	18 394.28	m^3	0.378	
3	钢筋	2 849 872	kg	58.574	
4	模板	133 556.37	m^2	2.745	
5	保温	29 550.91	m^2	0.607	
6	天棚工程	32 576.56	m^2	0.67	

表 10　规培楼工程主要工程量指标分析

单项工程名称：规培楼

业态类型：规培楼　　　　建筑面积：7 824.69 m^2

序号	工程量名称	工程量	单位	指标	指标分析和说明
1	砌体	1 810.45	m^3	0.231	
2	混凝土	3 166.74	m^3	0.405	
3	钢筋	497 333	kg	63.559	
4	模板	21 902.13	m^2	2.799	
5	保温	5 148.75	m^2	0.658	
6	天棚工程	5 373.72	m^2	0.687	

表 11　制剂大楼工程主要工程量指标分析

单项工程名称：制剂大楼

业态类型：制剂大楼　　　　建筑面积：8 466.68 m^2

序号	工程量名称	工程量	单位	指标	指标分析和说明
1	砌体	5 072.94	m^3	0.599	
2	混凝土	3 628.94	m^3	0.429	
3	钢筋	524 586	kg	61.959	
4	模板	22 834.74	m^2	2.697	
5	保温	7 406.56	m^2	0.875	
6	天棚工程	3 897	m^2	0.46	

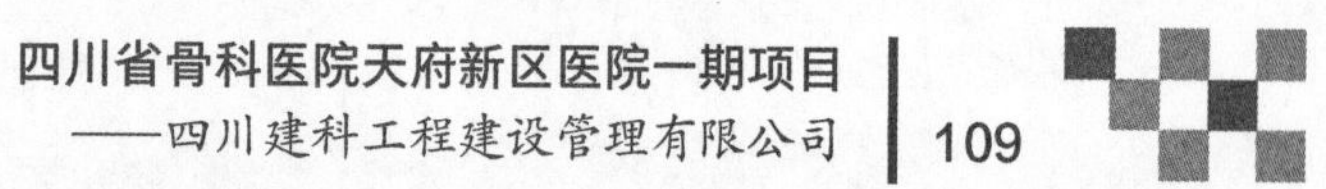

表 12　提取室工程主要工程量指标分析

单项工程名称：提取室

业态类型：提取室　　　　　　　　建筑面积：1 320.48 m^2

序号	工程量名称	工程量	单位	指标	指标分析和说明
1	砌体	466.75	m^3	0.353	
2	混凝土	1 081.31	m^3	0.819	
3	钢筋	138 468	kg	104.86	
4	模板	5 533.61	m^2	4.19	
5	保温	3 211.32	m^2	2.432	
6	天棚工程	470.06	m^2	0.356	

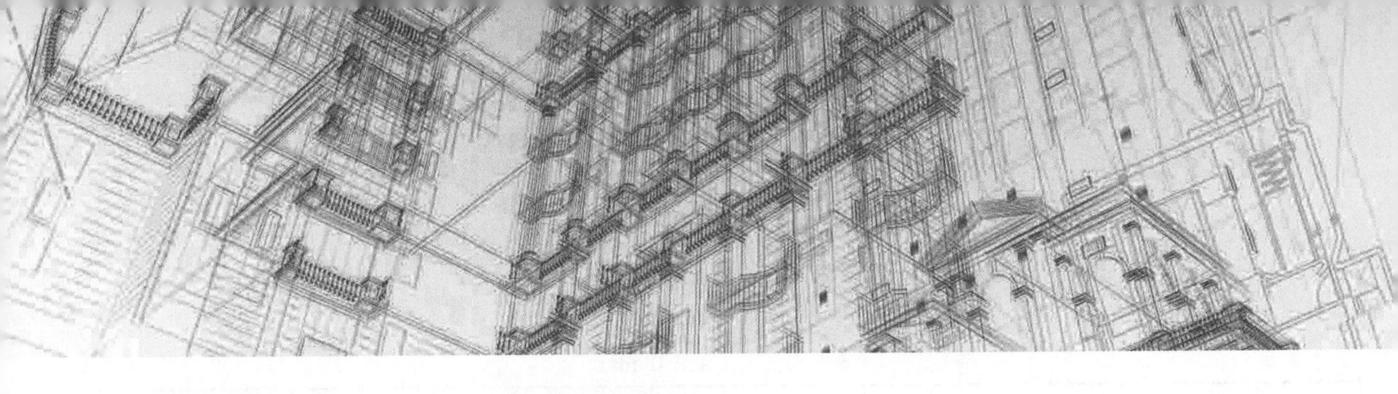

天奥电子产业园项目

——四川省名扬建设工程管理有限公司

◎ 郭浩，刘力源，陈杰

1 项目概况

1.1 项目基本信息

天奥电子产业园项目位于成都市金牛区高科技产业开发区。本项目为天奥电子产业园，地下室有 3 层，A 区为 5 层的综合办公楼，B 区为 9 层的研发中心及生产厂房，总建筑面积为 51 154.63 m^2，其中 A 区建筑面积为 5 675.54 m^2，B 区建筑面积为 22 120.4 m^2，地下室建筑面积为 23 358.69 m^2。工程总造价为 204 118 299.50 元。

本项目为施工总承包模式，通过公开招投标，成都建工集团中标，与建设单位签订固定综合单价合同。合同计划工期 660 日历天，实际开工日期为 2018 年 12 月 28 日，竣工日期为 2021 年 9 月 30 日。

1.2 项目特点

（1）建筑结构形式复杂。

本项目结构形式为钢筋混凝土框架结构和局部型钢钢骨混凝土结构，外立面为异形造型的结构性幕墙，600 m^2 的大厅为拉索幕墙结构，层高为 25 m。

（2）招投标阶段图纸设计深度不够。

本项目建筑结构形式复杂，招投标阶段图纸设计深度不够，各专业工程衔接部位多，设计单位未深入考虑施工实施的工艺问题，造成很多部位无法按图施工，导致图纸需反复调整，产生很多设计变更，工期大大延长。

（3）施工单位投标下浮比例较大，不平衡报价多。

施工单位投标时不平衡报价，造成施工过程中造价管控难度增加，当出现设计变更事项时，我司对设计变更进行测算的同时，也将不平衡报价对变更造价的影响金额进行分析与管控，按照不平衡报价对设计变更造价影响的大小，分类向建设单位报批。

（4）项目有大量建设单位指定的专业分包工程。

本项目有幕墙、精装修、高低压配电、厨房设备、会议系统、绿化工程、交安工程、二次配线工程、厨房精装修等 9 个建设单位指定的专业分包工程。分包单位合同签订时间不同，合同约定的结算及支付办法不同，大大增加了我司的合同管理工作。施工过程中，各分包单位恰逢新冠疫情前后进场，工作面交错较多，施工进度管理烦琐。结算期间，我司要对各分包单位分别办理结算，工作量增大。

（5）建设单位委托第三方咨询单位控制施工阶段造价，并分阶段办理结算支付进度款。

施工过程中分阶段办理结算支付进度款，对过程资料的时效性要求很高。施工过程中，我司按分段节点收集整理造价资料，对施工单位报送的造价文件进行初审后，提交建设单位，配合第三方咨询单位进行审核；竣工阶段，我司收集整理结算资料并进行阶段性结算汇总，对施工单位报送的结算造价文件进行审核后，提交业主，并配合完成最终结算审计工作。

2 咨询服务范围及组织模式

2.1 咨询服务的业务范围

对于本项目我司的主要咨询业务范围有：工程清标，提供清标报告；结合图纸会审结果，审核中标单位的投标报价，作为进度款审核的依据；施工组织设计和局部分包项目的设计方案、施工方案的经济性评审；预付款、进度款、变更款、索赔款以及签证费用的审核；对设计变更、索赔、涉及费用增加的方案措施、现场签证实行全过程跟踪管理，并及时提供全过程造价控制咨询，正确处理各种索赔，加强反索赔管理；甲供、暂定或新增材料（设备）的价格咨询，出具可信度高的询价报告；收集整理结算资料并进行阶段性结算汇总，配合完成最终结算审计工作。

2.2 咨询服务的组织模式

天奥电子产业园项目全过程咨询服务的内部组织模式如图 1 所示。

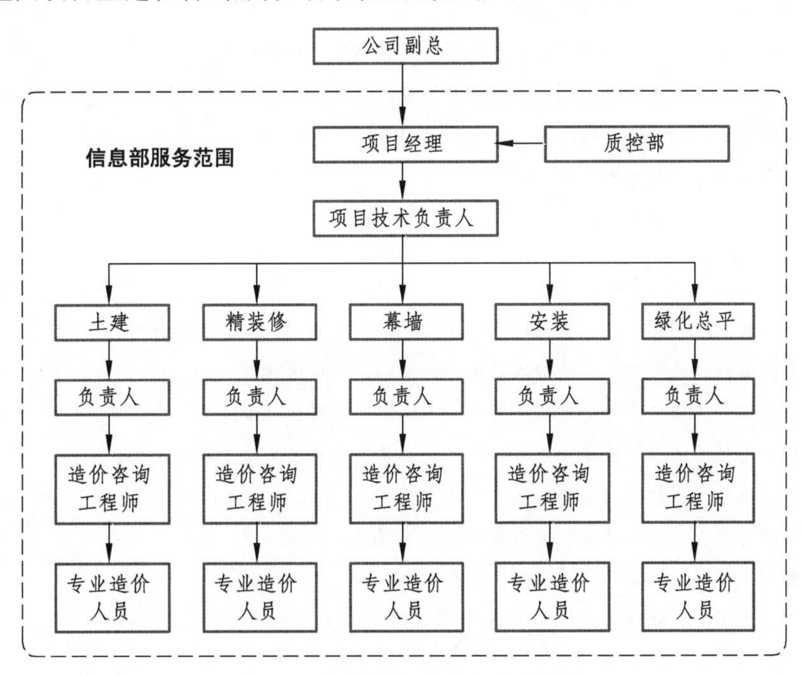

图 1　咨询服务内部组织模式

2.3 咨询服务工作职责

本项目咨询服务工作职责详见表 1。

表1 咨询服务工作内容

职务	工作内容
项目经理	(1)了解归纳项目概况，初步资料交接工作，签订咨询合同； (2)审核项目经理编写的实施方案； (3)对任务进行人员分配，组织工作交底会(重点、难点、控制点分析，工作交接流程)； (4)审批汇总的问题及踏勘方案； (5)审查现场踏勘记录； (6)审核工程量清单初步审核稿及工程量计算底稿； (7)组织相关单位对问题进行交流； (8)审核材料调查结果和初步工程预算表； (9)审核工程量、价格指标，进行风险分析； (10)审核正式报告； (11)审核资料归档情况，组织项目组自我评价及总结； (12)填写回访记录和项目完场考评表
项目技术负责人	(1)编制项目实施方案； (2)在工作交底中讲解本项目的重点、难点、控制点分析、工作交接流程； (3)熟悉资料，汇总各专业提出的问题，制定现场踏勘方案； (4)组织现场勘察，汇总勘察结果； (5)指导并复核本项目人员对工程量清单初步审核及工程量计算； (6)就各专业提出的问题与相关单位进行交流； (7)指导并复核材料调查情况和初步工程预算表； (8)指导并复核工程量和价格指标分析； (9)汇总并复查正式报告； (10)收集整理本项目资料
造价咨询工程师	(1)在工作交底中记录本项目的重点、难点、控制点分析、工作交接流程； (2)熟悉资料，整理本专业造价人员提出的问题，并提出建议； (3)组织本专业造价人员进行现场踏勘，并编制现场踏勘记录； (4)编制并指导工程量清单初步审核稿，全面复核本项目工程量计算底稿； (5)就本专业提出的问题与相关单位进行交流； (6)就本专业材料进行调查和编制本专业工程预算表； (7)编制本专业工程量和价格指标分析； (8)编制本专业正式报告； (9)收集整理本专业资料
专业造价人员	(1)参与并学习工作交底，了解并掌握本项目重点、难点、控制点分析、工作交接流程； (2)熟悉资料，提出本项目存在的问题； (3)参加现场勘察； (4)编制工程量计算底稿； (5)配合造价咨询工程师完成材料的调查和编制工程预算表； (6)配合造价咨询工程师完成工程量和价格指标分析； (7)归档资料的整理，自我评价及总结

3 咨询服务的运作过程

3.1 前期准备

（1）进行人员培训及技术交底。

根据项目特点，前期我司为项目参与工程师进行了包括建设工程合同管理、过控工作流程管理、专业技术软件等方面的培训，同时要求项目经理对本项目进行工作交底。

项目涉及施工总承包及专业分包等 10 家参建单位，共 10 份合同，合同管理任务重，通过建设工程合同管理培训，增强工程师的法律意识及合同风险意识。

我司项目驻场人员多，各专业工程师之间需要密切配合，因此规范驻场工程师的过控工作流程十分重要。从收集每日现场情况资料到形成过控日志、月报；从各项台账的设立作用到台账登记的具体要求；从现场发现问题的记录到对问题进行分析处理再形成 PPT 文档向建设单位汇报等，公司都做了系统培训。

本项目建筑体外立面为异形设计，钢结构复杂，需要借用钢结构专业软件 Tekla 及 Revit 等进行辅助算量。项目前期，我司专门组织了工程师进行相关软件的学习。

项目人员进场前，项目经理组织全员召开工作交底会，由项目技术负责人讲解分析本项目的重点、难点、控制点以及工作交接流程等。

（2）类似项目资料收集与考察。

前期与建设单位沟通时，建设单位主管部门提出要求，为他们优化现有的项目管理制度。我司结合本项目特点，建议在现有的变更测算中增加不平衡报价影响测算；建议签证、变更等按照测算金额大小限定报送各级审批的时间。

同时，针对施工难度较大的异形钢结构和异形幕墙，我司项目组收集了类似项目的专项施工方案和造价指标体系，便于后续造价管控使用。

3.2 现场资料管理

（1）基础资料管理。

本项目共建立了 13 套台账，包括合同台账、图纸台账、收发文台账、认质认价台账、变更台账、签证台账、清单预估项现场实施台账、索赔台账、进度款审核与支付台账、收方记录台账、月报台账、会议纪要台账、工程材料报验台账。我司在移交各类审核资料之前全部扫描留底，在完成所有审批环节后再次扫描留底。

（2）合同管理。

本项目建立了详细的合同台账，分析提炼合同中的重要条款，包括合同工期要求、计价方式、支付条款、结算方式、变更及签证管理办法、新增组价管理办法、人工及材料价格调整办法、索赔条款等。同时对每份合同进行风险分析，列出风险清单及风险管控办法，便于后期实施管控。

3.3 全过程造价管理

（1）清标工作。

前期进场后，我司配合建设单位进行清标工作，结合图纸检查招标工程量清单，重点关注清单错漏项及工程量偏差在 10%以上的分部分项，并计算其造价影响额，在清标报告中阐述。

同时，通过对投标价与控制价的对比分析，找出不平衡报价超过±15%的分部分项，作为后期变更及签证不平衡报价测算的重点关注对象。

（2）设计变更多方案比选。

本项目涉及专业多，招投标阶段，图纸设计深度不够，施工过程中产生了87项设计变更。每项设计变更，要求设计单位报送2个以上的备选方案，从技术可行性、安全保障性、造价经济性和工期优化等角度进行比较、筛选。同时将不平衡报价测算作为设计变更测算的重要组成部分。

本项目各专业工程在衔接部位，由于施工图纸设计深度不够，多处出现无法按图施工的情况。例如，结构钢柱与结构钢筋交叉处，原施工图设计为钢筋弯折绕过结构钢柱。我司与建设单位代表、监理一起进行现场考察，请施工单位按设计图试完成一部分后，发现该设计有工艺耗时长、粗钢筋不易按设计要求弯折、结构钢筋弯曲后承载能力减弱等问题。后来，邀请设计单位、建设单位代表、监理、施工单位共同研究修改方案，通过方案比选，最终决定采用在结构钢柱上焊接套筒的方式连接钢筋。变更后的设计方案在造价持平的基础上具有可操作性强、工期短、不改变结构钢筋受力等特点。

（3）新冠疫情索赔事件管理。

本项目施工期间经历新冠疫情，造成了项目停工及复工缓建。在国家及地方新冠防疫政策的基础上，我司为项目正常复工，帮助施工单位完善防疫专项方案，提出分区施工管理建议：施工各标段错层、分区作业，各分区施工工人保证工作与生活区域均独立，不相互交叉。停工及复工缓建期间，我司对每日上工人数、施工单位管理人员到岗情况、防疫物资采购情况建立台账，进行详细记录。后期，施工单位在竣工结算阶段，提出了疫情期间的防疫费用和施工降效索赔，我司根据疫情期间的台账记录，清晰地完成了索赔费用的审核，也为该项目后期审计做好了数据支撑。

（4）询价管理。

对于新增材料及设备，我司严格按照设计要求的规格型号，通过专业询价平台、电话及现场走访的方式多渠道进行询价。对于有特殊施工工艺要求的材料，直接联系生产厂家，进行实地考察。

例如，施工图要求厂房必须采用水磨石地面，以满足防静电及承重要求。但现行文件规定，不允许水泥进行现场拌和，水磨石现场施工成为难点。施工单位以此为由，要求大大增加造价费用。我司与建设单位代表、监理一起，对成都周边的商混搅拌站进行走访，收集定制水磨石成品拌和料的价格及运费，最终确定了水磨石成品拌和料的合理价格。

又如，设计变更将A区大厅直升电梯（图2）两侧原点支玻璃幕墙改为铝单板异形造型，经过变更测算表明整体造价是降低的。由于现行定额中只有“带骨架幕墙单铝板幕墙安装（带钢龙骨）”适合，其中铝单板消耗量为1.1 m^2/m^2，因此，施工单位提出铝单板材料的定额消耗量远远不足，需要调整为2 m^2/m^2。我司首先通过Tekla软件，较准确地计算出铝单板的面积，再前往本项目铝单板的定制生产厂家，检查厂家的原材料下料图，记录现场原料下料尺寸，测算施工中的正常裁剪损耗，得出铝单板消耗量为1.46 m^2/m^2，由此较为准确地得出了铝单板异形造型项的新增综合单价。

图2 A区大厅直升电梯

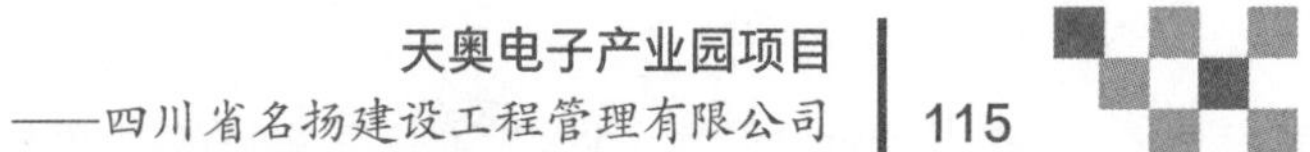

3.4 工期管理

由于前期设计变更过多，后期现场分包单位数量多，交叉工作面多，工程进度有滞后情况。我司加强对现场巡查，收集现场第一手资料，了解工程延期原因，分析工程延期责任，为业主提出延期解决办法。

例如，外墙幕墙施工与总平施工由于外墙设计变更及疫情停工等因素的影响，两个单位工作面出现冲突。我司根据双方的进度及计划工期，预判工期将再超期 2 个月。同时对超期事项可能产生的经济影响进行了测算，包括进入雨季后将增加的施工成本、延期交付产生的材料涨价、人工费调差、建设单位延期使用产生的办公租赁费等，将测算结果向建设单位进行汇报。建设单位提出优化外墙幕墙施工与总平施工的工序，各参建方通过专题会讨论，最终制定方案，两家单位通过流水作业的方式，让出冲突工作面。同时我司核算出该方案增加的二次脚手架搭设费、材料转运费、现场增派施工管理人员工资等费用，按照前期分析的延期责任划分比例，向业主提出费用分摊建议。

4 经验总结

4.1 咨询服务的实践成效

（1）软件应用成效。

我司结合运用 Tekla、Revit 及广联达等多种建模软件，对项目进行精确的三维建模（图 3）。通过结构模型提取准确的工程量数据，同时对工程项目实现可视化管理。在向建设单位进行工作汇报以及与参建各方沟通方案时，运用模型展示更加直观形象。

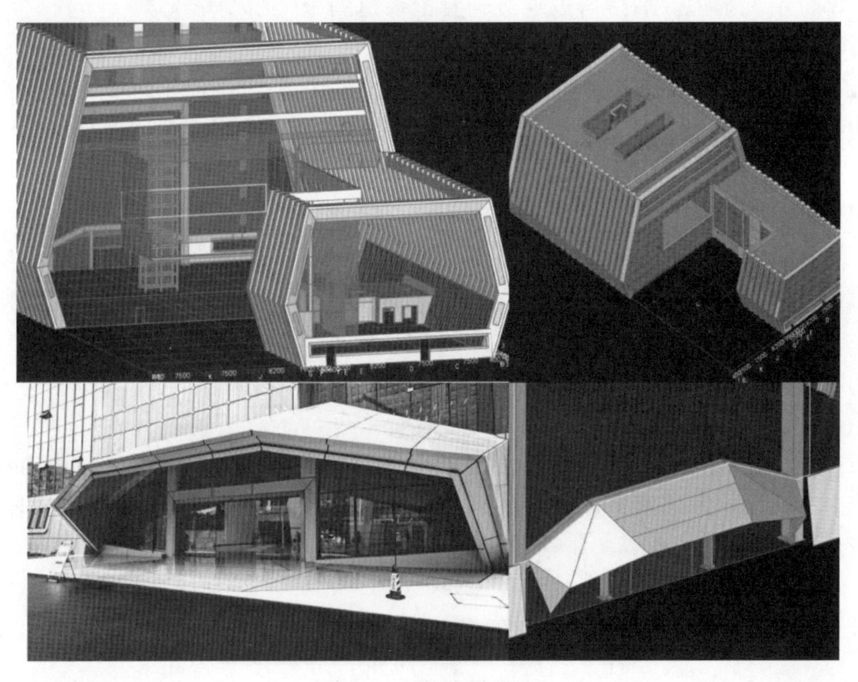

图 3　三维建模展示

（2）合同风险管理成效。

在前期对施工总承包合同及各专业分包合同进行风险分析时，我司发现合同中对于施工总承包单位与专业分包单位的工程范围划分及工程界面划分不明确。我司预判这个风险点将给施工总承包单位带来巨大的协调管理隐患。随即向建设单位提出，由施工总承包单位与各分包单位签订现场管理办法，明确各方的工程范围划分及工程界面划分，减少后期争议。

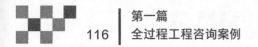

（3）进度款支付审核情况。

本项目进度款审核情况详见表 2。

表 2　审核施工总承包单位进度款支付统计

序号	进度支付期	报送金额/元	审定金额/元	审减金额/元
1	第一期进度款支付	2 585 512.45	2 102 042.64	483 469.81
2	第二期进度款支付	2 105 642.31	1 799 694.28	305 948.03
3	第三期进度款支付	2 356 149.53	2 022 445.95	333 703.58
4	第四期进度款支付	10 307 644.84	8 735 292.24	1 572 352.60
5	第五期进度款支付	11 365 731.91	9 092 585.53	2 273 146.38
⋮	……			
34	第三十四期进度款支付	6 595 240.51	5 248 062.79	1 347 177.72
35	合计	250 429 089.23	160 285 650.38	90 143 438.85

（4）结算审核情况。

天奥电子产业园项目，我司审定的结算金额为 204 118 299.50 元，审减率约 10%。

4.2　咨询服务的经验和不足

（1）重视工程师的现场巡查记录。

我司要求驻场工程师每日巡查现场后，通过照片加文字描述的方式记录：拍照时间、施工部位、施工内容以及该部位情况描述。后期可以通过查看记录追溯施工当期情况。

（2）重视过程中工作底稿的规范性。

过控项目工作周期长，现场派驻人员多，过程中驻场工程师也可能出现更换，因此规范台账填写及现场数据收集工作十分重要。我司建立了完善、系统的工作底稿制度，同时要求主管工程师每周将过控工作情况以 PPT 形式向建设单位汇报，保障过程收集资料的完整性。

（3）过程中的询价工作落到实处。

网上询价、电话询价是咨询单位常用的快速询价方式。在前期编制概预算阶段，由于需询价的材料数量多，常常首选这两类询价方式。但对于过控项目，新增材料的询价工作必须要落到实处。走访供货商、前往生产厂家调查价格的工作环节必不可少。咨询单位的询价工作底稿，不仅为建设单位提供认价依据，同时也能降低后期被审计的风险。

（4）索赔事件出现时，提前做好台账记录。

当过控人员按照合同约定，预判将会产生索赔事件时，需提前做好预案。首先向建设单位预警，同时积极协调应对，减少不利因素造成的现场损失，加强对事实证据的收集（包括影像资料等），对现场产生的各项费用做好记录。

5　项目主要经济技术指标

5.1　建设项目造价指标分析表

表 3　设项目造价指标分析

项目名称：天奥电子产业园项目建安工程　　项目类型：公共建筑项目

投资来源：其他　　项目地点：四川省成都市金牛区

项目规模：51 154.63 m^2

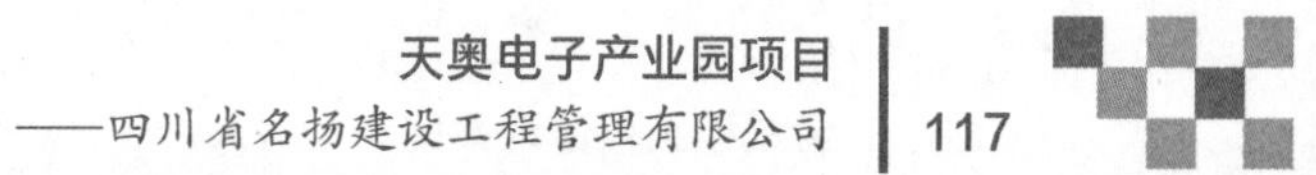

承发包方式：施工总承包　　造价类别：结算价

开工日期：2018 年 12 月 28 日　　竣工日期：2021 年 9 月 3 日

序号	单项工程名称	规模/m²	单项工程特征	材料设备档次	计价期	造价/元	单位指标/（元/m²）	指标分析和说明
1	地下部分	23 358.69	地下共 3 层	中档	2018—2021 年	74 099 845.7	3 172.26	
2	地上 A 区	5 675.54	综合办公楼	中档	2018—2021 年	17 525 761.99	3 087.95	
3	地上 B 区	22 120.40	研发中心及生产厂房	中档	2018—2021 年	76 896 034.12	3 476.25	
4	总平工程	4 967.71	沥青道路、局部铺装、围墙	中档	2018—2021 年	1 896 868.09	381.84	
5	幕墙工程	27 795.94	铝单板幕墙、玻璃幕墙、拉索幕墙	中档	2018—2021 年	22 999 074.12	827.43	包含地上A、B 区
6	精装修工程	27 795.94	花岗石地面、干挂石材墙面、石膏板吊顶	中档	2018—2021 年	9 116 567.29	327.98	建筑局部范围
7	工程索赔部分	27 795.94	疫情、停工索赔	中档	2018—2021 年	1 584 148.14	56.99	
8	合计					204 118 299.5		

5.2　单项工程造价指标分析表

表 4　地下部分工程造价指标分析

单项工程名称：地下部分　　业态类型：公共建筑项目

单项工程规模：23 358.69 m²

序号	单位工程名称	建设规模/m²	造价/元	其中/元					单位指标/（元/m²）	占比	指标分析和说明
				分部分项	措施项目	规费项目	其他项目	税金			
1	建筑与装饰工程	23 358.69	51 706 346.36	45 256 722.13	1 052 555.19	1 127 737.69		4 269 331.35	2 213.58	69.78%	
2	人防建筑工程	23 358.69	747 627.01	663 218.16	21 300.04	1 378.14		61 730.67	32.01	1.01%	
3	人防安装工程	23 358.69	398 670.62	350 425.42	7 882.12	7 445.32		32 917.76	17.07	0.54%	
4	强电工程	23 358.69	3 315 362.92	2 954 487.22	44 806.57	42 323.57		273 745.56	141.93	4.47%	
5	弱电工程	23 358.69	306 973.36	265 204.65	8 445.14	7 977.15		25 346.42	13.14	0.41%	
6	消防工程	23 358.69	4 577 566.78	4 013 108.48	95 904.34	90 589.73		377 964.23	195.97	6.18%	
7	暖通工程	23 358.69	792 914.73	698 751.03	14 755.69	13 937.99		65 470.02	33.95	1.07%	
8	给排水工程	23 358.69	598 941.55	530 926.37	9 545.1	9 016.19		49 453.89	25.64	0.81%	
9	抗震支架工程	23 358.69	1 016 449.48	915 389.2	8 810.76	8 322.50		83 927.02	43.51	1.37%	
10	变更、签证部分	23 358.69	10 638 992.89	9 394 697.06	216 900.98	148 945.90		878 448.95	455.46	14.36%	

表 5　地上 A 区工程造价指标分析

单项工程名称：地上 A 区　　　　业态类型：公共建筑项目

单项工程规模：5 675.54 m^2

序号	单位工程名称	建设规模/m^2	造价/元	其中/元					单位指标/（元/m^2）	占比	指标分析和说明
				分部分项	措施项目	规费项目	其他项目	税金			
1	建筑与装饰工程	5 675.54	7 382 073.9	6 414 786.38	172 710.99	185 047.49		609 529.04	1 300.68	42.12%	
2	强电工程	5 675.54	3 085 305.26	2 769 563.18	31 365.11	29 626.99		254 749.98	543.61	17.60%	
3	电梯工程	5 675.54	481 931.41	440 321.29	934.71	882.91		39 792.50	84.91	2.75%	
4	弱电工程	5 675.54	84 709.17	72 816.11	2 519.18	2 379.54		6 994.34	14.93	0.48%	
5	消防工程	5 675.54	654 668.66	563 832.62	18 914.5	17 866.33		54 055.21	115.35	3.74%	
6	暖通工程	5 675.54	3 012 023.02	2 713 223.96	25 763.82	24 336.09		248 699.15	530.7	17.19%	
7	给排水工程	5 675.54	308 763.86	274 112.89	4 708.81	4 447.90		25 494.26	54.4	1.76%	
8	变更、签证部分	5 675.54	2 516 286.71	2 221 991.47	51 300.44	35 228.01		207 766.79	443.36	14.36%	

表 6　地上 B 区工程造价指标分析

单项工程名称：地上 B 区　　　　业态类型：公共建筑项目

单项工程规模：22 120.40 m^2

序号	单位工程名称	建设规模/m^2	造价/元	其中/元					单位指标/（元/m^2）	占比	指标分析和说明
				分部分项	措施项目	规费项目	其他项目	税金			
1	建筑与装饰工程	22 120.4	46 156 779.7	40 256 795.59	1 008 421.86	1 080 452.00		3 811 110.25	2 086.62	60.02%	
2	强电工程	22 120.4	5 090 197.06	4 533 956.16	69 911.8	66 037.60		420 291.50	230.11	6.62%	
3	电梯工程	22 120.4	2 249 492.9	2 042 569.08	10 827.72	10 358.15		185 737.95	101.69	2.93%	
4	弱电工程	22 120.4	565 601.32	497 026.72	11 248.46	10 625.11		46 701.03	25.57	0.74%	
5	消防工程	22 120.4	3 149 224.66	2 703 067.04	95 717.05	90 412.85		260 027.72	142.37	4.10%	
6	暖通工程	22 120.4	7 326 634.67	6 542 210.81	92 293.43	87 178.94		604 951.49	331.22	9.53%	
7	给排水工程	22 120.4	689 237.75	613 200.18	9 836.56	9 291.47		56 909.54	31.16	0.90%	
8	A/B 区抗震支架工程	22 120.4	628 406.36	566 038.91	5 356.49	5 124.20		51 886.76	28.41	0.82%	
9	变更、签证部分	22 120.4	11 040 459.7	9 749 209.85	225 085.82	154 566.44		911 597.59	499.11	14.36%	

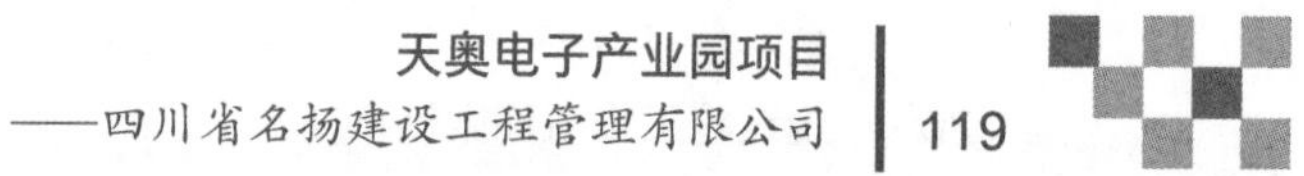

表 7　总平造价指标分析

单项工程名称：总平工程　　　　业态类型：公共建筑项目
单项工程规模：4 967.71 m²

序号	单位工程名称	建设规模/m²	造价/元	其中/元					单位指标/（元/m²）	占比	指标分析和说明
				分部分项	措施项目	规费项目	其他项目	税金			
1	总平工程	4 967.71	1 028 695.66	920 787.41	11 089.01	11 881.07		84 938.17	207.08	54.23%	
2	强电工程	4 967.71	71 381.88	62 562.32	1 504.5	1 421.14		5 893.92	14.37	3.76%	
3	给排水工程	4 967.71	499 814.98	433 931.82	12 657.73	11 956.3		41 269.13	100.61	26.35%	
4	消防工程	4 967.71	24 629.98	21 648.12	487.61	460.58		2 033.67	4.96	1.30%	
5	变更、签证部分	4 967.71	272 345.59	240 765.44	5 552.41	3 540.49		22 487.25	54.82	14.36%	

表 8　幕墙工程造价指标分析

单项工程名称：幕墙工程　　　　业态类型：公共建筑项目
单项工程规模：27 795.94 m²

序号	单位工程名称	建设规模/m²	造价/元	其中/元					单位指标/（元/m²）	占比	指标分析和说明
				分部分项	措施项目	规费项目	其他项目	税金			
1	幕墙工程	27 795.94	22 999 074.12	19 652 669.45	1 233 982.03	213 416.52		1 899 006.12	827.43	84.55%	
2	变更、签证部分	27 795.94	4 203 142.64	3 786 008.44	37 912.19	32 173.54		347 048.47	151.21	15.45%	

表 9　精装修工程造价指标分析

单项工程名称：精装修工程　　　　业态类型：公共建筑项目
单项工程规模：27 795.94 m²

序号	单位工程名称	建设规模/m²	造价/元	其中/元					单位指标/（元/m²）	占比	指标分析和说明
				分部分项	措施项目	规费项目	其他项目	税金			
1	装饰工程	27 795.94	7 028 641.17	5 735 124.76	622 177.48	90 992.41		580 346.52	252.87	77.10%	
2	安装工程	27 795.94	347 717.41	298 059.6	15 045.85	5 901.35		28 710.61	12.51	3.81%	
3	变更、签证部分	27 795.94	1 740 208.71	1 565 890.14	12 946.3	17 685.31		143 686.96	62.61	19.09%	

5.3　单项工程主要工程量指标分析表

表 10　地下部分工程主要工程量指标分析

单项工程名称：地下部分　　　　业态类型：公共建筑项目
单项工程规模：23 358.69 m²

序号	工程量名称	单项工程规模		工程量	单位	指标	指标分析和说明
		数量	计量单位				
1	土石方开挖量	23 358.69	m²	9 487.29	m³	0.41	不含回填土石方量
2	护坡	23 358.69	m²	609	m²	0.03	只包含桩间底部护壁
3	砌体	23 358.69	m²	1 312.83	m³	0.06	厂房砌体较少
4	混凝土	23 358.69	m²	20 423.95	m³	0.87	包含基础砼换填
5	钢筋	23 358.69	m²	3 049.45	t	0.13	

续表

序号	工程量名称	单项工程规模		工程量	单位	指标	指标分析和说明
		数量	计量单位				
6	型钢	23 358.69	m^2	132.33	t	0.01	型钢混凝土内钢构
7	模板	23 358.69	m^2	55 345.6	m^2	2.37	
8	门窗	23 358.69	m^2	582.33	m^2	0.02	
9	保温	23 358.69	m^2	8 430.75	m^2	0.36	地下室外墙保温
10	楼地面装饰	23 358.69	m^2	20 589.8	m^2	0.88	机房无地面装饰
11	内墙装饰	23 358.69	m^2	24 443.74	m^2	1.05	
12	天棚工程	23 358.69	m^2	29 166.77	m^2	1.25	
13	外墙装饰	23 358.69	m^2	5 038.98	m^2	0.22	地下室外墙

表 11 地上 A 区工程主要工程量指标分析

单项工程名称：地上 A 区　　　　业态类型：公共建筑项目

单项工程规模：5 675.54 m^2

序号	工程量名称	单项工程规模		工程量	单位	指标	指标分析和说明
		数量	计量单位				
1	砌体	5 675.54	m^2	1 015.93	m^3	0.18	厂房砌体较少
2	混凝土	5 675.54	m^2	2 009.85	m^3	0.35	
3	钢筋	5 675.54	m^2	270.43	t	0.05	
4	模板	5 675.54	m^2	13 493.98	m^2	2.38	
5	门窗及幕墙	5 675.54	m^2	4 710.43	m^2	0.82	包含玻璃幕墙、铝单板幕墙
6	保温	5 675.54	m^2	968.28	m^2	0.17	外墙以幕墙为主
7	楼地面装饰	5 675.54	m^2	5 335.01	m^2	0.94	
8	内墙装饰	5 675.54	m^2	8 002.51	m^2	1.41	
9	天棚工程	5 675.54	m^2	6 356.6	m^2	1.12	

表 12 地上 B 区工程主要工程量指标分析

单项工程名称：地上 B 区　　　　业态类型：公共建筑项目

单项工程规模：22 120.40 m^2

序号	工程量名称	单项工程规模		工程量	单位	指标	指标分析和说明
		数量	计量单位				
1	砌体	22 120.4	m^2	1 853.74	m^3	0.08	厂房砌体较少
2	混凝土	22 120.4	m^2	8 190.95	m^3	0.37	
3	钢筋	22 120.4	m^2	1 489.59	t	0.07	
4	模板	22 120.4	m^2	47 544.11	m^2	2.15	
5	门窗及幕墙	22 120.4	m^2	12 904.09	m^2	0.58	包含玻璃幕墙、铝单板幕墙
6	保温	22 120.4	m^2	3 394.71	m^2	0.15	外墙以幕墙为主
7	楼地面装饰	22 120.4	m^2	20 350.77	m^2	0.92	
8	内墙装饰	22 120.4	m^2	32 738.19	m^2	1.48	
9	天棚工程	22 120.4	m^2	24 774.85	m^2	1.12	

自贡市大安寨综合交通枢纽工程、汇柴口道路工程

——四川成化工程项目管理有限公司

◎ 高亚波，郑川廉，高洁，周江

1 项目概况

1.1 项目基本信息

自贡市大安寨综合交通枢纽工程、汇柴口道路工程位于四川省自贡市。大安寨综合交通枢纽工程道路长度 1 931.51 m，包含一座双洞单向隧道，名为大安寨隧道，道路等级为城市次干道，设计速度 40 km/h。汇柴口道路工程道路长度 1 349.51 m，包含一座单洞双向隧道，名为张家沱隧道，道路等级为城市支路，设计速度 40 km/h。项目采用单价合同类型，清单计价模式。经财政评审的项目总造价为 58 161.93 万元，建设工期 38 个月。

1.2 项目特点

大安寨综合交通枢纽工程道路红线宽度 24 ~ 44 m，路面类型为沥青混凝土路面，人行道类型为透水混凝土路面。大安寨隧道左洞长 955 m，右洞长 950 m，隧道围岩等级为Ⅴ级，防水等级为一级。汇柴口道路工程道路红线宽度 14 m，路面类型为沥青混凝土路面，人行道类型为透水砖路面。张家沱隧道明洞长 48 m，暗洞长 320 m，隧道围岩等级为Ⅴ级，防水等级为二级。两座隧道均采用新奥法施工，衬砌形式均为初期支护与二次模筑砼相结合的复合衬砌，洞门形式有削竹式洞门、端墙式洞门及棚式洞门。本项目是一个十分典型的城市暗挖隧道项目。

2 咨询服务范围及组织模式

2.1 咨询服务的业务范围

业务范围：工程建设项目管理、工程造价全过程控制（含招标控制价编制即财政评审预算价编制）、工程监理（施工阶段）等咨询服务。

2.2 咨询服务的组织模式

本项目采用“设计—建设—融资—运营—移交”的方式（即 PPP 范畴中的 DBFOT 模式）进行运作。

项目实施机构为经市政府授权的自贡市住房和城乡建设局。项目公司为社会资本（依法招标确定的社会资本方联合体：四川航天建筑工程有限公司、湖南中大设计院有限公司）与市城投公司（市政府授权的出资人代表）按照招标文件及股东合同约定共同出资组建的有限责任公司为自贡华建城市建设管理有限公司。项目咨询管理公司为受项目实施机构委托，对本项目实施全过程工程咨询服务的机构，为四川成化工程项目管理有限公司（以下简称“管理人”）。施工单位为四川航天建筑工程有限公司。

根据本项目特殊的运作模式特征，其项目建设管理模式如图 1 所示。

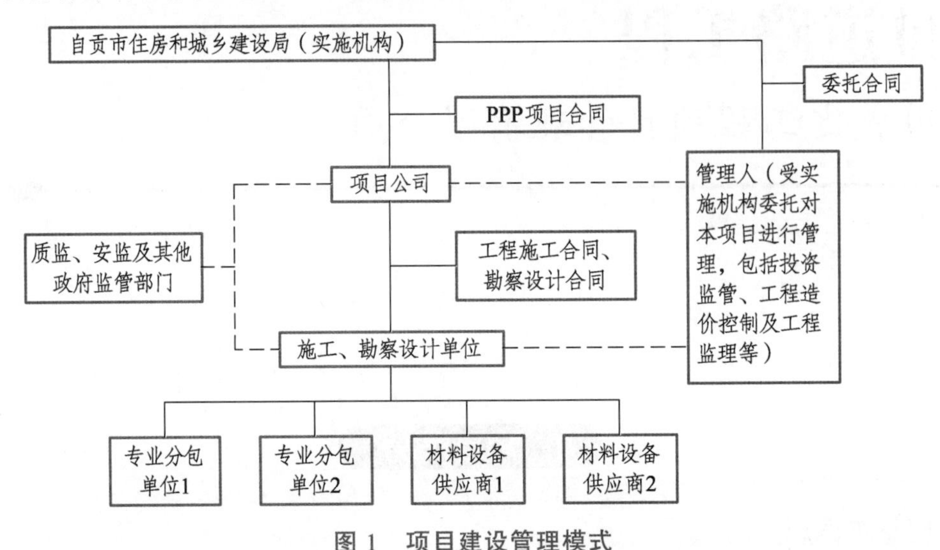

图 1　项目建设管理模式

（注：图中实线表示合同关系，虚线表示监管关系。）

根据本项目的咨询管理工作的委托方式及具体内容，项目咨询管理公司为受项目实施机构委托，对本项目实施全过程工程咨询服务的机构，如图 2 所示。

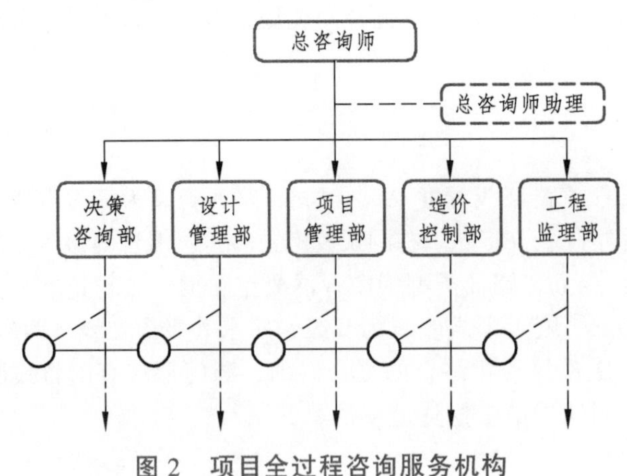

图 2　项目全过程咨询服务机构

2.3　咨询服务工作职责

（1）项目管理合同约定的管理咨询职责。

① 协助实施机构进行项目前期策划、经济分析、专业评估与投资确定。

② 协助实施机构办理土地征用，规划许可等有关手续。

③ 协助实施机构提出工程设计要求，协助组织评审工程各阶段设计方案，协助业主组织建筑方案招标、设计招标、与中标单位签订设计合同并监督实施。

④ 负责工程项目的勘测、设计和技术管理。组织设计单位进行工程设计优化、技术经济方案评选并进行投资控制。

⑤ 负责工程的设计质量、施工质量以及工程各阶段的进度和投资控制。

⑥ 负责工程的信息管理以及安全文明施工管理。

⑦ 负责对参与本工程建设的设计单位、监理单位、施工单位、征地单位等进行协调和管理。

⑧ 协助办理开工前的相关手续及协调工程建设各阶段的内外关系。

⑨ 负责审核工程进度报表，并进行工程竣工结算和工程决算。处理工程索赔，组织竣工验收，向业主移交竣工档案资料以及对运行管理人员进行运营交底。

（2）全过程造价咨询合同约定的造价咨询职责。

咨询人在全过程造价咨询服务过程中的工作内容：设计变更经济分析、合同造价条款变更、管理；预付款、进度款、变更款、索赔款审核；材料、设备价咨询。

① 对已标价工程量清单进行全面分析，应包括：工程量清单错漏项分析，工程量准确性分析，综合单价算术错误分析，不平衡报价分析，明显差异单价的合理性分析，措施费用分析，安全文明措施费用、规费、税金等不可竞争费用的审核，对已标价工程量清单中综合单价存在的问题提出书面意见，供委托人在工程施工管理时参考。

② 实施机构、管理人、监理人、项目公司、承包人、设计人提出工程变更时，工程造价咨询企业应在规定时间内在保证工程质量、进度、安全满足功能的前提下进行功能价值比分析，完成对工程变更的全面审查，出具建议报告书报委托人审核。审查内容包括：工程变更导致造价的增减额、工程变更的必要性分析、工程变更的价值分析、工程变更导致工期的变化分析。

③ 对施工过程中的承包人提交的施工组织设计及施工方案，在监理人初步审核意见的基础上，在规定的时间内完成经济性论证，出具书面建议及意见，并附各施工措施对项目工程造价的影响比较依据，报委托人最终审核。

④ 对实施机构、项目公司、监理人代表签署的经济资料（基础隐蔽及钢筋封闭等隐蔽项目、现场签证、认质认价等的经济部分）的符合性、规范性、准确性进行审查，并在 5 个工作日内对现场签证中的工程数量、工期天数进行确认后，出具书面意见；按《PPP 项目合同》的约定确定现场签证的综合单价，并对相应费用进行审查，在规定时间内提交委托人最终审核。

⑤ 参与暂估价、认质认价材料（设备）价格认定，为材料的择优采购提供合理、准确的价格依据。对承包人报送的《材料（工程设备）暂估单价及调整表》进行审查确认，并提供材料初步询价结果。与实施机构、监理人代表等一起，通过电话、传真、网络查询、书面报价、市场调研等方式完成询价工作，并填报《材料（工程设备）暂估单价及调整表》询价确认结果，报委托人审核。

⑥ 在收到项目公司提交的承包人已完成工作内容的核实意见后进行对承包人提交的已完成工程量报告进行审查，对承包人进度产值进行初步审核，报送委托人最终审核。

⑦ 对因工程变更、现场签证、隐蔽验收新增工程量及项目，根据施工合同的约定对综合单价合理性进行审核：因现行计价定额缺项，需要编制补充定额的，应会同监理人、项目公司、实施机构代表，对该工作的人工、材料、机械消耗量进行测定、计量分析，并按让价定额的要求编制补充定额，报建设工程造价管理部门审核备案。

⑧ 项目公司根据《PPP 项目合同》的约定向实施机构提出工程索赔时，对项目公司提出的索赔进行审核处理，并及时出具咨询意见。对项目公司的违约行为，根据《PPP 项目合同》的约定向项目公司及时发出索赔信，并提交索赔报告（附相关证据资料）。

⑨ 据工程需要在施工过程中参加委托人、监理人召开的工程例会、监理例会和有关工程设计、施工方案变更会议，并在会议上提出造价咨询意见；会议结束后，及时整理与工程造价有关的内容并形成会议纪要，出具书面咨询意见报委托人；每月定期对工程管理现状提出管理建议书，向委托人提出工程造价管理的合理化建议。

⑩ 对工程施工过程中出现的书面资料做好现场收集工作，包括但不限于以下资料：实施机构及监理人发出的各类涉及工程造价的变更指令单、现场签证、设计变更等资料，每月对以上资料进行及时

的分类整理，建立台账并提交给委托人。

⑪ 在竣工验收合格后，将各期工程进度产值审核的结果进行汇总，出具书面进度款审核最终意见。

⑫ 本全过程造价控制项目结束后，及时向委托人提交最终的施工全过程造价控制结果报告。

⑬ 咨询人应与监理单位相互协调配合，办理工程建设过程中的单位工程结算，并报委托人审定。

⑭ 咨询人应负责审核项目公司提交的工程结算和工程竣工决算，并出具审核报告。

⑮ 咨询人应配合审计部门完成工程结算、竣工决算相关审计工作。

⑯ 咨询人应负责归纳整理造价咨询资料，提交造价咨询工作报告。

工程全过程造价控制目标：咨询人承诺将建安工程总投资控制在经审批的初步设计概算范围内（重大变更除外）。

（3）工程监理合同约定的咨询职责。

① 认真学习和贯彻有关建设监理的政策、法规以及国家和省、市有关工程建设的法律、法规、政策、标准和规范，在工作中做到公平、独立地开展监理工作。

② 熟悉所监理项目的合同条款、规范、设计图纸，项目监理机构在总监理工程师领导下，有效开展现场监理工作，及时处理施工过程中出现的问题。

③ 认真学习设计图纸及设计文件，正确理解设计意图，严格按照监理程序、监理依据，进行检查、验收；掌握工程全面进展的信息。

④ 检查承包单位投入工程项目的人力、材料、主要设备及其使用、运行状况，并做好检查记录；督促、检查施工单位安全措施的投入。

⑤ 复核或从施工现场直接获取工程计量的有关数据并签署原始凭证。

⑥ 按设计图及有关标准，对承包单位的工艺过程或施工工序进行检查和记录，对加工制作及工序施工质量检查结果进行记录。

⑦ 工作方式：旁站、巡视、平行检查、抽检等，由监理方自行管理。

⑧ 监理周例会职责：记录各方提出的问题；记录各方对上周提出问题的解决情况；对工程质量控制、进度控制、投资控制、信息管理、安全及文明施工管理的工作进行汇报；每月第四周例会对当月工作进行汇报。

⑨ 记录工程进度、质量检测、施工安全、合同纠纷、施工干扰、监管部门和业主意见、问题处理结果等情况，做好监理日记和有关的监理记录；进行监理资料的收集、汇总及整理，并交内业人员统一归档。

⑩ 根据法律法规、工程建设标准、勘察设计文件及合同，在施工阶段对建设工程质量、进度进行控制，对合同、信息、安全进行管理，对工程建设相关方的关系进行协调，并履行建设工程安全生产管理法定职责的服务活动。

3 咨询服务的运作过程

从上述内容不难看出，管理人以项目管理+全过程造价控制+工程监理的咨询服务模式服务于委托人，凭借自身集成化、专业化和多样化的优势，为工程咨询业提供了新的思路，在该项目上实现了全方位、全过程的工程咨询，打破了传统模式下由委托人分别进行招标确定项目管理单位、造价咨询单位和工程监理单位的碎片化咨询服务模式。全过程工程咨询模式在本项目推进过程中凸显出以下 6 大亮点：

（1）以项目管理引领，统筹整合平衡项目质量、进度、造价等控制目标。

工程项目建设的质量、安全、进度、造价和环保等管理对象，本身存在着统一而对立的内部关系且互为制约，造价与进度、质量通常是互相对立的。根据我公司多年对传统模式下工程项目的咨询管理经验，工程质量与安全往往由工程监理单位单独负责、工程造价控制由造价咨询公司单独负责、工程进度控制由项目管理公司或者具备一定管理能力的业主负责。这样一来，就使本来需要统一管理的工程项目控制目标变得碎片化，甚至相互割裂，且很容易造成每家管理单位都为了规避自己的风险而仅对自身职责范围进行服务却忽视项目各控制目标的内在统一关系。

在本项目中，从项目实施机构的委托内容来看，我公司集项目管理、工程监理与全过程造价控制于一体，对项目实施全方位、全过程的咨询服务管理。建立全过程工程咨询管理制度，包括全过程工程咨询的服务内容、项目承发包、项目组织、项目管理、项目质量责任落实、信用管理、主要专业责任人的从业要求、收费及审批、监管等，并在此基础上，制定全过程工程咨询服务技术标准和合同范本，明确全过程工程咨询的服务内容和深度，由项目管理部来牵头，工程监理部与造价控制部配合，结合工程项目特点，抓住不同部位、不同段落的项目首要控制目标，进行统筹整合后，采取综合管理手段，实现了较好效果。

例如，大安寨下穿弘法寺、芭茅湾水库段，把施工作业对宗教建筑及水库影响程度作为首要控制目标，工程推进中采用机械开挖施工，虽增加了少量费用及延长了工期，但避免了因爆破施工对宗教建筑及水库结构的破坏；张家沱隧道下穿内六铁路段，隧道上方每天有几十趟列车通过，隧道顶至轨道覆盖层厚度最小约 7 米，使该段施工、安全、质量、进度管理更复杂、更难。为确保铁路营运安全，把本段施工作为本项目的管理重点和难点。在项目管理团队牵头组织下，发挥各部门整体力量配合铁路局相关单位、部门，统筹整合各控制要素，使隧道在保证施工安全、质量、项目成本、铁路正常运营的同时顺利完工，达到了项目整体控制目标。

长期以来，我国工程咨询业未形成一体化项目管理服务，而是分化产生彼此独立的招标代理、造价、监理、工程咨询、勘察设计等专业咨询服务，且各专业咨询仅以各自的契约提供松散的单一服务，而没有上升到集中统一的团队管理高度，严重制约和影响了项目决策的效率和执行力，而全过程工程咨询服务对项目的组织、管理、经济和技术进行统一集中的团队集约化管理，统筹调配各专业资源，大大提高了服务效率。因此，集成式服务的全过程工程咨询模式是提高项目效率、有效实现项目控制目标的重要保障。

（2）多维度参与，进行施工图审查前的设计优化。

全过程工程咨询不仅仅是体现在横向的各专业全方位服务，亦体现在以时间为轴的工程项目建设全过程。全过程工程咨询服务可以提供自决策、准备、实施、评估和运营等跨阶段的各类工程咨询服务，信息更为通畅，使得咨询成果具有连贯性、高效性、及时性和全面性，对正在实施和未实施的阶段起到指导和控制作用，提升全产业链的整体把控。

众所周知，设计阶段的造价控制效果优于项目建设实施阶段。从本项目的发承包模式不难看出，社会资本方集投资、勘察、设计、施工于一体，且工程总承包采用固定单价合同模式，不排除社会资本方为了利益最大化，将施工图进行过分保守设计，进而造成不必要的成本增加。其施工图设计文件的合理性应由专业的项目管理咨询公司来复核。我公司以项目管理部牵头，组织工程监理部、造价控制部以及工程设计部主要工程师开展了施工图审查前的设计优化专业论证工作，并取得显著成效。

（3）市场化清单在城市隧道工程的创新应用。

市场化清单在城市隧道工程的创新应用：本项目工程量清单预算价编制工作的亮点在于部分隧道工程章节的分部分项单价采用了市场化清单。本项目包含两段隧道，且根据 PPP 合同约定，工程量清单预算价的编制依据为现行计价规范、计价定额及配套文件。众所周知，四川省现行计价定额在市政工程的隧道章节是暂未编制的。因而，如何确定隧道项目（尤其是大安寨下穿弘法寺及芭茅湾水库段、张家沱下穿内六铁路段的机械暗挖及非固化橡胶改性沥青防水涂料等）的项目综合单价就变得举步维艰。经项目组讨论，结合施工图设计和施工组织设计，运用公司平台上的积累数据，充分了解隧道项目各分项工程的市场价格，做到有依有据，形成市场化清单。在本工程特有的运作模式下，工程量清单预算价作为本项目合同的基准价，不但不能脱离社会市场价格，其编制成果还应高度反映在本项目建设背景下的一个合理价格水平。这样才能真正体现工程造价在发承包阶段作为一个市场交易价格的真正含义。

（4）以工程造价控制为核心的项目管理，推动项目的快速进行。

作为本项目全过程工程咨询服务管理机构同时承担本项目的项目管理、工程监理和全过程造价咨询的职责。公司组建了强有力的项目管理班子，迅速厘清管理思路，以控制项目投资和工程造价为核心目标，同时将工程建设的进度作为本项目的首要工作，严格把控项目质量、安全，积极有效地协调实施机构、建设、设计、施工等单位解决严重影响工程正常进行的难题，切实解决了施工进度中遇到的问题，快速推进项目的建设进度，按期完成了进度目标。

同时，为做好投资和造价控制总目标，对项目的各单项工程进行目标分解，分项控制，做到每项变更决策前都有造价分析，每个单项的成本目标心中有数，高效统筹项目的费用估算、设计管理、材料设备管理、合同管理、信息管理等，实时把控每一环节的成本，为实现最终项目的整体投资控制奠定了基础。

（5）提升工程质量，确保项目进度。

对涉及安全质量重点、关键环节、重大危险源等进行预判，提前预知安全质量风险，协调各专业进行衔接，制定并采用安全质量防范措施，从而规避和弥补原有单一服务模式下可能出现的管理疏漏和缺陷。例如：包括大安寨隧道下穿弘法寺段考虑对宗教建筑保护及下穿芭茅湾水库段因覆盖层小有涌突水等风险、张家沱隧道下穿内六铁路段保证列车正常通行条件下的施工工序和工艺的确定、设备材料选型等方面。

监控控制项目进度，精确管理，将实际进度与计划进度进行比较，对即将到期的任务或者到期未完成的任务进行提醒，分析进度偏差，有效避免了造价、监理等各专业服务分离、相互脱节的矛盾，及时采取纠偏措施，保证了项目工期目标顺利实现。

（6）深化风险识别。

对项目技术和建设风险提前识别，并对相关风险进行预防和控制，及时掌握项目信息和资源，提前分析预判、合理分配各方资源与利益，风险合理分担，有效化解各方矛盾，总体提升了项目实施的抗风险能力。

4 经验总结

本项目的咨询服务合同签订日期为2017年3月，在国务院2017年2月发布国办发〔2017〕19号文件倡导全过程咨询时，就率先在该项目上进行了实践。根据我国当前对全过程工程咨询的顶层设计和相关政策，以及我公司多年的项目管理从业经验，对其特点和优势进行探究，分析具有成熟经验的应用案例，梳理推进过程中面临的相关问题，并提出实施建议，其全过程工程咨询模式下的集成式项目管理咨询服务在项目管理目标上的体现效果明显优于传统模式下碎片化的咨询服务。

我公司以项目管理部牵头，组织工程监理部、造价控制部以及工程设计部主要工程师开展了施工图审查前的设计优化专业论证工作。在保证符合设计规范和结构安全的前提下，经初步验算、设计单位复核确认，通过采用下述优化措施，使项目工程造价节约达 4 778.55 万元，占总建安工程费的 8.22%；减少政府支出责任 6 116.55 万元，占政府总支出责任的 8.22%（表 1）。这也正是作为一个专业的全过程工程咨询单位能够给委托人提供增值服务的鲜明体现。

本项目部分隧道工程在 3 年前（住建部发布建办标〔2020〕38 号文件前）将市场化清单在城市隧道工程中进行了先行实践且效果良好。在全面深化改革的今天，国有投资项目仍全面采用定额计价显然不能满足市场化发展需求。以预算定额为基准的计价模式终会在市场经济发展的浪潮中被淘汰，充分发挥市场在资源配置中的决定性作用，才是建筑业供给侧改革、促进建筑业转型升级的正确方向。

表 1　全过程工程咨询服务主要优化项目及节约工程造价、减少政府支出责任汇总　　单位：万元

序号	子项名称	优化内容	节约工程造价	减少政府支出责任
1	隧道仰拱	取消仰拱部位喷射 C25 耐腐钢纤维混凝土，建议仰拱 C20 混凝土填充调整为 C20 片石混凝土填充	1 025.7	1 312.90
2	洞内面板	建议取消混凝土面板缩缝传力杆、拉杆，隧道开挖后为基岩，地基承载力满足要求	45.29	57.97
3	复合式衬砌型钢钢架	V 加强型复合式衬砌型钢钢架、V 复合式衬砌型钢钢架间距，原设计分别为 50 cm、60 cm，建议优化为 80 cm、100 cm，并请设计验算确认	1 929.51	2 469.77
4	系统锚杆	建议系统锚杆长度由 4.0 m 优化为 3.0 m	1 083.7	1 387.14
5	初期支护	建议取消初期支护喷射混凝土中的钢纤维	508.15	650.43
6	二次衬砌	建议 V 加强段二衬厚度由 65 cm 优化为 60 cm	186.2	238.34
7	合计		4 778.55	6 116.55

全过程工程咨询模式下的集成式项目管理咨询服务，比传统模式下碎片式咨询服务的优势远不止上述几点。在国家大力推行全过程工程咨询的背景下，我们应当在具体项目的全过程工程咨询实施过程中，不断吸取经验、勇于创新，尽快培养出一批符合全过程工程咨询服务需求的综合型人才，努力提升咨询服务单位的国际竞争力。将本土的经验国际化，在国家“一带一路”倡议的建设道路上，必将与国际著名的工程顾问公司同台竞技。

5　项目主要经济技术指标

5.1　建设项目造价指标分析表

表 2　建设项目造价指标分析

项目名称：大安寨综合交通枢纽工程、汇柴口道路工程建设项目

项目类型：市政道路

投资来源：其他　　项目地点：四川省自贡市大安区

总面积：74 953.81 m^2　　道路等级：城市次干道/城市支路

红线宽度：14 m/24 ~ 44 m　　造价类别：预算价

承发包方式：PPP 项目　　建设类型：新建

开工日期：2017 年 9 月 10 日　　竣工日期：2021 年 4 月 16 日（汇柴口），2021 年 1 月 5 日（大安寨）

序号	单项工程名称	面积/m^2	长度/m	计价期	造价/元	单位指标/（元/m）	单位指标/（元/m^2）	指标分析和说明
1	大安寨综合交通枢纽工程	56 444.38	1 931.51	2017 年 9 月	468 365 610.8	242 486.76	8 297.83	
1.1	隧道工程	21 240	952.5	2017 年 9 月	426 765 646.7	448 047.92	20 092.54	双洞、单向
1.2	道路工程	35 204.38	979.01	2017 年 9 月	41 599 964.14	42 491.87	1 181.67	混凝土路面+透水混凝土路面
2	汇柴口道路工程	18 509.43	1 349.51	2017 年 9 月	113 253 715.1	83 922.1	6 118.7	
2.1	隧道工程（K0+200 ~ K0+440）	3 312	240	2017 年 9 月	62 163 875.96	259 016.15	18 769.29	单洞、双向
2.2	道路工程	13 405.43	981.51	2017 年 9 月	20 750 879.83	21 141.79	1 547.95	混凝土路面+透水砖路面
2.3	隧道下穿铁路工程（K0+072 ~ K0+200）	1 792	128	2017 年 9 月	30 338 959.3	237 023.12	16 930.22	单洞、双向
3	合计	74 953.81	3 281.02		581 619 325.9	177 267.84	7 759.7	

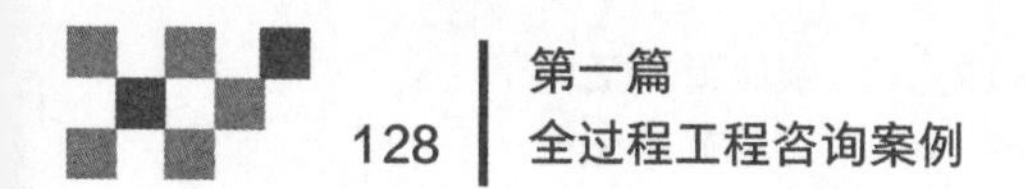

5.2 单项工程造价指标分析表

表 3 大安寨综合交通枢纽工程造价指标分析

单项工程名称：大安寨综合交通枢纽工程　　业态类型：主道
总长度：1 931.51 m　　道路面积：56 444.38 m^2
宽度：24 ~ 44 m　　车道数：4/8 条
车行道宽度：15 ~ 45.5 m　　人行道宽度：9 m
绿化带宽度：4.2 ~ 21.2 m　　隔离带宽度：/

序号	单位工程名称	建设规模/m	造价/元	其中/元				单位指标/（元/m）	占比	指标分析和说明
				分部分项	措施项目	其他项目	税金			
1	大安寨综合交通枢纽工程	1 931.51	468 365 610.8	329 493 530.1	25 403 341.06	59 063 386.13	43 412 139.86	242 486.76	100.00%	
1.1	隧道工程	952.5	426 765 646.7	299 227 872.5	23 675 190.34	53 969 682.68	39 630 324.94	448 047.92	91.12%	
1.1.1	隧道工程	952.5	417 824 416.5	292 558 643.5	23 459 124.72	52 882 093	38 817 485.83	438 660.8	89.21%	
1.1.2	安装工程	952.5	8 941 230.21	6 669 228.94	216 065.62	1 087 589.68	812 839.11	9 387.12	1.91%	
1.2	道路工程	979.01	41 599 964.14	30 265 657.59	1 728 150.72	5 093 703.45	3 781 814.92	42 491.87	8.88%	
1.2.1	道路工程	979.01	34 925 035.23	25 535 587.37	1 339 696.9	4 289 224.47	3 175 003.2	35 673.83	7.46%	
1.2.2	道路排水	979.01	5 670 141.02	3 990 278.81	358 621.03	682 989.58	515 467.37	5 791.71	1.21%	
1.2.3	安装工程	979.01	1 004 787.89	739 791.41	29 832.79	121 489.4	91 344.35	1 026.33	0.21%	

注：① 占比指各单位工程占单项工程的比例；
② 市政给排水工程、交安工程、路灯工程的建设规模为道路总长度，土石方及路基工程、市政土建工程的建设规模为道路总面积，绿化工程的建设规模为其实施面积。

表 4 汇柴口道路工程造价指标分析

单项工程名称：汇柴口道路工程　　业态类型：主道
总长度：1 349.51 m　　道路面积：13 405.43 m^2
宽度：7 ~ 14 m　　车道数：2 条
车行道宽度：7 m　　人行道宽度：/
绿化带宽度：/　　隔离带宽度：/

序号	单位工程名称	建设规模/m	造价/元	其中/元				单位指标/（元/m）	占比	指标分析和说明
				分部分项	措施项目	其他项目	税金			
2	汇柴口道路工程	1 349.51	113 253 715.1	80 646 111.7	5 410 641.02	14 414 549.23	10 295 792.28	83 922.1	100.00%	
2.1	隧道工程（K0+200 ~ K0+440）	240	62 163 875.96	44 038 278.12	3 119 029.73	7 949 542.46	5 651 261.45	259 016.15	54.89%	
2.1.1	隧道工程	240	61 751 788.82	43 732 860.79	3 108 007.65	7 899 607.26	5 613 798.98	257 299.12	54.53%	
2.1.2	安装工程	240	412 087.14	305 417.33	11 022.08	49 935.2	37 462.47	1 717.03	0.36%	
2.2	道路工程	981.51	20 750 879.83	15 042 004.29	917 957.25	2 530 861.11	1 886 443.62	21 141.79	18.32%	
2.2.1	道路工程	981.51	17 006 629.2	12 441 450.28	645 829.73	2 077 560	1 546 057.2	17 327.01	15.02%	
2.2.2	道路排水	981.51	2 944 690.76	2 005 943.57	251 999.35	356 233.1	267 699.16	3 000.16	2.60%	
2.2.3	安装工程	981.51	799 559.87	594 610.44	20 128.17	97 068.01	72 687.26	814.62	0.71%	
2.3	隧道下穿铁路工程（K0+072 ~ K0+200）	128	30 338 959.3	21 565 829.29	1 373 654.04	3 934 145.66	2 758 087.21	237 023.12	26.79%	
2.3.1	隧道工程	128	30 338 959.3	21 565 829.29	1 373 654.04	3 934 145.66	2 758 087.21	237 023.12	26.79%	

注：① 占比指各单位工程占单项工程的比例；
② 市政给排水工程、交安工程、路灯工程的建设规模为道路总长度，土石方及路基工程、市政土建工程的建设规模为道路总面积，绿化工程的建设规模为其实施面积。

5.3 单项工程主要工程量指标分析表

表 5 单项工程主要工程量指标分析

单项工程名称：大安寨综合交通枢纽工程　　业态类型：主道

总长度：1 931.51 m　　道路面积：56 444.38 m^2

宽度：24～44 m　　车道数：4/8 条

序号	工程量名称	单项工程规模		工程量	单位	指标	指标分析和说明
		数量	计量单位				
1	隧道工程	21 240	m^2				
1.1	平洞开挖	21 240	m^2	285 084	m^3	13.42	
1.2	ϕ42 注浆小导管	21 240	m^2	215 137	m	10.13	
1.3	喷射混凝土	21 240	m^2	130 806.04	m^2	6.16	
1.4	ϕ25 药卷锚杆	21 240	m^2	386 592	m	18.2	
1.5	型钢钢架	21 240	m^2	6 795.266	t	0.32	
1.6	ϕ42 锁脚小导管	21 240	m^2	206 227	m	9.71	
1.7	混凝土衬砌（含二次衬砌）	21 240	m^2	50 423	m^3	2.37	
1.8	现浇构件钢筋	21 240	m^2	5 164.589	t	0.24	
1.9	仰拱填充	21 240	m^2	26 507	m^3	1.25	
1.10	其他钢构件	21 240	m^2	1 991.578	t	0.09	
2	隧道安装工程	21 240	m^2				
2.1	箱变 ZBW6A-12/0.4-400/J	21 240	m^2	2	台	0	
2.2	电力电缆	21 240	m^2	22 201.84	m	1.05	
2.3	桥架	21 240	m^2	6 891.78	m	0.32	
2.4	钢制导线管	21 240	m^2	18 240	m	0.86	
2.5	双向射流风机	21 240	m^2	16	台	0	
2.6	隧道灯 LED	21 240	m^2	606	套	0.03	
2.7	热镀锌钢管	21 240	m^2	2 782.46	m	0.13	
2.8	电气配线	21 240	m^2	13 460	m	0.63	
3	道路工程	35 204.38	m^2				
3.1	开挖土石方	35 204.38	m^2	252 386.99	m^3	7.17	
3.2	土石方回填	35 204.38	m^2	171 545.87	m^3	4.87	
3.3	车行道路面积	35 204.38	m^2	26 660.66	m^2	0.76	
3.4	人行道路面积	35 204.38	m^2	8 543.73	m^2	0.24	
4	道路排水	35 204.38	m^2				
4.1	挖沟槽石方	35 204.38	m^2	34 332	m^3	0.98	
4.2	回填方	35 204.38	m^2	29 755	m^3	0.85	
4.3	钢筋砼管	35 204.38	m^2	3 218	m	0.09	
4.4	检查井	35 204.38	m^2	104	座	0	
5	道路安装工程	35 204.38	m^2				
5.1	路灯	35 204.38	m^2	44	套	0	
5.2	电力电缆	35 204.38	m^2	1 781.29	m	0.05	
5.3	热熔型标线	35 204.38	m^2	8 082.02	m	0.23	

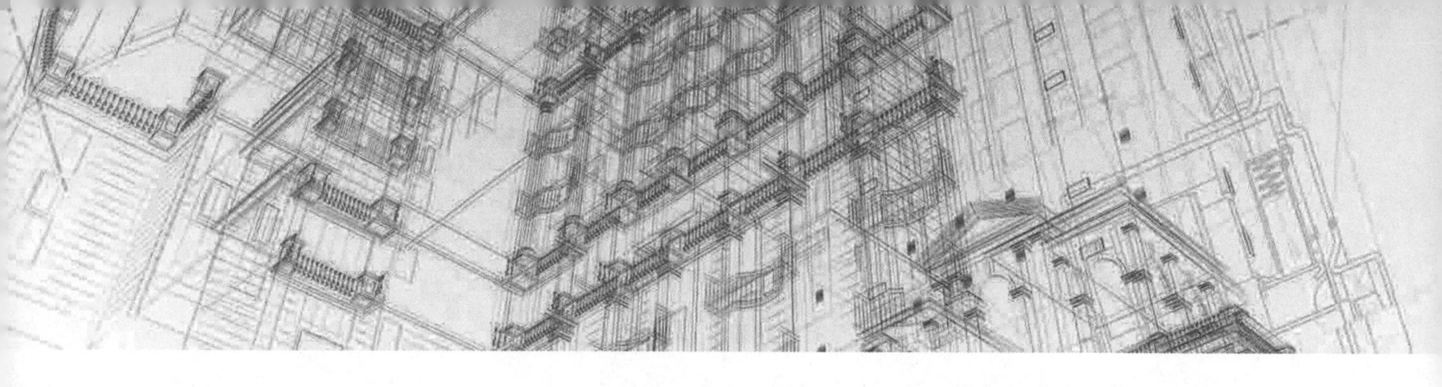

四川省铁路检察院业务用房建设项目

——中道明华建设项目咨询集团有限责任公司

◎ 彭志君，贾登泽，喻林，林小康

1 项目概况

1.1 项目基本信息

四川省铁路检察院业务用房建设项目坐落于成都市高新区中和大道二段 1 号；规划净用地面积约 30 000.56 m^2，总建筑面积 25 183.24 m^2；地下建筑面积 3 424.44 m^2，地上建筑面积约 21 758.80 m^2，地下 1 层，地上 15 层；框架剪力墙结构，建筑高度 68.1 m，属于一类高层公共建筑，包括建设办案用房，专业技术用房，铁路检查特有业务司法警察技能训练、未成年人案件办理、生态环境资源检察等业务用房，警示教育基地，检察服务大厅，附属用房，配套道路，室外道路及绿化等相关公用附属设施。项目采用单价合同，清单计价模式。可研批复总投资 1.498 812 亿元，实际结算总投资 1.463 801 亿元，建设工期 25 个月。

1.2 项目特点

本项目采用 EPC 方式招标，勘察设计采购施工总承包合同价为招标控制价下浮 4.2%，故成本管控存在以下几大难题：

（1）设计是否按招标文件中招标人的要求和投标书中的承诺进行设计，即是否满足功能、规模等要求。

（2）前期对设计图的测算、清单及控制价的编制会存在重复性工作，如因超过投资估算中的建设费用而要求设计单位进行优化设计等情况。

（3）因前期招标时只有方案，所以招标人在招标文件中提出的需求可能不够完善而造成较多的设计变更。

（4）本项目采用的承包方式是 EPC，但建设单位和相关单位的参与人员对 EPC 的认识度不够，给管理工作造成了很大难度。

（5）在前期决策阶段将本项目定义为 EPC 承发包模式，项目管理时需按照 EPC 承发包模式去管理方案设计深度和准确度，并要在招投标阶段确定合同风险条款和合同调整条款，这给项目管理前期工作带来巨大挑战。

2 咨询服务范围及组织模式

2.1 咨询服务的业务范围

（1）建设项目管理服务内容。

① 负责办理前期报建手续。

② 实施项目建设的质量、安全、环保、廉政、进度和投资等方面的控制及合同管理。

③ 协调项目建设工程内部、外部条件。

④ 组织竣工验收，协助项目业主办理决算及权属登记。

⑤ 其他委托的工作。

（2）工程造价咨询服务内容。

① 工程量清单及施工图预算审核。

② 施工阶段全过程造价控制。

③ 竣工结算审核。

2.2 咨询服务的组织模式

项目管理部组织机构设置如图 1 所示。

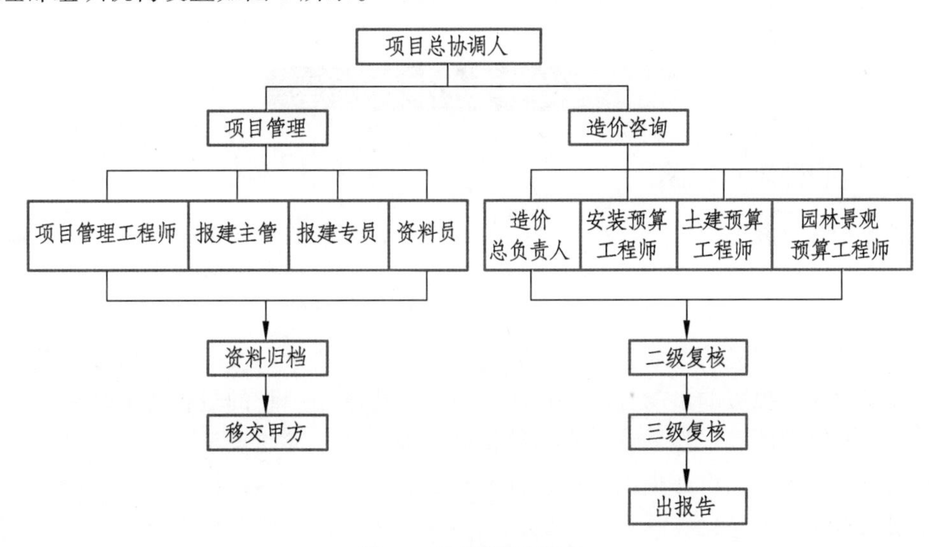

图 1　项目组织模式

2.3 咨询服务工作职责

（1）项目管理工作职责。

① 负责项目部对外联络协调工作的具体实施，以及相关参建单位的协调和沟通。

② 负责对委托人项目管理方面优化建议进行提出、修正、实施和总结。

③ 负责组织编制项目管理规划、工作计划及月报。

④ 负责项目管理部内各项工作的安排、检查和落实。

⑤ 参与项目管理中重大问题的处理、决策。

⑥ 负责审批与工程费用、工期相关的设计变更。

⑦ 负责组织材料、设备的询价及合同价格调整的审核。

⑧ 负责组织解决有关合同及商务方面的争议。

⑨ 负责督促检查工程施工进度，现场安全文明施工等情况，参加分部工程验收和重要隐蔽工程验收，组织竣工验收。

⑩ 负责协调组织业主完成竣工后各项收尾工作。

⑪ 督促施工单位、监理单位、设计单位等与业主有合同关系的干系单位履行职责。

（2）造价咨询工作职责。

① 收集、汇总及整理与工程造价有关的信息。

② 审核施工图预算，对工程量清单的复核及清单漏项提出处理意见。

③ 制定和编制工程进度款的申请表格，严格执行审查程序。

④ 对初设计图、施工图提出技术经济优化建议，督促承包人对优化建议的落地整改工作。

⑤ 审核工程进度款，并送业主确认。

⑥ 审核项目发生的签证、变更、认质核价、综合单价认定及索赔，并协助业主处理相关事宜。

⑦ 协助委托人建立和完善签证、变更、认质核价、综合单价认定及索赔等管理制度和流程工作，减小管理风险。

⑧ 协助业主协调解决与本工程造价有关的事宜。

⑨ 工程竣工决算审查。

⑩ 根据签署的造价咨询合同，结合工程实际情况和相关规范要求，制定本项目全过程造价咨询工作方案，严格组织实施本次造价咨询服务工作。规范工程实施过程中的造价管理，有效控制工程造价，公正、科学地维护各方的合法权益，确保项目投资的合法性、公平性、合理性。

3 咨询服务的运作过程

3.1 咨询服务的理念及思路

从上述咨询服务的业务范围可以看出，本项目建设单位委托我公司的全过程咨询从前期的工程报建阶段开始，到项目完成后成本管理的经验总结和指标分析，将项目实施阶段的具体工作全部委托给咨询人，即项目管理加造价咨询。

就项目管理及投资控制的角度而言，越早介入效果越好，决策阶段、设计阶段、发承包阶段、实施阶段、结算阶段对项目投资的影响程度是依次递减的。由于本项目的过程咨询是从前期工程报建阶段介入，包括办理前期的所有报建手续，直至取得施工许可证。参与设计阶段的全过程，对各阶段的设计提出合理化建议，包括向甲方提出工程设计要求、组织评审工程设计方案，组织设计单位进行设计优化、多方案技术经济方案比选并进行投资控制，并向甲方提出专业性的意见及建议。特别是前期决策阶段，全过程咨询项目管理及造价咨询会从专业的角度为业主提供合理化建议，使项目在决策时就走上良性的轨道，让业主的决策不至于偏移决策初心，以免造成不必要的决策失误。

本项目的全过程项目管理咨询思路是：针对建设项目的项目特点，对建设单位现有项目管理制度进行梳理并协助其进行完善；对项目的过程资料进行梳理，加强过程中的精细化管理和证据收集，为结算打下坚实基础；严格审核设计变更、施工方案，严格控制工程投资；发现问题及时向委托单位汇报并提出处理建议，并通过周报（月报）等阶段性报告定期向委托人反映全过程咨询情况，协助业主掌握项目具体情况。

为保证项目咨询服务目标的达成，本项目全过程工程咨询的运作过程是计划、执行、检查、处置，建立一个可追踪、可考核、有反馈的过程。重点在于前期的计划安排及执行过程中的检查纠正。

具体来说，计划及交底工作使全体参与人员明确：要达到的目标；在什么时间需要做什么事；每个人的职责分工是什么；项目的重难点以及实施各阶段的关注点；质量偏差及时限延误所需承担的处罚。随时把控项目的质量、安全与进度，将问题解决在其萌芽阶段。

作为全过程工程咨询人，首先要转变以前被动的咨询理念，站在甲方项目实施及成本管控的角度主动进行工作，从“管理型”到“控制型”并最终向“价值创造型”转变。

主动提前规划，结合甲方的总体进度计划目标，分解咨询合同中的咨询内容，明确各个阶段的重点工作，而不是等待甲方安排工作，要清楚在什么阶段有哪些工作并主动推进。

而价值创造，则是由于本项目的项目管理及造价咨询均为同一单位，因此可充分发挥一体化优势，无缝衔接，对项目每一次设计调整及变更及时提出造价咨询意见，使项目管理人员及时掌握项目投资动态，确保各项投资均不超限额。总结我们在其他项目中的经验教训，运用我们所积累的项目管理经验及数据，为甲方提供合理化建议供其决策，若发生偏差能及时纠偏，从而实现项目增值的目标。

3.2 咨询服务的方法及手段

3.2.1 项目咨询管理依据

根据《中华人民共和国建筑法》、《中华人民共和国招标投标法》、《建筑工程施工质量验收规范》、《四川省政府投资项目代建管理办法》、《建设工程项目管理规范》（GB/T 50326—2006）、《四川省建设工程项目管理标准》（DBJ51/T 101—2018）以及国家、四川省和成都市有关基本建设程序的规定等，对工程建设进行全过程项目管理。

（1）项目管理方法及手段。

① 组织施工总承包、监理、造价咨询单位学习《项目管理制度》。

② 收集设计、监理、施工总承包、造价咨询单位的营业执照、资质和人员执业资格资料，做好管理存档工作。

③ 监督现场“三通一平”的施工。

④ 协助施工总承包编制施工进度计划表。

⑤ 基坑护壁设计方案专家论证通过后，组织设计交底后，开展施工工作。

⑥ 审查分包单位的资质、业绩证明等资料，组织业主监理共同到分包单位进行考察。

⑦ 召开节前安全会议，做好节假日值班安排，以及关注防火防盗安全。

⑧ 检查现场施工质量，提出整改意见，并对已完成的单项工作内容进行验收和收方。

⑨ 组织开展安监现场勘验工作，督促施工单位和监理单位对安监意见进行整改，配合修改三方联合安全检查方案，查看现场整改情况，完成安监备案工作，领取现场勘验表。

⑩ 检查和监督监理工作的开展情况，审核相关资料。

⑪ 组织召开第一次监理例会。

⑫ 参与现场安全大检查，提出整改意见。

⑬ 监督现场施工进度。

⑭ 组织造价单位开展工程量清单的编制与审核工作。

⑮ 各项资金使用台账记录与成本控制。

⑯ 施工过程中，负责工程的进度管理。审核施工单位编制的进度计划表，要求施工单位按照进度计划施工，做好进度节点控制。

⑰ 负责工程的质量管理。参加分部工程验收和重要隐蔽工程验收并做好记录；监督并审核材料及设备的采购，按照相关流程做好监督。

⑱ 负责工程的安全管理。按照相关规范要求监督施工单位安全文明施工，做好安全监督与控制。

⑲ 负责工程的投资管理。根据立项批复及概算投资编制项目总投资计划，做好资金使用台账，针对施工图提出投资优化建议，合理使用资金，控制投资成本。

⑳ 做好各单位的协调管理。监督、检查监理单位按照监理规划、细则的执行情况，监督监理单位的工作实施情况，对发现的问题提出处理意见；督促全过程造价咨询人员按照立项批复及概算投资额

做好工程的全过程造价控制；参与项目勘察、设计全过程，提出合理化建议。

㉑ 做好有关的项目建设管理记录，负责所有项目建设相关资料的收集、归档和保管。

（2）项目质量安全监督。

① 对施工现场地基验槽、防水验收、底板钢筋验收、地下室验收、标准层验收、主体验收、保温验收、外墙验收、装饰装修、竣工验收等进行监督，杜绝质量事故的发生。

② 每天到施工现场进行巡检，对于深基坑施工以及高大模板支撑系统进行专项检查，是否达到设计及相关规范验收标准，杜绝安全事故的发生。

③ 对于安全文明施工是否达到标准化工程项目标准进行监督，质量标准要求达到省优。

3.2.2 施工阶段全过程造价咨询

对于施工阶段全过程造价咨询，采用驻场方式提供服务（对于时间紧、测算工作量大，由公司后台人员配合驻场人员进行）。委托工作内容采用全面审查的方法进行咨询。具体审查方法如下：

（1）对于项目单位内部项目管理制度、程序方面，采用查阅相关资料的方法进行审查。

（2）对于变更、签证、隐蔽的实施情况，采用现场收方、取证的方法进行审查。

（3）对进度款采用全面计算复核的方法进行审核。

（4）对施工情况采取现场取证等方法进行审查。

（5）对材料、设备采用认质核价的方式进行审查。

（6）按合同约定的计价原则、相关规范及配套文件，采用全面计算核实的方法对竣工结算进行审核。

4 经验总结

4.1 咨询服务的实践成效

（1）项目管理按照合同约定完成了报建管理、投资管理、质量管理、安全管理、进度管理、信息管理、合同管理等各项管理的计划、组织、协调、实施与控制的工作，其成果见表1。

表1 项目管理成果

序号	各项工作	工作内容及成果描述
1	报批管理	① 接受业主委托办理立项批复及两证一书（《项目选址意见书》《国土使用证》《建设项目规划许可证》）。 ② 办理施工许可证。 ③ 相关手续报批，消防、交通、人防、园林、环保等部门手续办理
2	投资管理	① 按照项目工作分解结构，制定项目管理投资目标分解计划。 ② 按照分解计划进行限额设计管理。 ③ 按照分解计划确定招标采购控制价。 ④ 按照分解计划与施工总控制进度编制资金使用计划。 ⑤ 按照相关合同约定审核设计、施工和供货单位支付的申请并提交委托人核准。 ⑥ 进行工程变更引起的造价变化管理。 ⑦ 向委托人提交项目进度用款报告和工程进度情况
3	合同管理	① 商谈、签订招标代理、勘察设计、监理、施工、材料设备采购等合同（其中监造价咨询包含在项目管理范围内则不再另外委托）。 ② 督促相关各方履行合同，处理合同索赔事宜。 ③ 催交设备到货。 ④ 检查相关单位进行设备材料验收、存放情况。 ⑤ 合同的管理收尾

续表

序号	各项工作	工作内容及成果描述
4	进度管理	① 编制进度管理计划（含里程碑）。 ② 分析进度风险。 ③ 跟踪、检查施工和采购进度。 ④ 召开进度协调会议。 ⑤ 向委托人和相关部门提交工程进度报告
5	质量管理	① 分析质量控制重点。 ② 核查施工和监理单位的质量管理体系及其落实情况。 ③ 审查经监理工程师批准的分部分项工程施工方案。 ④ 参加监理单位组织的各种中间验收。 ⑤ 督促检查监理单位在质量过程控制工作中是否履责。 ⑥ 监控施工过程的质量保证情况
6	验收/移交管理	① 组织项目的功能性验收。 ② 会同监理单位组织单位工程预验收。 ③ 审核施工单位提交的竣工验收报告。 ④ 审核监理单位提交的质量评估报告。 ⑤ 组织或协助业主组织单位工程竣工验收。 ⑥ 办理竣工验收备案。 ⑦ 向委托人办理《竣工移交证书》
7	变更管理	① 严格控制变更发生（建设规模、标准、内容、和投资额）。 ② 组织变更必要性论证工作。 ③ 核查变更过程是否符合程序和规定。 ④ 更新成本控制基准。 ⑤ 更新进度控制基准
8	沟通管理	① 进行项目干系人分析，建立沟通联络机制。 ② 建立工程例会制度，主持召开工程例会。 ③ 组织进行技术专题论证。 ④ 向委托人和政府建设主管部门提交工程报告
9	综合协调管理	① 审核各方工作规划（方案）的技术、经济合理性和可行性，强调重在实施，防止流于形式。 ② 及时发现问题，积极、主动召开综合协调会议协商解决。 ③ 设计协调：组织必要的设计优化、专项工程设计和相关的设计审查工作。 ④ 监理协调：充分发挥监理单位的作用。 ⑤ 施工协调：积极组织各施工单位的协作，解决各种问题，提高工作效率
10	文件信息管理	① 建立文件和信息管理框架。 ② 编制文件控制要求。 ③ 施工图纸版本控制，及时更新施工用图。 ④ 建立文件管理台账，严格履行收发和借阅手续。 ⑤ 整理汇编、移交项目竣工及有关工程档案等技术资料
11	保修管理	① 编制保修管理计划。 ② 组织签订工程保修合同。 ③ 组织、检查相关单位保修工作。 ④ 做好保修期工作记录
12	管理工作总结	① 工程实施的绩效总结。 ② 管理工作总结

（2）投资批复情况。

本项目经四川省发展和改革委员会（川发改投资〔2016〕179 号）批复，建设规模为 24 280 m^2，项目总投资为 14 988 万元。

（3）施工图预算评审情况。

本项目施工图预算报送造价金额为 12 913.43 万元，经评审后施工图预算建安工程造价金额为 11 745.93 万元（含暂列金），审减金额为 1 167.50 万元，审减率为 9.04%。

（4）进度款审核。

本项目累计报送进度款 26 期，累计送审金额为 15 905.19 万元，审核金额为 12 596.88 万元，审减金额为 3 308.32 万元，审减率为 20.8%。

（5）竣工结算审核情况。

竣工结算审核情况见表 2。

表 2　竣工结算审核表

项目名称	送审造价/万元	其中/万元		审定金额/万元	审减金额/万元	审减率
		合同内审定金额	合同外审定金额			
四川省铁路检察院业务用房建设项目	15 499.68	10 924.48	1 586.07	12 510.55	2 989.14	19.29%

综上所述，本项目各项管理工作及造价控制成效显著，达成了建设项目的效果目标、功能目标、投资控制目标。

本项目为全过程咨询项目，专业类别繁多。在项目过程管理、成本控制、咨询月报、工程现场等方面有一定的借鉴作用，在单专业相关咨询服务工作时，也可借鉴案例内容，整理相关成果文件。为项目建设提供合理、优化、多赢的咨询建议。

本项目的全过程咨询是项目管理及经济、技术、集成化的综合咨询，以系统化的思维对项目造价、质量、进度进行综合平衡；以整体思维，不仅考虑本项目，同时评估对建设单位交叉实施的其他项目的影响，实现整体效益最优。

（6）社会效益情况。

四川省铁路检察院业务用房建设项目为公共建筑体，为四川省铁路检察院的主要办公场所，按时保质保量完成本项目的建设任务，为四川省铁路系统检察院业务提供了极大的基础保障，间接推进了铁路系统的法治建设。

4.2　咨询服务的经验和不足

（1）工作前置。

对本项目的全过程工程咨询工作，提前规划、统一安排，根据项目的特点编制具有针对性的详细计划，并组建高效率的咨询团队，形成长效的工作前置管理机制，保障各项工作按期推进，按时完成，提升项目的管理效率。

（2）加强沟通与细节把控。

在全过程工程咨询工作中，沟通协调与细节管理至关重要。项目组建立了有效的对外、对内沟通机制，充分了解建设单位要求，深入分析项目的实施内容及项目风险，发挥项目咨询团队的专业能力与工作经验，注意工作中的沟通、协调与细节把控，积极向委托单位汇报过程中的情况，并提出合理化建议，为项目实施过程中的全过程工程咨询管理工作提供有效依据。

（3）现场管理。

对于大型项目的全过程造价控制，造价人员需要常驻现场，及时了解现场施工动态，记录重要节点的施工过程，与业主、监理、施工、勘察设计单位等保持及时沟通，从而提升工作效率，更高效地完成工作成果。

（4）资料管理。

本项目为全过程工程咨询，涉及资料的种类、数量较多，项目资料管理任务重。以台账制度为指引，做好资料的管理和完善工作，提高工作效率的同时让工作精准化、工作目标规范化。

5 项目主要经济技术指标

5.1 建设项目造价指标分析表

表 3 建设项目造价指标分析

项目名称：四川省铁路检察院业务用房建设项目　　项目类型：事业单位办公楼
项目地点：成都市高新区中和大道二段 1 号　　投资来源：（国有公司/其他）
功能规模：车位 72 个　　总建筑面积：25 183.24 m^2
承发包方式：工程总承包　　造价类别：竣工结算
开工日期：2017 年 4 月 25 日　　竣工日期：2019 年 5 月 24 日
地基处理方式：砼换填　　基坑支护方式：钢筋砼桩护壁

序号	单项工程名称	规模/m^2	层数	结构类型	装修档次	计价期	造价/元	单位/（元/m^2）	指标分析和说明
1	地下室	3 424.44	1	框剪	中档	2017 年 4 月—2019 年 5 月	18 486 163.93	5 398.30	含基坑护壁
2	地上部分	21 758.80	15	框剪	中档	2017 年 4 月—2019 年 5 月	103 627 016.74	4 762.53	含签证变更
3	合计		—	—			122 113 180.7		

5.2 单项工程造价指标分析表

表 4 地上工程造价指标分析

单项工程名称：四川省铁路检察院业务用房建设项目　　业态类型：事业单位办公楼
单项工程规模：21 758.80 m^2　　层数：地下 1 层，地上 15 层
装配率：30%　　绿建星级：二星
地基处理方式：C15 商品砼换填　　基坑支护方式：钢筋砼桩护壁
基础形式：筏板基础　　计税方式：一般计税

序号	单位工程名称	规模/m^2	造价/元	其中/元				单位指标/（元/m^2）	占比	指标分析和说明
				分部分项	措施项目	其他项目	税金			
1	建筑工程	21 758.8	27 579 470.81	23 718 344.90	827 384.12	551 589.42	2 482 152.37	1 267.51	27.73%	含签证、变更、人工材料调差
1.1	钢结构		—	—	—	—	—	—		
1.2	屋盖		—	—	—	—	—	—		
2	室内装饰工程	21 758.8	17 600 329.25	14 256 266.69	528 009.88	1 232 023.05	1 584 029.63	808.88	17.70%	含变更、人工材料调差
3	外装工程	21 758.8	14 498 800.72	12 613 956.63	434 964.02	144 988.01	1 304 892.06	666.34	14.58%	含变更、人工材料调差
3.1	幕墙		10 277 560.29	8 735 926.25	411 102.41	205 551.21	924 980.43	472.34	10.33%	含变更、人工材料调差
4	给排水工程	21 758.8	1 475 941.72	1 251 204.86	29 518.83	62 383.27	132 834.75	67.83	1.49%	含变更、人工材料调差

续表

序号	单位工程名称	规模/m²	造价/元	其中/元				单位指标/（元/m²）	占比	指标分析和说明
				分部分项	措施项目	其他项目	税金			
5	电气工程	21 758.8	12 384 058.38	10 836 051.08	247 681.17	185 760.88	1 114 565.25	569.15	12.45%	含签证、变更、人工材料调差
6	暖通工程	21 758.8	10 638 890.61	9 149 445.92	319 166.72	212 777.81	957 500.15	488.95	10.70%	含变更、人工材料调差、精密空调
7	消防工程	21 758.8	3 539 609.85	2 977 098.13	176 980.49	66 966.34	318 564.89	162.67	3.56%	含签证、变更、人工材料调差
8	建筑智能化工程	21 758.8	3 446 085.94	2 998 094.77	103 382.58	34 460.86	310 147.73	158.38	3.46%	含签证、变更、人工材料调差
9	电梯工程	21 758.8	3 112 255.73	2 785 468.88	31 122.56	15 561.28	280 103.02	143.03	3.13%	含签证、变更、人工材料调差
10	抗震支架	21 758.8	198 042.42	172 296.91	5 941.27	1 980.42	17 823.82	9.10	0.20%	含人工材料调差
11	总平工程	12 000	4 980 840.72	4 401 070.5	108 722.45	8 640.14	462 407.63	415.07	5.00%	含道路、景观绿化、总平安装
12	……									

表 5　地下室工程造价指标分析

单项工程名称：四川省铁路检察院业务用房建设项目　　业态类型：事业单位办公楼
单项工程规模：3 424.44 m²　　层数：地下 1 层，地上 15 层
装配率：30%　　绿建星级：二星
地基处理方式：C15 商品砼换填　　基坑支护方式：钢筋砼桩护壁
基础形式：筏板基础　　计税方式：一般计税

序号	单位工程名称	规模/m²	造价/元	其中/元				单位指标/（元/m²）	占比	指标分析和说明
				分部分项	措施项目	其他项目	税金			
1	建筑工程	3 424.44	18 085 386.93	15 553 432.76	542 561.61	361 707.74	1 627 684.82	5 281.27	79.82%	含签证、变更、人工材料调差
1.1	钢结构		—	—	—	—	—	—		
1.2	屋盖		—	—	—	—	—	—		
2	室内装饰工程	3 424.44	1 320 249.58	1 069 402.16	39 607.49	92 417.47	118 822.46	727.91	5.83%	含变更、人工材料调差
3	外装工程		—	—	—	—	—	—	—	
3.1	幕墙		—	—	—	—	—	—	—	
4	给排水工程	3 424.44	137 996.15	117 296.73	2 759.92	5 519.85	12 419.65	71.23	0.61%	含变更、人工材料调差
5	电气工程	3 424.44	1 157 872.54	1 007 349.11	23 157.45	23 157.45	104 208.53	597.66	5.11%	含签证、变更、人工材料调差
6	暖通工程	3 424.44	994 704.56	860 419.44	29 841.14	14 920.57	89 523.41	513.43	4.39%	含变更、人工材料调差、精密空调
7	消防工程	3 424.44	330 942.97	277 992.09	16 547.15	6 618.86	29 784.87	170.82	1.46%	含签证、变更、人工材料调差

续表

序号	单位工程名称	规模/m²	造价/元	其中/元				单位指标/（元/m²）	占比	指标分析和说明
				分部分项	措施项目	其他项目	税金			
8	建筑智能化工程	3 424.44	322 198.76	280 312.92	9 665.96	3 221.99	28 997.89	166.31	1.42%	含签证、变更、人工材料调差
9	电梯工程	3 424.44	290 986.63	260 433.03	2 909.87	1 454.93	26 188.80	150.20	1.28%	含签证、变更、人工材料调差
10	抗震支架	3 424.44	18 516.38	16 109.25	555.49	185.16	1 666.47	9.56	0.08%	含人工材料调差
11	精装修安装	—	—	—	—	—	—	—	—	
12	……									

5.3 单项工程主要工程量指标分析表

表 6　地上工程主要工程量指标分析

单项工程名称：四川省铁路检察院业务用房建设项目

业态类型：事业单位办公楼　　　　建筑面积：21 758.80 m²

序号	工程量名称	工程量	单位	指标	指标分析和说明
1	土石方开挖量	—	m³	—	
2	桩（含桩基和护壁桩）	—	m³	—	
3	护坡	—	m²	—	
4	砌体	2 260.3	m³	0.11	填充墙
5	混凝土	8 598.23	m³	0.4	柱、梁、板、楼梯、构造柱
5.1	装配式构件混凝土	—	m³	—	
5.2	灰渣砼空心隔板墙	8 461.15	m²	0.39	装配式隔板墙
6	钢筋	1 127.414	kg	51.81	含腰带、压顶、圈过梁等全部钢筋
6.1	装配式构件钢筋	—	kg	—	
7	型钢	—	kg	—	
8	模板	41 706.04	m²	1.92	
9	外门窗及幕墙	18 836.14	m²	0.87	含玻璃幕墙和石材幕墙
9.1	其中玻璃幕墙	2 459.72	m²	0.11	
9.2	其中石材幕墙	12 664.92	m²	0.58	
10	保温	14 348.07	m²	0.66	外墙面及屋面
11	楼地面装饰	19 706.08	m²	0.91	
12	内墙装饰	46 564.6	m²	2.14	含强弱电井、管道井
13	天棚工程	19 614.36	m²	0.90	
14	外墙装饰	13 652.524	m²	0.63	含女儿墙、屋面装饰柱、梁
15	……				

表 7 地下室工程主要工程量指标分析

单项工程名称：四川省铁路检察院业务用房建设项目

业态类型：事业单位办公楼　　　　建筑面积：3 424.44 m^2

序号	工程量名称	工程量	单位	指标	指标分析和说明
1	土石方开挖量	31 107.65	m^3	9.08	
2	桩（含桩基和护壁桩）	1 859.8	m^3	0.54	含冠梁
3	护坡	617.52	m^2	0.18	
4	砌体	173.65	m^3	0.05	填充墙
5	混凝土	6 353.34	m^3	1.86	含基础垫层、独基、筏板基础、柱、梁、板、楼梯、构造柱
5.1	装配式构件混凝土	—	m^3	—	
5.2	灰渣砼空心隔板墙	—	m^2	—	
6	钢筋	883.046	kg	0.26	含腰带、压顶、圈过梁等全部钢筋
6.1	装配式构件钢筋	—	kg	—	
7	型钢	—	kg	—	
8	模板	36 288.97	m^2	10.6	
9	外门窗及幕墙	—	m^2	—	
9.1	玻璃幕墙	—	m^2	—	
9.2	石材幕墙	—	m^2	—	
10	保温	—	m^2	—	
11	楼地面装饰	3 188.39	m^2	0.93	
12	内墙装饰	6 247.96	m^2	1.82	含强弱电井、管道井
13	天棚工程	3 988.87	m^2	1.16	
14	外墙装饰	—	m^2	—	
15	……				

第二篇

全过程工程造价管理案例

空港新城企业总部项目

——中国建筑西南设计研究院有限公司

◎ 王永红，袁春林，王莉苹，姚也，陈波，王正兴，明成俊，刘雨禅，甘俊

1 项目概况

1.1 项目基本信息

空港新城企业总部项目坐落于成都东部新区机场南线北侧，与绛溪三线交汇处，毗邻绛溪公社。规划净用地面积约 13.2 万 m^2，总建筑面积约 12 万 m^2。其中，一期建筑面积约 3 万 m^2，包含东进办办公区、空港委办公楼及企业服务中心；二期建筑面积约 9 万 m^2，包含周转公寓、酒店、公共服务配套设施等，是一个充满科技创新且低碳节能的公共建筑项目群。项目采用单价合同类型，清单计价模式。本项目为经营性项目，无可研批复总投资，实际结算总投资仅 12.94 亿元，建设工期 17 个月。

1.2 项目特点

（1）信息与科技，智慧空港新城。

企业总部以信息基础设施为依托，以数据枢纽和管理服务平台为载体构建智慧应用；从智慧管理、智慧服务、智慧生活 3 方面，构建智慧应用，为空港新城企业总部管理、运行和服务提供信息化手段和决策依据，提高政府和企业管理及公众服务水平；推动集约、智能、绿色、低碳的空港新城发展；推进商业模式创新，带动产业升级。最终打造成为空港新城智慧化建设知名示范样板。

（2）生态与建筑，绿色空港新城。

以成都公园城市系统为基底，秉持着生态优先、促进雨水资源利用、保护生态环境和缓解城市热岛效应的理念，利用地形串联成海绵城市雨洪系统的集水区域、净水区域、动水区域，高地势汇集的雨水流至雨水花园，经过生态净水后流入动水区域，与景观空间中的绿化、水景融为一体，最终达到环境体系与功能化的完美结合。以绿色生态为设计核心，将周边服务功能、公园绿地溶入场地，在区位上体现对整个大环境的渗透，利用层层堆叠的幕墙设计，使建筑与山体融为一体又相互呼应，形成自然中的空港新城行政办公绿色平台。

（3）节能与可再生，低碳空港新城。

企业办公楼、商业配套及酒店公寓在前期设计、施工过程中，在建筑材料选择、设备制造、施工建造和建筑物使用的整个生命周期内，通过减少化石能源的使用，提高能效，降低二氧化碳排放量。整个项目都采用装配式建造，模块化设计、数字化加工、集成化施工，装配率达到 76%；所有幕墙采用低能耗设计，最大化获取光照让大部分功能房间能达到自然采光标准，白天不再需要开灯，低能耗幕墙还能阻隔太阳长波辐射热，节省15%的建筑能耗；雨水收集用于植物灌溉和场地冲洗，节约水资源。空港企业总部成为城市低碳可持续发展道路过程中的又一次有益实践。

（4）装配与技术，创新空港新城。

企业办公楼、商业配套多采用装配式建筑体系，采用大量钢结构，交付快、品质优，在保证建筑美观的同时大大提高施工速度，减少施工过程中的碳排放。酒店公寓使用模块化装配式建筑体系，在满足结构整体性的同时，能运用各种运输方式，兼具周转方便、布局灵活、安拆便捷等特点，节约资源能源、减少施工污染；运营需求前置，产品设计“定制化”，物理园区与云端园区结合，设备专业设计合理，配置先进，构建智慧园区体系。

2 咨询服务的组织模式

本项目的咨询服务组织模式如图1所示。组织模式下的职责任务如下：

（1）设计阶段。

协助建设单位对工程初步设计方案进行测算，对初步设计进行概算编制；及时向建设单位分析汇报设计阶段中超出目标控制范围，以及可能存在的一些政策性问题；对EPC初步设计及施工图设计提出优化建议，及时测算优化金额，给建设单位提供成本上的数据。

（2）施工阶段。

协助建设单位对建设单位工程管理部门提供的设计变更、现场签证、漏项等引起的未计价暂定价材料（或主材）、设备价格是否属核定范围的审核及单价的询价工作；核定漏项、设计变更等新增项目材料、设备价格；及时向建设单位分析汇报施工过程中超出招标、施工合同范围，可能存在的一些政策性问题；对施工过程中提出的优化设计，及时测算优化金额，为建设单位提供优化前后的成本对比，为方案优化提供造价数据支撑。

（3）结算阶段。

积极配合建设单位要求的竣工结算审核工作。参加工程竣工结算审核相关会议，按国家法律、法规、施工合同、招标文件、投标文件等，提出公平、公正的建议处理意见供建设单位参考。主动配合建设单位、工程竣工结算审核单位进行工程竣工结算审核纠纷的协调处理，并对过程控制中认定和签署的资料真实性负责。

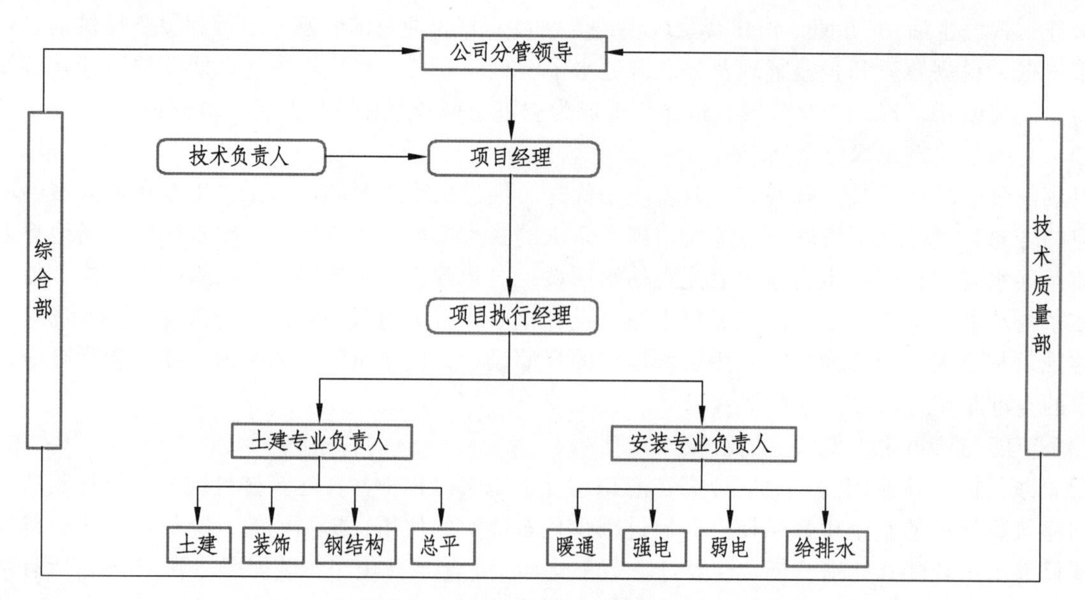

图1 项目咨询服务组织模式

3 咨询服务的运作过程

3.1 咨询服务的理念及思路

本项目全过程造价管理工作针对空港企业总部体量大、结构形式复杂、先进工艺多的特点，同时充分结合 EPC 项目性质，以策划为纲，以设计阶段造价控制为重点，以限额设计为主线，以动态造价控制为手段，以 BIM、Tekla、Rhino 等新技术、新软件为辅助，对项目投资进行全方位控制，并且深入分析项目的特点，以“调研对标、建章立制、实时测算、限额管理”作为投资管理破题点，理清投资管理的思路，把主要投资控制在方案及初设阶段，减轻过程投资控制压力。本项目的咨询服务理念如图 2 所示。

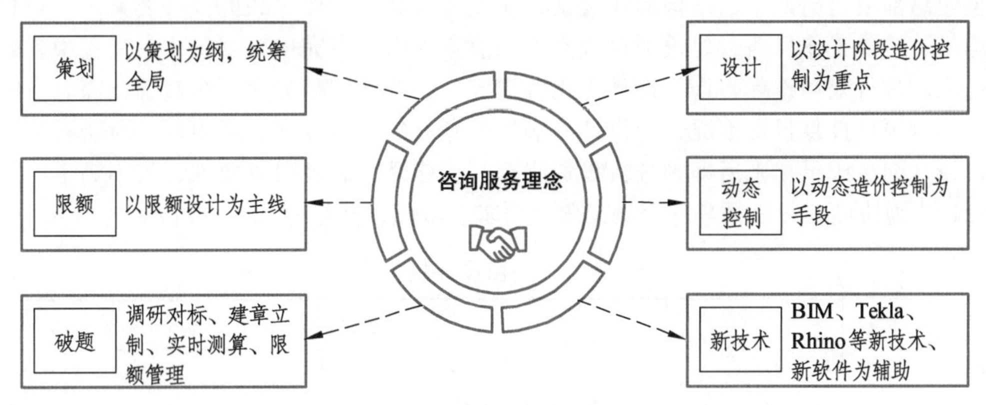

图 2　项目咨询服务理念

3.2 咨询服务的方法及手段

3.2.1 造价咨询策划

本项目投资大，新工艺、新材料应用广泛，工期也较为紧张，需提前做好整个项目造价管理策划，把握管理重点。作为 EPC 项目全过程咨询服务团队，我们根据“目标一致性”“全面性”“责权利相结合”“动态管理”等原则梳理了管理框架，通过建立沟通、合作、激励机制，形成协调管理方案，在推进人际关系、组织关系的同时，确保实施目标能达到“1+1≥2”的目的，实现 EPC 项目“技术经济最优”“盈利最大化”“保障项目工期”的造价管控最终目标。在注重前期造价策划的前提下，同时进行以下内容的整体策划：

（1）制定管理办法，明确参建各方职责，形成管理流程，建立重大问题会商制度。

（2）进行设计方案对标分析，编制三级限额设计建立测算流程，结合设计方案深入测算，专业细化至各分部分项工程造价指标。

（3）静态投资管理与动态投资管理相结合。

（4）引入 BIM、Tekla、Rhino 等新技术、新软件，对比数据模型，对工程构件含量、材料选择进行分析。

（5）严格实行先审批后实施，实现技术经济最优。

（6）项目完成后复盘分析，总结经验。

3.2.2 结合传统造价方法提供专业服务

为打造一座创新之城、科技之城、低碳宜居之城，项目团队在施工过程中调研了市场各个商业综合体的项目规模、造价指标，结合类似工程数据模板，针对项目编制三级限额设计建立测算流程：

（1）根据项目设计初步方案编制项目投资测算。

（2）结合设计方案深入测算，专业细化至各分部分项工程造价指标。

（3）对比数据模型，对工程构件含量、材料选择进行分析。

项目团队以类似项目为根基，与我司总承包事业部交流学习，并向材料供应商请教是否存在满足设计效果的更优替代材料，通过全方位的交流比选，以控制投资为目标，寻找出更多优化方案供建设单位选择。在实际施工过程中，项目团队经现场实测，根据已有设计图纸，结合方案及已有数据对各项工程进行比对测算、指标分析，提出如基坑支护、结构含钢量、钢结构指标含量等优化目标。外立面材料工艺修改等优化方案，降低项目建设成本，满足项目限额设计要求。

3.2.3 限额设计

空港企业总部项目周期短，结构形式复杂，质量要求高，需要兼顾的设计要素多，项目团队打破传统工作思维，转变工作思路，建设项目成本管控前置为中心点完成咨询工作，过程中我们作为造价咨询与设计联动进行限额设计咨询、设计优化咨询等。在设计调整方案、参数等方面时及时提供造价咨询意见，结合项目批复投资情况，为设计分解每个专业的关键分部分项限额，对所有关键项目提出限额要求，设计初步成果出来后即刻进行投资测算，复核是否满足限额要求，若不满足，提供优化方案建议与设计沟通协商，往复循环直至满足限额要求。限额设计指标如表 1 所示。

表 1 限额设计指标

序号	名称	建筑面积/m^2	总价/万元	总价按投标报价下浮 5.05%/万元	建筑面积单方指标/（元/m^2）											
					单方指标合计	下浮后指标合计	土石方工程	土建	钢构	安装	外装	精装修	高低压配电	园林	电梯	弱电
1	空港委办公楼	8 213.19	10 135	9 623	12 339	11 716	380	757	2 304	1 817	1 385	3 200	144	1 030	113	1 210
2	企业服务中心	4 508.07	7 379	7 006	16 368	15 542	380	580	3 874	1 557	4 281	3 200	144	1 030	113	1 210
3	东进办办公区（含活动中心）	20 251.15	30 293	28 763	13 361	12 686	380	1 253	2 297	1 680	2 054	3 200	144	1 030	113	1 210
4	企业办公大区 1～8#	37 510.73	37 340	35 454	9 954	9 452	380	1 061	2 567	1 450	1 500	500	144	1 030	113	1 210
5	周转公寓	10 940	13 138	12 474	12 009	11 402	365	1 100	2 297	1 750	1 500	2 500	144	1 030	113	1 210
6	配套商业街 1	6 527.95	5 370	5 099	8 227	7 811	380	1 500	0	1 750	1 400	700	144	1 030	113	1 210
7	配套商业街 2	2 933.96	2 414	2 292	8 227	7 811	380	1 500	0	1 750	1 400	700	144	1 030	113	1 210
8	酒店地上	12 707	17 083	16 220	13 444	12 765	400	1 500	2 297	1 750	1 500	3 500	144	1 030	113	1 210
9	酒店地下室	4 806	3 723	3 535	7 747	7 355	200	2 800	0	1 750	0	500	144	1 030	113	1 210
10	规划展示馆	10 670	13 921	13 218	13 047	12 388	200	1 600	3 500	1 750	3 500		144	1 030	113	1 210
11	企业活动中心	2 796.54	3 530	3 352	12 624	11 986	380	1 600	2 297	1 750	2 800	1 300	144	1 030	113	1 210
12	合 计	121 865	140 795	133 685												

3.2.4 EPC 项目风险管控

在空港企业总部工程规模大、结构形式复杂、工期紧等多重因素影响下，项目团队在造价控制不易的情况下进行层层把关，对限额设计指标的设定进行全方位梳理；对设计方案的经济性、合理性及后期使用维护的便捷性提出建设性的意见和建议；对初设图纸进行全面梳理与核查，避免因设计失误存在的漏洞，及时对项目造价进行整体测算，完善各项经济指标与我司数据库同类项目进行比对分析；

通过清标管理、签证变更管理、进度款管理、认质认价管理等手段，控制施工方为获取更大盈利空间选取不经济的设计方案；通过对项目造价咨询各项过程管控，做到要求明确、界面清晰，严控资金流、成本最优化，计划先行、管理出效益，如图 3 所示。

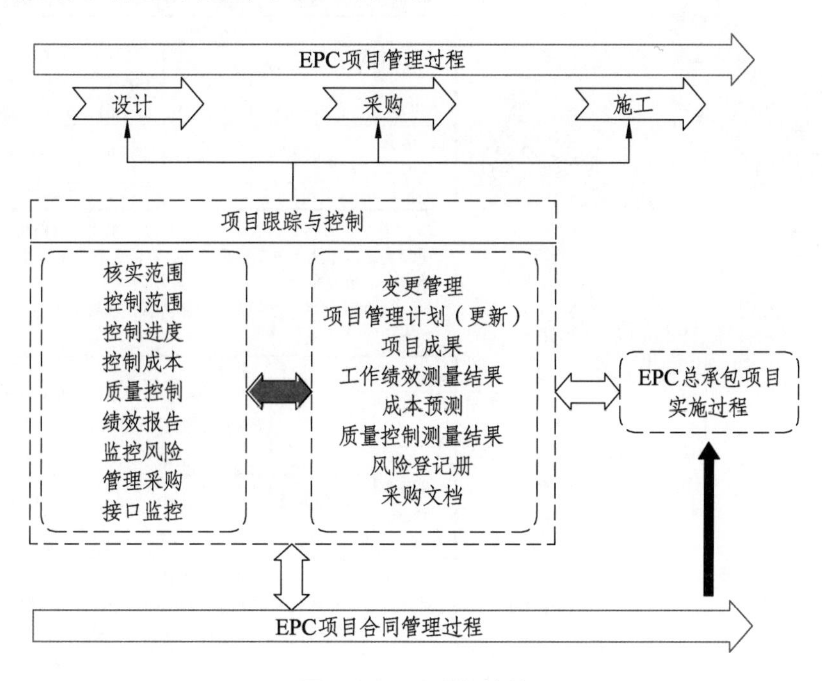

图 3　EPC 过程管控

清标管理：为了对本项目费用进行主动控制，结合初步核对结果及相关指标，项目团队对项目总投资进行测算和分析，建立动态管理台账并出具工程造价动态管理分析报告，及时对清标范围内容进行动态单项指标分析（表 2），企业服务中心钢结构指标较其他两个单体偏高的主要原因是其单体中存在钢结构桁架金属屋面。

表 2　单项指标分析

钢结构					相似项目（雄安）
单体名称	钢结构质量/t	总价/万元	含钢量/（kg/m^2）	单重单价/（元/t）	含钢量/（kg/m^2）
空港委	1 220.58	1 761	147.61	14 427.57	137
企业服务中心	1 058	1 735	228.97	16 398.87	
东进办	3 423	5 035	150.97	14 709.32	

对各项风险点及造价敏感点实时更新分析，如“土石方工程、钢结构工程、外立面工程”前期施工单位报审方案存在标注错误，且无多方案的比选分析，项目团队督促完善相关资料合理性、完整性和闭合性。相关分析如图 4 所示。

· 造价构成分析

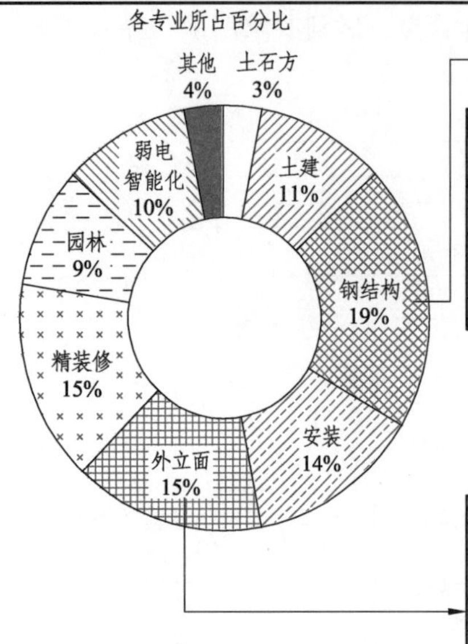

1.钢结构

本工程钢结构作为造价占比最高的专业，是造价控制的核心点。根据已有图纸部分对钢结构进行造价分析：

钢结构				
名称	钢结构质量/t	总价/万元	含钢量/(kg/m^2)	单重单价/(元/t)
空港委	1 200.58	1 761	147.61	14 427.57
企业服务中心	1 058	1 735	228.97	16 398.87
东进办	3 423	5 035	150.97	14 709.32

整个项目钢结构表面均采用氟碳漆喷涂，钢结构面漆施工范围及相关工程量较大，由此造成钢结构整体单吨单价偏高。

造价优化点：含钢量、油漆类型及涂刷范围

2.外立面

外立面			
名称	外表面面积	立面建筑比（面层面积/建筑面积）	立面单价/(元/m^2)
空港委	7 470.72	0.90	1 532.65
企业服务中心	12 418.632	2.69	1 592.77
东进办	23 379	1.03	1 992.39

当前外立面部分单体外立面存在双层幕墙或多层幕墙的情况；同时部分单体石材幕墙因分割大小原因，造成龙骨耗量高于正常水平，且普通办公幕墙外立面系数为0.55~1，但本项目企业服务中心系数偏高较多。

造价优化点：立面材料、龙骨耗量

· 总投资测算

空港新城企业总部总投资测算表

序号	名称	建筑面积/m^2	总价/万元	总价按投标报价下浮5.05%/万元	建筑面积单方指标/（元/m^2）											
					单方指标合计	下浮后指标合计	土石方工程	土建	钢构	安装	外装	精装修	高低压配电	园林	电梯	弱电
1	空港委办公楼	8 213.19	10 135	9 623	12 339	11 716	380	757	2 304	1 817	1 385	3 200		1 030	113	1 210
2	企业服务中心	4 508.07	7 379	7 006	16 368	15 542	380	580	3 874	1 557	4 281	3 200		1 030	113	1 210
3	东进办办公区（含活动中心）	20 251.15	30 293	28 763	13 361	12 686	380	1 253	2 297	1 680	2 054	3 200	369	1 030	113	1 210
4	企业办公大区1~8#	37 510.73	37 340	35 454	9 954	9 452	380	1 061	2 567	1 450	1 500	500	386	1 030	113	1 210
5	周转公寓	10 940	13 138	12 474	12 009	11 402	365	1 100	2 297	1 750	1 500	2 500		1 030	11	1 210
6	配套商业街1	6 527.95	5 370	5 099	8 227	7 811	380	1 500	0	1 750	1 400	700		1 030	113	1 210
7	配套商业街2	2 933.96	2 414	2 292	8 227	7 811	380	1 500	0	1 750	1 400	700		1 030	113	1 210
8	酒店地上	12 707	17 083	16 220	13 444	12 765	400	1 500	2 297	1 750	1 500	3 500		1 030	113	1 210
9	酒店地下室	4 806	3 723	3 535	7 747	7 355	200	2 800	0	1 750	0	500		1 030	113	1 210
10	规划展示馆	10 670	13 921	13 218	13 047	12 388	200	1 600	3 500	1 750	3 500			1 030	113	1 210
11	企业活动中心	2 796.54	3 530	3 352	12 624	11 986	380	1 600	2 297	1 750	2 800	1 300		1 030	113	1 210
12	合计	121 864.59	144 118.70	136 841	11 826											

测算依据：①一期二阶段清标初稿；②二期方案及效果图。

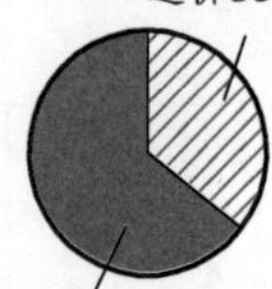

空港新城企业总部一期二阶段清标主要涉及空港委、企业服务中心、东进办以及企业办公1~8#楼，包括土建、安装（不含弱电智能化）、外立面、钢结构4项单位工程（除企业办公楼1~8#楼的外立面及6~8#钢结构），共涉及金额4.66亿元，其中新增单价约为5 400万元

图4　清标情况动态分析

签证变更管理：完善变更签证方案造价测算工作，从造价变化情况、不平衡报价、材料等方面提出咨询意见及建议，负责变更签证成果资料的收集、整理工作，交由审计部并配合完成备案、评审、审批工作。签证变更流程如表 3 所示。

表 3　签证变更流程

序号	流程	事件	相关单位	资料	备注
1	提出	现场签证	建设主体责任方（施工、监理、勘察/设计及建设单位等）	《工程变更签证申请单》	
2	会商	会议商讨实施前收方	工程管理部门及相关配合单位	《工程现场签证变更会商纪要》《现场签证草签单》	（1）结构安全、重大使用功能调整需多方案讨论；（2）实施前收方需注意：图纸、影像资料、抄测记录
3	评审	（1）图纸会审；（2）造价测算	造价咨询、审计部及相关配合单位	《造价咨询报告》	（1）金额超过 200 万元，需进行相关评审；（2）报告需明确造价变化及审计风险
4	审批		工程管理部门及相关配合单位	《工程现场签证意见审批表》《工程变更意见审批表》	
5	实施	实施后收方	参建各方	《工程现场签证核定单》	

进度款管理：严格核实现场进度以及相应的产值，完善进度款资料，高效、快速地完成进度资料，保障施工单位资金周转，推动项目快速施工。进度款审核节点如图 5 所示。

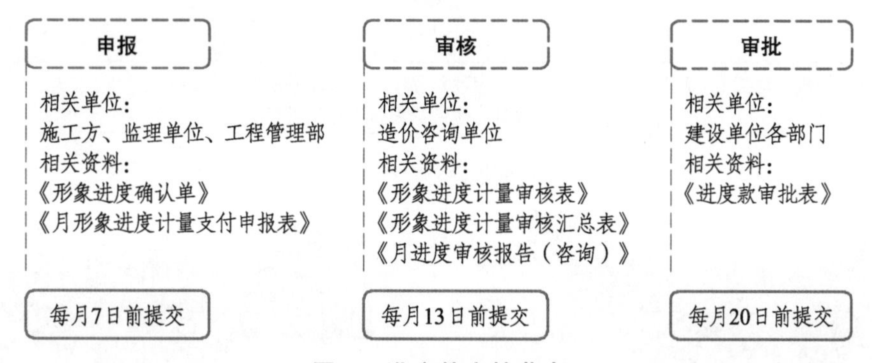

图 5　进度款审核节点

认质认价管理：项目采用的新工艺、新技术、新材料、新设备现有定额具有局限性，造成造价争议较多，对此项目团队对品牌、选择范围进行摸底，对工艺深入分析拆解，多方沟通协调，寻求可替代方案，制定认质认价方案，严格按照《询价通知》《材料（设备）认质核价计划表》《材料（设备）认质记录表》及样品或图册的约定要素进行询价；认真办理询价成果资料备案，接受业主对其市场调查、询价工作的监督及考核；提供符合要求的询价报告，并对其工作成果的真实性及合法性负责。EPC 认质认价流程如图 6 所示。

3.2.5　结合 BIM 技术进行造价管理

在传统的造价管理中，不管是造价管理的精确性，还是造价管理的科学性等方面还有较大的提升空间。本项目 BIM 技术应用于项目全生命期，将设计—施工—运维的建筑信息有效传递到各个阶段，通过共享 Revit 模型，使解决方案得以共享最新的、持续的和完整的项目信息，从而加快建造过程，并将干扰和其他设计错误降到最低程度。我司结合 BIM 技术数据对项目整体进行分析，能够最大限度地为业主提供精确的成本变动，加强了对项目成本的优化与管控；根据 BIM 技术计算得出的实体量与现场实际用量的对比，使得工程计量数据更加准确，能够准确地控制项目造价成本；根据实时更新的情况及进行数据实验验证，提出设计审核报告 9 份，发现问题 141 处，施工过程中发现专业碰撞问题 18 000 余处，极大程度地减少了因重复施工导致的成本浪费，如图 7 所示。

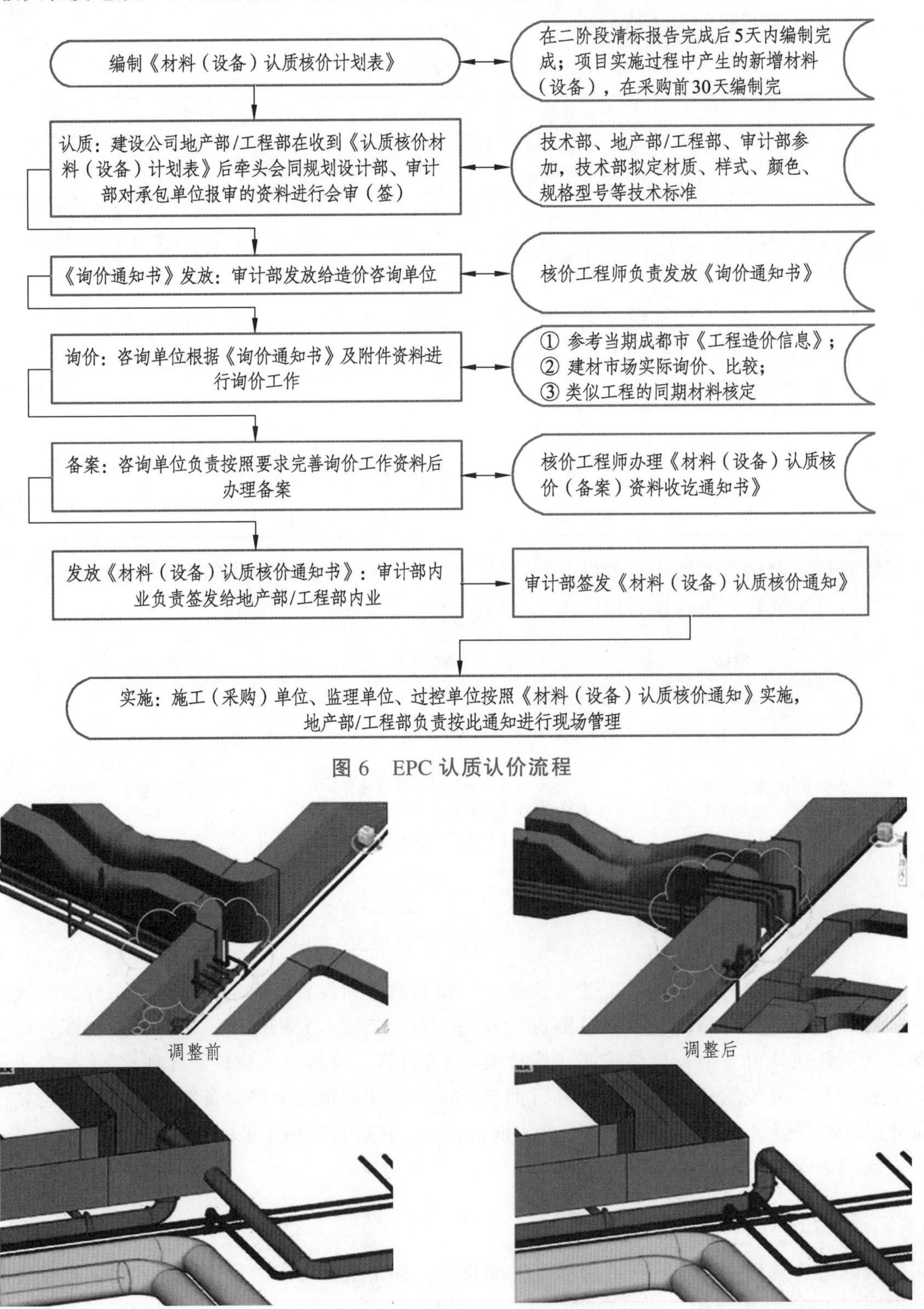
编制《材料（设备）认质核价计划表》
在二阶段清标报告完成后5天内编制完成；项目实施过程中产生的新增材料（设备），在采购前30天编制完
认质：建设公司地产部/工程部在收到《认质核价材料（设备）计划表》后牵头会同规划设计部、审计部对承包单位报审的资料进行会审（签）
技术部、地产部/工程部、审计部参加，技术部拟定材质、样式、颜色、规格型号等技术标准
《询价通知书》发放：审计部发放给造价咨询单位
核价工程师负责发放《询价通知书》
询价：咨询单位根据《询价通知书》及附件资料进行询价工作
① 参考当期成都市《工程造价信息》；
② 建材市场实际询价、比较；
③ 类似工程的同期材料核定
备案：咨询单位负责按照要求完善询价工作资料后办理备案
核价工程师办理《材料（设备）认质核价（备案）资料收讫通知书》
发放《材料（设备）认质核价通知书》：审计部内业负责签发给地产部/工程部内业
审计部签发《材料（设备）认质核价通知》
实施：施工（采购）单位、监理单位、过控单位按照《材料（设备）认质核价通知》实施，地产部/工程部负责按此通知进行现场管理
调整前
调整后

图 6　EPC 认质认价流程

图 7　BIM 模型展示

通过装配式建造与 BIM 的结合，将深化后的装配式图纸上传至 BIM 云端，将各个预制构件编码形成预制件清单，工厂按清单编码分类，现场按照施工任务单及图纸分构件施工，达到现场作业系统化，减少支撑、脚手架的使用量，提高安全性。未施工的构件形成仓储清单，智慧仓储，对应图纸实现材

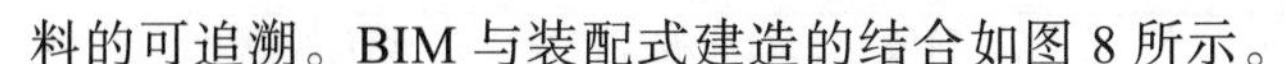

料的可追溯。BIM 与装配式建造的结合如图 8 所示。

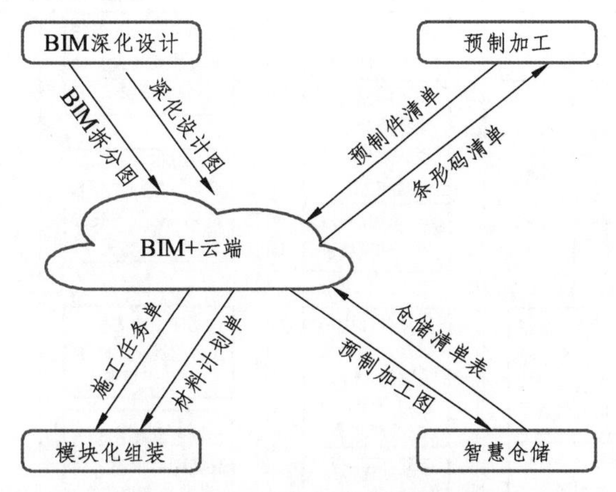

图 8　BIM 与装配式建造的结合

通过 BIM 技术共享的数据，如基坑土方数据、异型节点面积的统计，结合造价专业软件及我司造价团队的工程量复核，能够对施工过程中的工程支付节点以及重点施工部分进行掌控，根据共享数据及共享模拟进度，我们能够更加直观明确地了解实际情况，最终出具进度款节点支付报告共 7 期，有效地避免了施工过程中工程节点支付的误差，公平公正地满足业主及施工单位的需求。

通过上述方法，科学合理地降低了工程的造价，完成了对工程项目投资的控制。BIM 全生命期控制如图 9 所示。

3.2.6　新材料、新工艺市场调研

（1）一体化装配式墙板询价过程。

① 技术沟通。

考虑到本采购产品的复杂性和技术性，在供应商熟悉完技术资料后，我项目团队安排供应商与技术人员的沟通会议，以澄清规格及材料包装运输要求。

② 确定数量与报价方式。

一般供应商在报价时都需要知道需求量，这是因为需求量的多少会影响到价格的计算。一般会提供年用量或月用量或每一次下单的订购数量信息，这能让供应商分析其自身产能是否能满足交付需求。对于一体化墙板这种新产品，因施工时间较短，材料供应时间较为集中，故在询价时均让材料供应商按照最少订购量（Minimum Order Quantity，MOQ）提供报价。

③ 确定付款方式及交货时间。

因买卖双方都有各自的公司政策，所以在报价之前双方须商定好付款条件，例如货到付款、月结 30 天、60 天等。一般情况下供应商会选择较短的付款期，如选择“货到付现（Cash on Delivery，COD）”或“预付货款（T/T in advance）”等，在此等条件下，供应商会提供一个较低的材料报价。因本项目的特殊性及本产品的独特性，从方案确定到材料确定时间仅为 15 天，一体化装配式墙板约 1 万 m^2，施工时间约 30 天。根据以上条件及 EPC 总承包单位的付款条件，及时安排与 3 家供应商采取竞争性谈判的手段，最终确定材料的供货时间、付款方式及交易价格。

（2）确定装配式集成模块化建筑计价流程。

本项目酒店及公寓子项，在方案设计时拟采用装配式集成模块化建筑。基于装配式集成模块化建筑的特性，我项目组件团队对装配式集成模块化建筑的构成、施工工艺、计价重难点进行了深入的调研学习、分析研究，并会同业主、总承包单位、监理单位共同前往北京、上海考察学习。在实施过程中，我们采取轮班“旁站制”对现场施工过程进行全过程原始数据记录，为临时定额编制、定额调整提供依据。最终形成成果在本项目中得到应用，成功解决了装配式集成模块化建筑工程计量计价纠纷。

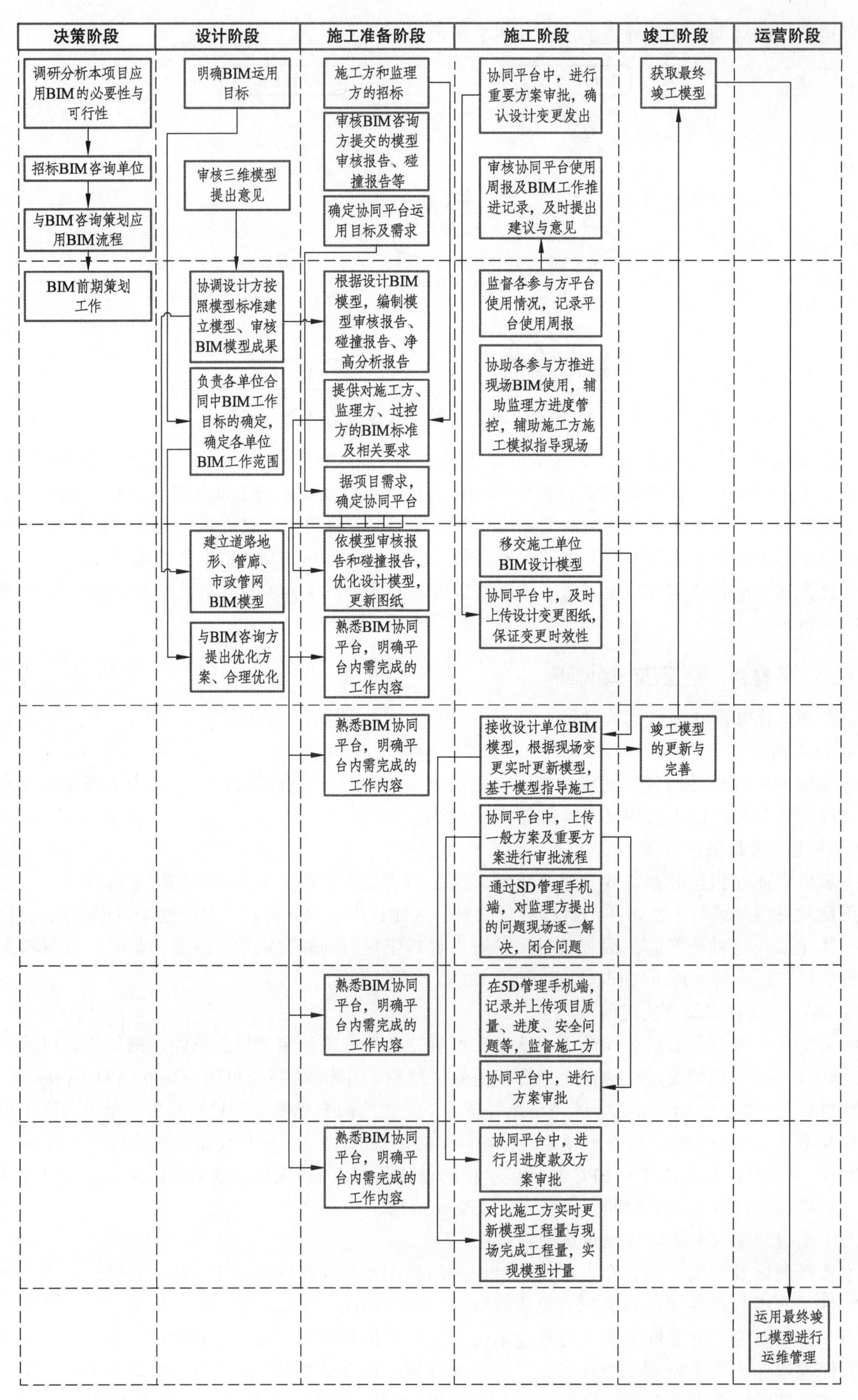

图 9 BIM 全生命期控制

3.2.7 水生态项目的计量手段

在实施过程中，项目团队要求对相关水生态动植物进场材料及实施数量进行收方确认，避免后期在计量及结算时产生争议。我们组织专门的研究队伍，进行讨论分析，形成了一套标准的收方模式。图 10 为水生植物的现场实施。

成都空港新城项目
施工内容：苦草种植
拍摄时间：09:15
天气：阴 21 °C
地点：成都市・990乡道附近

图 10 水生植物的现场实施

（1）水草植物类收方。

收方控制重点：确认种植面积及种植密度。

收方方式：因种植密度不便于在水下进行确认，因此采用现场确认来料栽植总株数的方式来核定种植密度。具体做法为随机选取 1 袋植物，进行现场称重（G_x），然后清点本袋合格植物苗数，计算出本袋植物单株平均占重。重复以上步骤，选择 5～10 袋，算出 g_2，g_3，…，g_{10}，若测算的每袋单株重的差异较大，可增加测算的袋数。本车植物平均单株占重 $g=(g_1+g_2+\cdots+g_{10})/10$，本车来料总株数 $N_1=G_j/g$，如此每车来料按照以上步骤称重，计算出现场来料的总株数 $\Sigma N=N_1+N_2+N_3\cdots\cdots$。若现场来料全部种植完成，则理论上已种植密度 $n=\Sigma N/S$ 应与设计植株密度一致，由此可旁证现场的栽植平均密度，反之也可对材料的采购起到指导作用。

（2）鱼类收方方式。

收方控制重点：确认现场来料投放的个体尾数是否满足设计要求尾数。

现场收方方式：现场来料一般为铁皮箱装（量小时用桶装或有氧袋装），有水。选用指定中号桶（容量约 150 kg），倒入约 30 kg 的水，过秤称出桶及水的皮重 G_P，然后用网将铁皮箱中的鱼捞出适量放入中号桶中，称出毛重 G_m，算出本桶鱼的净重 $G_1=G_m-G_p$。如此重复以上步骤，可得出本次来料的总重 $G=G_1+G_2+G_3\cdots\cdots$。随机选取一定数量的鱼 n 尾（根据鱼苗大小，选取 30～100 尾），按照前述步骤进行称重，算出净重 G_0，可算出本次鱼苗的个体重量 $g=G_0/n$，本次来料的个体数量 $N_1=G/g$，如此每次来料均进行以上步骤，算出现场来料投放的总量 $\Sigma N=N_1+N_2+N_3\cdots\cdots$。投放数量 ΣN 理论上应等于设计投放数量 N_s，个体长度用卷尺测量，和设计要求进行对比，应该满足设计要求的长度范围。虾、螺、蚌均参照类似方法进行现场收方核量。

4 经验总结

4.1 咨询服务的实践成效

（1）在本项目 EPC 方案设计及施工图设计阶段，项目组人员与设计人员共同对本项目的设计方案及施工图进行反复优化及改进，优化的主要专业包括幕墙、水电、钢结构、园林景观等。我项目组人员与 ECP 设计团队通过“多端口、多维度”的沟通协作，完成本项目多个专业的优化任务，为项目投资节约 7 000 万元，主要投资优化如表 4 所示。

表 4 成本优化台账

序号	优化部位	优化目标及手段	优化提升效益
1	主体钢结构优化	在保证整体结构安全性、稳定性及使用功能完备的基础上，寻找最优钢结构方案，控制投资成本	项目整体优化降低成本 3 777 万
2	园林景观优化	调整绿化生态布局、优化水生态系统，控制投资	项目整体优化降低成本 1 077 万
3	空调系统及通风系统优化	结合项目使用功能，寻找最优空调机位布置，取消不必要区域点位，控制总投资	公寓楼优化降低成本 734 万，商业组团降低成本 102 万
4	室外水电优化	减少室外雨水收集池、设备泵机及控制器等，控制项目投资	整体优化降低成本 110 万
5	外立面美化及功能优化	取消真绿植墙面，减少电动开启装置，取消灰空间装饰材料，以低价材料代替高标准材料，减少投资成本	整体优化降低成本 338 万

（2）在项目交付节点及受疫情影响的特殊时期，面对项目体量大、结构形式复杂、工期紧迫、质量要求高、施工难度大、政治意义重大、疫情防控严等复杂情况，项目组全体人员积极配合，解决项目中遇到的各种难点，为项目按节点准时交付做出了极大贡献，保证了项目的进度、质量及成本的控制。

（3）建筑安装工程费是工程造价中的主要构成部分，其中，设备采购与材料费在建筑安装工程费中的占比可达 60%～70%，虽然现阶段对于设备材料价格的确定，还普遍存在参考各地造价信息发布的信息价现象，但尚有很大比例的机械材料是各地造价信息所不能覆盖的。本项目规模大、专业多，采用了许多新工艺、新材料，在面对这些新型低碳、绿色环保建筑的造价咨询工作时，项目组组价专业询价团队结合以往经验，通过网络询价、电信询价 、厂商调研 、理论计算、竞争性谈判等多种材料询价模式，为本项目材料价格的确定打好了坚实的基础，并及时反映给建设单位，减少工程成本投入，节约建安工程费用约 4 000 万元。

（4）空港企业总部项目结构主体大部分为钢结构，总用钢量约 18 000 t，构件形状各异，节点复杂，计算工程量较大且过程烦琐，不易控制算量精度。为此，项目团队根据经验引入了钢结构算量软件 Tekla，通过该软件建立完成三维模型（图 11）后即可按需生成各类报表，便于施工各阶段的工程量统计。Tekla 模型可记录施工工程中的各种进度信息，项目团队按施工进度在模型中快速准确地提取工程量，大大加快了项目的进度款支付进程。施工过程中发生的变更及时在 Tekla 模型更新，竣工时模型基本与实际工程一致，避免了传统模式竣工阶段数据丢失、工程量核对混乱等现象，大大提高效率的同时协助合同双方更快根据合同相关约定条款进行工程竣工结算，避免经济纠纷和索赔。

图 11 Tekla 钢结构模型

（5）空港企业总部项目建筑多元聚合，商业综合体、星级酒店、公园绿地相互聚集又互相补充，建筑外观不再满足于规整、平淡的设计，而是充满天马行空的创意，成为东部新区的新地标。为满足建筑结合自然山体的设计目的，使用特殊单体层层堆叠的设计，通过异形铝板、玻璃营造出独特的“都市山林”。项目团队在 Rhino 软件的基础上引用了 Grasshopper 插件，它是一款新兴编程插件，采用可视化编程方式，以计算机程序的逻辑来组织模型创建和调控操作，将复杂的曲面转化为可视化数据，减少了传统异形幕墙算量的误差。Grasshopper 和 Rhino 的结合可动态实时显示参数设置改变后的运算结果，为项目结算提供完整数据，减少不必要的争议和风险，大大加快了结算的进程，如图 12、图 13 所示。

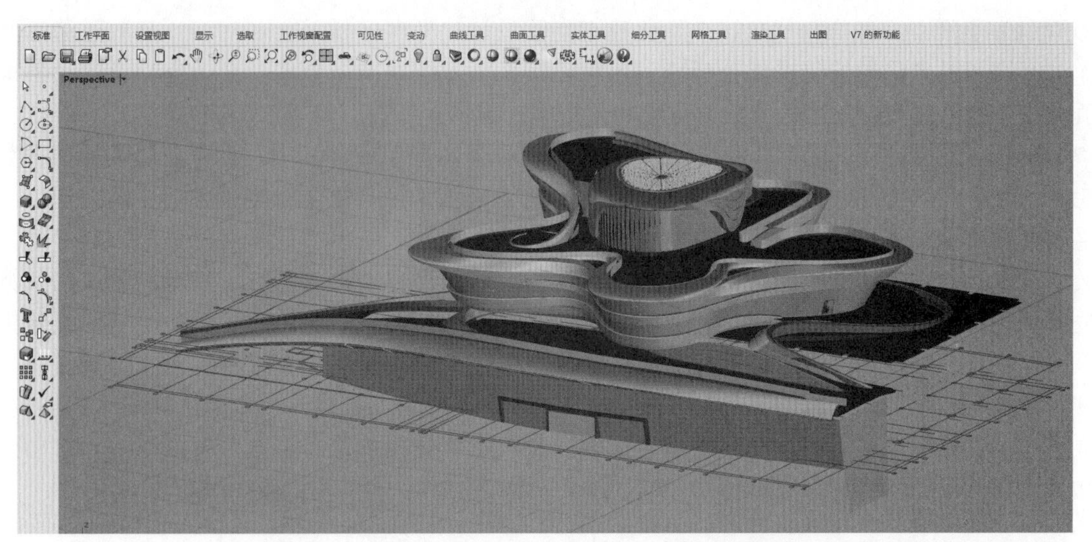

图 12　Rhino3D NURBS（犀牛）软件幕墙模型

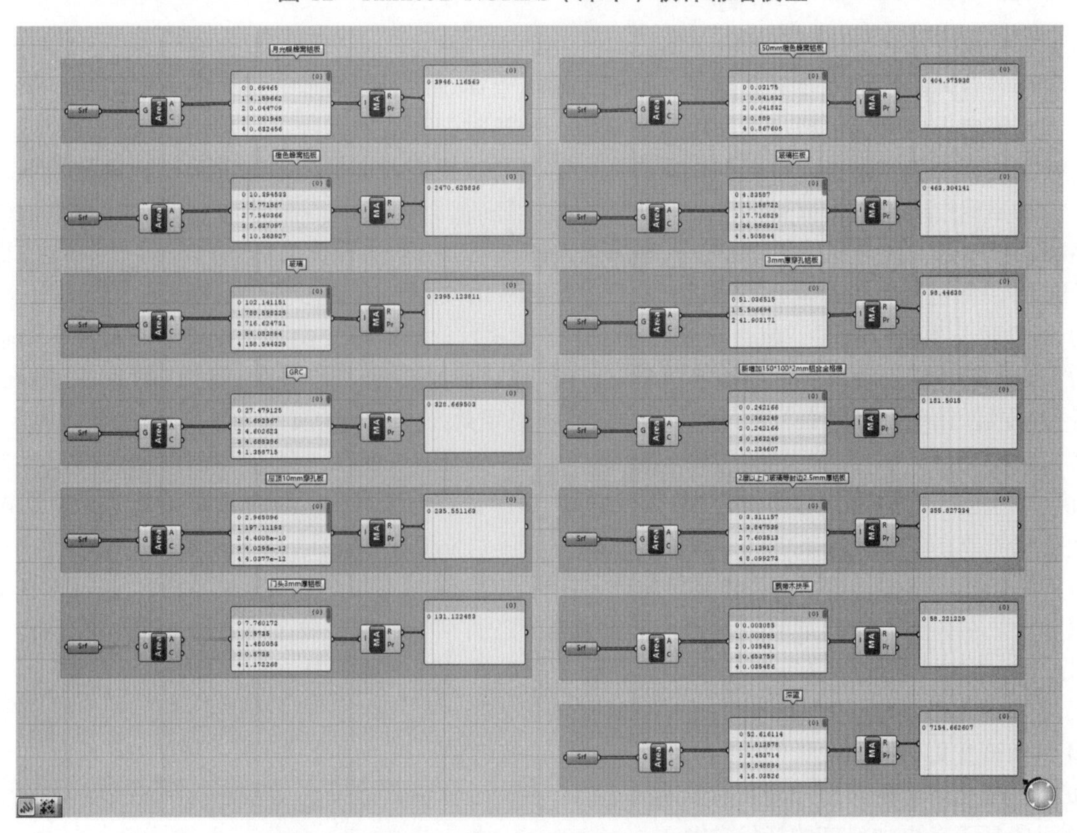

图 13　利用 Grasshopper 插件提取的幕墙工程量

（6）在绿色建筑中为了实现可持续发展，需要在建筑的设计、建设和使用中尽量使用节能环保技术，降低能耗，减少人们对自然的干扰，最终实现建设适宜人们居住的建筑。绿色建筑有利于降低能源的消耗，节省土地资源和水资源，减少建筑对水土和大气的污染，满足时代的要求，提升人们的生活质量。本项目满足绿色建筑 3 大认证，主要体现有：

① 绿建三星：高性能结构设计，利用非传统水源，通过海绵城市设计几乎实现雨水零排放，径流总量控制率达到 90%，超过雄安新区 85%的控制率。

② LEED 金级：高效节水设计，高效暖通设备系统，建筑智能化设计，园区装配率达 85%以上，确保施工精度，缩短工期，环保低碳，实现绿色循环。

③ WELL 金级：空气质量优化，人性化建筑空间设计，噪声控制：室内 PM2.5 高效过滤达 95%，温度、湿度均匀恒定，营造舒适办公环境，项目建筑平面、空间布局合理，会产生噪声的设备均设置于屋顶，并采取隔声降噪处理，不会对主要功能房间产生噪声干扰。

（7）在经济发展迅猛的同时，我国的 CO_2 排放量位居世界第一，其中建设行业的能耗约占全社会总能耗的 27%，但建筑业是减排潜力巨大的领域，有着较低的减排成本。基于空港企业总部以生产为本、生态立城、生活惠民的“三生”策略，企业总部是空港新区第一个低碳项目典范，有着极高的研究意义，故项目团队将该项目作为研究典型，分析研究建筑工程碳排放量与工程造价的协同估算。在项目关键阶段收集相关数据：① 建材生产阶段的建筑主体结构材料、建筑围护结构材料、建筑构件和部品等主要碳排放计算相关建筑材料的筛选及统计分析；② 建造阶段施工过程中的主要机械设备及其运行时间与其不同类型的碳排放因子的筛选及统计分析；③ 整理低碳建筑技术的经济成本的影响因素，对造价进行统计分析。最后将相关数据集合形成《建筑工程碳排放量与工程造价协同估算机制研究报告》，为低碳建筑的发展提供经济依据。

4.2 咨询服务的经验和不足

（1）EPC 模式设计阶段投资控制总结。

本项目的合同签约价为合同暂定价，待施工图审查通过后，根据最终确认的施工图纸，按合同相关约定评审审定得出合同价格清单的单价及总价，结算时工程清单综合单价包干及措施费合价包干，工程量按实结算，如“发包人要求”未发生变化时，财政投资评审预算清单项目工程量为结算最高工程量。一般招标控制价根据方案设计资料确定，后续随着设计的深化，逐步签订合同补充协议从而确定最终的合同价格。此合同体系对发包人和承包人的风险皆有较大程度的降低，有利于 EPC 项目的推进。无论 EPC 承包范围是否包含初步设计内容，都可采用该合约体系。本合同体系被广泛应用于大型、复杂的 EPC 建设项目。同时，该合约体系下，对建设项目设计阶段的投资管控要求非常高，要求随着设计的深化，造价应逐级减少。与传统项目设计阶段的投资控制组织体系相比，EPC 模式下的设计阶段投资控制组织体系差别较大，EPC 模式本身的特性决定其投资控制的责任主要由 EPC 联合体来承担，业主对于建设项目的掌控力度相对传统项目大大减弱。对于业主来说，为了加强对项目的投资管控和弥补自身专业性上的不足，达到投资控制的目标，通常会委托全过程造价咨询单位来执行对建设项目的投资管控任务。EPC 模式下设计阶段投资控制组织体系框架图如图 14 所示。

初步设计完成后即进入了施工图设计阶段。由于 EPC 项目通常都是边设计边施工，因此在此阶段中，设计人员在调整设计方案前与造价人员应当充分进行沟通。这些情况均有可能导致该部分设计内容超出限额，因此需要造价人员提前介入。在施工图设计过程中始终都要做好以下几个工作：

① 审核是否存在与限额设计方案不同的设计内容。

② 判断该变更的必要性。

③ 测算变化内容的费用并判断其影响大小。

④ 思考是否有更加经济的替代方案。

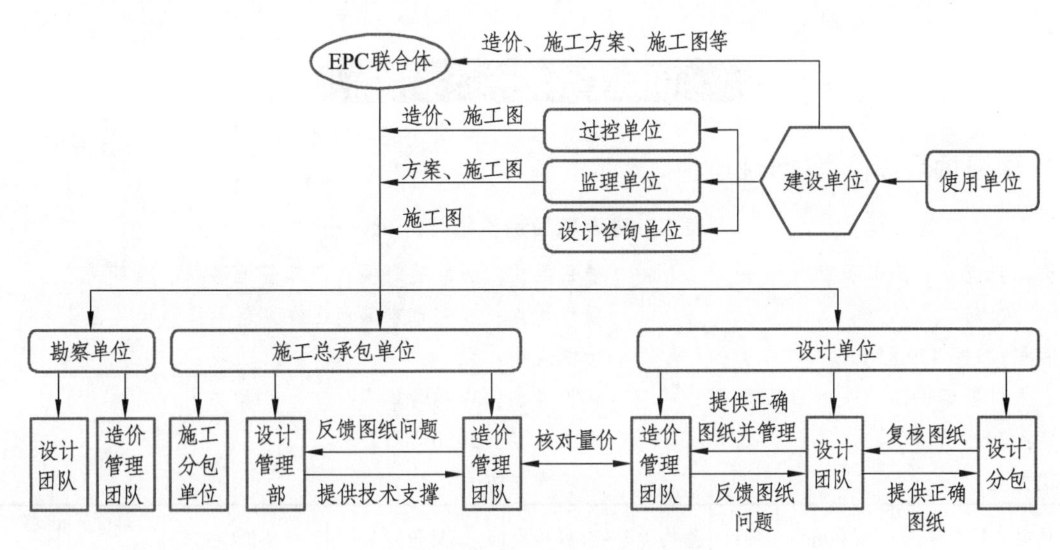

图 14 投资控制组织体系框架

⑤ 判断如何在总价内动态调整。

施工图设计阶段的投资控制流程如图 15 所示。

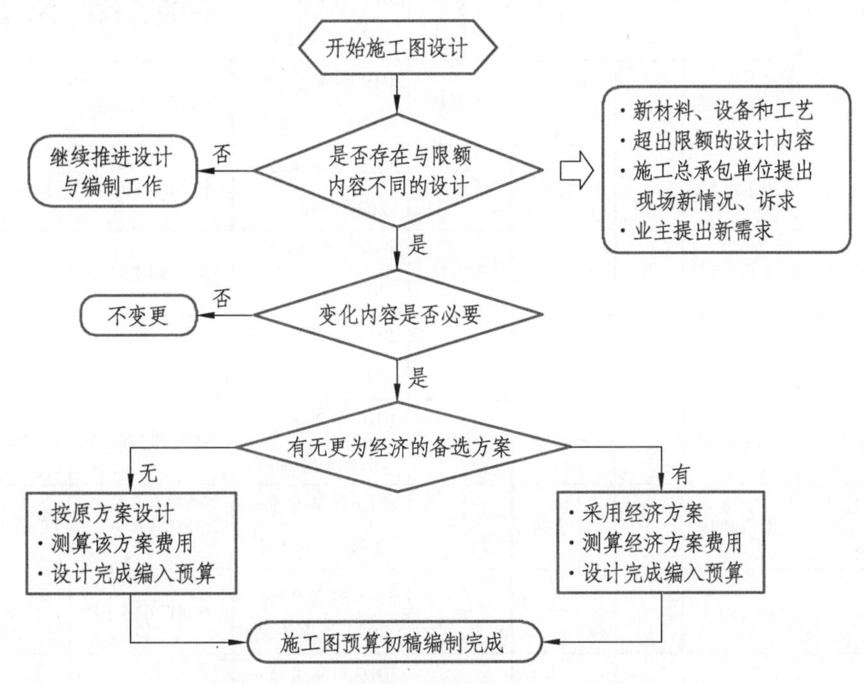

图 15 施工图设计阶段的投资控制流程

（2）BIM 技术在造价咨询管理服务方面的运用与总结。

本项目借助 BIM 技术在造价信息管理中可实现信息的可视化，为造价信息提供直观清楚的信息，如可视化的场地模拟布置、图纸会审、方案交底及各专业间的施工管理，通过 BIM 技术可以使整个项目过程中人工、材料、机械等方面更加可行与合理，节约成本、节约工期。在以后的全过程控制项目中造价咨询单位需加强此方面技术的应用。

（3）现场多分包模式下造价管理存在不足。

本项目专业涉及面广，单体数量多，实际施工中涉及的精装、主体、钢结构、幕墙、智能化、总平绿化等专业分别由多个不同分包施工，导致在全过程控制管理中存在资料不完善、格式不统一的情况，给后期结算带来了很大的不便。

5 项目主要经济技术指标

5.1 建设项目造价指标分析表

表 5 建设项目造价指标分析

项目名称：空港企业总部项目　　项目类型：公共建筑项目总部基地等办公项目
投资来源：政府　　项目地点：成都市东部新区空港新城绛溪南片区
总建筑面积：116 459.85 m²　　功能规模：无
承发包方式：勘察—设计—施工总承包　　造价类别：中标清单
开工日期：2019 年 7 月　　竣工日期：2020 年 12 月
地基处理方式：/　　基坑支护方式：/

序号	单项工程名称	规模/m²	层数	结构类型	装修档次	计价期	造价/元	单位/（元/m²）	指标分析和说明
1	企业办公 1～8#楼	37 728.11	5	钢结构	清水房	2019 年第 8 期—2020 年第 10 期	339 433 995.70	8 996.85	
2	企业活动中心	2 944.37	2	钢结构	清水房	2019 年第 11 期—2020 年第 10 期	37 300 623.53	12 668.46	
3	商业 1～4#组团	13 261.03	3	钢结构/框架结构	清水房	2019 年第 11 期—2021 年第 1 期	86 039 515.04	6 488.15	
4	酒店（东区）	10 129.57	4	钢结构	清水房	2020 年第 4 期—2021 年第 1 期	56 561 006.40	5 583.75	
5	酒店（西区）	18 681.53	5	钢结构	清水房	2019 年第 11 期—2021 年第 1 期	147 944 134.80	7 919.27	
6	空港委办公楼	8 060.91	4	钢结构	精装	2019 年第 8 期—2020 年第 4 期	138 161 710.77	17 139.72	含智能化管理控制中心
7	企业服务中心	4 894.14	2	钢结构	精装	2019 年第 8 期—2020 年第 4 期	51 194 530.72	10 460.37	
8	东进办办公楼及会议中心	20 760.19	5	钢结构	精装	2019 年第 8 期—2020 年第 4 期	254 923 056.31	12 279.42	
9	外电工程	116 459.85	—	—	—	2019 年第 8 期—2022 年第 1 期	6 907 616.19	59.31	
10	总平工程	105 764	—	—	—	2019 年第 8 期—2022 年第 1 期	176 098 299.25	1 665.01	
11	合计	116 459.85					1 294 564 488.71		

5.2 单项工程造价指标分析表

表 6 企业办公 1～8#楼工程造价指标分析

单项工程名称：企业办公 1～8#楼　　业态类型：公司办公楼
单项工程规模：37 728.11 m²　　层数：5
装配率：0　　绿建星级：/
地基处理方式：/　　基坑支护方式：/
基础形式：/　　计税方式：一般计税

序号	单位工程名称	规模/m²	造价/元	其中/元					单位指标/(元/m²)	占比	指标分析和说明
				分部分项	措施项目	其他项目	规费	税金			
一	企业办公1~8#楼		339 433 995.70						8 996.85		
1	建筑工程	37 728.11	154 487 614.45	137 214 602.2	1 703 994.24		2 908 180.31	12 660 837.69	4 094.76	45.51%	
1.1	钢结构	37 728.11	94 967 650.11	83 276 468.24	1 973 995.84		1 875 820.42	7 841 365.61	2 517.16	27.98%	
2	室内装饰	37 728.11	29 274 484.44	24 262 722.1	2 178 209.22		434 197.24	2 399 355.88	775.93	8.62%	
3	幕墙工程	37 728.11	66 793 928.02	59 078 494.63	1 387 141.45		853 565.11	5 474 726.83	1 770.4	19.68%	
4	给排水	37 728.11	3 184 348.97	2 810 289.28	68 932.9		44 062.04	261 064.75	84.4	0.94%	
5	电气工程	37 728.11	28 156 502.97	24 968 376.58	551 523.82		328 729.01	2 307 873.56	746.3	8.30%	
6	暖通工程	37 728.11	30 064 159.24	26 938 789.05	446 547.34		214 678.49	2 464 144.36	796.86	8.86%	
7	消防工程	37 728.11	13 464 449.33	11 850 159.13	309 464.45		201 155.86	1 103 669.89	356.88	3.97%	
8	智能化工程	37 728.11	6 861 158.94	6 146 390.30	102 724.46		49 666.79	562 377.39	181.86	2.02%	
9	电梯工程	37 728.11	6 314 907.9	5 648 386.82	98 303.51		50 529.45	517 688.12	167.38	1.86%	
10	精装修安装	37 728.11	832 441.44	280 949.34	519 092.47		6 005.00	26 394.63	22.06	0.25%	

表 7　企业活动中心工程造价指标分析

单项工程名称：企业活动中心　　业态类型：运动馆（场）
单项工程规模：2 944.37 m²　　层数：2
装配率：0　　绿建星级：/
地基处理方式：/　　基坑支护方式：/
基础形式：/　　计税方式：一般计税

序号	单位工程名称	规模/m²	造价/元	其中/元					单位指标/(元/m²)	占比	指标分析和说明
				分部分项	措施项目	其他项目	规费	税金			
一	企业活动中心		37 300 623.53						12 668.46		
1	建筑工程	2 944.37	13 149 214.96	11 828 061.11	39 753.44		203 734.32	1 077 666.09	4 465.88	35.25%	
1.1	钢结构	2 944.37	7 622 688.38	6 749 822.27	124 839.32		118 630.5	629 396.29	2 588.9	20.44%	
2	室内装饰	2 944.37	7 628 817.3	6 745 981.75	159 046.92		98 463.11	625 325.52	2 590.98	20.45%	
3	幕墙工程	2 944.37	3 840 312.93	3 353 356.21	101 849.17		70 317.18	314 790.37	1 304.29	10.30%	
4	给排水	2 944.37	110 442.04	94 940.55	4 651.56		1 798.5	9 051.43	37.51	0.30%	
5	电气工程	2 944.37	9 250 780.72	4 329 791.12	4 500 308.62		26 166.55	394 514.43	3 141.85	24.80%	
6	暖通工程	2 944.37	1 715 748.09	1 540 999.18	23 614.56		10 504.19	140 630.16	582.72	4.60%	
7	消防工程	2 944.37	929 141.22	811 561.62	24 608.26		16 816.91	76 154.43	315.57	2.49%	
8	智能化工程	2 944.37	448 969.27	400 072.71	7 812.13		4 284.12	36 800.31	152.48	1.20%	
9	精装修安装	2 944.37	227 197	197 885.79	6 278.09		4 409.01	18 624.11	77.16	0.61%	

表 8　商业 1～4#组团工程造价指标分析

单项工程名称：商业 1～4#组团　　业态类型：综合商场
单项工程规模：13 261.03 m²　　层数：3
装配率：0　　绿建星级：/
地基处理方式：/　　基坑支护方式：/
基础形式：/　　计税方式：一般计税

序号	单位工程名称	规模/m²	造价/元	其中/元					单位指标/(元/m²)	占比	指标分析和说明
				分部分项	措施项目	其他项目	规费	税金			
一	商业1～4#组团		86 039 515.04						6 488.15		
1	建筑工程	13 261.03	31 117 895.16	27 821 288.99	189 017.93		557 254.82	2 550 333.42	2 346.57	36.17%	
1.1	钢结构	13 261.03	10 264 217.78	9 027 308.79	199 667.55		189 737.22	847 504.22	774.01	11.93%	
2	室内装饰	13 261.03	3 722 232.33	3 240 051.39	103 992.67		73 084.23	305 104.04	280.69	4.33%	
3	幕墙工程	13 261.03	39 819 606.84	35 051 631.8	912 034.48		591 953.71	3 263 986.85	3 002.75	46.28%	
4	给排水	13 261.03	1 483 971.57	1 307 006.52	26 666.77		28 652.61	121 645.67	111.9	1.72%	
5	电气工程	13 261.03	3 781 322.42	3 345 421.17	78 094.56		47 875.66	309 931.03	285.15	4.39%	
6	消防工程	13 261.03	2 367 892.4	2 039 354.93	78 317.78		56 161.8	194 057.89	178.56	2.75%	
7	电梯工程	13 261.03	3 746 594.32	3 363 567.63	52 119.87		23 791.23	307 115.59	282.53	4.35%	

表 9 酒店（东区）工程造价指标分析

单项工程名称：酒店（东区） 业态类型：酒店住宿楼

单项工程规模：10 129.57 m² 层数：4

装配率：0 绿建星级：/

地基处理方式：/ 基坑支护方式：/

基础形式：/ 计税方式：一般计税

序号	单位工程名称	规模/m²	造价/元	其中/元					单位指标/(元/m²)	占比	指标分析和说明
				分部分项	措施项目	其他项目	规费	税金			
一	酒店（东区）		56 561 006.4						5 583.75		
1	建筑工程	10 129.57	32 547 909.69	28 969 326.6	382 631.36		528 304.33	2 667 647.4	3 213.16	57.54%	
1.1	钢结构	10 129.57	19 719 379.46	17 422 041.36	343 098.12		326 034.34	1 628 205.64	1 946.71	34.86%	
2	室内装饰	10 129.57	1 789 759.32	1 593 552.62	31 629.25		17 858.98	146 718.47	176.69	3.16%	
3	幕墙工程	10 129.57	14 678 923.29	12 975 647.12	308 464.49		191 610.92	1 203 200.76	1 449.12	25.95%	
4	给排水	10 129.57	1 958 160.12	1 748 283.95	23 558.68		25 796.93	160 520.56	193.31	3.46%	
5	电气工程	10 129.57	2 362 303.8	2 092 587.42	47 274.21		28 791.26	193 650.91	233.21	4.18%	
6	暖通工程	10 129.57	371 716.11	330 335.22	7 015.59		3 912.46	30 452.84	36.7	0.66%	
7	消防工程	10 129.57	1 902 534.48	1 639 414.44	61 548.13		45 610.1	155 961.81	187.82	3.36%	
8	智能化工程	10 129.57	16 380.46	14 088.25	701.93		271.95	1 318.33	1.62	0.03%	
9	电梯工程	10 129.57	933 319.13	830 838.27	16 541.41		9 423.41	76 516.04	92.14	1.65%	

表 10 酒店（西区）工程造价指标分析

单项工程名称：酒店（西区） 业态类型：酒店大楼

单项工程规模：18 681.53 m² 层数：5

装配率：0 绿建星级：/

地基处理方式：/ 基坑支护方式：/

基础形式：/ 计税方式：一般计税

序号	单位工程名称	规模/m²	造价/元	其中/元					单位指标/(元/m²)	占比	指标分析和说明
				分部分项	措施项目	其他项目	规费	税金			
一	酒店（西区）		147 944 134.80						7 919.27		
1	建筑工程	18 681.53	76 419 400.1	68 185 232.51	759 231.87		1 211 577.09	6 263 358.63	4 090.64	51.65%	
1.1	钢结构	18 681.53	37 841 676.72	33 433 989.13	657 933.70		625 211.78	3 124 542.11	2 025.62	25.58%	
2	室内装饰	18 681.53	9 077 715.86	7 943 599.03	232 180.54		157 854.94	744 081.35	485.92	6.14%	
3	幕墙工程	18 681.53	33 020 400.71	29 023 350.95	778 826.41		511 620.21	2 706 603.14	1 767.54	22.32%	
4	给排水	18 681.53	2 411 745.3	2 156 998.61	26 364.12		30 678.41	197 704.16	129.1	1.63%	
5	电气工程	18 681.53	11 830 430.67	10 538 480.35	206 891.42		115 298.79	969 760.11	633.27	8.00%	
6	暖通工程	18 681.53	9 926 795.32	8 860 622.31	164 835.95		87 684.77	813 652.29	531.37	6.71%	
7	消防工程	18 681.53	2 951 738.39	2 541 307.25	160 629.50		71 649.91	178 151.73	158	2.00%	
8	智能化工程	18 681.53	954 564.18	831 468.64	26 202.44		18 612.41	78 280.69	51.1	0.65%	
9	电梯工程	18 681.53	1 351 344.27	1 201 702.30	24 678.81		14 189.08	110 774.08	72.34	0.91%	

表 11　空港委办公楼工程造价指标分析

单项工程名称：空港委办公楼　　　　业态类型：党政机关办公楼

单项工程规模：8 060.91 m²　　　　层数：4

装配率：0　　　　绿建星级：/

地基处理方式：/　　　　基坑支护方式：/

基础形式：/　　　　计税方式：一般计税

序号	单位工程名称	规模/m²	造价/元	其中/元					单位指标/(元/m²)	占比	指标分析和说明
				分部分项	措施项目	其他项目	规费	税金			
一	空港委办公楼		138 161 710.77						17 139.72		
1	建筑工程	8 060.91	25 354 190.32	22 310 357.8	492 840.92		468 329.78	2 082 661.82	3 145.33	18.35%	
1.1	钢结构	8 060.91	16 382 456.35	14 372 856.68	336 836.06		320 083.73	1 352 679.88	2 032.33	11.86%	
2	室内装饰	8 060.91	23 856 738.06	21 145 215.66	443 701.89		307 882.09	1 959 938.42	2 959.56	17.27%	
3	幕墙工程	8 060.91	12 491 078.27	11 067 756.46	234 143.46		162 976.77	1 026 201.58	1 549.59	9.04%	
4	给排水	8 060.91	500 681.57	439 828.89	11 479.08		8 262.78	41 110.82	62.11	0.36%	
5	电气工程	8 060.91	6 569 308.74	5 805 562.42	130 808.20		93 218.99	539 719.13	814.96	4.75%	
6	暖通工程	8 060.91	8 119 748.62	7 290 004.92	103 061.42		59 577.29	667 104.99	1 007.3	5.88%	
7	消防工程	8 060.91	1 715 108.21	1 486 697.63	48 927.67		38 558.06	140 924.85	212.77	1.24%	
8	智能化工程	8 060.91	14 619 733.36	13 210 455.71	142 551.97		65 625.56	1 201 100.12	1 813.66	10.58%	
9	电梯工程	8 060.91	567 120.59	505 604.48	9 006.42		5 913.08	46 596.61	70.35	0.41%	
10	综合智慧管控平台	8 060.91	43 307 203.01	37 529 165.65	2 216 752.23		3 390.12	3 557 895.01	5 372.5	31.35%	
11	精装修安装	8 060.91	1 060 800.02	928 629.29	25 807.90		19 233.56	87 129.27	131.6	0.77%	

表 12 企业服务中心工程造价指标分析

单项工程名称：企业服务中心　　业态类型：博物馆
单项工程规模：4 894.14 m²　　层数：2
装配率：0　　绿建星级：/
地基处理方式：/　　基坑支护方式：/
基础形式：/　　计税方式：一般计税

序号	单位工程名称	规模/m²	造价/元	其中/元					单位指标/（元/m²）	占比	指标分析和说明
				分部分项	措施项目	其他项目	规费	税金			
一	企业服务中心		51 194 530.72						10 460.37		
1	建筑工程	4 894.14	20 215 365.99	17 986 148.93	183 755.75		388 649.3	1 656 812.01	4 130.52	39.49%	
1.1	钢结构	4 894.14	16 014 869.29	14 024 538.12	342 518.73		325 483.78	1 322 328.66	3 272.25	31.28%	
2	室内装饰	4 894.14	2 733 571.28	2 409 867.09	60 766.73		38 869.77	224 067.69	558.54	5.34%	
3	幕墙工程	4 894.14	17 464 204.54	15 321 271.73	426 686.2		284 738.08	1 431 508.53	3 568.39	34.11%	
4	给排水	4 894.14	153 826.59	135 021.74	3 725.02		2 471.38	12 608.45	31.43	0.30%	
5	电气工程	4 894.14	1 493 365.26	1 328 968.93	26 825.08		15 163.24	122 408.01	305.13	2.92%	
6	暖通工程	4 894.14	2 580 221.17	2 311 394.64	38 525.17		18 802.77	211 498.59	527.21	5.04%	
7	消防工程	4 894.14	681 060.57	590 874.80	19 988.73		14 364.95	55 832.09	139.16	1.33%	
8	智能化工程	4 894.14	5 390 507.5	4 898 446.90	44 941.09		5 280.85	441 838.66	1 101.42	10.53%	
9	电梯工程	4 894.14	482 407.82	433 353.20	6 515.23		2 986.05	39 553.34	98.57	0.94%	

表 13 东进办办公楼及会议中心工程造价指标分析

单项工程名称：东进办办公楼及会议中心　　业态类型：党政机关办公楼
单项工程规模：20 760.19 m²　　层数：5
装配率：0　　绿建星级：/
地基处理方式：/　　基坑支护方式：/
基础形式：/　　计税方式：一般计税

序号	单位工程名称	规模/m²	造价/元	其中/元					单位指标/（元/m²）	占比	指标分析和说明
				分部分项	措施项目	其他项目	规费	税金			
一	东进办办公楼及会议中心		254 923 056.31						12 279.42		
1	建筑工程	20 760.19	92 834 754.21	83 100 417.44	516 321.91		1 609 617.48	7 608 397.38	4 471.77	36.42%	
1.1	钢结构	20 760.19	49 951 379.5	43 843 384.83	1 017 076.245		966 492.59	4 124 425.83	2 406.11	19.59%	
2	室内装饰	20 760.19	43 941 891.95	38 809 405.5	940 305.65		590 299.81	3 601 880.99	2 116.64	17.24%	
3	幕墙工程	20 760.19	59 237 467.65	51 907 922.14	1 478 574.31		995 397.91	4 855 573.29	2 853.42	23.24%	
4	给排水	20 760.19	1 599 636.44	1 418 400.24	31 134.57		18 946.07	131 155.56	77.05	0.63%	
5	电气工程	20 760.19	15 372 149.12	13 667 583.39	282 500.47		162 050.37	1 260 014.89	740.46	6.03%	
6	暖通工程	20 760.19	15 249 800.58	13 634 254.38	241 047.26		124 432.14	1 250 066.8	734.57	5.98%	
7	消防工程	20 760.19	9 814 640.96	8 679 413.60	204 118.93		126 580.48	804 527.95	472.76	3.85%	
8	智能化工程	20 760.19	11 625 720.66	10 460 776.74	155 128.38		56 827.5	952 988.04	560	4.56%	
9	电梯工程	20 760.19	1 612 069.95	1 432 921.57	30 525.91		16 594.38	132 028.09	77.65	0.63%	
10	精装修安装	20 760.19	3 634 924.79	3 168 629.76	99 036.51		69 284.31	297 974.21	175.09	1.43%	

5.3 单项工程主要工程量指标分析表

表 14 企业办公 1～8#楼工程主要工程量指标分析

单项工程名称：企业办公 1～8#楼

业态类型：公司办公楼　　　　建筑面积：37 728.11 m²

序号	工程量名称	工程量	单位	指标	指标分析和说明
1	土石方开挖量	113 942.89	m^3	3.02	
2	桩（含桩基和护壁桩）		m^3	0	
3	护坡		m^2	0	
4	砌体	1 266.41	m^3	0.03	
5	混凝土	18 147.73	m^3	0.48	
5.1	装配式构件混凝土		m^3	0	
6	钢筋	1 648 024	kg	43.68	
6.1	装配式构件钢筋		kg	0	
7	钢结构工程	6 380 860	kg	169.13	
8	模板	37 718.59	m^2	1.00	
9	外门窗及幕墙	46 486.1	m^2	1.23	
10	保温	31 240.54	m^2	0.83	
11	楼地面装饰	16 103.5	m^2	0.43	
12	内墙装饰	22 890.52	m^2	0.61	
13	天棚工程	16 561.36	m^2	0.44	
14	外墙装饰	300	m^2	0.01	

表 15 企业活动中心工程主要工程量指标分析

单项工程名称：企业活动中心

业态类型：运动馆（场）　　　　建筑面积：2 944.37 m²

序号	工程量名称	工程量	单位	指标	指标分析和说明
1	土石方开挖量	22 813.12	m^3	7.75	
2	桩（含桩基和护壁桩）		m^3	0	
3	护坡		m^2	0	
4	砌体		m^3	0	
5	混凝土	1 412.01	m^3	0.48	
5.1	装配式构件混凝土		m^3	0	
6	钢筋	196 052	kg	66.59	
6.1	装配式构件钢筋		kg	0	
7	钢结构工程	616 890	kg	209.52	
8	模板	3 535.44	m^2	1.2	
9	外门窗及幕墙	4 852.17	m^2	1.65	
10	保温	2 275.23	m^2	0.77	
11	楼地面装饰	1 749.73	m^2	0.59	
12	内墙装饰	6 155.98	m^2	2.09	
13	天棚工程	2 460.6	m^2	0.84	
14	外墙装饰		m^2	0	

表 16　商业 1～4#组团工程主要工程量指标分析

单项工程名称：商业 1～4#组团

业态类型：综合商场　　　　　　　　建筑面积：13 261.03 m^2

序号	工程量名称	工程量	单位	指标	指标分析和说明
1	土石方开挖量	22 326.62	m^3	1.68	
2	桩（含桩基和护壁桩）	831.35	m^3	0.06	
3	护坡		m^2	0	
4	砌体		m^3	0	
5	混凝土	7 156.96	m^3	0.54	
5.1	装配式构件混凝土		m^3	0	
6	钢筋	784 722	kg	59.18	
6.1	装配式构件钢筋		kg	0	
7	钢结构工程	645 755	kg	48.7	
8	模板	30 798.12	m^2	2.32	
9	外门窗及幕墙	28 296.04	m^2	2.13	
10	保温	17 552.76	m^2	1.32	
11	楼地面装饰	5 540.11	m^2	0.42	
12	内墙装饰	1 057.3	m^2	0.08	
13	天棚工程		m^2	0	
14	外墙装饰	1 449.24	m^2	0.11	

表 17　酒店（东区）工程主要工程量指标分析

单项工程名称：酒店（东区）

业态类型：酒店住宿楼　　　　　　　　建筑面积：10 129.57 m^2

序号	工程量名称	工程量	单位	指标	指标分析和说明
1	土石方开挖量	20 908.72	m^3	2.06	
2	桩（含桩基和护壁桩）		m^3	0	
3	护坡		m^2	0	
4	砌体	29.44	m^3	0	
5	混凝土	4 518.4	m^3	0.45	
5.1	装配式构件混凝土		m^3	0	
6	钢筋	415 423	kg	41.01	
6.1	装配式构件钢筋		kg	0	
7	钢结构工程	1 397 810	kg	137.99	
8	模板	8 044.22	m^2	0.79	
9	外门窗及幕墙	11 326.78	m^2	1.12	
10	保温	13 388.38	m^2	1.32	
11	楼地面装饰	10 763.79	m^2	1.06	
12	内墙装饰	254.55	m^2	0.03	
13	天棚工程	124.1	m^2	0.01	
14	外墙装饰	375.66	m^2	0.04	

表 18 酒店（西区）工程主要工程量指标分析

单项工程名称：酒店（西区）
业态类型：酒店大楼　　　　建筑面积：18 681.53 m^2

序号	工程量名称	工程量	单位	指标	指标分析和说明
1	土石方开挖量	94 615.48	m^3	5.06	
2	桩（含桩基和护壁桩）		m^3	0	
3	护坡	3 988.66	m^2	0.21	
4	砌体		m^3	0	
5	混凝土	13 644.13	m^3	0.73	
5.1	装配式构件混凝土		m^3	0	
6	钢筋	1 650 730	kg	88.36	
6.1	装配式构件钢筋		kg	0	
7	钢结构工程	2 748 520	kg	147.12	
8	模板	17 420.66	m^2	0.93	
9	外门窗及幕墙	29 600.2	m^2	1.58	
10	保温	13 418.86	m^2	0.72	
11	楼地面装饰	13 250.16	m^2	0.71	
12	内墙装饰	6 663.13	m^2	0.36	
13	天棚工程	1 228.45	m^2	0.07	
14	外墙装饰	698.3	m^2	0.04	

表 19 空港委办公楼工程主要工程量指标分析

单项工程名称：空港委办公楼
业态类型：党政机关办公楼　　　　建筑面积：8 060.91 m^2

序号	工程量名称	工程量	单位	指标	指标分析和说明
1	土石方开挖量	27 605.79	m^3	3.42	
2	桩（含桩基和护壁桩）		m^3	0	
3	护坡		m^2	0	
4	砌体	35.26	m^3	0	
5	混凝土	2 912.07	m^3	0.36	
5.1	装配式构件混凝土		m^3	0	
6	钢筋	210 718	kg	26.14	
6.1	装配式构件钢筋		kg	0	
7	钢结构工程	1 108 690	kg	137.54	
8	模板	4 384.59	m^2	0.54	
9	外门窗及幕墙	11 016.02	m^2	1.37	
10	保温	5 123.28	m^2	0.64	
11	楼地面装饰	7 730.35	m^2	0.96	
12	内墙装饰	19 370.62	m^2	2.4	
13	天棚工程	8 810.32	m^2	1.09	
14	外墙装饰	41.62	m^2	0.01	

表 20　企业服务中心工程主要工程量指标分析

单项工程名称：企业服务中心

业态类型：博物馆　　　　　　　　建筑面积：4 894.14 m²

序号	工程量名称	工程量	单位	指标	指标分析和说明
1	土石方开挖量	17 034.06	m^3	3.48	
2	桩（含桩基和护壁桩）		m^3	0	
3	护坡		m^2	0	
4	砌体		m^3	0	
5	混凝土	1 285.87	m^3	0.26	
5.1	装配式构件混凝土		m^3	0	
6	钢筋	114 796	kg	23.46	
6.1	装配式构件钢筋		kg	0	
7	钢结构工程	1 062 490	kg	217.09	
8	模板	1 682.08	m^2	0.34	
9	外门窗及幕墙	10 620.15	m^2	2.17	
10	保温	5 938.36	m^2	1.21	
11	楼地面装饰	1 395.08	m^2	0.29	
12	内墙装饰	2 155.06	m^2	0.44	
13	天棚工程	1 453.24	m^2	0.3	
14	外墙装饰		m^2	0	

表 21　东进办办公楼及会议中心工程主要工程量指标分析

单项工程名称：东进办办公楼及会议中心

业态类型：党政机关办公楼　　　　　　　　建筑面积：20 760.19 m²

序号	工程量名称	工程量	单位	指标	指标分析和说明
1	土石方开挖量	100 652	m^3	4.85	
2	桩（含桩基和护壁桩）		m^3	0	
3	护坡		m^2	0	
4	砌体	257.37	m^3	0.01	
5	混凝土	22 000.69	m^3	1.06	
5.1	装配式构件混凝土		m^3	0	
6	钢筋	1 325 655	kg	63.86	
6.1	装配式构件钢筋		kg	0	
7	钢结构工程	3 500 470	kg	168.61	
8	模板	37 957.76	m^2	1.83	
9	外门窗及幕墙	33 192.4	m^2	1.6	
10	保温	9 625	m^2	0.46	
11	楼地面装饰	18 181.49	m^2	0.88	
12	内墙装饰	32 718.586	m^2	1.58	
13	天棚工程	18 707.49	m^2	0.9	
14	外墙装饰		m^2	0	

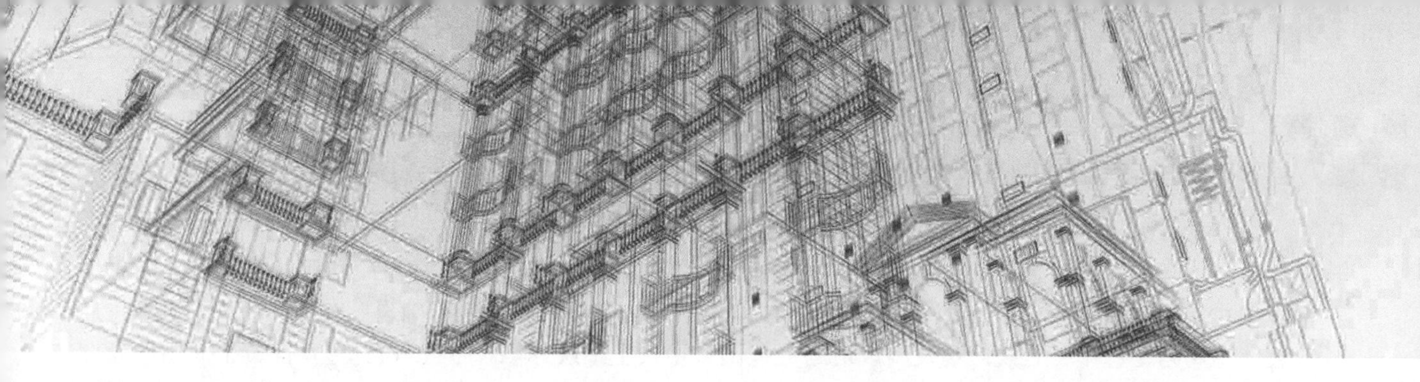

大运会主会场东安湖片区基础设施建设项目（书房村片区生态修复工程）

——四川良友建设咨询有限公司

◎ 廖俊松，黄全文，黄钰粲，张美玲，邓琳，杨韵童，王若郦

1 项目概况

1.1 项目基本信息

大运会主会场东安湖片区基础设施建设项目——书房村片区生态修复工程坐落于成都市龙泉驿区龙泉街道东安湖片区，位于李河堰东侧，由西向东分布。本项目用地总规模 910 亩（约 606 748.36 m^2），其中土方挖填量达 221 万 m^3，乔木数量约 7 239 株，地被面积约 45 万 m^2，道路面积约 5 万 m^2，河道整治工程沿线长约 800 m，配套单体建筑面积约 5 300 m^2，桥梁共 11 座，雕塑共 35 组，是一个典型的市政公园项目。项目采用单价合同类型，清单计价模式。可研批复总投资 11.46 亿元，其中工程费 4.7 亿元、工程建设其他费 6.33 亿元（其中土地费 5.6 亿元）、预备费 4 343.11 万元，项目建设所需资金为区财政资金，建设工期 27 个月。

1.2 项目特点

（1）项目规模大、专业涉及面广、采用装配式结构、建设海绵型公园和绿地。

该项目用地约为 910 亩（约 606 748.36 m^2），建设内容包括土石方工程、绿化工程、桥梁工程、道路工程、河道改造工程、总平电气工程、总平给排水工程、驳岸栈道工程、配套建筑与装修工程和其他附属工程等。项目定位为世界大学生运动会主场馆周边配套基础设施建设项目，与大运会主体育场的一场三馆、东安阁、CAZ 活动区、艺术中心、大剧院等标志性建筑交相呼应。园区设计从建筑、美学、生态等多角度谋划，以秀美的自然山水为基底，以丰富的文化元素为内涵，融入了林盘文化、桃花文化、竹文化等多重元素，着力打造“一湖一环、七岛十二景”的园区景观，力图实现园区生态效益和生态体验功能的完美结合，从而真正把东安湖生态公园打造成迎接全球青年的靓丽名片、市民休闲娱乐的“网红”目的地和兼具农业灌溉、生态修复功能的开放型城市生态公园。

自国务院办公厅 2015 年 10 月印发《关于推进海绵城市建设的指导意见》（国办发〔2015〕75 号），部署推进海绵城市建设工作以来，城市新区要全面落实海绵城市建设要求，推广海绵型建筑与小区、海绵型道路与广场，推进公园绿地建设和自然生态修复，推广海绵型公园和绿地，消纳自身雨水，并为蓄滞周边区域雨水提供空间，加强对城市坑塘、河湖、湿地等水体的保护与生态修复。世界大学生运动会项目充分运用创新建设运营机制，鼓励社会资本参与海绵城市投资建设和运营管理，采用总承包方式承接相关建设项目，发挥整体效益，在大运会主会场东安湖片区基础设施建设项目——书房村片区生态修复工程中，景观广场及园区道路大范围采用灰土垫层+碎石/卵石基层+透水混凝土面层的设计形式，配合绿化工程中道路两侧的植草沟，以及园区内多处的下沉式绿地等“绿色”措施来组织排水，以“慢排缓释”和“源头分散”控制为主要规划设计理念。

在海绵城市建设过程中，应统筹自然降水、地表水和地下水的系统性，协调给水、排水等水循环利用各环节，并考虑其复杂性和长期性。同时，本项目园区内的排水工程采用了装配式检查井结构，节能环保，符合绿色建筑的要求，降低了现浇混凝土的使用率，有利于节约资源能源、减少施工污染、提升劳动生产效率和质量安全水平。

从建设规模、专业分布以及将海绵城市建设与装配式结构相结合的特点等方面来说，本项目在市政公园类项目中都具有显著的代表性。大运会主会场东安湖片区基础设施建设项目——书房村片区生态修复工程项目的设计规划鸟瞰图如图 1 所示。

图 1　设计规划鸟瞰图

（2）无模拟清单的 EPC 项目，采用 BIM 技术参与动态成本管理，造价管理难度大。

本项目承发包模式为 EPC 模式，合同计价采用暂定总价+费率下浮模式，采用清单计价模式，且前期无模拟清单。

实施过程中，驻场的造价工程师需针对设计变更的具体任务来源进行专业的判别，站在建设单位的角度，杜绝政府资金的浪费。同时，从设计图纸、施工方案和措施优化等几个方面入手，对承包方的勘察—设计—施工过程尽可能提出合理的优化建议，在项目期间帮助承包单位减少试错成本，从甲乙双方两个主体视角同时控制项目投资。

本项目围绕世界大学生运动会的主题定位以及成都市龙泉驿区的人文特色，为打造山水之湖、无界之湖、休闲之湖、运动之湖、人文之湖，采用了大量的单一来源设备、特殊定制产品、专利内容、新技术、新材料等。

以下列举本项目的典型认价案例：

① 定制艺术造型 HPC 混凝土坐凳。

高性能混凝土（High Performance Concrete，HPC），是指混凝土具有高强度、高耐久性、高流动性等多方面的优越性能，抗渗性能强和抗腐蚀性能强，运用在公园内室外坐凳工艺中。坐凳在施工图基础上进行深化设计，在工厂中首先通过 3D 建模制作模具，模具拼装后进行 HPC 混凝土搅拌，并与钢

龙骨包裹粘接喷涂，经后期养护、打磨后形成。“让所有的绿色建筑轻松活到 100 岁，甚至更长，这是高性能混凝土的发展方向。”一位混凝土行业的专家道出 HPC 是绿色建筑“高寿命”的有力保障。中国研发和应用高性能混凝土的历程不过十几年，产能过剩和高污染至今都是横在中国水泥行业面前的两道坎。因为 HPC 在原材料配比中强调的就是低水泥量的应用，目前着力对绿色高性能混凝土的研究与应用，使之符合甚至超前于中国对绿色建筑的生态标准和要求这一愿景值得期待。定制艺术造型 HPC 混凝土坐凳做法及现场效果如图 2 所示。

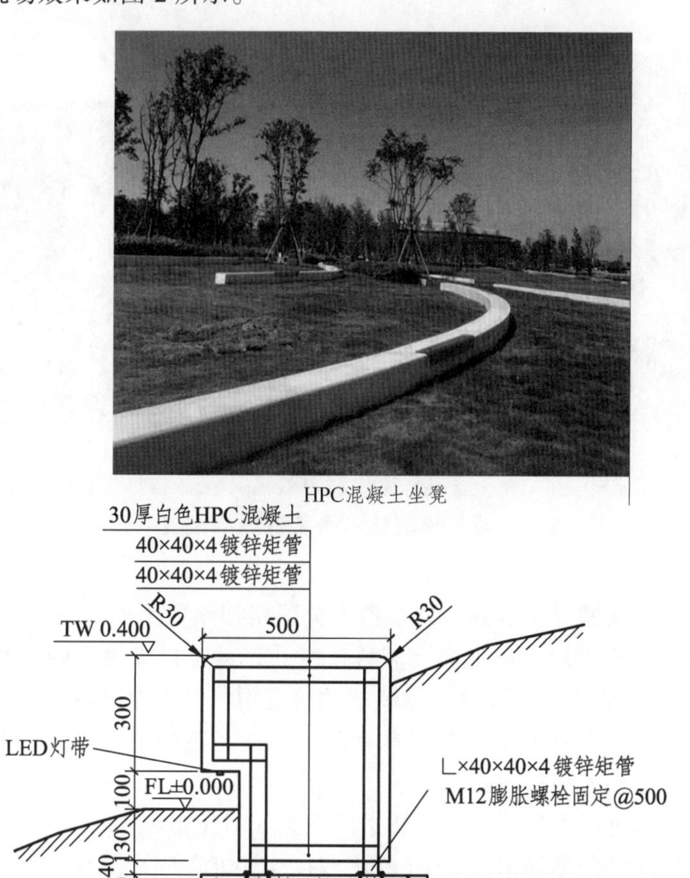

图 2　定制艺术造型 HPC 混凝土坐凳做法和现场效果

② 城市雕塑艺术品装置。

本项目中涉及多处由艺术家创作设计的城市雕塑艺术品装置，由金属锻造工艺制作而成，意在营造东安湖公园在地性艺术美学，用自然与色彩去瓦解“公共”与“艺术”的内在紧张。这些作品均经过艺术创作设计著作权的认定，由原创作者监制。形成有温度、有思想、有视觉系统、有独特记忆的东安湖 DNA，为成都的公共艺术建设开启一扇开放交流的门。

根据 2015 定额补充定额及定额解释（一）中，“园林绿化工程”→“C.园林景观工程”说明中规定：城市雕塑艺术工程适用于具有艺术创作设计著作权、非仿古复制型、非工艺产品的专项专业景观建设工程，有关艺术创作设计著作权的认定和执行，依照《中华人民共和国著作权法》相关条款规定。城市雕塑艺术工程（除艺术方案创作设计以外）包含艺术造型、制模定样、成品制作（石刻圆雕、锻造、铸造、高分子树脂）与安装等步骤。通过造价站专家的咨询及参建各方单位的与会讨论，本项目涉及金属锻造工艺的艺术装置可执行雕塑定额，并形成了正式的会议纪要文件。

同时，2015 定额补充定额及定额解释（一）中针对工程量计算规则规定：艺术造型、制模定样、金属锻造、精密铸造、高分子树脂雕塑等工程，其圆塑按实体表面积计算，其线刻浮雕、平浮雕、浅浮雕按最大外接矩形面积计算，其高浮雕按最大外接矩形面积乘以系数 1.5 计算。本项目相关金属锻造定额工程量是由市政专业造价人员参与到 3D 软件模型的过程，与承包单位共同确认，这使得项目人员的专业能力也在过程中得到提升，在全过程造价控制工作中积累了新的经验。城市雕塑艺术品装置效果图如图 3 所示。

图 3　城市雕塑艺术品装置效果图

③ 进口 SP 涂料。

经过项目造价工程师的市场调查了解到，该材料为美国路邦涂料（STREETBOND）水溶性高分子聚合物涂料，是从美国原装进口的彩色路面涂装高科技产品，具有世界领先的专利技术，目前国内经授权的代理商不到 5 家。尖端的高分子聚合物涂装技术的应用使沥青路面具有赏心悦目的色彩，既保护了路面，又使传统沥青路面光彩亮丽。该材料具有造型独特、色彩丰富、性能卓越、绿色环保、美化环境等优点，可减少道路热辐射和都市热岛效应，降低路面温度 5 ~ 8 °C，有效地节约了能源。该涂料满足行业标准《城市道路彩色沥青混凝土路面技术规程》（CJJ/T 218—2014）中沥青压痕彩色路面技术规范和要求，符合行业标准《路面防滑涂料》（JT/T 712—2008）中冷涂型防滑涂料的有关规定，并经过国际权威绿色建设安全评估机构（LEED）的检测认证。美国进口 SP 涂料现场施工照片及其备案书如图 4 所示。

进口SP涂料（STREETPRINT）

中华人民共和国海关
进口涂料备案书
编号：20 20 (01) 160773

申请人：上海沥景新材料科技有限公司
产品名称：路邦涂料(STREETBOND)
产品品牌：UNITED COATING
产品型号：120 PART A & 120 PART B
生产厂商：GAF Materials LLC
产　　地：美国
分装厂商：____
专项检测结果：
挥发[illegible]化合物(VOC):40g/L;苯、甲苯、乙苯、二甲苯总和:未检出;游离甲醛:10mg/kg;可溶性铅:<10mg/kg;可溶性镉:<5mg/kg;可溶性铬:<5mg/kg;可溶性汞:<2mg/kg
该产品符合 GB [illegible]-2008 的技术要求。
上述产品已经备案。
有效期：2020年 07月 28 至 2022 年 07月 27日
[illegible]：上海海关进口涂料检验主管部门

进口涂料备案专用章
签发：

图 4　进口 SP 涂料现场施工照片及其备案书

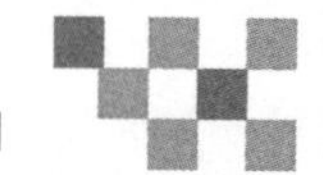

④ 银色沙滩水上儿童游戏设施。

银色沙滩水上儿童游戏设施位于本项目主湖区东南侧的银色沙滩处，将世界大学生运动会（FISU World University Games）字母缩写设计为 4 种不同功能的游乐设备。“F”形设备为高密度数字水幕装置，可互动水幕投字设备，可手机扫码互动水幕内容；“I”形设备的输入端为 3 个地面互动感应装置，不同装置分别触发 4 mm 间距水嘴排列水帘、雾森机、模拟打雷的频闪灯和音响播放的雷声，属于互动声光电水帘设备；“S”形设备为艺术雕塑类造型，采用数控弯管技术，保证平行度和整体外观，滑梯上方有互动水桶，不定时向下浇水，属于呲水倒水滑梯设备；“U”形设备由呲水跷跷板+U 形呲水管组成，也属于艺术雕塑类造型，同样采用数控弯管技术，保证平行度和整体外观，跷跷板前方有水嘴，不定时向使用者喷水。银色沙滩水上儿童游戏设施设计概念效果图如图 5 所示。

图 5　银色沙滩水上儿童游戏设施设计概念效果图

在施工图版本更迭频繁、跟踪审计单位长期驻场的情况下，施工过程进度计量及现场签证测算等工作均对造价人员的专业能力和风险预估能力要求较高。

（3）过控日常工作量大，咨询内容范围广、要求高。

本项目整体来说过控工作量较常规项目大，且咨询合同委托内容涵盖的范围广，我单位编制的《全过程造价控制实施方案》与项目委托人内部相关的管理办法内容中均对此次项目造价咨询服务要求较高。

① 收方工作量大。本项目进场从土方工程、道路工程、总平管网工程、绿化工程、配套建筑工程到附属设施工程等，作业面涉及广，各专业交叉施工情况多，收方次数高达 330 余次，由于公园项目总占地面积大，往返距离远，平均收方时长为 3 h/次。

② 材料、设备认价工程量大。造价信息上没有的材料均需要进行认质核价，本项目认价材料总数高达 2 500 余条，其中绿化工程材料 380 余条，景观工程材料 320 余条，总平机电安装工程材料 830 余条，附属工程定制材料 160 余条，配套建筑工程材料 320 余条。

③ 产值审核工作繁杂。根据合同约定，我单位需针对本项目现场实际施工进度情况，每月对施工产值进行确认。由于本项目无确定的招标工程量清单和单价，造价工程师在每期的产值审核过程中均需要针对当期总承包单位出具的施工图纸进行熟悉和工程量的计算，对当月现场实际完成的图纸对应内容进行清点，同时还需完成各项施工内容的清单及综合单价的审核工作。

④ 迁改、现场签证及设计变更量大。园区内的迁改包括通信线路及通信基站迁改、自来水工程迁改、电力工程迁改等，且要完成相对应的材料认质认价工作，现场签证收方量大、设计变更测算等内容繁多，签证变更测算工作时间要求紧。为保证变更内容的逻辑性、合理性和经济性，向业主提供高效、准确的咨询服务，项目驻场工程师需做到督促总包单位完善正式资料，在经济程序上做到合理、完整、及时。

2 咨询服务范围及组织模式

2.1 咨询服务的业务范围

本项目咨询服务的业务范围包含施工图预算审核、施工全过程造价控制以及迁改工程的预算审核。

2.2 咨询服务的组织模式

本项目咨询服务采用项目经理负责制下的直线式项目管理模式。大运会主会场东安湖片区基础设施建设项目——书房村片区生态修复工程的全过程工程造价管理咨询服务的内部组织模式如图 6 所示。

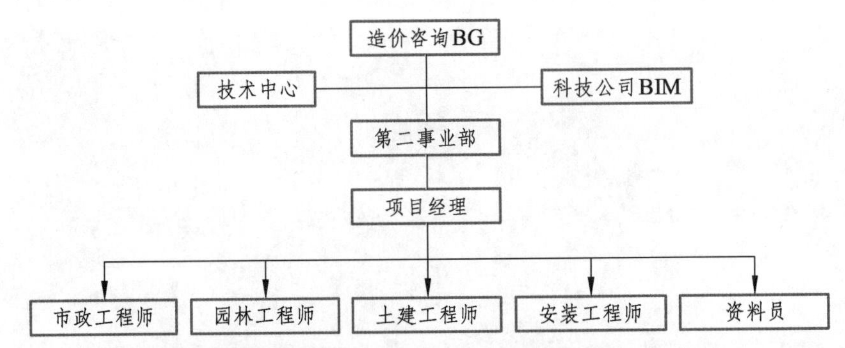

图 6 全过程工程造价管理咨询服务的内部组织模式

本项目不仅由我公司造价咨询部门的相关负责团队参与全过程工程造价管理咨询服务，同时还特派了科技公司 BIM 管理团队的人员参与咨询工作的协助。项目进场初期，BIM 工程师针对本项目总平情况进行了初步的无人机飞行踏勘，形成模型成果；项目实施期间，BIM 工程师每月定期完成现场施工进度的无人机飞行踏勘，形成模型成果；项目竣工验收完成后，BIM 工程师立即进行整体园区的无人机飞行踏勘，形成模型成果。

同时，公司技术中心团队在后台提供了丰富且多维度的项目管控经验，并每半年针对造价咨询团队的工作成果到项目现场进行巡检。结合科技公司 BIM 团队的同步支持，本项目的工程动态成本管理工作达到了十分全面的实施条件，为造价咨询团队的工程师们提供了强有力的支撑。

2.3 咨询服务工作职责

（1）造价咨询。

① 施工图预算价审核，为成本控制、资金计划提供依据，并根据各期进度和变化及时调整、修正。

② 跟踪方案设计、初步设计、施工图设计等过程，掌握项目建设要求。

③ 列席设计方案、专项技术措施论证会，关注技术标准执行与批复后概算分解合理性。

④ 施工阶段针对勘察—设计—施工各阶段预警造价风险，及时进行分析并提出相关建议。

⑤ 根据总承包合同约定审核各单位付款申请，结合建设单位相关的管理制度，进行工程进度款的管理。

⑥ 按照建设单位的签证变更办理流程及要求，按“先审批后实施，实事求是，多方案择优，实施与审批一致”的原则和我单位的项目实施方案，对施工签证、设计变更进行管理。

⑦ 材料（设备）价格的询价、核价，提供认质核价报告。

⑧ 对委托人交办的与本项目有关的零星施工、返工、迁改等项目进行造价审核。

⑨ 见证隐蔽工程验收、项目动态造价分析、工程技术经济指标分析。

⑩ 按期提供项目相关咨询成果资料，如签证变更台账、材料认质认价台账、周报、月报等。

⑪ 配合项目结算审核和结算审计相关工作。

（2）岗位职责。

① 技术总工程师：根据招标文件、项目实际情况进行项目全过程工程造价管理的总控策划，包括重要节点排布及措施保证、重大技术问题指导、BIM 技术应用的实施规划、BIM 与造价工作的融合应用策划等。

② 技术经理：协调公司与业主及相关各方关系，项目咨询成果审核批准（三审），项目实施过程中咨询工作进度及质量检查，项目部人员调配，咨询业务中遇到的重点及难点指导。

③ 事业部总经理：协调业主及相关各方关系，项目咨询成果审核批准（二审），项目实施过程中工作进度及质量管理，制定项目实施计划，项目部人员调配，对咨询业务中遇到的重点及难点进行指导，并做好业主反馈及改进工作。

④ 运营经理：项目部运转情况宏观控制，项目实施过程中咨询业务进度及质量检查。对项目部人员进行行政管理，项目咨询成果审核批准（一审）。

⑤ 过控项目经理：项目负责人，代表项目部协调与业主现场管理机构关系，项目部运转情况宏观控制，项目实施过程中咨询业务进度及质量检查。对项目部人员进行行政管理；负责项目部日常工作安排，与现场业主及各方管理机构联系及协调关系，项目咨询业务计划编制，组织编制每月咨询报表，组织具体的业务开展。

⑥ 各专业造价工程师：按照过控项目经理的分工，进行具体专业咨询业务的开展。

3 咨询服务的运作过程

3.1 咨询服务的理念及思路

（1）咨询服务的理念。

以《六为和 PDCA 工作法践行管理制度》作为工作的最高标准和行为准则，紧扣其“思想为魂、质量为本、标准为基、专业为王、数据为核、落地为实”的指导思想，为本项目客户提供优质的全过程造价咨询服务。

以“敬畏客户、敬畏职责、敬畏专业、敬畏道德”为执业审慎之法则，项目实施期间严格保证项目的服务态度和咨询成果质量。

（2）咨询服务的思路。

① 以合同为依据，以投资控制为核心的咨询控制主线，贯穿施工图预算审核、过程控制等各阶段。通过合同管理、设计优化、施工方案和措施优化等方面，为委托人全面管理总承包联合体单位的工作内容，控制项目整体投资的利用率，严格把关项目投资的出处。

② 以事前控制、事中控制为主，事后控制为辅的 PDCA 造价控制流程，进行投资控制。结合公司制度，将“项目启动会”“重大事项会审”“项目总结会”贯穿本项目过程的每个重要阶段。

③ 建立项目抽查预警机制，每周进行现场抽查工作，及时对造价管理问题进行协调处理。

④ 咨询工程师施工全过程驻场办公，对施工全过程跟踪见证，及时处理造价管理问题。项目工作开展中遇到重大事项，需对该事项的重点、难点问题进行风险评估或针对这些风险拟采取的应对措施，通过集中会审来解决问题。

3.2 咨询服务的方法及手段

（1）组织措施。

建立项目经理负责制的项目管理机构，以项目经理为核心、项目工程师为主体的管理团队，对项目人员进行合理分工，负责进度控制工作。采取考核与奖励机制相结合的方式，加强项目人员关于 EPC 总承包知识的培训学习；日度、月度、季度监督落实项目人员的工作进度情况，确保及时了解相关的项目问题，对项目进行动态管理，根据实际情况随时可进行调整纠偏。

（2）质量控制措施。

严格执行公司三级复核制度（图 7），所有咨询成果均由项目经理提交信息化管理系统（信息化管理系统界面、成果文件审批记录界面、成果文件三级复核界面如图 8～图 10 所示），三级复核流程完成后，方可提交业主，确保咨询成果质量；加强领导质量责任，确保质量管理体系的持续有效性，及时纠偏和制定预防措施，持续改进和改善质量体系。

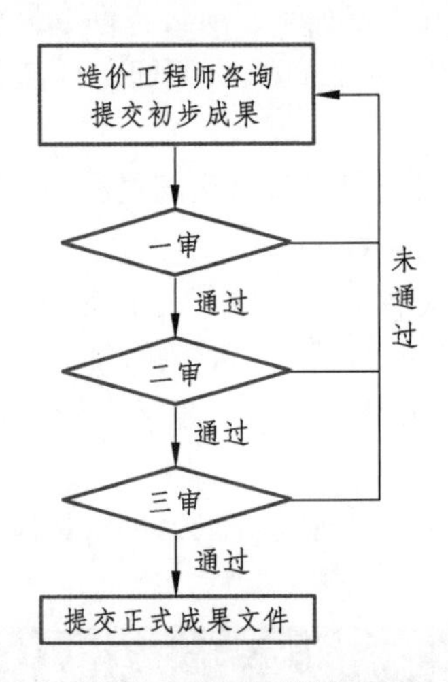

图 7　三级复核流程

图 8　信息化管理系统界面

四川良友建设咨询有限公司

行政办公 | 项目看板 | 造价咨询 | 全过程造价控制

报告编号	项目名称	项目类型	客户名称	业主联系方式	实施方案编号	材料编号	进度款编号	签证、索赔编号	录入时间
26 SCLYGK-2019021	大运会主会场东安湖片区基础设施建设项目-书房村片区生态修复工程		成都经济技术开发区城市建设投资经营有限公司	陈冬玲			JDK[2020]008-008		2020-12-25
27 SCLYGK-2019021	大运会主会场东安湖片区基础设施建设项目-书房村片区生态修复工程		成都经济技术开发区城市建设投资经营有限公司	陈冬玲					2020-12-06
28 SCLYGK-2019021	大运会主会场东安湖片区基础设施建设项目-书房村片区生态修复工程		成都经济技术开发区城市建设投资经营有限公司	陈冬玲			JDK[2020]007-007		2020-12-03
29 SCLYGK-2019021	大运会主会场东安湖片区基础设施建设项目-书房村片区生态修复工程		成都经济技术开发区城市建设投资经营有限公司	陈冬玲					2020-11-30
30 SCLYGK-2019021	大运会主会场东安湖片区基础设施建设项目-书房村片区生态修复工程		成都经济技术开发区城市建设投资经营有限公司	陈冬玲			JDK[2020]006-006		2020-11-18
31 SCLYGK-2019021	大运会主会场东安湖片区基础设施建设项目-书房村片区生态修复工程		成都经济技术开发区城市建设投资经营有限公司	陈冬玲					2020-10-30
32 SCLYGK-2019021	大运会主会场东安湖片区基础设施建设项目-书房村片区生态修复工程	进度款审核	成都经济技术开发区城市建设投资经营有限公司	陈冬玲			JDK[2020]005-005		2020-10-29
33 SCLYGK-2019021	大运会主会场东安湖片区基础设施建设项目-书房村片区生态修复工程		成都经济技术开发区城市建设投资经营有限公司	陈冬玲					2020-09-28
34 SCLYGK-2019021	大运会主会场东安湖片区基础设施建设项目-书房村片区生态修复工程		成都经济技术开发区城市建设投资经营有限公司	陈冬玲			JDK[2020]004-004		2020-09-17
35 SCLYGK-2019021	大运会主会场东安湖片区基础设施建设项目-书房村片区生态修复工程		成都经济技术开发区城市建设投资经营有限公司	陈冬玲			JDK[2020]003-003		2020-09-04
36 SCLYGK-2019021	大运会主会场东安湖片区基础设施建设项目-书房村片区生态修复工程		成都经济技术开发区城市建设投资经营有限公司	陈冬玲					2020-08-31
37 SCLYGK-2019021	大运会主会场东安湖片区基础设施建设项目-书房村片区生态修复工程		成都经济技术开发区城市建设投资经营有限公司	陈冬玲			JDK[2020]002-002		2020-08-17
38 SCLYGK-2019021	大运会主会场东安湖片区基础设施建设项目-书房村片区生态修复工程		成都经济技术开发区城市建设投资经营有限公司	陈冬玲					2020-07-28
39 SCLYGK-2019021	大运会主会场东安湖片区基础设施建设项目-书房村片区生态修复工程		成都经济技术开发区城市建设投资经营有限公司	陈冬玲			JDK[2020]001-001		2020-07-23
40 SCLYGK-2019021	大运会主会场东安湖片区基础设施建设项目-书房村片区生态修复工程		成都经济技术开发区城市建设投资经营有限公司	陈冬玲					2020-06-29
41 SCLYGK-2019021	大运会主会场东安湖片区基础设施建设项目-书房村片区生态修复工程		成都经济技术开发区城市建设投资经营有限公司	陈冬玲					2020-05-28
42 SCLYGK-2019021	大运会主会场东安湖片区基础设施建设项目-书房村片区生态修复工程		成都经济技术开发区城市建设投资经营有限公司	陈冬玲					2020-04-29

共42条 2/2页 第2页

图 9　信息化管理系统成果文件审批记录界面

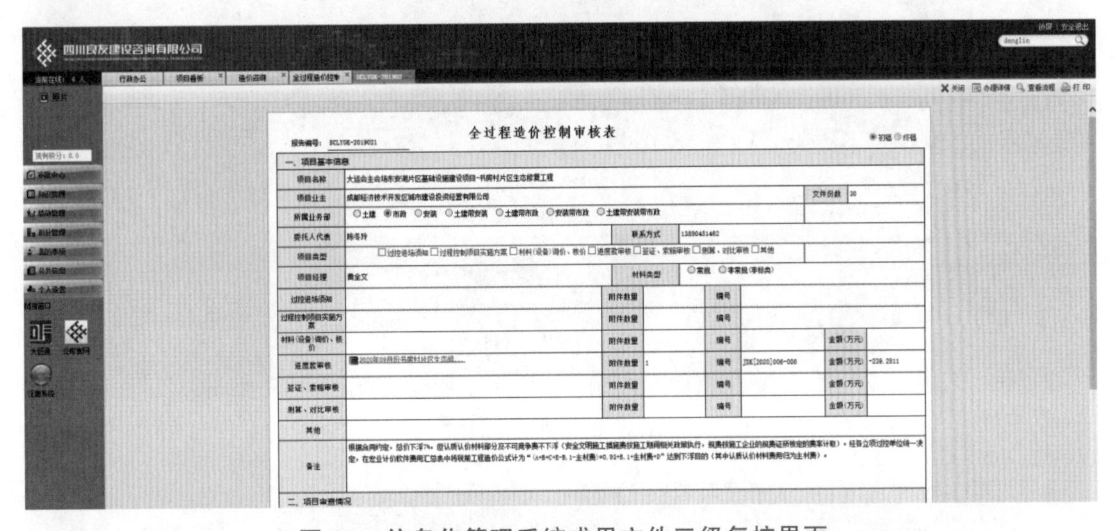

全过程造价控制审核表

报告编号：SCLYGK-2019021　　初稿　终稿

一、项目基本信息						
项目名称	大运会主会场东安湖片区基础设施建设项目-书房村片区生态修复工程					
项目业主	成都经济技术开发区城市建设投资经营有限公司				文件份数	30
所属业务部	○土建 ◉市政 ○安装 ○土建带安装 ○土建带市政 ○安装带市政 ○土建带安装带市政					
委托人代表	陈冬玲	联系方式	13880451482			
项目类型	□过控进场须知 □过程控制项目实施方案 □材料（设备）询价、核价 □进度款审核 □签证、索赔审核 □测算、对比审核 □其他					
项目经理	黄全文	材料类型	○常规 ○非常规（非标类）			
过控进场须知		附件数量		编号		
过程控制项目实施方案		附件数量		编号		
材料（设备）询价、核价		附件数量		编号	金额（万元）	
进度款审核	2020年09月份书房村片区生态...	附件数量	1	编号 JDK[2020]006-006	金额（万元）	-239.2811
签证、索赔审核		附件数量		编号	金额（万元）	
测算、对比审核		附件数量		编号	金额（万元）	
其他						
备注	根据合同约定，总价下浮7%，但认质认价材料部分及不可竞争费不下浮（安全文明施工措施费按施工期间相关政策执行，规费按施工企业的规费证所核定的费率计取）。经各立项过控单位统一决定，在专业计价软件费用汇总表中将税前工程造价公式计为"（A+B+C+E-E.1-主材费）×0.93+E.1+主材费+D"达到下浮目的（其中认质认价材料费用归为主材费）。					
二、项目审查情况						

图 10　信息化管理系统成果文件三级复核界面

（3）经济措施。

加强对总承包的造价管理力度，对总承包单位出现违约情况时，严格依照合同条款进行违约金扣除。

（4）技术措施。

① 进场交底专题会。根据本项目具体情况，收集相关政策文件、行业规范，编制进场须知、实施方案、计量方案、变更测算方案、材料及设备价格询价核价方案、台账报表等。开工前项目团队同建设单位、EPC 总承包单位、监理单位对开展建设过程中的一切经济活动进行交底培训，工程实施过程中严格按照各编制方案流程开展工作，发现与目标偏离的情况及时纠正。

② 进场材料及设备核价。本项目认价材料繁多，其中还涉及大量的定制产品、专利内容、新技术、新材料。针对特殊造型构件、艺术品装置、新工艺、新材料等，项目团队通过了解学习、市场调查、参考近期类似项目、参考公司 EPR 材料价格库以及参考承包人提供的采购合同等方式，完成认质核价工作。

③ 规范的现场抽查及取证。项目占地面积约 910 亩（约 606 748.36 m^2），如何保证抽查频率、抽查质量和抽查专业全面覆盖是本项目的难点。施工过程中，要求项目团队每周对现场施工内容与相关技术要求、图纸、方案的一致性进行抽查，重点抽查部位为隐蔽工程及工程实体，针对与图纸不符的部

分进行披露，并在全过程造价控制总结报告中体现，及时进行调整，这样确保全过程造价控制工作顺利推进。

④ 科技公司 BIM 建模算量。项目进场初期，完成红线范围内的原始地貌无人机飞行踏勘，现场造价工程师在完成现场破除既有构筑物、挖除藕塘鱼塘、苗木移栽、清淤等收方工作后，可根据 BIM 模型进行算量对比，减小现场收方误差。项目实施期间，每月定期在项目规定的现场形象进度审核时间前，完成现场施工进度的无人机飞行踏勘及建模工作，现场造价工程师结合施工单位上报的当月现场形象进度，可根据 BIM 模型计算现场的土方工程量、绿化乔木灌木栽植工程量、道路及景观广场铺装面积等工程量。科技公司 BIM 航拍建模场景内容如图 11、图 12 所示，具体航拍视频可扫图 13 中二维码进入三维平台观看。

图 11　BIM 航拍建模场景内容 1

图 12　BIM 航拍建模场景内容 2

实施期

竣工验收完成后

（扫描二维码可直接观看本项目全景总览场景内容）

图 13　BIM 航拍项目全景

⑤ 多种分类的电子链状台账。建立详尽、完善的电子链状台账，内容包括现场签证台账、设计变更台账、收方台账、结算计划表、清单编制等，为审计做好基础资料保障。

⑥ 建立全过程造价咨询意见表体系。施工过程中，现场如遇未按图施工、图纸存在问题、工作推进困难等情况，驻场工程师会将问题上报至项目经理，根据具体情况讨论出具体解决措施及整改推进要求，形成项目内部交流备忘录，再通过向参建各方责任主体发出《全过程造价咨询意见表》的形式，要求承包人进行整改回复。这种方式既能第一时间反映项目实际问题，也能让委托人随时了解项目动态成本情况。《全过程造价咨询意见表》如图 14 所示。

全过程造价咨询意见表

NO：006

项目名称	大运会主会场东安湖片区基础设施建设项目 —书房村片区生态修复工程
过控事项	中区南入口游客服务中心基坑网喷支护
主要内容	中区南入口游客服务中心基坑网喷支护已完成，现场实测 A-D 段无钢筋网，且喷射混凝土厚度为 30mm。（具体详见附件）
过控意见	中区南入口游客服务中心基坑支护方案及图纸要求设置 Φ8mm 间距 20*20cm 钢筋网，且喷射混凝土厚度为 80mm。请承包人按方案及图纸对已建段进行整改，对未建段严格按照方案及图纸进行施工。 过控单位：四川良友建设咨询有限公司 2020 年 08 月 26 日
建设单位意见	同意过控单位意见 建设项目负责人：成都经济技术开发区城市建设投资经营有限公司　2020 年 08 月 26 日
收文单位	主送：中国五冶集团有限公司； 抄送：成都经济技术开发区城市建设投资经营有限公司，成都交大工程建设集团有限公司
备注	请于 2020 年 08 月 31 日前回复执行意见。

图 14　全过程造价咨询意见表

⑦ 咨询公司团队及造价站。遇造价疑难及争议问题时，项目团队及时上报公司，咨询公司技术中心团队、业内专家或预约造价站并形成书面记录（图 15），为咨询服务寻求技术支持。

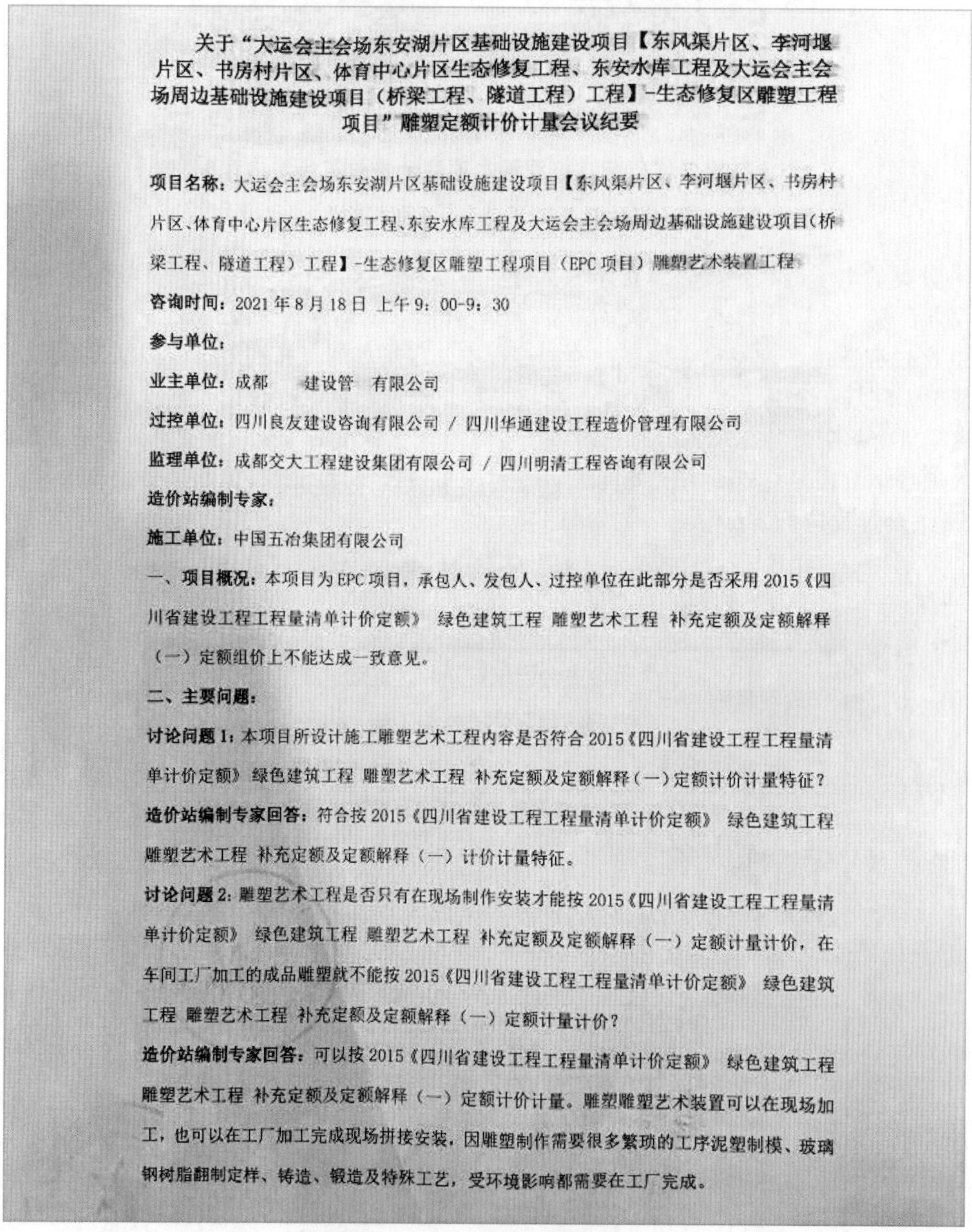

关于“大运会主会场东安湖片区基础设施建设项目【东风渠片区、李河堰片区、书房村片区、体育中心片区生态修复工程、东安水库工程及大运会主会场周边基础设施建设项目（桥梁工程、隧道工程）工程】-生态修复区雕塑工程项目”雕塑定额计价计量会议纪要

项目名称：大运会主会场东安湖片区基础设施建设项目【东风渠片区、李河堰片区、书房村片区、体育中心片区生态修复工程、东安水库工程及大运会主会场周边基础设施建设项目（桥梁工程、隧道工程）工程】-生态修复区雕塑工程项目（EPC 项目）雕塑艺术装置工程

咨询时间：2021 年 8 月 18 日 上午 9：00-9：30

参与单位：

业主单位：成都　　建设管　有限公司

过控单位：四川良友建设咨询有限公司 / 四川华通建设工程造价管理有限公司

监理单位：成都交大工程建设集团有限公司 / 四川明清工程咨询有限公司

造价站编制专家：

施工单位：中国五冶集团有限公司

一、项目概况：本项目为 EPC 项目，承包人、发包人、过控单位在此部分是否采用 2015《四川省建设工程工程量清单计价定额》 绿色建筑工程 雕塑艺术工程 补充定额及定额解释（一）定额组价上不能达成一致意见。

二、主要问题：

讨论问题 1：本项目所设计施工雕塑艺术工程内容是否符合 2015《四川省建设工程工程量清单计价定额》 绿色建筑工程 雕塑艺术工程 补充定额及定额解释（一）定额计价计量特征？

造价站编制专家回答：符合按 2015《四川省建设工程工程量清单计价定额》 绿色建筑工程 雕塑艺术工程 补充定额及定额解释（一）计价计量特征。

讨论问题 2：雕塑艺术工程是否只有在现场制作安装才能按 2015《四川省建设工程工程量清单计价定额》 绿色建筑工程 雕塑艺术工程 补充定额及定额解释（一）定额计量计价，在车间工厂加工的成品雕塑就不能按 2015《四川省建设工程工程量清单计价定额》 绿色建筑工程 雕塑艺术工程 补充定额及定额解释（一）定额计量计价？

造价站编制专家回答：可以按 2015《四川省建设工程工程量清单计价定额》 绿色建筑工程 雕塑艺术工程 补充定额及定额解释（一）定额计价计量。雕塑雕塑艺术装置可以在现场加工，也可以在工厂加工完成现场拼接安装，因雕塑制作需要很多繁琐的工序泥塑制模、玻璃钢树脂翻制定样、铸造、锻造及特殊工艺，受环境影响都需要在工厂完成。

图 15　咨询造价站书面记录

⑧ 公司巡查制度。本项目是公司重点工程，公司对该项目高度重视，每半年公司领导率队到项目进行巡查，并当场指出工作中需要注意的事项，确保项目能够顺利开展。公司巡检考评标准打分表如图 16 所示。

（5）合同措施。

① 严格以合同为控制依据，同时做好工程变更、附加工作和索赔等方面的费用管理，尽量减少合同以外的费用支付。

② 以经评审的项目概算建安工程费为最高限价，对限额设计工作保持高度关注，严格控制施工图预算内容。如遇设计图纸中出现非常规工艺和材料，应及时向总承包单位提出疑问，同时汇报建设单位，了解其设计目的，并提出相关的优化建议进行测算对比。

施工阶段全过程造价控制类考评标准打分表

工程名称：大运会主会场东安湖片区基础设施建设项目　　考核时间：2020年4月27日　　编号：【2020】巡-003

考核项目	过程管理及文件资料																																	合计
序号	1			2	3	4	5	6	7	8	9	10	11										12		13	14	15	16	17	18	19	20	21	
考核内容	项目概况			建设单位管理制度、招投标文件及各类批复文件管理	合同管理	咨询方案	日常交流备忘管理	现场抽查管理	现场收方管理	会议纪要管理	进度款审核管理	工程材料（设备）认质认价管理	动态成本管理										专项报告		现场人员对项目的熟知程度	过控咨询日志	周报月报	收发文	地勘报告及施工图纸管理	文件资料组卷及现场办公环境	整改情况	项目管理优化及创新	其他情况	
	建设项目总概况	单项工程基本信息	经济、技术指标分析										清标	设计变更单	技术核定单	现场签证单	经济措施方案	建设单位指令单/联系函	图纸会审纪要	人工费调整	材料调差	动态成本台账管理	成本优化建议	风险预警										
满分	2	3	4	2	3	1	2	6	6	3	6	6	4	3	2	6	2	2	2	3	3	3	3	2	2	3	2	2	2	2	4	2	2	100
现场考核得分	2	3	/	2	3	1	2	5	6	3	6	6	3	/	/	/	/	2	/	/	/	3	3	2	1.5	3	2	2	2	2	/	/	/	96.27
扣分情况	无																																	
实际得分	96.27																																	
考核中需要说明的问题	1. 抽查频率不够； 2. 建议与做类似项目的项目人员沟通，将网上询价与厂家询价进行对比，选定正确的市场价； 3. 清标面积填写有误； 4. 结算支付比例不清楚，应当熟悉合同条款。																																	
项目经理（签字）																																		
考核组长（签字）																		考核组成员（签字）																

备注：施工阶段全过程造价控制类内部成果文件严格按照《施工阶段全过程造价内部成果文件考核标准》执行。巡检周期内送审文件考核得分为80~90分发现一个扣1分；80分以下，发现一个

图 16　公司巡检考评标准打分表

③ 做好现场工程造价事件记录，线下以会议纪要的形式做好签字确认的资料，线上形成电子档的项目交流备忘录，实现工程造价控制与管理的可追溯性。

④ 对合同中争议条款及审计风险点，提前向业主以全过程造价咨询意见表及工作联系函的形式进行汇报，并提出防范和咨询建议。

4　经验总结

4.1　咨询服务的实践成效

成都是“全面体现新发展理念城市”首倡地和“公园城市”首提地。作为现代文明发展的聚集地，也是中国多数人口的聚居地，城市给多数居民的印象或许就是水泥森林，而成都的这两个首倡就是要在城市的方寸之间写下“诗和远方”，用“山水公园”破除城市固有的冷峻印象。

开放式公园的建设多是建立在自然资源的基础上，本项目的建设，不仅为城市添置了“绿肺”和“制氧机”，改善了城市生态环境，而且为市民提供了一个旅游、休闲、健身的好去处。更为重要的是，它将对推动城市开发、加快山水园林城市和西部地区最佳人居环境城市建设发挥重要作用。

成都因公园建设先进而蜚声全国，多是依赖成都根据不同地区的特色进行公园的建造，使得成都的公园数量众多却又各具特色。本项目的建设，不仅满足了居民的游览、观赏、休憩的需求，还能贯彻“文化为魂”的宗旨，使得东安湖公园更具吸引力。

从“城市中建公园”到“公园中建城市”，成都践行新发展理念，通过“公园城市”表达出每一个居民共同参与生态建设，达到从“产城人”到“人城产”的目标。这是未来城市更为健康、更美学，实现共享城市的第三空间形式的绝好呈现方式。

咨询服务在提升投资效益和项目价值方面发挥了重要作用。本项目为大运会主会场东安湖片区基础设施建设项目，对项目的质量和呈现效果要求都很高。我公司在咨询服务中配合项目业主和大运办综合分析了这一系列项目的特点，通过前期对比分析，该项目采用多标段平行设计、施工的EPC模式。该模式不仅解决了传统项目设计与施工脱节的问题，还为项目在大运会前呈现出良好的效果节约了宝

贵的时间。同时在投资控制方面，为业主建议采用了暂定总价的费率下浮的合同，采用清单计价模式，项目前期严控设计概算，项目后期严格要求限额设计，项目实施过程严格选样，既保证了项目投资也保证了项目质量和效果，为提升业主的投资效益和项目价值发挥了重要作用。

本项目不仅由我公司造价咨询部门的相关负责团队参与全过程工程造价管理咨询服务，同时还特派了科技公司 BIM 管理团队的人员参与咨询工作。项目创新性地应用 BIM 无人机进行飞行踏勘，形成模型成果为造价咨询服务提供了强有力的数据支撑，不仅解决了土石方的复测和算量问题，还解决了拆除原有结构物、各色铺装和不同品种的绿化种植的计量问题，为传统的造价注入了科技的活力。

同时，公司技术中心团队在后台提供了丰富且多维度的项目管控经验和海量的造价大数据，不光为项目的材料价、综合单价提供了历史数据和类似项目数据，还应用公司原有的数据库为本项目方案比选和投资控制提供了指标预测，让造价咨询服务这一以经验为主的传统行业，搭上了数据化转型的快车道。上述方式为我公司和造价同行探索出了一条科技创新和大数据联合助力的造价新道路，为造价咨询服务的转型提供了强有力的支撑，为类似项目和问题的解决提供了可借鉴的思路。

本项目是 EPC 建设模式的一次突破性案例，项目质量、投资均严格控制在合同约定范围内，达到了预期的目标。在咨询服务中，项目团队从客户需求出发，及时准确完成了咨询服务。项目负责人得到建设单位的年度好评，项目及单位均受到业主的肯定及书面表彰。

本项目的经验总结形成了一系列的成果，包含勘察—设计—施工总承包的成果，也包含造价咨询的案例成果。针对合同中的争议问题，我们进行了梳理总结、分享交流，给同期的多个 EPC 建设模式项目指明了方向，如图 17 所示。

类似项目如何做？

进度计量
无模拟清单的EPC项目，每期进度款最好要按清标的标准要求来审核工程量及价格，且做好底稿保存，统一形成计算稿及模拟清单库，后期可大大减少重复项工作。

限额设计
要求总承包方必须带预算报送方案（初设、施工图、专项方案、厂家二次深化方案等），对比估算及概算指标进行分析，尽量参与其中对造价控制提出可行建议。

施工图预算审核
EPC项目设计图纸通常各专业进度不同，特别是多家设计单位参与的项目，一旦某些专业施工图已定，即可立即开展算量工作，参考以往计量的计算稿及清单库，不建议等到所有专业图纸齐全后再开展。

签证及变更
工期任务紧的重点项目，建设方更多的是考虑项目整体推进，难免存在需要无条件配合现场开展的收方工作，此类情况提前与业主和施工单位沟通清楚，并做好记录，仅配合到场了解情况，记录数据。

认质认价
以概算为最高限价的项目，认价过程中多参考概算材料单价；项目进场时建议组织建设单位与总承包方开会，确定认价规则，将材料分为常规材料、涨幅大的材料、规模占比大的材料三部分，分别讨论。

图 17 项目梳理总结

通过本项目实施，为后期“市政公园类 EPC 承包模式下实施阶段的成本控制”课题提供了丰富的案例素材，同时也磨炼出了一批具有大型综合性市政公园项目造价管理经验的中坚人才，提升了企业承担此类项目的实力。

4.2 咨询服务的经验和不足

4.2.1 咨询服务经验总结

（1）进场先交底。

根据本项目具体情况，收集相关资料，开工前同各参建单位对开展建设过程中的一切经济活动进

行交底培训。在工程实施过程中严格按照各编制方案流程开展工作。这是一个项目实施前的预热准备，对项目的顺利进行有着十分重要的作用。

（2）进场材料及设备核价。

本项目的绿化、石材、安装工程认价材料较多，特别是受绿化的种类、胸径、分支点以及冠幅、丛树、多头、土球等各种参数影响，我们询价时绿化价格往往不够准确，这就需要我们提前了解各参数对价格的影响大小，做到心中有数，价格差异就是在可控范围内。同时，我方通过市场走访、网上询价、综合市场调查、承包人提供采购合同等方式，通过先认质后核价的程序，一步一步地完成了上千种的材料认质核价工作，为后期建设单位的结算工作打下了坚实的基础。

针对特殊的单一来源、定制产品、进口设备及新型材料的认价工作，我们也总结出了一套通用的经验。项目驻场工程师在收到此类材料、设备的认价资料时，应首先对该材料、设备的基础信息进行掌握，如名称、规格型号、使用部位、工程数量等；第二步通过设计单位、施工单位的技术部门以及网络检索收集并了解需认价材料、设备的生产流程及施工工艺；接下来通过专业的平台或网站联系到相关的材料、设备生产厂商，进行询价。询价过程中若遇技术问题，由于工程师已完全熟悉了解认价材料、设备的信息，则可顺利地进行沟通工作，并且能够获得最接近真实情况的市场采购价格。这种方式既能够让咨询服务单位询价准确，也能够使项目驻场工程师有更多的学习机会，深入设计、现场、材料设备的加工等过程，提升自身的经验储备。

（3）巧妙运用专业算量软件。

项目占地面积达 606 748.36 m^2，红线范围内的乔木、灌木、草坪地被等绿化工程量无法靠手算来精准计算，十分容易产生偏差。本项目园林绿化工程师通过运用专业的绿化算量软件科创易达进行绿化专业的工程量统计，首先检查 CAD 图纸中的图块、图例是否达到统一标准，在图纸中确定计算范围，即可在 30 min 内快速完成对绿化工程专业的工程量统计，且误差控制在±3%以内。

本项目市政工程师运用南方 CASS 土方算量软件，采用方格网中的三角网算法对土石方进行算量，采用业主提供的原始地貌图和杭州景观园林设计院提供的设计高程计算施工图纸的设计挖填土方工程量。每月审核土方工程量时，市政工程师根据科技公司 BIM 工程师提供的模型高程数据，与上月高程数据结合，通过南方 CASS 土方算量软件进行工程量计算。计算流程为：框选计算面积→写入 dat 原始数据→写入 sjw 三角网数据→得出数据（10 m×10 m 方格网）。南方 CASS 土方算量软件结果图纸如图 18 所示。

（4）电子链状台账的建立。

在本项目中，我公司的身份为施工阶段全过程造价控制单位，既要考虑建设单位、EPC 单位的实际情况，也要对施工单位、设计单位进行沟通协调。本项目的资料台账尤为重要，我们在传统的电子链状台账基础上进行了分类和相互引用关系，保证了项目既可以按时间线分类，也可以按责任单位分类，还可以按单位工程进行分类。这样为我们进行施工阶段全过程造价控制提供了详细、快速的数据支撑，同时也为项目审计做好了基础资料保障。

4.2.2 咨询服务过程中的不足

项目进场时，未立即根据现有的过程版施工图纸提前进行清单编制工作，导致前几期的进度计量审核工作较为仓促，虽说成果质量未出现问题，但是容易导致项目造价人员的心态起伏。情况发生时，项目经理及专业负责人的抗压能力起到了关键的作用，所以造价人员不仅应具备丰富的专业经验，还应具备良好的心理素质。

项目造价人员在参与全过程造价控制咨询服务过程中，个别人员存在对风险的预判能力欠缺的情况，由于项目体量大、时间紧的原因，造价人员部分时间的重心更多地放在了图纸算量和计价工作上，但有时却不能同时结合项目现场情况进行风险分析。

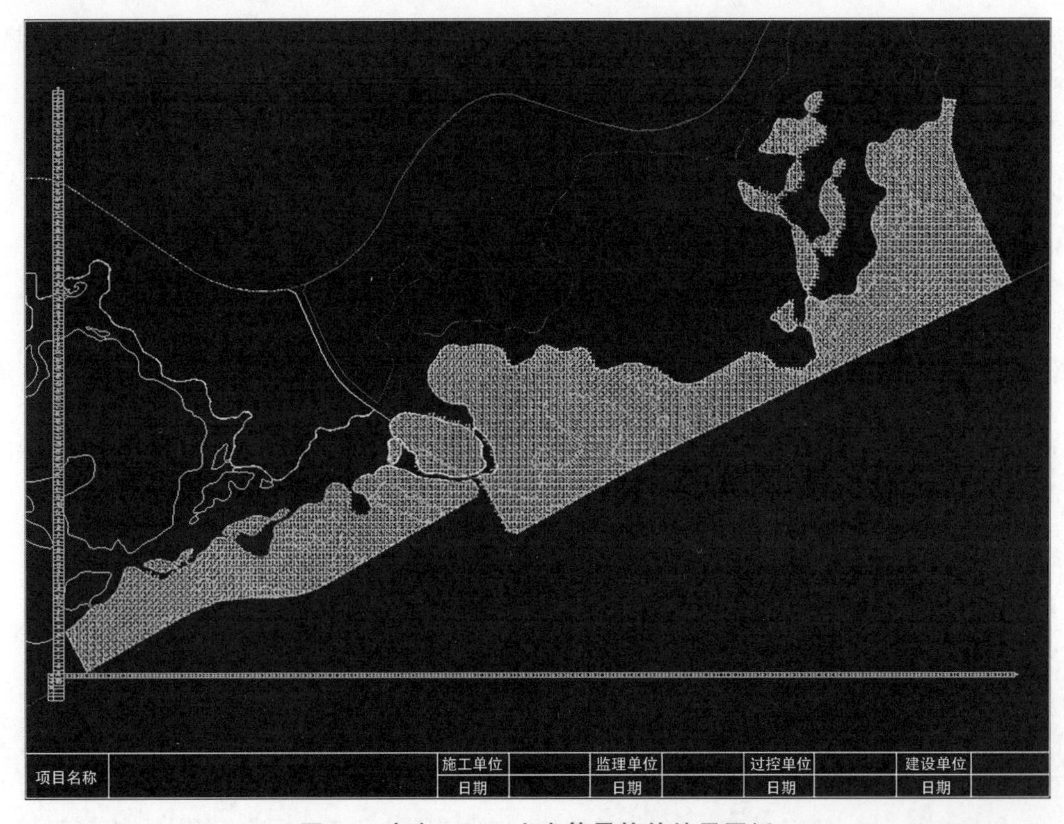

图 18　南方 CASS 土方算量软件结果图纸

宏观控制能力需要提高：深入参与如此全面且典型的项目，实际上对参与人员来说是一个很好的学习机会。造价人员平时在完成各自的基本工作之余，应保持积极的求知欲，遇到问题主动请教项目经理，与项目成员一起分析、讨论，从项目经理身上学习一定的宏观控制能力，这样也是对个人能力的一种提升。

5　项目主要经济技术指标

5.1　建设项目造价指标分析表

表 1　建设项目造价指标分析

项目名称：大运会主会场东安湖片区基础设施建设项目——书房村片区生态修复工程

项目类型：市政公园

投资来源：政府	项目地点：四川省成都市龙泉驿区
总面积：606 748.36 m^2	道路等级：/
红线宽度：/	造价类别：施工图预算价
承发包方式：工程总承包	建设类型：新建

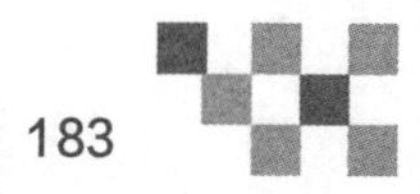

开工日期：2019 年 12 月 14 日　　　　竣工日期：2022 年 3 月 25 日

序号	单项工程名称	面积/m²	长度	计价期	造价/元	单位指标/（元/m）	单位指标/（元/m²）	指标分析和说明
1	生态修复工程	606 748.36	—	2021 年 1 月	306 698 667.99	—	505.48	园区内土方、绿化、道路、河道改造、景观节点等内容
2	总平机电安装	606 748.36	—	2021 年 1 月	103 423 785.35	—	170.46	园区内给水灌溉、排水、弱电、景观照明工程等内容
3	附属工程	606 748.36	—	2021 年 1 月	21 971 581.61	—	36.21	园区内艺术品装置、导视系统、城市家具等内容，建议综合参考
4	儿童游乐场地	14 955.00	—	2021 年 1 月	10 062 837.91	—	672.87	园区两个游乐场地内的设备及安装内容，建议综合参考
5	公厕 B～F	623.00	—	2021 年 1 月	6 251 010.36	—	10 033.72	建议综合参考，单体建筑设计的个性较强，且层数低，基础形式多样，不适用于所有项目参考
6	邀月坊	32.20	—	2021 年 1 月	440 892.86	—	13 692.32	
7	公园中区南入口游客服务中心	3 995.00	—	2021 年 1 月	15 625 695.83	—	3 911.31	
8	桃李书屋	634.90	—	2021 年 1 月	7 077 974.03	—	11 148.17	
9	泵房	182.80	—	2021 年 1 月	1 000 427.76	—	5 472.80	
10	合计	606 748.36			472 552 873.70		778.83	

5.2　单项工程造价指标分析表

表 2　公厕 B～F 工程造价指标分析

单项工程名称：公厕 B～F　　　　业态类型：配套用房

单项工程规模：建筑面积 623.00 m²　　　　层数：一层

装配率：　/　　　　绿建星级：/

地基处理方式：/　　　　基坑支护方式：/

基础形式：独立基础+条形基础　　　　计税方式：一般计税

序号	单位工程名称	规模/m²	造价/元	其中/元				单位指标/（元/m²）	占比	指标分析和说明
				分部分项	措施项目	其他项目	税金			
1	建筑工程	623.00	2 238 777.18	1 689 740.69	223 199.83	95 797.15	184 853.17	3 593.54	35.81%	
2	室内装饰工程	623.00	964 715.25	801 385.65	22 882.01	41 320.87	79 655.39	1 548.50	15.43%	
3	外装工程	623.00	2 645 504.41	2 243 711.86	37 628.67	114 175.84	218 436.14	4 246.40	42.32%	
4	电气工程	623.00	144 739.97	119 315.28	4 019.42	6 200.10	11 951.01	232.33	2.32%	
5	给排水工程	623.00	220 380.04	185 367.64	3 908.19	9 470.56	18 196.52	353.74	3.53%	
6	暖通工程	623.00	34 742.59	29 376.92	561.12	1 502.09	2 868.66	55.77	0.56%	
7	消防工程	623.00	2 150.92	1 765.96	62.68	91.38	177.61	3.45	0.03%	
8	合计	623.00	6 251 010.36	5 070 664	292 261.92	268 557.99	516 138.5	10 033.72	100.00%	

表 3　邀月坊工程造价指标分析

单项工程名称：邀月坊　　　　业态类型：配套用房

单项工程规模：建筑面积 32.20 m²　　　　层数：一层

装配率：/　　　　绿建星级：/

地基处理方式：/　　　　基坑支护方式：/

基础形式：独立基础　　　　计税方式：一般计税

序号	单位工程名称	规模/m²	造价/元	其中/元				单位指标/（元/m²）	占比	指标分析和说明
				分部分项	措施项目	其他项目	税金			
1	建筑工程	32.20	179 630.77	139 321.27	12 925.84	7 628.95	14 831.90	5 578.60	40.74%	
2	装饰工程	32.20	238 273.60	197 346.15	5 950.82	10 173.80	19 673.97	7 399.80	54.04%	
3	电气工程	32.20	9 545.96	7 969.74	204.13	408.72	788.20	296.46	2.17%	
4	给排水工程	32.20	12 964.54	10 842.69	257.04	565.13	1 070.47	402.63	2.94%	
5	消防工程	32.20	477.99	392.84	13.94	20.32	39.47	14.84	0.11%	
6	合计	32.20	440 892.86	355 872.69	19 351.77	18 796.92	36 404.01	13 692.32	100.00%	

表 4 公园中区南入口游客服务中心工程造价指标分析

单项工程名称：公园中区南入口游客服务中心　　业态类型：配套用房
单项工程规模：建筑面积 3 995.00 m²　　层数：一层
装配率：/　　绿建星级：/
地基处理方式：/　　基坑支护方式：/
基础形式：独立基础+条形基础+筏板基础　　计税方式：一般计税

序号	单位工程名称	规模/m²	造价/元	其中/元				单位指标/（元/m²）	占比	指标分析和说明
				分部分项	措施项目	其他项目	税金			
1	建筑工程	3 995.00	11 331 807.24	8 875 483.85	854 072.37	487 128.24	935 653.81	2 836.50	72.52%	
2	装饰工程	3 995.00	1 845 251.63	1 546 392.39	36 827.60	79 199.36	152 360.23	461.89	11.81%	
3	给排水工程	3 995.00	100 127.66	81 640.32	4 006.95	4 283.88	8 267.42	25.06	0.64%	
4	电气工程	3 995.00	711 552.98	633 998.37	12 514.37	32 372.41	26 502.36	178.11	4.55%	
5	暖通工程	3 995.00	439 860.10	372 621.07	6 486.38	18 987.87	36 318.72	110.10	2.81%	
6	消防工程	3 995.00	1 055 166.48	871 058.35	28 117.93	44 736.21	87 123.84	264.12	6.75%	
7	抗震支架工程	3 995.00	141 929.74	117 157.40	3 884.23	6 044.07	11 718.97	35.53	0.91%	
8	合计	3 995.00	15 625 695.83	12 498 351.75	945 909.83	672 752.04	1 257 945.35	3 911.31	100.00%	

表 5 桃李书屋工程造价指标分析

单项工程名称：桃李书屋　　业态类型：配套用房
单项工程规模：建筑面积 634.90 m²　　层数：二层
装配率：/　　绿建星级：/
地基处理方式：/　　基坑支护方式：/
基础形式：柱下独立浅基础　　计税方式：一般计税

序号	单位工程名称	规模/m²	造价/元	其中/元				单位指标/（元/m²）	占比	指标分析和说明
				分部分项	措施项目	其他项目	税金			
1	建筑工程	634.90	1 585 352.72	1 147 956.92	204 037.36	67 781.59	130 900.68	2 497.01	22.40%	
2	装饰工程	634.90	4 491 635.72	3 683 653.58	170 110.11	192 829.23	370 869.00	7 074.56	63.46%	
3	强电工程	634.90	795 838.29	681 171.71	9 257.40	34 675.19	65 711.41	1 253.49	11.24%	
4	弱电工程	634.90	81 289.78	68 981.77	1 263.95	3 511.70	6 712.00	128.04	1.15%	
5	给排水工程	634.90	107 172.02	91 221.13	1 386.99	4 633.27	8 849.06	168.80	1.51%	
6	消防工程	634.90	7 589.69	6 339.77	165.32	325.62	626.67	11.95	0.11%	
7	通风工程	634.90	9 095.81	7 767.43	103.05	393.55	751.03	14.33	0.13%	
8	合计	634.90	7 077 974.03	5 687 092.31	386 324.18	304 150.15	584 419.85	11 148.17	100.00%	

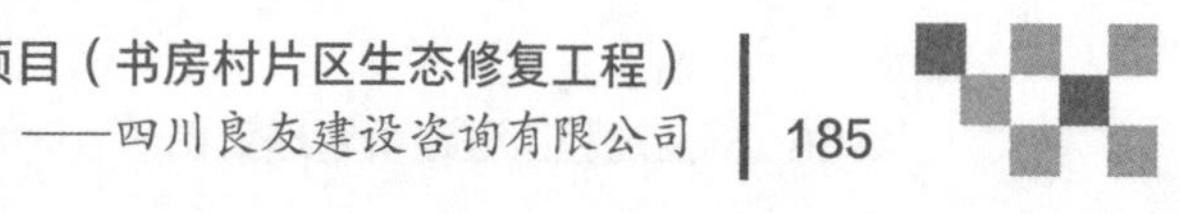

表 6　泵房工程造价指标分析

单项工程名称：泵房　　业态类型：配套用房
单项工程规模：建筑面积 182.80 m^2　　层数：一层
装配率：/　　绿建星级：/
地基处理方式：/　　基坑支护方式：/
基础形式：筏板基础　　计税方式：一般计税

序号	单位工程名称	规模/m^2	造价/元	其中/元				单位指标/（元/m^2）	占比	指标分析和说明
				分部分项	措施项目	其他项目	税金			
1	建筑工程	182.80	501 309.49	342 622.55	75 147.20	20 890.24	41 392.53	2 742.39	50.11%	
2	给排水工程	182.80	333 244.74	200 109.75	86 762.90	14 358.52	27 515.62	1 823.00	33.31%	
3	电气工程	182.80	165 873.53	122 534.28	2 103.27	6 235.12	13 695.98	907.40	16.58%	
4	合计	182.80	1 000 427.76	665 266.58	164 013.37	41 483.88	82 604.13	5 472.80	100.00%	

表 7　生态修复工程造价指标分析

单项工程名称：大运会主会场东安湖片区基础设施建设项目——书房村片区生态修复工程
业态类型：市政公园
总面积：606 748.36 m^2　　单位造价：505.48 元/m^2

序号	单位工程名称	面积/m^2	造价/元	其中/元				单位指标/（元/m^2）	占比	指标分析和说明
				分部分项	措施项目	其他项目	税金			
1	土石方工程	606 748.36	13 676 603.52	11 149 496.18	429 549.69	584 442.58	1 129 260.84	22.54	4.46%	本项目土方内部平衡，场内调配运距短，无买土无弃土
2	桥梁工程	3 343.77	27 526 621.64	22 527 574.51	1 102 569.03	1 186 401.55	2 272 840.12	8 232.21	8.98%	桥梁共 11 座，上部结构含空心梁板、钢箱梁、拱形梁等形式
3	西江河改造工程	9 578.81	17 046 638.76	14 050 196.16	507 715.12	736 379.31	1 407 520.51	1 779.62	5.56%	河道宽度 11.5 m，起止桩长 832.94 m，原有河道积淤较多，土质条件差，措施内容多
4	绿化工程	606 748.36	142 186 907.86	118 112 856.49	4 082 495.84	6 118 958.87	11 740 202.36	234.34	46.36%	绿化范围内种植土厚度 30 cm
5	道路照明、电力工程	606 748.36	3 766 940.79	2 980 436.18	200 394.88	159 987.83	311 031.78	6.21	1.23%	
6	道路工程	57 278.09	34 231 228.28	29 173 349.64	470 029.94	1 485 072.34	2 826 431.44	597.63	11.16%	主园路宽 7 m，支园路类型样式多样
7	景观广场工程	60 750.34	51 471 893.55	43 138 768.31	1 148 838.25	2 211 081.09	4 249 972.48	847.27	16.78%	景观广场节点较多，结构层及面层做法多样
8	栈道栈桥工程	606 748.36	16 791 833.59	14 083 944.86	317 735.14	726 069.06	1 386 481.54	27.68	5.48%	栈道栈桥结构及装饰类型多样化，含钢结构、竹木结构及仿古结构等
9	合计	606 748.36	306 698 667.99	255 216 622.33	8 259 327.89	13 208 392.63	25 323 741.07	505.48	100.00%	

注：土石方工程、安装工程建设规模栏为市政公园总面积，配套用房建设规模为配套用房建筑面积，其他项目建设规模为各自的实施面积。

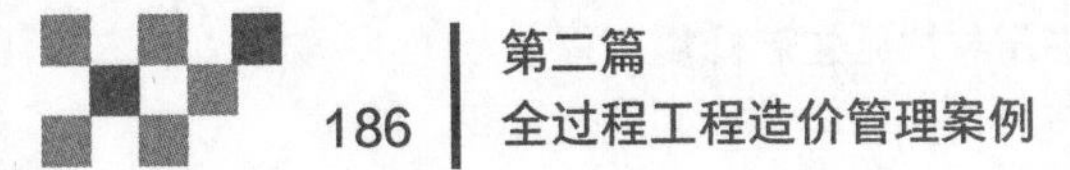

表 8 总平机电安装工程造价指标分析

单项工程名称：总平机电安装　　业态类型：市政公园

总面积：606 748.36 m^2　　单位造价：170.46 元/m^2

序号	单位工程名称	面积/m^2	造价/元	其中/元				单位指标/（元/m^2）	占比	指标分析和说明
				分部分项	措施项目	其他项目	税金			
1	给水工程	606 748.36	12 615 797.49	10 517 215.01	284 922.62	541 348.26	1 041 671.35	20.79	12.20%	
2	基础照明工程	606 748.36	8 364 011.06	7 194 313.22	62 260.38	363 117.20	690 606.42	13.78	8.09%	
3	弱电工程	606 748.36	24 818 670.22	21 290 968.36	220 394.89	1 073 290.07	2 049 248.00	40.90	24.00%	各项目需结合机房功能需求综合考虑
4	光彩照明工程	606 748.36	49 075 356.23	41 812 938.20	592 834.18	2 122 234.35	4 052 093.63	80.88	47.45%	各项目需结合绿化苗木分布综合考虑
5	导视系统基础照明工程	606 748.36	868 091.97	707 713.30	28 006.51	36 802.38	71 677.32	1.43	0.84%	
6	银沙滩儿童乐园景观照明	606 748.36	1 324 296.54	1 128 122.82	16 202.70	57 260.95	109 345.59	2.18	1.28%	
7	书香岛儿童乐园景观照明	606 748.36	530 701.01	453 932.51	5 572.47	22 994.73	43 819.35	0.87	0.51%	
8	沙滩旱喷	606 748.36	751 401.88	639 972.38	9 309.90	32 494.27	62 042.36	1.24	0.73%	
9	排水工程	606 748.36	5 075 458.95	4 310 719.89	83 034.02	219 852.82	419 074.59	8.37	4.91%	
10	合计	606 748.36	103 423 785.35	88 055 895.69	1 302 537.67	4 469 395.03	8 539 578.61	170.46	100.00%	

表 9 附属工程工程造价指标分析

单项工程名称：附属工程　　业态类型：附属工程

总面积：606 748.36 m^2　　单位造价：36.21 元/m^2

序号	单位工程名称	面积/m^2	造价/元	其中/元				单位指标/（元/m^2）	占比	指标分析和说明
				分部分项	措施项目	其他项目	税金			
1	特殊造型构件	606 748.36	8 926 539.38	7 587 477.86	20 766.32	383 408.83	921 317.14	14.71	40.63%	特殊定制产品
2	艺术装置雕塑	606 748.36	9 199 360.72	6 956 220.34	438 262.21	360 409.74	949 475.30	15.16	41.87%	特殊定制产品，拥有艺术家著作权
3	导视系统及城市家具	606 748.36	3 845 681.51	3 332 584.84	—	160 281.85	352 814.82	6.34	17.50%	特殊定制产品
4	合计	606 748.36	21 971 581.61	17 876 283.04	459 028.53	904 100.42	2 223 607.26	36.21	100.00%	

表 10 儿童游乐场地工程造价指标分析

单项工程名称：儿童游乐场地　　业态类型：附属工程

总面积：606 748.36 m^2　　单位造价：672.87 元/m^2

序号	单位工程名称	面积/m²	造价/元	其中/元				单位指标/（元/m²）	占比	指标分析和说明
				分部分项	措施项目	其他项目	税金			
1	书香岛儿童游乐设施	6 715.00	7 366 897.35	6 436 693.70	—	321 927.72	608 275.93	1 097.08	73.21%	特殊定制产品
2	沙滩儿童游乐设施	8 240.00	2 695 940.56	2 355 404.30	—	117 935.66	222 600.60	327.18	26.79%	特殊定制产品
3	合计	14 955.00	10 062 837.91	8 792 098.00		439 863.38	830 876.53	672.87	100.00%	

5.3 单项工程主要工程量指标分析表

表 11 公厕 B ~ F 工程主要工程量指标分析

单项工程名称：公厕 B ~ F

业态类型：配套用房　　　　建筑面积：623.00 m²

序号	工程量名称	工程量	单位	指标	指标分析和说明
1	土石方开挖量	999.72	m³	1.60	
2	桩（含桩基和护壁桩）	144.69	m³	0.23	
4	砌体	251.56	m³	0.40	
5	混凝土	473.90	m³	0.76	
6	钢筋	72 057.00	kg	115.66	
7	型钢	115.19	kg	0.18	
8	模板	2 900.80	m²	4.66	
9	外门窗及幕墙	247.21	m²	0.40	
10	保温	922.48	m²	1.48	
11	楼地面装饰	729.01	m²	1.17	
12	内墙装饰	1 082.15	m²	1.74	
13	天棚工程	596.13	m²	0.96	
14	外墙装饰	1 201.52	m²	1.93	

表 12 邀月坊工程主要工程量指标分析

单项工程名称：邀月坊

业态类型：配套用房　　　　建筑面积：32.20 m²

序号	工程量名称	工程量	单位	指标	指标分析和说明
1	土石方开挖量	48.3	m³	1.50	
2	混凝土	22.84	m³	0.71	
3	钢筋	252	kg	7.83	
4	型钢	5 998	kg	186.27	
5	模板	133.08	m²	4.13	
6	外墙装饰	33.22	m²	1.03	

表 13 公园中区南入口游客服务中心工程主要工程量指标分析

单项工程名称：公园中区南入口游客服务中心

业态类型：配套用房　　　　　　建筑面积：3 995.00 m²

序号	工程量名称	工程量	单位	指标	指标分析和说明
1	土石方开挖量	5 923.67	m³	1.48	
2	砌体	326.96	m³	0.08	
3	混凝土	4 734.75	m³	1.19	
4	钢筋	519 479.00	kg	130.03	
5	模板	9 517.58	m²	2.38	
6	外门窗及幕墙	935.50	m²	0.23	
7	保温	4 939.74	m²	1.24	
8	外墙装饰	1 835.68	m²	0.46	

表 14 桃李书屋工程主要工程量指标分析

单项工程名称：桃李书屋工程

业态类型：配套用房　　　　　　建筑面积：634.90 m²

序号	工程量名称	工程量	单位	指标	指标分析和说明
1	土石方开挖量	1 598.11	m³	2.52	
2	砌体	155.77	m³	0.25	
3	混凝土	450.26	m³	0.71	
4	钢筋	55 164.00	kg	86.89	
5	型钢	38 896.00	kg	61.26	
6	模板	2 414.97	m²	3.80	
7	外门窗及幕墙	1 464.74	m²	2.31	
8	保温	668.65	m²	1.05	
9	楼地面装饰	1 153.13	m²	1.82	
10	内墙装饰	1 050.52	m²	1.65	
11	天棚工程	764.81	m²	1.20	

表 15 泵房工程主要工程量指标分析

单项工程名称：泵房

业态类型：配套用房　　　　　　建筑面积：182.80 m²

序号	工程量名称	工程量	单位	指标	指标分析和说明
1	土石方开挖量	145.18	m³	0.79	
2	砌体	125.76	m³	0.69	
3	混凝土	545.51	m³	2.98	
4	钢筋	52 846	kg	289.09	
5	模板	2 744.32	m²	15.01	
6	保温	1 352.42	m²	7.40	
7	防水工程	1 718.64	m²	9.40	

表 16 生态修复工程主要工程量指标分析

单项工程名称：生态修复工程　　业态类型：市政公园
总长度：/　　道路面积：/
宽度：/　　车道数：/

序号	工程量名称	单项工程规模		工程量	单位	指标	指标分析和说明
		数量	计量单位				
1	土石方工程						
1.1	土方开挖量	606 748.36	m^2		m^3	0.95	
1.2	土方回填量	606 748.36	m^2	1 636 345.60	m^3	2.70	
2	桥梁工程						
2.1	桥梁下部结构	3 343.77	m^2	5 228.08	m^3	1.56	
2.2	桥梁上部结构（钢结构）	606 748.36	m^2	658 397.80	kg	1.09	
2.3	桥梁上部结构（混凝土）	606 748.36	m^2	4 863.37	m^3	0.01	
2.4	钢筋	606 748.36	m^2	728 042.00	kg	1.20	
3	西江河改造工程						
3.1	土方开挖量	9 578.81	m^2	81 769.70	m^3	8.54	
3.2	土方回填量	9 578.81	m^2	46 450.91	m^3	4.85	
3.3	挖淤泥	9 578.81	m^2	3 870.75	m^3	0.40	
3.4	换填连砂石	9 578.81	m^2	6 067.92	m^3	0.63	
3.5	镀高尔凡格宾石笼挡墙	9 578.81	m^2	14 284.64	m^3	1.49	
3.6	混凝土挡墙	9 578.81	m^2	883.53	m^3	0.09	
3.7	蜂巢约束系统护坡	9 578.81	m^2	548.48	m^2	0.06	
3.8	钢筋	606 748.36	m^2	91 279.00	kg	0.15	
4	绿化工程						
4.1	种植土回填	606 748.36	m^2	131 660.72	m^3	0.22	
4.2	乔木	606 748.36	m^2	7 273.00	株	0.01	
4.3	竹类	606 748.36	m^2	91 687.00	株	0.15	
4.4	地被、草坪	606 748.36	m^2	454 185.98	m^2	0.75	
4.5	植草沟	606 748.36	m^2	4 785.56	m	0.01	
5	道路工程						
5.1	土方开挖量	57 278.09	m^2	36 870.15	m^3	0.64	
5.2	土方回填量	57 278.09	m^2	3 099.60	m^3	0.05	
5.3	SP 高分子聚合物涂装路面	57 278.09	m^2	22 467.96	m^2	0.39	
5.4	花岗石路面	57 278.09	m^2	17 829.39	m^2	0.31	
5.5	水洗石路面	57 278.09	m^2	452.54	m^2	0.01	
5.6	透水混凝土路面	57 278.09	m^2	429.20	m^2	0.01	

续表

序号	工程量名称	单项工程规模		工程量	单位	指标	指标分析和说明
		数量	计量单位				
6	景观广场工程						
6.1	花岗石路面	60 750.34	m^2	36 939.13	m^3	0.61	
6.2	水洗石路面	60 750.34	m^2	2 973.83	m^3	0.05	
6.3	透水混凝土路面	60 750.34	m^2	8 812.58	m^2	0.15	
6.4	高耐竹板	60 750.34	m^2	2 840.37	m^2	0.05	
6.5	松木桩驳岸	60 750.34	m^2	6 194.16	m	0.10	
6.6	栏杆	60 750.34	m^2	417.83	m	0.01	
7	栈道栈桥工程						
7.1	混凝土	60 6748.36	m^2	3 300.66	m^3	0.01	
7.2	钢构件	60 6748.36	m^2	390 353.35	m^3	0.64	
7.3	钢筋	60 6748.36	m^2	162 253.00	m^2	0.27	
7.4	高耐竹板	60 6748.36	m^2	6 624.48	m^2	0.01	
7.5	栏杆	60 750.34	m^2	1 418.73	m	0.02	

表 17 总平机电安装工程主要工程量指标分析

单项工程名称：总平机电安装　　　　业态类型：市政公园

总长度：/　　　　道路面积：/

宽度：/　　　　车道数：/

序号	工程量名称	单项工程规模		工程量	单位	指标	指标分析和说明
		数量	计量单位				
1	给水管道	606 748.36	m^2	69 727.78	m	0.11	
2	雨水管道	606 748.36	m^2	3 913.51	m	0.01	
3	污水管道	606 748.36	m^2	3 863.35	m	0.01	
4	光缆敷设	606 748.36	m^2	53 686.78	m	0.09	
5	通信排管	606 748.36	m^2	6 356.8	m	0.01	
6	电缆敷设	606 748.36	m^2	218 742.21	m	0.36	
7	电力配管	606 748.36	m^2	216 348.26	m	0.36	
8	检查井	606 748.36	m^2	956	座	0.002	
9	灯具、灯杆	606 748.36	m^2	14 639	套	0.02	

九林语（一期）项目

——四川兴衡工程管理服务有限公司

◎ 严龙全，母家欣，金权才，刘俊良，黄波

1 项目概况

1.1 项目基本信息

九林语（一期）项目坐落于成都市成华区，项目用地面积 27 178.32 m^2，共建设 14 幢，总建筑面积 107 056.61 m^2。其中：地下 2 层建筑面积为 35 286.88 m^2，设局部人防。地上共 14 栋，建筑面积为 70 685.86 m^2；1#、8#、9#、10#、13#楼为多层洋房，建筑面积为 12 365.71 m^2；2#、3#、4#、5#、11#、12#、14#楼为普通高层，建筑面积为 34 942.15 m^2；6#、7#楼为高层人才公寓，建筑面积为 23 378.00 m^2；配套门卫室 25.48 m^2，垃圾房 54.45 m^2，其余附属工程 1 083.87 m^2。本项目包含房屋建筑和初装工程、精装修工程、安装工程、总平及管网工程。

1.2 项目特点

九林语（一期）项目具有以下特点：

（1）本项目建筑密度 24%，绿地率 25%，容积率 2.5，车位 819 个；

（2）本项目控制价编制采用指标控制价，招投标模式为勘察—设计—施工总承包模式，总承包合同采用暂定总价+费率下浮模式；

（3）本项目为装配式建筑，其中洋房装配率 1#20.1%、8#20.27%、9#20.27%、10#22.98%、13#20.27%，人才公寓装配率 6#26.21%、7#22.42%，普通高层装配率 2#23.64%、3#23.64%、4#23.64%、5#23.9%、11#21.62%、12#25.01%，各业态装配式构件为预制混凝土叠合楼板、改性石膏复合轻质隔墙；

（4）本项目绿建星级为一星级；

（5）本项目总承包合同要求采用 BIM 技术进行设计及施工；

（6）本项目采用了过程结算模式；

（7）本项目精装修定位为高端改善型居住洋房及高层；

（8）本项目业态多样，有地下室（含局部人防）、洋房、人才公寓、高层；

（9）本项目结算价分为结算价一和结算价二，结算价一为造价咨询单位计算价，结算价二为根据合同专用条款 17.5.1.3 条约定计算支付施工单位金额。

2 咨询服务范围及组织模式

2.1 咨询服务的业务范围

本项目咨询业务范围包含投资估算、指标工程量清单及招标控制价编制、施工图预算编制、全过程造价控制（含初步审核结算）造价咨询服务。

项目各阶段服务范围及内容如图1所示。

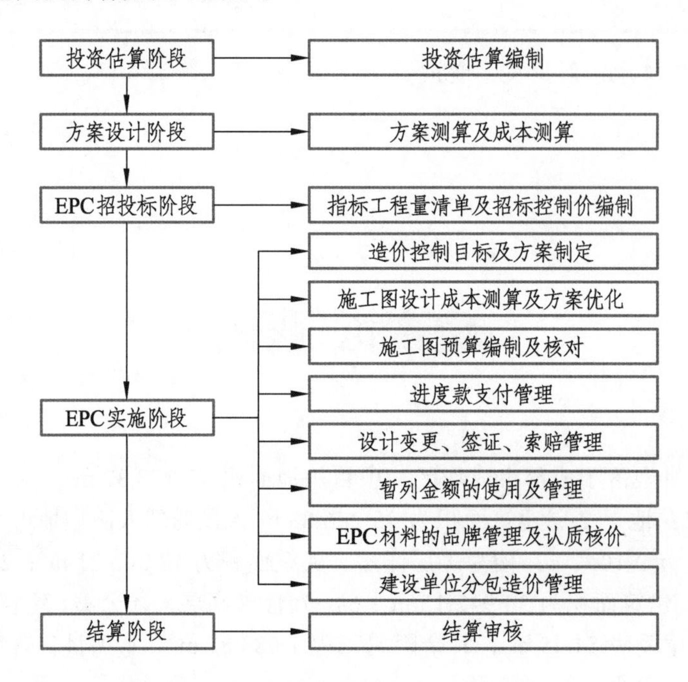

图1 项目各阶段服务范围及内容

2.2 咨询服务的组织模式

（1）本项目采用现场项目经理负责制，我公司根据合同委托内容、业主的相关要求及项目的具体情况，由公司副总经理担任本项目的分管副总并着手组建项目经理部。在公司内部抽调具有丰富经验的一级造价工程师担任现场项目经理。项目经理确认后，根据本项目情况确定土建、精装修、安装等各专业负责人，并确定各专业具体过控及驻场人员。

（2）在质量上通过项目经理、专职二级复核人员、技术负责人组成的三级复核人员承担项目的技术复核工作，严格落实三级复核制度。当产生重大技术问题时由技术负责人向公司分管副总进行汇报。

（3）在人员支持上，由现场项目经理向分管副总进行汇报，由分管副总进行协调安排。

（4）在后勤服务上，由现场项目经理向公司行政部报备后，按公司制度予以后勤服务支持。

项目具体组织模式如图2所示。

2.3 咨询服务工作职责

本项目经理部各人员职责及分工如下：

（1）分管副总工作职责。

① 负责对本项目重大风险进行整体把控工作；

② 负责协调本项目在公司层面上的专业技术支持与人员配合工作；

③ 负责与委托方管理层以上进行沟通协调，汇报项目的重大事项。

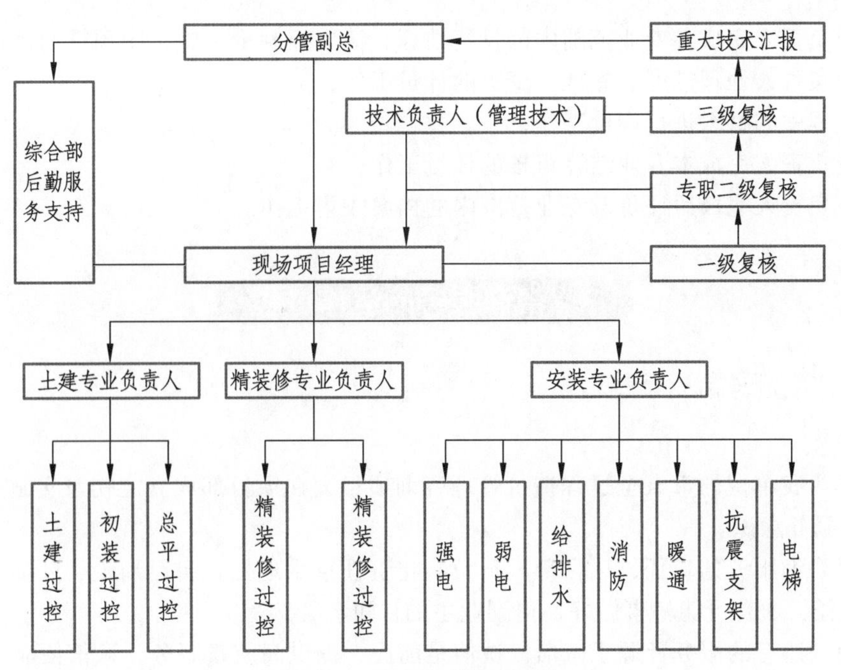

图 2　项目组织管理机构

（2）项目三级复核工作人员职责。

① 项目经理承担本项目的一级复核工作，对专业负责人提交的专业成果文件进行复核；

② 专职二级复核人员对本项目承担二级复核工作，解决本项目一般性技术问题；

③ 技术负责人全面落实并解决本项目重大技术问题，承担本项目的第三级复核工作，并向项目分管副总汇报重大技术及风险问题。

（3）现场项目经理工作职责。

① 全面负责本项目对内、对外的组织、沟通、协调、安排等工作；

② 负责主导本项目投资估算、清单控制价、施工图预算汇总、解决争议；

③ 据公司管理权限对本项目的进度、签证及变更进行总体审核并签署意见；

④ 负责整体把控本项目的材料认质核价；

⑤ 建立并完善过控资料台账；

⑥ 识别本项目的风险点并提出可行的解决办法，防范审计风险；

⑦ 对本项目成果文件质量进行一级复核工作；

⑧ 负责初步审核结算工作；

⑨ 负责本项目后评价及档案归档工作。

（4）专业负责人工作职责。

① 负责本专业范围内的沟通、协调、安排等工作；

② 负责本专业范围内的投资估算、清单控制价、施工图预算的具体编制与实施工作；

③ 负责对本专业范围内的进度、签证及变更进行审核；

④ 负责主导本专业范围内的材料认质核价的梳理及询价、认价工作；

⑤ 参与本专业重要节点收方工作；

⑥ 对本专业范围内的成果文件进行自检工作；

⑦ 负责本专业范围内的结算工作的具体实施；

⑧ 负责本专业范围内的后评价的操作实施及档案的具体整理工作。

（5）过控专业人员工作职责。

① 参与项目的现场收方及隐蔽工程验收工作；

② 协助专业负责人完成各专业范围内的投资估算、清单控制价、施工图预算的计量、计价工作；
③ 协助专业负责人处理进度、签证、变更的计量工作；
④ 对项目过程中的材料进行询价工作；
⑤ 协助专业负责人完成本专业结算审核的计量工作；
⑥ 协助专业负责人完成后评价及专业范围内的档案收集工作。

3 咨询服务的运作过程

3.1 咨询服务的理念及思路

（1）服务理念。

① 本项目作为我单位的重点全过程造价管理咨询项目，在项目部成立之初及实施过程中重点强调并坚持提高咨询服务意识。

② 强调项目咨询服务的责任，项目部人员只有将责任重重地扛在自己肩上，才能使每个人意识到身上的担子与责任，才有可能将事做好，得到业主的认可。

③ 诚信至上，所有的服务皆源于诚信。诚信是前提，提供高质量服务，诚信便能立足。

④ 保持公平、公正的态度，以服务业主的大局观，做到公平、公正和实事求是。

（2）服务思路。

① 项目部根据合同及委托单位要求，制定本项目详细的实施方案，报公司及委托单位进行审批。用以指导日常全过程造价咨询服务工作。当方案与实际情况出现偏离时需要由项目经理及分管副总及时进行纠偏。

② 项目组内部做到责权清晰，分工明确，由项目经理对接委托单位管理工程师，并进行任务的组织、沟通与协调。采取专业人员、专业负责人、项目经理、分管副总进行层级管理及汇报，各层级之间明确了各自的职责，避免出现职责混乱不清楚的情况。

③ 强调项目部人员的主动服务意识，替委托单位分忧解愁，帮委托单位做好成本控制。

④ 由分管副总对接委托单位管理层以上领导，处理好上层关系，并进行必要的汇报与请示工作。

3.2 咨询服务的方法及手段

（1）咨询服务的方法。

① 根据委托单位下发的任务委托单，了解清楚委托单位的真正意图及要求。项目部内部再进行任务分解及时间计划，并进行技术交底，以及时传达项目相关要求。在任务咨询过程中，各级负责人随时跟踪项目的质量及进度，严格按技术交底内容执行。项目咨询结束后，按照公司三级复核制度要求提交各级复核人员进行复核。

② 本项目委托单位在合同中明确要求需要我单位对项目成本及审计风险进行控制。为此，在具体的咨询过程中，项目部结合投资估算、初设及施工图设计文件对设计意图及设计做法提出相应的成本优化措施和意见，在满足相关强制性规范的要求下，对经济合理性进行测算，并提出最终方案。在认价过程中对材料的选型、选样，应提前搜集同一类材料不同品牌之间的价格差异及材料的可替换性，以便提供高性价比的材料建议。

③ 在进度、签证及变更审核过程中严格按照合同约定结合现场实际进度进行审核，不得出现超计、超额支付的情况，对签证及变更产生的原因进行分析，做到有理、有据、合法地变更，避免产生审计风险。

（2）咨询服务的手段。

① 咨询服务的管理手段。

本项目在选派人员时，无论是现场项目经理、专业负责人还是专业人员，均选派技术过硬、经验

丰富的人员，经培训考核合格后上岗；根据项目及公司管理情况，对项目经理部现场审批及签字权限做出了明确要求，根据审批金额大小及事项进行了分类，以控制质量风险和审计风险，并且在操作上能灵活实施；通过现场项目经理与综合部沟通，对项目后勤保障提供相应的支持，遇特殊情况需要公司后台人员、数据及经验支持时，与分管副总沟通后会予以保障；项目对内对外沟通到位，收发文件有签收记录及台账支持，避免信息的延误；签署廉洁协议，公司与项目部每个专业人员均签署廉洁协议，公平公正做事，干干净净做人；对于人员的稳定性，项目部提成奖励实行保底制，由公司对项目部的提成进行兜底，这样最大限度地保障了参与人员的收入，保持了人员的稳定性。

② 咨询服务的技术手段。

严格实行三级复核制度及成果文件自检制度，控制质量风险及审计风险；对内采取重大技术问题专题汇报解决的方式；重大争议问题采用集团专家委员会咨询模式协助解决，由所服务的造价咨询单位高级技术专家组成的专家委员会在规范允许范围内对提交的争议问题提前进行熟悉，并按约定时间统一进行讨论，站在公平公正的角度发表专业意见，最后以多票制达成共识并形成书面意见，供项目人员参考，该方法可以灵活快速地解决争议问题；推行过程结算服务，各单位达成一致，在过程中按照时间节点要求，推行过程服务，及时推进结算工作；由于一期、二期项目在修建时间、规模、位置及精装修定位上均大致相同或相似，通过一期、二期项目对标及指标分析寻找差异及成本控制方法点，对本项目计量、计价提供了指标参考依据；集团所有在建商品项目指标做法对标，以寻找成本差异。

4 经验总结

4.1 咨询服务的实践成效

（1）经济效益。

本项目业态为精装修，在对建筑初装措施做法进行测算时发现，设计单位在初装设计时较为保守，部分措施做法存在不经济的情况。项目经理及时向建设单位汇报，并提出相关建议，最终通过 4 次优化对比九林语（一期、二期）及委托单位其他项目的地上、地下设计措施做法与招标技术要求，确认了本项目的建筑初装做法。较优化前分部分项减少金额 8 830 387.73 元，其中地下分部分项减少 4 572 181.07 元，指标减少 129.57 元/m^2，地上多层洋房分部分项减少 593 045.99 元，指标减少 47.96 元/m^2，人才公寓分部分项减少 2 086 461.15 元，指标减少 89.25 元/m^2，高层分部分项减少 1 578 699.52 元，指标减少 45.18 元/m^2。

本项目在施工图预算时精装修造价为 11 843.95 万元（不含暂列金），实际施工过程中我单位项目部通过品牌选取与优化建议，材料价格梳理及认价，在结算时与施工单位核对量、价、费，最终精装修结算造价锁定为 11 184.43 万元，较施工图预算造价减少约 659.52 万元。具体地下减少约 65.85 万元，指标减少 18.66 元/m^2，地上多层洋房减少 108.55 万元，指标减少 87.78 元/m^2，人才公寓减少 225.79 万元，指标减少 96.58 元/m^2，高层减少 327.25 万元，指标减少 93.66 元/m^2。

精装修工程由于受品牌档次、选样及材料价格因素影响，造价单位与施工单位对于精装修价格长期处于不能达成一致的状态。为避免此种情况一直持续下去，我单位项目经理带领项目经办人员主动作为，跑市场，与材料商、供应商进行多次谈判，摸清底价，与施工单位进行多次谈判，最终成功将精装修价格控制在施工图预算范围内，也受到了委托单位的一致好评。

本项目合同价为 486 671 700 元，其中暂列金额为 40 857 200 元；施工图预算价为 529 091 014 元，其中暂列金额为 40 857 200 元；施工单位送审造价为 532 853 510.34 元；结算价为 524 859 144.56 元，较送审造价审减金额 7 994 365.78 元，审减率为 1.50%；支付金额为 501 050 744.24 元，较送审金额审减 31 802 766.10 元，审减率为 5.97%。本项目最终结算金额较送审金额减少 7 994 365.78 元，支付金额减少 31 802 766.10 元，节约了国有资金，避免了国有资金投资的浪费。

九林语（一期）作为高端改善系列产品，本项目存在地下室（含人防）、洋房、人才公寓、高层等业态，其总指标数据为 4 902.63 元/m^2，其中地下室指标为 5 645.82 元/m^2、洋房指标为 4 931.99 元/m^2、人才公寓指标为 3 389.85 元/m^2、小高层指标为 4 318.93 元/m^2，可作为其他平台公司或社会开发企业借鉴参考使用。

本项目作为委托单位第一个推行的过程结算项目，在项目主体封顶时，各单位就如何进行过程结算进行了多次会议讨论，达成了一致的时间节点计划，在项目竣工验收后不到 3 个月完成了竣工结算。该过程结算极大地推动了项目原有的竣工结算工作，如按正常的结算计划至少需要 3 个月甚至更久时间，采用过程结算，提前完成了竣工结算，也推动了项目财务决算的工作。

（2）管理效益。

① 审批流程缩短。

本项目为勘察—设计—施工总承包项目，是委托单位采用此模式开发的第一个楼盘，作为成华区高端改善精装修楼盘，在甲方严格品质要求的前提下对成本控制有很严格的要求。为此，我单位项目部积极作为，建言献策，系统完善了建设单位对本项目流程审批的方式、方法及节奏，很大程度上避免了审计风险。例如：由于本项目作为建设单位第一个采用总承包模式开发的项目，过程中发生的签证变更的流程的合理性，在最开始上 OA 系统平台时受到质疑，无法通过，经过现场项目经理仔细梳理，发现根源在总承包项目本身后提出建议，顺利通过建设单位领导签字，走通了 OA 流程。在未疏通之前，发生的签证、变更长时间处于审批不过的状态，通过梳理，上 OA 流程时间缩短为 3 天以内。

② 解决争议问题时间缩短，处理更高效。

本项目在实施过程中对暂列金的使用情况，对于部分是否使用暂列金情况，造价单位与施工单位未能达成一致，我单位在搜集争议问题后统一提交集团专家委员会进行讨论，后给出书面意见，最终顺利解决了争议问题。该模式是委托单位集团创新建立，下属子公司所遇争议问题采用的一种模式，在未采用此模式情况下，争议问题解决通常是到结算时咨询造价站，一般情况下需要 30 天时间，现通过集团专家委员会，只需要 7 天左右时间即可顺利解决，节约了时间，提高了效率。

③ 我单位现场项目管理团队在集团所有项目横向对比检查过程中多次受到集团表扬，在检查评比过程中多次得到第一名，项目团队专业的服务也受到业主的好评。特别是在推进过程结算中，面对流程的审批、资料的缺失，项目团队主动作为，积极推进工作，最终在项目竣工验收后不到 3 个月完成了竣工结算工作。

（3）社会效益。

① 本项目争议问题采用委托单位集团组建的专家委员会解决，由所服务的造价咨询单位高级技术专家组成的专家委员会在规范允许范围内对提交的争议问题提前进行熟悉，并按约定时间统一进行讨论，站在公平公正的角度发表专业意见，最后以多票制达成共识并形成书面意见，供各方参考选择。该举措能快速有效地解决部分争议问题，推动项目工作顺利开展，可为其他平台公司或者是集团公司作为建设主体，组建专家委员会参考，并制定相应的管理措施。

② 九林语（一期）作为集团“林语系”产品，定位高端改善系列，目前已交房，受到业主的好评，给后续“林语系”产品二期、三期的建设带来了极大的信心。同时，本项目也成为成华区高品质住宅小区系列产品的标杆作品，改变了城市面貌，改善了居民居住条件。随着周边路网规划及配套逐步完善，便捷了大众的出行，给成华区东客站的区域配置高端改善型系列产品吃了一颗定心丸。

③ 本项目总投资 190 720 万元（投资立项备案证明数据，含土地费用），开发过程符合国家法律法规，按照成都市商品房开发预售制度进行开发建设及预售，未出现项目烂尾风险，所有开发过程均表现出了积极的信号。建设单位作为成都市属平台公司，积极响应国家及地方政府号召，拉动了内需，带动了就业，促进了消费。

综上所述，本项目造价控制成效显著。

4.2 咨询服务的经验和不足

（1）咨询服务所取得的经验。

当前，相关部门颁布了提倡过程结算的管理办法，通过本项目的过程结算，我单位对过程结算有了更深刻的理解。特别是总承包项目，面对勘察—设计—施工一体化，结算该怎么办理，采取哪些方式办理，和常规结算相比，过程结算需要哪些资料，对施工图（初始版）、施工图（升级版）、竣工图三者之间的差异有了更深刻的体会和感受，也为后续其他项目特别是总承包项目在推进过程结算上跨出了一大步。

本项目含地下室（带人防）、洋房、高层等各种业态，定位类型为精装修改善大户型，对于精装修，对招标技术要求的品牌、实施过程中的品牌选择及打样，材料的价格选择及评判有了更深刻的认识，不同的定位、不同的配置、不同的价格其差异极大。

在总承包项目全过程造价项目管理方面，相较于普通项目确实难度提高了不少，特别是本项目在合同中约定了支付金额的上限，因此在此种情况下，如何进行造价管理，体会深刻。本项目的造价管理可供公司内部其他类似开发项目借鉴和参考。

本项目在计量、计价过程中，由于与施工单位就施工图预算是背靠背的编制，因此核对时间较长，争议也较大。在编制与核对过程中需要对本项目各业态指标进行分析，并与九林语（二期）相关业态指标进行横向分析对比，找出差异。因此，通过本项目对各业态常规指标的控制范围较为熟悉，清楚知道哪些指标直接影响造价，哪些指标是间接影响造价，并就如何优化设计措施有深刻的了解。

（2）咨询服务的不足。

在推行过程结算中，由于各单位第一次办理过程结算，对于资料闭合、审批流程等方面存在诸多疑问，且在当时提出过程结算办理时，与施工单位就精装修价格存在争议，因此过程结算推动不是很顺利。原计划于 2021 年 5 月启动过程结算，10 月办理完成竣工结算，但因种种原因于 2021 年 7 月才开始制订过程结算方案，直到 9 月正式开始实施过程结算，2022 年 1 月完成竣工结算。

本项目在签订施工合同时规定了支付价格的上限，在施工过程中由于勘察—设计—施工作为联合体承包单位一体化施工，在设计优化及施工措施优化方面，明显动力不足，没有主动进行优化及成本控制。因此在全过程造价咨询过程管控中较为困难，期间工作联系函来回转发多次，工作较难开展。最终在建设单位的大力支持下，完成了全过程造价咨询任务。

5 项目主要经济技术指标

5.1 建设项目造价指标分析表

表 1 建设项目造价指标分析

项目名称：九林语（一期）项目	项目类型：商品住宅项目
投资来源：国有公司	项目地点：四川省成都市成华区
总建筑面积：107 056.61 m^2	功能规模：819 个车位
承发包方式：工程总承包	造价类别：基于施工图的结算价
开工日期：2019 年 4 月 13 日	竣工日期：2021 年 11 月 15 日
地基处理方式：抗浮锚杆+旋挖灌注桩	基坑支护方式：旋挖灌注桩+喷锚护壁

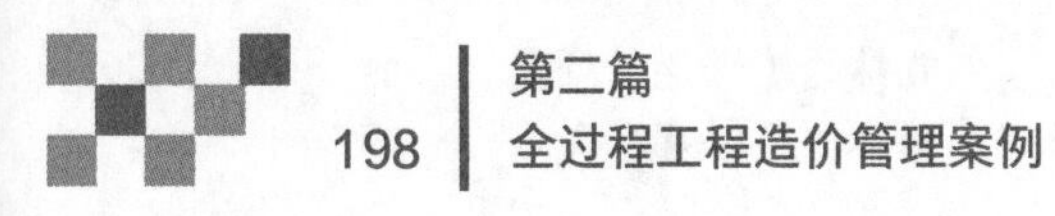

序号	单项工程名称	规模/m^2	层数	结构类型	装修档次	计价期	造价/元	单位指标/（元/m^2）	指标分析和说明
1	地下室	35 286.88	2	框剪结构	精装房	2018 年 10 月—2021 年 11 月	199 223 410.6	5 645.82	含 2 层地下室，带人防，包含深基坑、地基处理、基础、地下室土建及安装、地下室初装、精装等所有内容；包含各楼栋±0 以下部分。使用该指标，基坑支护为局部双排+单排桩
2	楼栋 1	2 514.15	7	框剪结构	精装房	2018 年 10 月—2021 年 11 月	11 909 046.78	4 736.81	（1）指标包含：±0 以上土建、初装、精装、安装等所有专业；（2）使用范围：高端洋房、精装多层；（3）限制条件：EPC 施工总承包，不适用于材料集采，可用于国有平台公司非集采开发项目参考
3	楼栋 2	3 861.03	12	框剪结构	精装房	2018 年 10 月—2021 年 11 月	18 841 972.5	4 880.04	（1）指标包含：±0 以上土建、初装、精装、安装等所有专业；（2）使用范围：高端洋房、精装小高层；（3）限制条件：EPC 施工总承包，不适用于材料集采，可用于国有平台公司非集采开发项目参考
4	楼栋 3	3 858.69	12	框剪结构	精装房	2018 年 10 月—2021 年 11 月	19 098 358.03	4 949.44	（1）指标包含：±0 以上土建、初装、精装、安装等所有专业；（2）使用范围：高端洋房、精装小高层；（3）限制条件：EPC 施工总承包，不适用于材料集采，可用于国有平台公司非集采开发项目参考
5	楼栋 4	3 864.55	12	框剪结构	精装房	2018 年 10 月—2021 年 11 月	19 106 498.48	4 944.04	（1）指标包含：±0 以上土建、初装、精装、安装等所有专业；（2）使用范围：高端洋房、精装小高层；（3）限制条件：EPC 施工总承包，不适用于材料集采，可用于国有平台公司非集采开发项目参考
6	楼栋 5	10 196.97	16	框剪结构	精装房	2018 年 10 月—2021 年 11 月	33 163 600.25	3 252.30	（1）指标包含：±0 以上土建、初装、精装、安装等所有专业；（2）使用范围：高端洋房、精装小高层；（3）限制条件：EPC 施工总承包，不适用于材料集采，可用于国有平台公司非集采开发项目参考

续表

序号	单项工程名称	规模/m^2	层数	结构类型	装修档次	计价期	造价/元	单位指标/（元/m^2）	指标分析和说明
7	楼栋 6	10 700.31	32	框剪结构	精装房	2018 年 10 月—2021 年 11 月	37 147 054.41	3 471.59	（1）指标包含：±0 以上土建、初装、精装、安装等所有专业；（2）使用范围：人才公寓；（3）限制条件：EPC 施工总承包，不适用于材料集采，可用于国有平台公司非集采开发项目参考
8	楼栋 7	12 677.69	33	框剪结构	精装房	2018 年 10 月—2021 年 11 月	42 100 758.03	3 320.85	（1）指标包含：±0 以上土建、初装、精装、安装等所有专业；（2）使用范围：人才公寓；（3）限制条件：EPC 施工总承包，不适用于材料集采，可用于国有平台公司非集采开发项目参考
9	楼栋 8	2 534.14	7	框剪结构	精装房	2018 年 10 月—2021 年 11 月	12 500 158.94	4 932.70	（1）指标包含：±0 以上土建、初装、精装、安装等所有专业；（2）使用范围：高端洋房、精装多层；（3）限制条件：EPC 施工总承包，不适用于材料集采，可用于国有平台公司非集采开发项目参考
10	楼栋 9	2 529.17	7	框剪结构	精装房	2018 年 10 月—2021 年 11 月	12 490 246.27	4 938.48	（1）指标包含：±0 以上土建、初装、精装、安装等所有专业；（2）使用范围：高端洋房、精装多层；（3）限制条件：EPC 施工总承包，不适用于材料集采，可用于国有平台公司非集采开发项目参考
11	楼栋 10	2 254.11	7	框剪结构	精装房	2018 年 10 月—2021 年 11 月	11 596 712.46	5 144.70	（1）指标包含：±0 以上土建、初装、精装、安装等所有专业；（2）使用范围：高端洋房、精装多层；（3）限制条件：EPC 施工总承包，不适用于材料集采，可用于国有平台公司非集采开发项目参考
12	楼栋 11	3 592.41	10	框剪结构	精装房	2018 年 10 月—2021 年 11 月	17 073 486.6	4 752.66	（1）指标包含：±0 以上土建、初装、精装、安装等所有专业；（2）使用范围：高端洋房、精装小高层；（3）限制条件：EPC 施工总承包，不适用于材料集采，可用于国有平台公司非集采开发项目参考

续表

序号	单项工程名称	规模/m²	层数	结构类型	装修档次	计价期	造价/元	单位指标/（元/m²）	指标分析和说明
13	楼栋 12	5 957.93	14	框剪结构	精装房	2018 年 10 月—2021 年 11 月	26 471 082.76	4 443.00	（1）指标包含：±0 以上土建、初装、精装、安装等所有专业；（2）使用范围：高端洋房、精装小高层；（3）限制条件：EPC 施工总承包，不适用于材料集采，可用于国有平台公司非集采开发项目参考
14	楼栋 13	2 534.14	7	框剪结构	精装房	2018 年 10 月—2021 年 11 月	12 491 496.04	4 929.28	（1）指标包含：±0 以上土建、初装、精装、安装等所有专业；（2）使用范围：高端洋房、精装多层；（3）限制条件：EPC 施工总承包，不适用于材料集采，可用于国有平台公司非集采开发项目参考
15	楼栋 14	3 610.57	10	框剪结构	精装房	2018 年 10 月—2021 年 11 月	17 422 183.2	4 825.33	（1）指标包含：±0 以上土建、初装、精装、安装等所有专业；（2）使用范围：高端洋房、精装小高层；（3）限制条件：EPC 施工总承包，不适用于材料集采，可用于国有平台公司非集采开发项目参考
16	配套工程（门卫室）	25.48	1	框架结构	精装房	2018 年 10 月—2021 年 11 月	74 802.85	2 935.75	（1）指标包含：±0 以上土建、装饰、安装等所有专业；（2）使用范围：配套门卫室；（3）限制条件：EPC 施工总承包，不适用于材料集采，可用于国有平台公司非集采开发项目参考
17	配套工程（垃圾房）	54.45	1	框架结构	精装房	2018 年 10 月—2021 年 11 月	176 172.07	3 235.48	（1）指标包含：±0 以上土建、装饰、安装等所有专业；（2）使用范围：配套垃圾房；（3）限制条件：EPC 施工总承包，不适用于材料集采，可用于国有平台公司非集采开发项目参考
18	附属工程（总平大门及回廊廊架工程）	107 056.61	1	钢结构	精装房	2018 年 10 月—2021 年 11 月	4 606 797.36	43.03	（1）指标包含：大门及回廊廊架土建、装饰、安装专业；（2）使用范围：总平大门及回廊廊架造型；（3）限制条件：EPC 施工总承包，不适用于材料集采，可用于国有平台公司非集采开发项目参考

续表

序号	单项工程名称	规模/m²	层数	结构类型	装修档次	计价期	造价/元	单位指标/（元/m²）	指标分析和说明
19	总平工程	21 543.6	—	—	—	2018年10月—2021年11月	29 365 306.91	1 363.06	（1）指标包含：土石方、道路及铺装、景观、绿化、管网及总平安装；（2）使用范围：景观设计风格为现代风格，突出大气、档次及效果，不含总平大门及回廊廊架；（3）限制条件：EPC施工总承包，不适用于材料集采，可用于国有平台公司非集采开发项目参考
20	合计	107 056.61	—	框剪结构	精装房	2018年10月—2021年11月	524 859 144.6	4 902.63	（1）本项目为勘察—设计—施工总承包项目，在实施过程中采用边设计、边施工、边优化的模式，指标包含土建、初装、精装及安装等所有专业，不含高低压配电及光彩；（2）精装修定位为高端改善精装品质，对于高端改善房可作为项目指标参考；（3）限制条件：EPC施工总承包，不适用于材料集采，可用于国有平台公司非集采开发项目参考

5.2 单项工程造价指标分析表

表2 地下室工程造价指标分析

单项工程名称：地下室　　业态类型：地下室

单项工程规模：35 286.88 m²　　层数：2层

装配率：/　　绿建星级：一星级

地基处理方式：抗浮锚杆+旋挖灌注桩　　基坑支护方式：旋挖灌注桩+喷锚护壁

基础形式：独立基础+筏板基础　　计税方式：增值税9%

序号	单位工程名称	规模/m²	造价/元	其中/元				单位指标/（元/m²）	占比	指标分析和说明
				分部分项	措施项目	其他项目	税金			
1	建筑工程	35 286.88	164 870 253.56	138 451 007.53	13 843 072.23	2 247 555.67	10 328 618.13	4 672.28	82.76%	（1）指标包含：土石方工程、地基处理、深基坑、建筑与初装、人防门窗及标识、车库装饰及交安土建；（2）使用范围、条件：设局部人防2层地下室；（3）限制条件：仅限边设计、边施工使用

续表

序号	单位工程名称	规模/m²	造价/元	其中/元				单位指标/（元/m²）	占比	指标分析和说明
				分部分项	措施项目	其他项目	税金			
1.1	地基处理	35 286.88	6 398 958.93	5 587 284.76	192 027.01	91 292.75	528 354.41	181.34	3.21%	（1）指标包含：抗浮锚杆+局部旋挖灌注桩；（2）使用范围、条件：设局部人防2层地下室；（3）限制条件：仅限边设计、边施工使用
1.2	深基坑工程	35 286.88	54 213 455.64	50 530 236.96	868 714.05	396 496.26	2 418 008.37	1 536.36	27.21%	（1）指标包含：大开挖土石方工程、旋挖灌注桩单排+双排+喷锚护壁；（2）使用范围、条件：设局部人防2层地下室；（3）限制条件：仅限边设计、边施工使用
1.3	地下室建筑与初装工程	35 286.88	100 194 600.97	78 761 142.31	12 672 921.49	1 699 943.74	7 060 593.43	2 839.43	50.29%	（1）指标包含：地下室筏板+独立基础，±0以下，含主楼±0以下主体结构与初装；（2）使用范围、条件：设局部人防2层地下室；（3）限制条件：仅限边设计、边施工使用
1.4	人防工程（防护门窗及标识）	35 286.88	1 543 420.99	1 419 867.55	1 035.69	566.29	121 951.46	43.74	0.77%	（1）指标包含：人防防护门窗及标识；（2）使用范围、条件：设局部人防2层地下室；（3）限制条件：仅限边设计、边施工使用
1.5	车库装饰及交安工程（土建）	35 286.88	2 519 817.03	2 152 475.95	108 373.99	59 256.63	199 710.46	71.41	1.26%	（1）指标包含：地面为环氧树脂地坪；（2）使用范围、条件：设局部人防2层地下室；（3）限制条件：仅限边设计、边施工使用
2	地下室精装修工程（公区）	35 286.88	1 703 876.53	1 473 909.87	55 003.47	33 337.15	141 626.04	48.29	0.86%	（1）指标包含：公区精装修、墙面为石材，井道墙面为砖，石膏板吊顶；（2）使用范围、条件：设局部人防2层地下室；（3）限制条件：仅限边设计、边施工使用

续表

序号	单位工程名称	规模/m²	造价/元	其中/元				单位指标/（元/m²）	占比	指标分析和说明
				分部分项	措施项目	其他项目	税金			
3	给排水工程	35 286.88	2 479 109.55	2 127 612.23	115 224.49	39 980.34	196 292.49	70.26	1.24%	（1）指标包含：给排水系统，生活水及消防水、雨水泵房；（2）使用范围、条件：设局部人防2层地下室；（3）限制条件：仅限边设计、边施工使用
4	电气工程	35 286.88	10 490 486.75	8 966 984.44	524 072.11	168 811.72	830 618.48	297.29	5.27%	（1）指标包含：照明、动力、防雷接地；（2）使用范围、条件：设局部人防2层地下室；（3）限制条件：仅限边设计、边施工使用
5	暖通工程	35 286.88	4 687 149.40	3 822 202.01	392 163.76	101 391.63	371 392.00	132.83	2.35%	（1）指标包含：防排烟系统；（2）使用范围、条件：设局部人防2层地下室；（3）限制条件：仅限边设计、边施工使用
6	消防工程	35 286.88	9 833 214.16	8 045 720.37	779 131.43	229 044.74	779 317.62	278.66	4.94%	（1）指标包含：火灾报警、喷淋、防火门、消防广播、电气火灾、消防监控、余压探测、消防水及气体灭火；（2）使用范围、条件：设局部人防2层地下室；（3）限制条件：仅限边设计、边施工使用
7	建筑智能化工程	35 286.88	1 981 045.83	1 697 149.16	97 143.62	29 917.81	156 835.24	56.14	0.99%	（1）指标包含：桥架、配管、配线、综合布线、计算器网络、综合布线、视频监控、电子巡更、门禁可视对讲、UPS、监控及弱电机房；（2）使用范围、条件：设局部人防2层地下室；（3）限制条件：仅限边设计、边施工使用

续表

序号	单位工程名称	规模/m²	造价/元	其中/元				单位指标/（元/m²）	占比	指标分析和说明
				分部分项	措施项目	其他项目	税金			
8	电梯工程	35 286.88	651 290.76	587 895.41	7 688.84	4 204.11	51 502.40	18.46	0.33%	（1）指标包含：3部电梯及电梯装饰；（2）使用范围、条件：设局部人防2层地下室；（3）限制条件：仅限边设计、边施工使用
9	地下室精装修安装（公区）	35 286.88	580 140.26	482 906.02	23 572.92	12 964.45	60 696.87	16.44	0.29%	（1）指标包含：灯光及插座系统；（2）使用范围、条件：设局部人防2层地下室；（3）限制条件：仅限边设计、边施工使用
10	人防工程（安装）	35 286.88	760 283.64	616 621.53	64 023.48	19 366.08	60 272.55	21.55	0.38%	（1）指标包含：人防电气、给排水、通风系统；（2）使用范围、条件：设局部人防2层地下室；（3）限制条件：仅限边设计、边施工使用
11	交安工程（安装）	35 286.88	446 261.53	403 548.27	5 283.60	2 148.11	35 281.55	12.65	0.22%	（1）指标包含：交安灯箱系统；（2）使用范围、条件：设局部人防2层地下室；（3）限制条件：仅限边设计、边施工使用
12	抗震支架工程	35 286.88	740 298.65	546 081.15	102 485.43	32 896.97	58 835.10	20.98	0.37%	（1）指标包含：喷淋、给排水、通风、弱电、消防、强电抗震支架；（2）使用范围、条件：设局部人防2层地下室；（3）限制条件：仅限边设计、边施工使用

表3　洋房工程造价指标分析

单项工程名称：洋房　　　　业态类型：洋房

单项工程规模：12 365.71 m²　　　　层数：7层

装配率：1#20.1%、8#20.27%、9#20.27%、10#22.98%、13#20.27%

绿建星级：一星级

地基处理方式：抗浮锚杆+旋挖灌注桩　　　　基坑支护方式：旋挖灌注桩+喷锚护壁

基础形式：独立基础+筏板基础　　　　计税方式：增值税9%

序号	单位工程名称	规模/m²	造价/元	其中/元				单位指标/（元/m²）	占比	指标分析和说明
				分部分项	措施项目	其他项目	税金			
1	建筑工程	12 365.71	28 207 564.43	20 495 810.86	4 566 529.08	697 125.98	2 448 098.51	2 281.11	46.25%	（1）指标包含：±0以上建筑与初装，装配率各楼栋大于20%；（2）使用范围、条件：7层洋房；（3）限制条件：仅限边设计、边施工使用
1.1	建筑与初装工程	12 365.71	19 630 245.65	13 367 572.25	3 948 353.93	534 500.29	1 779 819.18	1 587.47	32.19%	（1）指标包含：±0以上建筑及初装工程，初装与精装界面划分：楼地面、墙面以找平层，天棚初装为腻子；（2）使用范围、条件：7层洋房；（3）限制条件：仅限边设计、边施工使用
1.2	外立面装饰工程	12 365.71	2 888 508.36	2 437 281.29	142 128.58	77 712.94	231 385.55	233.59	4.74%	（1）指标包含：外墙真石漆、质感漆+EPS线条；（2）使用范围、条件：7层洋房；（3）限制条件：仅限边设计、边施工使用
1.3	屋盖	12 365.71	3 496 841.15	3 079 578.78	104 317.97	57 038.90	255 905.50	282.79	5.73%	（1）指标包含：3 mm铝单板装饰构架；（2）使用范围、条件：7层洋房；（3）限制条件：仅限边设计、边施工使用
1.4	装配式工程	12 365.71	2 191 969.27	1 611 378.54	371 728.60	27 873.85	180 988.28	177.26	3.59%	（1）指标包含：装配式预制叠合楼板，改性石膏复合轻质隔墙，装配率大于20%；（2）使用范围、条件：7层洋房；（3）限制条件：仅限边设计、边施工使用
2	精装修工程	12 365.71	13 364 956.16	11 589 528.65	333 512.18	225 638.77	1 216 276.56	1 080.81	21.91%	（1）指标包含：精装修的装饰工程，不含精装修安装工程，初装与精装界面划分：楼地面、墙面以找平层，天棚初装为腻子；（2）使用范围、条件：7层洋房；（3）限制条件：仅限边设计、边施工使用

续表

序号	单位工程名称	规模/m²	造价/元	其中/元				单位指标/(元/m²)	占比	指标分析和说明
				分部分项	措施项目	其他项目	税金			
3	暖通工程	12 365.71	220 847.94	180 755.92	14 187.02	7 669.85	18 235.15	17.86	0.36%	（1）指标包含：防排烟系统，焊接钢套管；（2）使用范围、条件：7层洋房；（3）限制条件：仅限边设计、边施工使用
4	弱电智能化	12 365.71	895 649.35	748 783.22	48 680.70	24 232.74	73 952.69	72.43	1.47%	（1）指标包含：桥架、配管配线、综合布线、视频监控、门禁及对讲、电梯对讲、梯控、智能家居预埋、与精装修界面划分；（2）使用范围、条件：7层洋房；（3）限制条件：仅限边设计、边施工使用
5	电气工程	12 365.71	1 640 137.13	1 337 213.79	110 161.50	57 337.68	135 424.16	132.64	2.69%	（1）指标包含：动力、防雷接地、照明及与精装修界面划分；（2）使用范围、条件：7层洋房；（3）限制条件：仅限边设计、边施工使用
6	电梯工程	12 365.71	2 751 954.75	2 438 899.43	55 489.33	30 340.37	227 225.62	222.55	4.51%	（1）指标包含：电梯及电梯装饰；（2）使用范围、条件：7层洋房；（3）限制条件：仅限边设计、边施工使用
7	给排水工程	12 365.71	1 205 729.20	940 915.40	113 677.83	51 580.34	99 555.63	97.51	1.98%	（1）指标包含：给水、排水、与精装修界面划分；（2）使用范围、条件：7层洋房；（3）限制条件：仅限边设计、边施工使用
8	消防工程	12 365.71	123 789.51	106 701.70	4 679.27	2 187.38	10 221.16	10.01	0.20%	（1）指标包含：火灾报警、防火门、电气火灾及消防电源监控、消防水、广播、余压探测；（2）使用范围、条件：7层洋房；（3）限制条件：仅限边设计、边施工使用

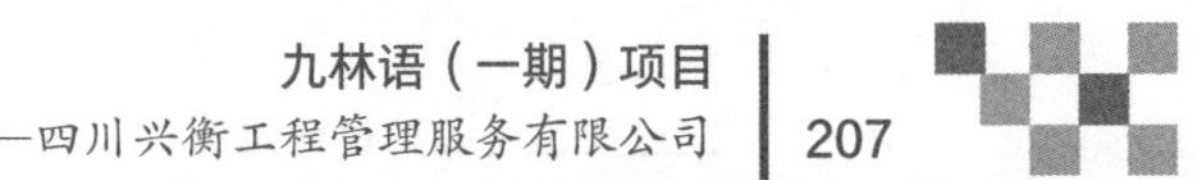

续表

序号	单位工程名称	规模/m²	造价/元	其中/元				单位指标/（元/m²）	占比	指标分析和说明
				分部分项	措施项目	其他项目	税金			
9	精装修安装工程	12 365.71	12 577 031.95	11 237 092.28	284 102.97	138 294.73	917 541.97	1 017.09	20.62%	（1）指标包含：常规精装修内容、中央空调、智能家居、新风、地暖；（2）使用范围、条件：7层洋房；（3）限制条件：仅限边设计、边施工使用

表4　人才公寓工程造价指标分析

单项工程名称：人才公寓　　业态类型：人才公寓
单项工程规模：23 378.00 m²　　层数：32～33层
装配率：6#26.21%、7#22.42%　　绿建星级：一星级
地基处理方式：抗浮锚杆+旋挖灌注桩　　基坑支护方式：旋挖灌注桩+喷锚护壁
基础形式：独立基础+筏板基础　　计税方式：增值税9%

序号	单位工程名称	规模/m²	造价/元	其中/元				单位指标/（元/m²）	占比	指标分析和说明
				分部分项	措施项目	其他项目	税金			
1	建筑工程	23 378.00	48 983 547.64	33 294 703.38	10 657 894.90	1 229 198.18	3 801 751.18	2 095.28	61.81%	（1）指标包含：±0以上建筑与初装，装配率各楼栋大于20%；（2）使用范围、条件：32～33层人才公寓；（3）限制条件：仅限边设计、边施工使用
1.1	建筑与初装工程	23 378.00	41 528 436.65	27 551 524.56	9 703 922.48	1 086 798.05	3 186 191.56	1 776.39	52.40%	（1）指标包含：±0以上建筑及初装工程，初装与精装界面划分：楼地面、墙面以找平层，天棚初装为腻子；（2）使用范围、条件：32～33层人才公寓；（3）限制条件：仅限边设计、边施工使用
1.2	外立面装饰工程	23 378.00	3 543 309.63	2 996 220.79	164 549.66	89 972.33	292 566.85	151.57	4.47%	（1）指标包含：外墙真石漆、质感漆+EPS线条；（2）使用范围、条件：32～33层人才公寓；（3）限制条件：仅限边设计、边施工使用
1.3	装配式工程	23 378.00	3 911 801.36	2 746 958.03	789 422.76	52 427.80	322 992.77	167.33	4.94%	（1）指标包含：±0以上装配式预制叠合楼板，改性石膏复合轻质隔墙，装配率大于20%；（2）使用范围、条件：32～33层人才公寓；（3）限制条件：仅限边设计、边施工使用

续表

序号	单位工程名称	规模/m^2	造价/元	其中/元				单位指标/(元/m^2)	占比	指标分析和说明
				分部分项	措施项目	其他项目	税金			
2	精装修工程	23 378.00	8 957 477.44	7 670 570.57	324 449.12	201 445.95	761 011.80	383.16	11.30%	(1)指标包含：±0以上精装修的装饰工程,不含精装修安装工程,初装与精装界面划分：楼地面、墙面以找平层，天棚初装为腻子； (2)使用范围、条件：32～33层人才公寓； (3)限制条件：仅限边设计、边施工使用
3	暖通工程	23 378.00	1 077 137.56	852 696.51	97 867.98	37 635.11	88 937.96	46.07	1.36%	(1)指标包含：±0以上防排烟系统,焊接钢套管； (2)使用范围、条件：32～33层人才公寓； (3)限制条件：仅限边设计、边施工使用
4	弱电智能化	23 378.00	1 424 577.93	1 144 540.92	124 186.57	38 224.74	117 625.70	60.94	1.80%	(1)指标包含：±0以上桥架、配管配线、综合布线、视频监控、门禁及对讲、电梯对讲、梯控、与精装修界面划分； (2)使用范围、条件：32～33层人才公寓； (3)限制条件：仅限边设计、边施工使用
5	电气工程	23 378.00	4 247 154.72	3 285 428.13	477 890.48	133 153.61	350 682.50	181.67	5.36%	(1)指标包含：±0以上动力、防雷接地、照明及与精装修界面划分； (2)使用范围、条件：32～33层人才公寓； (3)限制条件：仅限边设计、边施工使用
6	电梯工程	23 378.00	2 540 009.94	2 158 749.16	110 898.30	60 636.88	209 725.60	108.65	3.21%	(1)指标包含：±0以上电梯及电梯装饰； (2)使用范围、条件：32～33层人才公寓； (3)限制条件：仅限边设计、边施工使用
7	给排水工程	23 378.00	2 934 753.35	2 168 129.93	389 541.37	134 762.97	242 319.08	125.53	3.70%	(1)指标包含：±0以上给水、排水、与精装修界面划分； (2)使用范围、条件：32～33层人才公寓； (3)限制条件：仅限边设计、边施工使用

续表

序号	单位工程名称	规模/m^2	造价/元	其中/元				单位指标/（元/m^2）	占比	指标分析和说明
				分部分项	措施项目	其他项目	税金			
8	消防工程	23 378.00	2 045 135.87	1 604 751.43	208 467.29	63 052.72	168 864.43	87.48	2.58%	（1）指标包含：±0以上火灾报警、防火门、电气火灾及消防电源监控、消防水、广播、余压探测；（2）使用范围、条件：32～33层人才公寓；（3）限制条件：仅限边设计、边施工使用
9	精装修安装工程	23 378.00	7 038 017.99	6 063 551.36	241 943.31	132 304.39	600 218.93	301.05	8.88%	（1）指标包含：±0以上天地墙精装修内容，但无智能家居、中央空调、新风、地暖等；（2）使用范围、条件：32～33层人才公寓；（3）限制条件：仅限边设计、边施工使用

表5　普通高层工程造价指标分析

单项工程名称：普通住宅（高层）　　业态类型：普通住宅（高层）

单项工程规模：34 942.15 m^2　　层数：10～16层

装配率：2#23.64%、3#23.64%、4#23.64%、5#23.9%、11#21.62%、12#25.01%、14#22.45%

绿建星级：一星级

地基处理方式：抗浮锚杆+旋挖灌注桩　　基坑支护方式：旋挖灌注桩+喷锚护壁

基础形式：独立基础+筏板基础　　计税方式：增值税9%

序号	单位工程名称	规模/m^2	造价/元	其中/元				单位指标/（元/m^2）	占比	指标分析和说明
				分部分项	措施项目	其他项目	税金			
1	建筑工程	34 942.15	72 786 498.89	51 262 761.67	13 591 592.09	1 841 662.86	6 090 482.27	2 083.06	48.23%	（1）指标包含：±0以上建筑与初装，装配率各楼栋大于20%；（2）使用范围、条件：10～16层小高层、中高层；（3）限制条件：仅限边设计、边施工使用
1.1	建筑与初装工程	34 942.15	56 007 555.51	37 780 382.01	12 004 253.55	1 499 103.71	4 723 816.24	1 602.87	37.11%	（1）指标包含：±0以上建筑及初装工程，初装与精装界面划分：楼地面、墙面以找平层，天棚初装为腻子；（2）使用范围、条件：10～16层小高层、中高层；（3）限制条件：仅限边设计、边施工使用

续表

序号	单位工程名称	规模/m^2	造价/元	其中/元				单位指标/(元/m^2)	占比	指标分析和说明
				分部分项	措施项目	其他项目	税金			
1.2	外立面装饰工程	34 942.15	6 872 341.30	5 683 120.16	385 474.19	210 769.24	592 977.71	196.68	4.55%	(1)指标包含：外墙真石漆、质感漆+EPS线条；(2)使用范围、条件：10～16层小高层、中高层；(3)限制条件：仅限边设计、边施工使用
1.3	屋盖	34 942.15	3 519 519.08	3 133 565.70	90 277.19	49 361.70	246 314.49	100.72	2.33%	(1)指标包含：3 mm铝单板装饰构架；(2)使用范围、条件：10～16层小高层、中高层；(3)限制条件：仅限边设计、边施工使用
1.4	装配式工程	34 942.15	6 387 083.00	4 665 693.80	1 111 587.16	82 428.21	527 373.83	182.79	4.23%	(1)指标包含：装配式预制叠合楼板，改性石膏复合轻质隔墙，装配率大于20%；(2)使用范围、条件：10～16层小高层、中高层；(3)限制条件：仅限边设计、边施工使用
2	精装修工程	34 942.15	31 962 406.52	27 844 626.25	809 068.97	547 378.45	2 761 332.85	914.72	21.18%	(1)指标包含：精装修的装饰工程，不含精装修安装工程，初装与精装界面划分：楼地面、墙面以找平层，天棚初装为腻子；(2)使用范围、条件：10～16层小高层、中高层；(3)限制条件：仅限边设计、边施工使用
3	暖通工程	34 942.15	1 288 949.28	1 051 753.33	92 893.26	37 875.69	106 427.00	36.89	0.85%	(1)指标包含：防排烟系统，焊接钢套管；(2)使用范围、条件：10～16层小高层、中高层；(3)限制条件：仅限边设计、边施工使用

续表

序号	单位工程名称	规模/m^2	造价/元	其中/元				单位指标/（元/m^2）	占比	指标分析和说明
				分部分项	措施项目	其他项目	税金			
4	弱电智能化	34 942.15	2 180 538.21	1 775 614.06	149 929.25	74 950.46	180 044.44	62.40	1.44%	（1）指标包含：桥架、配管配线、综合布线、视频监控、门禁及对讲、电梯对讲、梯控、智能家居预埋、与精装修界面划分；（2）使用范围、条件：10～16 层小高层、中高层；（3）限制条件：仅限边设计、边施工使用
5	电气工程	34 942.15	5 109 825.72	4 157 152.39	361 490.57	169 270.54	421 912.22	146.24	3.39%	（1）指标包含：动力、防雷接地、照明及与精装修界面划分；（2）使用范围、条件：10～16 层小高层、中高层；（3）限制条件：仅限边设计、边施工使用
6	电梯工程	34 942.15	5 500 697.51	4 828 916.49	140 676.17	76 918.82	454 186.03	157.42	3.64%	（1）指标包含：电梯及电梯装饰；（2）使用范围、条件：10～16 层小高层、中高层；（3）限制条件：仅限边设计、边施工使用
7	给排水工程	34 942.15	3 210 379.88	2 480 933.85	324 626.53	139 742.26	265 077.24	91.88	2.13%	（1）指标包含：给水、排水、与精装修界面划分；（2）使用范围、条件：10～16 层小高层、中高层；（3）限制条件：仅限边设计、边施工使用
8	消防工程	34 942.15	1 617 914.53	1 319 186.04	116 802.78	48 336.45	133 589.26	46.30	1.07%	（1）指标包含：火灾报警、防火门、电气火灾及消防电源监控、消防水、广播、余压探测；（2）使用范围、条件：10～16 层小高层、中高层；（3）限制条件：仅限边设计、边施工使用
9	精装修安装工程	34 942.15	27 255 445.30	24 147 637.63	689 206.90	335 490.02	2 083 110.74	780.02	18.06%	（1）指标包含：常规精装修内容、中央空调、智能家居、新风、地暖；（2）使用范围、条件：10～16 层小高层、中高层；（3）限制条件：仅限边设计、边施工使用

表 6 配套工程（门卫室）工程造价指标分析

单项工程名称：门卫室　　业态类型：附属工程

单项工程规模：25.48 m²　　层数：1 层

装配率：无　　绿建星级：一星级

地基处理方式：/　　基坑支护方式：/

基础形式：筏板基础　　计税方式：增值税 9%

序号	单位工程名称	规模/m²	造价/元	其中/元				单位指标/（元/m²）	占比	指标分析和说明
				分部分项	措施项目	其他项目	税金			
1	建筑工程	25.48	66 528.09	51 065.49	8 218.52	1 750.94	5 493.14	2 610.99	88.94%	（1）指标包含：地上、地下基础建筑与装饰工程、外立面装饰工程；（2）使用范围：1 层门卫室；（3）限制条件：地下室顶板上建设
1.1	建筑与装饰工程	25.48	57 987.55	43 896.39	7 787.78	1 515.42	4 787.96	2 275.81	77.52%	（1）指标包含：土石方、基础及主体结构、装饰工程，不含外立面；（2）使用范围：1 层门卫室；（3）限制条件：地下室顶板上建设
1.2	外立面装饰工程	25.48	8 540.54	7 169.10	430.74	235.52	705.18	335.19	11.42%	（1）指标包含：外墙真石漆、质感漆；（2）使用范围：1 层门卫室；（3）限制条件：地下室顶板上建设
3	给排水工程	25.48	487.78	403.59	28.38	15.53	40.28	19.14	0.65%	（1）指标包含：垃圾房雨水系统，UPVC 雨水塑料管；（2）使用范围：1 层门卫室；（3）限制条件：地下室顶板上建设
4	电气工程	25.48	4 536.73	3 958.27	131.80	72.07	374.59	178.05	6.06%	（1）指标包含：照明系统；（2）使用范围：1 层门卫室；（3）限制条件：地下室顶板上建设
5	防雷接地系统	25.48	3 250.25	2 532.92	290.26	158.70	268.37	127.56	4.35%	（1）指标包含：防雷接地系统；（2）使用范围：1 层门卫室；（3）限制条件：地下室顶板上建设

表 7 配套工程（垃圾房）工程造价指标分析

单项工程名称：垃圾房　　业态类型：附属工程

单项工程规模：54.45 m²　　层数：1 层

装配率：无　　绿建星级：一星级

地基处理方式：/　　基坑支护方式：/

基础形式：筏板基础　　计税方式：增值税 9%

序号	单位工程名称	规模/m^2	造价/元	其中/元				单位指标/（元/m^2）	占比	指标分析和说明
				分部分项	措施项目	其他项目	税金			
1	建筑工程	54.45	167 868.96	121 494.34	29 264.21	3 249.67	13 860.74	3 082.99	95.29%	（1）指标包含：地上、地下基础建筑与装饰工程、外立面装饰工程；（2）使用范围：1 层垃圾房；（3）限制条件：地下室顶板上建设
1.1	建筑与装饰工程	54.45	156 064.84	111 621.38	28 645.83	2 911.54	12 886.09	2 866.20	88.59%	（1）指标包含：土石方、基础及主体结构、装饰工程，不含外立面；（2）使用范围：1 层垃圾房；（3）限制条件：地下室顶板上建设
1.2	外立面装饰工程	54.45	11 804.12	9 872.96	618.38	338.13	974.65	216.79	6.70%	（1）指标包含：外墙真石漆、质感漆；（2）使用范围：1 层垃圾房；（3）限制条件：地下室顶板上建设
3	给排水工程	54.45	1 307.40	1 137.52	74.63	40.79	107.95	24.01	0.74%	（1）指标包含：垃圾房雨水系统，UPVC 雨水塑料管；（2）使用范围：1 层垃圾房；（3）限制条件：地下室顶板上建设
4	电气工程	54.45	2 877.15	2 597.56	105.75	57.82	237.56	52.84	1.63%	（1）指标包含：照明系统；（2）使用范围：1 层垃圾房；（3）限制条件：地下室顶板上建设
5	防雷接地系统	54.45	4 118.54	3 386.61	356.60	194.97	340.06	75.64	2.34%	（1）指标包含：防雷接地系统；（2）使用范围：1 层垃圾房；（3）限制条件：地下室顶板上建设

表 8 附属工程（总平大门及回廊廊架）工程造价指标分析

单项工程名称：附属工程（总平大门及回廊廊架工程）　　业态类型：附属工程
单项工程规模：1 083.87 m^2　　层数：1 层
装配率：无　　绿建星级：一星级
地基处理方式：/　　基坑支护方式：/
基础形式：独立基础　　计税方式：增值税 9%

序号	单位工程名称	规模/m^2	造价/元	其中/元				单位指标/（元/m^2）	占比	指标分析和说明
				分部分项	措施项目	其他项目	税金			
1	建筑工程	107 056.61	4 233 209.88	3 618 253.24	185 175.39	80 250.16	349 531.09	39.54	91.89%	（1）指标包含：总平大门及回廊廊架钢结构基础及主体造型、装饰工程；（2）使用范围：附属总平大门及回廊廊架工程；（3）限制条件：地下室顶板上建设

续表

序号	单位工程名称	规模/m²	造价/元	其中/元				单位指标/（元/m²）	占比	指标分析和说明
				分部分项	措施项目	其他项目	税金			
1.1	钢结构工程	107 056.61	4 233 209.88	3 618 253.24	185 175.39	80 250.16	349 531.09	39.54	91.89%	（1）指标包含：钢结构廊架及装饰构架；（2）使用范围：附属总平大门及回廊廊架工程；（3）限制条件：地下室顶板上建设
2	电气工程	107 056.61	201 169.04	172 901.84	7 536.24	4 120.66	16 610.30	1.88	4.37%	（1）指标包含：大门及回廊、售楼部电气工程；（2）使用范围：附属总平大门及回廊廊架工程安装，售楼部强电系统，不含预埋；（3）限制条件：地下室顶板上建设
3	消防工程	107 056.61	98 796.64	83 012.18	5 156.75	2 470.19	8 157.52	0.92	0.22%	（1）指标包含：售楼部消防工程、总平大门及回廊廊架消防工程；（2）使用范围：附属总平大门及回廊廊架工程安装，售楼部消防工程，不含预埋；（3）限制条件：地下室顶板上建设
4	弱电智能化	107 056.61	59 579.41	50 733.23	2 589.34	1 337.44	4 919.40	0.56	1.29%	（1）指标包含：售楼部弱电系统；（2）使用范围：售楼部消防工程，不含预埋；（3）限制条件：地下室顶板上建设
5	给排水工程	107 056.61	14 042.39	11 102.60	1 218.13	562.20	1 159.46	0.13	0.30%	（1）指标包含：售楼部给排水系统；（2）使用范围：售楼部消防工程，不含预埋；（3）限制条件：地下室顶板上建设

表 9　总平工程造价指标分析

单项工程名称：总平工程　　业态类型：总平工程

单项工程规模：21 543.60 m²　　层数：/

装配率：无　　绿建星级：一星级

地基处理方式：/　　基坑支护方式：/

基础形式：/　　计税方式：增值税 9%

序号	单位工程名称	规模/m^2	造价/元	其中/元				单位指标/（元/m^2）	占比	指标分析和说明
				分部分项	措施项目	其他项目	税金			
1	总平土建工程	21 543.60	5 738 113.83	4 960 525.59	249 065.24	58 082.08	470 440.92	266.35	19.54%	（1）指标包含：土石方工程、道路工程、铺装工程；（2）使用范围：总平造型；（3）限制条件：地下室顶板上建设
1.1	土石方工程	21 543.60	232 222.75	191 567.02	13 887.80	7 593.57	19 174.36	10.78	0.79%	（1）指标包含：土石方工程，填方需要买土；（2）使用范围：总平；（3）限制条件：地下室顶板上建设
1.2	道路工程	21 543.60	276 307.82	234 798.45	16 603.38	2 091.58	22 814.41	12.83	0.94%	（1）指标包含：60 mm SBS 改性 AC-13C，含基层；（2）使用范围：总平；（3）限制条件：地下室顶板上建设
1.3	铺装工程	21 543.60	5 229 583.26	4 534 160.12	218 574.06	48 396.93	428 452.15	242.74	17.81%	（1）指标包含：各种石材铺装，含基层；（2）使用范围：总平；（3）限制条件：地下室顶板上建设
2	景观工程	21 543.60	10 779 874.95	8 463 450.94	245 860.21	173 531.28	897 032.52	500.37	36.71%	（1）指标包含：各种景观造型，含基础、造型及各种定制内容，不含安装；（2）使用范围：总平；（3）限制条件：地下室顶板上建设
3	园林绿化工程	21 543.60	8 141 874.62	5 938 140.86	470 332.33	278 541.20	954 860.23	377.93	27.73%	（1）指标包含：花卉、乔灌木、草坪、绿篱，种植土养护期一年；（2）使用范围：总平；（3）限制条件：地下室顶板上建设
4	电气工程	21 543.60	1 287 395.44	1 089 003.22	59 538.88	32 554.63	106 298.71	59.76	4.38%	（1）指标包含：路灯系统，庭院灯高 3.5 m，灯体压铸铝；（2）使用范围：总平；（3）限制条件：地下室顶板上建设
5	给排水工程	21 543.60	847 946.78	725 435.93	33 939.49	18 557.41	70 013.95	39.36	2.89%	（1）指标包含：给排水系统；（2）使用范围：总平；（3）限制条件：地下室顶板上建设

续表

序号	单位工程名称	规模/m²	造价/元	其中/元				单位指标/（元/m²）	占比	指标分析和说明
				分部分项	措施项目	其他项目	税金			
6	建筑智能化工程	21 543.60	1 383 616.06	1 207 022.78	40 309.40	22 040.35	114 243.53	64.22	4.71%	（1）指标包含：视频监控、周界入侵报警系统、停车系统、收费及门禁管理系统；（2）使用范围：总平；（3）限制条件：地下室顶板上建设
7	总平管网工程	21 543.60	1 186 485.23	1 021 290.84	43 463.04	23 764.68	97 966.67	55.07	4.04%	（1）指标包含：给排水管网系统，给水钢丝网骨架塑料（聚乙烯）复合给水管，排水内肋增强 HDPE 双壁波纹污水管；（2）使用范围：总平；（3）限制条件：地下室顶板上建设

5.3 单项工程主要工程量指标分析表

表 10 地下室工程主要工程量指标分析

单项工程名称：地下室

业态类型：地下室　　　　建筑面积：35 286.88 m²

序号	工程量名称	工程量	单位	指标	指标分析和说明
1	土石方开挖量	270 346.90	m³	7.66	大开挖，基坑深度 9.5 m，包含捡底、挖独基、集水坑、抗水板等土石方
2	土石方回填量	11 586.80	m³	0.33	侧壁借普通土回填；机动车坡道、非机动车坡道用 3∶7 灰土回填
3	桩（含桩基和护壁桩）	19 399.39	m³	0.55	包含支付旋挖单排+双排桩和局部地基处理旋挖桩，无桩基础
4	抗浮锚杆	1 650.00	m	0.05	3ϕ22 抗浮锚杆
5	护坡	4 789.12	m²	0.14	80 mm 厚网喷+素喷
6	砌体	3 254.82	m³	0.09	地下室±0 以下，含主楼±0 以下，页岩实心砖+页岩多孔砖+页岩空心砖+耐火砖，不含砖胎膜
7	混凝土	39 966.95	m³	1.13	地下室±0 以下，含主楼±0 以下，包含地下室基础及主体结构砼，含人防
7.1	装配式构件混凝土	0.00	m³	0.00	—
8	钢筋	4 145 830.00	kg	117.49	地下室±0 以下，含主楼±0 以下，包含地下室基础及主体结构砼，含人防
8.1	装配式构件钢筋	0.00	kg	0.00	—
9	型钢	34 386.08	kg	0.97	地下室±0 以下，含主楼±0 以下，配电房、柴油发电机房、风机房、排烟机房铝合金微孔吸声板墙面
10	模板	102 925.29	m²	2.92	地下室±0 以下，含主楼±0 以下，包含地下室（含主楼地下室范围内）所有模板，不含超高面积

续表

序号	工程量名称	工程量	单位	指标	指标分析和说明
11	外门窗及幕墙	0.00	m^2	0.00	—
12	保温	5 457.37	m^2	0.15	地下室±0 以下，含主楼±0 以下，地下室侧壁挤塑聚苯板保温
13	楼地面装饰	30 727.80	m^2	0.87	地下室±0 以下，含主楼±0 以下，环氧树脂地面、静电地板、地砖面
14	内墙装饰	52 735.40	m^2	1.49	地下室±0 以下，含主楼±0 以下，无机涂料墙面
15	天棚工程	47 001.98	m^2	1.33	地下室±0 以下，含主楼±0 以下，无机涂料天棚（包含天棚及结构梁装饰）
16	外墙装饰	0.00	m^2	0.00	—
17	地下室门窗	1 341.90	m^2	0.04	地下室±0 以下，含主楼±0 以下，含地下室内部区域门窗，包含人防门
18	防水	49 252.80	m^2	1.40	地下室±0 以下，含主楼±0 以下，卷材、非固化橡胶沥青防水
19	电气工程	—	—	—	（1）与高低压配电工程界限：以高低压配电室的低压出线柜为界（合同有约定的从其约定）； （2）电线：根据配电箱（柜）位置进行归属
19.1	配电箱柜	261	套	0.01	地下室±0 以下，含主楼±0 以下配电箱，含配电箱元器件，以高低压配电室的低压出线柜为界（合同有约定的从其约定）
19.2	桥架工程	7 381.57	m	0.21	地下室±0 以下，含主楼±0 以下钢板喷塑、钢制桥架
19.3	电气配管	27 012.90	m	0.77	地下室±0 以下，含主楼±0 以下热镀锌钢管，高低压配电部分的分界范围根据配电箱（柜）位置进行归属
19.4	电缆电线	145 205.62	m	4.12	地下室±0 以下，含主楼±0 以下铜芯电缆、电线，高低压配电部分的分界范围根据配电箱（柜）位置进行归属
19.5	开关插座灯具	2 922.00	个	0.08	地下室±0 以下，含主楼±0 以下开关、插座、灯具，不包含公共区域精装部分
20	给排水工程	5 111.28	m	0.14	地下室±0 以下，含主楼±0 以下给水、排水、压力排水工程
20.1	给水工程	3 192.07	m	0.09	地下室±0 以下，含主楼±0 以下衬塑钢管
20.2	排水工程	653.56	m	0.02	地下室±0 以下，含主楼±0 以下内外热镀锌钢管、实壁排水 PVCU 管
20.3	压力排水工程	1 265.65	m（流量）	0.04	地下室±0 以下，含主楼±0 以下衬塑钢管
21	消防工程	46 643.19	m	1.32	含地下室±0 以下，含主楼±0 以下消防泵房、消火栓系统、喷淋系统、消防弱电桥架、消防电气配管工程，不含配线工程
21.1	消防泵房	12 000.00	m（流量）	0.34	以泵房外墙皮为界
21.2	消火栓系统	4 531.94	m	0.13	含地下室±0 以下，含主楼±0 以下热浸镀锌无缝钢管喷淋系统、消防弱电桥架工程、消防电气配管工程
21.3	喷淋系统	19 824.04	m	0.56	含地下室±0 以下，含主楼±0 以下喷淋系统，采用喷淋内外壁热镀锌钢管
21.4	消防弱电桥架工程	1 596.05	m	0.05	含地下室±0 以下，含主楼±0 以下消防弱电用的桥架
21.5	消防电气配管工程	20 691.16	m	0.59	含地下室±0 以下，含主楼±0 以下消防弱电所有系统的配管
21.6	消防电气配线	42 836.21	m	1.21	含地下室±0 以下，含主楼±0 以下消防弱电所有系统的配线

续表

序号	工程量名称	工程量	单位	指标	指标分析和说明
22	弱电智能化	25 583.51	m	0.73	含弱电桥架工程、弱电配管及配线工程、防排烟工程
22.1	弱电桥架工程	1 262.82	m	0.04	含地下室±0 以下，含主楼±0 以下整个弱电系统的桥架
22.2	弱电配管工程	3 496.70	m	0.10	含地下室±0 以下，含主楼±0 以下整个弱电系统的配管
22.3	弱电配线工程	20 823.99	m	0.59	含地下室±0 以下，含主楼±0 以下整个弱电系统的配线
23	防排烟工程	1 670 360.00	m^3/h（风量）	47.34	含防烟、排烟、加压送风系统、送风兼补风系统

表 11　洋房工程主要工程量指标分析

单项工程名称：洋房

业态类型：洋房　　　　　　建筑面积：12 365.71 m^2

序号	工程量名称	工程量	单位	指标	指标分析和说明
1	砌体	1 339.76	m^3	0.11	主楼±0 以上，页岩实心砖+页岩多孔砖+页岩空心砖+耐火砖
2	混凝土	4 927.44	m^3	0.40	主楼±0 以上，包含主体结构以上所有砼及装配式砼
2.1	装配式构件混凝土	367.92	m^3	0.03	60 mm 厚装配式叠合板
3	钢筋	719 117.60	kg	58.15	主楼±0 以上，包含主体结构以上所有钢筋及装配式钢筋
3.1	装配式构件钢筋	103 017.60	kg	8.33	主楼±0 以上，包含叠合板装配式钢筋
4	型钢	0.00	kg	0.00	—
5	模板	40 281.29	m^2	3.26	主楼±0 以上，包含所有模板，不含转胎膜，不含超高模板面积
6	外门窗及幕墙	3 226.52	m^2	0.26	主楼±0 以上所有外门窗，无幕墙
7	保温	10 337.01	m^2	0.84	主楼±0 以上，外墙挤塑聚苯板保温
8	楼地面装饰	10 159.60	m^2	0.82	主楼±0 以上，所有初装房间面积
9	内墙装饰	21 279.25	m^2	1.72	主楼±0 以上，所有内墙初装面积
10	天棚工程	15 279.25	m^2	1.24	主楼±0 以上，所有天棚初装面积，含结构梁装饰
11	外墙装饰	19 989.71	m^2	1.62	室外地坪至女儿墙装饰，外墙涂料、真石漆、EPS 线条
11.1	外墙涂料	8 393.48	m^2	0.68	外墙涂料
11.2	外墙真石漆	8 113.47	m^2	0.66	真石漆
11.3	外墙 EPS	3 482.76	m^2	0.28	EPS 线条
12	屋顶装饰构架铝单板	2 376.00	m^2	0.19	屋顶 3 mm 铝单板装饰构架
13	装配式轻质隔墙	2 697.06	m^2	0.22	室内 100 mm 厚、200 mm 厚改性石膏复合轻质隔墙
14	电气工程	—	—	—	指标包含主楼±0 以上配电箱柜、桥架工程、电气配管、电缆电线、开关插座灯具
14.1	配电箱柜	85	套	0.01	主楼±0 以上配电箱，含配电箱元器件，以高低压配电室的低压出线柜为界（合同有约定的从其约定）
14.2	桥架工程	221.68	m	0.02	主楼±0 以上钢板喷塑、钢制桥架
14.3	电气配管	41 854.76	m	3.38	主楼±0 以上热镀锌钢管
14.4	电缆电线	132 709.83	m	10.73	主楼±0 以上铜芯电缆、电线
14.5	开关插座灯具	681	个	0.06	主楼±0 以上开关、插座、灯具，不包含公共区域精装部分

续表

序号	工程量名称	工程量	单位	指标	指标分析和说明
15	给排水工程	15 621.09	m	1.26	主楼±0 以上给水、排水、压力排水工程
15.1	给水工程	10 623.42	m	0.86	主楼±0 以上衬塑钢管
15.2	排水工程	4 101.31	m	0.33	主楼±0 以上内外热镀锌钢管、实壁排水 PVCU 管
15.3	雨水系统	529.44	m	0.04	雨水泵房部分
15.4	冷凝水系统	366.92	m	0.03	冷凝水系统
16	消防工程	306.58	m	0.02	主楼±0 以上消防泵房、消火栓系统、喷淋系统、消防弱电桥架、消防电气配管工程
16.1	消火栓系统	306.58	m	0.02	主楼±0 以上热浸镀锌无缝钢管
17	弱电智能化工程	29 037.63	—	2.35	包含主楼±0 以上弱电桥架工程、弱电配管及配线工程、防排烟工程
17.1	弱电桥架工程	642.25	m	0.05	主楼±0 以上整个弱电系统的桥架
17.2	弱电配管工程	21 653.13	m	1.75	主楼±0 以上整个弱电系统的配管
17.3	弱电配线工程	6 742.25	m	0.55	主楼±0 以上整个弱电系统的配线
18	防排烟工程	5 000	m^3/h（风量）	0.40	含防烟、排烟、加压送风系统、送风兼补风系统

表 12　人才公寓工程主要工程量指标分析

单项工程名称：人才公寓

业态类型：人才公寓　　　　　　　　　　建筑面积：23 378.00 m^2

序号	工程量名称	工程量	单位	指标	指标分析和说明
1	砌体	2 813.53	m^3	0.12	主楼±0 以上，页岩实心砖+页岩多孔砖+页岩空心砖+耐火砖
2	混凝土	10 125.77	m^3	0.43	主楼±0 以上，包含主体结构以上所有砼及装配式砼
2.1	装配式构件混凝土	797.66	m^3	0.03	60 mm 厚装配式叠合板
3	钢筋	1 360 234.80	kg	58.18	主楼±0 以上，包含主体结构以上所有钢筋及装配式钢筋
3.1	装配式构件钢筋	223 344.80	kg	9.55	主楼±0 以上，包含叠合板装配式钢筋
4	型钢	5 844.35	kg	0.25	—
5	模板	84 222.43	m^2	3.60	主楼±0 以上，包含所有模板，不含转胎膜，不含超高模板面积
6	外门窗及幕墙	5 534.80	m^2	0.24	主楼±0 以上所有外门窗，无幕墙
7	保温	24 345.98	m^2	1.04	主楼±0 以上，屋面及外墙保温
8	楼地面装饰	20 856.42	m^2	0.89	主楼±0 以上，所有初装房间面积
9	内墙装饰	48 596.30	m^2	2.08	主楼±0 以上，所有内墙初装面积
10	天棚工程	28 586.55	m^2	1.22	主楼±0 以上，所有天棚初装面积，含结构梁装饰
11	外墙装饰	26 332.89	m^2	1.13	室外地坪至女儿墙装饰，外墙质感漆及石材
11.1	外墙涂料	6 133.51	m^2	0.26	外墙涂料
11.2	外墙真石漆	19 793.08	m^2	0.85	真石漆
11.3	外墙 EPS	406.30	m^2	0.02	EPS 线条
12	装配式轻质隔墙	2 772.96	m^2	0.12	室内 100 mm 厚、200 mm 厚改性石膏复合轻质隔墙
13	电气工程	—	—	—	指标包含主楼±0 以上配电箱柜、桥架工程、电气配管、电缆电线、开关插座灯具

续表

序号	工程量名称	工程量	单位	指标	指标分析和说明
13.1	配电箱柜	305.00	套	0.01	主楼±0 以上配电箱，含配电箱元器件，以高低压配电室的低压出线柜为界（合同有约定的从其约定）
13.2	桥架工程	1 433.68	m	0.06	主楼±0 以上钢板喷塑、钢制桥架
13.3	电气配管	75 620.69	m	3.23	主楼±0 以上热镀锌钢管
13.4	电缆电线	232 529.39	m	9.95	主楼±0 以上铜芯电缆、电线
13.5	开关插座灯具	1 859.00	个	0.08	主楼±0 以上开关、插座、灯具，不包含公共区域精装部分
14	给排水工程	31 837.84	m	1.36	主楼±0 以上给水、排水、压力排水工程
14.1	给水工程	20 717.14	m	0.89	主楼±0 以上衬塑钢管
14.2	排水工程	7 868.44	m	0.34	主楼±0 以上内外热镀锌钢管、实壁排水 PVCU 管
14.3	雨水系统	1 346.67	m	0.06	雨水泵房部分
14.4	冷凝水系统	1 905.59	m	0.08	冷凝水系统
15	消防工程	55 177.28	m	2.36	主楼±0 以上消防泵房、消火栓系统、喷淋系统、消防弱电桥架、消防电气配管工程
15.1	消火栓系统	817.43	m	0.03	主楼±0 以上热浸镀锌无缝钢管
15.2	喷淋系统	214.55	m	0.01	含主楼±0 以上喷淋系统，采用喷淋内外壁热镀锌钢管
15.3	消防弱电桥架工程	991.37	m	0.04	含主楼±0 以上消防弱电用的桥架
15.4	消防电气配管工程	14 578.04	m	0.62	含主楼±0 以上消防弱电所有系统的配管
15.5	消防电气配线	38 575.89	m	1.65	含主楼±0 以上消防弱电所有系统的配线
16	弱电智能化工程	47 086.95	m	2.01	包含主楼±0 以上弱电桥架工程、弱电配管及配线工程、防排烟工程
16.1	弱电桥架工程	812.19	m	0.03	主楼±0 以上整个弱电系统的桥架
16.2	弱电配管工程	20 675.67	m	0.88	主楼±0 以上整个弱电系统的配管
16.3	弱电配线工程	25 599.09	m	1.10	主楼±0 以上整个弱电系统的配线
17	防排烟工程	133 666.00	m^3/h（风量）	5.72	含防烟、排烟、加压送风系统、送风兼补风系统

表 13 普通高层工程主要工程量指标分析

单项工程名称：普通住宅（高层）

业态类型：普通住宅（高层） 建筑面积：34 942.15 m^2

序号	工程量名称	工程量	单位	指标	指标分析和说明
1	砌体	3 672.10	m^3	0.11	主楼±0 以上，页岩实心砖+页岩多孔砖+页岩空心砖+耐火砖
2	混凝土	14 270.27	m^3	0.41	主楼±0 以上，包含主体结构以上所有砼及装配式砼
2.1	装配式构件混凝土	1 104.55	m^3	0.03	60 mm 厚装配式叠合板
3	钢筋	1 959 534.00	kg	56.08	主楼±0 以上，包含主体结构以上所有钢筋及装配式钢筋
3.1	装配式构件钢筋	309 274.00	kg	8.85	主楼±0 以上，包含叠合板装配式钢筋
4	型钢	1 328.21	kg	0.04	—
5	模板	121 222.43	m^2	3.47	主楼±0 以上，包含所有模板，不含转胎膜，不含超高模板面积
6	外门窗及幕墙	9 580.21	m^2	0.27	主楼±0 以上所有外门窗，无幕墙

续表

序号	工程量名称	工程量	单位	指标	指标分析和说明
7	保温	38 691.15	m^2	1.11	主楼±0 以上，屋面及外墙保温
8	楼地面装饰	30 650.47	m^2	0.88	主楼±0 以上，所有初装房间面积
9	内墙装饰	72 208.66	m^2	2.07	主楼±0 以上，所有内墙初装面积
10	天棚工程	41 576.37	m^2	1.19	主楼±0 以上，所有天棚初装面积，含结构梁装饰
11	外墙装饰	52 899.66	m^2	1.51	室外地坪至女儿墙装饰，外墙质感漆及石材
11.1	外墙涂料	23 156.02	m^2	0.66	外墙涂料
11.2	外墙真石漆	18 896.78	m^2	0.54	真石漆
11.3	外墙 EPS	10 846.86	m^2	0.31	EPS 线条
12	装配式轻质隔墙	7 812.30	m^2	0.22	室内 100 mm 厚、200 mm 厚改性石膏复合轻质隔墙
13	电气工程	—	—	—	指标包含主楼±0 以上配电箱柜、桥架工程、电气配管、电缆电线、开关插座灯具
13.1	配电箱柜	241.00	套	0.01	主楼±0 以上配电箱，含配电箱元器件，以高低压配电室的低压出线柜为界（合同有约定的从其约定）
13.2	桥架工程	549.40	m	0.02	主楼±0 以上钢板喷塑、钢制桥架
13.3	电气配管	122 770.70	m	3.51	主楼±0 以上热镀锌钢管
13.4	电缆电线	397 846.83	m	11.39	主楼±0 以上铜芯电缆、电线
13.5	开关插座灯具	2 323.00	个	0.07	主楼±0 以上开关、插座、灯具，不包含公共区域精装部分
14	给排水工程	41 379.37	m	1.18	主楼±0 以上给水、排水、压力排水工程
14.1	给水工程	27 996.24	m	0.80	主楼±0 以上衬塑钢管
14.2	排水工程	10 675.70	m	0.31	主楼±0 以上内外热镀锌钢管、实壁排水 PVCU 管
14.3	雨水系统	1 820.69	m	0.05	雨水泵房部分
14.4	冷凝水系统	886.74	m	0.03	冷凝水系统
15	消防工程	33 120.93	m	0.95	主楼±0 以上消防泵房、消火栓系统、消防弱电桥架、消防电气配管工程
15.1	消火栓系统	966.67	m	0.03	主楼±0 以上热浸镀锌无缝钢管
15.2	消防弱电桥架工程	333.21	m	0.01	含主楼±0 以上消防弱电用的桥架
15.3	消防电气配管工程	9 990.36	m	0.29	含主楼±0 以上消防弱电所有系统的配管
15.4	消防电气配线	21 830.69	m	0.62	含主楼±0 以上消防弱电所有系统的配线
16	弱电智能化工程	91 538.31	m	2.62	包含主楼±0 以上弱电桥架工程、弱电配管及配线工程、防排烟工程
16.1	弱电桥架工程	1 496.22	m	0.04	主楼±0 以上整个弱电系统的桥架
16.2	弱电配管工程	67 521.68	m	1.93	主楼±0 以上整个弱电系统的配管
16.3	弱电配线工程	22 520.41	m	0.64	主楼±0 以上整个弱电系统的配线
17	防排烟工程	7 000.00	m^3/h（风量）	0.20	含防烟、排烟、加压送风系统、送风兼补风系统

表 14　配套工程（门卫室）工程主要工程量指标分析

单项工程名称：门卫室

业态类型：配套工程　　　　建筑面积：25.48 m^2

序号	工程量名称	工程量	单位	指标	指标分析和说明
1	砌体	5.36	m^3	0.21	页岩实心砖+页岩多孔砖+页岩空心砖+耐火砖
2	混凝土	14.87	m^3	0.58	包含基础、主体所有砼
2.1	装配式构件混凝土	0.00	m^3	0.00	—
3	钢筋	1 225.00	kg	48.08	包含基础、主体所有钢筋
3.1	装配式构件钢筋	0.00	kg	0.00	—
4	型钢	0.00	kg	0.00	—
5	模板	86.80	m^2	3.41	包含基础、主体所有模板
6	外门窗及幕墙	9.30	m^2	0.36	含多腔隔热铝合金型材玻璃门、多腔隔热铝合金型材玻璃窗
7	保温	56.90	m^2	2.23	—
8	楼地面装饰	24.33	m^2	0.95	室内房间装饰面积
9	内墙装饰	34.28	m^2	1.35	内墙装饰面积
10	天棚工程	16.70	m^2	0.66	天棚装饰面积
11	外墙装饰	69.19	m^2	2.72	室外地坪至女儿墙装饰，外墙真石漆、质感漆
12	电气工程	—	—	—	指标包含配电箱柜、电气配管、电缆电线、开关插座灯具
12.1	配电箱柜	1.00	套	0.04	含配电箱及元器件
12.2	电气配管	35.11	m	1.38	刚性阻燃管
12.3	电缆电线	97.41	m	3.82	铜芯电缆、电线
12.4	开关插座灯具	5.00	个	0.20	开关、插座、灯具
13	给排水工程	4.98	m	0.20	含雨水系统
13.1	雨水系统	4.98	m	0.20	UPVC 雨水塑料管

表 15 配套工程（垃圾房）工程主要工程量指标分析

单项工程名称：垃圾房

业态类型：配套工程　　　　建筑面积：54.45 m^2

序号	工程量名称	工程量	单位	指标	指标分析和说明
1	砌体	2.95	m^3	0.05	页岩实心砖+页岩多孔砖+页岩空心砖+耐火砖
2	混凝土	64.00	m^3	1.18	包含基础、主体所有砼
2.1	装配式构件混凝土	0.00	m^3	0.00	—
3	钢筋	6 617.00	kg	121.52	包含基础、主体所有钢筋
3.1	装配式构件钢筋	0.00	kg	0.00	—
4	型钢	0.00	kg	0.00	—
5	模板	421.43	m^2	7.74	包含基础、主体所有模板
6	外门窗及幕墙	11.24	m^2	0.21	包含卷帘门
7	保温	0.00	m^2	0.00	—
8	楼地面装饰	47.25	m^2	0.87	室内房间装饰面积
9	内墙装饰	62.03	m^2	1.14	内墙装饰面积
10	天棚工程	58.94	m^2	1.08	天棚装饰面积
11	外墙装饰	106.79	m^2	1.96	室外地坪至女儿墙装饰，外墙真石漆、质感漆

续表

序号	工程量名称	工程量	单位	指标	指标分析和说明
12	电气工程	—	—	—	指标包含配电箱柜、电气配管、电缆电线、开关插座灯具
12.1	配电箱柜	1.00	套	0.02	含配电箱及元器件
12.2	电气配管	19.25	m	0.35	刚性阻燃管
12.3	电缆电线	51.17	m	0.94	铜芯电缆、电线
12.4	开关插座灯具	3.00	个	0.06	开关、插座、灯具
13	给排水工程	11.94	m	0.22	含给水、排水、雨水
13.1	给水工程	4.20	m	0.08	PP-R 冷水管
13.2	排水工程	3.56	m	0.07	UPVC 排水塑料管
13.3	雨水系统	4.18	m	0.08	UPVC 雨水塑料管

表 16　附属工程（总平大门及回廊廊架）工程主要工程量指标分析

单项工程名称：总平大门及回廊廊架工程

业态类型：附属工程　　　　　　　　　　建筑面积：1 003.94 m^2

序号	工程量名称	工程量	单位	指标	指标分析和说明
1	钢结构	120 359.07	kg	119.89	大门及回廊廊架钢结构造型，包含矩管、钢梁、钢柱
1.1	矩管	45 152.23	kg	44.98	大门及回廊廊架造型，矩管
1.2	钢梁	48 316.18	kg	48.13	大门及回廊廊架造型
1.3	钢柱	26 890.66	kg	26.79	大门及回廊廊架造型
2	硬质铺装	1 490.20	m^2	1.48	大门及回廊地面石材铺装
3	铝单板顶棚	2 345.96	m^2	2.34	大门及回廊铝单板顶棚

表 17　总平工程主要工程量指标分析

单项工程名称：总平工程

业态类型：总平工程　　　　　　　　　　建筑面积：21 543.60 m^2

序号	工程量名称	工程量	单位	指标	指标分析和说明
1	土石方工程	3 456.95	m^3	0.16	总平土石方工程
1.1	开挖土石方	1 122.97	m^3	0.05	总平管网挖土
1.2	回填土石方	8 875.13	m^3	0.41	地下室顶板结构标高至道路基层、铺装基层
2	车行道路面积	1 020.88	m^2	0.05	总平车行道
3	硬质铺装	7 143.5	m^2	0.33	石材铺装
3.1	硬质铺装（人行）	3 514.04	m^2	0.16	人行铺装
3.2	硬质铺装（车行）	777.43	m^2	0.04	车行铺装
3.3	硬质铺装（消防登高平面）	2 852.03	m^2	0.13	消防登高铺装
4	乔木	401	株	0.019	大乔、小乔
	乔木（胸径>18 cm）	96	株	0.004	大乔
	乔木（胸径≤18 cm）	305	株	0.014	小乔
5	灌木	5 195	m^2	0.24	灌木
6	草坪	4 757	m^2	0.22	混播草坪，无堆坡

续表

序号	工程量名称	工程量	单位	指标	指标分析和说明
7	绿篱	192	m	0.01	大叶黄杨绿篱
8	小区围墙	927.96	m	0.04	整个小区红线处围墙
9	管网	3 834.9	m	0.18	小区内雨污水管
10.1	给水	1 352.4	m	0.06	钢丝网骨架塑料（聚乙烯）复合给水管
10.2	排水	2 482.5	m	0.12	内肋增强 HDPE 双壁波纹污水管 DN300
11	弱电智能化系统	5	套	0.000 2	视频监控系统、周界入侵报警系统、离线巡更系统、门禁道闸系统、停车管理系统

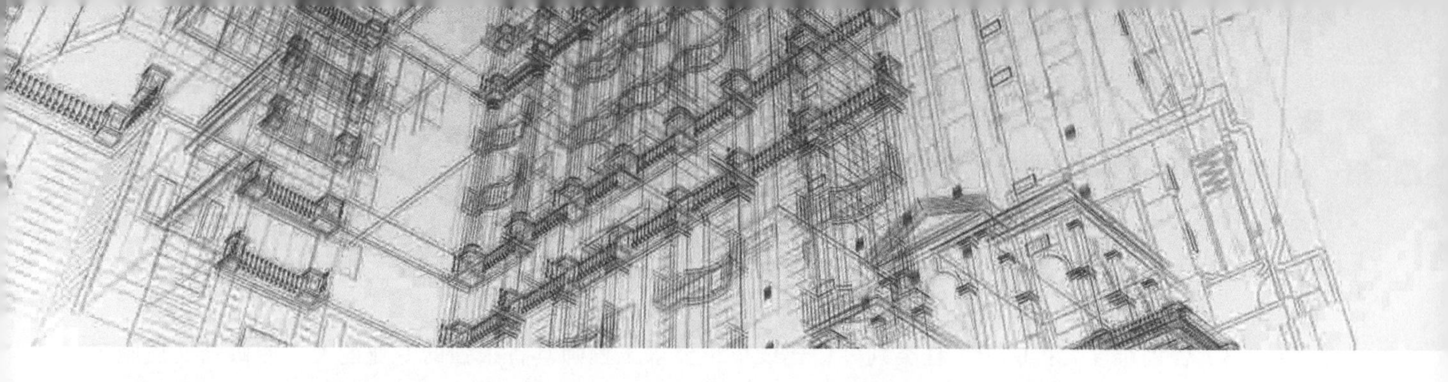

成都天府国际机场草池镇安置房及公建配套建设项目

——四川省名扬建设工程管理有限公司

◎ 许明雪，刘佳佳，杨雪

1 项目概况

1.1 项目基本信息

成都天府国际机场草池镇安置房及公建配套建设项目坐落于简阳市草池镇。项目建设内容包括房建工程和附属配套工程，其中房建工程包括安置房及公建配套、土建工程、装饰工程、安装工程、人防工程、小区室外总平景观工程、室外排水管网、小区道路、绿化等工程，附属配套工程包括安置点内道路、道路管网及小三线、市政桥梁、污水处理站、供配水安装、送变电配电安装、平桥安置点至简三路临时道路改造等工程。该项目总投资 10.50 亿元，其中工程费 8.40 亿元。资金来源为市级政府投资。

项目规模如下：

（1）房建工程总建筑面积 239 674.19 m^2，住宅部分（A、B、C、D、G 地块）建筑面积 220 474.42 m^2，公建配套（A1 地块幼儿园、E 地块小学、F1 地块社区服务综合体）建筑面积 19 199.77 m^2。

（2）总平工程景观绿化面积 83 411.27 m^2：包括景观工程、绿化工程、安装工程等。

（3）交安工程：主要包括 A、B、C、D、G 等 5 个地块交安工程建设内容。

（4）市政道路及桥梁工程：总道路面积 47 821.25 m^2，包括道路工程、排水工程、电力工程、通信工程、交通工程、照明工程、给水工程等；桥梁面积 2 720.76 m^2，包括桥梁工程、刚架桥工程。

（5）燃气工程：包括市政道路燃气工程、预留燃气工程 A1 地块、预留燃气工程 E 地块、预留燃气工程 F1 地块、H 线燃气工程。

（6）电力外线工程：包括总平及市政道路电缆敷设、小区终端杆建设内容。

1.2 项目特点

成都天府国际机场草池镇安置房及公建配套建设项目全过程工程造价管理具有以下特点：

（1）花费时间长、工作量大：编制预算控制价阶段，同时期除成都天府国际机场草池镇安置房及公建配套建设项目外，还有芦葭、石板凳项目，编制过程中 3 个项目须逐一核对，避免相同项目出现定额套取不同导致综合单价不一致的情况。

（2）工程类别覆盖面广：该项目涉及住宅、公建配套、市政道路、桥梁工程、污水处理站、燃气工程、电力及外线工程等类别。

（3）咨询难度大：由于工程类别多，建设单位要求工程师具备很强的专业能力，能协调处理施工过程中的各种问题。

（4）由于工程造价本身存在单件性、多次性、组合性、复杂性等，在每一地块工程造价成果出来之前，都存在大量的计量、计价及询价工作。

2 咨询服务范围及组织模式

2.1 咨询服务的业务范围

成都天府国际机场草池镇安置房及公建配套建设项目，受委托人成都天府国际机场建设开发有限公司委托，业务范围主要包括：编制预算控制价、施工阶段全过程造价控制（含预付款、进度款、变更款、索赔款审核，材料、设备价咨询）、审核竣工结算以及后续相关服务。

2.2 咨询服务的组织模式

成都天府国际机场草池镇安置房及公建配套建设项目全过程工程造价管理的内部组织模式如图 1 所示。

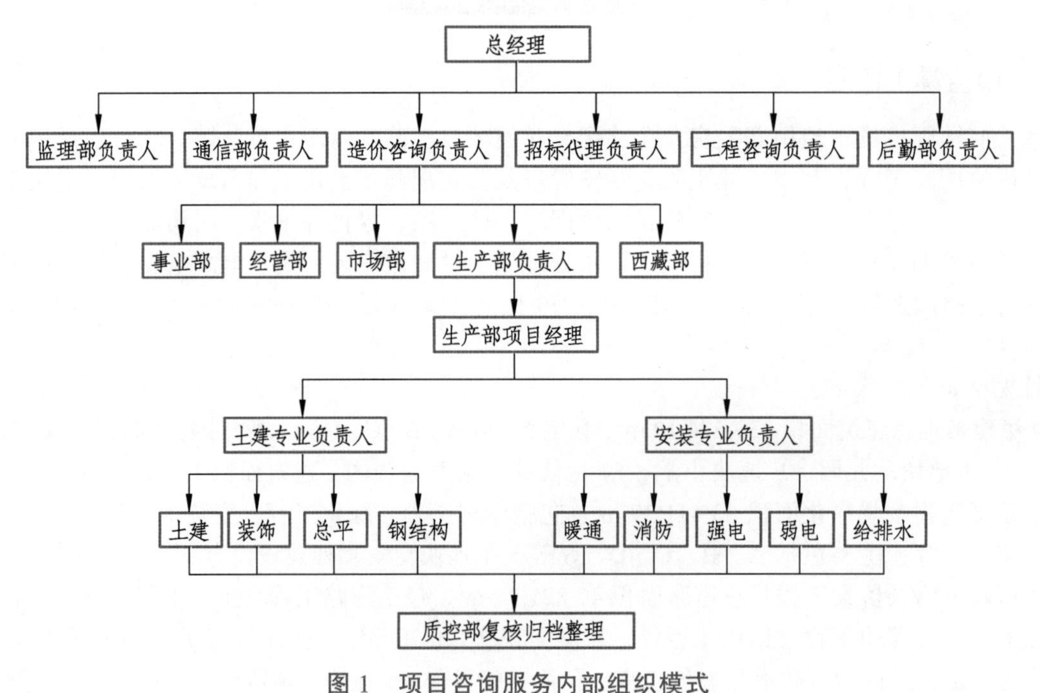

图 1 项目咨询服务内部组织模式

2.3 咨询服务工作职责

（1）项目负责人。

主持成都天府国际机场草池镇安置房及公建配套建设项目全过程工程造价管理实施方案编制工作；负责指导和审核项目经理编制的全过程咨询服务实施方案；对项目实施全过程负责技术指导；解答咨询业务实施过程中的技术问题；对重大疑难问题及专业上的分歧，寻找专业支撑，提供处理意见等。

（2）项目经理。

负责编制成都天府国际机场草池镇安置房及公建配套建设项目全过程工程造价管理实施方案，组织本项目组专业人员对咨询业务实施方案的学习，并指导项目组成员的执业行为；对成都天府国际机场建设开发有限公司提供咨询资料内容的完整性、规范性、合理性负责，并办理资料交接清单；按照实施方案拟定的原则、风险防范要点、计价依据等要素，规范开展咨询服务工作；具体负责业务实施过程中相关单位、相关专业人员间的技术协调、组织管理和业务指导工作；按公司规定，对项目组咨询成果复核后，汇总成册等工作。

（3）专业造价工程师。

按照批准的成都天府国际机场草池镇安置房及公建配套建设项目实施方案，规范地进行全过程工程造价管理咨询服务工作；编制预算控制价阶段，根据招标图计算工程量，提出图纸问题；及时完善工程量预算控制价编制工作；施工阶段全过程造价控制阶段，熟悉项目图纸内容，熟悉成都天府国际机场草池镇安置房及公建配套建设项目建设工程造价咨询合同条款，明确天府国际机场安置房施工阶段全过程造价控制管理要求，熟悉成都天府国际机场草池镇安置房及公建配套建设项目施工合同条款；对计价依据、计算方法、计算公式、计算结果等负责；对过程中的事项进行系统整理和留存；在建设单位规定时间内完成进度款审核报表，及时汇报并处理进度款审核中存在的问题；对施工过程中新增的材料进行认质认价、综合单价的审核；根据现场工程进展情况，及时确定关注点，如土石方开挖时，及时确定土方石方比例、弃土运距、机械台班型号；及时确定地下室阴角阳角卷材附加层实施情况、卷材宽度是否满足设计规范；及时确定构造柱现场植筋情况、马牙槎的留设、砌体拉结筋的设置等是否满足设计规范；保留过程中的影像资料，作为后期审计依据；竣工结算阶段，根据建设单位提供资料进行结算审核，与施工单位就工程量、价进行逐一核对。

3 咨询服务的运作过程

3.1 咨询服务的理念及思路

天府国际机场作为成都市的标志性建筑物，其重要性不言而喻。作为机场附属建筑——草池镇安置房及公建配套建设项目，与居民生活息息相关。因此，成都天府国际机场草池镇安置房及公建配套建设项目全过程工程造价管理整体咨询理念是：全心全意以最专业、最高效和最诚信的服务完成该项目全过程工程造价管理咨询服务工作，为机场顺利运行提供后方保障。具体理念及思路如下：

（1）编制预算控制价阶段：遵循实事求是、规范、科学的工作原则，通过专业知识提交完整、合理的工程造价，保证工程量的准确性、计价的完整性，规避不必要的风险，配合建设单位完成预算控制价财评工作。

（2）施工阶段全过程造价控制阶段：对施工过程中出现和经济有关的资料进行严格审核，本着工期、质量、成本三大要素进行经济管控，避免出现成本浪费，加强造价控制。

（3）竣工结算审核阶段：坚持独立、客观、公平、公正的原则，完成竣工结算审核工作。

3.2 咨询服务的方法及手段

（1）编制预算控制价阶段。

① 预算控制价编制前，认真考察现场，预见性地提出合理专业建议及预算控制价编制意见，供建设单位参考。

② 参与预算控制价编制的交底会议，在具体了解施工合同范围的基础上对建设单位提供的经济技术资料中的遗漏、矛盾问题提供合理化专业意见。

③ 针对项目的特点，结合施工图设计、技术要求及施工合同，编制预算控制价，并整理成本数据。

（2）施工阶段全过程造价控制阶段。

① 在施工图图纸会审意见签章完毕后，根据最新施工图、图纸会审纪要、设计变更等资料对项目

重新进行全面校核，编制校核工程量清单及校核价，同时对本工程预算控制价存在的问题进行详细披露。

② 在熟悉资料的基础上，结合现场实际施工情况对项目进行全过程造价控制管理，如对土方开挖深度、现场放坡情况等进行确认；对现场旋挖灌注桩进行全过程造价管理，形成完整的收方记录；对基坑边坡支护工程的 C20 混凝土（网喷）厚度进行实地测量；明确现场砖胎膜的使用范围；对现场卷材防水附加层宽度、阴阳角施工情况进行密切关注；装饰阶段加强对进场材料的监督；吊顶以上抹灰情况进行拍照存档，作为以后审计依据；地下室独立砼墙面是否抹灰等方面进行密切关注。

③ 对施工过程中出现的设计变更，及时配合建设单位进行变更测算，严格按照施工合同中变更的估价原则执行。

· 如果变更的工作在工程量清单中具有相应的工程细目，应按工程量清单中相应工程细目的单价和实际完成的工程量向承包人支付。无论实际完成的工程量与工程量清单中原有的工程量相比是否有增减变化，该工程细目的单价均不予调整。

· 工程量清单中无适用于变更工作的子目，但有类似子目的，可在合理范围内参照类似子目的单价，报发包人审批确定。类似工程项目指：组价中套用相同定额计价的项目或虽套用不同定额，但定额人工费、机械费相同，仅主材不同的项目。

· 如果变更的工作无类似项目，应根据现行 2015《四川省建设工程工程量清单计价定额》与配套编制办法及四川省相关规定来组价，主要材料若工程量清单中有的，按工程量清单中价格执行；主要材料在工程量清单中没有的，则按变更施工同期发布的成都市《工程造价信息》或《四川工程造价信息》的简阳地区执行；若施工同期发布的成都市《工程造价信息》或《四川工程造价信息》的简阳地区中没有相应材料的，经发包人、承包人、监理人三方共同询价确定的主材价格，组价后形成综合单价，并按照合同约定的下浮比例计算后作为最终综合单价。

④ 及时完成月进度产值审核。成都天府国际机场草池镇安置房及公建配套建设项目涉及地块较多，每月进度产值核对需要花费大量时间，未避免超付或漏项，过程中形成月报表汇总表，对已支付工程量及金额进行汇总统计。

⑤ 根据建设单位管理办法完成新增材料价格的确定、新增工程项目综合单价的确定及新技术、新工艺项目综合单价的确定。

⑥ 针对施工单位过程中提出的工程索赔事件，严格按照招标文件、施工合同、国家或地方相关政策认真研究并提出详细建议。

⑦ 每周召开总结会议，对全过程工程造价管理过程中出现的问题、发现的风险、下周计划等进行归纳总结，并及时向建设单位提出建议。

（3）竣工结算审核阶段。

① 接受审核任务后，首先召开审核工作会议，编制审核实施方案，明确审核目标，确定审核工作的重点、难点。

② 接收竣工结算资料后，办理《资料交接清单》。

③ 审核竣工结算造价的准确性：审核送审结算工程量的准确性；进行现场踏勘，对实际施工的各分项工程逐项进行核查；审核综合单价的套用；审核图纸会审、设计变更、技术、经济签证及其他与结算有关事项。

④ 与施工单位就差异进行逐项核对确认。

⑤ 审核初步结果经三级复核后形成审核报告（征求意见稿），征求相关单位意见。

⑥ 评估反馈意见后进一步修正审核报告，出具、报送正式审核报告。

4 经验总结

4.1 咨询服务的实践成效

（1）对内。

全过程参与工程造价管理咨询服务工作，要求工程师每天检查现场，严格控制入场材料质量，坚决杜绝未按设计图纸、施工规范、操作程序、审批的施工组织设计施工，做到对工程质量有预见性，及时发现并处理相关问题，及时反馈现场各楼栋建设情况，对工程师而言，既提高了个人能力，又增加了项目经验。

成都天府国际机场草池镇安置房及公建配套建设项目我方实行项目负责人负责制：为保证每个造价咨询工作人员的工作达到高质量，并且能够按计划、有序地进行，在进行各阶段造价咨询工作前，项目负责人主持召开全体造价咨询工作人员会议，将审核后的造价咨询工作计划传达给每一个人，安排造价咨询工作任务，明确造价咨询工作目标，使造价咨询工作人员在咨询工作实施前心中有数，更好地保证造价咨询工作质量。

（2）对外。

① 成都天府国际机场草池镇安置房及公建配套建设项目前期编制预算控制价阶段，联合同期的芦葭、石板凳两个项目编制单位，对清单进行逐项核对，包括计价原则、定额套取、计量标准等，既保证了同期项目指标的统一性，核对过程中对清单计价、定额套取进行综合分析，也规避了施工过程中的计价风险。

② 成都天府国际机场草池镇安置房及公建配套建设项目在施工过程中，严格控制材料价格。在工程造价的控制中，材料价格的控制是最主要的，材料费在工程造价中所占比例约 70%，因此我方在施工阶段严格要求施工单位按照施工招标时指定的材质和品牌进行材料的购置，避免施工单位变换材质引起材料的重新认价，从而变相地增加工程造价。对于施工过程中新增的材料，我方联合建设单位、监理单位、施工单位深入市场，掌握材料实际信息，在材料的认购中，做到货比三家，价比三家，使材料的认价工作及时、准确、合理、经济。

③ 成都天府国际机场草池镇安置房及公建配套建设项目在施工过程中，严格把控现场签证的审核。现场签证往往是承发包双方争议最多也是容易出问题的地方。对于现场签证的审核我方遵循 3 个原则：首先是客观性原则，不仅要审查有无承发包双方的签字与意见，而且要审查签字、意见的真实性；其次是整体性原则，应将签证事项放入整个工程的大环境中加以判断，避免工程量的重复计算；第三是全面性原则，不仅要审查签证事项发生的真实性，而且要审查签证事项发生数量的真实性。真正做到有效利用成本，避免无效成本的增加。

④ 成都天府国际机场草池镇安置房及公建配套建设项目竣工结算阶段，采用全面审核法。审核竣工图以内的各个分部分项工程量，审核分部分项工程价格，对对量过程中出现的分歧，及时踏勘现场，施工现场未实施的工作内容，经现场确认后均扣除，确保竣工结算的公正性、准确性。

成都天府国际机场草池镇安置房及公建配套建设项目竣工结算送审金额 908 417 978.32 元，审定金额 745 991 463.66 元，审减金额 162 426 514.66 元，审减率为 17.88%。

综上所述，本项目造价控制成效显著。

4.2 咨询服务的经验和不足

（1）成都天府国际机场草池镇安置房及公建配套建设项目在全过程工程造价管理前期，与各参建主体缺乏沟通。该项目参建主体较多（建设单位、监理单位、地勘单位、设计单位、施工单位），且代表不同的利益集体，在造价管理前期，与各参建单位缺乏必要的沟通，造成工作事倍功半，一定程度上延缓了项目进展。因此必须加强与各单位沟通，创造一个良好的工作环境，保质保量完成工作内容。

（2）由于项目地块多，涉及楼栋数量较多，在审核每月产值时，时间滞后。成都天府国际机场草池镇安置房及公建配套建设项目在审核每月产值时，由于涉及楼栋数量多，地块分布范围大，工程师在核对过程中需花费大量时间，后经过协调，一是要求施工单位申报工程量的准确性，不允许超报；二是我方人员及时根据现场实际形象进度调整工程量，节约时间，后期月产值审核时效大大提高。

5 项目主要经济技术指标

以下项目造价指标分析表、各单项工程造价指标分析表、各单项工程主要工程量指标表只选取 B 地块做分析，特此说明。

5.1 建设项目造价指标分析表

表 1 建设项目造价指标分析

项目名称：成都天府国际机场草池镇安置房及公建配套建设项目-B 地块

项目类型：普通住宅

投资来源：政府　　项目地点：四川省成都市简阳市草池镇

总建筑面积：44 369.63 m^2　　功能规模：17 层/住宅

承发包方式：施工总承包　　造价类别：结算价

开工日期：2016 年 11 月 1 日　　竣工日期：2018 年 7 月 18 日

地基处理方式：混凝土换填　　基坑支护方式：旋挖灌注桩+网喷

序号	单项工程名称	规模/m^2	层数	结构类型	装修档次	计价期	造价/元	单位/（元/m^2）	指标分析和说明
1	地下室	9 994.55	1 层	框剪结构		2016 年第 10 期—2018 年第 8 期	38 051 226.92	3 807.20	土建及安装工程（含签证及调差），不含场平土石方工程
2	1 号楼	6 833.16	17 层	框剪结构	精装房	2016 年第 10 期—2018 年第 8 期	13 402 195.48	1 961.35	土建及安装工程（含签证及调差）
3	2 号楼	7 742.49	11 层	框剪结构	精装房	2016 年第 10 期—2018 年第 8 期	15 281 349.12	1 973.70	土建及安装工程（含签证及调差）
4	3 号楼	12 605.32	17 层	框剪结构	精装房	2016 年第 10 期—2018 年第 8 期	24 869 448.38	1 972.93	土建及安装工程（含签证及调差）
5	4 号楼	7 140.64	17 层	框剪结构	精装房	2016 年第 10 期—2018 年第 8 期	13 793 271.89	1 931.66	土建及安装工程（含签证及调差）
6	5 号楼（垃圾房）	30.6	1 层	框架结构	精装房	2016 年第 10 期—2018 年第 8 期	117 177.14	3 829.32	土建及安装工程（含签证及调差）
7	门房	22.87	1 层	框架结构	精装房	2016 年第 10 期—2018 年第 8 期	161 666.56	7 068.94	土建及安装工程（含签证及调差）
8	总平	11 791.06					6 766 820.41	573.89	
9	交安工程	44 369.63					163 814.99	3.69	
10	合计	44 369.63					112 606 970.90	2 537.93	

5.2 单项工程造价指标分析表

表 2 地下室工程造价指标分析

单项工程名称：B 地块-地下室
单项工程规模：9 994.55 m^2 平方米
装配率：0.00%
地基处理方式：混凝土换填
基础形式：筏板基础
业态类型：普通住宅
层数：地下 1 层
绿建星级：/
基坑支护方式：旋挖灌注桩+网喷
计税方式：一般计税

序号	单位工程名称	规模/m^2	造价/元	其中/元				单位指标/（元/m^2）	占比	指标分析和说明
				分部分项	措施项目	其他项目	税金			
1	建筑工程	9 994.55	25 237 367.37	18 536 742.54	4 007 003.95	383 721.29	2 309 899.59	2 525.11	66.32%	其他项目包含调差、规费及按合同约定总价下浮
1.1	钢结构									
1.2	屋盖									
2	室内装饰工程	9 994.55	1 110 513.06	1 007 190.39	66 111.54	−63 963	101 174.13	111.11	2.92%	其他项目包含调差、规费及按合同约定总价下浮
3	外装工程									
3.1	幕墙									
4	强电工程	9 994.55	6 477 743.37	6 174 071.878	5 884 636.266	5 608 769.167	5 345 834.5	648.13	17.02%	其他项目包含调差、规费及按合同约定总价下浮
5	弱电工程	9 994.55	1 056 863.57	991 726.42	41 001.59	−72 691.047 4	96 826.61	105.74	2.78%	
6	给排水工程	9 994.55	1 287 026.89	1 228 784.12	38 411.23	−98 224.931 46	118 056.47	128.77	3.38%	
7	消防电工程	9 994.55	841 203.27	712 938.12	65 086.27	−13 506.922 83	76 685.80	84.17	2.21%	
8	消防水工程	9 994.55	947 540.52	904 671.61	6 996.86	−50 821.108 68	86 693.16	94.81	2.49%	
9	暖通工程	9 994.55	735 163.99	653 796.06	52 404.93	−38 279.608 09	67 242.60	73.56	1.93%	
10	电梯工程	9 994.55	0.00						0.00%	
11	抗震支架	9 994.55	357 804.89	346 787.5143	10 004.121 78	−31 849.364 67	32 862.618 55	35.80	0.94%	
12	合计	9 994.55	38051226.92	30 556 708.65	10 171 656.76	5 623 154.474	8 235 275.48	3 807.20	100.00%	

表 3　B 地块-1#楼工程造价指标分析

单项工程名称：B 地块-1#楼　　业态类型：普通住宅
单项工程规模：6 833.16 m^2　　层数：17 层
装配率：0.00%　　绿建星级：/
地基处理方式：混凝土换填　　基坑支护方式：旋挖灌注桩+网喷
基础形式：筏板基础　　计税方式：一般计税

序号	单位工程名称	规模/m^2	造价/元	其中/元				单位指标/（元/m^2）	占比	指标分析和说明
				分部分项	措施项目	其他项目	税金			
1	建筑工程	6 833.16	6 485 745.25	3 238 525.81	2 127 686.78	73 859.00	592 339.04	949.16	48.39%	其他项目包含调差、规费及按合同约定总价下浮
1.1	钢结构									
1.2	屋盖									
2	室内装饰工程	6 833.16	2 937 413.71	2 721 433.78	145 408.67	−421 216.95	268 082.57	429.88	21.92%	其他项目包含调差、规费及按合同约定总价下浮
3	外装工程	6 833.16	1 318 559.11	1 166 171.58	93 767.57	−205 523.99	119 886.13	192.96	9.84%	其他项目包含调差、规费及按合同约定总价下浮
3.1	幕墙									
4	强电工程	6 833.16	1 009 506.83	834 510.03	53 448.19	29 271.26	92 277.35	147.74	7.53%	其他项目包含调差、规费及按合同约定总价下浮
5	弱电工程	6 833.16	339 068.36	296 174.29	24 364.40	−12 393.94	30 923.62	49.62	2.53%	
6	给排水工程	6 833.16	700 598.77	610 642.81	53 712.07	−27 703.35	63 947.24	102.53	5.23%	
7	消防电工程	6 833.16	103 296.46	83 584.00	10 106.57	207.38	9 398.52	15.12	0.77%	
8	消防水工程	6 833.16	69 108.04	63 134.00	3 437.28	−3 786.69	6 323.45	10.11	0.52%	
9	暖通工程	6 833.16	1 019.46	955.81	29.50	−59.23	93.37	0.15	0.01%	
10	电梯工程	6 833.16	437 879.49	397 054.54	16 474.86	−15 695.40	40 045.49	64.08	3.27%	
11	抗震支架	6 833.16	0.00					0.00	0.00%	
12	合计	6 833.16	13 402 195.48	9 412 186.65	2 528 435.89	−583 041.91	1 223 316.77	1 961.35	100.00%	

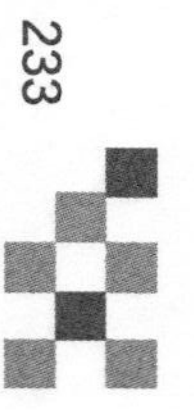

表 4　B 地块-2#楼工程造价指标分析

单项工程名称：B 地块-2#楼　　业态类型：普通住宅
单项工程规模：7 742.49 m²　　层数：11 层
装配率：0.00%　　绿建星级：/
地基处理方式：混凝土换填　　基坑支护方式：旋挖灌注桩+网喷
基础形式：筏板基础　　计税方式：一般计税

序号	单位工程名称	规模/m²	造价/元	其中/元				单位指标/（元/m²）	占比	指标分析和说明
				分部分项	措施项目	其他项目	税金			
1	建筑工程	7 742.49	7 475 577.77	3 918 864.19	2 271 291.25	602 560.45	682 861.88	965.53	48.92%	其他项目包含调差、规费及按合同约定总价下浮
1.1	钢结构									
1.2	屋盖									
2	室内装饰工程	7 742.49	3 279 006.17	3 039 330.08	161 588.26	−221 181.7	299 269.53	423.51	21.46%	其他项目包含调差、规费及按合同约定总价下浮
3	外装工程	7 742.49	1 660 279.47	1 467 972.66	118 287.66	−76 933.42	150 952.57	214.44	10.86%	其他项目包含调差、规费及按合同约定总价下浮
3.1	幕墙									
4	强电工程	7 742.49	1 134 420.82	1 006 767.71	53 076.99	−29 090.797 21	103 666.92	146.52	7.42%	其他项目包含调差、规费及按合同约定总价下浮
5	弱电工程	7 742.49	421 646.09	371 114.51	27 735.10	−15 664.308 91	38 460.79	54.46	2.76%	
6	给排水工程	7 742.49	818 407.18	723 078.62	55 278.33	−34 666.558 55	74 716.79	105.70	5.36%	
7	消防电工程	7 742.49	84 783.99	69 072.47	7 628.62	373.746 545 1	7 709.15	10.95	0.55%	
8	消防水工程	7 742.49	51 116.56	48 121.82	1 776.74	−3 465.042 333	4 683.04	6.60	0.33%	
9	暖通工程	7 742.49	1 959.98	1 830.88	58.98	−109.355 026 6	179.48	0.25	0.01%	
10	电梯工程	7 742.49	354 151.09	328 011.16	11 093.75	−17 377.456 26	32 423.64	45.74	2.32%	
11	抗震支架	7 742.49	0.00					0.00	0.00%	
12	合计	7 742.49	15 281 349.12	10 974 164.10	2 707 815.68	204 445.56	1 394 923.79	1 973.70	100.00%	

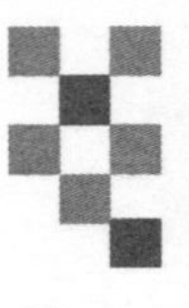

表 5　B 地块-3#楼工程造价指标分析

单项工程名称：B 地块-3#楼　　　业态类型：普通住宅
单项工程规模：12 605.32 m^2　　　层数：17 层
装配率：0.00%　　　绿建星级：/
地基处理方式：混凝土换填　　　基坑支护方式：旋挖灌注桩+网喷
基础形式：筏板基础　　　计税方式：一般计税

序号	单位工程名称	规模/m^2	造价/元	其中/元				单位指标/（元/m^2）	占比	指标分析和说明
				分部分项	措施项目	其他项目	税金			
1	建筑工程	12 605.32	12 040 033.47	6 001 509.7	3 895 313.91	1 043 631.35	1 099 578.51	955.15	48.41%	其他项目包含调差、规费及按合同约定总价下浮
1.1	钢结构									
1.2	屋盖									
2	室内装饰工程	12 605.32	5 405 341.58	5 017 003.42	262 898.27	-367 951.91	493 391.8	428.81	21.73%	其他项目包含调差、规费及按合同约定总价下浮
3	外装工程	12 605.32	2 409 644.22	2 130 850.36	171 517.09	-111 810.56	219 087.33	191.16	9.69%	其他项目包含调差、规费及按合同约定总价下浮
3.1	幕墙									
4	强电工程	12 605.32	1 804 088.62	1 582 320.12	99 705.22	-42 794.477	164 857.76	143.12	7.25%	其他项目包含调差、规费及按合同约定总价下浮
5	弱电工程	12 605.32	660 182.49	574 600.67	49 329.94	-23 961.668 25	60 213.55	52.37	2.65%	
6	给排水工程	12 605.32	1 249 102.85	1 087 523.71	96 766.22	-49 188.967 79	114 001.89	99.09	5.02%	
7	消防电工程	12 605.32	211 643.17	171 306.73	20 411.77	669.163 246 7	19 255.50	16.79	0.85%	
8	消防水工程	12 605.32	211 614.04	198 077.20	8 200.17	-14 048.464 49	19 385.13	16.79	0.85%	
9	暖通工程	12 605.32	2 038.93	1 911.62	58.98	-118.415 026 6	186.75	0.16	0.01%	
10	电梯工程	12 605.32	875 759.01	794 109.08	32 949.71	-31 390.770 79	80 090.99	69.48	3.52%	
11	抗震支架	12 605.32						0.00	0.00%	
12	合计	12 605.32	24 869 448.38	17 559 212.61	4 637 151.28	403 035.28	2 270 049.21	1 972.93	100.00%	

表 6　B 地块-4#楼工程造价指标分析

单项工程名称：B 地块-4#楼　　业态类型：普通住宅
单项工程规模：7 140.64 m^2　　层数：17 层
装配率：0.00%　　绿建星级：/
地基处理方式：混凝土换填　　基坑支护方式：旋挖灌注桩+网喷
基础形式：筏板基础　　计税方式：一般计税

序号	单位工程名称	规模/m^2	造价/元	其中/元				单位指标/（元/m^2）	占比	指标分析和说明
				分部分项	措施项目	其他项目	税金			
1	建筑工程	7 140.64	6 861 408.70	3 474 148.80	2 203 562.02	557 056.49	626 641.39	960.90	49.74%	其他项目包含调差、规费及按合同约定总价下浮
1.1	钢结构									
1.2	屋盖									
2	室内装饰工程	7 140.64	2 932 566.12	2 721 002.75	143 081.72	−199 191.61	267 673.26	410.69	21.26%	其他项目包含调差、规费及按合同约定总价下浮
3	外装工程	7 140.64	1 362 015.37	1 204 646.10	96 837.07	−63 305.39	123 837.59	190.74	9.87%	其他项目包含调差、规费及按合同约定总价下浮
3.1	幕墙									
4	强电工程	7 140.64	971 299.52	851 485.60	54 367.95	−23 303.38	88 749.35	136.02	7.04%	其他项目包含调差、规费及按合同约定总价下浮
5	弱电工程	7 140.64	341 612.21	296 831.98	25 838.94	−12 212.24	31 153.53	47.84	2.48%	
6	给排水工程	7 140.64	696 388.31	607 480.54	52 964.67	−27 624.11	63 567.21	97.52	5.05%	
7	消防电工程	7 140.64	103 582.52	83 871.14	10 124.78	161.88	9 424.72	14.51	0.75%	
8	消防水工程	7 140.64	83 436.74	76 623.08	3 977.73	−4 800.71	7 636.64	11.68	0.60%	
9	暖通工程	7 140.64	3 082.92	2 886.36	90.57	−176.35	282.34	0.43	0.02%	
10	电梯工程	7 140.64	437 879.48	397 054.54	16 474.86	−15 695.40	40 045.48	61.32	3.17%	
11	抗震支架	7 140.64	0.00					0.00	0.00%	
12	合计	7 140.64	13 793 271.89	9 716 030.89	2 607 320.31	210 909.17	1 259 011.52	1 931.66	100.00%	

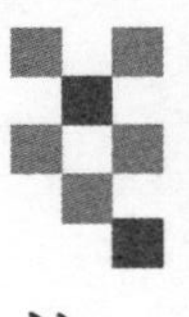

表 7　B 地块-5#楼（垃圾房）工程造价指标分析

单项工程名称：B 地块-5#楼（垃圾房）　　业态类型：附属用房
单项工程规模：30.6 m^2　　层数：1 层
装配率：0.00%　　绿建星级：/
地基处理方式：/　　基坑支护方式：/
基础形式：独立基础　　计税方式：一般计税

序号	单位工程名称	规模/m^2	造价/元	其中/元				单位指标/（元/m^2）	占比	指标分析和说明
				分部分项	措施项目	其他项目	税金			
1	建筑工程	30.6	64 480.38	35 526.48	12 442.2	10 612.47	5 899.23	2 107.20	55.03%	其他项目包含调差、规费及按合同约定总价下浮
1.1	钢结构									
1.2	屋盖									
2	室内装饰工程	30.6	13 633.06	12 615.33	682.74	-909.1	1 244.09	445.52	11.63%	其他项目包含调差、规费及按合同约定总价下浮
3	外装工程	30.6	9 603.46	8 459.78	700.31	-429.52	872.89	313.84	8.20%	其他项目包含调差、规费及按合同约定总价下浮
3.1	幕墙									
4	强电工程	30.6	8 781.72	7 971.34	255.78	-249.703 511	804.30	286.98	7.49%	其他项目包含调差、规费及按合同约定总价下浮
5	弱电工程	30.6	0.00					0.00	0.00%	
6	给排水工程	30.6	2 605.22	2 305.10	141.37	-79.275 391 26	238.03	85.14	2.22%	
7	消防电工程	30.6	0.00					0.00	0.00%	
8	消防水工程	30.6	165.53	158.52	0.00	-8.137 213 407	15.15	5.41	0.14%	
9	暖通工程	30.6	17 907.77	17 381.20	425.20	-1 542.902 424	1 644.27	585.22	15.28%	
10	电梯工程	30.6	0.00					0.00	0.00%	
11	抗震支架	30.6	0.00					0.00	0.00%	
12	合计	30.60	1 171 77.14	84 417.75	14 647.60	7 393.83	10 717.96	3 829.32	100.00%	

表 8　B 地块-门房工程造价指标分析

单项工程名称：B 地块-门房　　业态类型：附属用房
单项工程规模：22.87 m^2　　层数：1 层

序号	单位工程名称	规模/m^2	造价/元	其中/元				单位指标/（元/m^2）	占比	指标分析和说明
				分部分项	措施项目	其他项目	税金			
1	建筑工程	22.87	80 949.8	46 747.81	11 327.44	15 462.37	7 412.18	3 539.56	50.07%	其他项目包含调差、规费及按合同约定总价下浮
1.1	钢结构									
1.2	屋盖									
2	室内装饰工程	22.87	26 682.5	25 854.55	737.97	−2 354.44	2 444.42	1 166.70	16.50%	其他项目包含调差、规费及按合同约定总价下浮
3	外装工程	22.87	36 069.2	32 204.07	2 409.04	−1 825.87	3 281.96	1 577.14	22.31%	其他项目包含调差、规费及按合同约定总价下浮
3.1	幕墙									
4	强电工程	22.87	7 315.21	6 241.50	413.02	−6.12	666.81	319.86	4.52%	其他项目包含调差、规费及按合同约定总价下浮
5	弱电工程	22.87	7 364.71	6 799.39	232.72	−342.05	674.64	322.02	4.56%	
6	给排水工程	22.87	2 770.73	2 490.46	128.62	−101.72	253.37	121.15	1.71%	
7	消防电工程	22.87						0.00	0.00%	
8	消防水工程	22.87						0.00	0.00%	
9	暖通工程	22.87	514.41	472.71	20.54	−25.93	47.10	22.49	0.32%	
10	电梯工程	22.87						0.00	0.00%	
11	抗震支架	22.87						0.00	0.00%	
12	合计	22.87	161 666.56	120 810.49	15 269.35	10 806.24	14 780.48	7 068.94		

5.3 单项工程主要工程量指标分析表

表 9 地下室工程主要工程量指标分析

单项工程名称：B 地块-地下室

业态类型：普通住宅　　　　建筑面积：9 994.55 m^2

序号	工程量名称	工程量	单位	指标	指标分析和说明
1	土石方开挖量	75 116.06	m^3	7.52	
2	桩（含桩基和护壁桩）	535.53	m^3	0.05	
3	护坡	4 303.55	m^2	0.43	
4	砌体	1 217.14	m^3	0.12	
5	混凝土	13 850.750	m^3	1.39	楼梯砼量=水平投影面积×0.2 折算
5.1	装配式构件混凝土	0	m^3	0.00	
6	钢筋	1 324 166	kg	132.49	
6.1	装配式构件钢筋	0	kg	0.00	
7	型钢	0	kg	0.00	
8	模板	32 656.420	m^2	3.27	
9	外门窗及幕墙	0	m^2	0.00	
10	内门窗	229.08	m^2	0.02	
11	防水	42 639.62	m^2	4.27	
12	保温	0	m^2	0.00	
13	楼地面装饰	9 002.2	m^2	0.90	
14	内墙装饰	10 778.08	m^2	1.08	
15	天棚工程	530.94	m^2	0.05	
16	外墙装饰	470.52	m^2	0.05	

表 10 B 地块-1#楼工程主要工程量指标分析

单项工程名称：B 地块-1#楼

业态类型：普通住宅　　　　建筑面积：6 833.16 m^2

序号	工程量名称	工程量	单位	指标	指标分析和说明
1	土石方开挖量	0	m^3	0.00	
2	桩（含桩基和护壁桩）	0	m^3	0.00	
3	护坡	0	m^2	0.00	
4	砌体	1 078.2	m^3	0.16	
5	混凝土	2 456.836	m^3	0.36	楼梯砼量=水平投影面积×0.2 折算
5.1	装配式构件混凝土	0	m^3	0.00	
6	钢筋	303 283	kg	44.38	
6.1	装配式构件钢筋	0	kg	0.00	
7	型钢	0	kg	0.00	
8	模板	25 033.040	m^2	3.66	
9	外门窗及幕墙	1 648.66	m^2	0.24	
10	内门窗	612.3	m^2	0.09	

续表

序号	工程量名称	工程量	单位	指标	指标分析和说明
11	防水	4 839.61	m^2	0.71	
12	保温	5 639.160	m^2	0.83	
13	楼地面装饰	5 769.83	m^2	0.84	
14	内墙装饰	15 315.31	m^2	2.24	
15	天棚工程	6 862.93	m^2	1.00	
16	外墙装饰	10 047.53	m^2	1.47	

表 11 B 地块-2#楼工程主要工程量指标分析

单项工程名称：B 地块-2#楼

业态类型：普通住宅　　　　　　建筑面积：7 742.49 m^2

序号	工程量名称	工程量	单位	指标	指标分析和说明
1	土石方开挖量		m^3	0.00	
2	桩（含桩基和护壁桩）		m^3	0.00	
3	护坡		m^2	0.00	
4	砌体	1 327.01	m^3	0.17	
5	混凝土	2 822.582	m^3	0.36	楼梯砼量=水平投影面积×0.2 折算
5.1	装配式构件混凝土		m^3	0.00	
6	钢筋	330 708	kg	42.71	
6.1	装配式构件钢筋		kg	0.00	
7	型钢		kg	0.00	
8	模板	29 003.190	m^2	3.75	
9	外门窗及幕墙	1 958.22	m^2	0.25	
10	内门窗	661.58	m^2	0.09	
11	防水	6 121.58	m^2	0.79	
12	保温	7 242.480	m^2	0.94	
13	楼地面装饰	6 581.56	m^2	0.85	
14	内墙装饰	17 410.51	m^2	2.25	
15	天棚工程	8 020.27	m^2	1.04	
16	外墙装饰	13 102.57	m^2	1.69	

表 12 B 地块-3#楼工程主要工程量指标分析

单项工程名称：B 地块-3#楼

业态类型：普通住宅　　　　　　建筑面积：12 605.32 m^2

序号	工程量名称	工程量	单位	指标	指标分析和说明
1	土石方开挖量		m^3	0.00	
2	桩（含桩基和护壁桩）		m^3	0.00	
3	护坡		m^2	0.00	
4	砌体	2 064.73	m^3	0.16	
5	混凝土	4 404.992	m^3	0.35	楼梯砼量=水平投影面积×0.2 折算

续表

序号	工程量名称	工程量	单位	指标	指标分析和说明
5.1	装配式构件混凝土	0	m^3	0.00	
6	钢筋	537 107	kg	42.61	
6.1	装配式构件钢筋		kg	0.00	
7	型钢		kg	0.00	
8	模板	45 720.610	m^2	3.63	
9	外门窗及幕墙	3 099.44	m^2	0.25	
10	内门窗	1 173.43	m^2	0.09	
11	防水	8 447.96	m^2	0.67	
12	保温	10 815.010	m^2	0.86	
13	楼地面装饰	10 615.58	m^2	0.84	
14	内墙装饰	27 753.03	m^2	2.20	
15	天棚工程	12 775.34	m^2	1.01	
16	外墙装饰	18 776.85	m^2	1.49	

表 13　B 地块-4#楼工程主要工程量指标分析

单项工程名称：B 地块-4#楼

业态类型：普通住宅　　　　　　　　建筑面积：7 140.64 m^2

序号	工程量名称	工程量	单位	指标	指标分析和说明
1	土石方开挖量	0	m^3	0.00	
2	桩（含桩基和护壁桩）	0	m^3	0.00	
3	护坡	0	m^2	0.00	
4	砌体	1 130.56	m^3	0.16	
5	混凝土	2 547.054	m^3	0.36	楼梯砼量=水平投影面积×0.2 折算
5.1	装配式构件混凝土	0	m^3	0.00	
6	钢筋	313 341	kg	43.88	
6.1	装配式构件钢筋	0	kg	0.00	
7	型钢		kg	0.00	
8	模板	25 868.200	m^2	3.62	
9	外门窗及幕墙	1 722.67	m^2	0.24	
10	内门窗	612.3	m^2	0.09	
11	防水	5 227.18	m^2	0.73	
12	保温	5 950.48	m^2	0.83	
13	楼地面装饰	5 921.000	m^2	0.83	
14	内墙装饰	15 731.29	m^2	2.20	
15	天棚工程	7 191.97	m^2	1.01	
16	外墙装饰	10 345.46	m^2	1.45	

表 14　B 地块-5#楼（垃圾房）工程主要工程量指标分析

单项工程名称：B 地块-5#楼（垃圾房）

业态类型：附属用房　　　　建筑面积：30.60 m^2

序号	工程量名称	工程量	单位	指标	指标分析和说明
1	土石方开挖量		m^3	0.00	
2	桩（含桩基和护壁桩）		m^3	0.00	
3	护坡		m^2	0.00	
4	砌体	7.52	m^3	0.25	
5	混凝土	27.700	m^3	0.91	
5.1	装配式构件混凝土		m^3	0.00	
6	钢筋	1 970	kg	64.38	
6.1	装配式构件钢筋		kg	0.00	
7	型钢		kg	0.00	
8	模板	183.700	m^2	6.00	
9	外门窗及幕墙	5.16	m^2	0.17	
10	内门窗		m^2	0.00	
11	防水	143.47	m^2	4.69	
12	保温	0.000	m^2	0.00	
13	楼地面装饰	24.92	m^2	0.81	
14	内墙装饰	48.94	m^2	1.60	
15	天棚工程	30.42	m^2	0.99	
16	外墙装饰	81.01	m^2	2.65	

表 15　B 地块-门房工程主要工程量指标分析

单项工程名称：B 地块-门房

业态类型：附属用房　　　　建筑面积：22.87 m^2

序号	工程量名称	工程量	单位	指标	指标分析和说明
1	土石方开挖量	26	m^3	1.14	
2	桩（含桩基和护壁桩）		m^3	0.00	
3	护坡		m^2	0.00	
4	砌体	28.2	m^3	1.23	
5	混凝土	31.690	m^3	1.39	
5.1	装配式构件混凝土		m^3	0.00	
6	钢筋	3 060	kg	133.80	
6.1	装配式构件钢筋		kg	0.00	
7	型钢		kg	0.00	
8	模板	179.570	m^2	7.85	
9	外门窗及幕墙	35.04	m^2	1.53	
10	内门窗		m^2	0.00	

续表

序号	工程量名称	工程量	单位	指标	指标分析和说明
11	防水	59.3	m^2	2.59	
12	保温	98.360	m^2	4.30	
13	楼地面装饰	16.41	m^2	0.72	
14	内墙装饰	69.14	m^2	3.02	
15	天棚工程	21.11	m^2	0.92	
16	外墙装饰	253.24	m^2	11.07	

成都超算中心土建及配套工程勘察—设计—施工总承包项目

——四川华通建设工程造价管理有限责任公司

◎ 何志，李景，吕逸实，李元平，覃祥进，沈剑平，母鹏君，卢露

1 项目概况

1.1 项目基本信息

成都超算中心土建及配套工程勘察—设计—施工总承包项目坐落于成都天府新区成都直管区兴隆街道。项目占地 36.25 亩（约 24 166.67 m^2），总建筑面积 61 749.29 m^2，其中地上部分建筑面积为 49 056.89 m^2（运维楼建筑面积 22 598.56 m^2，地上 7 层；动力楼建筑面积 24 102.2 m^2，地上主体 4 层，局部夹层；硅立方建筑面积 2 332.8 m^2，地上 5 层；门卫建筑面积 23.33 m^2，1 层），地下室建筑面积为 12 692.40 m^2。动力楼、硅立方地上为钢框架结构，运维楼及地下室为钢筋混凝土框架结构。

1.2 项目特点

成都超算中心土建及配套工程勘察—设计—施工总承包项目具有以下特点：

（1）建设意义重大。

成都超算中心重点围绕科技创新、城市治理、产业发展、社会民生四大方向开展计算服务。截至目前，已为 450 余家用户提供计算服务，覆盖 30 余个服务领域、19 个省内外城市，协助招引企业 80 余家，系统利用率达 35%，完成 570 万个计算任务，部署材料研发等 200 余个软件，完成量子生物信息系统等 12 个国家级课题项目，合同签约累计金额约 1 752 万元。

超算的应用领域很广泛，可以说超级计算是所有科技创新的基石，在成都产业数字化、生态化发展以及城市治理智慧化、数字化进程中，均需要强大计算能力和资源作为基础支撑同时，超算自身本就具有十分强大的“磁吸效应”，不但能够通过超算聚焦领军型企业前来聚集，能够吸引高精尖科技人才在城市落户扎根，更加有益于培育超算应用产业生态。

成都超算中心从四个方面发挥了重大作用：

① 在产业发展方面，目前，已与华为、百度、腾讯、成都飞机（工业）等 194 家用户开展技术研发合作；聚集了华为鲲鹏、西门子、四川航天燎原等 80 余家生态伙伴，共谋产业发展。吸引国内外高层次人才在成都聚集。

② 在城市治理方面，通过不断提升城市治理科学化精细化智能化水平，目前，已与国家电网、东

方风电、四川大学低碳所等43家新能源单位开展测试及商务合作；与海康威视、亚信安全、讯美等10家用户提供公共安全方面算力支撑服务。

③ 在科技创新方面，助力国家重点实验室、国家技术创新中心等高能级创新平台建设，有力支撑"四层架构"创新平台发展，已为高海拔宇宙线观测站、子午工程二期、天府兴隆湖实验室等9家单位提供技术服务与算力支持；为中国工程院、空气动力中心、中科院等56家科研院所及中科院大学、清华大学、四川大学等98家高校提供相应服务与支持。

④ 在社会民生方面，助力成都市幸福美好生活十大工程建设，满足人民群众美好生活需要。目前，与北京协和医院、华西医院、重庆第三军医大等25家医疗机构用户开展联合研发合作；为国家气象信息中心、水利部水科院、四川省地震局等12家灾害预警类用户提供算力支撑服务。

（2）投资管控难度大。

本项目属于EPC工程总承包模式，较常规施工图工程量清单招标项目而言，有大量的新项目需要进行定额组价，若无适用定额时，需要各方多次协商组价，以便维护甲乙双方合理利益；同时还有大量的信息价中没有的材料设备单价，需要各方多次协商确定，对各方争议问题咨询造价站等，因此，很多计量计价工作要在过程中协商处理，加大了项目的管理难度。

（3）需要咨询单位全过程提前介入。

本工程工期较为紧迫，业主要求尽快开工，施工单位进场时只有初步设计图纸，施工图还未完善，整个项目按照边设计、边施工的方法实施。由于前期施工图纸不完善或缺陷及规划调整，很容易造成投资增加，对于过控单位来说，全过程提前介入极其重要。

（4）对咨询团队的业务技能要求更高。

通常项目采用常规工程量清单计价时，很多措施项目都是在投标报价中采用总价措施的形式包干使用，参与施工组织设计和专项施工方案制订的外聘专家、监理单位人员、建设单位人员等主要是审核其是否满足设计标准和施工规范等技术性要求，方案是否经济合理，带来的收益或额外支出风险均归于承包人。而本项目是按定额计价后总价下浮，因此要求咨询单位派驻该项目的造价人员，不但需要具备较高的造价知识和技能，还需要具有丰富的施工经验，从施工及设计方案的合理性方面去参与审查，从而增加投资控制效果，保障项目的顺利实施。

2 咨询服务范围及组织模式

2.1 咨询服务的业务范围

根据国家超算成都中心园区项目（土建工程）造价咨询服务合同（合同编号：TX-ZX-2019-189）及成都天府新区投资集团有限公司的造价咨询机构任务委托书，我公司负责本项目的咨询服务的业务范围为整个项目的全过程造价管理。

（1）参与委托人组织的设计交底及设计方案讨论；

（2）提供初步设计优化建议；

（3）提供施工图设计优化建议；

（4）编制初步设计概算，并配合委托人按有关规定完成工程设计概算的政府评审；

（5）编制工程预算（合同预算价），并按有关规定完成合同预算价的政府评审；

（6）设计变更经济分析和合同造价条款变更、管理；

（7）审核工程计量和支付（预付款、进度款、变更款、索赔款）；

（8）主要材料及设备的询价；

（9）实施施工阶段全过程造价控制；

（10）审核总包工程竣工结算；

（11）审核迁改、附属及零星工程费用；

（12）按委托人要求配合项目结算政府审计。

2.2 咨询服务的组织模式

本项目是重点建设项目，建设工期紧迫，涉及内容全面，这给我们咨询服务工作加大了难度，需要的咨询服务知识和技能全面，必须依靠项目团队的集体智慧，并在公司管理和技术团队的大力支持下开展。为此，公司在设计组织模式时，在传统的项目型组织结构的基础上，加入了公司管理和技术支持团队，形成本项目咨询服务组织结构，如图 1 所示。

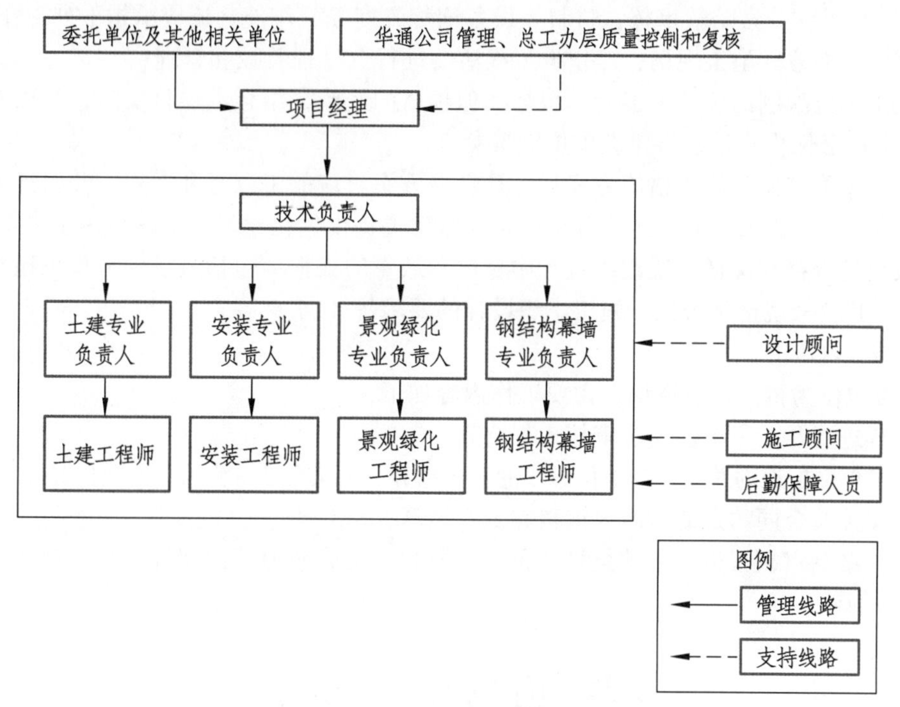

图 1 项目组织结构

2.3 咨询服务工作职责

本项目全过程咨询服务贯穿项目从设计阶段、施工阶段到竣工结算阶段的全过程，属于以投资控制为核心的全过程工程咨询。我公司在咨询服务工作中的主要工作职责如下：

（1）职责综述。

① 完成咨询合同约定的设计阶段、施工阶段、竣工结算阶段造价咨询任务；

② 接受业主的日常工作管理；

③ 参与项目工程造价的决策，发表决策意见；

④ 协调项目造价争议的行政解答和仲裁；

⑤ 对监理等其他单位编制造价成果文件进行复核，有不同意见时，及时报告业主。

（2）设计阶段的职责定位。

在设计阶段除完成常规全过程造价咨询项目的设计概算编制、施工图预算编制外，还应承担下列工作：

① 在设计概算编制过程中发现初步设计中不能计量计价的遗漏事项时，报告建设单位，并与设计单位沟通补充；

② 在设计概算编制过程中发现初步设计中的尺寸、属性、描述等矛盾事项时，报告建设单位，并与设计单位沟通修改；

③ 在设计概算编制过程中发现初步设计中在满足规范、质量、安全等要求的前提下可能还有更经济的方案时，报告建设单位，由建设单位组织设计、监理、咨询等单位人员评审决定修改调整；

④ 在施工图预算编制过程中发现上述遗漏、矛盾、更经济方案等事项时，报告建设单位，并会同设计、监理等单位协商补充、修改、调整；

⑤ 参加建设单位组织的设计方案论证，经对各方案的合理性、经济性等分析后，提出方案选择建议，供建设单位决策时参考。

（3）施工阶段的职责定位。

在施工阶段除完成常规全过程造价咨询项目的设计变更经济分析，合同造价条款变更、管理，预付款、进度款、变更款、索赔款审核，材料、设备询价咨询等工作外，还应承担下列工作：

① 项目部应长期驻守施工现场，对建设工程活动进行全过程监控和管理；

② 收到施工单位编制的施工方案后，根据类似项目的经验，结合本项目实际，提供多方案经济分析，在此基础上提出优化建议，供建设单位决策参考；

③ 收到施工单位编制的施工措施方案后，计算该方案对应的工程量和费用，并根据类似项目的经验，结合本项目实际，提供多方案经济分析，在此基础上提出优化建议，供建设单位决策参考；

④ 注重收集是否存在降低施工组织设计中标准和数量的证据，包括进场的大型机械数量是否低于施工组织设计，其型号规格是否低于施工组织设计的要求等证据。

（4）竣工结算阶段的职责定位。

本阶段职责定位为传统造价咨询，主要工作内容如下：

① 根据工程进度及业主单位要求审核工程结算；

② 审核施工单位报送的并经监理单位审核的竣工结算，出具合法、真实、有效的竣工结算审核报告；

③ 在有关文件及合同约定的时间内审核完工程结算；

④ 编制竣工结算审核报告，归纳整理造价相关资料，配合政府部门审计工作，向业主单位提供工程造价咨询工作总结。

3 咨询服务的运作过程

接受建设单位委托后，我公司及时组建了项目部，拟定了具体的项目实施方案，并按以下过程开展了咨询服务。

3.1 咨询服务的理念及思路

（1）咨询服务理念。

公司在向委托人提供咨询服务过程中，依托人员的投资、设计、施工等专业技术知识和技能，以提升建设项目价值为目标，为委托人提供全过程的咨询服务。工作时效100%满足委托人要求，工作质量符合国家和行业规范要求，客户满意率达到100%。

（2）工作思路。

① 优化资源配置。将工作委派给专业胜任能力较强的人员担任，项目领导小组加强指导和监督。对个别特殊专业工程，咨询人员受专业或其他方面的限制，不能完全独立地就某些特殊领域做出专业判断的情况，公司聘请有关的专家或其他相关人员协助工作。

② 落实项目责任制，做到项目到人头，专业到人头，并根据现场实际需要及时增加各专业人员，工作质量力求精益求精、尽善尽美。

③ 继续加强和业主的沟通和磨合，定期与不定期组织工程师对业主内部的管理流程和管理办法进行学习交流；项目完成后我公司内部进行考核并与工程师的绩效挂钩，对不合格的工程师予以撤换，

确保在业主的管理制度下做好每一项工作，并切实做好三级复核。

④ 分管领导每月收集项目情况后定期向业主汇报，主要针对工作中的问题提出自己的建议，共同确定解决办法。

⑤ 经济与技术相结合，全面做好项目投资成本控制。本项目建设工期紧，任务重，需认质核价的设备、材料种类繁多，施工方案比选多，项目实施过程中积极配合现场施工需要，在变更发生前、方案实施前提前做好造价测算以供领导决策，并从造价角度出发对变更及方案提出优化建议；在变更、签证项目实施阶段，及时进行现场收方及影像资料的收集保存工作；变更、签证项目实施完毕后，督促并指导施工单位完善工程资料，并审核其工程资料的真实性、合理性、闭合性等，切实为工程最终结算及审计把好资料关，避免最终结算及审计时因资料不齐或资料不过关而补资料、补签字、补手续等，继而导致结算或审计进度一拖再拖情况的发生。

3.2 咨询服务的方法及手段

（1）咨询服务职能流程。

项目部进场前，经与建设单位协商，提出各参建单位在本项目工程咨询中的职能流程，如图 2 所示。

（2）施工图预算编制。

① 合理确定工程量清单项目。

EPC 总承包项目在编制 EPC 模拟清单时，还没有设计施工图纸，只有方案设计资料。由于方案设计内容及深度不足，就需要加强与项目业主的对接工作。对 EPC 模拟清单编制所需要的一些指标和资料数据，需要项目业主明确或提供，同时也需要对项目进行实地踏勘，了解项目现场场平地貌、市政设施迁改等情况。通过这些手段弥补方案设计深度不足，从而合理确定工程量清单项目。

② 进一步明确 EPC 总承包招标范围。

在 EPC 承包模式下，项目业主进行招标前没有完成工程的设计工作，因此不会有完整的工程设计图纸等文件，对于标的定义只能通过性能和功能要求进行描述，这就可能造成总承发包范围模糊，没有严格的限制。在这样的情况下，同样会造成 EPC 模拟清单编制范围及内容存在偏差及误差较大的风险。这就需要在编制 EPC 模拟清单时，加强与项目业主进行沟通，就招标文件中的总承发包招标范围进行逐一核实和明确，特别是对如限额设计、项目业主另行招标的施工内容需要在招标文件中予以明确说明。

（3）施工阶段咨询。

① 施工方案的优化及签证变更。

本工程工期较为紧迫，业主要求尽快开工，施工单位进场时只有方案设计文件，施工图还未完善，整个项目按照边设计、边施工的方法实施。由于前期施工图纸不完善或缺陷及规划调整，造成现场存在较多的签证、变更、方案措施等，加大了项目的管理难度。对于过控单位来说，全过程提前介入极其重要。

当送审施工图设计完后，部分专业工程往往存在几种设计方案，选择何种施工方案既可行又经济尤其重要，提前对设计方案进行评价与优化就是我们施工图设计阶段过控工作的重点及难点。

针对实施过程中的施工方案，在施工单位报送后，是否合理及经济是我们过控单位的重要把控点。施工方案的优化及签证变更收方工作是我们过控工作的重点及难点。

② 特殊的人员安排。

施工图设计阶段，我公司即安排各个专业方面的造价人员及专家对设计方案进行深入了解，在与业主、设计充分沟通的情况下，通过技术比较、经济分析和效益比较，优化设计方案，正确处理技术先进与经济合理的关系，达到技术先进与经济合理的和谐统一。

施工阶段，根据项目多段同时施工的情况，我公司按段落分派 3 ~ 4 位工程造价人员进行现场管理。

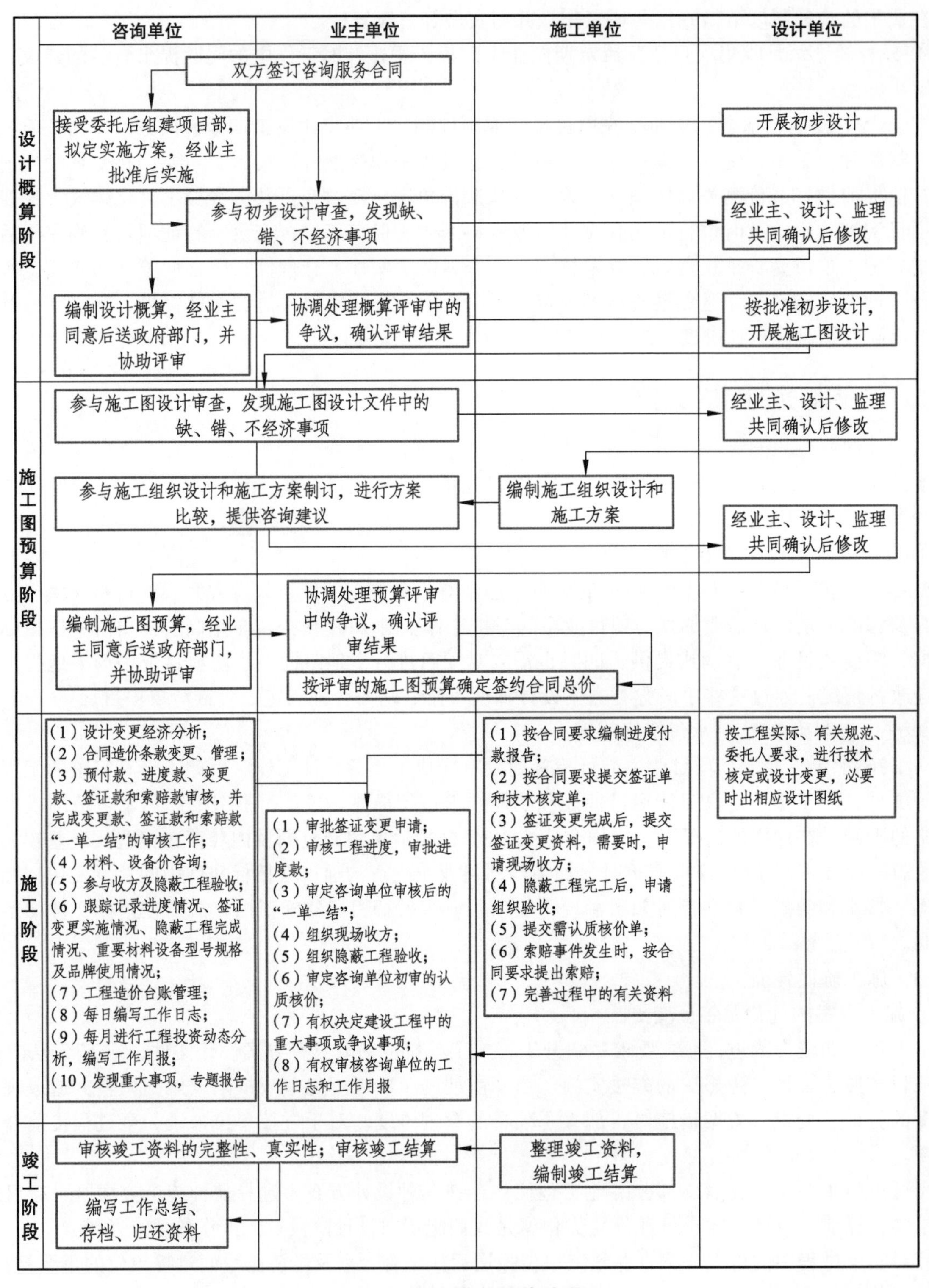

图 2　咨询服务职能流程

③ 认质认价工作。

因为本项目属于 EPC 施工总承包模式，导致比常规项目出现更多的认质认价工作，我公司安排相对应专业工程师负责认质认价工作；完成认质认价工作的同时，建议设计尽量选用与招标技术要求及模拟清单项目一致的做法及材料，最大限度地减少变更，尽量减少新增项目的发生，让总体成本得到有效控制。

④ 造价的整体控制。

因为本项目属于 EPC 施工总承包模式，图纸是在不断地完善，对于整个项目的总体造价控制属于一个难点。针对此项问题，我公司组织人员，每出一部分图纸，更新一部分造价，每月出具动态清标报告，根据指标分析、图纸清标测算，提出合理优化建议，保证整体造价的可控。

（4）竣工结算审核。

本项目施工完成后，我项目部成员积极推动结算工作的进行。首先要求总承包单位按要求完善竣工图、竣工资料、变更确认资料；同时要求总承包单位根据所有资料编制竣工结算报送我方；最终通过核对及各方协调处理，该项目工程建安费结算送审金额为 459 603 435.80 元，审定金额为 428 888 100.38 元，审减金额 30 715 335.42 元，审减率为 6.68%。在结算审核过程中，我项目部人员一直按项目报送的造价方案进行，主要审核措施如下：

① 审核工程量。

依据施工合同、施工图、设计变更、措施方案、现场签证等资料并结合现场实际情况对工程量进行全面复核，对其中对多算、重算的清单项工程量予以调减，对漏算、少算的工程量予以调增。

② 审核综合单价。

《修正价工程量清单》中有相同项目的，按照相同项目单价确定；《修正价工程量清单》中无相同项目，但有类似项目的，参照类似项目的单价调整材料价差（综合单价分析表以发包人提供的招标控制价单价分析表为基础）；材料价差按成都市《工程造价信息》中的信息价的价差调整，没有信息价的按市场价价差调整；《修正价工程量清单》中无相同项目及类似项目单价的，按合同约定组价原则进行重新组价，并按总体下浮比例进行下浮，确定变更单价（新增认质核价材料价格不下浮）。

总体下浮比例=［1-（投标函中的评标价-已标价清单中税金）/（已标价清单中的评标价-已标价清单中税金）］×100%，按照总体下浮比例对已标价清单中的综合单价、措施费（安全文明施工费除外）、总包服务费进行等比例下浮。本项目下浮比例为 5.543%。

③ 审核材料费。

《修正价工程量清单》中有的材料按其分析表中材料单价执行；《修正价工程量清单》中没有的材料按成都市《工程造价信息》中天府新区的“不含税市场综合价”执行；天府新区没有的材料价格执行《工程造价信息》中成都市“不含税市场综合价”；成都市“不含税市场综合价”没有的，执行成都市“不含税材料信息价”。若相同规格型号的材料信息价为区间价的，取其平均值；新增材料属于可调价范围且《工程造价信息》中有对应价格的，按招标期基价执行，并按合同约定的调差方式进行调差；新增材料属于不可调价范围且《工程造价信息》中有对应价格的，按首期计量月对应的《工程造价信息》中价格执行。《修正价工程量清单》与成都市《工程造价信息》均无的材料，其价格以发包人委托的造价咨询单位按首期计量月市场行情经询价后确定，市场询价材料不进行下浮。

④ 审核人工费调差。

人工费计价基期执行《四川省建设工程造价管理总站关于对成都市等 19 个市、州 2015 年〈四川省建设工程工程量清单计价定额〉人工费调整的批复》（川建价发〔2019〕6 号），按照主管部门发布的人工费政策性调整文件分段进行调差。

⑤ 审核材料调差。

材料基准期为 2019 年第 9 期（8 月份），按照合同约定的调差原则按月调差。

可调材料的结算工程量与进度累计计量工程量的差值按比例修正，即：可调材料的每月调差工程量基数=结算工程量×月计量工程量/累计计量工程量（人工费调差工程量修正按此方式进行）。

⑥ 审核总价措施项目费。

依据合同约定，施工图审查确定的建筑面积超过招标清单给定的建筑面积 10%时，按建筑面积比例调整安全文明施工费以外的总价措施项目费。安全文明施工费按《建设工程安全文明施工措施评价及费率测定表》计取。

⑦ 规费按施工单位规费取费证核定费率执行。

因为本项目为 EPC 招标模式，有土建组和系统组两个不同的施工主体参与。我项目组负责的土建组施工竣工后，竣工图纸还有大量施工节点大样需要补充，以及两个施工主体的界面划分等后续工作，还需要业主、设计、监理、总承包等单位共同协调配合完成。在过程中业主以开协调会、专题会、推进会等措施，积极协调参建各方按时、按要求完成各自工作，为后期竣工结算资料的完善起了重要作用，确保了竣工资料能按时按质完成。为按时完成结算初审工作，业主组织各参建方采用联合办公的方式，集中在项目部会议室、业主会议室等，加班加点推进结算工作。通过两个多月的集中办公，极大地节约了结算办理时间，按时完成了结算初审工作。

4 经验总结

4.1 咨询服务的实践成效

我公司本着为客户提供优质服务，提升建设项目价值的执业理念，积极参与到整个项目建设过程中，为项目的按期竣工，做出了自己应有的贡献，实践成效主要体现在以下几个方面：

（1）在施工过程中，针对已完工部分出具分部结算报告。分部结算有利于对比偏差，将结算与概、预算对比分析，更有效地找出工程分部结算指标高或低的原因，在工程实施的过程中优化工程设计、施工组织设计、措施方案，有利于控制工程造价；通过分部结算的实施，加强了工程结算过程管理，彻底转变了工作方法与思维，在项目竣工完成时，项目的整体结算已完成 60%，提高了工程完工后的结算速度，使公司专业人员水平得到很大的提高；通过分部结算流程的优化，加强事前计划、事中控制、事后检查，实现工程造价全方位、全过程管理，工程结算的质量和及时性得到了有效保证，全面提高了工程造价标准化管理水平。

（2）EPC 施工总承包模式中，图纸是在不断地完善，对成本的控制是一个难点，针对此项问题，我公司组织专业工程师、复核工程师、公司管理、总工办多层次对造价咨询的质量进行把关，根据常规指标分析、分部结算指标对比、图纸清标测算分析等，每月出具动态清标报告，同时根据清标报告提出合理优化建议，具体见表 1。通过设计优化，使得总体成本得到有效控制，最终达到工程项目技术先进、管理科学、投资合理的目标。

表 1　本项目主要合理化建议成果

序号	名称	原设计图/设计方案	合理化建议	实施图纸/方案
1	屋顶铝合金矩管格栅	根据最新 2020 年 2 月合约部下发的最新电子版图纸清标，清标后，屋顶铝合金矩管格栅面积约 6 110 m^2，造价金额为 629.33 万元，屋顶铝合金矩管格栅单方造价为 1 030 元/m^2	建议对施工图进行优化设计，降低屋顶铝合金矩管格栅材料规格型号及加大铝合金矩管之间的间距，减少屋顶铝合金矩管格栅材料单方质量	屋顶铝合金矩管格栅材料规格型号由 200×100×5 变为 200×80×3，屋顶铝合金矩管格栅间距由 300 变为 450，造价节约 254.15 万元
2	垂直绿化	设计提供了两种方案：方案一，垂直绿化墙体成品塑木通道+岩棉载体+绿植；方案二，垂直绿化墙基盘+垒土+绿植	通过多方市场询价、现场考察及对比，方案一垂直绿化墙体成品塑木通道+岩棉载体（不含绿植）约 700 元/m^2，方案二垂直绿化墙基盘+垒土（不含绿植）约 1 200 元/m^2，建议选择方案一	设计图纸选用垂直绿化墙体成品塑木通道+岩棉载体+绿植，节约造价 69.34 万元

续表

序号	名称	原设计图/设计方案	合理化建议	实施图纸/方案
3	消防水泵及喷淋水泵	设计提供了两种方案： 方案一：消防和喷淋2套水泵选用物联网水泵； 方案二：根据常规设计为普通消防和喷淋水泵	通过市场询价后，现场考察及对比，方案一物联网水泵造价约240万元，方案二普通水泵造价约20万元。通过走访市场了解到当时物联网水泵的技术还不成熟，不能达到设计的理想状态。从技术和经济方面考虑，建议选择方案二	设计图纸选用普通消防和喷淋水泵，节约造价220万元
4	外电通道及临时水电工程	项目立项时，考虑新建长度约10 km外电通道工程，预计费用为887.76万元，临时水电工程74.44万元，合计约962.20万元	进驻施工现场后，通过走访调研项目周边电力通道与项目接壤情况，建议取消新建外电通道，改借用市政已完成电力通道，支付通道占用费，新建与项目未接通部分电力通道及临时水电工程共计花费113.10万元	外电通道及临时水电工程，节约造价849.10万元

（3）在施工单位报送施工方案后，通过分析其合理性及经济性，提出合理优化建议，让总体成本得到有效控制。

4.2 咨询服务的经验和不足

我公司与建设单位于2019年7月签订本项目咨询合同后，立即组织项目团队开展咨询业务的各项工作，至2021年5月底全面完成了各项咨询任务。在1年多的工作中，得到了业主单位的大力支持，也得到了设计、监理、施工等单位的大力配合，既保证了项目的顺利实施，又确保了最终的项目投资控制在批复的金额内，为天府新区乃至整个四川经济的发展做出了自己应有的贡献。总结这次全过程咨询实践，主要经验包括三个方面，可供以后项目借鉴参考。

（1）建设项目目标要统筹考虑。

现在的项目投资控制已不局限于传统的算量计价，它是在满足安全、质量、工期等目标要求下，执行甲乙双方合同约定后，双方利益博弈下的均衡金额。在这些目标中，安全、质量、工期这几个目标，业主方、施工方以及设计、监理等各方通常都能趋于一致。剩下的工程造价总金额目标，成为业主方与施工方矛盾的焦点，而设计、监理等相关方在没有投资控制压力的情况下，容易出现为确保有责任的安全、质量、工期目标万无一失，而较少考虑经济性，自觉不自觉地提高技术冗余度，间接导致建设成本增加的情况。

因此，我们认为建设项目实施全过程工程咨询，应当树立牢固的成本管理意识。在该项目实施过程中，我们对影响造价的所有设计及施工方案均要求设计和施工单位在满足安全、质量、工期等要求的前提下提出多个备选方案，在经过我方经济性比较及专业论证后，选择最合理的方案供业主决策时参考。

（2）施工图设计和方案的经济性优化十分必要。

为减少设计失误，住建部发布了《房屋建筑和市政基础设施工程施工图设计文件审查管理办法》，要求审查单位对送审设计是否符合工程建设强制性标准，是否符合民用建筑节能强制性标准，以及地基基础和主体结构的安全性进行审查，对执行绿色建筑标准的项目还应当审查是否符合绿色建筑标准。实际工作中，图审单位主要审查的都是设计的技术要求是否满足，很少进行了经济性优化。

因此，重视设计经济性优化的业主，通常都能通过咨询单位的经济性优化，取得很好的投资控制效果。本项目中我项目组成员对多个设计方案的经济性进行比较并提出合理化建议后，业主调整了设计方案，节约工期的同时还控制了成本。

参考天府新区其他在建项目及其他平台公司经验，结合成委办〔2018〕41 号、成办函〔2019〕4 号等相关文件规定，建设单位应加强项目施工阶段的动态成本管理，制定企业内部造价变更管理办法，当建设项目采用工程总承包模式时，应严格控制施工过程中因设计修改和工期调整导致的工程造价增加。建设单位应根据财务报表等相关资料，定期对项目成本变化进行分析、动态监控设计和成本管理，避免施工期间发生设计变更、索赔和其他风险。项目竣工验收后，建设单位应及时落实好项目竣工结算审核工作。政府性工程建设项目因特殊情况、政策性调整或非人为原因造成工程量增加或设计变更的，建设单位应对工程造价变更进行审核，对变更的经济性和合理性组织专项论证，并按照合同约定和相关规定办理变更手续，若要超合同价增加投资额，建议提前按相关规定报送主管部门进行超合同价情况评审工作。

但此项工作需报送新区评审部门，从整理资料报送—评审中心受理评审—给出评审结论，整个程序时间较长。同时，还需要对比分析概算资料、准备全套施工图纸齐全等，不适合本项目施工工期紧张的情况。只能回到从节约投资的角度考虑可优化的建议，材料选型上建议通过降低部分品牌档次等办法来规避超合同价的风险；设计在做法、材料的选用上尽量与招标技术要求及模拟清单项目保持一致，最大限度地减少变更，尽量减少新增项目的发生，让总体成本得到有效控制，最终达到本项投资总费用控制在合同价以内的目标。

（3）培养综合素质高的咨询人员尤为迫切。

全过程工程咨询是造价咨询行业向更高方向发展的产物，其价值创造主要依靠人的智力劳动。不但要求咨询人员具有较强的造价咨询知识和技能，还要求同时具有方案策划、设计优化、施工方案优化、施工措施优化等方面的专业知识和技能。我公司一方面重点引进同时具有造价、施工、监理、设计等多岗位经验的专业人才，另一方面把现有的年轻造价骨干配置到项目上，不断提高其方案策划、设计优化、施工方案优化等方面的能力。配备了综合素质高的咨询人员就是本项目取得上述成效的主要条件。在项目实施过程中，我项目组人员不仅从专业的造价经济指标上做出比较，还通过实地调查、类似工程施工设计方案比较、专业论证等方式从安全、质量、进度等多个方面为业主提供多方位建议，为项目的顺利推进和节约投资起到了自己应有的作用。

经过本项目的全过程造价咨询的又一次实践，我们深切地体会到，通过各造价咨询企业和广大造价专业技术人员的不断探索和努力，我们的造价咨询行业一定能实现再次跨越，走向更加美好的未来。

注：为保护该项目中结算审核中不宜公开部分，相关数据均做了技术处理。

5 项目主要经济技术指标

5.1 建设项目造价指标分析表

表 2 建设项目造价指标分析

项目名称：成都超算中心土建及配套工程	项目类型：公共建筑项目
投资来源：政府	项目地点：成都天府新区成都直管区兴隆街道
总建筑面积：61 749.29 m^2	功能规模：/
承发包方式：工程总承包	造价类别：结算价
开工日期：2019 年 12 月 5 日	竣工日期：2020 年 10 月 30 日
地基处理方式：抗浮锚杆	基坑支护方式：桩板墙

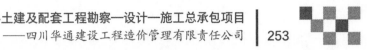

序号	单项工程名称	规模/m²	层数	结构类型	装修档次	计价期	造价/元	单位/（元/m²）	指标分析和说明
1	运维楼	22 598.56	7	框架	精装修	2019年8月—2020年10月	96 256 927.69	4 259.43	公共区域精装修
2	动力楼	24 102.2	4	钢结构	精装修	2019年8月—2020年10月	133 605 946.6	5 543.31	公共区域精装修
3	硅立方	2 332.8	5	钢结构	精装修	2019年8月—2020年10月	31 420 502.05	13 469.01	公共区域精装修
4	地下室	12 715.73	1	框架	精装修	2019年8月—2020年10月	111 945 212.7	8 803.68	
5	总坪工程	61 749.29	—	—	—	2019年8月—2020年10月	26 688 327.54	432.20	
6	幕墙附属工程	61 749.29	—	—	—	2019年8月—2020年10月	17 381 311.81	281.48	
7	变更汇总	61 749.29	—	—	—	2019年8月—2020年10月	4 543 733.95	73.58	
8	其他安装工程	61 749.29	—	—	—	2019年8月—2020年10月	7 139 512.94	115.62	
9	合计	61 749.29	—	—	—	2019年8月—2020年10月	428 981 475.3	6 947.15	

5.2 单项工程造价指标分析表

表3 运维楼工程造价指标分析

单项工程名称：运维楼　　业态类型：公共建筑项目

单项工程规模：22 598.56 m²　　层数：7层

装配率：61.8%　　绿建星级：二星级

地基处理方式：抗浮锚杆　　基坑支护方式：桩板墙

基础形式：独立、条形、筏板基础　　计税方式：一般计税

序号	单位工程名称	规模/m²	造价/元	其中/元				单位指标/（元/m²）	占比	指标分析和说明
				分部分项	措施项目	其他项目	税金			
1	楼建筑工程	22 598.56	28 580 143.38	19 630 296.46	6 010 333.51		2 359 828.35	1 264.69	29.69%	
2	楼精装工程	22 598.56	13 879 190.26	12 049 964.67	429 849.46		1 145 988.19	614.16	14.42%	
3	幕墙工程	22 598.56	25 357 035.66	22 167 012.48	740 180.1		2 093 700.19	1 122.06	26.34%	
4	楼消防工程（联动报警）	22 598.56	1 699 049.21	1 430 096.39	85 125.76		140 288.47	75.18	1.77%	
5	楼强电工程	22 598.56	6 410 670.81	5 657 047.32	146 577.12		529 321.44	283.68	6.66%	
6	楼能源监控及智能灯光系统	22 598.56	747 750.24	671 623.93	9 717.34		61 740.85	33.09	0.78%	
7	楼暖通工程	22 598.56	14 537 164.15	12 551 680	585 022.3		1 200 316.31	643.28	15.10%	
8	楼给排水工程	22 598.56	753 060.89	637 489.01	36 014.62		62 179.34	33.32	0.78%	
9	楼消防工程（普消喷淋）	22 598.56	2 034 682.81	1 721 963.52	100 484.96		168 001.33	90.04	2.11%	
10	精装给排水工程	22 598.56	17 685.94	14 108.65	1 484.85		1 460.31	0.78	0.02%	
11	精装强电工程	22 598.56	2 240 494.34	1 939 488	75 867.68		184 994.95	99.14	2.33%	

表4 动力楼工程造价指标分析

单项工程名称：动力楼　　业态类型：公共建筑项目

单项工程规模：24 102.2 m²　　层数：4层

装配率：61.8%　　绿建星级：二星级

地基处理方式：抗浮锚杆　　基坑支护方式：桩板墙

基础形式：独立、条形、筏板基础　　计税方式：一般计税

序号	单位工程名称	规模/m²	造价/元	其中/元				单位指标/(元/m²)	占比	指标分析和说明
				分部分项	措施项目	其他项目	税金			
1	楼建筑工程	24 102.2	18 747 909.21	14 239 763.08	2 504 599.53		1 547 992.5	777.85	14.03%	
2	楼精装工程	24 102.2	1 281 224.29	1 101 615.42	46 442.67		105 789.16	53.16	0.96%	
3	楼钢结构工程（动力）	24 102.2	75 207 863.68	66 195 993.71	1 762 869.13		6 209 823.61	3 120.37	56.29%	
4	幕墙工程	24 102.2	15 968 165.47	13 967 658.06	445 371.1		1 318 472.38	662.52	11.95%	
5	楼消防工程（联动报警）	24 102.2	3 087 866.46	2 644 857.17	122 878.93		254 961.45	128.12	2.31%	
6	楼强电工程	24 102.2	3 883 150.88	3 292 249.22	173 502.78		320 627.14	161.11	2.91%	
7	楼暖通工程	24 102.2	1 577 572.6	1 379 757.06	49 690.43		130 258.29	65.45	1.18%	
8	楼给排水工程	24 102.2	847 560.74	737 696.18	26 985.5		69 982.08	35.17	0.63%	
9	消防工程（普消喷淋）	24 102.2	13 004 633.31	11 430 555.58	346 171.44		1 073 777.06	539.56	9.73%	

表 5　硅立方工程造价指标分析

单项工程名称：硅立方　　业态类型：公共建筑项目

单项工程规模：2 332.8 m²　　层数：5 层

装配率：61.8%　　绿建星级：二星级

地基处理方式：抗浮锚杆　　基坑支护方式：桩板墙

基础形式：独立、条形、筏板基础　　计税方式：一般计税

序号	单位工程名称	规模/m²	造价/元	其中/元				单位指标/(元/m²)	占比	指标分析和说明
				分部分项	措施项目	其他项目	税金			
1	楼建筑工程	2 332.8	1 585 893.13	1 180 593.78	236 322.8		130 945.3	679.82	5.05%	
2	精装工程	2 332.8	264 236.66	223 891.29	11 656.42		21 817.71	113.27	0.84%	
3	楼钢结构工程（硅立方）	2 332.8	11 018 676	9 684 818.52	266 790.63		909 798.94	4 723.37	35.07%	
4	幕墙工程	2 332.8	14 969 307.44	13 437 363.93	189 434.7		1 235 997.86	6 416.88	47.64%	
5	楼强电工程	2 332.8	151 535.96	132 251.52	4 347.78		12 512.14	64.96	0.48%	
6	楼消防工程（联动报警）	2 332.8	394 746.45	340 671.39	14 032.38		32 593.74	169.22	1.26%	
7	楼暖通工程	2 332.8	162 273.92	134 766.51	10 356.91		13 398.76	69.56	0.52%	
8	楼给排水工程	2 332.8	30 185.29	24 901.19	1 890.24		2 492.36	12.94	0.10%	
9	楼消防工程（普消喷淋）	2 332.8	2 843 647.2	2 506 261.53	69 112.67		234 796.56	1 218.98	9.05%	

表 6　地下室工程造价指标分析

单项工程名称：地下室　　业态类型：公共建筑项目

单项工程规模：12 715.73 m²　　层数：1 层

装配率：/　　绿建星级：二星级

地基处理方式：抗浮锚杆　　基坑支护方式：桩板墙

基础形式：独立、条形、筏板基础　　计税方式：一般计税

序号	单位工程名称	规模/m²	造价/元	其中/元				单位指标/（元/m²）	占比	指标分析和说明
				分部分项	措施项目	其他项目	税金			
1	地下室建筑工程	12 715.73	95 036 752.18	76 196 337.82	9 421 173.1		7 847 071.28	7 474.16	84.90%	
2	地下室交安标识	12 715.73	271 173.52	235 864.27	8 127.67		22 390.47	21.33	0.24%	
3	地下室精装工程	12 715.73	662 345.13	567 428.13	25 308.87		54 689.05	52.09	0.59%	
4	地下室幕墙工程	12 715.73	3 132 568.8	2 746 337.98	88 411.99		258 652.47	246.36	2.80%	
5	地下室消防工程（联动报警）	12 715.73	918 511.67	749 791.26	63 178.45		75 840.41	72.24	0.82%	
6	地下室强电工程	12 715.73	4 442 420.02	3 907 930.16	107 669.11		366 805.32	349.37	3.97%	
7	地下室暖通工程	12 715.73	3 455 532.27	2 983 744.17	137 008.71		285 319.18	271.76	3.09%	
8	地下室给排水工程	12 715.73	2 117 633.83	1 867 114.08	51 666.85		174 850.5	166.54	1.89%	
9	地下室消防工程（普消喷淋）	12 715.73	1 908 275.24	1 631 047.09	84 756.77		157 564.01	150.08	1.70%	

表 7　总平工程工程造价指标分析

单项工程名称：总平工程　　业态类型：公共建筑项目
单项工程规模：61 749.29 m²　　层数：/
装配率：/　　绿建星级：二星级
地基处理方式：抗浮锚杆　　基坑支护方式：桩板墙
基础形式：独立、条形、筏板基础　　计税方式：一般计税

序号	单位工程名称	规模/m²	造价/元	其中/元				单位指标/（元/m²）	占比	指标分析和说明
				分部分项	措施项目	其他项目	税金			
1	景观工程	61 749.29	15 063 850.01	12 710 601.38	425 808.38		1 243 804.13	244.04	56.44%	
2	绿化工程	61 749.29	4 291 499.96	3 699 002.55	137 189.43		354 344.03	69.52	16.08%	
3	钢结构工程（总平）	61 749.29	3 192 610.87	2 830 865.24	61 740.65		263 610.07	51.72	11.96%	
4	总平电气工程	61 749.29	1 547 065.35	1 336 524.31	52 093.56		127 739.34	25.06	5.80%	
5	给排水工程-安装	61 749.29	1 537 715.58	1 328 308.08	51 866.09		126 967.34	24.91	5.76%	
6	给排水工程-门房	61 749.29	8 177.31	6 826.44	425.1		675.19	0.13	0.03%	
7	总平消防水工程	61 749.29	431 969.77	371 348.75	15 699.34		35 667.23	7	1.62%	
8	总平景观水工程	61 749.29	615 438.69	524 515.08	25 233.12		50 816.04	9.97	2.31%	

表 8　附属工程工程造价指标分析

单项工程名称：附属工程　　业态类型：公共建筑项目
单项工程规模：61 749.29 m²　　层数：/
装配率：/　　绿建星级：二星级
地基处理方式：抗浮锚杆　　基坑支护方式：桩板墙
基础形式：独立、条形、筏板基础　　计税方式：一般计税

序号	单位工程名称	规模/m²	造价/元	其中/元				单位指标/（元/m²）	占比	指标分析和说明
				分部分项	措施项目	其他项目	税金			
1	景观工程	61 749.29	17 381 311.81	15 758 976.13	117 762.68		1 435 154.19	281.59	100.00%	

5.3 单项工程主要工程量指标分析表

表 9 运维楼工程主要工程量指标分析

单项工程名称：运维楼

业态类型：公共建筑项目　　建筑面积：22 598.56 m^2

序号	工程量名称	工程量	单位	指标	指标分析和说明
1	砌体	879.41	m^3	0.04	
2	轻质隔墙	8 717.24	m^2	0.39	
3	混凝土	7 915.05	m^3	0.35	
3.1	装配式构件混凝土	83.94	m^3	0.00	
4	钢筋	1 173 494	kg	51.93	
5	型钢	147 469	kg	6.53	
6	模板	51 701	m^2	2.29	
7	外门窗及幕墙	19 223	m^2	0.85	
8	保温	2 529.51	m^2	0.11	
9	楼地面装饰	4 754.22	m^2	0.21	
10	内墙装饰	6 251.88	m^2	0.28	
11	天棚工程	4 600	m^2	0.20	

表 10 动力楼工程主要工程量指标分析

单项工程名称：动力楼

业态类型：公共建筑项目　　建筑面积：24 102.2 m^2

序号	工程量名称	工程量	单位	指标	指标分析和说明
1	砌体	3 699	m^3	0.15	
2	混凝土	5 041	m^3	0.21	
3	钢筋	314 000	kg	13.03	
4	金属结构工程	5 948 000	kg	246.78	
5	围护系统	22 459.62	m^2	0.93	
6	模板	11 726	m^2	0.49	
7	外门窗及幕墙	13 789.27	m^2	0.57	
8	保温	6 183.02	m^2	0.26	
9	楼地面装饰	14 829.79	m^2	0.62	
10	内墙装饰	29 223.78	m^2	1.21	
11	天棚工程	1 723.13	m^2	0.07	

表 11 硅立方工程主要工程量指标分析

单项工程名称：硅立方

业态类型：公共建筑项目　　建筑面积：2 332.8 m^2

序号	工程量名称	工程量	单位	指标	指标分析和说明
1	砌体	403.51	m^3	0.17	
2	混凝土	325.16	m^3	0.14	

续表

序号	工程量名称	工程量	单位	指标	指标分析和说明
3	钢筋	27 500	kg	11.79	
4	金属结构工程	811 463	kg	347.85	
5	围护系统	2 168.59	m^2	0.93	
6	模板	1 244.35	m^2	0.53	
7	外门窗及幕墙	7 677.22	m^2	3.29	
8	保温	2 030.44	m^2	0.87	
9	楼地面装饰	1 835.88	m^2	0.79	
10	内墙装饰	2 275.21	m^2	0.98	
11	天棚工程	—	m^2		

表 12　地下室工程主要工程量指标分析

单项工程名称：地下室

业态类型：公共建筑项目　　　　　　　　　　　　建筑面积：12 715.73 m^2

序号	工程量名称	工程量	单位	指标	指标分析和说明
1	土石方	401 744.37	m^3	31.59	
2	桩	5 087.98	m^3	0.40	
3	抗浮锚杆	14 694.6	m	1.16	
4	砌体	1 926	m^3	0.15	
5	混凝土	21 931	m^3	1.72	
6	钢筋	3 119 572	kg	245.33	
7	模板	50 355	m^2	3.96	

天府新区成都片区直管区兴隆街道兴隆项目（三期）安置房建设项目

——四川鼎恒永信工程建设项目管理有限公司

◎ 李知行，丁萍，张朝波，杨蒙源

1 项目概况

1.1 项目基本信息

天府新区成都片区直管区兴隆街道兴隆项目（三期）安置房建设项目坐落于成都天府新区，总建筑面积为 326 543 m^2，其中地上总建筑面积 226 114 m^2，地下总建筑面积 100 429 m^2。本项目共建 2 339 套住宅，包含以下建筑单体：地上高层住宅共 15 栋，层数为 25～32 层；商业建筑共 2 栋，层数为 3 层；门卫室、垃圾房及相关附属设施。本工程采用工程量清单计价模式，执行《建设工程工程量清单计价规范》（GB 50500—2013），2015《四川省建设工程工程量清单计价定额》以及相关的配套文件。

1.2 项目特点

（1）本项目的高层建筑为剪力墙结构，商业为框架结构。

（2）商业采用断热桥铝合金门窗，住宅采用双色共挤塑钢门窗。

（3）商业为清水标准交付；住宅交付标准为：门厅为地砖地面、墙砖墙面、吊顶，二层及以上公共区域为地砖地面、涂料墙面、吊顶，厨卫间为地砖地面、墙砖墙面、乳胶漆天棚，其余户内房间为豆石地面、乳胶漆墙面、乳胶漆天棚，户内门均为夹板门。

（4）商业外墙采用花岗石，住宅外墙采用面砖墙面。

2 咨询服务范围及组织模式

2.1 咨询服务的业务范围

过控工作范围为本安置房建设项目施工图、设计变更、签证范围内的建筑工程、装饰工程、电气工程、给排水工程、通风工程、消防工程、弱电工程全过程造价控制工作，包含了项目概算编制并配合评审、控价及清单编制并配合评审、设计变更和签证测算、深化设计造价测算、进度计量审核、材料询价认价、结算审核等投资控制管理工作。

2.2 咨询服务的组织模式

（1）组织机构。

根据业主单位的要求，我公司遵循高效、精干、务实的原则，迅速组建以项目负责人为管理核心、选用专业水平及管理水平高的造价工程师、管理人员、专业技术人员组建的专门机构进行本项目的造价咨询工作。

（2）服务团队。

按照业主单位委托业务的特点，结合本工程的实际情况，我司选派优秀的骨干人员及外聘专家组成本工程项目部，全力配合业主做好投资控制工作；另外，为了更好地满足业主对造价咨询服务的要求，我们为本项目专门聘请了一批具有多年设计、施工、造价管理经验的资深专家组成本工程项目的专家顾问组，与全公司专业人员一起为项目部提供强大的技术支持。

（3）组织模式。

本项目全过程咨询服务的组织模式如图 1 所示。

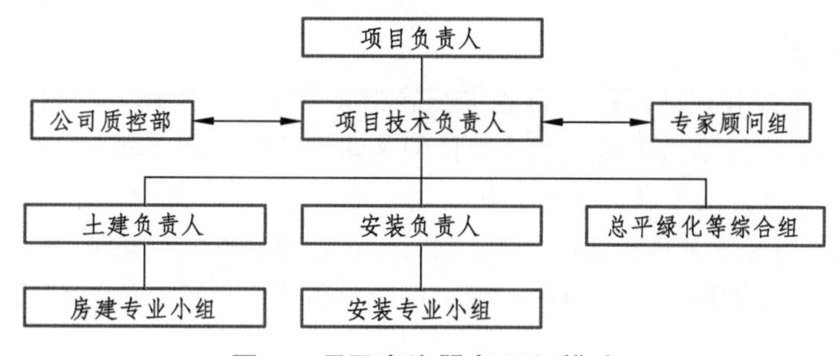

图 1　项目咨询服务组织模式

2.3 咨询服务工作职责

（1）本项目负责人的相关职责。

项目负责人是造价咨询项目的管理者和执行者，需要严格遵守国家、政府和行业主管部门相关的工程造价法律法规、规范、标准、规程及相关制度；严格按照成都市政府、项目业主对工程造价咨询机构的具体要求、规定进行相关工作；严格执行我公司的各项管理规定和相关工作制度。

主持制订大型和有重大影响项目的咨询（审计）实施方案编制工作，负责指导和审核项目经理（或项目负责人）编制的咨询（审计）实施方案，对项目经理（或项目负责人）执业全过程负责技术指导，解答咨询（审计）业务实施过程中的技术问题，对重大疑难问题及专业上的分歧，寻找专业支撑，并提出相关处理意见。

负责项目工程造价咨询业务的组织实施、专业间协调和质量管理工作，对项目组成员的执业行为和能力进行监督管理；负责办理工程造价咨询委托合同的拟定，接收和验核委托人提供的相关资料；制定项目工程造价咨询控制规划和批准各个阶段造价控制实施的细则；动态掌握项目工程造价咨询实施的状况，负责督促检查各咨询子项和各专业的进度，研究解决存在的问题；对造价咨询项目的咨询质量负责，监督专业审核人员、校核人员进行质量校核，负责对项目初步成果进行复核（第二级复核）；编写工程造价咨询项目咨询成果报告及总说明、总目录，确保成果文件格式规范、表述清晰和满足使用需要；负责组织安排咨询报告的送达，组织安排收集整理工程项目造价咨询相关资料，办理资料归还和移交手续；负责与委托人办理工程造价咨询项目咨询费的结算。

（2）本项目专业造价负责人的职责。

负责该项目造价咨询工作中本专业的造价控制业务实施及其质量管理工作；遵守政府和行业主管部门有关工程造价咨询的法规、规范、标准和规程，执行成都市政府及项目业主对该项目造价的具体要求，执行我公司规章制度；在项目负责人的领导下，组织本专业造价人员拟定该项目造价控制实施细则，核查资料使用、咨询原则、计价依据、计算公式、软件使用等是否正确；动态掌握本专业该项目造价控制实施状况，协调并研究解决存在的问题，提出处理建议；组织编制本专业的该项目造价咨询成果文件，编写本专业的成果文件说明和目录，检查成果文件是否符合规定，负责审核和签发本专业的成果文件（第一级复核）。

（3）本项目造价员的职责。

依据该项目造价咨询业务要求，执行控制规划和实施细则，遵守行业标准与原则，对所承担的业务质量和进度负责；根据该项目造价咨询项目实施细则要求，开展本职工作，选用正确的业务数据、计算方法、计算公式、计算程序，做到内容完整、计算准确、结果真实可靠；对该项目工程造价咨询实施的各项工作进行自控，成果文件经校核后，负责进行修改；完成本项目的作业计划后及时整理、收集咨询资料，交项目负责人或专人办理归档和移交归档手续；规范执业行为，遵守职业道德。

3 咨询服务的运作过程

（1）熟悉项目情况和业主要求。

本项目从初步设计阶段我司就开始配合业主开展相关投资管控工作。项目小组接收到任务后首先与业主单位合约管理部对接，小组全员对业主单位的《建设项目管理办法》《建设工程变更管理办法》和《建设项目合同结算管理办法》进行学习，熟悉业主单位各部门之间（如：工程部、技术规划部、合约部、财务部等）以及与其他参建单位之间（如：设计单位、勘察单位、监理单位、施工单位等）的沟通程序，同时建立我司在项目管理过程中与业主单位各部门和其他参建单位的对接工作流程。

（2）项目概算编制。

本项目为安置房建设项目，业主单位明确了相应的建设标准、装修标准和投资管控标准。项目小组根据业主单位的建设标准和初步设计资料编制了项目概算，并对项目指标进行分析，确保各项指标满足业主单位的建设标准和投资管控标准。对于超标准的部分向设计单位进行反馈，针对性地进行设计标准调整。相关指标见表1、表2。

表1　项目概算指标（1）

编号	单项、单位、分部工程名称和工程特征	数量	计量指标和单位	造价指标	
				费用/万元	指标/（元/m^2）
	建设项目	330 490.81	m^2（总建）	89 010.60	2 693.29
1	地下工程（-3～-1F）（含基坑和土石方）	100 428.81	m^2（地下）	31 429.52	3 129.53
1.1	建筑工程	100 428.81	m^2（地下）	22 042.28	2 194.82
1.2	装饰工程	100 428.81	m^2（地下）	2 110.69	210.17
1.3	安装工程	100 428.81	m^2（地下）	7 276.55	724.55
1.3.1	变配电及户表系统	100 428.81	m^2（地下）	1 512.10	150.56
1.3.2	配电箱系统	100 428.81	m^2（地下）	230.21	22.92
1.3.3	强电系统	100 428.81	m^2（地下）	1 461.65	145.54
1.3.4	电视、电话、网络、对讲系统、燃气表远传系统、五方对讲	100 428.81	m^2（地下）	61.37	6.11
1.3.5	巡更系统	100 428.81	m^2（地下）	17.55	1.75
1.3.6	保安监控系统	100 428.81	m^2（地下）	42.09	4.19
1.3.7	防火门监控系统	100 428.81	m^2（地下）	23.97	2.39
1.3.8	电气火灾监控系统	100 428.81	m^2（地下）	2.65	0.26
1.3.9	消防电源监控系统	100 428.81	m^2（地下）	10.68	1.06

续表

编号	单项、单位、分部工程名称和工程特征	数量	计量指标和单位	造价指标	
				费用/万元	指标/（元/m^2）
1.3.10	停车场管理系统	100 428.81	m^2（地下）	30.88	3.07
1.3.11	消防泵房系统	100 428.81	m^2（地下）	36.32	3.62
1.3.12	消火栓系统	100 428.81	m^2（地下）	257.05	25.60
1.3.13	喷淋系统	100 428.81	m^2（地下）	465.48	46.35
1.3.14	给排水系统	100 428.81	m^2（地下）	344.15	34.27
1.3.15	火灾自动报警系统工程	100 428.81	m^2（地下）	418.23	41.64
1.3.16	通风工程	100 428.81	m^2（地下）	871.99	86.83
1.3.17	地下交通安全设施系统	100 428.81	m^2（地下）	131.36	13.08
1.3.18	抗震支架工程	100 428.81	m^2（地下）	1 105.78	110.11
1.3.19	门禁系统	100 428.81	m^2（地下）	19.98	1.99
1.3.20	措施及其他费用	100 428.81	m^2（地下）	233.05	23.21
2	地上工程（20～33F）	230 062.00	m^2（地上）	55 537.86	2 414.04
2.1	建筑工程	230 062.00	m^2（地上）	27 394.72	1 190.75
2.2	装饰工程	230 062.00	m^2（地上）	17 701.56	769.43
2.3	安装工程	230 062.00	m^2（地上）	10 441.58	453.86
2.3.1	电梯工程	230 062.00	m^2（地上）	1 550.84	67.41
2.3.2	户表工程	230 062.00	m^2（地上）	768.50	33.40
2.3.3	配电箱系统	230 062.00	m^2（地上）	416.79	18.12
2.3.4	强电系统	230 062.00	m^2（地上）	2 192.17	95.29
2.3.5	电视、电话、网络系统	230 062.00	m^2（地上）	408.21	17.74
2.3.6	对讲系统	230 062.00	m^2（地上）	397.02	17.26
2.3.7	视频监控系统	230 062.00	m^2（地上）	87.42	3.80
2.3.8	燃气表远传系统	230 062.00	m^2（地上）	41.15	1.79
2.3.9	电梯运行监控系统	230 062.00	m^2（地上）	33.57	1.46
2.3.10	防火门监控系统	230 062.00	m^2（地上）	286.08	12.44
2.3.11	电气火灾监控系统	230 062.00	m^2（地上）	5.08	0.22
2.3.12	消防电源监控系统	230 062.00	m^2（地上）	7.64	0.33
2.3.13	消火栓系统	230 062.00	m^2（地上）	256.69	11.16
2.3.14	喷淋系统	230 062.00	m^2（地上）	84.78	3.69
2.3.15	给排水系统	230 062.00	m^2（地上）	2 128.92	92.54
2.3.16	火灾自动报警系统工程	230 062.00	m^2（地上）	782.02	33.99
2.3.17	通风工程	230 062.00	m^2（地上）	196.69	8.55
2.3.18	措施及其他费用	230 062.00	m^2（地上）	798.00	34.69
3	总平工程	52 438.53	m^2（总平）	2 043.22	389.64
3.1	建筑工程（道路、铺地、硬质景观）	52 438.53	m^2（硬地）	978.82	186.66
3.2	绿化工程	52 438.53	m^2（绿化）	493.20	94.05
3.3	安装工程（管网）	52 438.53	m^2（总平）	571.20	108.93

表 2　项目概算指标（2）

编号	工程名称和材料	消耗量	指标单位	规模	技术指标
1	安置房地下建筑（-3～-1F）			100 428.81	
1.1	钢筋钢材（t）（不含措施钢筋及护壁桩钢筋）	11 441.32	kg/m^2（地下建）	100 428.81	113.92
1.2	混凝土（不含护壁桩）	84 638.86	m^3/m^2（地下建）	100 428.81	0.84
1.3	混凝土含钢量	135.18	kg/m^3（砼）	100 428.81	1.35
1.4	砖砌体（含地下室侧壁保护墙）	7 843.32	m^3/m^2（地下建）	100 428.81	0.08
1.5	外墙面［地下室剪力墙外侧壁（迎土面）］	19 889.05	m^2/m^2（地下建）	100 428.81	0.20
2	安置房地上建筑（1～32F）			230 062.00	
2.1	钢筋钢材（t）（不含措施钢筋）	12 151.47	kg/m^2（地上建）	230 062.00	52.82
2.2	混凝土	100 438.47	m^3/m^2（地上建）	230 062.00	0.44
2.3	混凝土含钢	120.98	kg/m^3（砼）	230 062.00	0.53
2.4	砖砌体	35 284.56	m^3/m^2（地上建）	230 062.00	0.15
2.5	外墙面（含涂料、面砖、幕墙）	317 652.00	m^2/m^2（地上建）	230 062.00	1.38

项目小组在完成概算编制后配合业主单位完成了相关政府建设项目投资管控程序，取得了项目的概算批复文件（天成管经审批〔2017〕××号）。批复的建设规模和内容为：本项目设计概算批复的总建筑面积为 330 491 m^2，其中地下室建筑面积为 100 429 m^2，地上建筑面积为 230 062 m^2。商业和纯地下室车库为框架结构，其余为框架剪力墙结构。本项目抗震设防烈度为 7 度，并新建 17 栋建筑，建筑层数为 3～32 层，共计建设 2 339 套。项目包括住宅用房、配套商业用房、物管用房、附属设施用房及室外总平工程（道路及硬质铺装、绿化及景观、地面停车、全民健身场所、室外管网），涉及专业工程包括土建工程、安装工程、装饰装修工程、室外管线工程及其他工程。项目总投资概算为 114 784.50 万元，其中工程费用 93 461.13 万元、其他费用 12 265.57 万元、预备费 5 286.34 万元、建设期贷款利息 3 771.46 万元。资金由项目业主按国家有关规定筹集解决。

（3）清单及控制价编制。

取得项目概算批复后，我司配合业主单位进行项目招标清单和控制价的编制。与设计单位配合，按照概算工程费用标准和业主单位建设指标要求对施工图进行测算，对于超标准的内容与设计单位沟通进行优化调整。相关指标见表 3、表 4。

例如：①外墙内保温原设计大部分采用挤塑聚苯板与石膏板的复合板，疏散楼梯间外墙内保温为水泥发泡板与石膏板的复合板，而业主单位类似项目多采用水泥发泡板材料。经与设计单位沟通将所有外墙保温材料统一为水泥发泡板内保温板；②室内护窗栏杆原设计做法采用不锈钢管，与业主单位安置房建设标准不一致，经与设计单位沟通将室内护窗栏杆采用矩管。

表 3　工程项目指标（经济指标）

编号	单项、单位、分部工程名称和工程特征	数量	计量指标和单位	造价指标	
				费用/万元	指标/（元/m^2）
	建设项目	326 764	m^2（总建）	87 336	2 672.8
1	地下工程（-2～-1F）（含基坑支护和土石方）	100 429	m^2（地下）	30 130	3 000.1
1.1	建筑工程	100 429	m^2（地下）	21 554	2 146.2
1.2	装饰工程	100 429	m^2（地下）	2 659	264.7
1.3	安装工程	100 429	m^2（地下）	5 918	589.2
1.3.1	变配电及户表	100 429	m^2（地下）	1 231	122.6

续表

编号	单项、单位、分部工程名称和工程特征	数量	计量指标和单位	造价指标	
				费用/万元	指标/（元/m^2）
1.3.2	配电箱	100 429	m^2（地下）	195	19.5
1.3.3	强电	100 429	m^2（地下）	1 144	113.9
1.3.4	电视、电话、网络	100 429	m^2（地下）	43	4.2
1.3.5	非可视对讲	100 429	m^2（地下）		0.0
1.3.6	保安监控	100 429	m^2（地下）	33	3.3
1.3.7	停车场管理	100 429	m^2（地下）	26	2.6
1.3.8	火灾自动报警	100 429	m^2（地下）	306	30.5
1.3.9	防火门监控	100 429	m^2（地下）	17	1.7
1.3.10	电气火灾监控	100 429	m^2（地下）	2	0.2
1.3.11	消防电源监控	100 429	m^2（地下）	7	0.7
1.3.12	消火栓	100 429	m^2（地下）	197	19.6
1.3.13	喷淋	100 429	m^2（地下）	319	31.8
1.3.14	消防泵房	100 429	m^2（地下）	40	4.0
1.3.15	地下室通风	100 429	m^2（地下）	642	64.0
1.3.16	给排水	100 429	m^2（地下）	280	27.9
1.3.17	措施及其他费用	100 429	m^2（地下）	1 378	137.3
1.3.18	巡更系统	100 429	m^2（地下）	16	1.5
1.3.19	地下交通安全设施系统	100 429	m^2（地下）	41	4.1
2	地上工程（25～32F）	226 114	m^2（地上）	54 998	2 432.3
2.1	建筑工程	226 114	m^2（地上）	26 680	1 179.9
2.2	装饰工程	226 114	m^2（地上）	17 331	766.5
2.3	安装工程	226 114	m^2（地上）	10 987	485.9
2.3.1	电梯	226 114	m^2（地上）	1 405	62.1
2.3.2	配电箱	226 114	m^2（地上）	373	16.5
2.3.3	户表	226 114	m^2（地上）	609	26.9
2.3.4	强电	226 114	m^2（地上）	1 658	73.3
2.3.5	电视、电话、网络	226 114	m^2（地上）	317	14.0
2.3.6	对讲	226 114	m^2（地上）	325	14.4
2.3.7	保安监控	226 114	m^2（地上）	77	3.4
2.3.8	燃气表远传（自动抄表）	226 114	m^2（地上）	74	3.3
2.3.9	电梯五方对讲	226 114	m^2（地上）	28	1.3
2.3.10	火灾自动报警	226 114	m^2（地上）	620	27.4
2.3.11	防火门监控	226 114	m^2（地上）	239	10.6
2.3.12	电气火灾监控	226 114	m^2（地上）	5	0.2
2.3.13	消防电源监控	226 114	m^2（地上）	6	0.3
2.3.14	消火栓	226 114	m^2（地上）	210	9.3
2.3.15	喷淋	226 114	m^2（地上）	64	2.8
2.3.16	通风	226 114	m^2（地上）	158	7.0

续表

编号	单项、单位、分部工程名称和工程特征	数量	计量指标和单位	造价指标	
				费用/万元	指标/（元/m²）
2.3.17	给排水	226 114	m²（地上）	1 776	78.6
2.3.18	措施及其他费用	226 114	m²（地上）	3 043	134.6
3	总平工程	52 439	m²（总平）	2 112	402.7
3.1	建筑工程（道路、铺地、硬质景观）	52 439	m²（硬地）	888	169.4
3.2	绿化工程	52 439	m²（绿化）	623	118.7
3.3	安装工程（管网）	52 439	m²（总平）	601	114.6
4	其他工程	221	m²	96	4 361.1
4.1	挡土墙		m²（总平）		
4.2	门卫、垃圾房	221	m²	96	4 370.8
4.2.1	建筑装饰	221	m²	86	3 916.8
4.2.2	安装	221	m²	10	453.9
⋮	……				

表 4　工程项目指标（技术指标）

编号	工程名称和材料	消耗量	指标单位	规模	技术指标
1	安置房地下建筑（2F）				
1.1	钢筋钢材（t）	10 401	kg/m²（地下建）	100 429	103.57
1.2	混凝土	85 064	m³/m²（地下建）	100 429	0.85
1.3	混凝土含钢	10 401	kg/m³（砼）	85 064	122.27
1.4	砖砌体	7 130	m³/m²（地下建）	100 429	0.07
1.5	外墙面	2 466	m²/m²（地下建）	100 429	0.02
2	安置房地上建筑（25～32F）				
2.1	钢筋钢材（t）	11 047	kg/m²（地上建）	226 335	48.81
2.2	混凝土	91 343	m³/m²（地上建）	226 335	0.40
2.3	混凝土含钢	11 047	kg/m³（砼）	91 343	120.94
2.4	砖砌体	32 077	m³/m²（地上建）	226 335	0.14
2.5	外墙面	284 014	m²/m²（地上建）	226 335	1.25

（4）计量支付审核。

我司根据合同约定每月对项目进行计量审核，共完成计量审核报告 28 份，累计计量金额 801 027 821.48 元，未超过合同金额，相关项目未出现超计、超支情况。因本项目为投融建工程，业主单位分阶段进行支付，我司配合业主单位出具支付审核报告 2 份，同时进行建设期利息测算报业主单位参考。

（5）签证变更审核。

本项目针对签证、变更事项制定了《建设项目工程变更管理办法》，明确了签证、变更的类型，包括设计变更、措施方案、现场签证三大类，并将预设项目纳入工程变更管理。同时对签证、变更事项按照单次变更金额进行分级管理，共分为 4 个等级：

四级变更：单次变更金额在 5 万以下；

三级变更：单次变更金额在 5 万（含）~ 20 万元；

二级变更：单次变更金额在 20 万（含）~ 100 万元；

一级变更：单次变更金额在 100 万元（含）及以上。

四级变更累计金额超过 100 万后按三级变更管理；工程变更累计净增金额超过合同总金额（含暂列金）的 5%后，该项目后续发生的所有变更升级为一级变更。

针对不同的变更等级制定对应的审核权限：

① 四级变更由实施部门及合约管理部负责人共同审批；

② 三级变更由公司总工办或工程部门及合约管理部的分管副总共同审批；

③ 二级变更由公司总经理审批；

④ 一级变更由公司总经理办公会审议通过，由董事长审批。

严格执行“一事一议”“一单一算”的原则，按变更审批流程进行签证、变更审核，严禁事后办理变更。

（6）新增材料认质核价。

针对项目新增材料按建设工程合同约定进行材料认质核价，制定新增材料认质核价流程：

① 项目出现新增材料后施工单位提前一个月将新增材料规格参数和计划用量报业主单位工程部。

② 由业主单位工程部组织设计单位、监理单位、造价咨询单位共同核实新增材料技术参数和计划用量。如出现合同约定外材料品牌，由工程部、设计单位、监理单位、造价咨询单位共同商定新增材料参考品牌，同时将材料规格参数和品牌要求告知施工单位。

③ 施工单位和造价咨询单位根据商定的新增材料规格参数和品牌要求独立进行市场询价，形成询价报告。每种材料至少核实 3 个询价渠道，汇总形成新增材料询价表（表 5）。

表 5　材料、设备认质询价确认表

项目名称：天府新区×××安置房建设项目　　　　编号：第×××批

<table>
<tr><th>序号</th><th>材料、设备名 称</th><th>规格/型号</th><th>品牌</th><th>技术标准</th><th>单位</th><th>数量</th><th>市场询价/元</th><th>报送价格/元</th><th>询价单位</th><th>联系人及联系电话</th></tr>
<tr><td rowspan="6">8</td><td rowspan="6">塑钢窗，中透光热反射中空玻璃（6+9A+6）双色共挤</td><td rowspan="6">—</td><td rowspan="6">川路/康泰/柯美特/海螺/华塑</td><td rowspan="6">—</td><td rowspan="6">m²</td><td rowspan="6">17 526.86</td><td>314.69</td><td rowspan="6">294.46</td><td>成都×××工程有限公司</td><td>曹××
189××××××××</td></tr>
<tr><td>309.58</td><td>成都×××门窗有限公司</td><td>周××
185××××××××</td></tr>
<tr><td>311.47</td><td>×××门窗</td><td>陈××
177××××××××</td></tr>
<tr><td>294.46</td><td>四川×××建材有限公司</td><td>罗××
135××××××××</td></tr>
<tr><td>312.57</td><td>成都××塑钢有限责任公司</td><td>陈××
028-84××××××</td></tr>
<tr><td>318.49</td><td>四川省××门窗有限公司</td><td>余××
139××××××××</td></tr>
<tr><td colspan="5">施工单位：（签字盖章）</td><td colspan="4">监理单位：（签字盖章）</td><td colspan="2">造价咨询单位：（签字盖章）</td></tr>
<tr><td colspan="11">注：本表由施工单位负责填写，监理、造价咨询单位签字、盖章确认。</td></tr>
</table>

④ 询价工作完成并形成询价表格后，由工程部组织施工单位、监理单位、造价咨询单位共同召开材料询价会议，形成会议纪要确认新增材料价格。

（7）结算审核。

本项目为投融建项目，按合同约定，项目竣工后应及时完成工程结算，从而保证项目资金的及时支付。同时，根据业主单位的《建设项目合同结算管理办法》，我司配合业主单位完成项目施工总承包合同以及勘察、设计、监理、相关检测等各类合同结算。

我公司共完成结算审核报告 11 份，其中施工总承包合同送审金额 874 782 086 元，审定金额 844 341 584 元，审减率为 3.48%，最终审定金额未超过合同金额，有效地实现了投资管控目标。

4 经验总结

4.1 咨询服务的实践成效

（1）清单和控制价编制。

本项目概算批复工程费 93 461.13 万元，清单和控制价编制过程中严格执行“两算”对比，与设计单位积极沟通，针对超概算的分部项目进行设计优化和调整，使控制价有效控制在批复的概算工程费范围内。最终项目招标控制价金额为 87 336.11 万元，未超过批复的概算工程费金额。

（2）项目招投标。

项目招投标阶段，积极配合业主单位开展招投标程序，完成相关资料的提交与备案工作，并出具项目清标报告一份，对推荐中标单位的投标报价进行算术和不平衡报价修正，协助业主单位完成合同签订。

（3）及时对签证、变更事项进行审核确认。

项目建设过程中我司共出具签证、变更测算报告 50 份，变更测算金额 6 500.92 万元，变更增减总额-323.72 万元。通过与业主单位工程部、监理单位和设计单位配合，有效地控制了项目变更内容和变更金额。

例如：基坑支护深化设计。因项目所在地为“浅丘”地形，原基坑支护设计未考虑开挖后对红线外的边坡造成的影响，项目开工后施工单位根据现场测量数据提出对原基坑支护设计的深化方案。我司会同业主单位工程部、监理单位和设计单位对施工单位提出的基坑支护设计深化方案进行了充分讨论和分析，并针对施工单位提出的深化方案和设计单位补充的对比方案分别进行了测算（表 6、表 7）。

表 6 变更测算表

变更名称	天府新区×××安置房建设项目-基坑支护设计方案变更					变更编号		
标段：		专业：土建		栋号：地下室		造价编号：TK-XN-建-2017-001		
序号	变更项目	单位	工程量	综合单价/元			合计/元	备注
				中标价	相似价	新组价		
变更前金额								
一	总价措施项目							
1	环境保护	项	1.00				15 147.99	0.40%
2	文明施工	项	1.00				187 835.05	4.96%
3	安全施工	项	1.00				347 646.32	9.18%
4	临时设施	项	1.00				258 273.19	6.82%
5	夜间施工	项	1.00				29 538.58	
6	二次搬运	项	1.00				14 390.59	
7	冬雨季施工	项	1.00				21 964.58	
8	工程定位复测	项	1.00				5 301.80	

续表

序号	变更项目	单位	工程量	综合单价/元			合计/元	备注
				中标价	相似价	新组价		
9	小计						880 098.10	
二	单价措施项目							
1	冠梁，C30 砼	m^3	1 298.2	333.2			432 560.24	
2	混凝土灌注桩	m^3	11 083.57	964.01			10 684 672.32	
3	现浇构件钢筋，圆钢 HPB300，ϕ10 以内	t	289.007	3 453.39			998 053.88	
4	现浇构件钢筋，圆钢 HRB335，ϕ10 以外	t	148.513	2 951.85			438 388.10	
5	现浇构件钢筋，螺纹钢 HRB400，ϕ16～25	t	585.272	3 303.85			1 933 650.90	
6	现浇砼模板安装、拆除，腰梁，冠梁	m^2	2 857.09	31.87			91 055.46	
7	C20 细石砼素喷，厚 100 mm	m^2	984.556	94.86			93 394.98	
8	C20 细石砼网喷，厚 100 mm	m^2	19 691.11	96.79			1 905 902.54	
9	C20 细石砼网喷，每增（减）10 mm	m^2	1 969.11	8.8			17 328.17	
10	锚杆（锚索）	m	9 660	127.22			1 228 945.20	
11	锚杆	m	16 821	93.47			1 572 258.87	
12	截、排水沟	m	2 823.86	150.05			423 720.19	
13	泄水管	个	8 752	6.72			58 813.44	
14	外脚手架	m^2	19 691.11	15.44			304 030.74	
15	小计						20 182 775.02	
16	规费						568 049.54	
17	税金						2 379 401.49	
三	合计						24 010 324.15	
变更后金额								
一	分部分项工程							
1	挖土方	m^3	15 352.83	9.79			150 304.21	
2	挖石方	m^3	23 515.09	17.30			406 811.06	
3	余方弃置	m^3	38 867.92	29.09			1 130 667.79	
4	挖土方（红线外）	m^3	10 381.22	9.79			101 632.14	
5	余方弃置（红线外）	m^3	10 381.22	29.09			301 989.69	
6	小计						2 091 404.89	
二	总价措施项目							
1	环境保护	项	1.00				10 182.22	0.40%
2	文明施工	项	1.00				126 259.52	4.96%
3	安全施工	项	1.00				233 681.94	9.18%
4	临时设施	项	1.00				173 606.84	6.82%
5	夜间施工	项	1.00				19 855.33	

续表

序号	变更项目	单位	工程量	综合单价/元			合计/元	备注
				中标价	相似价	新组价		
6	二次搬运	项	1.00				9 673.11	
7	冬雨季施工	项	1.00				14 764.22	
8	工程定位复测	项	1.00				3 563.78	
9	小计						591 586.96	
三	单价措施项目							
1	冠梁，C30 砼	m^3	680.706	333.2			226 811.24	
2	混凝土灌注桩	m^3	5 102.873	964.01			4 919 220.60	
3	现浇构件钢筋，圆钢 HPB300，ϕ10 以内	t	74.232	3 453.39			256 352.05	
4	现浇构件钢筋，圆钢 HRB335，ϕ10 以外	t	117.434	2 951.85			346 647.55	
5	现浇构件钢筋，螺纹钢 HRB400，ϕ16～25	t	315.304	3 303.85			1 041 717.12	
6	现浇砼模板安装、拆除，腰梁，冠梁	m^2	907.608	31.87			28 925.47	
7	C20 细石砼素喷，厚 100 mm	m^2	2 893.42	94.86			274 469.82	
8	C20 细石砼网喷，厚 100 mm	m^2	13 539.21	96.79			1 310 460.14	
9	C20 细石砼网喷，每增（减）10 mm	m^2	0	8.8			0.00	
10	锚杆（锚索）	m	0	127.22			0.00	
11	锚杆	m	24 474	93.47			2 287 584.78	
12	截、排水沟	m	1 347.67	150.05			202 217.88	
13	泄水管	个	6 018	6.72			40 440.96	
14	外脚手架	m^2	13 539.21	15.44			209 045.40	
15	小计						11 143 893.01	
16	规费						381 833.23	
17	税金						1 562 958.99	
四	合计						15 771 677.08	
变更净值（变更后金额-变更前金额）							-8 238 647.07	

表 7　工程费用估算表

变更名称	天府新区×××安置房建设项目-基坑支护设计方案变更					变更编号		
标段：		专业：土建		栋号：地下室		造价编号：TK-XN-建-2017-001		
序号	变更项目	单位	工程量	综合单价/元			合计/元	备注
				中标价	相似价	新组价		
变更前金额								
一	总价措施项目							
1	环境保护	项	1.00				15 147.99	0.40%
2	文明施工	项	1.00				187 835.05	4.96%
3	安全施工	项	1.00				347 646.32	9.18%

续表

序号	变更项目	单位	工程量	综合单价/元			合计/元	备注
				中标价	相似价	新组价		
4	临时设施	项	1.00				258 273.19	6.82%
5	夜间施工	项	1.00				29 538.58	
6	二次搬运	项	1.00				14 390.59	
7	冬雨季施工	项	1.00				21 964.58	
8	工程定位复测	项	1.00				5 301.80	
9	小计						880 098.10	
二	单价措施项目							
1	冠梁，C30 砼	m^3	1 298.2	333.2			432 560.24	
2	混凝土灌注桩	m^3	11 083.57	964.01			10 684 672.32	
3	现浇构件钢筋，圆钢 HPB300，ϕ10 以内	t	289.007	3 453.39			998 053.88	
4	现浇构件钢筋，圆钢 HRB335，ϕ10 以外	t	148.513	2 951.85			438 388.10	
5	现浇构件钢筋，螺纹钢 HRB400，ϕ16～25	t	585.272	3 303.85			1 933 650.90	
6	现浇砼模板安装、拆除，腰梁，冠梁	m^2	2 857.09	31.87			91 055.46	
7	C20 细石砼素喷，厚 100 mm	m^2	984.556	94.86			93 394.98	
8	C20 细石砼网喷，厚 100 mm	m^2	19 691.11	96.79			1 905 902.54	
9	C20 细石砼网喷，每增（减）10 mm	m^2	1 969.11	8.8			17 328.17	
10	锚杆（锚索）	m	9 660	127.22			1 228 945.20	
11	锚杆	m	16 821	93.47			1 572 258.87	
12	截、排水沟	m	2 823.86	150.05			423 720.19	
13	泄水管	个	8 752	6.72			58 813.44	
14	外脚手架	m^2	19 691.11	15.44			304 030.74	
15	小计						20 182 775.02	
16	规费						568 049.54	
17	税金						2 379 401.49	
三	合计						24 010 324.15	
变更后金额								
一	分部分项工程							
1	挖土方	m^3		9.79			0.00	
2	挖石方	m^3		17.30			0.00	
3	余方弃置	m^3		29.09			0.00	
4	小计						0.00	
二	总价措施项目							
1	环境保护	项	1.00				10 843.95	0.40%
2	文明施工	项	1.00				134 464.96	4.96%

续表

序号	变更项目	单位	工程量	综合单价/元			合计/元	备注
				中标价	相似价	新组价		
3	安全施工	项	1.00				248 868.62	9.18%
4	临时设施	项	1.00				184 889.33	6.82%
5	夜间施工	项	1.00				21 145.70	
6	二次搬运	项	1.00				10 301.75	
7	冬雨季施工	项	1.00				15 723.73	
8	工程定位复测	项	1.00				3 795.38	
9	小计						630 033.42	
三	单价措施项目							
1	冠梁，C30 砼	m^3	1 168.836	333.2			389 456.16	
2	混凝土灌注桩	m^3	8 589.804	964.01			8 280 656.95	
3	现浇构件钢筋，圆钢 HPB300，ϕ 10 以内	t	79.984	3 453.39			276 215.95	
4	现浇构件钢筋，圆钢 HRB335，ϕ 10 以外	t	149.688	2 951.85			441 856.52	
5	现浇构件钢筋，螺纹钢 HRB400，ϕ 16～25	t	489.618	3 303.85			1 617 624.43	
6	现浇砼模板安装、拆除，腰梁，冠梁	m^2	1 667.452	31.87			53 141.70	
7	C20 细石砼素喷，厚 100 mm	m^2	2 893.42	94.86			274 469.82	
8	C20 细石砼网喷，厚 100 mm	m^2	13 048.04	96.79			1 262 919.79	
9	C20 细石砼网喷，每增（减）10 mm	m^2	0	8.8			0.00	
10	锚杆（锚索）	m	0	127.22			0.00	
11	锚杆	m	20 325	93.47			1 899 777.75	
12	截、排水沟	m	1 347.67	150.05			202 217.88	
13	泄水管	个	5 800	6.72			38 976.00	
14	外脚手架	m^2	13 048.04	15.44			201 461.74	
15	小计						14 938 774.69	
16	规费						406 648.07	
17	税金						1 757 300.18	
四	合计						17 732 756.36	
变更净值（变更后金额-变更前金额）							−6 277 567.80	

① 方案一。

根据原始地貌标高设计基坑支护，最大支护高度为 20.1 m，护壁桩 352 根，喷锚护壁 15 941.46 m^2。造价金额相比原基坑支护设计方案减少了 627.76 万元。

② 方案二。

先对高边坡区域进行土方“削坡”，降低支护高度。“削坡”后最大支护高度为 12.6 m，护壁桩 167 根，喷锚护壁 16 432.63 m^2。造价金额相比原基坑支护设计方案减少了 823.86 万元。

经测算，方案二相较方案一节约造价 196.11 万元，在满足基坑支护设计需要和工程安全的前提下，

此方案更具有经济性。在满足工程质量和工期的前提下，最终选择按方案二进行施工。

通过项目全过程控制咨询工作，有效实现了对项目建设过程、质量控制和投资控制的管控。特别是通过项目建设过程中对签证、变更事项的测算管理，以及对新增材料价格的管控，有效地支撑了项目的最终结算审核，在业主单位结算审核管理办法要求的时限内完成了项目的结算审核工作。项目合同金额 853 263 094 元，施工总承包合同送审金额 874 782 086 元，审定金额 844 341 584 元，审减金额 30 440 502 元，审减率为 3.48%。结算审定金额未超过合同金额，也未超过概算批复的工程费金额，实现了本项目的投资控制目标。

综上所述，本项目造价控制成效显著。

4.2 咨询服务的经验

通过对本项目，我们总结了以下几点经验：

（1）当项目出现了清单编制和评审质量不高时，过程中的合同管控风险较大，签证及变更较多，需要重点审计过程中的合同管控问题。

（2）清单说明的编制若不符合现行规范，且清单说明与合同不一致时，也会增加合同执行风险，需要重点审计合同执行情况。

（3）现场签证的审计重点放在签证变更流程是否完善，审查收方资料与实际施工不一致的情况，特别注意事前审批是否有效，投资管控是否有效。

（4）审查收方原始资料，特别是针对隐蔽工程、临时迁改等临时工程的现场照片、原始收方资料的审查工作。

5 项目主要经济技术指标

5.1 建设项目造价指标分析表

表 8 建设项目造价指标分析

项目名称：天府新区成都片区直管区兴隆街道兴隆项目（三期）安置房建设项目

项目类型：拆迁安置房项目

投资来源：国有公司　　项目地点：四川省成都市天府新区

总建筑面积：326 543 m²　　功能规模：2 339 户

承发包方式：施工总承包　　造价类别：全过程造价控制

开工日期：2017 年 6 月 6 日　　竣工日期：2019 年 9 月 6 日

地基处理方式：混凝土换填　　基坑支护方式：混凝土支护桩

序号	单项工程名称	规模/m²	层数	结构类型	装修档次	计价期	造价/万元	单位指标/（元/m²）	指标分析和说明
1	地下室	100 429	2	框架剪力墙	普通装修	2017 年 6 月—2019 年 9 月	26 718.25	2 660.41	
2	地上工程	226 114	32	框架剪力墙	普通装修	2017 年 6 月—2019 年 9 月	55 590.53	2 458.52	
3	总平	52 439	—	—	—	2019 年 1 月—9 月	2 125.38	405.31	
4	合计	326 543	—	—	普通装修	2017 年 6 月—2019 年 9 月	84 434.16	2 585.70	

5.2 单项工程造价指标分析表

表 9 地下室工程造价指标分析

单项工程名称：地下室　　业态类型：地下室

单项工程规模：100 429 m^2　　层数：2 层

装配率：0　　绿建星级：/

地基处理方式：混凝土换填　　基坑支护方式：混凝土支护桩

基础形式：筏板基础　　计税方式：增值税模式

序号	单位工程名称	规模/m^2	造价/万元	其中/万元					单位指标/（元/m^2）	占比	指标分析和说明
				分部分项	措施项目	其他项目	规费	税金			
1	建筑工程	100 429	18 428.26	10 367.75	3 738.42	2 657.74	363.57	1 300.78	1 834.95	68.97%	
1.1	钢结构	—	—								
1.2	屋盖	—	—								
2	室内装饰工程	100 429	2 440.69	1 784.38	104.52	299.46	75.53	176.8	243.03	9.13%	
3	外装工程	—	—								
3.1	幕墙	—	—								
4	给排水工程	100 429	421.29	315.73	16.41	52.37	6.31	30.46	37.28	1.58%	
5	电气工程	100 429	2 913.51	2 183.53	113.49	362.18	43.64	210.66	251.16	10.90%	
6	暖通工程	100 429	968.53	725.86	37.73	120.40	14.51	70.03	84.47	3.62%	
7	消防工程	100 429	1 350.68	1 012.27	52.61	167.91	20.23	97.66	123.24	5.06%	
8	建筑智能化工程	100 429	195.29	146.36	7.61	24.28	2.93	14.12	17.77	0.73%	

表 10 地上工程造价指标分析

单项工程名称：地上工程　　业态类型：普通住宅

单项工程规模：226 114 m^2　　层数：32 层

装配率：0　　绿建星级：/

地基处理方式：混凝土换填　　基坑支护方式：混凝土支护桩

基础形式：筏板基础　　计税方式：增值税模式

序号	单位工程名称	规模/m^2	造价/万元	其中/万元					单位指标/（元/m^2）	占比	指标分析和说明
				分部分项	措施项目	其他项目	规费	税金			
1	建筑工程	226 114	27 922.42	13 112.8	8 283.24	3 592.1	925.35	2 008.93	1 234.88	50.23%	
2	室内装饰工程	226 114	8 945.54	6 911	495.29	511.86	330.08	697.31	395.62	16.09%	
3	外装工程	226 114	8 559.29	5 428.91	568.91	1 740.06	259.30	562.11	378.54	15.40%	
4	给排水工程	226 114	2 139.03	1 512.55	139.17	275.18	58.24	153.90	94.60	3.85%	
5	电气工程	226 114	3 879.97	2 743.60	252.44	499.14	105.63	279.15	171.59	6.98%	
6	暖通工程	226 114	203.94	144.21	13.27	26.24	5.55	14.67	9.02	0.37%	
7	消防工程	226 114	1 003.50	709.60	65.29	129.10	27.32	72.20	44.38	1.81%	
8	建筑智能化工程	226 114	1 017.95	719.81	66.23	130.95	27.71	73.24	45.02	1.83%	
9	电梯工程	226 114	1 918.88	1 356.88	124.85	246.86	52.24	138.06	84.86	3.45%	

5.3 单项工程主要工程量指标分析表

表 11　地下室工程主要工程量指标分析

单项工程名称：地下室

业态类型：地下室　　　　　　　　建筑面积：100 429 m^2

序号	工程量名称	工程量	单位	指标	指标分析和说明
1	土石方开挖量	517 347.94	m^3	5.15	
2	桩（含桩基和护壁桩）	7 726.38	m^3	0.077	
3	护坡	16 603.92	m^2	0.165	
4	砌体	7 606.65	m^3	0.076	
5	混凝土	74 410	m^3	0.74	
5.1	装配式构件混凝土	—	m^3	—	
6	钢筋	8 801 093	kg	87.63	
6.1	装配式构件钢筋	—	kg	—	
7	型钢	2 100	kg	0.021	
8	模板	402 492	m^2	4.01	
9	外门窗及幕墙	—	m^2	—	
10	保温	—	m^2	—	
11	楼地面装饰	98 062	m^2	0.98	
12	内墙装饰	105 669	m^2	1.05	
13	天棚工程	117 696.27	m^2	1.17	

表 12　地上工程主要工程量指标分析

单项工程名称：地上工程

业态类型：普通住宅　　　　　　　　建筑面积：226 114 m^2

序号	工程量名称	工程量	单位	指标	指标分析和说明
1	土石方开挖量	—	m^3	—	
2	桩（含桩基和护壁桩）	—	m^3	—	
3	护坡	—	m^2	—	
4	砌体	31 949	m^3	0.14	
5	混凝土	91 849	m^3	0.41	
5.1	装配式构件混凝土	—	m^3	—	
6	钢筋	11 386 880	kg	50.36	
6.1	装配式构件钢筋	—	kg	—	
7	型钢	6 370	kg	0.03	
8	模板	956 842	m^2	4.23	
9	外门窗及幕墙	57 148	m^2	0.25	
10	保温	302 471	m^2	1.34	
11	楼地面装饰	225 729	m^2	0.998	
12	内墙装饰	428 730	m^2	1.896	
13	天棚工程	222 767	m^2	0.985	
14	外墙装饰	269 427	m^2	1.19	

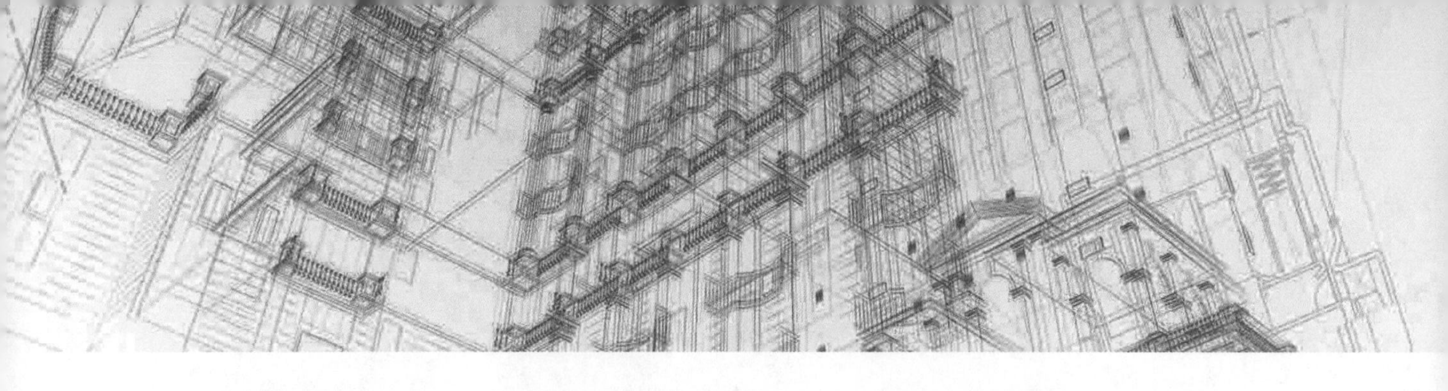

四川交通职业技术学院四川交通工程技术中心建设项目

——四川建科工程建设管理有限公司

◎ 官庆华，包颂英，何脉，王际伟

1 项目概况

1.1 项目基本信息

四川交通职业技术学院四川交通工程技术中心建设项目位于成都市温江区，由实训楼、报告厅及大底盘地下室组成。总建筑面积 49 627.45 m^2，其中地上建筑面积 37 284.78 m^2，地下建筑面积 12 342.67 m^2，配套建设相关附属设施。

其中：实训楼地上 5 层，房屋高度为 22.9 m，地上主要使用功能为专业实训室等；报告厅地上 1 层，房屋高度为 10.0 m；地下室 1 层，底板面标高为−5.1 m，主要使用功能为车库、设备用房和人防等。实训楼采用装配式叠合板钢筋混凝土框架结构，报告厅和地下室采用钢筋混凝土框架结构。实训楼和报告厅在地面以上分为 5 个结构单元（单元 A ~ E），地下室局部为人防。

主体结构设计使用年限为 50 年，抗震设防烈度为 7 度，设计基本地震加速度为 0.10*g*。建筑分类等级：建筑结构安全等级为二级，地基基础设计等级为乙级，建筑抗震设防类别为标准设防（丙类）；框架抗震等级：报告厅大跨框架为二级、其余为三级，地下室防水等级为二级；建筑防火分类为单、多层民用建筑，耐火等级：地下室耐火等级为一级、其他为二级。

项目估算总投资 20 335.6 万元。资金来源为申请中央预算内资金 5 000 万元，省预算内资金 500 万元，省级交通专项资金 2 000 万元，不足部分由学校自筹解决。

1.2 项目特点

四川交通职业技术学院四川交通工程技术中心建设项目具有以下特点：

（1）平面布置复杂：建筑平面为回字形；

（2）结构造型复杂：报告厅为高大空间；

（3）无施工场地，材料无堆放场地；

（4）施工工艺复杂：采用 60 mm 厚叠合板和 150 mm 改性改性石膏条板隔墙装配式施工；

（5）专业多：含建筑结构、消防、强电、弱电、通风、光彩、人防、供配电、给排水、幕墙、景观绿化等；

（6）施工环境复杂：本项目为校园内施工；

（7）采用新工艺、新技术、新材料（水泥纤维板幕墙、内隔墙为改性石膏条板、U形玻璃幕墙）。

2 咨询服务范围及组织模式

2.1 咨询服务的业务范围

咨询服务范围为施工准备期、施工期及竣工后服务期的工程造价全过程控制、清单及控制价编制、竣工结算初审。服务内容包括但不限于：清单及控制价编制，合同条款变更、管理，预付款、进度款、变更款、索赔款审核，材料、设备询价，招标后清标，以及竣工结算初审等。

2.2 咨询服务的组织模式

四川交通职业技术学院四川交通工程技术中心建设项目全过程咨询服务的内部组织模式如图1所示。

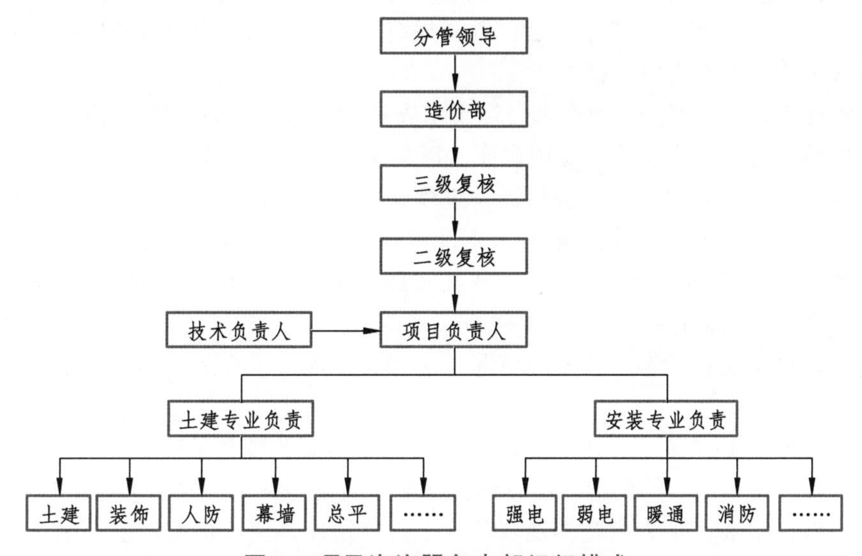

图1　项目咨询服务内部组织模式

2.3 咨询服务工作职责

履行咨询合同义务，根据咨询合同要求的工作内容，结合建设单位与施工单位签订的施工合同、建设单位提供的招投标文件、施工图纸、国家（省、市）法律法规、规范、计价定额等资料，独立、客观、科学、公正地维护建设单位经济利益和合法权益，同时不损害施工单位的经济利益和合法权益。

施工过程中对参建各方提出的设计变更及经济签证提供专业咨询意见，做好经济测算，供业主决策。运用专业知识解决施工过程中与工程造价有关的问题，为工程竣工结算做准备工作。

3 咨询服务的运作过程

3.1 招投标阶段

（1）按照咨询合同约定组建与项目专业相符的专业咨询团队，各司其职；

（2）根据建设单位提供的施工图纸，组织各专业工程师进行工程量计算，编制招标工程量清单和招标控制价；

（3）施工图纸中的问题以工作联系函的方式请建设单位书面回函确认或补充施工图；

（4）与业主充分沟通，了解业主对项目档次、装饰材料品质的要求后，对装饰材料及新型材料进行市场询价，确保招标控制价的准确性；

（5）复核招标工程量清单项目特征描述的准确性、招标控制价定额套用准确性、使用材料与项目特征描述的一致性，安全文明施工费、规费及税金的取费是否符合规范要求；

（6）编写招标工程量清单编制说明，明确招标工程量清单的编制范围，主要材料质量要求及投标报价要求等；

（7）审核招标文件中的合同条款，提供专业咨询意见，对合同中存在的风险进行预判，起到风险提示作用。

3.2 施工阶段

（1）根据中标人提供的投标文件，对投标文件进行清标，清标内容包括招标控制价与投标报价的对比，对投标报价中不平衡报价进行风险提示，避免施工单位对投标报价低的分部分项进行设计变更以达到低价中标高价结算的目的；

（2）审核投标报价中定额人工费计取是否符合规范要求，对不符合规范要求的在签订施工合同前进行调整，避免竣工结算时产生争议；

（3）根据工程施工进度情况，按照咨询合同要求安排相关造价人员驻场，了解工程实时进度情况，对施工中存在的问题及时向业主反映，现场取证，请参建各方予以确认；

（4）建立各种台账（设计变更、经济签证、进度款支付、每月人工费调整、每月材料费调整等、材料认质认价以及暂列金使用等），做到各种数据准确且随时可用；

（5）设计变更和现场签证做到一单一算，并且做到事前测算、事中监督完成情况、事后具备完工证明，才能予以办理经济签证；

（6）参加每周监理例会，了解工程实施情况，对例会中涉及工程造价的部分给出专业咨询意见，提供相应数据；

（7）参与审核各种施工方案（专项方案），如果涉及工程造价变化及时提醒各参建单位；

（8）独立进行各种材料的市场询价，出具询价报告，为业主进行材料认质认价提供依据；

（9）完成每月咨询报表，报表主要体现当月施工进度情况、完成进度产值、是否有新的政策文件颁发、是否有设计变更和经济签证、人工费和材料费价差调整情况、完成的材料询价情况、工程造价变化情况及咨询工作具体情况等；

（10）参与见证各种现场收方，根据施工合同、招投标文件等资料明确是否应该予以计费；

（11）参加业主每月专项例会，对例会中提出的与工程造价有关的事项给予专业咨询意见，并提供相应数据资料；

（12）解决施工过程中的工程造价争议问题，组织参建各方到四川省建设工程造价管理总站进行咨询，并形成咨询会议纪要，为结算审核做准备；

（13）核实每月工程形象进度，审核施工进度款，为业主支付进度款提供依据；

（14）撰写施工过程造价控制报告；

（15）移交过控相关资料。

3.3 结算审核阶段

（1）按照咨询合同约定整理招标阶段、施工过程中的相关资料，移交建设单位；

（2）根据施工图、竣工图、施工合同、招投标文件、设计变更、现场经济签证等资料进行工程量核算；

（3）根据每月工程进度款支付资料、施工单位提供的规费取费证、安全文明现场评价费率计取人

工费价差调整、材料价差调整、安全文明施工费、规费等；

（4）出具竣工结算报告初稿（根据建设单位要求，过控单位出具的结算审核金额为未与施工单位核对的金额，咨询单位根据相关的资料独立发表意见供建设单位与另行委托的咨询单位审核结果进行对比）。

3.4 过控情况

过控情况具体分析见表1。

表1 过控情况具体分析表

序号	资料名称	资料数量	施工单位送审金额/元	审定金额/元	占合同比例	备注
1	变更签证	68	10 468 793.04	4 987 913.81	3.14%	
2	进度产值	20		147 545 446.57		含人工费调整、材料价差调整、设计变更、经济签证
3	人工费调整	20		1 317 350.48		
4	材料价差调整	20		1 431 618.47		
5	材料认质认价	29				

4 经验总结

4.1 咨询服务的实践成效

（1）清标发现，投标人投标报价中人工费政策性调整系数高于现有调整文件，投标人建筑装饰工程人工费调整系数为33%，安装工程调整系数为40%（当时最新调整文件为川建价发〔2018〕8号文，其中建筑装饰调整系数为31%，安装工程调整系数为38%）。清标报告提示竣工结算时人工费调整应按相关政策文件调整办法进行调整。

（2）清标发现，投标人所有投标综合单价中的人工费、材料费、机械费与定额组价中的工、料、机的费用之和均不一致，不一致的原因是投标人投标组价时强行将定额人工费乘以一定倍数的系数，然后大幅减去其中的材料费。例如：通风及空调工程中“大型分体直膨变频空调机”项目，投标综合单价为334 705.23元/台（其中人工费为334 291.10元/台，材料费为46.42元/台，机械费为23.95元/台，综合费为343.76元/台），此综合单价为投标人在定额组价时强行将定额人工费乘以186倍，材料费减322 000元所得的结果；投标人这样调整后定额人工费大幅度增加，影响以定额人工费为取费基础的相关费用计取。规费、安全文明施工费会增加约10 170 503.51元；清标报告提示业主在施工过程中进度款支付及竣工结算时安全文明施工费及规费计取应按项目特征依据2015年《四川省建设工程工程量清单计价定额》进行计取。

（3）施工过程中的设计变更、现场经济签证得到及时审核办理，避免了事后产生争议。

（4）对当月施工进度款进行审核，并对人工费和材料价差进行调整，施工进度款得以及时支付，为竣工结算留下翔实的结算依据。

（5）施工过程中及时处理工程造价中的争议问题，对不能达成一致意见的及时组织参建单位共同咨询四川省建设工程造价总站，并形成咨询会议纪要，为竣工结算提供依据。

（6）建立各种台账，业主通过台账动态了解工程投资变化情况，为业主做决策提供依据。

（7）本项目招标控制价为167 727 853.77元（含暂列金额），施工单位中标价为158 655 748.88元（含暂列金额），经我们公司审核后的结算金额为148 561 838.27元，结算金额未超合同价。

（8）施工过程中由于方法得当，问题处理及时，为竣工结算提供了相应依据，整个建设过程得到建设单位好评。

综上所述，本项目造价控制成效显著。

4.2 咨询服务的经验和不足

（1）咨询服务的经验。

① 施工阶段全过程造价控制，造价工程师必须驻场监控，动态跟踪项目的施工内容和工序，发现问题应及时提醒各参建单位，与工程造价有关的问题应及时沟通、处理。

② 参加监理例会，收集监理例会会议纪要，整理例会中涉及工程造价的内容，为后期工作做准备。

③ 要建立各种数据台账，驻场造价工程师要主动协调各参建方提供资料，不被动等待。

④ 记录施工现场与设计不符的工程内容，及时与参建各单位沟通了解不符原因及解决方法。

⑤ 在施工过程中咨询服务单位不仅要发现问题，还要及时解决问题。

⑥ 施工阶段全过程控制单位，应将工作前移到设计阶段和招投标阶段。在设计阶段做好设计测算，提醒建设单位设计是否做到限额设计，对设计图中不明确处应提示业主请设计单位进行完善，对设计不合理的应及时向业主反馈并提出相应措施。在招投标阶段对招标工程量清单进行审查，让招标工程量清单不漏项，确保项目特征描述、工程量、工程量清单编制说明准确反映业主对工程产品需求情况及要求；审查招标文件中的合同条款，明确合同中相关费用的计取以及需要提供的依据，明确人工费、材料费、机械费是否调整以及是否有调整依据。

（2）咨询服务的不足。

① 新冠疫情发生后，受当时条件限制未能及时掌握现场留守人员及施工单位周转材料的实际情况，导致计算疫情期间产生费用时取证困难。

② 省、市造价管理部门颁布的与工程造价有关的文件未向参建单位进行宣传，抱着谁受益谁举证的原则等待施工单位举证提供资料。

5 项目主要经济技术指标

5.1 建设项目造价指标分析表

表 2 建设项目造价指标分析

项目名称：四川交通职业技术学院四川交通工程技术中心建设项目

项目类型：学校等教育项目

投资来源：申请中央预算内资金 5 000 万元，省预算内资金 500 万元，省级交通专项资金 2 000 万元，不足部分由学校自筹解决

项目地点：温江区柳台大道 208 号　　总建筑面积：49 627.45 m²

承发包方式：施工总承包　　造价类别：结算价

开工日期：2018 年 12 月 9 日　　竣工日期：2020 年 11 月 4 日

地基处理方式：无　　基坑支护方式：喷锚支护

序号	单项工程名称	规模/m²	层数	结构类型	装修档次	计价期	造价/元	单位/（元/m²）	指标分析和说明
1	交通工程技术中心	49 627.45	6层（地下1层、地上5层）	框架结构	地下普装、地上精装	2019 年 1 月—2020 年 11 月	142 507 884.4	2 871.55	单体工程
2	总平工程	7 344.04	—	—	—	2019 年 1 月—2020 年 11 月	6 053 953.87	824.34	
3	合计	49 627.45	—	—			148 561 838.27	2 993.54	

5.2 单项工程造价指标分析表

表 3 单体建筑工程造价指标分析

单项工程名称：四川交通职业技术学院四川交通工程技术中心建设项目

业态类型：学校等教育项目

单项工程规模：49 627.45 m²　　层数：地下 1 层，地上 5 层

装配率：30%　　绿建星级：/

地基处理方式：无　　基坑支护方式：喷锚支护

基础形式：柱下独立基础、筏板基础　　计税方式：增值税

序号	单位工程名称	规模/m²	造价/元	其中/元				单位指标/（元/m²）	占比	指标分析和说明
				分部分项	措施项目	规费	税金			
1	建筑工程	49 627.45	119 358 306.69	100 033 494.93	4 129 921.09	3 014 181.40	12 180 709.27	2 268.63	83.76%	
2	强电工程	49 627.45	11 883 450.27	10 589 304.73	204 397.04	124 341.15	965 407.35	235	8.34%	不含供配电
3	通风及空调工程	49 627.45	2 365 625.91	2 059 626.90	79 565.08	46 901.98	179 531.95	43.21	1.66%	
4	消防工程	49 627.45	3 955 794.30	3 359 729.81	177 548.48	107 685.75	310 830.26	75.26	2.78%	
5	给排水工程	49 627.45	1 801 496.76	1 599 920.89	43 866.76	24 756.63	132 952.48	31.85	1.26%	
6	电梯安装工程	49 627.45	1 238 822.27	1 124 679.29	18 579.88	9 069.98	86 493.12	20.51	0.87%	
7	人防安装工程	49 627.45	1 067 366.80	942 957.40	33 652.75	18 420.41	72 336.24	17.05	0.75%	
8	抗震支架工程	49 627.45	837 021.40	754 994.16	19 234.37	9 475.97	53 316.90	12.41	0.59%	
9	合计		142 507 884.40	120 464 708.11	4 706 765.45	3 354 833.27	13 981 577.57	2 703.92	100.00%	

表 4 总平工程造价指标分析

单项工程名称：总平　　业态类型：学校等教育项

单项工程规模：7 344.04 m²　　层数：/

装配率：/　　绿建星级：/

地基处理方式：/　　基坑支护方式：/

基础形式：/　　计税方式：增值税

序号	单位工程名称	规模/m²	造价/元	其中/元					单位指标/（元/m²）	占比	指标分析和说明
				分部分项	措施项目	其他费用	规费	税金			
1	景观工程	7 344.04	4 326 668.09	3 450 204.60	144 608.52	284 899.64	89 707.51	357 247.82	589.14	71.47%	
2	园林绿化工程	7 344.04	891 450.31	768 349.11	30 546.05	0	18 949.16	73 605.99	121.38	14.73%	
3	安装工程	7 344.04	835 835.47	736 302.03	18 835.16	0	11 684.34	69 013.94	113.811	13.81%	
4	合计		6 053 953.87	4 954 855.74	193 989.73	284 899.64	120 341.01	499 867.75	824.33	100.00%	

表 5 安装工程造价指标分析

单项工程名称：四川交通职业技术学院四川交通工程技术中心建设项目（安装工程）

业态类型：学校等教育项目　　建筑面积：49 627.45 m²

序号	安装专业系统名称	建筑面积/m²	造价/元	单位指标/（元/m²）	指标分析和说明
1	给排水工程	49 627.45	1 801 496.76	36.30	
2	强电工程	49 627.45	11 883 450.27	239.45	不含供配电
3	通风及空调工程	49 627.45	2 365 625.91	47.67	

续表

序号	安装专业系统名称	建筑面积/m²	造价/元	单位指标/（元/m²）	指标分析和说明
3.1	通风系统	49 627.45	1 456 640.04	29.35	
3.2	空调系统	49 627.45	908 985.87	18.32	
4	消防工程	49 627.45	3 955 794.30	79.71	
4.1	消火栓系统	49 627.45	849 993.38	17.13	
4.2	喷淋系统	49 627.45	1 174 286.23	23.66	
4.3	气体灭火系统	49 627.45	162 990.19	3.28	
4.4	火灾报警系统	49 627.45	1 218 375.96	24.55	
4.5	防火门系统	49 627.45	149 850.95	3.02	
4.6	其他系统	49 627.45	400 297.59	8.07	
5	电梯安装工程	49 627.45	1 238 822.27	24.96	
6	人防安装工程	49 627.45	1 067 366.80	21.51	
7	抗震支架工程	49 627.45	837 021.40	16.87	

5.3 单项工程主要工程量指标分析表

表 6 单项工程主要工程量指标分析

单项工程名称：四川交通职业技术学院四川交通工程技术中心建设项目

业态类型：学校等教育项目　　建筑面积：49 627.45 m²

序号	工程量名称	工程量	单位	指标	指标分析和说明
1	土石方开挖量	89 980.28	m³	1.813	
2	护壁	3 992.18	m²	0.080	
3	砌体	3 966.69	m³	0.080	
4	条板隔墙	6 991.61	m²	0.141	
5	混凝土	29 023.69	m³	0.585	
5.1	装配式构件混凝土	1 137.36	m³	0.023	仅计算叠合板工程量
6	钢筋	4 326 098	kg	87.171	
6.1	装配式构件钢筋	583 040	kg	11.748	
7	模板	111 930.1	m²	2.255	未含叠合板底模
8	外门窗及幕墙	25 212.89	m²	0.508	
9	保温	19 864.1	m²	0.400	
10	楼地面装饰	43 243.87	m²	0.871	
11	内墙装饰	33 896.02	m²	0.683	
12	天棚工程	64 148.93	m²	1.293	

九寨沟景区沟口立体式游客服务设施建设项目

——中道明华建设项目咨询集团有限责任公司

◎ 明针，刘世刚，彭志君，贾登泽

1 项目概况

1.1 项目基本信息

九寨沟景区沟口立体式游客服务设施建设项目位于四川省阿坝州九寨沟县漳扎镇，规划用地面积约 8.27 万 m^2，总建筑面积约 3.15 万 m^2，包含游客服务中心（含集散中心、展示中心、智慧中心 3 个功能区）、国际交流中心、荷叶宾馆改造、景观、桥涵等，是一个典型的公共建筑项目。项目采用总价合同类型（总价限额的 EPC 合同），清单计价模式。可研批复总投资 4.38 亿元（其中勘察设计费 2 275.4 万元、工程费 40 308.7 万元），实际 EPC（勘察—设计—施工）合同结算金额 3.91 亿元，建设工期 33 个月。

1.2 项目特点

（1）项目属于灾后重建重大项目，各方关注度高。

2017 年发生了“8・8”九寨沟 7.0 级地震，九寨沟景区房屋及基础设施损毁严重，且景区日均游客量已达 4.1 万人，景区游客中心、桥涵及道路交通等服务设施已无法满足大容量游客的使用需求，景区服务设施修复升级具有迫切性和必要性。

九寨沟景区沟口立体式游客服务设施建设项目是“8・8”九寨沟地震灾后九寨沟景区恢复提升和产业发展专项规划中的一项重大工程，是在“绿水青山就是金山银山”思想指引下，充分前期策划，高度尊重自然，高度体现地域人文，以游客为本，高度装配化，高度智能化，大比例采用新材料、新工艺、新技术，全过程数字化交付的高水准绿色景区游客服务中心。

作为景区标志性建筑及门户，该项目的建设将极大恢复和提升九寨沟景区旅游基础设施的服务水平，为九寨沟景区的保护和旅游能力恢复提供支撑，对实现九寨沟旅游业的可持续发展，具有显著的环境效益和社会效益。

九寨沟是世界自然遗产，也是国家风景名胜区，其重建工作广受关注。四川省主管领导及相关部门高度重视。四川省审计厅在 4 年时间里共派出百余人次，对“8・8”九寨沟地震灾后恢复重建开展了 7 次跟踪审计。本项目在 2019 年 9 月—11 月、2020 年 4 月—5 月、2020 年 10 月—11 月 3 次接受四川省审计厅的阶段性跟踪审计。

四川省审计厅还对灾后恢复重建中12个采用工程总承包方式建设的项目开展了专项审计，揭示了行业配套制度不健全、参建方对工程总承包建设模式理解存在偏差、业主管控能力不足等带来的工程质量风险、计价风险，提出了及时配套完善相关制度、加强风险防控等审计建议。

（2）涉及单项工程和专业多。

本项目建设内容包含游客服务中心（游客集散中心、智慧管理中心、展示中心）、国际交流中心、荷叶宾馆改造、林卡景观、白水河和翡翠河驳岸加固、立交桥及引道等。所涉及专业包括建筑、结构、装饰装修、给排水、暖通、强弱电、景观、交通、标识等。

（3）采用EPC模式发包。

该灾后重建项目工期紧、专业化程度高，故采用EPC（勘察、设计、采购、施工）模式发包。通过公开招标，由清华大学建筑设计研究院有限公司作为牵头人中标，合同约定结算按财评价下浮，以招标控制价（可研估算中相应费用）作为限额进行控制。

因相关法规不完善及各方认识不到位，EPC项目常存在投资不可控、前期策划不充分、建设内容、规模甚至标准发生变化等较多的问题。

① 因前期招标时只有设计方案，可能招标文件中招标人提出的需求不完善造成的设计变更较多。

② 发包人关注承包人是否按招标文件中招标人的要求和投标书中的承诺进行设计，是否满足功能、规模、标准等。

③ 初步设计、施工图设计各阶段，建设单位都需要了解对应设计内容的造价，以判断“甲方变更需求是否有可用资金”。

④ 如建设单位和相关单位的参与人员仍按平行发包模式的思路去管理项目，将会面临较大的困难。

（4）建设标准高、采用多项特殊结构和工艺。

本项目由清华大学建筑设计研究院有限公司作为EPC牵头人，院长庄惟敏院士作为主创带队设计。该项目作为标志性建筑，造型复杂，具有很强的艺术性，从结构体系到构件层面均多曲面和曲线，首开国内大规模钢结构开花柱与双曲面玻璃幕墙工艺应用先河，更是开创了国内大跨度互承式胶合木结构和双曲网壳体结构的先例（图1）。越是非线性的建筑，建筑材料和施工技术越是复杂，成本越不容易控制，另外还受运输距离、疫情的影响。项目采用了钢结构开花柱、异型木结构、大面积双曲面玻璃幕墙（10+2.28PVB+10+12Ar+10+2.28PVB+10超白钢化大板玻璃，宽度2 700 mm，最大高度5 800 mm）、石板瓦等特殊工艺和材料，定额的适用性和价格的确定是计价难点。

图1 项目特殊结构和工艺

① 钢结构开花柱。

游客集散中心首层层高5.5 m，柱距16 m，为了有效减小结构梁高，增加建筑净高，结合建筑造型的要求，大量框架柱采用了开花柱的形式（图2）。开花柱芯柱采用直径500 mm的钢管混凝土柱，沿芯柱周边有6个T形钢柱，T形钢柱根据建筑造型要求逐渐变为弧形的H形钢支撑，弧形支撑到达层

高处，设置钢梁将 6 根弧形支撑连为整体，形成空间效应。游客集散中心一共有 36 根开花柱，这种柔美的造型对于钢材的加工、安装、运输都提出了非常大的挑战，但安装后的效果得到了广泛认可，使人感觉集散中心是被轻盈地托举起来，如同行走在丛林里一般。

图 2　钢结构开花柱

② 木结构罩棚。

入口罩棚“大眼睛”及检票口罩棚跨度达 35 ~ 40 m，是国内率先采用的最大跨度互承式胶合木结构。整个建筑都是非线性的，胶合木并非横平竖直，而是用了费马螺旋线的概念，越靠近根部越密集，越远离根部越疏散。这个尺度对于加工制作提出了非常高的要求，设计和施工采用 Rhino、Revit、Tekla 等一系列的软件进行辅助，虽然在设计和施工过程中有很多的艰辛，但是最终呈现的效果非常惊艳。

③ 传统与现代工艺并存。

在项目建造过程中广泛使用了石板瓦这种当地非常有特色的建筑材料，同时采用了大块石的平面朝外的毛石墙砌筑，以及夯土墙。随着老手艺人逐渐变得稀缺，这种工艺需要不断进行培训，反复尝试，才能达到要求。除了传统的手艺，也有非常现代的做法，例如传统的木结构选用现代材料胶合木，传统的石板瓦材料采用现代的铺钉工艺等。

④ 绿色建筑。

顺应国家绿色、低碳建筑的发展潮流，确保项目在设计、施工及运营等建筑全寿命周期内，最大限度地节约资源（节地、节能、节水、节材），保护环境和减少污染，为人们提供健康、适用和高效的使用空间，并做到与自然和谐共生。

以“被动式优先，主动式优化”为原则建立绿色建筑技术体系。“被动式优先”主要是利用自然的通风采光、地域性材料等，“主动式优化”包括使用空调采暖以及节能型照明、节能型洁具等。游客中心钢结构的装配式构件使用比例超过了 80%，大量的建筑材料在工厂里加工好后运输过来现场拼装，最大限度地减少了现场施工对自然环境的污染和破坏。后期通过在建筑物里安装智能化的能源、水系统计量管理控制系统，最大限度地降低了能耗。

在环境舒适方面，项目室外绿化率 45%，屋顶绿化率 40%，22.81%的室外活动场地有乔木遮阴。通过建筑形体优化，游客集散中心、智慧管理中心、展示中心等场地风环境满足室外活动舒适度要求，70%的主要功能房间面积可通过自然通风满足室内环境舒适度的要求，86%可通过自然采光达到室内照度要求。项目还设置了室内 CO_2、$PM_{2.5}$ 等室内污染物浓度监控系统，可通过与通风系统的联动确保室内空气品质。

通过以上技术措施，使九寨沟景区与其世界自然遗产地位相匹配，打造了人文自然和谐共生与节能降耗绿色环保的新标杆。

⑤ “九寨星空”流线形铺装。

游客集散中心两层立体分布，集散广场全部采用石材铺装，广场铺装的纹饰设计以“九寨星空”为主题（图 3），采用不同材料、不同尺寸的自然边小料石来打造星轨的流线感、随机感，黑白灰不同深浅的颜色更丰富了星轨的层次，在呼应建筑主体轮廓曲线的同时，星轨的流动也对游客进入景区起到一定的指引作用。

项目实施过程中，配合建筑设计进行精细化建模，对铺装纹理进行参数化设置，首次大面积采用小料石仿星轨铺装纹样，创造了异形流线型铺装的典范，从初步设计、深化、选材、准备样板到施工落地，所有星空铺装线形定位采用 GPS 放线，确保完成效果与设计效果的一致。

图 3 “九寨星空”广场铺装

⑥ 智能建造。

新建的智慧中心（图 4）为“智慧旅游大数据综合管理平台”提供硬件支撑，是整个自然保护区的指挥中心，同时也为可持续发展国际联合实验室提供硬件支撑。

智慧旅游大数据综合管理平台项目建设内容包括恢复重建集旅游数据平台、智慧景区综合运营管控平台、景区监控和门禁票务等于一体的智慧管理中心及设施设备。

（5）引入 BIM 技术辅助设计和建设管理。

因本项目造型及结构复杂，多曲面和曲线，涉及多专业的统筹协调，故在 EPC 合同中约定了设计单位应采用 BIM 技术实施“非线性建筑协同设计”，且委托我公司进行 BIM 技术咨询，对设计单位的模型进行检查，并实施基于 BIM5D 平台的建设管理（图 5）。

图 4　智慧中心

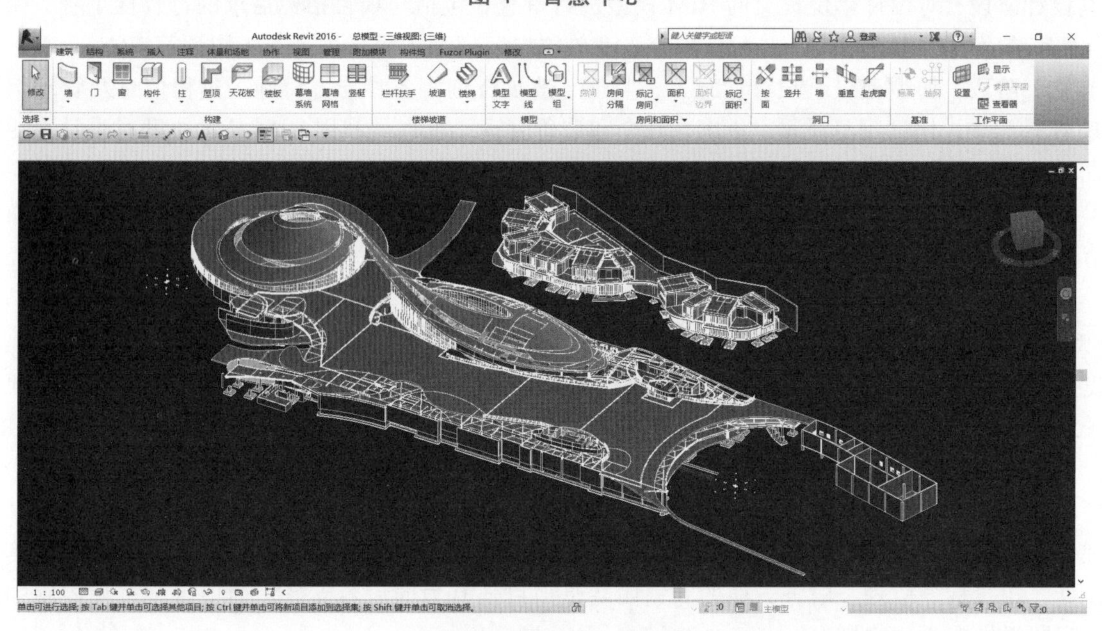

图 5　项目 BIM 模型

2　咨询服务范围及组织模式

2.1　咨询服务的业务范围

通过公开招投标，我公司成为本项目的全过程造价咨询和 BIM 技术咨询单位。

（1）全过程造价咨询的服务内容。

① 招标阶段服务内容。

· 对招投标文件进行审查，提示风险和提出建议。

· 协助甲方与中标单位签订合同；同时对合同主要条款进行审查，提出相关问题和建议。

② 施工阶段全过程造价。

· 设计变更经济分析。并对设计变更进行审核；对各专项施工方案及涉及工程造价增减的施工组织设计参与评审。

· 对合同内新增项目进行造价咨询，并出具相应咨询报告。对清单漏项及新增项目需重新组价的进行造价咨询。

·对签证、索赔款审核。
·合同造价条款变更、管理，并建立动态的合同台账。
·对预付款、进度款审核。
·材料、设备价咨询。
·过程资料收集。
·每月出具月过程控制报告。
·过程中配合相关部门的检查和审计工作。
·协助委托单位检查施工单位过程资料的完整性、合理性和合法性。
·配合政府审计单位在施工过程中对本项目的跟踪审计工作。

（2）BIM 技术咨询服务内容。

① 制订运用 BIM 技术进行项目管理的整体解决方案，包括平台的搭建及建设单位、设计、施工、监理、造价咨询等各参与方基于 BIM 的工作标准。

② 设计阶段，对设计单位提交的 BIM 模型进行审查，包括与项目招标需求的符合性审查、模型精度符合性审查及提出优化建议，并配合造价咨询单位提取模型工程量进行施工图预算审查。

③ 施工阶段，协调建设、设计、施工、监理、造价咨询等各参与方将施工过程信息及管理信息集成到 BIM 模型中，协助项目质量、进度、安全和造价管理。重点是利用 BIM 技术协助对设计变更、隐蔽验收、进度款进行审查。

④ 竣工阶段，检查总承包单位提交的竣工模型与工程实际情况的一致性，并配合通过 BIM 模型对竣工结算进行审查。

2.2 咨询服务的组织模式

我公司采用“平台+端”的项目组织模式，“端”是直接为项目服务的前端项目团队，根据项目特点选派对应专业的人员组成驻场团队及后台团队，“平台”是公司的后台支撑体系，基于公司的 ERP 信息平台，将前端工作人员与公司后台数据库（知识库+方法论）及专家连接在一起。作为专业平台，内置了各项业务的操作流程和操作手册，指导和规范一线员工的操作，并实现数据积累、经验共享；作为管理平台，各级管理者不但可以看到层层汇总的统计数据，也能实时看到项目一线的第一手信息。公司设计、招投标、监理、财务方面的专家团队是项目强有力的后台支持，为项目全过程控制中遇到的相关问题提供专业的建议。

本项目全过程咨询服务的组织模式如图 6 所示。

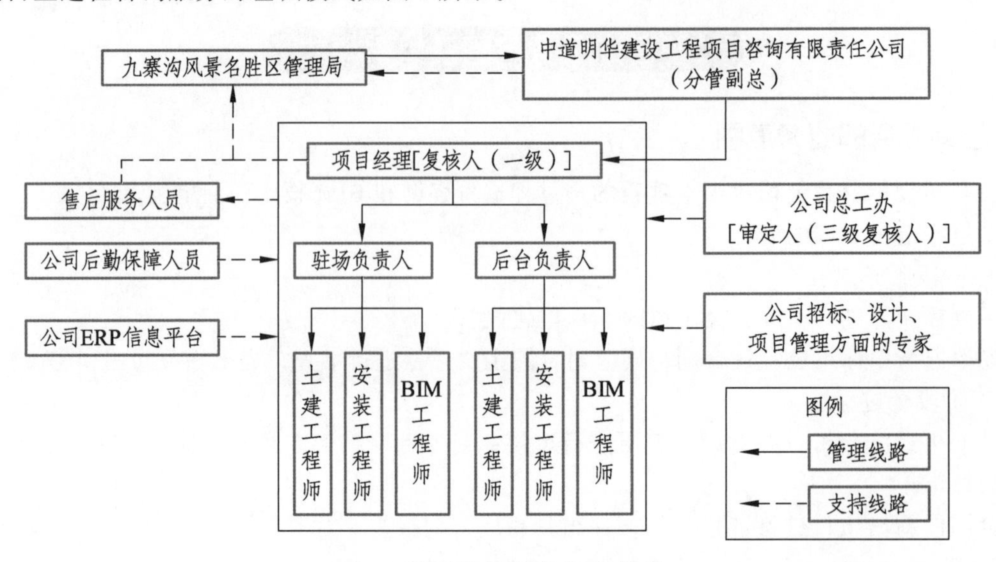

图 6 项目咨询服务组织模式

2.3 咨询服务工作职责

我公司为本项目成立固定项目团队驻场进行咨询服务，及时处理项目在技术、经济、管理方面的问题，项目负责人组织项目实施，协调各类人员、设备，查询类似项目数据对项目提供支持。驻场负责人作为对外联络人及现场团队组织者以及质量第一级复核。专业总监提供各专业第二级复核。公司总工办为项目团队提供技术支持及质量控制，作为第三级复核。各级咨询服务工作职责分配见表 1。

表 1　咨询服务工作职责分配

类别	岗位	岗位职责
公司领导	分管副总	组织协调公司内外部各种资源为项目服务。对项目重难点进行分析、交底，对项目的实施过程进行跟进监督，对经理汇总提交的过程文件和成果文件进行复核，协助组织专家团队处理疑难问题
	总工办	对项目成果质量进行审定
项目组人员	项目负责人	项目负责人全面负责本项目造价咨询工作，保证造价成果质量，在工程造价成果文件上签字并加盖执业印章，对工程造价成果负责。负责本项目人员的考勤管理及日常工作跟进，按时完成委托人的工作安排，按时按质按量提交造价成果
		对项目实施进行计划、组织、协调、控制。分析项目技术上的重点难点，进行技术交底、过程检查和指导，处理疑难问题
		负责前期招标文件、合同方面的咨询，以及过程中配合审计事项
		对成果质量进行复核，所有工作成果需项目负责人签字并加盖公司公章
		保持与各参建单位之间的联系和信息交流
	专业工程师	根据咨询实施方案要求，展开本职咨询工作，选用正确的咨询数据、计算方法、计算公式、计算程序，做到内容完整、计算准确、结果真实可靠
		驻场工程师负责过控现场日常事务，如现场巡查、收方、隐蔽工程取证、材料进场检查、签证变更测算、各类台账建立、过控日志记录、填报周（月）报
		应审核委托人提供书面资料的完整性、有效性、合规性；并应对自身所收集的工程计量、计价基础资料和编制依据的全面性、真实性和适用性负责
	BIM 工程师	BIM 体系及标准的建立；模型检查、配合碰撞检查和设计优化；协调各方通过 BIM 平台录入相关管理信息，协助进度计量支付和变更管理；竣工阶段检查模型与实际项目的符合性，协助结算工程量审核
配合服务人员	售后服务人员	组织有关人员对咨询业务委托方进行回访，听取委托方对服务质量的评价意见，及时总结咨询服务的优缺点和经验教训，将存在的问题纳入质量改进计划，提出相应的改进措施
	资料管理人员	负责业务资料的收发、登记，过程文件和成果文件的完整性检查和存档，并建立台账备查
	后勤保障	负责对项目提供物资、交通等方面的保障

3　咨询服务的运作过程

3.1 咨询服务的理念及思路

本项目是一个全过程造价咨询项目，作为政府投资项目，服务内容中包含配合审计工作，同时我公司又受委托进行 BIM 技术咨询。

（1）总体原则。

我们的咨询服务是以目标为导向，目标的确立则是以委托人的需求为导向，过程中围绕咨询目标，主动作为，积极推动工作开展。

（2）工作思路。

以标准化、规范化的通用咨询方法为基础，通过分析项目特点，为特定项目实施个性化、定制化的服务。

（3）针对政府投资项目的控制重点。

我们理解政府投资项目建设单位的需求为：造价可控、程序合规、协助其全面正确履职，管理过程和结果经得起审计。因此，在咨询的全过程要有审计思维，收集能够证明各方履职的相关资料，并按审计的关注点主动去推动各方正确履职。

（4）针对 EPC 项目的控制思路。

① 参与招投标阶段策划、招标文件（特别是其中的发包人要求）及合同条款的设置，合理分配风险；

② 在设计阶段，对比设计图与发包人要求的一致性；

③ 进行测算和方案比选、设计优化；

④ 过程中的精细化管理和证据收集，为结算打下坚实基础；

⑤ 前期在没有设计图和财政评审结果的情况下，根据合同计价原则，对信息价中没有的材料要进行市场询价，以作为进度款控制的依据；

⑥ 发现问题及时向委托人汇报并提出处理建议，并通过月报定期向委托人反映全过程咨询情况及工程造价动态情况。

3.2 咨询服务的方法及手段

（1）概述。

① 工作方式：对于施工阶段全过程造价咨询，采用驻场和非驻场相结合的方式提供服务（对于时间紧、测算工作量大的事项，由公司后台人员配合驻场人员进行）。

② 工作方法：对于委托工作内容，采用全面审查的方法进行咨询。

具体审查方法包括：

· 对于招投标、合同的审查，采用查阅招投标及合同文件，以及相关的法规，将相关的信息进行列表对比的方法。

· 对于变更、签证、隐蔽的实施情况的审查，采用现场收方、取证的方法。

· 对于进度款的审核，采用全面计算复核的方法。

· 对于项目的投资控制，采用造价动态管理的方法。

（2）服务流程：基于 MECE 分解的 PDCA 循环。

作为全过程咨询项目，涉及的工作内容多，时间跨度大，需要驻场和后台团队多人参与，因此，必须在进场之初进行 WBS 工作分解，做好工作计划，将咨询事项分配到人，在时间上分解到节点，分解的原则是麦肯锡提出的 MECE（相互独立，完全穷尽）。

造价咨询单位的履职需要遵循行业规范的要求，但更重要的是履约，即履行咨询合同的约定，依据咨询合同约定的义务进行工作的分解。我们开展工作的第一件事就是对合同咨询内容、权利义务、违约责任等采用列表的方式提取出来，并将某些笼统的表述具体化，将每项工作对应为可交付的成果，列出交付的时间计划，然后将这些工作分配给团队成员。

工作计划的成果是项目实施方案，后续就进入执行、检查、处置的 PDCA 循环，并将管理的计划、组织、协调、控制职能贯穿其中。项目咨询服务工作总体流程见图 7。

（3）运用 ERP 平台实现咨询业务数字化。

① 我公司研发的 ERP 平台集管理系统、专业系统、数据系统、智能系统于一体。

· 管理系统：各级管理者通过系统对项目进行进度监控、质量三级复核、项目计划管理、绩效管理等。

· 专业系统：作业流程和表单、成果文件格式的标准化，各环节规范的操作指引。

· 数据系统：实现咨询项目的数据积累、数据挖掘、数据分析、数据应用。

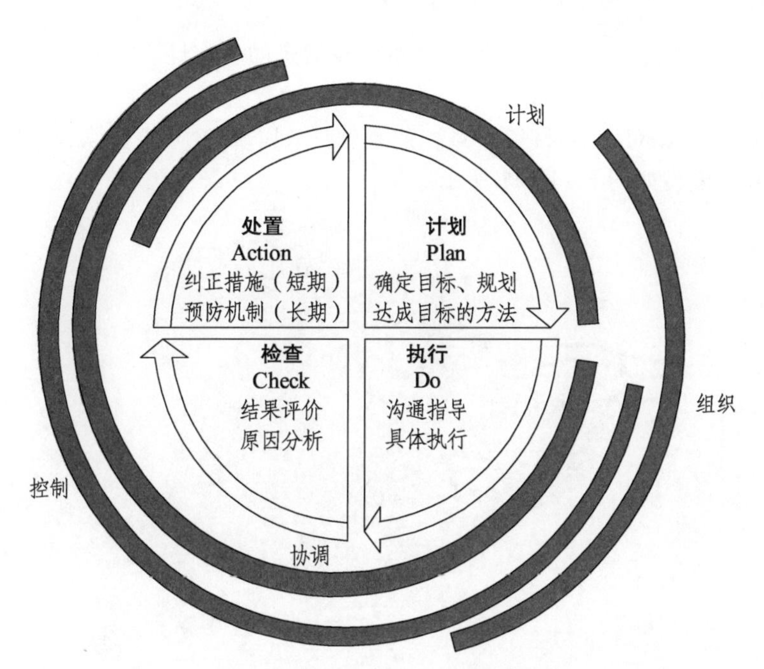

图 7 项目咨询服务工作总体流程

·智能系统：各板块、各环节信息打通，不同版本计价文件自动对比，自动生成各类成果文件、台账、报表。

② 我公司采用 ERP 平台对项目进行管理，其中政府项目过控版块的主要功能包括：基本信息、接收、过程资料、交底、施工合同、方案及三单测算、清单控制价、施工图预算、进度款、三单、收方、认质认价、结算、其他事宜、日报、周报、月报、过控会议、过控总结和计划、过控任务计划与安排考核、项目绩效考核、开票和回款情况、进度款支付统计、预结算计划、计算产值。其中最重要的几项功能包括：

·交底：分管领导和项目负责人对项目特点和咨询合同内容进行充分分析后，形成书面交底资料，向全体项目组成员进行交底，使参与人员知晓项目的工作内容、质量要求、时效要求、违约责任、专业重难点等。

·施工合同：此功能日期、联系人、合同价款（元）、建设周期/合同工期、承包范围（工作界面/内容）、承包模式、计价为项目承包合同台账及合同价款动态统计。体现承包合同基本信息（合同名称、施工单位、专业、签订原则、合同总金额、其中暂列金、其中专业暂估价、安全文明施工费、三单计价方式、计量规则）及价款变动情况（三单已转结审定金额、三单未转结测算金额）。

·方案及三单测算：对于设计方案、措施方案、图纸会审、变更、签证等在施工单位送审前，作为咨询人的事前测算，作为动态投资控制和委托人决策的依据。

·进度款/进度款支付统计：分合同进行进度款的审核，上传形象进度资料、进度计量计价文件、进度款审核报告等，执行公司复核流程后成果盖章，并自动按合同进行统计汇总，显示各合同各月累计支付情况、占合同总价金额的百分比等信息。

·日报、周报、月报：驻场人员每日记录项目情况、咨询情况、上传巡场照片，每周汇总形成周报，每月汇总形成月报。公司各级管理人员能随时掌握现场情况。

（4）运用 BIM 技术辅助管理。

本项目结构复杂、异型结构多，如果没有一个完整准确的模型来表达构件的形状、细部构造以及构件之间的相互关系，仅靠对二维图的识图、各专业的分别计算，以及现有的算量软件建模，很难实现准确计量。

建设单位根据本项目异形结构的需要，采用 BIM 技术，在 EPC 总承包合同中要求承包人在不同阶段提供相应的BIM模型和信息，同时为保证这些模型和信息的真实性、准确性，委托BIM咨询单位对承包人的模型进行审查。

本项目采用了Rhino、Revit、Tekla等一系列建模软件，以及BIM模型综合碰撞检查软件Autodesk Navisworks，相关BIM模型如图8～图11所示。

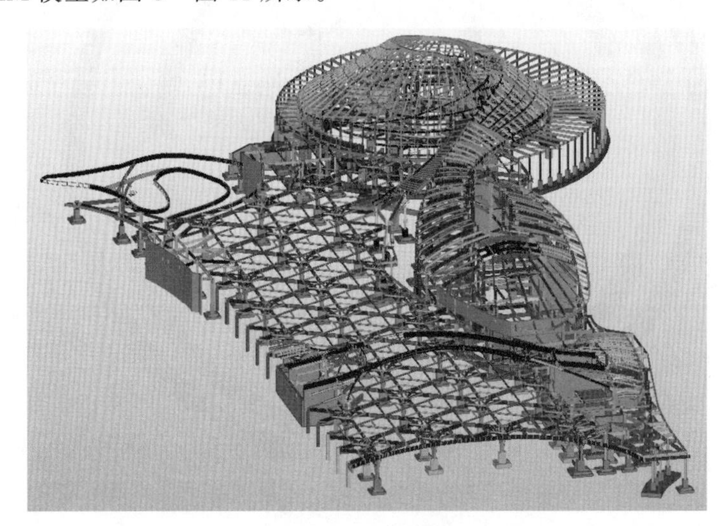

图8　结构模型

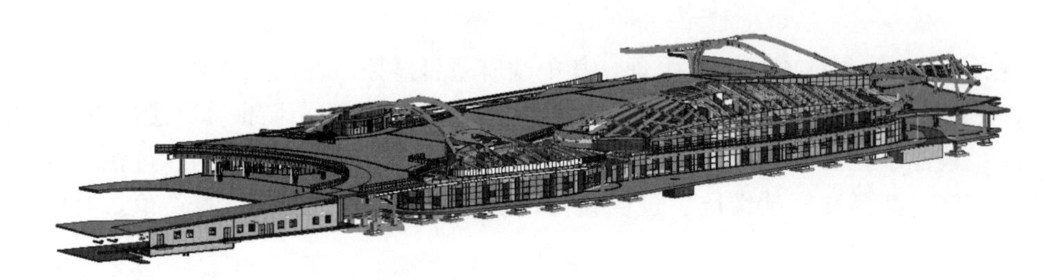

图9　建筑模型

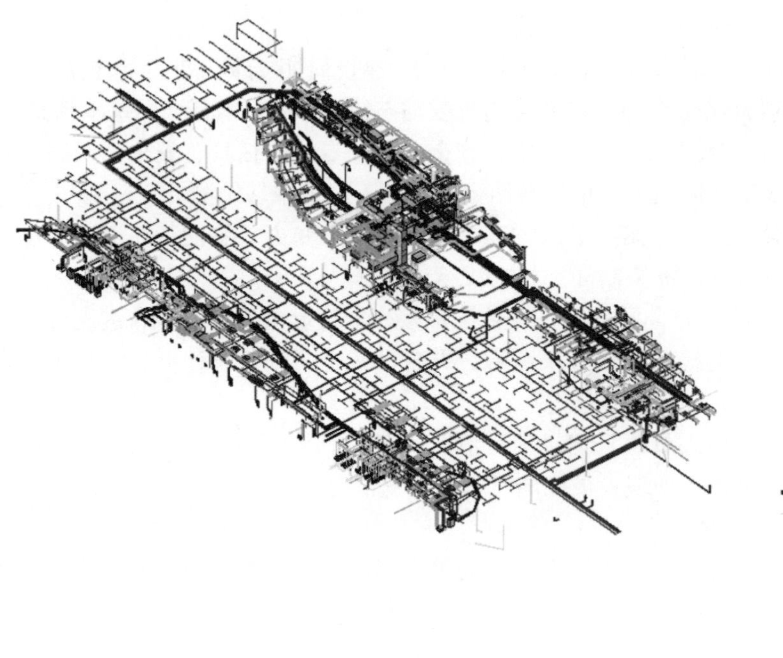
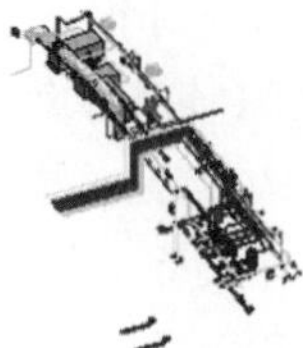

图10　机电模型

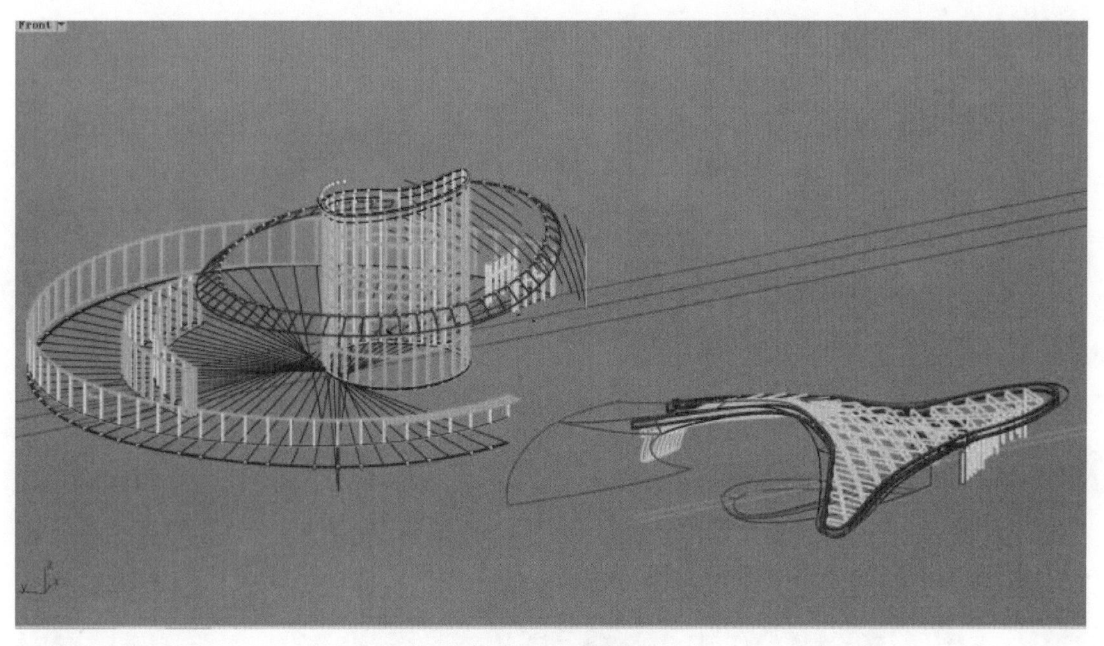

图 11　幕墙模型

（5）无人机航测，配合 BIM 平台，远程掌握现场形象进度。

通过 BIM 技术审查设计与发包人要求的一致性，通过无人机拍照对比实际施工与设计的一致性、对比进度支付申请中的形象进度与现场实际进度的一致性。实时监控项目形象进度，为进度款审核等提供佐证。

借助无人机搭载的航拍及航测设备，拓宽和延展了取证和测量的视野和范围，解决了一些项目人力抵达比较困难的问题，摆脱了无法现场取证和测量的束缚，同时也提高了咨询工作的安全性。

① 对较大范围内地面固定目标和尺寸进行测量，如大型土石方面积。

② 对土方运输、调配等动态行为及其结果进行核实。

③ 对人员难以到达区域或危险区域进行探查，如高空作业区域。

各阶段现场无人机航拍如图 12 ~ 图 14 所示。

图 12　现场无人机航拍（2019 年 9 月）

图 13　现场无人机航拍（2020 年 7 月）

图 14　现场无人机航拍（2021 年 9 月）

（6）工作汇报及信息协同机制。

① 运用 ERP 进行公司内部管理和信息传递，运用 BIM5D 平台实现建设单位、监理单位、工程总承包单位的协同。

② 通过周例会进行更有深度的线下沟通，解决问题，形成共识。

③ 以联系函、各类审核报告、咨询月报、全过程咨询总结报告等书面形式，作为正式的咨询成果

文件，用于存档及配合审计。

④ 以现场沟通、电话联系等方式进行紧急事项和日常事项的沟通。

4 经验总结

4.1 咨询服务的实践成效

（1）项目实现决策阶段既定目标。

作为景区标志性建筑及门户，该项目的全面建成投用极大恢复和提升了九寨沟景区旅游基础设施的服务水平，为九寨沟景区的保护和旅游能力的恢复提供了强有力的支撑，对实现九寨沟旅游业的可持续发展，具有显著的环境效益和社会效益。

项目获得国家三星级绿色建筑评价、国际 LEED 金奖认证，并先后获得“四川省文明工地”“四川省绿色施工示范工程”“四川省优质结构工程评价”称号。

（2）咨询服务履职概述。

我公司协助发包人做好需求管理、工程变更管理和材料询价，对建设中的重大成本控制风险进行分析并向业主预警，计量行为规范，始终做到按合同约定履行相关职责，荣获阿坝州委、州政府颁发的“阿坝州承办 2021 四川省文化和旅游发展大会筹备工作先进集体”。项目投资控制情况见表 2。

表 2 项目概（预）算执行及投资控制情况 单位：万元

<table>
<tr><th>序号</th><th>内容/费用名称</th><th>投资估算</th><th>招标控制价（最高投标限价）</th><th>签约合同价</th><th>竣工结算</th></tr>
<tr><td>1</td><td>总投资</td><td>43 800</td><td></td><td></td><td></td></tr>
<tr><td>1.1</td><td>建筑安装工程费</td><td>40 308.7</td><td>38 917.4746</td><td>38 061.2902</td><td>38 060.0356</td></tr>
<tr><td>1.1.1</td><td>不含暂列金</td><td></td><td>37 064.2616</td><td>36 248.8478</td><td></td></tr>
<tr><td>1.1.2</td><td>暂列金</td><td></td><td>1 853.213</td><td>1 812.4424</td><td></td></tr>
<tr><td>1.2</td><td>工程建设其他费</td><td></td><td></td><td></td><td></td></tr>
<tr><td>1.2.1</td><td>勘察费</td><td>194.46</td><td rowspan="2">2 136.746</td><td rowspan="2">2 089.7376</td><td>190.18</td></tr>
<tr><td>1.2.2</td><td>设计费</td><td>2 080.94</td><td>891.46</td></tr>
<tr><td>⋮</td><td>……</td><td></td><td></td><td></td><td></td></tr>
<tr><td colspan="2">勘察设计+工程费合计</td><td>42 584.1</td><td>41 054.2206</td><td>40 151.0278</td><td>39 141.6756</td></tr>
<tr><td colspan="2">相对前一阶段金额发生变化的主要原因分析</td><td></td><td>将预备费 3 244.44 万元中的 1 853.213 列为工程费暂列金</td><td></td><td>我公司咨询内容不含结算审核，勘察设计费按财评价结算，工程费由建设单位另行委托审核，最终结算控制在合同限额内</td></tr>
</table>

（3）进度款审核。

2019 年 7 月—2022 年 1 月，承包单位共报送 16 期进度产值。累计送审金额 479 573 428.00 元，审核金额 363 025 830.00 元，核减金额 116 547 598.00 元。

（4）变更、签证测算。

总计测算 167 份变更签证，共涉及金额 25 887 368.57 元（正、负变更签证金额不品迭）。用于全过程的合同动态造价管理，并区分提出单位、提出原因、属于合同内还是合同外，便于为结算审核提供支撑。

（5）动态控制月报。

2019 年 5 月—2021 年 9 月共出具 26 期施工阶段全过程控制月报。月报主要内容：项目进度情况；进度款审核及支付情况；合同价款增减情况（含当月签证价、设计变更价及政策性变化和不可抗力因素引起的增减金额）；反映工程中存在的问题情况等。

我公司在过控中，及时对影响造价的因素进行测算，做出专题报告，或在过控月报中动态反映合同造价变动情况，发现可能出现超合同金额时，及时向甲方反馈，做出风险预警提示。

（6）管理效益。

结合审计经验，帮助委托人规范管理制度、过程及存档资料。该项目为灾后重建项目，各级领导及部门非常关注，要求建设程序合规、建设单位正确履职。本项目审计关注事项包括：受灾地区相关主管部门、业主单位监管勘察、设计、监理、过控等参建单位情况；项目推进、资金筹集使用、政策落实、项目竣工投用与结（决）算办理及投资绩效等情况；未完工项目、资金管理使用、收尾阶段工作及上一年度审计发现问题整改等情况。

我们结合参与政府审计的经验，依据《中华人民共和国审计法》《中华人民共和国审计法实施条例》《中华人民共和国国家审计准则》《四川省政府投资建设项目审计条例》等法律法规，站在审计的角度规范项目的建设管理。通过全过程咨询收集现场实际情况第一手资料，对建设单位的存档资料进行全面细致的自查，使资料与项目实际相符并符合审计要求，在相关部门的检查和审计过程中协助甲方，提供相关资料和情况说明。

（7）BIM 咨询成效。

我们在 BIM 咨询方面取得的成效主要包括：

① 制订运用 BIM 技术进行项目管理的整体解决方案，包括平台的搭建及建设单位、设计、施工、监理、造价咨询等各参与方基于 BIM 的工作标准。平台方面，经与建设单位及承包单位沟通，考虑其使用习惯，选用清华斯维尔 BIM5D 平台。

② 协助各方在设计、施工、竣工等阶段发现问题及时解决问题，协助做好项目质量、进度、安全、造价管理。重点是利用 BIM 技术协助对设计变更、隐蔽验收、进度款进行审查，保障项目顺利推进，并交付与现场实际一致的竣工模型，作为项目后期智慧运营的基础。

③ 提出优化建议（有助于降低甲方投资，避免返工影响进度）。平行发包模式下，如因设计原因造成返工，施工单位会向建设单位索赔。EPC 模式下不存在这个问题，但碰撞检查避免返工对甲方推进项目有利，因为这个建筑的大部分结构是装配式，BIM 的作用是能够让整栋建筑精确地加工和装配起来，所以梁与梁之间的连接、管线的交叉就成了 BIM 的重点工作。

· 本项目集散中心层高为 6 m，从使用舒适性考虑，吊顶的高度不应低于 4.5 m，通过 BIM 技术净高分析、三维管道综合排布，减少支吊架用量，保证使用净高，有利于对项目品质、观感及舒适度的提升。

· 楼梯布置问题处理减少用钢量，水上餐厅有大钢梁处减少风机盘管，机械排风改为自然排风，保证使用功能的前提下降低造价。

④ 本项目规模大、结构复杂、设施设备多，如果没有一个完整准确的三维模型，要通过二维图及纸质资料进行运维管理非常困难。我方配合把后期维护所需的信息集成到竣工模型中，以便甲方能够通过模型查到相应构配件、设备等的供应商、参数、价格、保修期等信息，实现后期智慧化运营管理的目的。

4.2 咨询服务的经验和不足

（1）事前、事中控制。

凡事预则立，不预则废。项目的成本要从源头控制，咨询的质量也要在事前、事中进行控制。我

们的事前控制措施包括对内交底，对外培训。我们进场后组织对建设单位、EPC 承包人、监理单位进行了 EPC 相关政策和规范的培训，以及合同交底，使各方明确自身的义务及职责，促进正确履职履约。

（2）准确把握政府项目特点。

本项目为政府项目，《工程造价咨询企业服务清单》B101 可行性研究后工程总承包咨询（受建设单位委托）、B102 初步设计后工程总承包咨询（受建设单位委托）的工作内容中均有配合审计相关工作。我们针对项目特点，熟悉政府审计的关注点，在过程中协助建设单位履行项目建设管理的主体责任，主要体现在甲方对于项目的推进，对参建单位的管理，各项审批程序的合规性，审批内容的真实性、合法性、合理性。

（3）使用先进的技术手段。

使用先进技术手段的目的是提高效率，即时间更短、质量更好。在造价咨询行业，从手工算量到软件算量是一次飞跃，但很多企业在项目管理、知识管理、数据管理方面，还是处于各个项目互相孤立的点状结构阶段，项目实施成效的好坏取决于项目人员自身的水平，没有发挥出企业作为一个系统的力量。因此，我们除了在本项目采用 BIM 技术、无人机等技术手段外，还建立了企业级的 ERP 管理平台，项目为平台提供数据、经验，平台汇集所有项目的数据为项目提供支持，同时运用系统实时监控各项目的进度和成果质量，对各项目之间进行横向对比有助于发现差距和问题，提高管理水平。

①造型复杂项目采用 BIM 技术的意义。

·避免造价人员的理解偏差。传统算量模式下，设计院提供二维 CAD 图，造价人员运用专门的算量软件进行建模计算工程量。这个过程中，设计提供的 CAD 电子图，如果比较标准和规范，算量软件可以实现识别建模，如果 CAD 图不规范或有的只提供 PDF 文件，则需要造价人员在算量软件中手工输入构件和钢筋参数进行建模，速度较慢，且可能会因为对设计的理解产生偏差，或有的内容设计没有画到图上，只是在说明中描述，造价人员可能会遗漏。如果设计采用 BIM 软件进行正向设计，则设计交付给造价人员用于提量的模型，就是设计人员设计思想的完全体现，不存在理解偏差和遗漏的问题。

·避免各方的重复工作和争议。传统模式下，设计单位编制设计概算需要算量计价，招标阶段清单控制价编制单位需要自行建模算量计价，施工单位投标、预算、报送结算需要自行建模算量计价，造价过程控制单位、结算审计单位均需要重复这一工作。各方对设计的理解和建模水平的不同，造成工程量存在差异，需要花费大量时间进行核对。如果由设计提供统一的满足精度要求的模型，则各方均是从这个模型出量，就能避免上述的重复劳动和偏差争议，避免信息不对称。

·用于过程中变更的测算，通过变更测算实现造价的动态控制，因为 5D 模型是在 3D 模型构件上挂接了时间和造价两个维度，因此，可以统计任意时间段内完成的构件所对应的造价，方便进度款的审核。

② BIM 协同平台的使用价值。

·对于设计是否符合甲方需求，可以进行直观的展示。

将各单体、各专业整合到一起的三维模型能够直观展示建成效果，包括群体建筑从不同角度观察的立面效果，建筑与建筑之间的平面位置关系，结构与管线之间的空间位置关系，建筑内部空间及室内装饰效果等，能够在项目实施前发现不符合需求的情况并要求设计修改。这是传统的各专业孤立的二维图无法实现的。

·项目建设过程中，可满足建设单位管理者随时随地掌握项目情况的需要。

首先，平台可以通过 PC 电脑端、手机 App、网页进行访问，做到随时随地打开查看。其次，协同平台中可查看的内容一般包括：三维模型；进度信息，即在模型上显示不同时段完成的构件；造价信息，不同时段完成的构件所对应的造价；质量安全信息，监理在现场发现的质量安全问题，上传挂接到模型对应部位，实现问题的可追溯；变更的管理，某一项变更，在实施前，通过模型的模拟，可以对比实施前后的效果以及对造价、工期的影响等。当然，要实现上述功能必须要求设计、施工、监理、造价等各参建方及时将各类信息录入到平台中。

如果没有一个协同平台，信息的传递是点对点的、分散的，不能保证各方所接收的资料是最新的、一致的，建设单位也难以掌握项目全面的信息。

③ 可交付与现场实际相一致的竣工模型，满足后期运维的需要。

例如：在BIM模型中的机电设备模型上，集成该设备的运行参数、采购信息、厂商与供应商信息、维护保养联系信息、使用手册、维护保养手册、维护保养记录等，方便后期信息查询及运维管理。

（4）特殊工艺、材料的计价、询价。

前文提到的异形大跨度钢结构（开花柱）、异型木结构大跨度罩棚、大面积双曲面玻璃幕墙（10+2.28PVB+10+12Ar+10+2.28PVB+10 超白钢化大板玻璃）、石板瓦等特殊工艺和材料，存在定额不适用、信息价缺项的情况，根据承包合同，需要进行询价核价。例如，钢结构开花柱，施工单位送审价为 13 448 元/t，我公司要求其补充细化价格组成，包括下料排版图（计算材料损耗）、人工耗量、机械摊销、成品运输等费用，逐项调查审核，核定为 10 915 元/t 作为进度款支付价格，核减 2 533 元/t，全部钢结构每吨平均核减 2 030 元，本项目钢结构共 6 300 余吨，此项在控制进度款支付中减少 1 278.9 万元。

（5）对 EPC 模式的研究。

在现行法规、政策以及市场通行做法的限定条件下，需要研究如何从招投标、设计、实施过程的动态管理等方面，规避建设单位投资风险。

① EPC 项目发包人的需求分析。

工程咨询服务应以客户需求为导向。对于本项目建设单位而言，对项目建设管理不熟悉，对 EPC 项目更不熟悉，所以，建设单位对咨询内容的需求包括：

· EPC 相关政策、知识培训。

· 招标文件中的招标人要求编写指导。

· 合同中对于发承包双方风险合理分配的条款设置建议。

· 承包人设计图与发包人要求移交标准符合性的检查。

· 实施过程中对 EPC 合同价款的动态控制。

② 针对 EPC 项目特点，我公司的管控措施。

因各方认识不到位及相关法规不完善，很多 EPC 项目存在投资不可控，以及前期策划不充分，过程中甲方对建设内容、规模、标准的变化较多的问题。

· 本项目的全过程咨询思路：将控制关口前移，加强招投标阶段策划、招标文件及合同条款的设置，合理分配风险；实施阶段，对比设计图与发包人要求的一致性，进行测算和方案比选、设计优化；加强过程中的精细化管理和证据收集，为结算打下坚实基础；前期没有设计图和财政评审结果时，根据合同计价原则，对信息价中没有的材料进行市场询价，以作为进度款控制的依据；发现问题及时向委托人汇报并提出处理建议，并通过月报定期向委托人反映全过程咨询情况。

· 在前期协助甲方设置发包人要求和合同条款，合理规避 EPC 项目风险。前期决策阶段考虑越细，后期变动就越小，投资控制的不确定性也就越小，因此我们协助甲方将可研中的方案进行细化，提出详细的建设和移交标准。因当地的项目投资都要经财政评审，本项目是以财评价按中标下浮率下浮结算，但 EPC 项目存在财评价滞后的问题，因此在合同条款中设置了限额设计的条款，以批复的投资相应金额作为结算上限，承包人在满足发包人要求的前提下，如果设计内容超出限额，则超出部分结算不计取。

· 对设计图与发包人要求的符合性进行审查。对 EPC 承包人设计的施工图与发包人要求进行点对

点审查，发现施工图的标准低于发包人要求的，要求必须修改，施工图标准高于发包人要求的，提示设计人投资不能超合同限额，并及时对已确定的设计进行测算，与可研中的估算进行对比，判断是否超过批复的相应估算。全过程工程咨询服务的趋势下，工程咨询企业应以客户需求为导向，研究客户真正需要的是怎样的价值创造型服务，特别是在 EPC、PPP 等配套制度不完善、各方理解不到位的特殊模式项目咨询中，体现咨询机构的专业价值。

我公司总结了本 EPC 项目的管控经验，并撰写成《EPC 工程总承包项目工程造价管理现状及改善对策分析》一文，获四川省造价工程师协会 2021 年工程造价优秀论文二等奖。

5 项目主要经济技术指标

5.1 建设项目造价指标分析表

表 3 建设项目造价指标分析

项目名称：九寨沟景区沟口立体式游客服务设施建设项目勘察设计采购施工总承包（EPC）

项目类型：酒店等旅游建筑　　投资来源：政府

项目规模：31 504.12 m^2　　项目地点：四川省阿坝州九寨沟县

承发包方式：工程总承包　　造价类别：结算价

开工日期：2018 年 12 月 30 日　　竣工日期：2021 年 9 月 9 日

序号	单项工程名称	规模/m^2	单项工程特征	材料设备档次	计价期	造价/元	单位指标/（元/m^2）	指标分析和说明
1	游客服务中心	17 515.28	高度 22.05 m，跨度约 25 m	高档	2019 年 1 月—2021 年 9 月	214 055 214.48	12 221.06	不包含人防应急避难场所
2	人防应急避难场所	4 437	钢框架-钢筋剪力墙结构		2019 年 1 月—2021 年 9 月	27 397 896.25	6 174.87	Ⅲ级临时性紧急避难场所
3	国际交流中心	4 081.22	高度 13.1 m，Ⅰ段跨度约 39 m，Ⅱ段跨度约 40 m	高档	2019 年 1 月—2021 年 9 月	34 672 671.36	8 495.66	三星级标准
4	荷叶宾馆加固装修改造工程	5 014.45	高度 16.8 m，跨度约 51 m	高档	2019 年 1 月—2021 年 9 月	12 676 125.73	2 527.92	加固装修改造
5	室外工程-卫生间及旅游服务设施	456.17	高度 6.15 m，跨度约 48 m	高档	2019 年 1 月—2021 年 9 月	4 010 236.62	8 791.10	钢筋混凝土框架结构
6	桥涵及引道工程	4 249.7	总长度 1 663 m，路宽 6.5 m		2019 年 1 月—2021 年 9 月	29 042 080.62	6 833.91	道路为 4 级公路，设计速度 20 km/h，路基宽度 5 m
7	拆除工程	31 504.12	建筑物及桥梁拆除工程		2019 年 1 月—2021 年 9 月	3 212 057.99	101.96	拆除及搬迁工程
8	室外工程及导视系统	57 000	绿地面积 27 012 m^2		2019 年 1 月—2021 年 9 月	45 788 808.13	803.31	沥青道路，石材广场，透水砖停车场，人行道
9	其他	31 504.12	办公家具			9 745 264.71	309.33	办公家具，抗震支架

5.2 单项工程造价指标分析表

表 4 游客服务中心工程造价指标分析

单项工程名称：游客服务中心　　　　业态类型：游客服务中心

单项工程规模：17 515.28 m²

序号	单位工程名称	建设规模/m²	造价/元	其中/元				单位指标/（元/m²）	占比	指标分析和说明
				分部分项	措施项目	其他项目	税金			
一	游客服务中心-智慧管理中心		78 048 628.24						36.46%	
1	土建工程（含智慧管理中心及集散中心）	12 016.64	17 663 022.16	13 798 991.00	2 121 029.79		1 458 414.67	1 469.88	8.25%	钢筋混凝土工程，砌筑工程
2	钢结构制安工程	4 955.5	10 774 578.86	9 488 138.66	248 599.46		889 644.13	2 174.27	5.03%	钢管桩，H 形钢梁，金属屋面
3	精装工程	4 955.5	7 130 123.43	6 324 112.81	129 001.61		588 725.79	1 438.83	3.39%	楼地面装饰工程，墙柱面装饰
4	幕墙及外装饰工程	4 955.5	11 463 248.36	8 176 763.59	141 338.95		754 612.00	2 313.24	5.36%	8LOW-E+12Ar+8 中空普通钢化玻璃幕墙（弧形）-半隐框
5	弱电工程（游客服务中心及国际交流中心）	9 036.72	14 896 416.45	13 172 622.89	380 766.09		1 229 979.34	1 648.43	6.96%	UPS 系统，楼宇自控系统，视频监控系统
6	安装工程（含集散中心）	12 016.64	16 121 238.98	13 996 318.42	609 498.45		1 331 111.47	1 341.58	7.53%	给排水，消防，强电，暖通工程
二	游客服务中心-展示中心		81 303 495.86						37.98%	
1	土建工程	5 498.64	8 091 105.01	6 392 966.24	900 011.87		668 072.89	1 471.47	3.78%	钢筋混凝土工程，砌筑工程
2	钢结构制安工程	5 498.64	22 113 070.63	19 167 638.31	805 450.03		1 825 849.87	4 021.55	10.33%	钢管桩，钢网架，金属屋面
3	精装工程	5 498.64	7 158 489.53	6 249 197.02	241 149.18		591 067.94	1 301.87	3.34%	楼地面装饰工程，墙柱面装饰
4	展品	5 498.64	4 329 369.60	3 971 898.72			357 470.88	787.35	2.02%	沙盘制作(全费用包干价)
5	陈设工程及影院设备	5 498.64	16 829 638.02	15 378 845.87	36 327.80		1 389 603.14	3 060.69	7.86%	沉浸式影院
6	幕墙及外装饰工程	5 498.64	13 696 143.66	12 365 397.01	139 842.36		1 130 874.25	2 490.82	6.40%	10+2.28PVB+10+12Ar+10+2.28PVB+10 双夹胶中空超白钢化玻璃（弧面）单曲
7	安装工程	5 498.64	9 085 679.41	6 540 848.42	347 574.41		1 776 325.15	1 652.35	4.24%	给排水，消防，强电，暖通工程
三	游客服务中心-集散中心		43 090 038.86						20.13%	

续表

序号	单位工程名称	建设规模/m²	造价/元	其中/元				单位指标/（元/m²）	占比	指标分析和说明
				分部分项	措施项目	其他项目	税金			
1	钢结构制安工程	7 061.14	14 128 622.16	12 460 141.84	337 379.16		1 166 583.48	2 000.90	6.60%	钢管桩，H形钢梁，弧形钢梯
2	精装工程	7 061.14	2 629 149.16	2 305 773.02	69 381.88		217 085.71	372.34	1.23%	楼地面装饰工程，墙柱面装饰，天棚工程
3	集散广场精装工程	7 061.14	6 896 865.88	5 994 596.51	247 191.17		569 465.99	976.74	3.22%	红钻麻火烧面、镜面花岗岩拼花地面
4	幕墙及外装饰工程	7 061.14	256 492.67	213 590.20	19 923.09		21 178.29	36.32	0.12%	门窗工程
5	大小罩棚木结构及石板瓦屋盖	7 061.14	19 178 908.99	16 831 348.01	558 611.93		1 583 579.64	2 716.12	8.96%	胶合木梁、柱（异形）、桷子上铺小青瓦
四	游客服务中心-设备用房	2 500	6 265 365.36						2.93%	
1	土建工程	2 500	3 299 467.67	2 531 860.83	444 370.90		272 433.11	1 319.79	1.54%	钢筋混凝土工程，砌筑工程
2	安装工程	2 500	2 965 897.69	2 637 880.02	62 777.78		244 890.64	1 186.36	1.39%	给排水，消防，强电，暖通工程
五	游客服务中心-地下管廊		1 851 697.11						0.87%	
1	土建工程	414.19	1 530 743.56	1 213 702.49	160 346.87		126 391.67	3 695.75	0.72%	钢筋混凝土工程，砌筑工程
2	安装工程	414.19	320 953.55	269 757.39	18 709.42		26 500.76	774.89	0.15%	给排水，消防，强电
六	电梯工程		3 495 989.05						1.63%	乘客电梯（GeN2 Comfort 1 000 kg-1 m/s-2/2/4）4部、自动扶梯（Link 1 000 mm-0.5 m/s）2部
七	合计		214 055 214.48						100.00%	

表5　人防应急避难场所工程造价指标分析

单项工程名称：人防应急避难场所　　　　业态类型：人防应急避难场所

单项工程规模：4 437 m²

序号	单位工程名称	建设规模/m²	造价/元	其中/元				单位指标/（元/m²）	占比	指标分析和说明
				分部分项	措施项目	其他项目	税金			
1	土建工程	4 437	7 030 153.39	5 268 642.79	1 058 769.51		580 471.38	1 584.44	25.66%	钢筋混凝土工程，砌筑工程
2	钢结构工程	4 437	8 504 390.22	7 569 677.38	142 579.12		702 197.36	1 916.70	31.04%	钢管柱，钢管异型开花柱，H形钢梁
3	边坡支护工程	4 437	6 063 899.09	4 764 591.70	663 923.62		500 688.92	1 366.67	22.13%	桩基工程，钢筋混凝土工程

续表

序号	单位工程名称	建设规模/m^2	造价/元	其中/元				单位指标/（元/m^2）	占比	指标分析和说明
				分部分项	措施项目	其他项目	税金			
4	集散中心-幕墙及外装饰工程	4 437	2 637 962.69	2 344 915.48	51 691.64		217 813.43	594.54	9.63%	3 mm 氟碳喷涂铝单板幕墙，8LOW-E+12Ar+8 中空钢化防火玻璃幕墙
5	弱电工程	4 437	417 656.62	377 814.68	3 180.16		34 485.41	94.13	1.52%	人防办户外多媒体防空防灾警报
6	通风采暖工程	4 437	538 969.39	461 921.46	25 790.17		44 502.06	121.47	1.97%	通风空调工程
7	电气照明工程	4 437	2 204 864.85	1 962 941.32	44 848.63		182 053.06	496.93	8.05%	控制设备及低压电器安装
8	人防应急避难场所转换									
9	合计		27 397 896.25						100.00%	

表 6　国际交流中心工程造价指标分析

单项工程名称：国际交流中心　　　　业态类型：酒店住宿楼

单项工程规模：4 081.22 m^2

序号	单位工程名称	建设规模/m^2	造价/元	其中/元				单位指标/（元/m^2）	占比	指标分析和说明
				分部分项	措施项目	其他项目	税金			
1	Ⅰ段土建工程	2 909.1	5 715 021.87	4 104 460.92	1 039 683.22		471 882.54	1 964.53	16.48%	钢筋混凝土工程，砌筑工程
2	Ⅰ段精装工程	2 909.1	5 761 902.64	5 127 597.66	94 131.75		475 753.43	1 980.65	16.62%	楼地面装饰工程，墙柱面装饰，天棚工程
3	Ⅰ段幕墙及外装饰工程	2 909.1	1 662 526.33	1 462 482.11	43 657.03		137 272.82	571.49	4.79%	墙、柱面装饰与隔断、幕墙工程
4	Ⅰ段屋面工程	2 909.1	797 919.11	530 091.77	193 026.43		65 883.23	274.28	2.30%	深灰色石板瓦屋面
5	Ⅱ段土建工程	1 172.12	807 643.88	697 594.74	28 481.15		66 686.19	689.05	2.33%	钢筋混凝土工程，砌筑工程
6	Ⅱ段钢结构制安工程	1 172.12	4 317 837.39	3 800 634.35	98 532.08		356 518.68	3 683.78	12.45%	H 形钢梁，箱形钢柱
7	Ⅱ段精装工程	1 172.12	2 025 583.78	1 796 840.48	36 508.44		167 250.04	1 728.14	5.84%	楼地面装饰工程，墙柱面装饰，天棚工程
8	Ⅱ段幕墙及外装饰工程	1 172.12	829 173.74	729 379.65	22 890.79		68 463.89	707.41	2.39%	墙、柱面装饰与隔断、幕墙工程
9	Ⅱ段木结构及石板瓦屋面	1 172.12	3 154 032.45	2 739 491.81	102 298.78		260 424.70	2 690.88	9.10%	深灰色石板瓦屋面
10	安装工程	4 081.22	9 601 030.17	8 435 876.94	289 080.77		792 745.61	2 352.49	27.69%	给排水，消防，强电，暖通工程
11	合计		34 672 671.36						100.00%	

表 7 荷叶宾馆加固装修改造工程造价指标分析

单项工程名称：荷叶宾馆加固装修改造工程　　业态类型：酒店住宿楼

单项工程规模：5 014.45 m²

序号	单位工程名称	建设规模/m²	造价/元	其中/元				单位指标/（元/m²）	占比	指标分析和说明
				分部分项	措施项目	其他项目	税金			
1	拆除工程	5 014.45	31 526.80	24 547.40	2 598.18		2 603.13	6.29	0.25%	砖砌体拆除，金属门窗拆除
2	加固工程	5 014.45	2 642 993.39	2 022 537.73	308 448.42		218 228.81	527.08	20.85%	混凝土及钢筋混凝土加固工程，砌筑加固工程
3	装饰工程	5 014.45	5 177 904.76	4 464 363.88	198 206.61		427 533.42	1 032.60	40.85%	楼地面装饰工程，墙柱面装饰，天棚工程
4	安装工程	5 014.45	3 954 341.17	3 375 022.42	191 223.56		326 505.23	788.59	31.20%	给排水，消防，强电，暖通工程
5	弱电工程	5 014.45	869 359.61	725 252.88	56 544.25		71 781.99	173.37	6.86%	UPS系统，楼宇自控系统，视频监控系统
6	电梯工程	5 014.45								
7	合计		12 676 125.73						100.00%	

表 8 室外工程-卫生间及旅游服务设施工程造价指标分析

单项工程名称：室外工程-卫生间及旅游服务设施　　业态类型：附属用房

单项工程规模：456.17 m²

序号	单位工程名称	建设规模/m²	造价/元	其中/元				单位指标/（元/m²）	占比	指标分析和说明
				分部分项	措施项目	其他项目	税金			
1	1#附属用房土建工程	195.4	687 976.06	510 239.10	108 123.98		56 805.36	3 520.86	17.16%	钢筋混凝土工程，砌筑工程
5	2#附属用房土建工程	260.77	966 109.54	555 707.06	17 997.81		52 133.56	3 704.83	24.09%	钢筋混凝土工程，砌筑工程
2	1#、2#附属用房精装工程	456.17	849 012.49	746 725.38	20 258.83		70 101.95	1 861.18	21.17%	楼地面装饰工程，墙柱面装饰，天棚工程
3	1#、2#附属用房幕墙及外装饰工程	456.17	875 743.29	781 954.93	15 222.12		72 309.08	1 919.77	21.84%	半隐框幕墙-8LOW-E+12Ar+8双钢化中空玻璃
4	1#、2#附属用房安装工程	456.17	631 395.24	555 707.06	17 997.81		52 133.56	1 384.12	15.74%	给排水，消防，强电，暖通工程
5	合计		4 010 236.62						100.00%	

表 9 桥涵及引道工程造价指标分析

单项工程名称：桥涵及引道工程　　业态类型：桥涵及引道工程

总长度：1 663 m　　道路面积：1 925.7 m²

宽度：6.5 m　　车道数：双车道

序号	单位工程名称	建设规模/m^2	造价/元	其中/元				单位指标/（元/m^2）	占比	指标分析和说明
				分部分项	措施项目	其他项目	税金			
一	白水河高架桥	760	6 384 000.00	5 856 880.73			527 119.27	8 400.00	21.98%	直线桥宽 8 m，全加宽段桥宽 9.5 m，全长 162.5 m，钢筋混凝土结构，超出限额按限额结算
二	白水河1#桥（人行）	260	1 642 119.35	1 444 253.30	43 312.61		135 587.84	6 315.84	5.65%	泥浆护壁成孔灌注桩，现浇 C30 混凝土台帽，钢梁制作、安装（Q355D），樟子松防腐木栈道板（厚 5 cm），金属景观栏杆
三	白水河2#桥（人行）	920	2 890 013.43	2 489 288.36	124 705.99		238 624.96	3 141.32	9.95%	泥浆护壁成孔灌注桩，现浇 C30 混凝土台帽，钢梁制作、安装（Q355D），樟子松防腐木栈道板（厚 5 cm），玻璃栈道，金属景观栏杆
四	翡翠河1#桥	60	1 466 118.81	1 301 093.64	27 793.40		121 055.68	24 435.31	5.05%	现浇 C30 混凝土基础，钢墩制安，钢箱梁制安，钢板桥面铺装，强固透水 C40 混凝土面层
五	引道工程	1 925.7	16 659 829.03	13 575 326.69	1 491 397.88		1 375 582.21	8 651.31	57.36%	
1	土石方及路基工程	1 925.7	3 715 871.12	2 420 920.84	923 686.83		306 815.05	1 929.62		挖一般土方，余方弃置
2	市政土建工程	1 925.7	12 079 028.57	10 588 303.58	360 610.16		997 350.97	6 272.54		道路工程[15 cm 砂砾石垫层，20 cm 5% 水泥稳定碎石基层，12 cm 密级配沥青碎石基层（ATB-25），6 cm 厚中粒式密级配沥青混凝土(AC-20C)，4 cm 厚细粒式 SBS 改性沥青混凝土（AC-13C）]，泥浆护壁成孔灌注桩混凝土挡墙
3	市政给排水工程									
4	交安工程	1 663	363 579.88	241 811.14	86 466.22		30 020.36	218.63		热熔标线，波形护栏
5	路灯工程									
6	绿化工程	2 789	501 349.46	324 291.13	120 634.67		41 395.83	179.76		钢筋锚杆，挂网，有机基材喷播植草
六	合计		29 042 080.62						100.00%	

表 10　室外工程及导视系统工程造价指标分析

单项工程名称：室外工程及导视系统　　　　　业态类型：室外工程及导视系统

单项工程规模：57 000 m^2

序号	单位工程名称	建设规模/m^2	造价/元	其中/元				单位指标/（元/m^2）	占比	指标分析和说明
				分部分项	措施项目	其他项目	税金			
1	景观工程	57 000	18 520 826.37	16 160 894.08	509 772.76		1 529 242.54	324.93	40.45%	星空铺装，石景墙，石景路
2	场平工程	57 000	2 395 417.75	2 048 717.70	88 409.53		197 786.79	42.02	5.23%	挖一般土方，余方弃置
3	绿化工程	57 000	12 533 387.58	11 084 582.65	271 743.03		1 034 866.86	219.88	27.37%	乔木，灌木，灌木及地被
4	总平安装工程	57 000	8 051 788.20	6 802 890.33	461 250.98		664 826.54	141.26	17.58%	给排水，消防，强电，暖通工程
5	绿化工程安装工程	57 000	1 343 293.67	1 075 902.02	128 735.07		110 914.16	23.57	2.93%	给排水，强电工程
6	泛光照明和夜景照明	57 000							—	
7	导视系统	57 000	2 944 094.56					51.65	6.43%	室外标识系统，室内标识系统城市广告，智能化导览系统
8	合计		45 788 808.13						100.00%	

5.3　单项工程主要工程量指标分析表

表 11　游客服务中心工程主要工程量指标分析

单项工程名称：游客服务中心　　　　　业态类型：游客服务中心

单项工程规模：17 515.28 m^2

序号	工程量名称	单项工程规模		工程量	单位	指标	指标分析和说明
		数量	计量单位				
1	土石方开挖量	17 515.28	m^2	37 010.57	m^3	2.11	排地表水、土方开挖、围护（挡土板）、拆除、基底钎探、运输
2	桩（含桩基和护壁桩）				m^3		
3	护坡				m^2		
4	砌体	17 515.28	m^2	1 022.08	m^3	0.06	砂浆制作、运输、砌砖、砌块、勾缝、材料运输
5	混凝土	17 515.28	m^2	7 690.34	m^3	0.44	混凝土制作、运输、浇筑、振捣、养护
5.1	装配式构件混凝土				m^3		
6	钢筋	17 515.28	m^2	924 649	kg	52.79	钢筋制作、运输、钢筋安装、焊接（绑扎）
6.1	装配式构件钢筋				kg		
7	型钢				kg		
8	模板	17 515.28	m^2	29 647.48	m^2	1.69	模板制作、模板安装、拆除、整理堆放及场内外运输、清理模板黏结物及模内杂物、刷隔离剂等
9	外门窗及幕墙	17 515.28	m^2	4 797.83	m^2	0.27	骨架制作、运输、安装、面层安装、隔离带、框边封闭、嵌缝、塞口、清洗

续表

序号	工程量名称	单项工程规模		工程量	单位	指标	指标分析和说明
		数量	计量单位				
10	保温				m²		
11	楼地面装饰	17 515.28	m²	18 267.90	m²	1.04	基层清理、抹找平层、材料运输
12	内墙装饰	17 515.28	m²	9 563.44	m²	0.55	基层清理、砂浆制作、运输、黏结层铺贴、面层安装、嵌缝、刷防护材料、磨光、酸洗、打蜡
13	天棚工程	17 515.28	m²	10 743.88	m²	0.61	基层清理、吊杆安装、龙骨安装、基层板铺贴、面层铺贴、嵌缝、刷防护材料
14	外墙装饰	17 515.28	m²	422.14	m²	0.02	基层清理、砂浆制作、运输、黏结层铺贴、面层安装、嵌缝、刷防护材料、磨光、酸洗、打蜡
15	钢结构制安工程	17 515.28	m²	3 055 866	kg	174.47	拼装、安装、探伤、补刷油漆

表 12 人防应急避难场所工程主要工程量指标分析

单项工程名称：人防应急避难场所　　　　业态类型：人防应急避难场所

单项工程规模：4 437 m²

序号	工程量名称	单项工程规模		工程量	单位	指标	指标分析和说明
		数量	计量单位				
1	土石方开挖量	4 437	m²	6 733.92	m³	1.52	排地表水、土方开挖、围护（挡土板）及拆除、基底钎探、运输
2	桩（含桩基和护壁桩）	4 437	m²	720	m	0.16	护筒埋设、成孔、固壁、混凝土制作、运输、灌注、养护、土方及废泥浆外运、打桩场地硬化及泥浆池、泥浆沟
3	护坡				m²		
4	砌体	4 437	m²	405.73	m³	0.09	砂浆制作、运输、砌砖、砌块、勾缝、材料运输
5	混凝土	4 437	m²	2 403.35	m³	0.54	混凝土制作、运输、浇筑、振捣、养护
5.1	装配式构件混凝土				m³		
6	钢筋	4 437	m²	291 199	kg	65.63	钢筋制作、运输、钢筋安装、焊接（绑扎）
6.1	装配式构件钢筋				kg		
7	型钢				kg		
8	模板	4 437	m²	8 922.85	m²	2.01	模板制作、模板安装、拆除、整理堆放及场内外运输、清理模板黏结物及模内杂物、刷隔离剂等
9	外门窗及幕墙	4 437	m²	1 447.25	m²	0.33	骨架制作、运输、安装、面层安装、隔离带、框边封闭、嵌缝、塞口、清洗
10	保温	4 437	m²	678.47	m²	0.15	基层清理、刷界面剂、安装龙骨、填贴保温材料、保温板安装、粘贴面层、铺设增强格网、抹抗裂、防水砂浆面层、嵌缝
11	楼地面装饰	4 437	m²	3 972.8	m²	0.90	基层清理、抹找平层、材料运输
12	内墙装饰	4 437	m²	2 361.75	m²	0.53	基层清理、砂浆制作、运输、黏结层铺贴、面层安装、嵌缝、刷防护材料、磨光、酸洗、打蜡
13	天棚工程				m²		
14	外墙装饰	4 437	m²	1 589.78	m²	0.36	基层清理、砂浆制作、运输、黏结层铺贴、面层安装、嵌缝、刷防护材料、磨光、酸洗、打蜡
15	钢结构工程	4 437	m²	674 797	kg	152.08	拼装、安装、探伤、补刷油漆

表 13　国际交流中心工程主要工程量指标分析

单项工程名称：国际交流中心　　　　　　　　　业态类型：酒店住宿楼

单项工程规模：4 081.22 m^2

序号	工程量名称	单项工程规模		工程量	单位	指标	指标分析和说明
		数量	计量单位				
1	土石方开挖量	4 081.22	m^2	4 422.61	m^3	1.08	排地表水、土方开挖、围护（挡土板）及拆除、基底钎探、运输
2	桩（含桩基和护壁桩）	4 081.22	m^2	155.3	m	0.04	护筒埋设、成孔、固壁、混凝土制作、运输、灌注、养护、土方及废泥浆外运、打桩场地硬化及泥浆池、泥浆沟
3	护坡				m^2		
4	砌体	4 081.22	m^2	647.45	m^3	0.16	砂浆制作、运输、砌砖、砌块、勾缝、材料运输
5	混凝土	4 081.22	m^2	1 696.34	m^3	0.42	混凝土制作、运输、浇筑、振捣、养护
5.1	装配式构件混凝土				m^3		
6	钢筋	4 081.22	m^2	273 897	kg	67.11	钢筋制作、运输、钢筋安装、焊接（绑扎）
6.1	装配式构件钢筋				kg		
7	型钢				kg		
8	模板	4 081.22	m^2	9 006.54	m^2	2.21	模板制作、模板安装、拆除、整理堆放及场内外运输、清理模板黏结物及模内杂物、刷隔离剂等
9	外门窗及幕墙	4 081.22	m^2	1 008.71	m^2	0.25	骨架制作、运输、安装、面层安装、隔离带、框边封闭、嵌缝、塞口、清洗
10	保温				m^2		
11	楼地面装饰	4 081.22	m^2	2 428.97	m^2	0.60	基层清理、抹找平层、材料运输
12	内墙装饰	4 081.22	m^2	5 190.502	m^2	1.27	基层清理、砂浆制作、运输、黏结层铺贴、面层安装、嵌缝、刷防护材料、磨光、酸洗、打蜡
13	天棚工程	4 081.22	m^2	2 265.84	m^2	0.56	基层清理、吊杆安装、龙骨安装、基层板铺贴、面层铺贴、嵌缝、刷防护材料
14	外墙装饰	4 081.22	m^2	1 260.01	m^2	0.31	基层清理、砂浆制作、运输、黏结层铺贴、面层安装、嵌缝、刷防护材料、磨光、酸洗、打蜡
15	钢结构制安工程	4 081.22	m^2	312 535	kg	76.58	拼装、安装、探伤、补刷油漆

表 14　荷叶宾馆加固装修改造工程主要工程量指标分析

单项工程名称：荷叶宾馆加固装修改造工程　　　　　　业态类型：酒店住宿楼

单项工程规模：5 014.45 m^2

序号	工程量名称	单项工程规模		工程量	单位	指标	指标分析和说明
		数量	计量单位				
1	土石方开挖量				m^3		
2	桩（含桩基和护壁桩）				m^3		
3	护坡				m^2		
4	砌体	5 014.45	m^2	152.65	m^3	0.03	砂浆制作、运输、砌砖、砌块、勾缝、材料运输
5	混凝土	5 014.45	m^2	255.01	m^3	0.05	混凝土制作、运输、浇筑、振捣、养护
5.1	装配式构件混凝土				m^3		
6	钢筋	5 014.45	m^2	42 953	kg	8.57	钢筋制作、运输、钢筋安装、焊接（绑扎）

续表

序号	工程量名称	单项工程规模		工程量	单位	指标	指标分析和说明
		数量	计量单位				
6.1	装配式构件钢筋				kg		
7	型钢				kg		
8	模板	5 014.45	m^2	2 092.49	m^2	0.42	模板制作、模板安装、拆除、整理堆放及场内外运输、清理模板黏结物及模内杂物、刷隔离剂等
9	外门窗及幕墙	5 014.45	m^2	317.58	m^2	0.06	门安装、玻璃安装、五金安装
10	保温				m^2		
11	楼地面装饰	5 014.45	m^2	3 192.65	m^2	0.64	基层清理、抹找平层、材料运输
12	内墙装饰	5 014.45	m^2	8 457.78	m^2	1.69	基层清理、砂浆制作、运输、黏结层铺贴、面层安装、嵌缝、刷防护材料、磨光、酸洗、打蜡
13	天棚工程	5 014.45	m^2	5 836.47	m^2	1.16	基层清理、吊杆安装、龙骨安装、基层板铺贴、面层铺贴、嵌缝、刷防护材料
14	外墙装饰				m^2		

表 15 室外工程-卫生间及旅游服务设施工程主要工程量指标分析

单项工程名称：室外工程-卫生间及旅游服务设施　　业态类型：附属用房

单项工程规模：456.17 m^2

序号	工程量名称	单项工程规模		工程量	单位	指标	指标分析和说明
		数量	计量单位				
1	土石方开挖量	456.17	m^3	1 570.97	m^3	3.44	排地表水、土方开挖、围护（挡土板）及拆除、基底钎探、运输
2	桩（含桩基和护壁桩）				m^3		
3	护坡				m^2		
4	砌体	456.17	m^3	120.51	m^3	0.26	砂浆制作、运输、砌砖、砌块、勾缝、材料运输
5	混凝土	456.17	m^3	434.24	m^3	0.95	混凝土制作、运输、浇筑、振捣、养护
5.1	装配式构件混凝土				m^3		
6	钢筋	456.17	m^3	60 888	kg	133.48	钢筋制作、运输、钢筋安装、焊接（绑扎）
6.1	装配式构件钢筋				kg		
7	型钢				kg		
8	模板	456.17	m^3	2 328.84	m^2	5.11	模板制作、模板安装、拆除、整理堆放及场内外运输、清理模板黏结物及模内杂物、刷隔离剂等
9	外门窗及幕墙	456.17	m^3	565.04	m^2	1.24	骨架制作、运输、安装、面层安装、隔离带、框边封闭、嵌缝、塞口、清洗
10	保温	456.17	m^3	1 277.5	m^2	2.80	基层清理、刷界面剂、安装龙骨、填贴保温材料、保温板安装、粘贴面层、铺设增强格网、抹抗裂防水砂浆面层、嵌缝
11	楼地面装饰	456.17	m^3	974.84	m^2	2.14	基层清理、抹找平层、材料运输
12	内墙装饰	456.17	m^3	1 657.89	m^2	3.63	基层清理、砂浆制作、运输、黏结层铺贴、面层安装、嵌缝、刷防护材料、磨光、酸洗、打蜡

续表

序号	工程量名称	单项工程规模		工程量	单位	指标	指标分析和说明
		数量	计量单位				
13	天棚工程	456.17	m^3	1 418.87	m^2	3.11	基层清理、吊杆安装、龙骨安装、基层板铺贴、面层铺贴、嵌缝、刷防护材料
14	外墙装饰	456.17	m^3	221.66	m^2	0.49	基层清理、砂浆制作、运输、黏结层铺贴、面层安装、嵌缝、刷防护材料、磨光、酸洗、打蜡

表 16　桥涵及引道工程主要工程量指标分析

单项工程名称：桥涵及引道工程　　业态类型：桥涵及引道工程

总长度：1 663 m　　道路面积：1 925.7 m^2

宽度：6.5 m　　车道数：双车道

序号	工程量名称	单项工程规模		工程量	单位	指标	指标分析和说明
		数量	计量单位				
1	道路工程	1 925.7	m^2				
1.1	开挖土石方			22 932.21	m^3	11.91	排地表水、石方开凿、围护及拆除、修整底和边、场内运输
1.2	回填土石方			11 299.6	m^3	5.87	运输、回填、压实
1.3	换填				m^3		
1.4	桩				m^3		
1.5	车行道路面积				m^2		
1.6	人行道面积				m^2		
2	桥梁工程	2 324	m^2				
2.1	桥梁下部结构			763.17	m^3	0.33	工作平台搭拆、桩机移位、护筒埋设、成孔、固壁、混凝土制作、运输、灌注、养护、土方、废浆外运、打桩场地硬化及泥浆池、泥浆沟
2.2	桥梁上部结构（钢结构）			178 255	kg	76.70	拼装、安装、探伤、涂刷防火涂料、补刷油漆
2.3	桥梁上部结构（混凝土）				m^3		
2.4	钢筋			283 428	kg	121.96	制作、运输、安装
3	隧道工程						
3.1	隧道开挖土石方				m^3		
3.2	隧道衬砌				m^3		
3.3	隧道混凝土结构				m^3		
3.4	钢筋工程				kg		

嘉来·南河广场项目

——开元数智工程咨询集团有限公司

◎ 钟亚平

1 项目概况

1.1 项目基本信息

嘉来·南河广场项目位于绵阳市涪城区红星街 115 号，地处中心城区，处于绵阳市城市交通重要节点上，紧邻南河体育馆和南山大桥，将涪城区和经开区连接在一起。项目用地北邻南河路，南靠体运村路，西接红星街，东面为居住小区，地理位置十分优越，交通便利，周围基础配套设施完善，项目规划总用地面积为 21 997.5 m^2。项目南北长约 218 m，东西长约 96 m；沿红星街布置大型商业，以流畅的折线，由南向北展开；商业上部设置三栋塔楼，两栋住宅楼和一栋酒店、写字楼。

1.2 项目特点

嘉来·南河广场项目具有以下特点：

（1）合同类型为勘察设计采购施工总承包合同，造价咨询范围涵盖了本项目勘察、设计、施工、材料设备采购及安装、竣工验收、结算报送，以及后评估所有阶段的成本管理、造价咨询服务等内容。

（2）本项目为 EPC（勘察、设计、采购、施工）总承包工程，在过程中涉及勘察、设计、采购、施工等多个环节。这些因素决定了咨询单位的组织机构必须配置相应专业的现场人员和后台支撑人员，能够有效地协调多方关系，解决多专业的技术造价及管理难题。

2 咨询服务范围及组织模式

2.1 咨询服务的组织模式

嘉来·南河广场项目的全过程咨询服务的内部组织模式如图 1 所示。

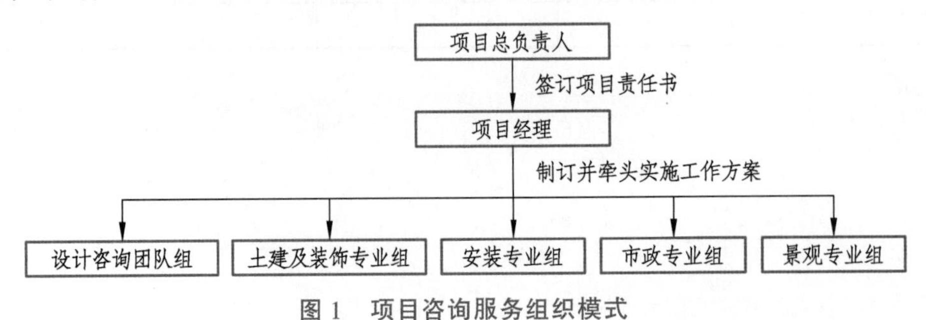

图 1　项目咨询服务组织模式

2.2 咨询服务工作职责

本项目设立造价咨询项目部，项目总负责人为沈杨，项目经理为钟亚平，项目部由李冬云、李全山、沈杨牵头，经办工程师配置为土建、安装、景观、市政，勘察设计由各专业资深顾问组成勘察设计咨询小组。项目设置“一进一出”的管理机制，其宗旨是业主只需安排我咨询公司项目经理一人工作，工作具体开展由咨询团队统一管理和安排。对于业主安排的工作需要出具电子文档、纸质文档、过程成果时，也由项目经理统一收发。

3 咨询服务的运作过程

3.1 总承包合同签订主要工作内容

（1）合同梳理工作。

依据招投标文件，对合同文件初稿进行全面的检查。纠正其中的矛盾、错误，并就其中的不合理、模棱两可、模糊不清之处提出修改建议，在不改变合同实质性条款前提下力求完善合同文件，使其更具备实操性。具体工作如下：

① 结合发出的招标文件及初步施工合同文本，对初步合同中存在的疑问、风险、完整性、可实施操作性进行全面的梳理；

② 结合前期的设计任务书对合同承包范围进行对照，对有遗漏或描述重复之处进行建议性修改；

③ 对工期进行更详细的节点划分；

④ 对照合同中的通用条款及专用条款进行对比，检查是否存在前后矛盾或描述不一致的情况，并进行建议性修改；

⑤ 对合同中描述的规范、标准文件进行对照，检查是否存在有描述不当的情况；

⑥ 对合同附件不完备之处提供建议和参考文本；

⑦ 对总承包单位提出的合同修改意见进行审核，及时反馈，提出建设性意见。

在进行全面的梳理后，形成正式的修改文本与业主进行商洽讨论，商洽讨论后进一步形成合同文件的谈判文本，为进一步与承包人进行磋商做好准备。

（2）合同谈判阶段。

① 结合合同谈判过程中承包单位提出的问题，进行合理的分析并提出参考性建议；

② 针对合同谈判过程讨论的问题形成会议纪要，将各方意见整理成书面资料，达成一致意见的内容装订至合同附件中或直接修改合同文件；

③ 针对合同双方谈判过程中的问题做好存档记录，便于在后评估阶段形成总结性文献，指导后续发包项目的合同起草及签订。

（3）合同签订阶段。

对合同的规范性、完整性进行检查。

（4）合同履行阶段。

对合同经济条款内容（包括合同工期、造价、变更、签证、索赔、分包、支付、结算、资料管理等）进行有效管控，及时排除合同纠纷，保障项目顺利进行。

3.2 勘察设计阶段主要工作内容

（1）地质勘察阶段主要工作内容。

① 对总承包单位提供的地质勘察初（详）勘方案进行规范和标准的对照，检查其是否满足国家及行业规定；

② 对总承包单位提供的初（详）勘方案存在不合理或提供资料不完备的情况，以书面形式向总承包单位提出；

③ 在地质勘察实施阶段，驻场工程师做好地质勘察的跟踪测量工作，留存并整理好现场影像资料，对实施的孔号做好桩孔深度、穿越土层的记录；

④ 针对总承包单位出具的初（详）勘资料，结合招标文件及设计任务书的要求进行对照，判断是否满足该两文件的要求；

⑤ 针对总承包单位出具的初（详）勘资料，审核总承包单位的地基处理、基础形式及相关造价，并向业主提出建议性意见。

（2）设计阶段主要工作内容。

① 初步设计及施工图设计阶段做好对承包人提出设计问题的回复工作。

② 设计前，整理设计方案所涉及材料设备，询价并建立材料设备价格库。

③ 分专业（建筑、结构、安装、总平景观工程）核查设计是否符合招标文件、方案设计及设计任务书的要求，核查设计是否达到业主的规模、功能、品质等要求，主要工作如下：

· 总平中的建筑轮廓与设计方案图是否一致；与邻近的建筑物的关系是否与方案设计图一致；修建范围与红线图相比有无变大或缩小；建筑面积有无增减；其余规划指标有无发生变化。

· 技术标准、主要技术条件、设计原则等是否符合招标文件、方案设计及设计任务书的要求。

· 各业态功能设计、平面布置、户型、几何尺寸、建筑总高、层高、层数等是否符合招标文件、方案设计及设计任务书的要求。

· 建筑技术措施表是否符合招标文件、方案设计及设计任务书的要求。

· 结构荷载是否按现有规范、设计任务书的要求进行取值。

· 基础形式与勘察文件是否相符；结构形式是否符合设计任务书要求；配筋、混凝土强度等级是否合理。

· 设备图纸有无漏项：如电专业是否含有变配电、应急电源、照明、防雷、弱电智能化、综合布线、通信网络、电视、安防、监控、无线通信、消防、火灾自动报警、信息发布等系统。

· 设备选型、配管配线是否符合规范、设计任务书的要求。

· 核查深化设计内容是否齐全，是否包含设计任务书所要求的各项内容（例如：人防、幕墙、景观、标识等）。

· 核查对方案的深化、修改是否按设计任务书的要求进行。例如：幕墙深化方案的选材是否符合设计任务书的要求，对造价有无影响；景观深化方案有无大的改变，选材是否符合设计任务书的要求。

· 核查材料设备选型是否符合设计方案及设计任务书的档次要求。

④ 当扩初图纸出具后，对本项目标准楼层或地下室区域进行实际测算，测算其钢筋、混凝土、模板等主要经济指标，并与同业态项目进行对比，为业主提供参考性合理化建议。

⑤ 当正式图纸出具后，对设计的图纸进行全面的熟悉和阅读，并对图纸中存在的疑问和错误进行整理汇总并提出建设性意见，对设计图纸是否满足方案设计、设计任务书要求再一次地确认，同时也为图纸会审做好准备工作；若发现可优化部分或范围，应以书面形式告知业主单位，不可一同随图纸会审疑问发出。

⑥ 参与各个专业的图纸会审，力保设计内容、标准、规模、档次与设计任务书和业主要求一致。（在认真阅读各专业施工图纸后，对图纸存在的问题进行书面记录、汇总、整理，上报给业主成本部，并与业主成本、设计、工程等部门共同讨论、交流，确定上会的图纸问题。在图纸会审时，建议分专业组展开图纸疑问的解答，在解答的过程中做好笔录，最后督促和审核承包单位图纸会审纪要，完成正式资料文件。）

（3）概、预算阶段主要工作内容。

总承包单位各阶段出具设计图纸及概预算资料后，对清单预算进行编制、调整、审核及造价指标分析，力求用准确的造价指导设计、设计优化以及进度产值等工作。预算编审过程中需重点注意的事项如下：

① 注意分部分项的划分，从业态、楼栋、专业等多角度编制划分清单预算和指标分析，为业主优化设计、进度款产值审核等快速提取数据提供方便。

② 确保项目的完整性，做到清单预算不漏项不缺项，编制的工程量清单应严格按照合同约定的规范及定额执行，做好按规范设置项目，特别是做好项目特征的描述。

③ 确保工程量计算的准确性，并对图算量形成的结果进行分类汇总统计（例如：钢筋分部位、分构件、分楼层统计工程量，混凝土按强度等级分部位、分构件、分楼层统计工程量，装饰抹灰分部位、分楼层按做法统计工程量），为施工过程中进度款审核提取工程量提供依据。

④ 控制单价和总价的合理误差，力求报价的准确性，措施项目的合理性，各种取费标准符合清单计价规范和国家相关政策要求，杜绝清单预算编制过程中的不均衡报价。

⑤ 特别注意做好地基处理、基坑降水、基础工程工程量清单及控价的编制工作；提前做好勘察数据的收集和分析，土方开挖前做好方格网测量数据收集工作，全程参与高程的数据测绘工作，并对承包单位绘制的土方方格网图进行审核；基坑护壁工程做好图纸的优化建议及图算量计算工作。

⑥ 注意清单预算编审过程中对设计的再次检查，发现存在设计错误、矛盾、不完善或发现建造标准与设计任务书存在差异或存在缺陷时，应及时以书面形式告知业主。

⑦ 为及时准确地编审预算，需提前做好材料设备价格的调查工作。编制预算前建立本项目材料设备信息库，依据设计任务书所约定的品牌范围，依靠我公司现有的平台结合项目实现情况为项目开设专用的材料询价网络，通过网络询价和市场询价两种途径将收集的信息汇总于材料信息库中；设立的信息库不应单独只有材料名称、规格、单价，应增加材料询价的途径信息（例如：材料裸税价、含税价、运输方式、产品的来源地、供应商单位名称、联系人及电话、厂家地址等信息）。

⑧ 对施工图设计阶段尚未深化设计的内容（例如：景观、光彩照明等）需提前进行费用的预估。一旦具备图纸需立即编制相关预算，调整费用。

⑨ 仔细认真地熟悉和消化合同及设计任务书，注意合同约定的总承包承担内容和非总承包承担内容的划分，对图纸外需总承包承担的手续办理等费用按国家相关收费标准进行预算。

⑩ 建筑面积的核算：初步设计和施工图设计阶段均需对建筑面积进行计算，严格控制建筑规模不得超过规划许可证的总建筑面积。

⑪ 预算审核的约定：为确保与总承包单位同期同口径计算，尽量减少量价审核中的争议，保证按合同约定时间完成审核工作，在开展预算编审工作前，召开与总承包单位的预算编审对接会（会议的时间点约定在图纸会审后某一时段较合适），会议由业主单位主持召开，主要是与总承包单位商议确定施工图纸版本、工程量清单编制原则、工作范围划分、工程量计算软件及清单编制软件等事项。

⑫ 工程量及价款的核对工作，按合同约定时间和预算编审对接会约定完成。每日做好核对笔录及双方考勤记录，对于核对过程中存在争议问题以书面形式做好记录，待核对工作进入约定时间前 10 个工作日统一进行解决。

⑬ 力求预算和指标分析准确，才能在各阶段从造价角度评判设计的合理性并指导设计变更和优化设计。预算大大高于合同包干价时，须再次核对预算的准确性，量、价是否计算偏高；预算大大低于合同包干价时，须核实设计功能、档次是否到位，是否滞留未设计到位的地方。通过技术指标和造价指标的不断核实和匹配，力求做到技术的可行性和经济的合理性。

（4）施工阶段主要工作内容。

① 参加例会。

参加本项目施工期间由业主和监理工程师组织的例会，对会议涉及造价的事项提出造价咨询意见，为业主正确处理问题提供有价值的建议。

② 现场实测实量。

参加重要节点施工放线前的原始面貌见证、土方开挖前的方格网测量、各种障碍物拆除前后的收方等工作（对于收方工作应以业主单位成本管理部下达的任务为准，针对该次收方的内容只做见证，并做好过程痕迹管理，是否涉及费用的问题应依据合同文件的要求判断核实，我方工程师的签字必须按照公司下发的签字授权级别进行，否则一律无效）；对收方等是否签证按合同约定严格把关（针对合同范围以外的收方工作，收方前应做好风险识别，判断收方内容是否符合合同约定的范畴，收方后及时进行测算估算或计算出具体的费用并录入台账）。

③ 隐蔽验收工作。

参加各种隐蔽工程的验收工作，重点关注隐蔽工程是否与设计图纸一致，留下相关影像资料（就隐蔽工程的真实性进行见证，对不满足设计要求或有悖项目特征所对应的费用的情况，应向业主提出意见，并有相关的记录）。

· 对基础坑槽隐蔽进行查验，确保基坑底标高和各部尺寸的真实性。

· 对现场施工钢筋混凝土构件隐蔽进行查验，确保混凝土构件和钢筋符合设计要求。

· 对现场施工混凝土与砖砌体连接隐蔽进行查验，确保连接符合设计要求。

· 对防水工程隐蔽进行查验，确保材料厚度及附加层符合设计要求。

④ 非实体工程测算。

对非实体部分（包括但不限于各种临时加固、支护措施、交通组织、辅助材料摊销、拆除以及其他各项非实体工程量）依据经确认的实施性施工组织设计或各项施工方案进行测算。

⑤ 工程变更管理。

· 设计变更的管理。

严格界定变更的类型，特别需明确变更是否涉及费用的调整，不同的变更管理其重点也不相同：

承包人的变更和参建各方因承包人的设计失误、缺陷等提出的变更：变更管理的重点是变更是否符合建设程序及业主管控要求。

经发包人同意对建设规模、建设标准、建设范围等内容提出的变更：变更管理的重点是对变更的可行性和经济性分析。

熟悉施工图纸，在保证使用功能、效果和品质的前提下，根据经验尽可能地通过变更材料或施工工艺达到优化设计、降低成本的目的。

对总承包单位提出的变更，应严格按照合同要求，在不改变原费用和设计标准的前提下，就变更的费用是否低于更改前的费用，设计标准是否低于原设计标准，进行专业的测算对比和标准判断后为业主提供参考意见。

对每项设计变更，认真分析其产生的原因，若是非甲方原因的变更造成了不良后果（工期延长，影响品质、功能等），建议对相关单位实施追责。若是甲方的原因造成的变更，则协助业主按相关文件规定规范过程文件，使其满足国有投资项目审计资料的要求。

对承包人提出的设计变更申请进行审核，分析要求变更的真实目的，防止承包人在施工过程中产生投机行为。

现场应重点跟踪工程变更（特别是措施项目）是否经业主审批同意执行，变更的实施必须与审批通过的范围、内容、工程量、金额等保持一致，加强实施过程中的动态测算管理控制。

· 对经济签证单的管理。

对经济签证单的合规性进行审核，分析该项经济签证单是否属于应该办理签证的范围，是否符合招标文件、工程量清单、施工合同等的要求。

对经济签证单的有效性进行审核，审核该项经济签证单是否按业主要求和相关规定签字盖章且手续齐全，签证时间是否在合同规定的时间范围内，签字时间是否满足时间的逻辑性和时效性。

对经济签证单的真实性进行审核，关注现场收方、施工照片、签证资料的真实性。

对经济签证单的正确性进行审核，审核签证数量，核查是否与其他项目重复。

施工现场应杜绝事后签证，现场所有签证收方均应由业主单位成本管理部下达通知，通知我咨询单位现场经办工程师进行现场签证收方工作，保证签证单上描述的每一段话、每一个字都必须清晰，确保签证的内容与实际相符。

·针对上述变更签证建立有效变更和无效变更的动态台账，就动态台账进行月度制报审。

⑥ 材料变更的管理。

根据施工合同要求，物价波动引起的价格调整及材料价格不做调整。因此在项目实施过程中，凡是承包人要求及业主确认的材料价格均不做调整，凡是市场价格波动风险较大的材料不做调整。

·承包人在施工图设计阶段就需要对材料的规格型号进行选择，我咨询单位可根据材料的选用与设计任务书中的品牌、规格、型号进行确认。

·承包人选用材料必须送样，过程中根据封样材料进行检查，如果发现过程中使用的材料与送样不一致，我咨询单位及时向业主进行汇报，并依据施工合同对承包人进行处罚。

·施工中由于其他原因导致材料发生变更（如功能改变、品牌未在合同规定的范围内），材料同样需要送样，同时咨询单位对业主选择的品牌（三个及三个以上品牌）进行价格咨询，咨询结果由业主选择，我咨询单位对咨询结果做出合理化建议，并将建议内容整理汇总传抄业主成本管理部。

·根据施工合同要求规定，材料抽样送检率必须达到相关规定要求，未达到要求的材料，我咨询单位配合业主及监理单位进行材料退场，并对新进材料进行抽样送检。

·经发包人同意变更或新增的材料或设备，根据合同可对其进行认价，认价的优先方式为当期《四川工程造价信息》或《绵阳工程造价信息》，如果出现信息价暂无或不适用，我咨询单位根据承包人上报的材料设备的名称、规格、材质、暂估数量、拟采用的品牌及报价，做好询价和定价工作。

针对各专业建立当月的材料报送、审核、建议等动态台账，就该动态台账进行月度汇报。

⑦ 进度款审核。

·按合同约定的时间和业主管控程序及时完成进度产值审核，为保证按时支付季度工程款，每月须对进度产值进行审核。

·建立签证、变更、材料、索赔、进度款支付等各类经济台账，对成本进行动态管理，对变更产值按月进行梳理，及时将确认的增减变更产值进行反映。

·严格审核产值和现场进度、质量的匹配度，发生变化的内容须质量合格才能进入产值计算。

·严格审核付款条件和付款金额：对承包人申报的形象进度进行审核，关注形象进度照片取证，确保真实性；对当月合同内完成的质量合格的产值进行审核；对合同外增减变更产值进行审核；审核完毕后签署当月进度款审核金额，并加盖项目公章。

·严格按以下程序进行进度款审核：总承包单位—监理—造价咨询单位—业主。

·保证审核进度款的及时性：为保证按合同约定的时间完成审核，应严格控制各环节的停滞时间，在我公司接收进度产值资料前，审核资料是否齐备以及总承包单位、监理单位签章是否齐全，一旦发现手续不齐全，及时退回补充，并做好接收时间记录，和总承包人核对完产值后，及时做好双方签字和时间的确认记录。

·进度计划及资金计划管理：编制资金使用计划。通过进度款的审核，对比进度计划和资金计划，按月分析进度是否滞后，产值投入是否匹配，并反映在造价咨询月报中。

·根据核实产值按月进行成本更新，对成本进行动态管理。

·严格控制资金支付，按合同约定对进度款支付进行双控：过程中合同内支付不得超过合同金额的 70%，同时不得超过核定产值的 70%，合同外新增或变更产值支付不得超过核定产值的 45%；竣工验收合格后支付不得超过合同金额的 80%，同时不得超过累计核定产值的 80%。

⑧ 索赔管理。

索赔按其目的可分为工期索赔及费用索赔两大类。

· 本项目工期为一体化工期，应在实施过程中避免承包单位以其他方式进行工期索赔。本工程工期索赔隐患存在于第二次室内精装招标工程及不在总承包范围内工程的交叉作业，若遇工序或穿插点安排不当就会造成承包单位以此进行索赔的事件。

· 本项目由于周边居民较多，存在索赔风险，应尽量避免由于行政命令引起的工程延误或承包商成本的增加，造成承包单位进行索赔的事件。

· 提前做好项目资金计划，避免因进度款支付问题造成承包单位索赔的事件。

· 建议业主严格要求监理单位在项目实施过程中进行认真、及时的检查，尽量避免对合格工程进行拆除或剥露检查，造成进度打乱，影响后续工程。

· 遇上级主管部门检查，我咨询公司的现场经办工程师应提示业主工程部提前告知承包单位，充分做好准备工作，避免因时间紧急增加承包单位人力和物力成本。

· 为尽量避免索赔事件的发生，管理过程中须做到以下几点：

对项目组人员进行施工合同的交底，并进行详细系统的学习，在实施的过程中严格执行合同；日常工作中注意资料的积累与收集，对施工现场的影像记录进行留存，会议记录等按文档管理要求进行保存；协助业主对可能引起的索赔有所预测，及时采取补救措施，避免过多索赔事件的发生。

· 一旦发生索赔事件，严格按合同约定进行办理，对索赔金额和索赔事件的真实性、时效性进行审核。

· 反索赔的提出：认真研究合同和国家相关政策文件，尽量避免总承包人索赔的提出，同时对总承包人违约提出反索赔，并注意反索赔过程中相关资料的收集和反索赔提出的时效性。

⑨ 参与工程项目的阶段性验收及竣工验收。

参与工程项目的阶段性验收及竣工验收时，查看现场情况是否与设计和造价一一对应。

· 参与验收时，对设计图纸、方案与现场实施及资料进行核对，如存在不一致的情况，我方以书面的形式提出并报业主审核。

· 针对竣工时报送的造价成果文件，进行设计图、现场、竣工资料的复查审核，审核其完整性和真实性，如报送造价存在多报、漏报、少报等情况，我方以书面的形式提出并报业主审核。

⑩施工过程日常工作。

驻场工程师每天必须做好工作日志，每月向业主提供月报。月报要言之有实（切忌假大空），做好进度产值月报分析报告，为业主提供可行有效的造价咨询意见。

· 次月 5 日前报送上月造价咨询月报，提出造价的重点管控项目及方式，进行成本偏差分析，提出预防和处理措施。

· 每周五报送周报，内容包括本周工作完成情况及下周工作计划安排。

⑪ 资料管理。

· 现场资料的收集及规范管理，对造价相关资料进行审核、整理及归档，对隐蔽工程进行拍照留底，编制成册后及时报送业主。

应收集的主要资料包括：施工图设计文件、招标及投标文件（含补遗书）、合同协议书及附件、工程开工报告、原始地貌测量记录、施工单位的投标施工组织设计和实施性施工组织设计、涉及造价变更的材料价格调查资料及与工程有关的法律、法规、技术规范等建设文件。

按文件类型设置专门文件夹进行电子资料的管理，例如：招投标文件、施工过程文件、政策文件、成果文件等分类进行归档；为了防止文件编号混乱，整理文件时可采取如下的编号方式[JLNHGC-（文件名称），序号从 001 顺序编号]：

文件名称：嘉来南河广场-_______（工程名称，例如：地勘、设计、土建、安装、外墙、景观等）工程_______（文件名称，例如：招标文件、合同文件、工程变更文件、政策文件等；涉及付款的须注明申请次数，例如：付款申请 001）。

采用同样的方式对这类纸板文件进行存册管理，项目工程师应做好收发文的登记工作，避免资料因遗失而无法追溯。

·过程造价往来资料进行编号管理，造价咨询工作完成后整理成册报送业主。

·过程成本管理需建立电子台账，建立收方、签证、变更、索赔、合同及进度款支付、月成本更新等相关台账，并定期向业主提供（次月 5 日前提供上月相关台账）。

·对所有与第三方的资料做好收、发记录，建立台账，记录收发的内容和时间。

⑫ 做好本项目其他工作。

·根据本项目工作面的展开和变化，实时调整咨询方案。

·为业主其他分包项目、甲供材料、新增工程、迁改工程等属于本工程但在总承包人承包范围外的所有工作内容提供造价咨询服务。

·完成业主安排和要求的其他工作任务。

·积极配合监理人员和业主的现场管理工作，共同完成好该项目的建设。

·收集整理最新的造价相关政策法规，提供政策咨询。

·积极参与建设项目党建及党风廉政建设工作。

3.3 竣工结算阶段主要工作内容

（1）协助业主收集准备与结算相关的资料，如招标文件、招标控制价、中标通知书、中标人的投标文件等。

① 施工合同、材料设备订货合同、会议纪要、往来函件。

② 施工组织设计、施工措施方案、施工进度计划。

③ 施工图纸、图纸会审记录、竣工图纸。

④ 设计变更、工程洽商、现场签证及索赔等资料。

⑤ 材料及设备认质认价单。

⑥ 施工单位编制的竣工结算报告。

⑦ 有关主管部门的法规、文件。

（2）对竣工图和各种结算资料的合规性、完整性、真实性进行复核（查阅竣工图与施工图不一致的地方是否有业主审批的设计变更依据）。关于合规性，要结合国有投资项目审计资料要求的相关规定进行检查。

（3）查阅竣工资料及结算资料是否齐全、手续是否完善、是否符合审计的要求。

（4）审计过程中配合结算审计工作，参加审计协调会等。

3.4 后评估阶段主要工作内容

建设项目后评估是指对已经完成的项目或规划的目的、执行过程、效益、作用和影响所进行的系统、客观的分析。通过对投资活动进行检查总结，确定投资预期的目标是否达到，项目或规划是否合理有效，项目的主要效益指标是否实现；通过分析评价找出成败的原因，总结经验教训；通过及时有效的信息反馈，为公司将来项目的投资决策提出建议，同时也为本项目实施运营中出现的问题提出改进建议，从而达到提高投资效益的目的。

项目实施完毕后，我咨询单位将对过程中的经济指标与合同台账、变更台账、付款台账、二次招标结算台账、国家政策变动引起的资金变化台账等进行整理、分析。

主要工作如下：

（1）对本工程全过程成本管理工作进行分析和总结，按建设单位成本管理中心的要求协助制作相关的分析表格，并负责填报。

（2）通过对数据资料的分析，筛选得出影响工程造价的各项因素，对各项经济指标进行整理分析，完成本项目工程的成本后评估工作。

（3）协助建设单位成本管理中心建立相关的成本数据库，并负责统计录入相关数据，确保通过委托人上级部门的相关验收，同时为后续项目建立数据支撑。

（4）预算（施工图审查完成后的清单预算）及结算（审计结算）的成本分析（包括各项经济指标分析及差异对比）。

（5）建立材料设备价格库。

（6）提供项目总结报告，分析总结各阶段成本管理情况及经验教训。

4 经验总结

4.1 咨询服务的实践成效

由于前期我公司提供了很多的增值服务，后续的王府井百货的精装修又签订了补充合同，甲方指定由我公司继续提供咨询服务。

由于我们咨询后台强有力的支撑，为该项目在技术、政策上提供了非常多的支持，咨询服务得到了一致好评。本项目的成功实施，培养了一个非常优秀的 EPC 管理团队，为公司其他 EPC 项目的管理积累了丰富经验。

综上所述，本项目造价控制成效显著。

4.2 咨询服务的经验和不足

（1）政策支撑和指导不足。嘉来置业在开始实施总承包项目时，政策层面仅有《中共中央　国务院关于进一步加强城市规划建设管理工作的若干意见》和《国务院办公厅关于促进建筑业持续健康发展的意见》(国办发〔2017〕19 号)，未有系统、完整的总承包政策配套文件支撑，造成对项目政策实施指导不足。

（2）招标合同中对不可预见风险预估不足。业主单位为了经济效益最大化，通常在地勘未实施情况下，在合同中约定项目主要风险均由施工单位承担，未考虑发生特殊情况（例如：地勘风险、主材市场价格异常波动等）的处理办法。

4.3 反　思

（1）图纸深化是质量、安全、成本、环境管理的基本起点。

① 随着 EPC 总承包模式的推广，EPC 项目数量快速增长，由于政策环境还跟不上快速发展形势的需要，部分新出现的问题还没有政策支持。对于 EPC 模式下的咨询管理工作，我们作为业主方依托的智囊团队，自身的专业化、政策前瞻性显得尤为突出。

② 咨询公司在优化设计、技术攻关等方面的合理建议可降低工程项目各个阶段的直接成本。也许，业主需要的就是从这两大方面进行的咨询成果。

③ 优化设计：方法替代、材料设备替代、标准变更、限额设计。

④ 技术攻关：开发和应用新技术、新工艺、新设备、新材料，提升低成本的项目设计建造成效。

（2）政府投资项目和装配式建筑优先采用工程总包模式是一大趋势。

政府大力提倡投资项目采用工程总承包模式，装配式建筑优先采用工程总承包模式。建设规模较大、建设标准复杂、投资限额比较严格、工程质量要求高、工期短且进度要求高的工程适宜采用总承包模式。

（3）建设单位需要加强工程总承包项目全过程管理，督促 EPC 工程总承包企业“依据合同”“考虑

风险”“识别变更”“跟踪变化”，履行合同义务。

（4）目前国家投资项目推进全过程咨询势在必行，建设单位要做的事情，也是未来咨询公司要做的工作。在培育自身核心竞争能力和服务能力的同时，应具有充分理解业主（项目）需求，整合工程咨询供应链节点企业提供整合服务的能力，整合能力越强，提供高质量咨询服务的能力就越强。

5 项目主要经济技术指标

5.1 建设项目造价指标分析表

表 1 建设项目造价指标分析

项目名称：嘉来·南河广场

项目类型：城市综合体（集商业、住宅、酒店、办公）

投资来源：政府　　项目地点：四川省绵阳市

总建筑面积：176 886.25 m²　　功能规模：/

承发包方式：工程总承包 EPC　　造价类别：中标价

开工日期：2018 年 1 月 6 日　　竣工日期：2021 年 10 月 14 日

地基处理方式：机械挖土、抗浮锚杆　　基坑支护方式：灌注桩基

序号	单项工程名称	规模/m²	层数	结构类型	装修档次	计价期	造价/元	单位指标/（元/m²）	指标分析和说明
1	地下室一（基坑支护及抗浮锚杆部分）（土建专业）	54 009.31	3 层		清水房	2017 年 3 月	43 528 403.08	805.94	
2	地下室二（土建专业）	54 009.31	3 层	框剪	清水房	2017 年 3 月	77 772 421.22	1 439.98	
3	1～6 层大商业（土建专业）	52 361.5	6 层	框剪	清水房	2017 年 3 月	63 218 797.51	1 207.35	
4	住宅（土建专业）	48 136.88	20 层	框剪	清水房	2017 年 3 月	61 116 917.11	1 269.65	
5	办公（土建专业）	10 234.77	20 层	框剪	清水房	2017 年 3 月	12 622 133.55	1 233.26	
6	酒店（土建专业）	10 390.39	20 层	框剪	清水房	2017 年 3 月	12 749 479.61	1 227.05	
7	专业工程暂估价	176 886.25			清水房	2017 年 3 月	31 057 168.87	175.58	
8	地下室安装工程	54 009.31	3 层		清水房	2017 年 3 月	44 076 186	816.08	
9	商业安装工程	52 361.5	6 层		清水房	2017 年 3 月	24 531 261.69	468.50	
10	住宅安装工程	48 136.88	20 层		清水房	2017 年 3 月	15 812 864.1	328.50	
11	办公、酒店安装工程	20 625.16	20 层		清水房	2017 年 3 月	6 380 294.56	309.35	
12	合计						392 865 927.3		

5.2 单项工程造价指标分析表

表 2 单项工程造价指标分析

单项工程名称：地下室工程、商业工程、住宅工程、办公和酒店工程、专业工程

业态类型：房屋建筑类

单项工程规模：54 009.31 m²、52 361.5 m²、48 136.88 m²、20 625.16 m²

装配率：无　　绿建星级：/

地基处理方式：机械挖土、抗浮锚杆　　基坑支护方式：桩基

基础形式：筏板基础　　计税方式：一般计税

序号	单位工程名称	规模/m²	造价/元	其中/元				单位指标/（元/m²）	占比	指标分析和说明
				分部分项	措施项目	其他项目	税金			
1	地下室一（基坑支护及抗浮锚杆部分）	54 009.31	43 528 403.08	34 993 055.04	2 706 674.16		4 313 625.54	805.94		
1.1	机械土石方工程	54 009.31	14 486 250.13	11 589 535.93	898 991.13		1 435 574.34	268.22	33.28%	
1.2	桩基工程	54 009.31	9 510 592.55	7 403 564.26	789 279.28		942 491.15	176.09	21.85%	
1.3	边坡支护工程	54 009.31	4 691 928.08	3 829 903.67	241 308.6		464 965.85	86.87	10.78%	
1.4	降水工程	54 009.31	3 918 669.6	3 189 363.18	254 292.31		388 336.63	72.56	9.00%	
1.5	排水沟	54 009.31	64 827.1	47 944.43	7 706.97		6 424.31	1.20	0.15%	
1.6	抗拔锚杆	54 009.31	10 856 135.62	8 932 743.57	515 095.87		1 075 833.26	201.00	24.94%	
2	地下室		121 848 607.2							
2.1	地下室二（土建专业）	54 009.31	77 772 421.22	55 337 378.63	12 362 061.43		7 707 176.88	1 439.98	63.83%	
2.1.1	地下室建筑与装饰工程	54 009.31	77 772 421.22	55 337 378.63	12 362 061.43		7 707 176.88	1 439.98	63.83%	
2.2	地下室安装工程	54 009.31	44 076 186	36 892 530.42	2 055 820.7		4 367 910.34	816.08	36.17%	
2.2.1	高低压配电工程	54 009.31	14 179 815.17	12 599 832.95	106 218.04		1 405 206.91	262.54	11.64%	
2.2.2	强电工程	54 009.31	9 390 992.8	7 919 678.42	392 743.99		930 638.93	173.88	7.71%	
2.2.3	弱电工程	54 009.31	1 851 781.63	1 477 501.52	140 582.32		183 509.89	34.29	1.52%	
2.2.4	消防工程	54 009.31	11 177 295.62	8 712 078.95	1 013 801.79		1 107 659.93	206.95	9.17%	
2.2.5	给排水工程	54 009.31	1 900 116.93	1 625 102.69	62 050.85		188 299.88	35.18	1.56%	
2.2.6	空调水工程	54 009.31	3 300 830.49	2 735 424.72	176 168.99		327 109.33	61.12	2.71%	
2.2.7	人防安装工程	54 009.31	2 275 353.36	1 822 911.17	164 254.72		225 485.47	42.13	1.87%	
3	商业		87 750 059.2							
3.1	1～6层大商业（土建专业）	52 361.5	63 218 797.51	45 083 380.77	11 041 792.21		6 264 925.88	1 207.35	72.04%	
3.1.1	6层商业（住宅1、2单元对应）	1 102.97	1 300 290.14	808 978.3	317 769.89		128 857.58	1 178.90	1.48%	
3.1.2	6层商业（住宅3、4单元对应）	1 079.19	1 104 549.17	695 236	261 920.18		109 459.83	1 023.50	1.26%	
3.1.3	6层商业（酒店对应部分）	1 042.11	1 848 038.05	1 201 564.87	408 730.26		183 138.91	1 773.36	2.11%	
3.1.4	1～5层大商业（住宅1～4单元对应部分）	14 492.04	26 903 222.95	20 025 731.39	3 472 858.74		2 666 085.16	1 856.41	30.66%	
3.1.5	1～5层大商业（酒店对应部分）	9 109.63	11 542 239.27	8 402 377.63	2 653 510.21		1 143 825.51	1 267.04	13.15%	
3.1.6	1～6层大商业（中间对应）	25 535.56	20 520 457.93	13 949 492.58	3 927 002.93		2 033 558.89	803.60	23.39%	
3.2	商业安装工程	52 361.5	24 531 261.69	20 280 063.9	1 342 304.03		2 431 025.93	468.50	27.96%	
3.2.1	强电工程	52 361.5	8 594 231.75	7 334 742	296 362.59		851 680.62	164.13	9.79%	
3.2.2	弱电工程	52 361.5	1 516 797.93	1 193 401.02	126 973.43		150 313.31	28.97	1.73%	
3.2.3	消防工程	52 361.5	7 133 115.37	5 423 178.28	757 976.94		706 885.31	136.23	8.13%	
3.2.4	给排水工程	52 361.5	327 762.51	246 712.84	35 848.31		32 480.97	6.26	0.37%	
3.2.5	空调水工程	52 361.5	1 746 361.72	1 478 783.97	68 535.5		173 062.87	33.35	1.99%	
3.2.6	电梯工程	52 361.5	5 212 992.41	4 603 245.79	56 607.26		516 602.85	99.56	5.94%	

续表

序号	单位工程名称	规模/m²	造价/元	其中/元				单位指标/（元/m²）	占比	指标分析和说明
				分部分项	措施项目	其他项目	税金			
4	住宅		76 929 781.21							
4.1	住宅（土建专业）	48 136.88	61 116 917.11	35 870 746.12	16 690 792.56		6 056 631.43	1 269.65	79.45%	
4.1.1	住宅部分（1、2单元7层及以上）	24 338.94	30 723 920.76	17 882 752.45	8 528 023.68		3 044 712.87	1 262.34	39.94%	
4.1.2	住宅部分（3、4单元7层及以上）	23 797.94	30 392 996.35	17 987 993.67	8 162 768.88		3 011 918.56	1 277.13	39.51%	
4.2	住宅安装工程	48 136.88	15 812 864.1	12 270 496.74	1 424 482.53		1 567 040.58	328.50	20.55%	
4.2.1	强电工程	48 136.88	6 809 277.84	5 377 804.73	550 159.89		674 793.3	141.46	8.85%	
4.2.2	弱电工程	48 136.88	1 957 046.05	1 475 126.18	209 885.2		193 941.5	40.66	2.54%	
4.2.3	消防工程	48 136.88	1 793 919.05	1 351 179.2	194 856.59		177 775.76	37.27	2.33%	
4.2.4	给排水工程	48 136.88	2 472 077.28	1 734 268.51	364 516.87		244 980.63	51.36	3.21%	
4.2.5	电梯工程	48 136.88	2 780 543.88	2 332 118.12	105 063.98		275 549.39	57.76	3.61%	
5	办公酒店	20 625.16	31 751 907.72							
5.1	办公、酒店（土建专业）	10 234.77	12 622 133.55	8 087 552.53	2 890 400.47		1 250 842.06	1 233.26	39.75%	
5.1.1	办公部分 地上办公7～13层	10 234.77	12 622 133.55	8 087 552.53	2 890 400.47		1 250 842.06	1 233.26	39.75%	
5.2	酒店（土建专业）	10 390.39	12 749 479.61	8 077 950.93	3 011 146.05		1 263 461.94	1 227.05	40.15%	
5.2.1	酒店部分 地上酒店14层以上	10 390.39	12 749 479.61	8 077 950.93	3 011 146.05		1 263 461.94	1 227.05	40.15%	
5.3	办公、酒店安装工程	20 625.16	6 380 294.56	5 199 233.83	396 403.87		632 281.45	309.35	20.09%	
5.3.1	强电工程	20 625.16	2 043 893.12	1 750 195.48	66 262.82		202 547.97	99.10	6.44%	
5.3.2	弱电工程	20 625.16	443 518.06	340 843.77	42 991.7		43 952.24	21.50	1.40%	
5.3.3	消防工程	20 625.16	1 715 962.79	1 314 060.46	171 286.23		170 050.37	83.20	5.40%	
5.3.4	给排水工程	20 625.16	697 213.43	521 438.12	79 171.68		69 093.22	33.80	2.20%	
5.3.5	电梯工程	20 625.16	1 479 707.16	1 272 696	36 691.44		146 637.65	71.74	4.66%	
6	专业工程暂估价	176 886.25	31 057 168.87	31 057 168.87				175.58		
6.1	专业工程（土建和安装）	176 886.25	31 057 168.87	31 057 168.87				175.58		

5.3 单项工程主要工程量指标分析表

表 3 地下室工程主要工程量指标分析

单项工程名称：地下室工程

业态类型：房屋建筑类　　　　建筑面积：54 009.31 m²

序号	工程量名称	工程量	单位	指标	指标分析和说明
1	土石方开挖量		m³	0.000	
2	桩（含桩基和护壁桩）		m³	0.000	
3	护坡		m²	0.000	
4	砌体		m³	0.000	

续表

序号	工程量名称	工程量	单位	指标	指标分析和说明
6	钢筋	6 235 240.71	kg	115.448	
7	混凝土	43 503.94	m^3	0.805	
8	模板	145 081.3	m^2	2.686	
9	天棚抹灰	69 100.33	m^2	1.279	
10	内墙抹灰	59 782.6	m^2	1.107	
11	外墙抹灰		m^2	0.000	
12	楼地面	44 823.27	m^2	0.830	
13	屋面	7 220.72	m^2	0.134	
14	保温	7 220.72	m^2	0.134	
15	防水	50 033.407	m^2	0.926	

表 4　商业工程主要工程量指标分析

单项工程名称：商业工程

业态类型：房屋建筑类　　　　建筑面积：52 361.5 m^2

序号	工程量名称	工程量	单位	指标	指标分析和说明
1	土石方开挖量		m^3	0.000	
2	桩（含桩基和护壁桩）		m^3	0.000	
3	护坡		m^2	0.000	
4	砌体	6 167.847 7	m^3	0.118	
6	钢筋	5 047 647.13	kg	96.400	
7	混凝土	23 824.271 8	m^3	0.455	
8	模板	133 326.674 9	m^2	2.546	
9	天棚抹灰	28 740.285 3	m^2	0.549	
10	内墙抹灰	73 353.024 3	m^2	1.401	
11	外墙抹灰	1 575.82	m^2	0.030	
12	楼地面	16 076.939 1	m^2	0.307	
13	屋面	5 062.14	m^2	0.097	
14	保温	0	m^2	0.000	
15	防水	0	m^2	0.000	

表 5　住宅工程主要工程量指标分析

单项工程名称：住宅工程

业态类型：房屋建筑类　　　　建筑面积：23 797.94 m^2

序号	工程量名称	工程量	单位	指标	指标分析和说明
1	土石方开挖量		m^3	0.000	
2	桩（含桩基和护壁桩）		m^3	0.000	

续表

序号	工程量名称	工程量	单位	指标	指标分析和说明
3	护坡		m^2	0.000	
4	砌体	3 747.47	m^3	0.157	
6	钢筋	1 072 073.44	kg	45.049	
7	混凝土	8 328.31	m^3	0.350	
8	模板	80 302.77	m^2	3.374	
9	天棚抹灰	5 451.79	m^2	0.229	
10	内墙抹灰	60 468.97	m^2	2.541	
11	外墙抹灰	19 219.16	m^2	0.808	
12	楼地面	21 351.66	m^2	0.897	
13	屋面		m^2	0.000	
14	保温	943.39	m^2	0.040	
15	防水	17 128.16	m^2	0.720	

表 6　办公工程主要工程量指标分析

单项工程名称：办公工程

业态类型：房屋建筑类　　　　建筑面积：10 234.77 m^2

序号	工程量名称	工程量	单位	指标	指标分析和说明
1	土石方开挖量		m^3	0.000	
2	桩（含桩基和护壁桩）		m^3	0.000	
3	护坡		m^2	0.000	
4	砌体	602.68	m^3	0.059	
6	钢筋	448 502.05	kg	43.821	
7	混凝土	2 861.86	m^3	0.280	
8	模板	22 178.51	m^2	2.167	
9	天棚抹灰	2 015.46	m^2	0.197	
10	内墙抹灰	10 680.39	m^2	1.044	
11	外墙抹灰		m^2	0.000	
12	楼地面	4 127.41	m^2	0.403	
13	屋面		m^2	0.000	
14	保温		m^2	0.000	
15	防水		m^2	0.000	

表 7　酒店工程主要工程量指标分析

单项工程名称：酒店工程

业态类型：房屋建筑类　　　　建筑面积：10 390.39 m^2

序号	工程量名称	工程量	单位	指标	指标分析和说明
1	土石方开挖量		m^3	0.000	
2	桩（含桩基和护壁桩）		m^3	0.000	
3	护坡		m^2	0.000	

续表

序号	工程量名称	工程量	单位	指标	指标分析和说明
4	砌体	533.21	m^3	0.051	
6	钢筋	449 192.57	kg	43.232	
7	混凝土	2 891.59	m^3	0.278	
8	模板	24 171.98	m^2	2.326	
9	天棚抹灰	851.92	m^2	0.082	
10	内墙抹灰	8 028.84	m^2	0.773	
11	外墙抹灰		m^2	0.000	
12	楼地面	680.56	m^2	0.065	
13	屋面		m^2	0.000	
14	保温		m^2	0.000	
15	防水		m^2	0.000	

成都科学城生态水环境工程项目

——四川汇丰工程管理有限责任公司

◎ 李丽华，马方，夏赞清，焦亨禄，秦睿乙，代智，刘宗灵

1 项目概况

1.1 项目基本信息

成都科学城生态水环境工程项目位于成都市天府新区成都直管区，建设内容包括地下车库、游客接待中心、卫生间及配套设施、景观水闸、景观桥、驿站、综合管理服务用房、湿地博物馆、小卖部、景观塔等工程，其他建设内容包括鹿溪河防洪及河道疏浚、生态修复、景观文化打造、滨河交通系统建设、护岸、滨河照明、监控系统、山地骑行道、滨河给排水等工程，上述建设内容均在建设用地范围内，并严格按照河道规划及土地利用规划建设。项目总投资约 106 168 万元，工程费约 95 080.08 万元。

计划工期：设计工期为 45 日历天，施工工期为 510 日历天。

实际工期：2016 年 12 月 1 日—2018 年 11 月 9 日。

1.2 项目特点

成都科学城生态水环境工程项目具有以下特点：

（1）发包模式较传统工程管理模式不同。本项目采用 EPC 模式发包，包括设计及施工总承包，项目存在分批次分专业设计出图的情况，全过程造价控制时难以一次性、整体性地完成投资控制目标的编制和测算。对项目投资管理的及时性、完整性要求较高。

（2）项目类型复杂。本项目为市政公园景观工程，涉及市政、绿化、仿古园林、水闸、房建等多种专业，需要配合协调各专业的工程师进行造价咨询工作。

（3）项目范围广、区域大。本项目总用地面积 270 万 m^2，其中上游陆地面积 115 万 m^2、水域面积 65 万 m^2，下游陆地面积 51.2 万 m^2、水域面积 39.6 万 m^2，涉及范围广，过控工作难度较大。

2 咨询服务范围及组织模式

2.1 咨询服务的业务范围

成都科学城生态水环境工程全过程造价控制工作。

2.2 咨询服务的组织模式

成都科学城生态水环境工程的全过程咨询服务的内部组织模式如图 1 所示。

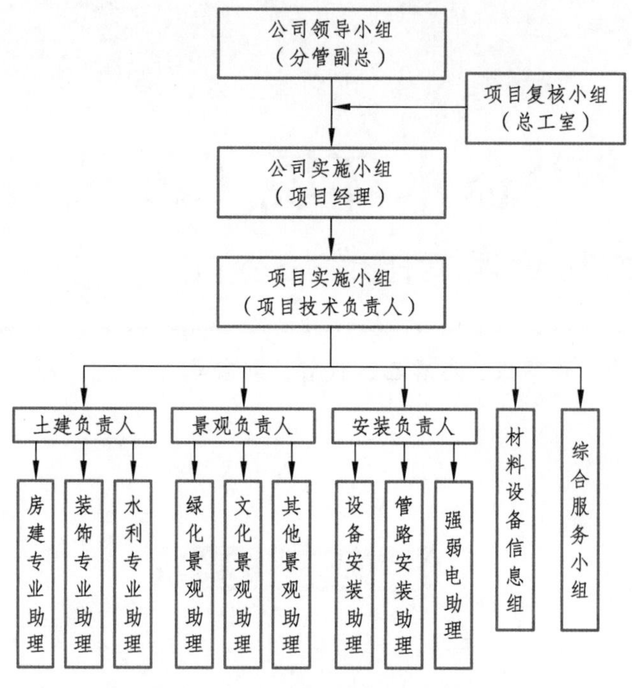

图 1　项目咨询服务组织模式

2.3 咨询服务工作职责

从项目实施小组的组织结构可以看出，在开展本项目的过程中，是由项目经理直接与项目业主及其他有关单位代表进行联系与沟通，减少了信息传递的失真，提高了工作效率。

针对本项目特点，项目部设置了内业、资料人员，以便于工作中有关资料的及时收集、发放与整理，为项目顺利、及时实施提供保证；设置了各专业组的负责人，以便组织好造价控制各阶段的工程量清单编制、组价、变更项目单价核定、进度结算核定以及工程量、变更、签证审核等工作，严把咨询质量关；设置了技术负责人，协调有关专业人员，以便在建设工程各个阶段，提供相应专业、及时的服务，保证工程各专业、各个阶段工作的一致性和延续性；设置了项目经理，项目部的所有工作由项目经理统一组织、协调，由项目经理对公司负责，明确责、权、利，以便全面完成合同约定的各项工作内容。

项目实施小组的各专业工程师为我公司根据目前已知的项目情况暂设，在项目的实施过程中，我们将根据各专业工作开展的实际情况，充分调用公司的专业人员，及时满足工作实施的进度、质量要求。

（1）工作部署。

为了全面完成委托人委托的咨询任务，根据本项目造价咨询服务的工作任务及特点，对项目造价咨询工作进行部署，如表 1 所示。

表 1　工作部署表

序号	姓名	职务	联系方式	备注
1	焦××	项目经理	135××××××××	
2	李××	技术负责人	189××××××××	
3	秦××	项目执行经理兼土建负责人	150××××××××	驻场人员
4	李××	安装负责人	158××××××××	驻场人员
5	刘××	土建工程师	151××××××××	驻场人员
6	徐××	景观工程师	135××××××××	驻场人员
7	曹××	安装工程师	158××××××××	驻场人员

（2）项目部内各岗位的工作职责。

① 项目经理职责。

·作为本项目实施的总负责人，代表公司决定项目实施过程的工作事项，重大事项及时向公司管理层及业主报告。

·负责本项目工作计划拟定，各专业组工作分配。

·协调专业组之间的关系，保持与业主、承包人、监理公司之间的联系与沟通。

·归纳整理造价咨询资料并移交业主，提交工程造价咨询工作报告。

② 技术负责人职责。

·为各专业工程师的工作提供技术支持。

·负责技术人员的继续教育和培训。

·对咨询工作中的疑难问题组织有关人员讨论分析，统一咨询过程中对同一问题的解决办法。

·审核各专业组编制的各项报告和资料。

③ 专业组负责人的职责。

·对本专业工作成果向项目经理负责。

·负责本专业组工作计划拟定。

·负责专业工程师的工作分配，协调专业工程师之间的工作。

·与其他专业组之间进行信息沟通。

·审核本专业重要材料及设备价格。

·根据《建设工程价款结算暂行办法》组织做好竣工结算工作。

·审查竣工结算资料的真实性、完整性。

·归纳整理造价咨询资料，编制本专业工程造价咨询工作报告。

·审核专业工程师的其他工作成果。

④ 专业工程师职责。

·实施竣工结算编制工作。

·分析竣工结算资料的真实性、完整性。

·现场勘察、检查实际施工是否与图纸、招标文件及答疑、图集、施工规范的要求相符，对不符部分，按合同约定的调整方式进行调整。

·计算工程量、清单项目，审查综合单价或定额套项、取费，对超报、虚报部分造价按合同规定提出扣减意见。

·初审材料价格是否与签证价、市场价相符合，对不符的材料价格按规定进行调整。

·审核有无甲供材料，对甲供材料按有关规定进行扣除。

·归纳整理造价咨询资料，草拟工程造价咨询工作报告。

·其他服务内容。

3 咨询服务的运作过程

3.1 咨询服务的理念及思路

由于本项目为 PPP 项目，SPV 公司为新成立，工程存在管理体系不健全的情况，且本项目为 EPC 项目，边设计边施工增加了管理难度，主要服务思路如下：

（1）协助建设单位完成造价管理体系的建设。

由于建设单位为新建 PPP 项目管理公司，存在公司组建时间短、项目管理经验少等问题，必然存在管理体系不完善、管理制度存在漏洞等问题。在项目实施过程中需协助建设单位不断优化、补充、完善各项造价管理制度，建立切实可行的造价管理体系。

（2）主持编制建设项目投资管理目标。

由于 EPC 项目前期准备时间过少，设计方案未进行充分的论证，在实施过程中设计单位无法提供全套经审批的设计施工图，在项目实施过程中设计单位根据施工进度要求，分区域分专业逐步出图。在设计单位提供完整设计施工图前，无法完成完整的施工图预算，无法准确地进行投资控制。为保证项目总投资达成，需根据设计出图计划主持编制分区域、分专业的投资管理控制目标，要求设计单位严格按照控制目标进行限额设计。

（3）完善建设项目投资动态管理制度。

PPP 项目在实施前已通过了物有所值评价和财政承受能力论证，项目总投资额经过了充分的研究和论证。项目建设期在保证项目总投资达成的情况下，尽量提高建设质量水平，充分调动平衡项目投资资源。项目实施过程中需对项目投资进行动态管理，及时对项目中的风险进行预估，根据当前的投资情况进行动态投资的平衡，根据项目需求进行取舍，抓住投资重点。

（4）配合建设单位及时优化设计方案。

项目实施过程中需及时对所有设计方案的经济性进行审查，设计工作的好坏对工程的质量、费用以及进度起着决定性作用，EPC 项目充分发挥了设计在整个工程建设过程中的主导作用，对设计方案的优化直接影响工程项目总投资、直接决定项目投资的经济性、直接决定投运后的经济效益。

（5）进行施工图预算的编制，对可能存在的造价风险进行预警，为建设单位决策提供基础资料。

由于“三边项目”的特殊性，为避免设计修改后造成的重复施工，项目设计施工图完成后须尽量在项目实施前完成施工图预算的编制，对设计图中新增工艺、新增材料进行市场摸底，对比控制目标进行动态分析，为建设单位提供决策的依据。

（6）加强现场巡查，尽量避免返工、重复施工等现象。

在项目实施过程中，设计单位需考虑建设单位及行业主管部门提出的意见修改设计图，项目实施过程中需加强现场巡查工作，尽量避免返工、重复施工等现象。

3.2 咨询服务的方法及手段

建安工程投资是项目总投资的主要组成部分，能否在施工过程中实施有效的控制，直接关系到投资计划的全面实现，影响整个项目的投资效果。因此，施工过程造价控制应作为造价工程师的工作重点。

（1）工程量清单及招标控制价（工程预算）的调整。

开标后，及时组织有关人员根据合同要求完成清标工作并出具清标报告。

① 工程量清单的调整。

造价咨询机构根据审定和图纸会审后的施工图重新编制或调整工程量清单，修正合同造价。核对工程量清单按以下程序进行：

· 核对工程量清单。

工程招标结束后，造价工程师应参与图纸会审和技术交底，并依据形成的会审纪要和交底记录，结合招标用图纸和工程师图纸（施工图），按工程量清单编制程序，修订招标工程量清单，并按中标人投标报价调整合同承包造价。

· 修订的工程量清单与招标采用的工程量清单对比分析。

造价工程师用修订的工程量清单与招标采用的工程量清单进行对比，查清两个清单在工程量、工作内容、项目特征上的差异，并将差异项目及数量一一列表反映出来。为与承包商核对工程量、进行新增项目和相似项目综合单价确认做好准备。

· 进行工程量清单核定。

造价工程师在清楚清单工程量差异后，确定与原清单相似项目或新增项目的综合单价，应对施工

图内的清单工程量进行核定，核定结果成为月进度款支付、预算执行情况、工程分阶段结算、竣工结算依据。

② 招标控制价（工程预算）的调整。

造价工程师首先将招标采用的招标控制价（工程预算）按分部分项项目名称、计量单位、工程内容、项目特征、综合单价一一与根据审定和图纸会审后的施工图编制的预算控制价（工程预算）进行对比，分别列出一致和不一致的清单项目。对不一致的清单项目，检查存在差异的原因，发现问题，及时记录，按正确的单价调整结算单价。审查措施项目清单计价、规费清单计价、签证和零星工程计价、定额管理费计价、税金计价等其他费用。按承包人投标报价和核定的新增项目单价，以重新计算的工程为基础形成新的控制总价。对由于招标时图纸、清单不完善，导致施工中可能遇到的增加投资的风险项目及风险金额，向比选人提出，并提出相应的处理意见。

（2）变更签证的评估和审核。

① 变更签证审核的基本原则。

造价工程师进行变更、签证的审核，应遵循以下原则：

·应尽可能减少设计变更和签证发生。在施工图论证和图纸会审阶段，将设计中存在的问题尽可能处理完毕，施工中减少变更和签证发生，使造价得到有效控制，施工得以顺利进行。

·设计变更的决策应由委托人有效控制。

·坚持先评估、后实施原则。

·实施结果应以文字形式形成有效证据。

·确认时间及程序严格按《建设工程价款结算暂行办法》执行。

·审核应遵守招标文件及合同约定，采用科学合理的计算办法和合法的定额依据。

·审核结果须经过建设单位同意方能生效。

② 变更签证费用的承担责任。

发生设计变更、签证，造价工程师应对发生费用进行责任划分，剔除以下不应由委托人承担的费用：

·施工质量事故造成的变更、签证费用。

·为方便施工单位施工发生的变更、签证费用。

·未在合同约定时间内提出增加费用确认通知的变更、签证费用。

·其他应由承包商承担的变更、签证费用。

（3）对超过风险系数的材料设备进行调价。

根据《四川省建设工程工程量清单计价管理试行办法》规定，可调材料设备价格承包方承担的风险，由双方在合同中约定，如果施工中实际价格发生了变化，应按规定进行调整。

① 超过风险系数的材料设备进行调价的责任划分。

施工单位供应的可调材料设备价格出现超过风险系数范围的情况后，施工单位必须在采购前合同约定的时间范围内提出，并得到建设单位确认的材料设备价格，才能进行价格调整，否则，视为施工单位供应的这部分材料设备未超过风险范围，造价工程师必须坚持该责任划分原则对超过风险系数的材料设备进行调价。

② 调整办法。

·将可调材料设备的品种、规格、数量进行统计，在施工单位使用该材料设备前，造价工程师应通知承包人报价，造价工程师应在规定时间内予以审核确认并报委托人审批。

·将委托人确认的材料设备价格告知承包商，承包商同意的材料，双方在定质认价单上签字确认，对不能提出合理理由，又拒不签字确认的材料价格，视为默认；对提出合理价格理由的材料，由建设、施工、造价咨询单位共同调查重新确认。

·当全部可调材料设备价格得到认定后，计算实际价格与基准价格差异幅度，进行材料价调整，增减造价列入合同造价。

·调整合同控制价：因材料设备价格变化增减的工程造价，应及时核算，列入工程预算总价，以利于动态反映工程实际投资状况。

（4）暂定价和新增材料价格的确定。

因新材料和新技术采用、施工图设计不详、材料基准价格调查不详、专业发包、工程变更等原因，施工过程中经常会出现暂定价材料和新增材料情况。对暂定价材料和新增材料的价格，我们将分不同情况，在施工过程中予以确认。

① 暂定价材料价格的确定。

在施工招标时，投标人按招标人提供的材料暂定价进行投标报价。甲方对该部分材料通过招标和询价方式确认单价后，按照确认的材料价格作为结算价格。

② 新增材料价格的确定。

·采用市场询价方式确定新增材料价格。

当新增材料数量较少、价值较低、总金额不大时，宜采用市场询价方式确定新增材料价格，这种方式能比较高效快捷地落实材料价格。

·采用邀请招标方式确定新增材料价格。

当新增材料数量较多、价值较高、总金额较大时，宜采用邀请招标方式确定新增材料价格，便于有效地控制工程质量和造价。

新增材料邀请招标工作由业主或管理公司牵头，造价咨询单位负责具体工作，监理单位参与，对新增材料进行质量认定、价格确认。

业主或管理公司选定符合本工程档次的三至四家供应商，监理单位结合设计要求拟订新增材料技术要求，造价咨询单位发出通知，要求报价前提供新增材料样品、合格证、相关认证资料、检验报告，在确认满足技术要求后，供应商携带公司授权委托书到现场填写新增材料的报价表，当场确定合理低价者作为该项新增材料供应商，造价咨询单位做好报价表的整理、收集及归档工作，以备查验。

·采用招标方式确定新增材料价格。

对于数量很多、总金额特别高的新增材料，宜采用招标方式确定价格，新增材料招标工作由业主或管理公司牵头，造价咨询单位负责具体工作。业主或管理公司发布公告，供应商投标报价，评标小组经评标后，确定合理低价者作为该项新增材料的供应单位和结算单价。

·注重材料和设备的询价工作，货比三家，注意剔除材料设备标价与实际供应价之间的误差。

（5）确定新增项目的综合单价。

在施工过程中，因招标图纸与施工图差异、设计变更等原因，可能出现部分新增项目，即原清单报价无综合单价的项目，造价工程师对这些项目的价格须及时进行确定。

① 新增项目综合单价确定原则。

造价工程师必须坚持遵守招标文件及合同约定，按照《建设工程价款结算暂行办法》的规定，根据有效的原始证据和定额依据，采用科学合理的计算办法进行新增项目综合单价确认，结果须经过建设单位复核后方能生效。

② 确认方法。

根据《建设工程价款结算暂行办法》规定，新增项目综合单价确认方法如下：

·合同中已有适用于新增项目的单价，按合同已有的单价执行。

·合同中只有类似于新增项目的单价，参照合同类似单价执行。

·合同中没有适用或类似于新增项目的单价，由承包人或发包人提出综合单价，经双方确认后执行，不能达成一致的，提请当地造价管理部门进行咨询或按合同争议解决程序确认。

（6）新材料新技术综合单价确定。

随着建设技术的不断进步，施工中新技术、新材料不断出现，造价管理部门定额测定往往跟不上实际需要，客观需要在工程施工中对出现的新技术、新材料，及时进行综合单价的确定。

可采用以下办法对新材料、新技术涉及的综合单价进行认定：

① 弄清新材料、新技术的施工工艺，全面掌握其工作内容，查找施工工艺和工作内容与《四川省建设工程工程量清单计价定额》相似的项目，用现成的定额基数，结合新技术、新材料的实际，编制清单单价。

② 如果《四川省建设工程工程量清单计价定额》没有相似的项目，可采取收集其他行政区编制的清单计价定额，查找其是否有相似项目的定额参数，如有，则运用该定额基数，充分考虑新材料、新技术的实际，确定清单单价。

③ 若无法查找到相似项目定额参数，则按预算定额编制原则及编制方法，由新材料、新技术的提供方、工程承包商、建设单位、造价咨询机构共同现场实际测定，并报当地造价管理部门备案执行。

（7）零星工程、返工工程等项目造价审核。

在项目施工过程中，因各种原因将会产生少量的零星工程、返工工程，需要造价机构及时对将要或实际已发生的费用进行计价审核。造价机构应按以下办法对零星工程、返工工程进行造价审核：

① 将要发生的零星工程、返工工程费用的审核：事先应由造价咨询机构与项目其他管理机构共同对该类工程进行实物工程量现场踏勘、计量，用草图或其他形式形成书面依据，共同会签，然后由造价工程师根据合同约定原则、实际工程量、清单单价（清单中没有的单价按合同约定的计价规则计算单价）编制零星工程、返工工程造价，报委托人审批，将审批同意的造价交承包商确认。若承包商提出异议，应要求其以书面形式阐述异议理由，造价工程师根据理由重新复核，直至达成意见一致。在造价确认以后，承包商正式实施零星工程、返工工程。

② 对已经发生的零星工程、返工工程费用的审核：应由当事管理机构对已发生的零星工程、返工工程进行实物工程量计量或用草图或其他形式反映实际状况，并形成书面依据，造价工程师根据合同约定原则、实际工程量、清单单价（清单中没有的单价按合同约定的计价规则计算单价）编制零星工程、返工工程费用报告，报委托人审批，将审批同意的费用交承包商确认。若承包商提出异议，应要求其以书面形式阐述异议理由，造价工程师根据理由重新复核，直至达成意见一致。

（8）月进度工程款支付审核办法和程序。

① 月进度工程款支付审核范围。

要实现工程竣工时竣工结算业已完成的目标，月进度工程款支付审核的范围应包含工程造价的所有组成部分，具体包括：工程量清单造价，新增项目增加的造价，设计变更、签证增减的造价，可调材料价格调整引起的增减造价，暂定价确认后增减的造价，零星工程和返工工程增加的造价，索赔费用等。

② 月进度工程款支付审核办法。

· 承包商在每月 25 日根据已完成工程实际进度准确编制月进度工程款申报表，报送监理工程师审核。报表中应按工程量清单造价，新增项目增加的造价，设计变更、签证增减的造价，可调材料价格调整引起的增减造价，暂定价确认后增减的造价，零星工程和返工工程增加的造价，索赔费用，分别编制，但每月的变更签证和材料调价等费用是否支付依据双方签订的合同执行，并进行汇总。

· 监理工程师在收到报表后，3 日内审核申报表中的工程量是否属实、质量是否合格，并发表书面意见。

· 造价工程师应在次月 3 日前，及时到现场核实情况，与承包商双方共同确认工程量，按确认工程量、承包商月进度款报表、合同清单价及其他价格确认条件，复核申报表，确认月进度工程款。

· 造价工程师将确认的月进度工程款报委托人审核，委托人在次月 5 日前按合同约定的付款办法复核确认月进度工程款，计算月实际支付金额。

· 委托人审核同意后，交财务办理，若委托人提出异议，造价工程师应对异议进行再次复核，直至最后确认。

③ 月进度工程款支付审核有效进行的措施建议。

月进度工程款支付审核工作量大，要实现工程竣工时竣工结算业已完成的目的，建设、施工、管理、咨询各方必须全力配合、分工负责、共同努力才能实现。因此须采取以下措施：

· 造价工程师应在月进度工程款支付以前，完成与承包商工程量清单的核对工作，以及变更签证费用、新增项目综合单价确认等基础性工作。

· 建立严谨、科学、操作性强的支付申报、审核程序，严格按规定程序和时间开展月进度工程款申报和审批工作。

· 各单位落实专人负责该项工作，保证申报、审核、审批各环节工作顺利进行。

· 设计制作清晰、方便的月进度工程款支付申报、审核、审批表格。

（9）公正合理地及时处理索赔费用。

工程在实施过程中，由于各种主观或客观原因造成经济损失，可能会出现承包商提出费用索赔的情况。索赔事件发生后，造价工程师必须依据合同及时处理，如将问题搁置下来，可能会损害承包商利益，造成发承包双方矛盾复杂化，影响工程的进度、质量，影响工程造价的合理确定。

① 规避索赔风险的办法。

造价工程师在工程施工过程中，要收集一切可能涉及索赔论证的资料，包括合同，招标投标文件，技术文件，委托人与承包商就工程的技术、造价、进度、质量和其他涉及合同管理问题的协议，各种会议纪要等内容，平时收集整理，做好记录，以作为日后处理索赔或反索赔事件时的事实依据。

② 处理索赔的程序和办法。

· 索赔必须在规定的时间内提出索赔意向和索赔报告，按照规定的程序进行索赔。

索赔事件发生后 28 天内，承包人向监理工程师、业主、造价工程师发出索赔意向通知。

发出索赔意向通知后 28 天内，承包人提出补偿经济损失或延长工程的索赔报告及有关资料，业主及工程师在收到承包方送交的索赔申请和有关资料后 28 天内给予答复，或要求进一步补充索赔理由和证据。

· 发生索赔事件后，承包商根据自己的记录和理由提出工期或费用索赔报告。

造价工程师根据合同条款，核查索赔报告是否在索赔事件发生后的有效期间内提出，否则索赔不成立。进而对索赔要求进行辨别和分析。查阅监理日记，根据监理日记进行分析，核查索赔报告是否属实，根据同期监理日记对索赔事件的起因和责任归属进行划分。对委托人责任或合同约定应由委托人承担的费用进行计算，报委托人审核后，通知承包商确认。承包人提出异议的，造价工程师重新计算，报委托人批准，直至问题解决为止。

③ 调整合同控制价。

因索赔引起的造价，应及时反映在工程实施造价中，作为月进度支付、预算执行情况编制和竣工结算的依据。

（10）按季度向委托人提供相关咨询资料及造价咨询分析报告。

要真正做到理性投资，控制工程造价，必须首先动态掌握工程投资情况，定期、不间断地统计工程施工已经发生和将要发生的造价，通过统计台账、投资状况图、分析报告等形式向委托人综合反映项目投资情况。

① 统计工程实施造价。

· 工程实施造价应包括的范围。

工程实施造价包括合同造价（合同造价应为按审定施工图修正后的合同造价），新增项目增加的造价，设计变更、签证增减的造价，可调材料价格调整引起的增减造价，暂定价确认后增减的造价，零星工程和返工工程增加的造价等。这些造价均是已发生或将要发生的工程造价，是工程实施造价的组成部分。

· 建立工程实施造价统计台账，反映实际投资情况。

根据本工程实际，造价工程师将在该项目中建立工程实施造价统计台账，台账按工程项目、工程

子项分月统计，每月底累计至当月止的所有实施造价。

② 绘制投资状况图。

运用统计台账的成果，将工程实施造价按项目和子项绘制成图，直观地了解工程实施造价情况。

③ 编制投资及资金控制情况报告，提供投资分析报告。

每月将统计台账的数据、绘制的投资状况图提供给委托人，同时对工程投资偏差进行分析，分析出现偏差的原因，提出纠正建议，为委托人当好参谋，有效控制工程投资。

④ 编制专业工程、单项工程、单位工程及项目造价分析结论报告。

针对本项目各专业工程、单项工程、单位工程及整个项目的造价进行详细分析，对投资及资金控制情况进行总结，并做出详细报告报送比选人。

（11）编制（含核对）工程结算程序、步骤。

① 收集完整的工程结算资料。

为保证编制结算工作质量，必须收集和审核完整的工程计价依据。项目部按造价咨询单位提供的资料清单目录，逐一将项目计价资料收集完整，分别按工程项目、承包单位归纳整理，并根据在现场踏勘中取得的第一手原始资料对项目部提供的资料的真实性、完整性和合法性予以评判。

② 熟悉和核对资料。

熟悉资料是开展审查实质工作的第一步，是审查的基础性工作，必须全面认真地阅读所有资料，对重点部分进行记录，加深和巩固印象。

在初步熟悉资料并做好记录后，项目经理组织造价人员及时互相交换情况、互相提醒，不疏漏任何问题。对资料不齐、表述不清、证据不足的资料，要及时重新取证核实。

③ 现场踏勘。

由于本工程结算分阶段进行编制，对施工现场的踏勘尤其重要。在合同履行过程中，造价工程师应随着工程的实施定期对工程实际情况进行现场踏勘，及时掌握工程实施情况。

现场踏勘工作是为了复核计价资料的真实性。因此在熟悉文字资料后，工作人员应到工程现场进行实地踏勘，以工程计价资料为对象进行核对，发现有不符的内容，及时做好踏勘记录。

④ 计算实物工程量。

以经过核实的计价资料并结合现场踏勘情况，根据工程量计算规则统计工程量，对于资料反映不够完善的部位或将隐蔽的部位，应及时到现场进行核实，并取得施工、监理和业主的确认。

⑤ 编制工程结算（初稿）。

核实有关结算资料并完成工程量统计后，工作人员方可进入编制结算工作阶段。按照合同及国家、地方规定的计价原则，按各子项工程逐一对分部分项工程量清单、措施项目清单、规费清单、签证和零星工程、定额管理费、税金等分别进行计算，编制工程结算（初稿）。工程结算（初稿）完成以后交业主处进行审核。

⑥ 工程结算核对。

为满足业主依据分阶段工程结算拨付工程款的要求，我方编制的结算如与承包人申报的结算存在差距，如应业主要求，则安排与承包人就编制范围内的结算进行核对。核对的主要内容：

· 结算的计算范围是否统一，是否与工程形象进度一致。

· 工程实际完成情况是否与设计或变更一致。

· 计价办法、取费级别、人工费调整的选择是否与合同约定一致。

· 工程量统计是否正确。

· 材料、设备计价是否正确。

双方就核对的问题达成一致并经业主认可后可出具阶段性结算。

⑦ 完成项目阶段性结算，出具阶段结算编制报告。

根据经业主认可、经与承包单位核对的结算，出具阶段结算编制报告。

⑧ 汇总项目阶段性结算，调整变更、返工费用，形成竣工结算。

工程竣工之后，根据经审核的竣工图纸，结合现场实际情况，汇总分阶段结算，并根据设计修改、签证部分的结算调整形成竣工结算，经业主认可后出具竣工结算报告，并编制工程造价咨询工作报告。

（12）工程结算编制的重点、难点及对策。

① 工程结算编制的重点。

· 对结算资料的完整收集，对工程文件签署的合法性、真实性征询。我公司将设专人与业主进行联系，收集好以下资料：招标文件、答疑纪要，中标文件（商务标、技术标），施工合同、补充协议，地勘报告、验槽记录、最初平场测量及中间涉及造价的测量记录，标后施工组织设计、图纸会审记录，涉及标外造价增减的设计变更单、技术核定单、隐蔽记录，变更价款报审单、费用索赔申请及审批表，最终全套竣工资料，与工程造价有关的其他工程资料。

· 踏勘现场时核查实际施工的真实性，检查实际施工是否与图纸、招标文件及答疑、图集、施工规范的要求相符，对不符部分，按合同约定的调整方式调整。

· 审核工程量、定额套项、取费，对超报、虚报部分造价按合同规定扣减；审核材料价格是否与签证价、市场价相符合，对不符的材料价格按规定调整；审核有无甲供材料，对甲供材料按有关规定扣除。

② 工程结算编制的难点。

· 时间紧。

首先，通过软件的运用加快进度。利用本公司所有建筑装饰造价人员都能熟练使用工程量自动计算软件的优势，将建筑的主体项目全部使用计算机软件算量。在算量时，尽可能利用设计院提供的电子图纸，用导入 CAD 图形的方式，导入各项属性，每人算完钢筋量后，用软件将图形数据导入建筑算量程序。通过建筑算量软件中的三维图形显示，再次检查复核结构钢筋数据是否存在错误。

其次，利用经济奖励、业务竞赛、行政表扬等多种措施充分调动项目参加人员的积极性，保质、保量、按时完成所分配的任务。对每个参加员工制订总体工作进度计划，并按周进行分解。公司总工办将加强对每位员工周进度执行情况的检查，对在保证质量情况下超进度的员工进行鼓励，与没完成进度计划的员工一起分析其主观和客观原因，及时提出改进措施，并在下周检查措施的有效性。若措施实施后仍然无法满足进度要求，将提请公司最高层，采取更为有效的措施，确保项目在协议要求的时间内完成。

· 资料不完善。

工程结算审核经常遇到的难题是资料不完善，难以判断结算编制的依据是否真实，实际施工是否符合设计要求，材料价是否与签证价或市场价一致等。

我公司将为此配备足够的业务人员，对相关资料进行核实，现场勘察，审核实际施工是否与设计图纸一致，调查走访，摸清市场行情，确保审核工作顺利开展，准确无误。

与业主一道做好施工单位已完成工作的内容及其工作量的确认，使业主与我公司在造价签证方面互相监督，及时弥补各自的失误。

做好施工现场经济技术签证的审核，设计变更的经济比较，并确定由此而引起的造价增减。

做好新工艺、新技术定额缺项的测算补充，避免高估冒算，做好新工艺、新技术推广的价值比较，正确采用新工艺、新技术。

4 经验总结

景观工程 EPC 项目全过程造价控制的难点主要在于设计方案不固定，下发实施的设计图与审批的设计方案经济指标存在差异，造价控制的重点主要是对设计图的造价控制。为保证项目投资得到有效控制，本项目采用预设目标全费用动态控制的方式进行投资控制。

4.1 咨询服务的实践成效

（1）预设投资控制目标。

本项目存在分区域分专业分批次出图的情况，为保证项目投资的有效控制，过控单位组织设计单位、监理单位、施工单位配合建设单位根据设计概算对各区域各专业的项目投资目标进行分配。

（2）全费用动态控制。

本项目实施期间涉及材料价格上涨、人工费调整、税率调整等政策性费用调整，本项目在每月的投资分析报告中根据清标情况及现有相关价格调整政策文件对项目投资额进行预估，尽量做到真实、准确地预估项目拟实施金额，并与控制目标进行对比分析，对项目投资情况进行预警。

（3）专项方案经济性分析。

对项目中拟实施的专项方案进行经济性审核，根据合同相关条款及项目现场实际情况及时完成方案测算，为建设单位决策提供基础资料。

（4）设计变更的把控。

对现场拟实施的设计变更进行全费用测算，及时对项目投资情况进行风险预计，在保证项目投资可控的情况下推进项目实施。

（5）技术经济资料的审核。

现场做好技术经济资料的汇总和审核工作，保证项目实施过程中的技术经济资料的完整性、真实性、合法性，尽量减少因资料缺失导致的审计风险。

4.2 咨询服务的经验和不足

（1）设计方案审批阶段造价控制不符。

设计单位报送的设计概算与设计方案体现的价值偏差较大，为保证项目投资不超批复，需在方案报批前由专业造价咨询机构对方案进行测算。

（2）询价渠道不足。

因本项目为景观文创类项目，涉及大量小众材料设备，原有的网上询价及走访市场等渠道无法满足询价需求。本项目采用了专家评审会、线上线下比质比价会、厂家实地走访等方式丰富了询价渠道，提高了询价的准确性。

5 项目主要经济技术指标

5.1 建设项目造价指标分析表

表 2 建设项目造价指标分析

项目名称：成都科学城生态水环境工程　　项目类型：市政公园
项目地点：四川省成都市天府新区　　投资来源：政府投资
总面积：1 818 333.53 m²　　道路等级：/
红线宽度：/　　造价类别：全过程造价控制
承发包方式：EPC 总承包　　建设类型：新建
开工日期：2016 年 12 月 1 日　　竣工日期：2018 年 11 月 9 日

序号	单项工程名称	面积/m²	长度	计价期	造价/元	单位指标/（元/m）	单位指标/（元/m²）	指标分析和说明
1	景观绿化工程	1 597 238.53	—	2016 年第 5 期—2018 年 12 期	428 475 213.50	—	268.26	（1）面积为景观绿化工程占地面积；（2）含铺装、安装、驿站、栈桥、景观桥梁、景观堰等，不含材料人工调差

续表

序号	单项工程名称	面积/m²	长度	计价期	造价/元	单位指标/（元/m）	单位指标/（元/m²）	指标分析和说明
2	建筑工程	21 564.85	—	2016年第5期—2018年12期	56 604 492.05	—	2 624.85	（1）面积为建筑面积；（2）含建筑与装饰、安装工程，不含材料人工调差
3	总平土石方工程及专项措施	1 597 238.53	—	2016年第5期—2018年12期	74 558 679.88	—	46.68	（1）面积为景观绿化工程占地面积；（2)场平土石方及专项措施，不含材料人工调差
4	水生态工程	221 095.00	—	2016年第5期—2018年12期	24 511 884.41	—	110.87	（1）面积为水生态工程占地面积；（2）含水生态系统构件及湿地结构，不含材料人工调差
5	景观水闸工程	1座	—	2016年第5期—2018年12期	33 514 232.79	—		景观水闸
6	材料调差及签证	1 818 333.53	—	2016年第5期—2018年12期	87 450 047.45	—	48.09	施工期间的材料人工调差及签证
7	合计	1 818 333.53		2016年第5期—2018年12期	705 114 550.08	—	387.78	

5.2 单项工程造价指标分析表

表3 景观绿化工程造价指标分析

单项工程名称：景观绿化工程　　业态类型：市政公园

总面积：1 597 238 m²　　单位造价：268.26 元/m²

序号	单位工程名称	建设规模/m²	造价/元	其中/元				单位指标/（元/m）	占比	指标分析和说明
				分部分项	措施项目	其他项目	税金			
1	景观生态工程	345 078	118 640 266.68	103 242 258.45	3 705 250.40	0.00	9 795 985.34	343.81	27.69%	（1）建设规模为景观占地面积；（2)包含景观铺装、骑游道及景观节点
2	桥梁及景观堰	345 078	20 092 729.43	14 745 714.17	3 196 255.55	0.00	1 657 681.78	58.23	4.69%	（1）建设规模为景观占地面积；（2)包含景观栈桥、景观堰
3	小品、家具、驿站	345 078	10 870 881.55	9 784 570.75	359 886.33	0.00	803 694.57	31.50	2.54%	（1）建设规模为景观占地面积；（2）包含驿站、城市家具、雕塑等
4	绿化工程	1 252 160	252 276 560.70	222 722 339.80	5 423 177.67	0.00	20 830 174.73	201.47	58.88%	（1）建设规模为绿化占地面积；（2）包含乔木、灌木、草坪等
5	景观安装	345 078	26 594 775.13	24 384 288.58	452 807.82	0.00	2 293 722.23	77.07	6.21%	（1）建设规模为景观占地面积；（2）包含强弱电工程、给排水工程，不含亮化灯具

表 4　配套建筑工程造价指标分析

单项工程名称：配套建筑工程　　业态类型：市政公园

总面积：21 565 m²　　单位造价：2 624.85 元/m²

序号	单位工程名称	建设规模/m²	造价/元	其中/元				单位指标/（元/m）	占比	指标分析和说明
				分部分项	措施项目	其他项目	税金			
1	建筑与装饰工程	21 565	46 880 487.83	37 691 050.11	4 286 278.70	0.00	3 866 017.93	2 173.93	82.82%	
2	安装工程	21 565	9 724 004.22	6 300 964.17	79 764.14	0.00	584 846.42	450.92	17.18%	

注：① 占比指各单位工程占单项工程的比例。

② 土石方工程、安装工程建设规模栏为市政公园总面积，配套用房建设规模为配套用房建筑面积，其他项目建设规模为各自的实施面积。

表 5　土石方工程及专项措施工程造价指标分析

单项工程名称：土石方工程及专项措施　　业态类型：市政公园

总面积：1 597 239 m²　　单位造价：46.68 元/m²

序号	单位工程名称	建设规模/m²	造价/元	其中/元				单位指标/（元/m）	占比	指标分析和说明
				分部分项	措施项目	其他项目	税金			
1	土石方工程	1 597 239	71 699 378.75	61 615 912.87	1 780 967.61	0.00	5 920 132.19	44.89	96.17%	（1）建设规模为景观绿化工程占地面积；（2）包含场平土石方工程
2	上游总价包干措施及服务费	1 597 239	2 859 301.13	0.00	959 120.16	1 664 091.89	236 089.08	1.79	3.83%	（1）建设规模为景观绿化工程占地面积；（2）包含专项措施及总承包服务费

表 6　水生态工程造价指标分析表

单项工程名称：水生态工程　　业态类型：市政公园

总面积：221 095 m²　　单位造价：110.87 元/m²

序号	单位工程名称	建设规模/m²	造价/元	其中/元				单位指标/（元/m）	占比	指标分析和说明
				分部分项	措施项目	其他项目	税金			
1	上游水生态专业分包	96 537	11 994 445.11	10 573 593.44	170 739.29	0.00	990 367.03	124.25	48.93%	（1）建设规模为水生态治理面积；（2）包含水生态系统构建
2	上游湿地	124 558	12 517 439.30	10 848 407.31	289 818.13	0.00	1 033 550.03	100.49	51.07%	（1）建设规模为湿地面积；（2）包含湿地结构建设

5.3 单项工程主要工程量指标分析表

表 7 景观绿化工程主要工程量指标分析

单项工程名称：景观绿化工程　　　　业态类型：市政公园

总面积：1 597 238.53 m^2

序号	工程量名称	单项工程规模		工程量	单位	指标	指标分析和说明
		数量	计量单位				
1	景观生态工程	1 597 238.53	m^2	345 078.42	m^2	0.22	
1.1	透水混凝土	1 597 238.53	m^2	230 166.41	m^2	0.14	
1.2	沥青路面	1 597 238.53	m^2	39 425.32	m^2	0.02	
1.3	混凝土路面	1 597 238.53	m^2	12 597.82	m^2	0.01	
1.4	高耐竹	1 597 238.53	m^2	20 129.57	m^2	0.01	
1.5	地砖/石材	1 597 238.53	m^2	42 759.30	m^2	0.03	
2	绿化工程	1 597 238.53	m^2	1 252 160.11	m^2	0.78	
2.1	草坪面积	1 597 238.53	m^2	570 309.00	m^2	0.36	
2.2	灌木面积	1 597 238.53	m^2	674 790.28	m^2	0.42	
2.3	花境面积	1 597 238.53	m^2	7 060.82	m^2	0.00	

表 8 配套建筑工程主要工程量指标分析

单项工程名称：配套建筑工程　　　　业态类型：市政公园

总面积：21 564.85 m^2

序号	工程量名称	单项工程规模		工程量	单位	指标	指标分析和说明
		数量	计量单位				
1	钢筋	21 564.85	m^2	4 531.6	t	0.21	
2	混凝土	21 564.85	m^2	17 695.3	m^3	0.82	

表 9 总平土石方工程主要工程量指标分析

单项工程名称：总平土石方工程　　　　业态类型：市政公园

总体积：3 102 137.54m^3

序号	工程量名称	单项工程规模		工程量	单位	指标	指标分析和说明
		数量	计量单位				
1	土石方开挖	3 102 137.54	m^3	1 413 852.85	m^3	0.46	
2	土石方回填	3 102 137.54	m^3	1 688 284.69	m^3	0.54	

表 10 水生态工程主要工程量指标分析

单项工程名称：水生态工程　　　　业态类型：市政公园

总面积：221 095 m^2

序号	工程量名称	单项工程规模		工程量	单位	指标	指标分析和说明
		数量	计量单位				
1	水生态面积	221 095	m^2	96 537	m^2	0.44	
2	湿地工程	221 095	m^2	124 558	m^2	0.56	

第三篇

建设项目跟踪审计案例

凤凰家园二期安置小区项目设计—施工总承包一标段

——开元数智工程咨询集团有限公司

◎ 谭尊友，朱进，蒋慧雪，袁春发，赵欣，黄琪琦，王宇森

1 项目概况

1.1 项目基本情况

项目位于成都市双流区永安镇北侧，生物城中路以北，剑南大道以东约 500 m 处，为安置住宅小区，有少量的商业及公服配套项目。项目建设单位为成都生物城建设有限公司，一标段总建筑面积约 78 414.54 万 m^2，其中地下建筑面积 18 402.76 m^2（地下 1 层，高度 3.8 m），地上建筑面积约 60 011.78 m^2（包含 1～7 号楼、垃圾房）。

项目包含建筑工程［土（石）方挖、填方工程、护壁、降水工程、主体结构（含装配式）、防水工程、保温工程］、装饰装修工程、标识标线工程、安装工程（给排水工程、电气安装工程、弱电工程、通风空调工程、消防工程、电梯工程）、人防工程。

项目招标控制价：工程建设费 252 049 529.59 元，其中安全文明施工费 9 014 213.14 元，规费 5 518 906.00 元，暂列金额 20 296 093.64 元。工程中标单位为成都市第七建筑工程公司（牵头人）、四川省建筑设计研究院。签约合同金额：238 000 858 元，施工工期 400 日历天。

项目采用备案制，备案号：川投资备【2017-510122-47-03-219646】FGQB-1620 号。项目总投资 62 000 万元，其中自有资金 12 400 万元，国内贷款 49 600 万元。

项目业主通过公开招标方式确定 EPC 单位，施工中标价为 23 800.09 万元（下浮 5.57%），其中，税前工程造价为 21 636.44 万元，税金为 2 163.64 万元。暂定设计费为 146.87 万元。采用综合单价包干的计价模式，人工费、部分主材需进行调差。项目可研批复金额为 61 535.71 万元，最终一标段总包施工部分结算审定金额 20 791.74 万元。

1.2 项目特点

凤凰家园二期安置小区项目设计—施工总承包一标段项目具有以下特点：

（1）发包模式为 EPC，以设计施工总承包合同金额为控制上限；

（2）建筑结构设计中采用装配式设计，并运用 BIM 技术进行建设全过程管控；

（3）对项目建设的基本建设程序、招投标程序、合同内容、项目业主内控制度、人员到位履约情况、招标清单、施工方案、合同款项支付情况等多方面进行造价审计，对全过程造价审计传统业务进行了延展。

2 咨询服务范围及组织模式

2.1 咨询服务的业务范围

受成都市高新区审计局的委托，我方对凤凰家园二期安置小区项目设计—施工总承包一标段项目进行全过程跟踪审计（含工程竣工结算审核服务），对该项目从立项批复到竣工结算期间的建设和管理活动的真实性、合法性、效益性实施全过程动态、持续的审计监督，并对工程竣工结算进行审核。

审计对象为本项目建设单位，必要时将追溯相关年度或者延伸审计有关单位。

2.2 咨询服务时间

本项目 2019 年 5 月 30 日进场，项目竣工验收完成后，于 2021 年 1 月 30 日向审计局申请撤场，跟踪审计驻场时间长达一年零八个月，节假日采用轮流值班制，驻场时间 611 天。

结算审计自 2022 年 1 月 14 日—2022 年 4 月 13 日，审计时间 90 天。

2.3 咨询服务的组织模式

本项目咨询服务的组织模式如图 1 所示。

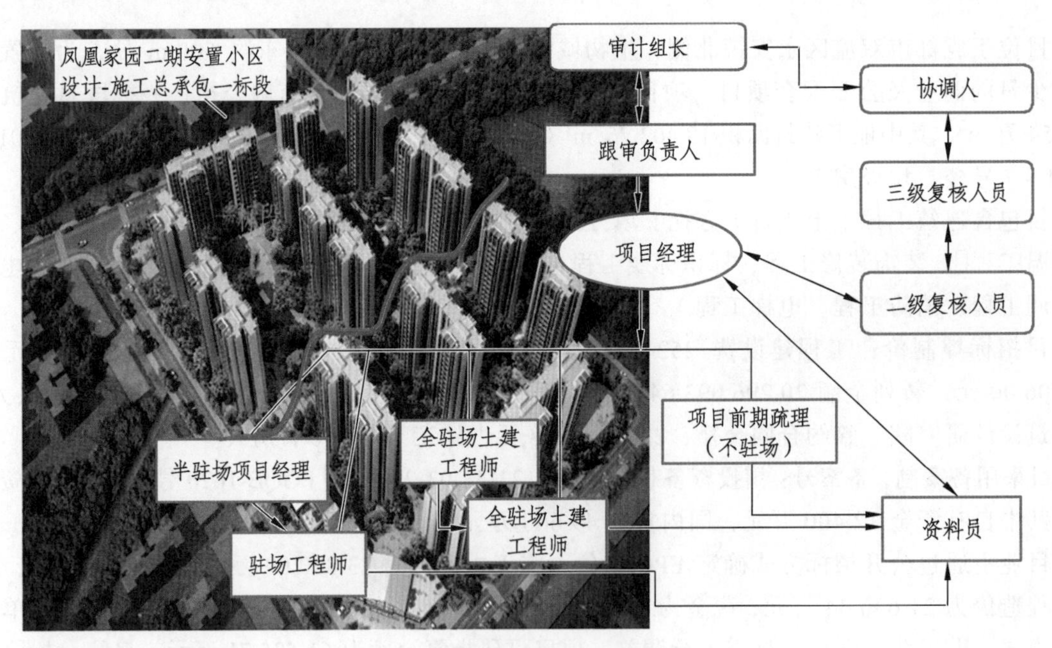

图 1 项目咨询服务组织模式

2.4 咨询服务工作职责

（1）项目负责人的职责。

① 确定造价管理咨询项目部人员分工和岗位职责。

② 主持编写项目跟踪审计造价管理咨询实施方案，负责造价管理咨询项目部的内部管理和外部协调工作。

③ 审阅重要的咨询成果文件，审定咨询技术条件、咨询原则及重要技术问题。

④ 负责造价管理咨询项目部内各层次、各专业人员之间的技术协调、组织管理、质量管理等工作，研究解决各种存在的问题。

⑤ 负责处理审核人、校核人、编制人员之间的技术分歧意见，对形成的咨询成果质量负责。

⑥ 根据项目跟踪审计造价管理咨询实施方案，动态掌握项目造价变化情况，负责统一咨询业务的技术条件、工作原则，确定阶段控制目标、风险预测办法、偏差分析和纠偏措施。

（2）项目经理的职责。

① 负责本专业的项目跟踪审计造价管理咨询业务，指导和协调造价员的工作。

② 在项目负责人的领导下，组织本专业造价人员拟定项目跟踪审计造价管理咨询服务实施细则，核查资料使用、咨询原则、计价依据、计算公式、软件使用等是否正确。

③ 掌握本专业项目跟踪审计造价管理咨询实施情况，协调并研究解决存在的问题。

④ 组织编制本专业的初步成果文件及其说明和目录。

⑤ 组织编写咨询成果文件的总说明、总目录，审核成果文件。

（3）驻场土建工程师负责人职责。

① 参与项目前期资料的收集，进行预算及结算管理审核等。

② 审核项目施工管理，拟定项目进度计划，协助完成计划流程。

③ 对现场进行取证检查。

④ 审核项目资金计划与支付管理工作，配合项目审计工作。

⑤ 熟悉相关行业主管部门下发的各类造价文件并合理运用，及时对建设单位报送的材料认价情况进行分析检查。

⑥ 熟悉本专业图纸及相关施工合同，参加图纸会审、设计交底及重大技术方案审查会，充分了解设计思路及设计意图。核查施工技术方案的审核或审批工作是否与现场一致。

⑦ 认真研究工程设计图纸和设计变更文件，检查图纸或文件中存在的问题，并协调设计及时进行修改和下发设计变更通知；审核和统计设计工程量，并做好设计工程量统计台账。

⑧ 经常深入工程施工现场，督促总承包单位严格按照设计要求、国家规范、行业标准进行施工管理。协调解决施工中出现的技术问题，发现重大问题及时报告并提出处理意见，同时做好施工大事记。

⑨ 负责工程施工中设计变更的审核工作，并及时呈报技术负责人审批。负责将已经批准的工程变更技术文件呈报相关部门。

⑩ 参加工程施工中出现的重大技术问题、质量问题、安全生产或质量事故的调查处理工作。

⑪ 协助技术负责人在期中、期末支付工作中的工程量审核工作和设计变更等相关工程量现场签认工作。

（4）安装审核负责人职责。

① 参加图纸会审、设计交底及重大技术方案审查会，充分了解设计思路及设计意图。审核或审批给排水、照明、动力、弱电工程的施工组织设计、施工进度计划以及施工技术方案与实际是否一致。

② 认真研究工程设计图纸和设计变更文件，检查图纸或文件中存在的问题，并协调设计及时进行修改和下发设计变更通知；审核和统计设计工程量，并做好设计工程量统计台账。

③ 经常深入工程施工现场，督促总承包单位严格按照设计要求、国家规范、行业标准进行施工管理。发现重大问题及时报告并提出处理意见，并做好施工大事记。

④ 及时与土建工程师沟通并处理需要专业配合的工作，协助资料员完成本专业相关资料的检查及收集整理工作。

⑤ 负责工程施工中设计变更的审核工作，并及时呈报技术负责人审批。负责将已经批准的工程变更技术文件呈报相关部门。

⑥ 参加工程施工中出现的重大技术问题、质量问题、安全生产或质量事故的调查处理工作。

⑦ 协助技术负责人在工程期中、期末支付工作中的工程量审核工作和设计变更等相关工程量现场签认工作。

（5）安装造价员职责。

① 依据业务要求，执行作业计划，遵守行业标准与原则，对所承担的业务质量和进度负责。

② 根据专业造价工程师的分工要求，履行本职工作，选用正确的业务数据、计算方法、计算公式、计算程序，做到内容完整、计算准确、结果真实可靠。

③ 项目技术负责人所发出的指令按时按质完成，对各类控制措施实施情况进行监督、检查和记录。

（6）资料员岗位职责。

① 负责接收政府相关部门、设计单位、勘察单位及公司内部下发的各种图纸、文件、图像等资料，并登记造册，妥善保管。

② 记录并整理会议纪要，文件、图纸、合同等及时发放及存档，并建立翔实的台账，定期汇总向部门主任汇报。

③ 规范工程项目施工期间的各类图纸、变更通知、工程合同及其他工程项目方面文件资料的收发、保管。发放的图纸资料必须保留原件一份，连同发放清单一起存档。

④ 按照档案管理相关规范和要求，对工程资料进行科学规范地编号、登记，并进行分类存档和保管。

⑤ 负责定期整理工程资料、合同、资质文件以及建设、规划、国土等主管部门审批文件原件，及时移交公司档案室存档。

⑥ 负责定期清理资料室档案，及时清理和销毁作废资料，避免资料被误用。

⑦ 负责管理有关工程技术资料借阅工作，相关部门借阅图纸及工程资料，应报工程主管工程师同意，登记相关借阅资料及时间。到期归还时，须经双方签字确认。

⑧ 若因公需借阅公司规定的机密资料，须报总经理同意并办理相关借阅手续后，方准借阅。

公司总工办、施工工艺专家、材料询价工程师、信息平台、后勤人员为项目部提供技术、数据、后勤方面的支持和保障。

3 咨询服务的运作过程

3.1 咨询服务的理念及思路

（1）不介入建设或代建单位原定审批程序，不增加一道审计审批关口。

（2）通过跟踪审计，控制工程建设成本，提高建设资金的使用效益，及时纠正项目建设中存在的问题，促进工程建设各方认真履行工作职责，推动工程建设有序开展，为实现工程建设总体目标保驾护航。

（3）通过对建设项目全过程跟踪审计，保证建设资金合理、合法使用，正确评价资金使用效益，并督促相关建设主体不断总结经验，提高科学决策和建设管理的水平。

3.2 咨询服务的方法及手段

3.2.1 审计方式

跟踪审计人员常驻现场，根据需要随时深入施工现场，掌握工程实时动态，通过审阅、询问、现场查勘、计算、分析性复核、对比分析、现场核查、重点审核等方法获取能够证实审计事项真实情况的充分、可靠的审计证据。在跟踪过程中，通过工作联系函的方式进行沟通或信息传递；对审计中发现的重要问题报请审计局同意后向被审计单位发出跟踪审计整改函或联系函，并对整改情况进行跟踪

和记录；对审计工作中的重要事项以及审计组人员的专业判断进行记录，编制工作底稿；审计组向审计局提交跟踪审计周报、月报；跟踪审计项目结束后，出具跟踪审计总结报告。

3.2.2 审计方法

（1）检查审阅法。

① 检查有关本项目工程立项、可研、概算、设计、征地、环评、招投标、合同等有关资料是否合法、有效，审阅有关批复文件。

② 检查审阅各参建单位的工商登记证书、行业资质证书、有关技术人员证书及收费许可等资料是否真实、合法，所计取的代建、勘察设计、监理、咨询等费用是否合法。

③ 检查审阅项目与相关单位是否依法签订合同，签订的合同条款是否合法、公平，与招标文件和投标承诺是否一致，中标合同价是否真实合理。

④ 检查审阅工程变更情况：工程变更是否合理、合规、真实，相应签证手续是否及时、完整；重大工程变更是否按规定程序进行报批，一般工程变更的审批是否严格执行建设单位相应内控制度规定；有无将合同范围外应进行重新招投标的内容，以工程变更联系单形式直接交由原施工单位实施的问题；有无因决策失误、设计失误、工程质量事故等原因造成的损失或浪费。

⑤ 根据审计内容和事项需要，检查审阅其他资料。

（2）调查询问法。

召集有关人员进行座谈，调查询问以下内容，调查询问应取得被询问人员、单位书面确认的调查记录。

① 建设单位是否建立健全各项内控制度，例如：工程签证制度，设备采购、验收、领用、清点制度，费用报销制度，工程款项支付制度，验收制度等。

② 监理方案和监理单位的现场工作记录文件和工作成果文件。

③ 全过程造价控制实施方案和过控单位的工作成果文件。

（3）现场勘查法。

现场勘查主要适用于以下跟踪审计的内容：

① 对于隐蔽工程，跟踪审计人员根据需要及时深入现场，了解施工情况，特别是对于在将来结算审计中准确核量有困难的隐蔽工程，审计人员要提前核实隐蔽、交叉、临时工程等完工后无法再行核查的工程实施情况。审计组应以巡查、测量、拍照等方法对隐蔽工程施工量进行全过程现场审计监督。

② 工程进度款支付时，审计人员应现场勘查核实进度款支付的形象进度与实际支付进度是否基本一致。

③ 工程竣工结算审核时，审计人员必须深入施工现场，采取现场勘查的方式对照施工图、竣工图与工程结算书，进行必要的现场测量、核实和确认。

3.3 咨询服务的过程

2019 年 5 月 30 日，本项目跟审审计组进场，项目已经开工，已实施的主要内容为：

（1）地下室 2-E 轴 ~ 2-K 轴交 2-2 ~ 2-12 轴后浇带之间筏板钢筋、混凝土完成。

（2）1#楼一层墙柱、二层梁板钢筋完成，地下室顶板防水及保护层完成。

（3）2#、3#楼由于拆迁原因还未进行土方开挖，场地已平整。

（4）4#楼由于拆迁原因土方完成 90%。

（5）5#楼、6#楼负一层墙柱、二层梁板钢筋绑扎完成 80%。

（6）7#楼垫层完成、防水完成、保护层完成、筏板钢筋完成 80%。

（7）1#、5#、6#、7#楼及地下室 CFG 桩完成 100%，振冲碎石桩完成 100%，抗浮锚杆完成 100%。

非驻场工程师对前期程序及流程进行审查，驻场人员对本项目现场情况进行取证，并对实施内容的真实性、完整性进行跟踪审计。

2020 年 11 月，项目竣工，全部人员报请审计后撤场。

2021 年 12 月 29 日，由成都生物城建设有限公司向审计组报请结算资料，于 2022 年 4 月 13 日审核成果，经审计局复核后形成本次结算审计报告。

3.3.1 项目前期跟踪审计的主要内容

（1）检查建设单位的内部控制制度。重点检查建设单位工程管理制度（包括内部比选流程、审签流程、监督环节等）的建立情况是否规范、健全。关注建设单位是否建立了完善的管理制度，控制措施设置是否合理、有效，是否存在重要的制度漏洞。

（2）检查项目的基本建设程序。检查建设单位是否按国家相关法律、法规以及批复文件等履行项目的基本建设程序，包括任务来源、资金来源、立项批复、概算批复、招标核准、环评批复、规划许可、施工许可、消防批准等。对项目的基本建设程序进行合规性、科学性、有效性的综合评价。

（3）核查招投标程序。核查招标公告、文件发售、答疑、开标、评标、定标等招投标环节的真实性和合法性；核查招标文件中的评标原则是否符合相关规定、评分标准是否合理；核查项目是否存在设置不合理的招标限制条件、排斥其他投标人的情形；核查招投标环节是否存在围标、串标等行为；核查合同条款是否合法、公平、全面；检查投标文件是否实质性响应招标文件。

3.3.2 项目实施阶段跟踪审计的主要内容

（1）分析合同内容、检查设计文件、检查人员到位情况、检查内控制度、分析招标清单、分析二次评审控制价、检查施工组织设计及专项施工方案、检查合同款项支付、检查认质核价情况。

（2）通过业主下发的建筑、结构、水暖电等图纸，运用相关的 BIM 软件建模，对过控单位清标报告、进度款进行审核。

（3）参加现场各种会议。参加现场例会、方案讨论会、图纸会审及现场的各类专题会议（尤其是涉及造价的相关会议），做好会议记录，收集会议纪要。同时运用 BIM 软件建模，根据 BIM 模型随时观察设计图纸中的问题，及时沟通，及时确认，再根据 BIM 模型可出图、出报表的特性，分析设计单位优化的合理性。会议流程如图 2 所示。

二维图纸

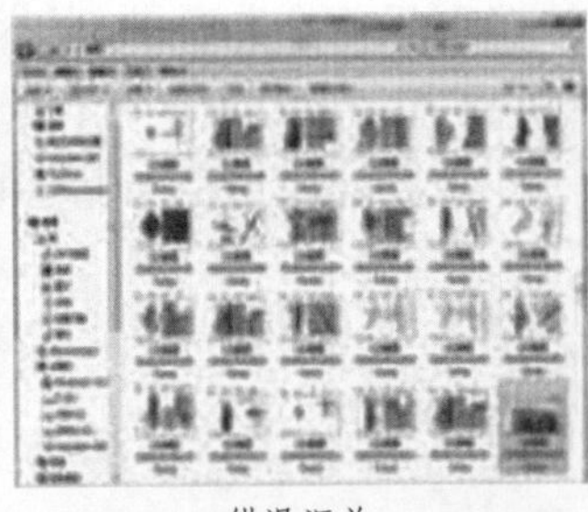
错误汇总

现场施工

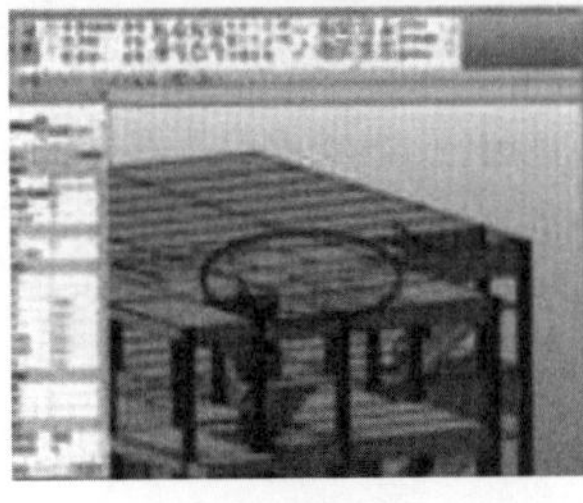
三维模型

图纸会审

基于BIM技术的图纸会审应用，使管理人员通过BIM模型，快速准确地发现各专业图纸中存在的缺陷。做到及时纠正，避免施工过程中出现返工情况，从而缩短工期和节约成本，图纸审核效率提高百分之六十

图 2　会议流程

（4）检查设计变更和签证。对重大设计变更和重要签证发生原因、签发流程、经济合理性、造价

变更审批程序进行检查。

（5）施工现场检查。对照检查清单对易发生偷工减料的项目是否按照设计图纸进行施工进行检查；对照检查清单对进场重要材料和设备是否按照设计要求、认质核价、招标要求实施进行检查；对照检查清单参加各类现场收方、签证、隐蔽验收的现场见证监督工作，并做好现场原始记录及取证依据；对各方履职情况、管理程序执行情况等进行记录。重点检查隐蔽工程是否与设计、施工方案相符。安装工程师通过 BIM 模型将现场数据录入模型，对未按图施工部位进行标记，为后期结算做准备，如图 3 所示。

图 3　BIM 施工现场检查

（6）实时跟踪现场，做好重要事项的查勘、取证、见证工作，审计组派代表常驻现场，进行日常查勘、见证施工进度及监督工作程序，对于重要事项，审计组参与会议、检验等事宜。做好相关资料的收集取证工作，见证事项真实性，为开展审计工作奠定基础。

（7）编制审计日记，记录程序及实质问题，为审计工作保存第一手资料，验证审计工作过程。

（8）编制审计底稿，随项目实施进行，审计组对于涉及造价控制的招标、合同等文件管理，价款审核的费用内容、费用分配、计价性质，以及市场询价状况等方面，采集对造价有影响的相关事项，编制审计底稿，记载其产生原因、解决办法和实施效果等内容，为审计工作总结经验。

（9）编写过程简报及总结，按照月份及施工阶段，审计组编写工程简报和总结资料，及时与各方进行沟通汇报，使审计工作及时为项目管理和实施服务，并提示风险，进行价款控制监督。同时，接受各相关部门的对等审查监督，做到依法审计。

（10）提供非书面咨询服务，结合建设项目实施的时间及地点特征，随时为各方提出口头性或纪要性咨询意见，提供即时的造价咨询服务。

（11）监督工程索赔情况。对于索赔或反索赔事件，重点做好跟踪与记录，分析查找原因，尽可能地避免索赔事件的发生。

（12）对进场前已施工部分的资料进行梳理，对已完工程金额进行分析。对土石方工程、边坡支护工程、地基处理工程及钢筋混凝土工程的资料进行收集和梳理。

（13）现场需持续跟踪的其他事项。

3.3.3　项目结算阶段跟踪审计的主要内容

（1）竣工结算审核。对被审计单位报送的竣工结算进行审核并出具审核报告，重点关注工程造价的真实性、合规性和合理性。

① 列出该工程的单项造价指标、整体造价指标、主要材料用量指标，分析指标差异的合理性，检查结算书的正确性。

② 将自行检查后的结算文件及相关资料提交项目经理，请项目经理对成果文件进校核。

③ 经校核无误后，将结算文件及相关资料提交审核人员，请审核人员对成果文件进行审核。

④ 根据项目实际情况，校核与审核可在争议问题解决前进行。

（2）最后的沟通、定稿与交付。

① 经审核无误后，向项目负责人汇报，确定与委托方沟通的要点。

② 与委托方沟通，介绍审计项目执行情况，工程造价核减情况，征求委托方意见，接受委托方的审查。

③ 按报告的签发程序签发报告。

④ 交付成果文件，同时返还委托方提供的资料。

（3）出具结算报告和总结报告。

① 按成都市高新区审计局项目模板出具结算审计报告。

② 项目负责人在项目完成后，除了按要求整理档案、提交完工信息以外，还要完成客户满意度调查，对项目执行情况进行总结，撰写总结报告。

③ 总结项目产生了哪些争议问题，产生的原因有哪些，最后是如何解决的，解决的方式、方法是否符合规定，我们起到了哪些促进作用。

· 总结项目是否让客户满意，分析让客户满意的亮点或不满意的原因。

· 总结执行中有哪些步骤不合适需要修改或补充。

· 总结委托方在现场管理中有哪些方面做得很好使工程造价降低，有哪些方面做法不当使工程造价增加，设计上存在哪些不合理的地方，发生的设计变更都是哪些因素造成的，监理方在投资控制方面存在哪些不妥的行为，施工方在哪些方面的做法导致工程造价增加。

4 经验总结

4.1 咨询服务的实践成效

4.1.1 项目跟踪审计成效

（1）填报审计整改函 3 份。

① 资料整改通知书 001 号（GXSJ-SJZG-20190032019004-001）主要内容及建议：参建单位实际配备的部分主要人员与投标（比选）文件不一致，参建单位人员部分主要人员在岗时间偏少，于 2019 年 8 月 19 日书面回复审计组。

② 资料整改通知书 002 号（GXSJ-ZJZG-20190032019004-002）主要内容及建议：一标段中标价 23 800.09 万元，单方造价 3 050.16 元/m^2；施工图预算造价 26 310.23 万元，单方造价 3 371.86 元/m^2，总造价超中标价 2 510.14 万元，超 10.55%。针对施工图预算价超中标价问题，会同相关单位，按照合同约定进行设计优化工作，将总造价控制在中标价内。于 2019 年 9 月 22 日书面回复审计组。

③ 资料整改通知书 003 号（GXSJ-SJZG-2019003-2019004-003）主要内容及建议：该工程投标清单中 200 mm 厚水泥空心条板内隔墙存在不平衡报价策略，投标报价较控制价下浮超过 25%。成都生物城建设有限公司同意在施工结算时，对该调整后“改性石膏轻质内隔墙”项目的综合单价按调整前原投标清单中“水泥条板内隔墙”项目的综合单价报价做下浮调整。一标段投标清单中 200 mm 厚水泥空心条板内隔墙下浮金额为 208.11 万元。于 2019 年 12 月 13 日书面回复审计组。

（2）驻场工程师全程跟审，填写审计取证记录单 138 份，其中发现问题 5 处，未按图施工问题共 5 处，例如 1 层飘窗板厚度低于设计要求、边坡支护 BG 段钢筋间距与图纸不一致、构造柱点位布置与图纸不一致、叠合板天棚做法与图纸不一致、墙体钢丝网布置与设计图纸不一致等，涉及金额 148 777 元。

（3）向审计局提交跟审周报 92 期。

（4）疫情期间参与疫情物资的清点，见证了施工单位补充合同情况。

（5）完成提交基本建设程序检查情况，发现无概算批复，被审计单位解释由于概算批复还在评审中，暂时无法落实是否有超出批准概算范围投资、挤占或者虚列工程成本等问题；无土地使用审批手续、施工许可、消防审查批准文件，被审计单位解释由于前期拆迁问题导致土地审批手续迟迟无法办理，施工许可等手续也相应无法办理，未发资料整改通知；因该项目暂无法办理土地使用审批手续、规划许可、施工许可等，无法报建备案，由双流区规划建设局提请质监提前介入手续。

（6）完成提交招标投标核查情况，重点关注了程序的合规性、评分标准的合规性和合理性、评标过程的合规性、是否围标串标等，未发现违规情况和围标串标痕迹，但存在施工报价竞争不充分、部分评分标准设置不合理的情况。

（7）完成提交合同内容检查情况，建设单位提供了 EPC 施工合同、招标代理合同、测绘合同、勘察设计合同、造价咨询合同、水保合同、地质灾害评估合同、节能合同、竣工面积测绘合同、监理合同、质量检测合同、施工图审查合同及变形监测合同。各类合同内容与招投标文件（比选文件）内容吻合，合同内容较完整，主要条款合法合规。

（8）内控制度检查情况。

① 项目前期管理制度：发文为《关于印发〈建设项目工程管理细则（试行）〉的通知》（成生投资发〔2016〕65 号），该制度合规、合理、操作性好，主要内容包括：工程会议制度，工程现场管理制度，单位工程开工许可管理制度，工程质量、工程变更和签证管理制度，文明施工管理制度，施工单位安全管理制度，原材料管理制度。

② 招投标管理制度：发文为《关于印发〈工程建设类项目招标（比选）管理办法（试行）〉的通知》（成生物产业城公司〔2016〕46 号），该制度合规、合理、操作性好，主要内容包括：建设工程招标（比选）方式和范围、其他工程服务类比选方式和范围、其他招标（比选）工作程序。

③ 设计管理制度：发文为《关于印发〈建设项目工程管理细则（试行）〉的通知》（成生投资发〔2016〕65 号），该制度合规、合理、操作性好，主要内容包括：设计技术交底和施工图会审管理制度，工程现场管理制度，工程变更和签证管理制度。

④ 施工图预算管理制度：发文为《关于印发〈成都生物城建设有限公司建设工程全过程造价管理流程（试行）〉的通知》（成生投资发〔2019〕13 号），该制度合规、合理、操作性好，主要内容包括：总则、各阶段造价管理主要工作内容、各阶段的造价管理职责部门、附则。

⑤ 合同管理制度：发文为《关于印发〈合同管理办法（试行）〉的通知》（成生物产业城公司〔2016〕39 号），该制度合规、合理、操作性好，主要内容包括：部门职责范围、合同的签署、合同的审查和审批、合同的履行、合同用章和合同文本保管、合同编号和存档要求。

⑥ 物资采购制度：发文为《关于印发〈工程建设类项目招标（比选）管理办法（试行）〉的通知》（成生物产业城公司〔2016〕46 号），该制度合规、合理，但涉及物资采购专项内容较少且操作性一般，主要内容为第十一条、第十三条。

⑦ 认质核价制度：发文为《关于印发〈成都生物城建设有限公司材料（设备）认质核价管理办法（试行）〉的通知》（成生投资发〔2019〕11 号），该制度合规、合理、操作性好，主要内容包括：编制材料（设备）认质核价计划表等流程、职责、成果及备案，材料认质核价台账管理及附则。

⑧ 安全管理制度：发文为《关于印发〈建设项目安全生产监督检查办法（试行）〉〈建设项目安全生产管理办法（试行）〉的通知》（成生投资发〔2016〕67 号），该制度合规、合理、操作性好，主要内容包括：安全生产监督管理依据、安全生产监督检查方式、安全生产监督检查工作内容、安全生产监

督检查评价、安全生产监督检查资料、责任追究。

⑨ 质量管理制度：发文为《关于印发〈建设工程质量管理办法（暂行）〉的通知》（成生投资发〔2016〕155 号）及《关于印发〈建设工程质量监督检查实施细则（暂行）〉的通知》（成生投资发〔2017〕24 号），该制度合规、合理、操作性好，主要内容包括：质量监督管理依据、质量监督检查方式、质量监督检查内容、质量监督资料管理、责任追究。

⑩ 变更管理制度：发文为《关于印发〈成都生物城建设有限公司建设工程变更签证管理办法（2019 年修订版）〉的通知》（成生建设发〔2019〕12 号），该制度合规、合理、操作性好，主要内容包括：总则、概念、职责、管理流程、分级管理权限及附则。

⑪ 现场签证管理制度：发文为《关于印发〈成都生物城建设有限公司建设工程变更签证管理办法（2019 年修订版）〉的通知》（成生建设发〔2019〕12 号），该制度合规、合理、操作性好，主要内容包括：现场签证管理流程、分级管理权限。

⑫ 完成人员到位检查情况核查。根据建设单位提供的监理会议纪要及专题会议的签到表，发现参建单位实际配备的部分主要人员与投标（比选）文件不一致，参建单位部分人员在岗时间偏少，已发整改通知函（GXSJ-SJZG-20190032019004-001）。经审计组测算，凤凰家园二期安置小区监理单位按监理合同罚款金额为 86 000 元（一二标段共性问题），一标段施工单位按 EPC 施工合同罚款金额为 490 000 元。

⑬ 完成提交招标清单分析报告。土石方招标清单分析：综合单价均仅低于最高综合限价 0.82%，经核实土石方投标土石方全费用清单为 6 803 538.89 元，招标控制价土石方全费用清单价 6 438 795.86 元，高于控制价 364 743.03 元，该单位工程高出招标控制价 5.66%。地勘资料与现场实际基本吻合，未见卵石夹砂层，无砂砾石可利用。本次砂砾石采用外购，由于砂砾石单价较高，基坑不建议采用砂砾石回填，应利用挖出的石方解小后回填。整个土石方单价仅有土方回填，且土方回填采用场内倒运，一旦无合格土可用，施工单位势必提出石方回填和砂砾石回填的新组价项，招标清单中对回填土方未增加回填石方的单价，此项风险较大。现场有 1#、5#～7#号楼基础已开挖，整个现场土石方均外弃，无可利用土方。仅有的 2#、4#楼的基础未开挖，不良土质仍需要处理，无回填土方的单价，应严格控制场内土方的回填用的土源认定，加强管理减少投资。所有大开挖土方为场外运输。招标控制价定额组价与投标组价定额不同，本次招标控制价并未泄露。

⑭ 完成安全文明施工与扬尘污染防治专项方案、地质灾害应急方案、防空地下室施工方案、钢筋工程专项施工方案、临建施工方案、落地式脚手架施工安全专项方案、绿色施工组织设计方案、群塔作业防碰撞专项方案、施工现场总平面布置施工方案、振冲碎石桩、CFG 桩工程施工组织方案核查。除振冲碎石桩、CFG 桩工程施工组织方案以外，其余方案与现场实施一致。振冲碎石桩、CFG 桩工程施工组织方案 CFG 桩检测时间与方案时间不一致。

⑮ 完成招标图与施工图审查，发现施工图清标金额超中标合同价，一标段的中标金额为 238 000 858.00 元，施工图清标后总价为 256 906 304.79 元，超中标金额 18 905 446.79 元。经过本次分析，建议设计单位可以多方面对设计图进行优化，以满足合同要求。

⑯ 完成施工图预算造价与中标价分析，发现一标段施工图设计后的预算总造价超过了中标价。一标段中标价 23 800.09 万元，单方造价 3 050.16 元/m^2；施工图预算造价 26 310.23 万元，单方造价 3 371.86 元/m^2，总造价超中标价 2 510.14 万元，超 10.55%。

4.1.2 项目跟踪审计结论

本项目为 EPC 项目，根据合同约定，如施工图设计后的相应总造价超过了中标价的，承包人无条件修改、优化设计，直至将相应总造价控制在中标价范围内。合同价为 238 000 858.00 元，结算价为 207 917 430.00 元，未超合同金额，投资金额节余 30 083 428 元。

4.2 咨询服务的经验和不足

（1）及时收集图片及现场资料，对土石方项目采用无人机拍摄录制原地貌。

（2）采用 BIM 技术，使工程设计具体化，避开工程可能存在的风险。

（3）2020 年 1 月 20 日因疫情停工，我方驻场工程师会同参建单位对防疫物资进行清点、核实，安抚未能及时回乡的值班农民工，做好生活物资派发。疫情结束后，结合高新区对疫情增加费用的核定，经测算后，对 2020 年 2 月 1 日—2020 年 5 月 31 日期间的安全文明施工费上浮 20%，见证补充协议的签订。

（4）本项目 2、3、4 号楼因拆迁不到位，原设计地基处理振冲碎石桩+CFG 桩的处理方式实施将超合同价，跟审组下发整改函，要求优化设计，经过设计单位投标方案中一级建筑师和多名教授级高工现场组织论证，优化为预应力混凝土管桩，时间上尽量与其他楼栋保持一致，经济上控制在合同金额以下。

（5）驻场工程师采用施工现场检查要点的方式对易发生偷工减料项目进行检查，整理出现场施工易发生偷工减料项目清单。跟踪人员对照检查清单对施工单位现场实际执行情况进行检查。

（6）跟踪审计进场时间为 2019 年 5 月 30 日，地下室已实施完成，其桩基隐蔽工程无法取证，对于施工方案报送的数量无法核实，造成试验检查赶时间与隐蔽不符，只能按设计图示数量进行计量。

（7）建设单位在项目建设前积极主动要求审计机关进行跟踪审计，但是审计组进入现场开展工作后，仍存在诸多配合问题。

（8）相关单位不及时提交工程相关资料，造成跟踪审计组对工程信息获知严重滞后，导致审计组不能起到事前监控的作用。

（9）在跟踪审计实践中，缺位与越位经常发生，缺位方面如：发现项目建设中存在的违规问题、管理制度问题，不能及时与项目建设单位取得联系并以书面形式反映。越位方面如：隐蔽签证、现场签证应是建设单位、监理单位的职责和具体操作范畴，而在实际工作中，往往要求跟踪审计人员先表态或签明意见后才签字盖章，这样不仅增加了审计风险，也破坏了跟踪审计所建立的权力制衡和监督机制。

（10）建立健全内控制度，变“亡羊补牢”为“防患未然”，严格按制度执行，履行各自的权力和责任。同时，实现“审”与“被审”各方互动，加强建设项目参与各方之间的充分交流和有效沟通。审计人员自身的心理素质、业务素质、工作经验、职业判断、表达能力、谈话技巧在跟踪审计中尤为重要。审计人员在与被审计单位交换意见时，要讲究语言艺术，树立良好的审计形象，实现对被审计单位的审、帮、促，使被审计单位主动配合支持审计，积极采纳审计意见建议，及时纠正建设过程中出现的问题。同时，审计部门应与监理、代建等单位做到资源共享，与其他建设项目监管部门之间实现信息共享，形成合力。对于质量方面的审计，从检查制度建立和运行情况入手，通过对监理单位、施工单位的质量保证体系、内控制度进行检查，熟悉质量管理的主要内容和流程，检查监理人员到位和履职情况，并结合现场检查情况进行评价、分析，然后给予指导、建议、处理、处罚。

5 项目主要经济技术指标

5.1 建设项目造价指标分析表

表 1 建设项目造价指标分析

项目名称：凤凰家园二期安置小区项目设计-施工总承包一标段　　项目类型：拆迁安置房项目

投资来源：国有公司　　项目地点：四川省成都市双流区

总建筑面积：78 414.54 m^2　　功能规模：车位/车库

承发包方式：工程总承包　　造价类别：结算价

开工日期：2018 年 12 月 1 日　　竣工日期：2020 年 11 月 17 日

地基处理方式：复合地基　　基坑支护方式：网喷+放坡+土钉

序号	单项工程名称	规模/m^2	层数	结构类型	装修档次	计价期	造价/元	单位指标/（元/m^2）	指标分析和说明
1	地下室	18 402.76	−1	独基+筏板	清水房	2018 年 6 月 12 日—2020 年 11 月 17 日	68 406 293.22	3 717.18	地下建筑面积约 18 402.76 m^2，地下 1 层，高度 3.8 m。带局部人防地下室，地下室为 1 层。地下室含钢量为 112.67 kg/m^2，混凝土含量 1.28 m^3/m^2，模板含量为 2.79 m^2/m^2。带局部人防单层地下室含钢量一般为 100～150 kg/m^2，此项目地下室含钢量处于偏低水平，也与人防面积偏少有关。经济指标一般为 3 300～3 700 元/m^2，处于偏低水平
2	普通住宅	59 913.48	17	筏板+框架结构	精装房		139 237 460.5	2 323.98	地上建筑面积约 59 725.38 m^2，包含 1#～7#楼（二类高层住宅），符合安置房交付条件，简单装修，包含灶台，厨卫吊顶等。地上含钢量 A 户型为 39.46 kg/m^2（不含 PC）、B 户型为 38.00 kg/m^2（不含 PC），混凝土含量 A 户型为 0.33 m^3/m^2（不含 PC）、B 户型为 0.35 m^3/m^2（不含 PC），模板含量 A 户型为 3.35 m^2/m^2（不含 PC）、B 户型为 3.39 m^2/m^2（不含 PC）。对比相似楼层安置房，本项目单方经济指标处于适中水平，一般为 2 200～2 600 元/m^2
3	附属用房（门卫+垃圾用房）	98.30	1		精装房		273 676.25	2 784.09	简单装修
4	合计	78 414.54	—	—	—		207 917 430	2 651.52	总建筑面积约 78 414.54 m^2，砌体为 0.11 m^3/m^2，模板为 3.33 m^2/m^2。 综合经济指标适中，普通安置房经济指标为 2 500～2 800 元/m^2

5.2 单项工程造价指标分析表

表 2 地下室工程造价指标分析

单项工程名称：地下室　　业态类型：普通住宅
单项工程规模：18 402.76 m²　　层数：-1F
装配率：17%　　绿建星级：/
地基处理方式：振冲碎石桩+CFG 桩+褥垫层　　基坑支护方式：网喷+放坡+土钉
基础形式：筏板基础　　计税方式：一般计税

序号	单位工程名称	规模/m²	造价/元	其中/元				单位指标/（元/m²）	占比	指标分析和说明
				分部分项	措施项目	其他项目	税金			
一	地下室	18 402.76	68 406 293.22	59 692 682.33	3 563 362.619		5 150 248.266	3 717.18	100.00%	
1	建筑工程	18 402.76	40 763 121.58					2 215.05	59.59%	
1.1	土石方工程	18 402.76	3 907 916.18					212.35	5.71%	本项目为一层地下室，建设期为 2019 年 12 月—2021 年 8 月，由开元数智工程咨询集团有限公司跟踪审计。含土方外运等，指标为 42.57 元/m³。施工过程中土石方单价为 40～55 元/m³，与市场单价吻合，未出现单价偏低或偏高的情况
1.2	地基处理工程	18 402.76	2 432 451.51					132.18	3.56%	本次管桩采用 500 的预应力高强管桩，含所有检测费用及安装费用单价为 290.65 元/m³，含 C15 混凝土褥垫层单价为 254.97 元/m³，管桩投标价较市场价处于下限单价（260～320 元/m³）
1.3	砌筑工程	18 402.76	925 811.14					50.31	1.35%	包含地下室侧墙砖，砌体综合为 0.11 m³/m²。由于轻质隔墙 PC 构建另列项，不在本范围内，此砌体含量较其他装配式建筑安置房适中，一般为 0.06～0.14 m³/m²

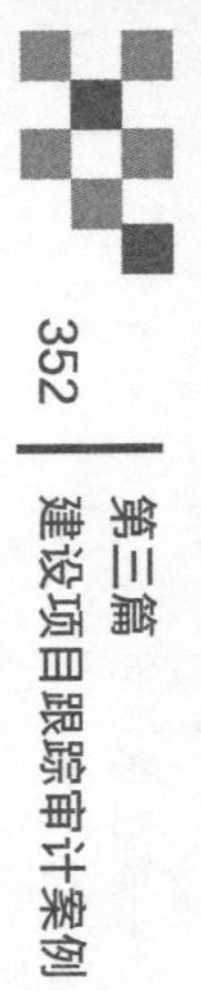

续表

序号	单位工程名称	规模/m^2	造价/元	其中/元				单位指标/（元/m^2）	占比	指标分析和说明
				分部分项	措施项目	其他项目	税金			
1.4	混凝土及钢筋混凝土工程	18 402.76	21 603 675.58					1 173.94	31.58%	地上含钢量A户型为39.46 kg/m^2（不含PC）、B户型为38.00 kg/m^2（不含PC），混凝土含量A户型为0.33 m^3/m^2（不含PC）、B户型为0.35 m^3/m^2（不含PC），模板含量A户型为3.35 m^2/m^2（不含PC）、B户型为3.39 m^2/m^2（不含PC）。地下室含钢量为112.67 kg/m^2，混凝土含量为1.28 m^3/m^2，模板含量为2.79 m^2/m^2。由于含局部人防，地下室含钢量为112.67 kg/m^2，根据人防占比面积不同差异较大，100～150 kg/m^2单层地下室含量指标均存在。地上含钢量（含PC构建）为41 kg/m^2，在安置房指标中偏低，普通安置房住宅指标为40～48 kg/m^2
1.5	金属结构工程	18 402.76	50 031.17					2.72	0.07%	钢梯、集水坑盖板、砌体交界处钢丝网等为4.86元/m^2，含量指标偏低，主要原因为当期钢材价格水平处于低位，钢材综合单价为3 750元/t
1.6	门窗工程	18 402.76	284 448.57					15.46	0.42%	钢制防火门、覆膜多腔塑料型材门窗、入户门等，地下室0.03 m^2/m^2，地上A户型0.38 m^2/m^2、B户型0.44 m^2/m^2，此门窗含量属于正常范围，安置房一般为0.35～0.48 m^2/m^2
1.7	屋面及防水工程	18 402.76	2 660 343.43					144.56	3.89%	屋面4 mm厚SBS聚酯胎单面自黏改性沥青防水卷材Ⅱ型、厨卫防水1.5 mm厚JS-Ⅱ型防水涂料，含翻遍、附加层不另计，地下室为2.36 m^2/m^2、地上A户型为0.7 m^2/m^2、地上B户型为0.76 m^2/m^2，按同期比较此含量偏低，主要由于此工程量项目特征描述翻遍、附加层不另计，一般地上含量为0.7～1.1 m^2/m^2，地下室为2.3～2.7 m^2/m^2
1.8	保温、隔热、防腐工程	18 402.76	210 985.80					11.46	0.31%	屋面保温挤塑聚苯板（B1级）45 mm厚，外墙内保温不燃型复合膨胀聚苯乙烯保温板（A级）50 mm厚。外墙保温地上A户型为0.89 m^2/m^2，地上B户型为0.85 m^2/m^2，保温含量适中，普通安置房外墙内保温为0.8～0.95 m^2/m^2

续表

序号	单位工程名称	规模/m²	造价/元	其中/元				单位指标/（元/m²）	占比	指标分析和说明
				分部分项	措施项目	其他项目	税金			
1.9	土建新增类似清单项目	18 402.76	5 673 379.36					308.29	8.29%	门窗优化变更、CFG 桩变更，经济指标为 145.65 元/m²，CFG 桩为 175.58 元/m，价格水平适中，一般 CFG 桩，桩径 500 mm 为 160～190 元/m
1.10	土建新增清单项目	18 402.76	3 014 078.86					163.78	4.41%	振冲碎石桩为 148.36 元/m、抗浮锚杆为 227.06 元/m、200 mm 改性石膏板隔墙为 156.31 元/m²，综合经济指标为 126.1 元/m²，主要单价振冲碎石桩（一般为 140～180 元/m）处于中等位置偏低，抗浮锚杆（一般为 200～240 元/m）、200 mm 改性石膏板隔墙价格适中（一般为 130～200 元/m²）
2	室内装饰工程	18 402.76	2 342 485.85					127.29	3.42%	
2.1	楼地面装饰工程	18 402.76	1 646 918.66					89.49	2.41%	包含地下及地上楼地面，地下室为 0.94 m²/m²，地上 A 户型为 0.86 m²/m²、B 户型为 0.89 m²/m² 此含量指标属于正常范围，地上含量一般为 0.8～0.92 m²/m²
2.2	墙、柱面装饰与隔断、幕墙工程	18 402.76	211 566.21					11.50	0.31%	抹灰及面砖，地下室内墙面为 1.15 m²/m²，地上 A 户型内墙面为 2.57 m²/m²，B 户型内墙面为 2.51 m²/m²，此含量指标属于正常范围，地上含量一般为 2.2～2.6 m²/m²
2.3	天棚工程	18 402.76	20 910.72					1.14	0.03%	厨卫及公区石膏板吊顶，轻钢龙骨石膏板吊顶为 100.69 元/m²，石膏板吊顶为 61.74 元/m²，综合单价合理适中，经济指标为 11.85 元/m²，安置房厨卫公区吊顶一般为 10～14 元/m²，指标适中
2.4	油漆、涂料、裱糊工程	18 402.76	463 090.26					25.16	0.68%	室内墙面天棚腻子乳胶漆，综合单价为 20.35 元/m² 此综合单价水平合理，一底两面普通乳胶漆综合单价为 18～25 元/m²
2.5	其他装饰工程	18 402.76	0.00					0.00	0.00%	信报箱、标识牌
3	外装工程	18 402.76	0.00					0.00	0.00%	外墙仿石材真石漆、外墙干挂花岗石墙柱面、铝单板等，主要项真石漆综合单价为 79.4 元/m²，价格水平偏低，市场上真石漆一般为 65～110 元/m²

续表

序号	单位工程名称	规模/m^2	造价/元	其中/元				单位指标/（元/m^2）	占比	指标分析和说明
				分部分项	措施项目	其他项目	税金			
4	交安工程	18 402.76	225 747.12					12.27	0.33%	地下室划线标识标牌等，经济指标合理，一般为 2.6～3.2 元/m^2
5	土建人工费调整	18 402.76	3 225 842.20					175.29	4.72%	根据合同对人工进行调差，2019 年 2 月—2020 年 11 月分 4 段进行调差
6	材料调整	18 402.76	1 612 397.81					87.62	2.36%	根据合同对钢筋、混凝土、砖、砂浆进行调差
7	排洪渠	18 402.76	523 991.94					28.47	0.77%	雨季导致安全隐患，将现排洪渠进行迁改，办理相关签证
8	补充协议（2020 年 2 月 1 日—5 月 31 日安全文明施工费增加 20%）	18 402.76	242 238.01					13.16	0.35%	由于疫情产生额外投入，根据相关文件签订补充协议，2020 年 2 月 1 日—2020 年 5 月 31 日安全文明施工费增加 20%，影响指标 3.09 元/m^2
9	税金调整（2019 年 4 月之前税金按 10%调整）	18 402.76	41 531.17					2.26	0.06%	按文件要求税率对 2019 年 4 月之前项目分段调整
10	混凝土模板及支架（撑）	18 402.76	4 141 032.34					225.02	6.05%	
11	给排水工程	18 402.76	1 404 899.99					76.34	2.05%	水泵房至末端，经济指标合理，一般单方指标为 60～80 元/m^2
12	电气工程	18 402.76	3 612 928.30					196.33	5.28%	低压柜至户内末端（不包含户表工程），经济指标合理，一般单方指标为 150～200 元/m^2
13	通风工程	18 402.76	288 935.71					15.70	0.42%	包含防排烟及正压送风，经济指标合理，一般单方指标为 10～15 元/m^2
14	弱电工程	18 402.76	403 823.26					21.94	0.59%	机房至末端点位，经济指标合理，一般单方指标为 15～25 元/m^2
15	消防工程	18 402.76	863 707.05					46.93	1.26%	包含消火栓、喷淋及自动报警系统，经济指标合理，一般单方指标为 45～55 元/m^2

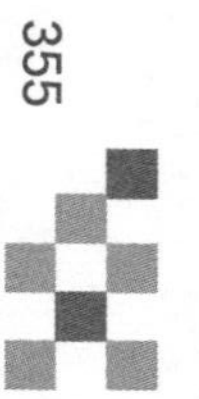

表 3　1～7 号楼工程造价指标分析

单项工程名称：1～7 号楼　　　　业态类型：普通住宅

单项工程规模：60 011.78 m^2　　　　层数：17F/13F/15F

装配率：17%　　　　绿建星级：/

地基处理方式：振冲碎石桩+CFG 桩+褥垫层　　　　基坑支护方式：网喷+放坡+土钉

基础形式：筏板基础　　　　计税方式：一般计税

序号	单位工程名称	规模/m^2	造价/元	其中/元				单位指标/（元/m^2）	占比	指标分析和说明
				分部分项	措施项目	其他项目	税金			
一	1～7 号楼	60 011.78	139 511 136.78	115 116 708.90	12 037 106.61	340 075.32	12 017 245.95	2 324.73	100.00%	其他项目，总承包服务费
1	建筑工程	60 011.78	62 556 908.46					1 042.41	44.84%	
1.1	土石方工程	60 011.78			1 616 107.24			0.00	0.00%	本项目建设期为 2019 年 12 月—2021 年 8 月，由开元数智工程咨询集团有限公司跟踪审计。含土方外运等，指标为 42.57 元/m^3。施工过程中土石方单价为 40～55 元/m^3，与市场单价吻合，未出现单价偏低或偏高的情况
1.2	地基处理工程	60 011.78						0.00	0.00%	本次管桩采用 500 的预应力高强管桩，含所有检测费及安装费单价为 290.65 元/m^3，含 C15 混凝土褥垫层单价为 254.97 元/m^3。管桩投标价较市场价处于下限单价（260～320 元/m^3）
1.3	砌筑工程	60 011.78	4 473 265.88					74.54	3.21%	包含地下室侧墙砖，砌体综合为 0.11 m^3/m^2。由于轻质隔墙 PC 构建另列项，不在本范围内，此砌体含量较其他装配式建筑安置房适中，一般为 0.06～0.14 m^3/m^2

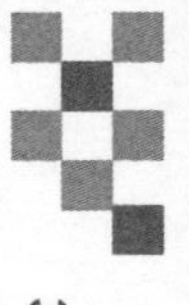

续表

序号	单位工程名称	规模/m^2	造价/元	其中/元				单位指标/（元/m^2）	占比	指标分析和说明
				分部分项	措施项目	其他项目	税金			
1.4	混凝土及钢筋混凝土工程	60 011.78	28 565 858.15					476.00	20.48%	地上含钢量A户型为39.46 kg/m^2(不含PC)、B户型为38.00 kg/m^2(不含PC)，混凝土含量A户型为0.33 m^3/m^2（不含PC）、B户型为0.35 m^3/m^2（不含PC），模板含量A户型为3.35 m^2/m^2(不含PC)、B户型为3.39 m^2/m^2(不含PC)。地下室含钢量为112.67 kg/m^2，混凝土含量为1.28 m^3/m^2，模板含量为2.79 m^2/m^2。由于含局部人防，地下室含钢量为112.67 kg/m^2，含量适中，根据人防占比面积不同差异较大，100～150 kg/m^2单层地下室含量指标均存在。地上含钢量含PC构建为41 kg/m^2，在安置房指标中偏低，普通安置房住宅指标为40～48 kg/m^2
1.5	金属结构工程	60 011.78	331 099.10					5.52	0.24%	钢梯、集水坑盖板、砌体交界处钢丝网等为4.86元/m^2，含量指标偏低，主要原因为当期钢材价格水平处于低位，钢材综合单价为3 750元/t
1.6	门窗工程	60 011.78	8 263 629.19					137.70	5.92%	钢制防火门、覆膜多腔塑料型材门窗、入户门等，地下室为0.03 m^2/m^2，地上A户型为0.38 m^2/m^2、B户型为0.44 m^2/m^2，此门窗含量属于正常范围，安置房一般为0.35～0.48 m^2/m^2
1.7	屋面及防水工程	60 011.78	1 924 050.66					32.06	1.38%	屋面4 mm厚SBS聚酯胎单面自黏改性沥青防水卷材Ⅱ型、厨卫防水1.5 mm厚JS-Ⅱ型防水涂料，含翻遍、附加层不另计，地下室为2.36 m^2/m^2，地上A户型为0.7 m^2/m^2、地上B户型为0.76 m^2/m^2，按同期比较此含量偏低，主要由于此工程量项目特征描述翻遍、附加层不另计，一般地上含量为0.7～1.1 m^2/m^2，地下室为2.3～2.7 m^2/m^2

续表

序号	单位工程名称	规模/m^2	造价/元	其中/元				单位指标/（元/m^2）	占比	指标分析和说明
				分部分项	措施项目	其他项目	税金			
1.8	保温、隔热、防腐工程	60 011.78	6 377 443.66					106.27	4.57%	屋面保温挤塑聚苯板（B1 级）45 mm 厚，外墙内保温不燃型复合膨胀聚苯乙烯保温板（A 级）50 mm 厚。外墙保温地上 A 户型为 0.89 m^2/m^2、地上 B 户型为 0.85 m^2/m^2，保温含量适中，普通安置房外墙内保温为 0.8～0.95 m^2/m^2
1.9	土建新增类似清单项目	60 011.78	5 747 795.96					95.78	4.12%	门窗优化变更、CFG 桩变更，经济指标为 145.65 元/m^2，CFG 桩为 175.58 元/m，价格水平适中，一般 CFG 桩，桩径 500 mm 为 160～190 元/m
1.10	土建新增清单项目	60 011.78	6 873 765.84					114.54	4.93%	振冲碎石桩为 148.36 元/m、抗浮锚杆为 227.06 元/m、改性石膏板隔墙 200 mm 为 156.31 元/m^2，综合经济指标为 126.1 元/m^2。主要单价振冲碎石桩（一般为 140～180 元/m）处于中等水平偏低，抗浮锚杆（一般为 200～240 元/m）、改性石膏板隔墙 200 mm 价格适中（一般为 130～200 元/ m^2）
2	室内装饰工程	60 011.78	15 425 373.77					257.04	11.06%	
2.1	楼地面装饰工程	60 011.78	2 572 285.91					42.86	1.84%	包含地下及地上楼地面，地下室为 0.94 m^2/m^2，地上 A 户型为 0.86 m^2/m^2、B 户型为 0.89 m^2/m^2，此含量指标属于正常范围，地上含量一般为 0.8～0.92 m^2/m^2
2.2	墙、柱面装饰与隔断、幕墙工程	60 011.78	6 038 539.47					100.62	4.33%	抹灰及面砖，地下室内墙面为 1.15 m^2/m^2，地上 A 户型内墙面为 2.57 m^2/m^2、B 户型内墙面为 2.51 m^2/m^2，此含量指标属于正常范围，地上含量一般为 2.2～2.6 m^2/m^2

续表

序号	单位工程名称	规模/m^2	造价/元	其中/元				单位指标/（元/m^2）	占比	指标分析和说明
				分部分项	措施项目	其他项目	税金			
2.3	天棚工程	60 011.78	908 124.73					15.13	0.65%	厨卫及公区石膏板吊顶，轻钢龙骨石膏板吊顶为 100.69 元/m^2，石膏板吊顶为 61.74 元/m^2，综合单价合理适中，经济指标为 11.85 元/m^2，安置房厨卫公区吊顶一般为 10～14 元/m^2，指标适中
2.4	油漆、涂料、裱糊工程	60 011.78	5 834 126.30					97.22	4.18%	室内墙面天棚腻子乳胶漆，综合单价为 20.35 元/m^2，此综合单价水平合理，一底两面普通乳胶漆综合单价为 18～25 元/m^2
2.5	其他装饰工程	60 011.78	72 297.36					1.20	0.05%	信报箱、标识牌
3	外装工程	60 011.78	4 753 448.14					79.21	3.41%	外墙仿石材真石漆、外墙干挂花岗石墙柱面、铝单板等，主要项真石漆综合单价为 79.4 元/m^2，价格水平偏低，市场上真石漆一般为 65～110 元/m^2
4	交安工程	60 011.78	0.00					0.00	0.00%	地下室划线标识标牌等，经济指标合理，一般为 2.6～3.2 元/m^2
5	土建人工费调整	60 011.78	0.00					0.00	0.00%	根据合同对人工进行调差，2019 年 2 月—2020 年 11 月分 4 段进行调差
6	材料调整	60 011.78	0.00					0.00	0.00%	根据合同对钢筋、混凝土、砖、砂浆进行调差
7	排洪渠	60 011.78	0.00					0.00	0.00%	雨季导致安全隐患，将现排洪渠进行迁改，办理相关签证
8	补充协议（2020 年 2 月 1 日—2020 年 5 月 31 日安全文明施工费增加 20%）	60 011.78	0.00					0.00	0.00%	由于疫情产生额外投入，根据相关文件签订补充协议，2020 年 2 月 1 日—2020 年 5 月 31 日安全文明施工费增加 20%，影响指标 3.09 元/m^2

续表

序号	单位工程名称	规模/m²	造价/元	其中/元				单位指标/（元/m²）	占比	指标分析和说明
				分部分项	措施项目	其他项目	税金			
9	税金调整（2019年4月之前税金按10%调整）	60 011.78	0.00					0.00	0.00%	按文件要求税率对2019年4月之前项目分段调整
10	混凝土模板及支架（撑）	60 011.78	10 561 607.10					175.99	7.57%	
11	给排水工程	60 011.78	3 278 099.98					54.62	2.35%	水表后至末端点位，经济指标合理，一般单方指标为50～70元/m²
12	电气工程	60 011.78	8 430 166.04					140.48	6.04%	低压柜至户内末端（不包含户表工程），经济指标略低，一般单方指标为150～200元/m²
13	电梯工程	60 011.78	5 698 693.86					94.96	4.08%	包含24部电梯，经济指标略高；按照地下室+楼上合计面积折算单方指标为79.21元/m²，一般单方指标为60～80元/m²
14	通风工程	60 011.78	674 183.32					11.23	0.48%	包含防排烟及正压送风，经济指标合理，一般单方指标为10～15元/m²
15	弱电工程	60 011.78	942 254.27					15.70	0.68%	机房至末端点位，经济指标合理，一般单方指标为15～25元/m²
16	消防工程	60 011.78	2 015 316.46					33.58	1.44%	包含消火栓、喷淋及自动报警系统，经济指标合理，一般单方指标为30～40元/m²
17	安装人工费调整	60 011.78	780 657.50					13.01	0.56%	根据合同对人工进行调差，分段调差

5.3 单项工程主要工程量指标分析表

表 4 地下室工程主要工程量指标

单项工程名称：一标段地下室

业态类型：地下室　　　　建筑面积：18 402.76 m^2

序号	工程量名称	工程量	单位	指标	指标分析和说明
1	土石方开挖量	111 952.75	m^3	6.08	根据双流地质条件，1.44 m^3/m^2 较为适中，单层地下室一般为 1.4 ~ 1.6 m^3/m^2
2	桩（含管桩、CFG 桩、振冲碎石桩）	28 861.95	m	1.57	本次管桩采用 500 的预应力高强管桩，采用复合地基：振冲碎石桩 800 mm+CFG 桩 500 mm
3	护坡	4 559.380	m^2	0.25	此含量适中，相似楼层同业态指标一般为 0.2 ~ 0.3 m^2/m^2
4	砌体	938.49	m^3	0.05	指标为地下总砌体/地下建筑面积
5	混凝土	23 624.86	m^3	1.28	指标为地下总砌体/地下建筑面积，此地下室含量适中，一般为 1 ~ 1.4 m^3/m^2
6	钢筋	2 073 438.969	kg	112.67	指标为地下总钢筋（少量人防）/地下建筑面积，由于含局部人防，地下室含钢量为 112.67 kg/m^2，含量适中，根据人防占比面积不同差异较大，100 ~ 150 kg/m^2 单层地下室含量指标均存在
7	模板	51 680.51	m^2	2.81	此含量适中，单层地下室一般为 2.7 ~ 3.2 m^2/m^2
8	楼地面装饰	17 298.59	m^2	0.94	此含量适中，相似楼层同业态指标一般为 0.9 ~ 9.98 m^2/m^2
9	内墙装饰	21 244.29	m^2	1.15	此含量适中，相似楼层同业态指标一般为 1.1 ~ 1.2 m^2/m^2
10	天棚工程	27 063.64	m^2	1.47	此含量适中，相似楼层同业态指标一般为 1.3 ~ 1.6 m^2/m^2
11	门窗	525.42	m^2	0.03	此含量适中，相似楼层同业态指标一般为 0.02 ~ 0.04 m^2/m^2

注：① 工程量指标是指工程量与单项工程规模之比，且可以根据实际情况和案例展示需要进一步细分。
② 指标分析和说明：用简短精炼的文字对指标包括的具体内容、使用范围和条件、使用限制条件进行分析和说明。

表 5 A 户型住宅 2 号楼工程主要工程量指标分析

单项工程名称：A 户型住宅（2 号楼）

业态类型：普通住宅　　　　建筑面积：5 179.89 m^2

序号	工程量名称	工程量	单位	指标	指标分析和说明
1	砌体	606.61	m^3	0.12	含量指标处于适中水平，类似楼层安置房含量指标一般为 0.09 ~ 0.14 m^3/m^2
2	混凝土	1 707.8	m^3	0.33	含量指标处于适中水平，类似楼层安置房含量指标一般为 0.3 ~ 0.35 m^3/m^2
2.1	装配式构件混凝土	134.517	m^3	0.03	含量指标处于适中水平，类似楼层安置房含量指标一般为 0.02 ~ 0.05 m^3/m^2
3	钢筋	204 416.000	kg	39.46	含量指标处于偏低水平，类似楼层安置房含量指标（不含 PC 构件）一般为 38 ~ 43 m^3/m^2
4	模板	17 366.48	m^2	3.35	含量指标处于适中水平，类似楼层安置房含量指标（不含 PC 构件）一般为 3.2 ~ 3.4 m^3/m^2
5	保温	4 594.68	m^2	0.89	此含量适中，相似楼层同业态指标一般为 0.85 ~ 0.92 m^2/m^2
6	楼地面装饰	4 460.57	m^2	0.86	此含量适中，相似楼层同业态指标一般为 0.82 ~ 0.9 m^2/m^2
7	内墙装饰	13 306.27	m^2	2.57	此含量适中，相似楼层同业态指标一般为 2.4 ~ 2.8 m^2/m^2
8	天棚工程	5 095.18	m^2	0.98	此含量适中，相似楼层同业态指标一般为 0.94 ~ 1.05 m^2/m^2
9	外墙装饰	7 495.66	m^2	1.45	此含量适中，相似楼层同业态指标一般为 1.35 ~ 1.6 m^2/m^2
10	门窗	1 951.86	m^2	0.38	此含量适中，相似楼层同业态指标一般为 0.3 ~ 0.45 m^2/m^2

表 6　B 户型住宅 3 号楼工程主要工程量指标分析

单项工程名称：B 户型住宅 3 号楼

业态类型：普通住宅　　　　　　　　建筑面积：8 700.33 m^2

序号	工程量名称	工程量	单位	指标	指标分析和说明
1	砌体	1 014.72	m^3	0.12	含量指标处于适中水平，类似楼层安置房含量指标一般为 0.09 ~ 0.14 m^3/m^2
2	混凝土	3 007.93	m^3	0.35	含量指标处于适中水平，类似楼层安置房含量指标一般为 0.3 ~ 0.35 m^3/m^2
2.1	装配式构件混凝土	225.45	m^3	0.03	含量指标处于适中水平，类似楼层安置房含量指标一般为 0.02 ~ 0.05 m^3/m^2
3	钢筋	330 650	kg	38.00	含量指标处于偏低水平，类似楼层安置房含量指标（不含 PC 构件）一般为 38 ~ 43 m^3/m^2
4	模板	29 507.35	m^2	3.39	含量指标处于适中水平，类似楼层安置房含量指标（不含 PC 构件）一般为 3.2 ~ 3.4 m^3/m^2
5	保温	6 644.37	m^2	0.76	此含量适中，相似楼层同业态指标一般为 0.85 ~ 0.92 m^2/m^2
6	楼地面装饰	7 746.52	m^2	0.89	此含量适中，相似楼层同业态指标一般为 0.82 ~ 0.9 m^2/m^2
7	内墙装饰	20 882.54	m^2	2.40	此含量适中，相似楼层同业态指标一般为 2.4 ~ 2.8 m^2/m^2
8	天棚工程	9 292.64	m^2	1.07	此含量适中，相似楼层同业态指标一般为 0.94 ~ 1.05 m^2/m^2
9	外墙装饰	10 905.608	m^2	1.25	此含量适中，相似楼层同业态指标一般为 1.35 ~ 1.6 m^2/m^2
10	门窗	3 794.43	m^2	0.44	此含量适中，相似楼层同业态指标一般为 0.3 ~ 0.45 m^2/m^2

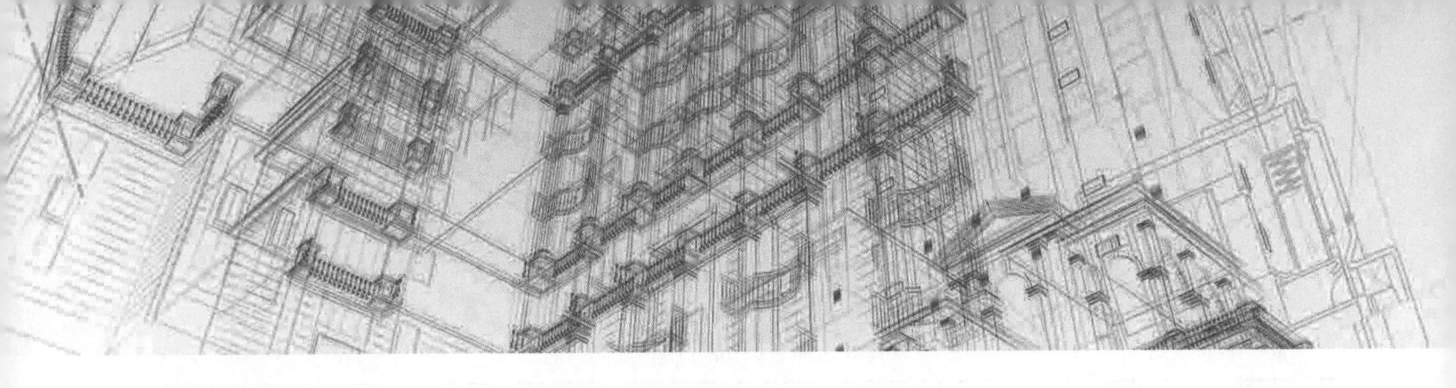

成都理工大学产业技术学院（一期）项目

——四川天正建设工程管理有限责任公司

◎ 毛舍吾，黄小阳，周先尧，汪家干，先涛勇，刘学

1 项目概况

1.1 项目基本信息

成都理工大学产业技术学院（一期）项目位于宜宾临港经济技术开发区。项目建设用地面积 400 000 m^2，规划总建筑面积 229 262 m^2，其中地上建筑面积 221 256 m^2，地下建筑面积 8 006 m^2。该工程第 2 包建设内容包括道路、桥梁、室外铺装、绿化、运动场地、景观花池及建筑单体，其中建筑单体包括 C1 食堂、G1 图书馆、B1 学生宿舍、B2 学生宿舍和 B3 学生宿舍。

单体建筑基础类型：C1 食堂、G1 图书馆、B1 学生宿舍、B2 学生宿舍、B3 学生宿舍均为柱下独基/桩基。单体建筑结构类型：C1 食堂、B1 学生宿舍、B2 学生宿舍、B3 学生宿舍为混凝土框架结构，G1 图书馆为框架-剪力墙结构。

1.2 项目特点

（1）符合国家或行业工程建设标准、规范的要求，贯彻执行国家和地方的有关规定。

（2）达到编制规范、依据合理、计算准确的要求，且具有较先进的工程造价管控理念。

（3）本项目的内容、深度及质量满足工程建设要求，且各项手续完备。

（4）本项目属于 EPC 项目，在造价咨询上具有先进技术水平，运用 BIM 技术，对同期同类项目有示范作用。

2 咨询服务范围及组织模式

2.1 咨询服务的业务范围

我公司于 2019 年 11 月 20 日—2020 年 12 月 30 日根据国家相关法律法规规定，参照《审计机关国家建设项目审计准则》、《政府投资项目审计规定》、《关于进一步完善和规范投资审计工作的意见》（审投发〔2017〕30 号）以及《四川省审计厅办公室关于印发〈四川省审计厅 2017 年全省重点建设项目跟踪审计工作方案〉的通知》（川审办〔2017〕37 号）的要求，对成都理工大学产业技术学院（一期）项目实施了跟踪审计。我公司组建审计小组根据委托合同的约定内容进行跟踪审计，包括在施工期间对项目工程管理、工程进度款、变更款、索赔款等的跟踪审计，重点对工程材料（设备）询价、变更（索

赔）资料、隐蔽工程验收、工程经济效益等内容进行了跟踪。对本项目我公司提供的服务范围包括但不仅限于以下内容：

（1）对各类施工、采购合同在签订前进行审核，核对招选（招商）文件、参选文件与合同的一致性等，并出具书面审核意见。

（2）核对招选（招商）清单和参选清单的一致性，并审核参选清单组价的合理性，出具书面意见。

（3）审核工程量清单中的漏项、新增项目等的重新组价。

（4）参加项目进场前的复测工作、施工图纸会审与交底及工程建设现场例会，适时对施工现场进行查勘，核实有关签证（含变更及隐蔽验收），收集相关资料，留取证据，确保计量准确和审核完整真实。编制跟踪审计日志，总结月度工作情况形成《月度工作报告》。

（5）审核工程建设过程中施工、设备和大宗材料采购合同的执行情况。

（6）审核工程计量并签字确认。

（7）配合政府或项目公司对施工单位在工程中使用的原材料、半成品、成品和设备的质量、价格进行考察并参与确认。

（8）参与政府或项目公司、监理单位组织的对工程分阶段验收及竣工初验。

（9）收集、整理经批准的工程概算书、工程招参选文件、合同、谈判纪要、施工图纸、设计变更、隐蔽验收记录等工程资料。

（10）审核工程施工过程中发生签证记录的及时性、真实性、有效性、准确性。

（11）审核变更是否规范、合理，变更费用的计算方法和计量程序是否与合同条款一致。

（12）对工程索赔进行审核。

（13）认真履行合同条款，本着“及时、完整、准确”的原则进行审计。建立跟踪审计项目台账，由主审人员负责及时登记审计时间、工作纪实（包括工作内容、审计事实、发现问题、审计意见、整改情况、审计成果）。

（14）提交成果报告：向甲方提交成果纸质件 5 套（A4 纸）及电子文件（光盘和 U 盘各 1 套，电子文档含工程量计算过程文件及造价分析文件等）。

2.2 咨询服务的组织模式

本项目的咨询服务组织模式如图 1 所示。

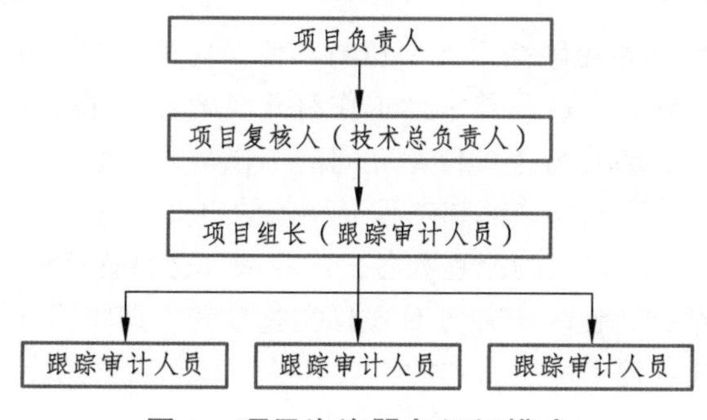

图 1 项目咨询服务组织模式

2.3 咨询服务工作职责

本项目从开工至竣工验收始终配备不低于 8 位专职造价人员驻场跟踪审计，确保每天按时到岗参与跟踪。

项目负责人：负责组织、安排整个项目的审计工作；控制、协调审计进度；处理好各种审计关系；对审计过程中的各种审计事项进行审计风险分析，为跟踪审计全过程提供技术支持及业务指导；负责复核审计工作底稿，对审核成果进行质量把关；组织评审、审定和签发审计信息及审计报告。

审计组长：负责成都理工大学产业技术学院（一期）项目施工现场的土建、建筑装饰、配套道路、铺装、绿化等工程具体审计实施工作，包括定期了解各专业主材质量情况，现场采用的施工工艺和实施效果；参与和见证隐蔽工程从实施到验收的全过程（并留存相关图片资料）；核实工程变更和索赔的合理性、合规性和计价的正确性；指导和安排审核员通过工程算量软件对图纸和现场实物量进行校核；定期提交上述内容的审计工作底稿；将审计中发现的问题和初步解决意见形成审计底稿及时向项目负责人反映。

审计员：具体负责各专业分项工程的现场核查和图纸设计工程量差，包括对跟踪审计点施工过程实施旁站监督，参与和见证隐蔽工程从实施到验收的全过程；复核和见证计量的真实性和准确性，并做好审计调查和丈量记录；定期检查施工单位人、材、机到位情况，掌握索赔或签证事件的第一手材料；定期检查监理单位人员配置情况；复核和检查图纸工程量的准确程度。

3 咨询服务的运作过程

3.1 咨询服务的理念及思路

（1）咨询服务的理念。

① 掌握实情。通过审计，摸清该建设项目基本情况，掌握项目建设规模、资金筹集与使用、工程管理的真实情况。

② 核实造价。对变更、签证进行审计，对工程投资完成的真实性进行核实。

③ 揭露问题。依照国家的法律、法规，检查和揭露项目建设和运营中存在的各类违纪违规问题。

④ 提出建议。分析问题的成因，提出整改建议。促进工程建设各方认真履行工作职责、促进工程建设有序开展和顺利推进。

（2）咨询服务的思路。

成都理工大学产业技术学院（一期）为“勘察—设计—施工”一体的高校类 EPC 项目，根据工程项目的特殊性、跟踪审计阶段的工程管理、跟踪审计的特点和我公司跟踪审计的经验，从以下思路展开咨询服务：

① 制定本项目的服务方案。此方案包括建设项目整个施工阶段相关内容的审核思路，包含对审计重点、难点和关键点的阐述。

② 明确职责与沟通方式。为避免跟踪审计单位与其他参建单位在工作职责重叠交叉范围的争议，必须在跟踪工作开展前，与参建各方就跟踪审计工作召开联席会，充分沟通，相互协商，明确各自的职责与遇到交叉范围如何处理，明确与各单位相互间的工作沟通与联系方式。确定建设单位出具变更的权限与流程，确认施工单位关于现场签证和工程进度款的申报流程，明确监理单位、跟踪审计单位、建设单位就每一份变更或签证签发确认的流程和各自的权限。这些管理程序应与监理单位的管理文件、建设单位内部的审核流程相结合，使参建各方对项目实施过程中即将形成的涉及计价的资料有一个清晰明确的共识，也对资料形成过程中可能出现的争议有一个共同确认的处理平台与方式。

3.2 咨询服务的方法及手段

由于本项目要求工期及计划工期均较紧，针对本项目制定的跟踪审计方式为现场跟审人员 24 小时在场，轮班执行现场跟踪审计任务，全程参与建设单位、监理单位以及质检单位对各项隐蔽工程的验收、收方等衔接各道工序的现场管理工作，并实时做好相应的数据、影像等记录。施工单位进行日常施工时，现场跟审人员不定时到现场查看施工情况，针对各个阶段、各个部位的施工内容，与既有的施工图纸进行核对，当发现现场施工内容与图纸有不一致的地方，及时留存影像资料，并及时联系施工单位相关负责人以及现场监理共同确认是否为图纸变更部位。若为图纸变更时，及时搜集该部位签

章完善的变更或技术核定资料；若为现场未按图施工时，及时提醒施工单位相关负责人，并督促其整改。

施工阶段跟踪审计的工作重点：

（1）参与各责任主体方对隐蔽工程的验收，指出并向上汇报施工过程中存在的问题，以达到控制工程质量的目的。

（2）对进场材料的品牌、质量、规格等进行把控，以保证项目所使用的材料符合规范及认质品牌；参与主要材料的认质认价工作，对需认价的材料进行询价，为项目竣工结算提供依据。

（3）跟踪审计服务内容：设计变更、现场签证的审核与管理，审核洽商签证的真实性，主要材料及设备价格的审核与管理，工程进度款的审核与管理，索赔费用的审核与管理，索赔方案的确定，施工合同的审核与管理，重要节点监控，清标工作重点和难点分析。

本项目具体的跟踪审计方法：

（1）接受委托后第一时间熟悉工程资料，结合合同要求对包干和按实计取的清单内容进行明确，并及时做好现场记录和交底工作，结合审批方案对现场的保通措施、安全措施以及环境措施等进行查实取证；及时对施工条件进行核实，并记录施工单位的工序衔接时间，特别是前期的组织与工程手续方面，结合实际需求和合同约定做好反索赔工作；所涉及的工程范围，应做好前期收集工作，对水位及周围环境进行调查，结合图纸及方案要求，在保证正常施工的情况下，进行现场记录和询价工作；对所涉及的自来水、燃气、电、通信、绿化等工作内容，进行现场收方，结合业主及产权单位的合同约定，对量价进行审核工作；对与总包方有工作面交界的部位，及时向业主提出建议，明确其各方工作内容，协助各方合同的办理；对业主库内迁改合同进行了解和分析，建立迁改指标库，对现场可能存在的变化进行测算和审核工作。

（2）做好充分的准备工作。认真研究合同文件，包括合同协议书、招投标文件、勘察设计文件，熟悉设计图纸，审查图纸缺漏内容，审查各类文件是否存在表述不完善、相互冲突、内容缺漏，这是下一步工作的前提；对招标工程量清单进行审查，分析是否存在与拟招标范围不一致的情况，对比清单项目的设置和特征描述与设计图的对应性，判断招标清单编制执行现行清单规范的程度，对可能存在的不一致理解或冲突的内容详细记录；对金额比重较大的项目，进行工程量的复核计算；收集项目可能涉及的各类计价依据性资料，如现行定额、信息价、地方材料的供应情况等，对项目实施过程中可能遇到的各类材料市场价格趋势做初步的判断。

（3）驻地跟踪。掌握第一手资料，因为在此期间常会出现一些不确定因素，不可避免地引起工程变更和签证，作为跟踪审计单位，一定要现场办公，全程参加图纸会审、技术交底、隐蔽验收、材料核价、变更事项确定等工作，做好各类资料的搜集整理。特别是对于隐蔽工程等事后无法再现的工程内容，跟审人员一定要到施工现场了解具体现状、施工做法，将实际情况通过影像等方式记录下来。在重要材料核定价格时，应进行必要的现场留样，以备解决争议之需。

（4）建立合理的造价控制目标。针对工程合同价款调整的各项内容，编制造价跟踪审计的实施细则，确定合理的造价控制目标，编制目标时应考虑：① 无变更情况下，原合同价款可能面临的调整；② 对可能发生的设计变更进行分析判断，在认真审图的基础上与设计单位充分交流，完善设计内容与纠正设计差漏，据此测算可能发生的设计变更导致的调整金额；③ 结合工地现状和施工方案，同监理单位对可能存在的非承包单位因素导致成本增加的事项进行整理分析，据此判断测算调整金额；④ 与业主充分沟通，对拟完成范围与原合同价款所含内容的一致性进行分析判断；⑤ 分析市场价格波动，结合合同关于风险的规定，判断与测算可能发生的价差调整。在控制目标建立后，应交参建各方共同审查确定，项目实施过程中，一旦发生了设计变更、现场签证等事项后，应对应原目标具体分析是否在原考虑范围内，责任属谁，是否须调整造价控制目标。

4 经验总结

4.1 咨询服务的实践成效

本项目概算金额为 89 000 万元，完成建筑安装工程投资金额 76 064 万元，较合同金额减少 12 936 万元，在跟踪审计严格监督下，通过概算金额、实际完成金额的动态监控、预警下，使得整个投资得到控制，有效地避免了“三超”现象。

高强度的建设，使得跟踪审计始终贯穿于建设的每一环节，在整个建设过程中发出工作联系函 24 份、取证单 58 份、参与认质认价（询价）18 批次，共 630 项材料。工程建设过程中共节约建设资金 225.64 万元。

通过不断地摸索总结，跟踪审计标准与制度不断完善与规范，形成了全方位记录的电子台账 2 套、不间断的跟踪审计日志 27 册、每周周报 114 份、每月月报 26 份、现场取证资料 14 册、跟踪审计年度报告 2 份。

自开展跟踪审计工作以来，审计小组积极参加五方责任主体与跟审单位见面会、监理例会、设计交底和答疑会、深基坑支护专家论证会、危大模板专项施工方案论证会、跟审例会、主体分部验收等会议。针对会议上各单位提出的问题或现场发现的安全、进度、质量等问题，提出相关审计建议，督促相关各方按会议要求整改，防范同类问题再次发生，提高建设效率，加强安全及质量管理，促进工程建设的有效推进，为后期的竣工验收做好充分的准备。

通过跟踪审计，节约了国家财政资金，取得了较大的经济效益，在提升投资效益和项目价值方面发挥了较大的作用。

跟踪审计效益分析如下（节选部分）：

（1）图书馆首层砖胎膜更改规格，节约资金：2 565×0.2×（646.14−549.54）=4.96（万元）。

（2）马凳筋更改规格，节约资金：37 500×4×1.39×0.26×4.34−257 800×1.39×0.099×4.275=8.36（万元）。

（3）图书馆取消 20 mm 厚 DS15 水泥砂浆找平层，节约资金：4 600×13.45=6.19（万元）。

（4）垫层厚度变小，节约资金：309.25×（0.1−0.07）×493.88=0.46（万元）。

（5）模板厚度不足，节约资金：4.43×4.87+2.63×3.73+2.88×4.59+2.88×4.59+3.37×4.87=74.24（万元）。

（6）羽毛球场围网取消，节约资金 7.8 万元。

（7）桥预制箱梁 C40 混凝土封端更改为 12 cm 厚砖砌体封堵，节约资金 14.83 万元。

（8）白沙堰支沟河底无 30 cm 厚卵石护底，节约资金 104.76 万元。

（9）1 号桥、5 号桥、6 号桥、7 号桥锥坡无碎石垫层，节约资金 1.49 万元。

（10）敦行广场铺装地面基层未设置 C10@200 单层双向钢筋，节约资金 10.1 万元。

4.2 咨询服务的经验和不足

（1）跟踪审计的经验体会。

① 跟踪审计经验。

首先，现场跟审人员必须对跟审项目有足够的认识及了解，只有了解了跟审项目是什么性质才知道需要什么样的思路去开展跟踪审计工作，不同专业的项目在跟审过程中侧重的内容不同。例如，市政道路项目中土石方工程就有可能占总造价的一半甚至更多，而后期的路基路面等工程就是严格按照图纸施工，且施工所用的材料通常有信息指导价，因此跟审侧重点就应该在前期的土石方工程阶段；而类似本项目的房建工程，土石方工程的造价在整个项目中所占比例相对较小，跟审的侧重点应该在

主体施工及后期装饰安装施工阶段，且装饰安装施工所用的材料种类及品牌繁多，因此需特别注重材料询价工作。

其次，现场跟审人员必须对施工图纸了如指掌，只有对施工图纸足够熟悉，才能根据现场的施工内容与施工图纸进行比对，才能了解并有针对性地记录现场是否按照合同及图纸施工，才能了解是否有变更、增加或取消的内容，才能为竣工结算提供真实直接的依据，从而得出较为准确的工程造价。

最后，跟踪审计人员还需着重跟踪现场使用的材料是否符合设计或认质标准，是否经过监理验收合格并同意进场使用。另一项工作重点是对材料价格的确认，跟踪审计人员需要针对现场按规范使用的材料进行市场价格查询，以便为竣工结算提供依据。

② 跟踪审计建议。

由于大多数时候施工单位提供资料时间滞后，例如施工组织设计及施工方案等资料迟迟未提供，不利于跟踪审计人员现场工作的开展。建议施工单位及时提供相关资料，以便跟踪审计人员顺利开展工作。

建议审计机关规范施工单位认质认价工作，在相应时间内及时上报认价材料，并按照合同约定计价原则的规范单位上报材料价格，以便相关单位进行询价审核，避免不必要的额外工作。

（2）本项目实施过程中的不足。

① 跟踪审计介入时间滞后。

我单位只进行了施工阶段的跟踪审计，主要成果也主要体现在施工阶段工程造价的控制上。在施工阶段介入，由于前期决策、设计对项目的影响较大，在施工阶段才介入跟踪审计，会造成跟踪审计效果不够全面、不够充分、不够明显。跟踪审计也处于一种被动局面，会造成投资项目部分环节失控，存在一定的审计责任风险。

② 跟踪审计缺乏统一规范。

作为一种新生的审计方式，跟踪审计目前还没有统一的规范、标准、指南。虽然我单位形成了一套跟踪审计实践的操作思路，但还未从审计理论上加以总结和提升。由于政府投资项目跟踪审计的法规和政策文件不完善，审计工作只能依据政府的指令和要求去做，审计结论和意见的执行缺乏强制性。开展跟踪审计的组织形式以及跟踪的范围、内容和重点依然需要不断的探索，跟踪审计有待于规范化、制度化、科学化。

5 项目主要经济技术指标

5.1 建设项目造价指标分析表

表 1 建设项目造价指标分析

项目名称：成都理工大学产业技术学院（一期）2 包　　项目类型：学校

项目地点：四川省宜宾市临港经济技术开发区　　投资来源：国有资金

总建筑面积：229 262 m²　　功能规模：5 000 人/学校

承发包方式：勘察—设计—施工（EPC）总承包　　造价类别：预算价

开工日期：2019 年 11 月 20 日　　竣工日期：2020 年 12 月 30 日

地基处理方式：/　　基坑支护方式：/

序号	单项工程名称	规模/m²	层数	结构类型	装修档次	计价期	造价/元	单位指标/（元/m²）	指标分析和说明
1	C1 食堂	12 158.09	4	框架结构	精装房		41 936 027.89	3 449.23	造价/规模
2	B1 学生宿舍	18 263.2	6	框架结构	精装房		53 418 589.4	2 924.93	造价/规模
3	B2 学生宿舍	19 929.63	6	框架结构	精装房		57 999 375.71	2 910.21	造价/规模

续表

序号	单项工程名称	规模/m²	层数	结构类型	装修档次	计价期	造价/元	单位指标/（元/m²）	指标分析和说明
4	B3 学生宿舍	19 934.15	6	框架结构	精装房		58 326 980.39	2 925.98	造价/规模
5	G1 图书馆	34 115.45	6	框架剪力墙结构	精装房		119 325 640	3 497.7	造价/规模
6	总平	326 044.22	—	—	—		122 992 791.8	377.23	造价/规模
7	合计		—	—			453 999 405.1		

5.2 单项工程造价指标分析表

表 2 图书馆工程造价指标分析

单项工程名称：图书馆　　业态类型：图书馆

单项工程规模：34 115.45 m²　　层数：6

装配率：0　　绿建星级：/

地基处理方式：/　　基坑支护方式：/

基础形式：桩基+独立基础　　计税方式：一般计税

序号	单位工程名称	规模/m²	造价/元	其中/元				单位指标/（元/m²）	占比	指标分析和说明
				分部分项	措施项目	其他项目	税金			
1	建筑工程	34 115.45	86 471 848.10	44 754 832.99	10 844 564.31		3 572 938.61	2 534.68	40.37%	造价/规模
1.1	钢结构	327.71	3 165 445.63	2 904 078.56			261 367.07	9 659.29	1.48%	造价/规模
1.2	屋盖									
2	室内装饰工程	34 115.45	32 853 791.89	31 889 911.27	963 880.62		2 712 698.41	963.02	15.34%	造价/规模
3	外装工程	14 382.65	34 439 389.56	30 699 223.71	173 227.09		3 566 938.76	2 394.51	16.08%	造价/规模
3.1	幕墙									
4	给排水工程	34 115.45	4 073 659.52	3 503 746.52	208 956		357 261	119.41	1.90%	造价/规模
5	电气工程	34 115.45	6 507 099.53	5 606 145.53	227 812		669 446	190.74	3.04%	造价/规模
6	暖通工程	34 115.45	16 220 321	14 072 772	607 665		1 339 293	475.45	7.57%	造价/规模
7	消防工程	34 115.45	2 137 825	1 776 886	125 090		176 518	62.66	1.00%	造价/规模
8	建筑智能化工程	34 115.45	25 741 898.73	22 031 718.55	324 380		2 125 477.88	754.55	12.02%	造价/规模
9	电梯工程	34 115.45	971 921.56	891 671.16			80 250.40	28.49	0.45%	造价/规模
10	精装修安装	34 115.45	1 625 615.61	1 491 390.47			134 225.14	47.65	0.76%	造价/规模

表 3 C1 食堂工程造价指标分析

单项工程名称：C1 食堂　　业态类型：食堂

单项工程规模：12 158.09 m²　　层数：4

装配率：0　　绿建星级：/

地基处理方式：/　　基坑支护方式：/

基础形式：桩基+独立基础　　计税方式：一般计税

序号	单位工程名称	规模/m²	造价/元	其中/元				单位指标/（元/m²）	占比	指标分析和说明
				分部分项	措施项目	其他项目	税金			
1	建筑工程	12 158.09	31 589 505.22	29 968 780.73	1 620 724.496		2 843 055.47	2 598.23	53.95%	造价/规模
1.1	钢结构	12 158.09	684 627.92	590 642.16	31 942.18		56 528.91	56.31	1.17%	造价/规模

续表

序号	单位工程名称	规模/m²	造价/元	其中/元				单位指标/（元/m²）	占比	指标分析和说明
				分部分项	措施项目	其他项目	税金			
1.2	屋盖									
2	室内装饰工程	12 158.09	6 985 798.22	5 969 127.36	397 118.52		619 552.34	574.58	11.93%	造价/规模
3	外装工程	5 080.69	3 449 534.48	3 449 534.48				678.95	5.89%	造价/规模
3.1	幕墙									
4	给排水工程	12 158.09	4 171 050	3 620 741	145 569		344 398	343.07	7.12%	造价/规模
5	电气工程	12 158.09	3 433 970.9	2 932 566.9	220 222		329 475	282.44	5.87%	造价/规模
6	暖通工程	12 158.09	5 527 133	4 831 582	177 078		456 369	454.61	9.44%	造价/规模
7	消防工程	12 158.09	876 476	725 211	55 032		72 370	72.09	1.50%	造价/规模
8	建筑智能化工程									
9	电梯工程	12 158.09	1 274 206.83	1 274 206.83				104.80	2.18%	造价/规模
10	精装修安装	12 158.09	556 341.10	556 341.10				45.76	0.95%	造价/规模

表 4　B1 学生宿舍工程造价指标分析

单项工程名称：B1 学生宿舍　　业态类型：宿舍楼
单项工程规模：18 263.2 m²　　层数：6
装配率：0　　绿建星级：/
地基处理方式：/　　基坑支护方式：/
基础形式：桩基础　　计税方式：一般计税

序号	单位工程名称	规模/m²	造价/元	其中/元				单位指标/（元/m²）	占比	指标分析和说明
				分部分项	措施项目	其他项目	税金			
1	建筑工程	18 263.2	28 650 261.55	20 603 540.26	5 681 103.36		2 365 617.93	1 568.74	47.21%	造价/规模
1.1	钢结构									
1.2	屋盖									
2	室内装饰工程	18 263.2	14 965 257.46	13 040 987.62	688 606.38		1 235 663.46	819.42	24.66%	造价/规模
3	外装工程	9 105.72	1 917 887.33	1 759 529.66			158 357.67	210.62	3.16%	造价/规模
3.1	幕墙									
4	给排水工程	18 263.2	6 002 345.45	5 056 976.45	269 878		561 193	328.66	9.89%	造价/规模
5	电气工程	18 263.2	4 496 489.46	3 677 689.46	227 321		478 620	246.20	7.41%	造价/规模
6	暖通工程	18 263.2	321 419	259 891	23 750		26 539	17.60	0.53%	造价/规模
7	消防工程	18 263.2	1 076 726	881 342	71 845		88 904	58.96	1.77%	造价/规模
8	建筑智能化工程									
9	电梯工程	18 263.2	971 921.56	891 671.16			80 250.40	53.22	1.60%	造价/规模
10	精装修安装	18 263.2	2 282 954.96	2 094 454.09			188 500.87	125.00	3.76%	造价/规模

表 5　B2 学生宿舍工程造价指标分析

单项工程名称：B2 学生宿舍　　业态类型：宿舍楼
单项工程规模：19 929.63 m²　　层数：6
装配率：0　　绿建星级：/
地基处理方式：/　　基坑支护方式：/
基础形式：桩基础　　计税方式：一般计税

序号	单位工程名称	规模/m²	造价/元	其中/元				单位指标/（元/m²）	占比	指标分析和说明
				分部分项	措施项目	其他项目	税金			
1	建筑工程	19 929.63	28 936 764.16	20 809 575.66	5 737 914.39		2 389 274.11	1 451.95	47.44%	造价/规模
1.1	钢结构									
1.2	屋盖									
2	室内装饰工程	19 929.63	15 114 910.03	13 171 397.50	695 492.44		1 248 020.09	758.41	24.78%	造价/规模
3	外装工程	7 185.63	1 515 130.99	1 390 028.43			125 102.56	210.86	2.48%	造价/规模
3.1	幕墙									
4	给排水工程	19 929.63	4 405 824.12	3 796 137.48	245 903.00		363 783.64	221.07	7.22%	造价/规模
5	电气工程	19 929.63	5 259 013.78	4 569 069.28	255 714.00		434 230.50	263.88	8.62%	造价/规模
6	暖通工程	19 929.63	341 166.73	286 909.00	26 088.00		28 169.73	17.12	0.56%	造价/规模
7	消防工程	19 929.63	1 027 098.28	872 543.00	69 749.00		84 806.28	51.54	1.68%	造价/规模
8	建筑智能化工程									
9	电梯工程	19 929.63	971 921.56	891 671.16			80 250.40	48.77	1.59%	造价/规模
10	精装修安装	19 929.63	3 420 106.34	3 137 712.24			282 394.10	171.61	5.61%	造价/规模

表 6　B3 学生宿舍工程造价指标分析

单项工程名称：B3 学生宿舍　　业态类型：宿舍楼
单项工程规模：19 934.15 m²　　层数：6
装配率：0　　绿建星级：/
地基处理方式：/　　基坑支护方式：/
基础形式：桩基础　　计税方式：一般计税

序号	单位工程名称	规模/m²	造价/元	其中/元				单位指标/（元/m²）	占比	指标分析和说明
				分部分项	措施项目	其他项目	税金			
1	建筑工程	19 934.15	28 936 764.16	20 809 575.66	5 737 914.39		2 389 274.11	1 451.62	47.31%	造价/规模
1.1	钢结构									
1.2	屋盖									
2	室内装饰工程	19 934.15	15 114 910.03	13 171 397.50	695 492.44		1 248 020.09	758.24	24.71%	造价/规模
3	外装工程	7 346.58	1 549 130.99	1 410 028.43			139 102.56	210.86	2.53%	造价/规模
3.1	幕墙									
4	给排水工程	19 934.15	4 608 854.06	3 952 777.48	271 833.00		380 547.58	231.20	7.54%	造价/规模
5	电气工程	19 934.15	5 199 905.51	4 511 145.51	255 714.00		429 350.00	260.85	8.50%	造价/规模
6	暖通工程	19 934.15	335 927.10	279 000.00	25 494.00		27 737.10	16.85	0.55%	造价/规模
7	消防工程	19 934.15	1 067 647.37	902 399.00	73 398.00		88 154.37	53.56	1.75%	造价/规模
8	建筑智能化工程									
9	电梯工程	19 934.15	971 921.56	891 671.16			80 250.40	48.76	1.59%	造价/规模
10	精装修安装	19 934.15	3 374 754.46	3 096 105.01			278 649.45	169.30	5.52%	造价/规模

5.3 单项工程主要工程量指标分析表

表 7 图书馆工程主要工程量指标分析

单项工程名称：图书馆

业态类型：图书馆　　　　建筑面积：34 115.45 m^2

序号	工程量名称	工程量	单位	指标	指标分析和说明
1	土石方开挖量	31 013.2	m^3	0.91	工程量/建筑面积
2	桩（含桩基和护壁桩）	532.99	m^3	0.02	工程量/建筑面积
3	护坡		m^2		
4	砌体	3 694.57	m^3	0.11	工程量/建筑面积
5	混凝土	15 255.47	m^3	0.45	工程量/建筑面积
5.1	装配式构件混凝土		m^3		
6	钢筋	2 357 243	kg	69.10	工程量/建筑面积
6.1	装配式构件钢筋		kg		
7	型钢	212 148	kg	6.22	工程量/建筑面积
8	模板	238 222.84	m^2	6.98	工程量/建筑面积
9	外门窗及幕墙	13 646.18	m^2	0.40	工程量/建筑面积
10	保温	25 245.43	m^2	0.74	工程量/建筑面积
11	楼地面装饰	27 292.36	m^2	0.80	工程量/建筑面积
12	内墙装饰	60 725.50	m^2	1.78	工程量/建筑面积
13	天棚工程	32 068.52	m^2	0.94	工程量/建筑面积
14	外墙装饰	20 469.27	m^2	0.60	工程量/建筑面积

表 8 C1 食堂工程主要工程量指标分析

单项工程名称：C1 食堂

业态类型：食堂　　　　建筑面积：12 158.09 m^2

序号	工程量名称	工程量	单位	指标	指标分析和说明
1	土石方开挖量	3 182.32	m^3	0.26	工程量/建筑面积
2	桩（含桩基和护壁桩）	1 175.83	m^3	0.10	工程量/建筑面积
3	护坡		m^2		
4	砌体	2 332.81	m^3	0.19	工程量/建筑面积
5	混凝土	5 838.5	m^3	0.48	工程量/建筑面积
5.1	装配式构件混凝土		m^3		
6	钢筋	716 425	kg	58.93	工程量/建筑面积
6.1	装配式构件钢筋		kg		
7	型钢	34 292	kg	2.82	工程量/建筑面积
8	模板	59 683.98	m^2	4.91	工程量/建筑面积
9	外门窗及幕墙	1 682.21	m^2	0.14	工程量/建筑面积
10	保温	16 060.26	m^2	1.32	工程量/建筑面积
11	楼地面装饰	10 670.96	m^2	0.88	工程量/建筑面积
12	内墙装饰	17 329.29	m^2	1.43	工程量/建筑面积
13	天棚工程	10 820.11	m^2	0.89	工程量/建筑面积
14	外墙装饰	10 397.57	m^2	0.86	工程量/建筑面积

表 9　B1 宿舍工程主要工程量指标分析

单项工程名称：B1 宿舍
业态类型：宿舍　　　　建筑面积：18 263.2 m^2

序号	工程量名称	工程量	单位	指标	指标分析和说明
1	土石方开挖量	3 136.13	m^3	0.17	工程量/建筑面积
2	桩（含桩基和护壁桩）	2 592.09	m^3	0.14	工程量/建筑面积
3	护坡		m^2		
4	砌体	4 637.92	m^3	0.25	工程量/建筑面积
5	混凝土	8 381.18	m^3	0.46	工程量/建筑面积
5.1	装配式构件混凝土		m^3		
6	钢筋	890 645	kg	48.77	工程量/建筑面积
6.1	装配式构件钢筋		kg		
7	型钢		kg		
8	模板	89 970.18	m^2	4.93	工程量/建筑面积
9	外门窗及幕墙	7 993.9	m^2	0.44	工程量/建筑面积
10	保温	10 186.79	m^2	0.56	工程量/建筑面积
11	楼地面装饰	15 341.09	m^2	0.84	工程量/建筑面积
12	内墙装饰	58 259.61	m^2	3.19	工程量/建筑面积
13	天棚工程	28 125.33	m^2	1.54	工程量/建筑面积
14	外墙装饰	9 105.72	m^2	0.50	工程量/建筑面积

表 10　B2 宿舍工程主要工程量指标分析

单项工程名称：B2 宿舍
业态类型：宿舍　　　　建筑面积：19 929.63 m^2

序号	工程量名称	工程量	单位	指标	指标分析和说明
1	土石方开挖量	5 029.69	m^3	0.25	工程量/建筑面积
2	桩（含桩基和护壁桩）	2 455.54	m^3	0.12	工程量/建筑面积
3	护坡		m^2		
4	砌体	5 499.68	m^3	0.28	工程量/建筑面积
5	混凝土	8 573.41	m^3	0.43	工程量/建筑面积
5.1	装配式构件混凝土		m^3		
6	钢筋	1 067 370	kg	53.56	工程量/建筑面积
6.1	装配式构件钢筋		kg		
7	型钢		kg		
8	模板	63 969.68	m^2	3.21	工程量/建筑面积
9	外门窗及幕墙	6 826.99	m^2	0.34	工程量/建筑面积
10	保温	4 802.43	m^2	0.24	工程量/建筑面积
11	楼地面装饰	15 545.11	m^2	0.78	工程量/建筑面积
12	内墙装饰	63 575.52	m^2	3.19	工程量/建筑面积
13	天棚工程	30 691.63	m^2	1.54	工程量/建筑面积
14	外墙装饰	9 167.63	m^2	0.46	工程量/建筑面积

表 11　B3 宿舍工程主要工程量指标分析

单项工程名称：B3 宿舍

业态类型：宿舍　　　　　　　　建筑面积：19 934.15 m^2

序号	工程量名称	工程量	单位	指标	指标分析和说明
1	土石方开挖量	2 996.41	m^3	0.15	工程量/建筑面积
2	桩（含桩基和护壁桩）	1 904.97	m^3	0.10	工程量/建筑面积
3	护坡		m^2		
4	砌体	5 627.59	m^3	0.28	工程量/建筑面积
5	混凝土	9 146.86	m^3	0.46	工程量/建筑面积
5.1	装配式构件混凝土		m^3		
6	钢筋	1 020 231	kg	51.18	工程量/建筑面积
6.1	装配式构件钢筋		kg		
7	型钢		kg		
8	模板	61 435.38	m^2	3.08	工程量/建筑面积
9	外门窗及幕墙	6 826.99	m^2	0.34	工程量/建筑面积
10	保温	4 802.43	m^2	0.24	工程量/建筑面积
11	楼地面装饰	15 548.64	m^2	0.78	工程量/建筑面积
12	内墙装饰	63 589.94	m^2	3.19	工程量/建筑面积
13	天棚工程	30 698.59	m^2	1.54	工程量/建筑面积
14	外墙装饰	9 169.71	m^2	0.46	工程量/建筑面积

宜宾市新能源汽车及零部件产业园基础设施建设项目

——四川成大建设工程项目管理咨询有限责任公司

◎ 王斌，倪玲，张健

1 项目概况

1.1 项目基本信息

宜宾市新能源汽车及零部件产业园基础设施项目坐落于四川省宜宾市临港经济技术开发区，为公共建筑项目，规划净用地面积约 648 852 m^2，总建筑面积约 295 080 m^2。研发中心及餐厅（办公楼）为地下 1 层地上 4 层，车间厂房为 1 层，车间辅房为 1～3 层不等。项目总投资估算 23.69 亿元，其中工程建设费 190 628 万元，工程建设其他费用 24 460 万元，工程预备费 10 216 万元。实际结算工程造价为 18.676 5 亿元，建设工期 30 个月。项目采用单价合同类型，清单计价模式。

1.2 项目特点

1.2.1 项目基本特征

（1）地基处理。园区所处位置有原河道深回填区及山体开挖区，挖方区地基软弱土换填量大。项目土石方工程总体土石比 6∶4，回填区 1.5 m×1.5 m 点夯 2 遍、满夯 1 遍。

（2）基础类型。本工程根据不同地质条件和施工条件采用了不同的基础形式，包括内夯沉管灌注桩、预制管桩及桩承台基础、独立基础、筏板基础以及大体量钢筋混凝土设备基础等。

（3）结构类型。本项目以钢结构为主，包括混凝土框架结构。其中，厂房中总装车间、焊装车间、冲压件库为网架钢结构，研发中心及餐厅（办公楼）、冲压车间、试验中心、PACK 车间、甲类库、固废中转站、发运中心为门式钢结构，生产管理中心、涂装车间、污水处理站为混凝土框架结构。

（4）建筑层数。研发中心及餐厅地下 1 层地上 4 层，车间为 1 层，车间辅房 1～3 层不等。

（5）建筑结构防水。根据生产设备防潮要求，现场设备基础、结构地坪均采用 4 mm 厚 SBS 防水卷材，部分区域如研发中心及餐厅地下室采用涂膜防水加 SBS 防水卷材防水，屋面防水采用 TPO 防水卷材防水。

（6）装饰工程。外墙标高 0.2 m 以上采用成品岩棉夹芯板墙体，外饰面采用铝板包覆，对于卫生间等潮湿区域采用成品岩棉夹芯板加内侧砌实心砖墙的处理办法，内部隔墙采用复合钢板（5 mm 厚双层

钢化玻璃）成品隔断墙体、成品岩棉夹芯板墙体，研发中心及餐厅包括玻璃幕墙、外墙造型、会议室、大厅及展厅墙面干挂石材及其他造型和设施。

（7）地面工程。厂房地面基本采用双层钢筋结构地坪，矽钛合金金属骨料耐磨地坪，地面平整度要求 5 m^2 以内高差不超过 5 mm。

（8）安装工程。厂房采用外窗及屋顶电动排烟天窗，离心式屋顶风机加地沟通风；屋面排水采用虹吸排水；除供液站为甲类建筑防火级别外，其余厂房为丁类或戊类建筑防火级别；其他包括低压配电系统、照明系统、火灾报警及联动控制系统、广播系统及安保智能系统、电梯工程等。

（9）总平包括景观造型、草坪及苗木和乔木绿化、4 间门卫室、运动场及各类停车场和试车跑道等设施。

1.2.2 项目建设模式

项目建设资金来源为社会资本，由宜宾市国资委下属宜宾市汽车产业发展投资有限责任公司作为出资人分期回购，出资人资金来源主要为项目运营收入，后期由使用单位接受资产转让，项目建设资本运营模式为 BOT，施工工程建设模式为 EPC。项目成立 SPV 公司进行总体运筹管理。

2 咨询服务范围及组织模式

2.1 咨询服务的业务范围

（1）对各类施工、采购合同在签订前进行审核，核对招标（招商）文件、投标文件与合同的一致性等，并出具书面审核意见。

（2）核对招标（招商）清单和投标清单的一致性，并审核投标清单组价的合理性，出具书面意见。

（3）审核工程量清单中的漏项、新增项目等的重新组价。

（4）参加项目进场前的复测工作、施工图纸会审与交底及工程建设现场例会，适时对施工现场进行查勘，核实有关签证（含变更及隐蔽验收），收集相关资料，留取证据，确保计量准确和审核完整真实。编制跟踪审计日志，总结月度工作情况形成《月度工作报告》。

（5）审核工程建设过程中施工、设备和大宗材料采购合同的执行情况。

（6）审核工程计量并签字确认。

（7）配合政府或项目公司对施工单位在工程中使用的原材料、半成品、成品和设备的质量、价格进行考察并参与确认。

（8）参与政府或项目公司、监理单位组织的对工程分阶段验收及竣工初验。

（9）收集、整理经批准的工程概算书、工程招投标文件、合同、谈判纪要、施工图纸、设计变更、隐蔽验收记录等工程资料。

（10）审核工程施工过程中发生签证记录的及时性、真实性、有效性、准确性。

（11）审核变更是否规范、合理，变更费用的计算方法和计量程序是否与合同条款一致。

（12）对工程索赔进行审核。

2.2 咨询服务的组织模式

本项目咨询服务的组织模式如图 1 所示。

2.3 咨询服务工作职责

本项目的咨询服务工作职责见表 1。

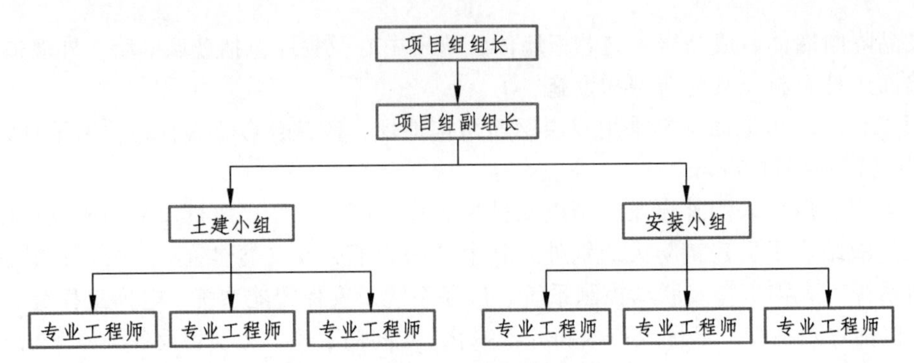

图 1 项目咨询服务组织模式

表 1 咨询服务工作职责

类别	主要工作内容
建设程序审计	（1）审查项目立项、概算批复情况； （2）项目报规、报建情况； （3）施工合同、专业工程采购等招投标实施情况； （4）工程变更程序履行情况是否按合同约定以临港经济开发区变更流程实施
施工过程审计	（1）审核施工合同及施工组织设计、施工方案的合理合规情况； （2）参与图纸会审，对不合理部分提出意见； （3）监督现场是否按图施工、按经审批的施工方案实施； （4）监督隐蔽工程施工情况； （5）核实工程变更现场情况； （6）监督施工现场环保落实情况； （7）审核工程投资完成额、各单体及总体投资控制情况，并及时向业主反馈相关信息； （8）审查工程索赔的合规、合法、合理情况； （9）监督相关单位履职情况
成果资料收集整理及上报	（1）如实记录跟审日志； （2）上报跟踪审计日报、周报、月报及年报； （3）定期整理跟踪审计建议及问题整改工作联系函，核实现场落实情况并如实记录； （4）定期更新投资完成情况对比表； （5）建立跟踪审计项目台账，由主审人员负责及时登记审计时间、工作纪实（包括工作内容、审计事实、发现问题、审计意见、整改情况、审计成果）

3 咨询服务的运作过程

3.1 咨询服务的理念及思路

根据《财政投资评审管理规定》（财建〔2009〕648 号）、《宜宾临港经济技术开发区监察审计局委托社会中介机构参与政府投资及 PPP 项目跟踪审计考核办法》（宜临港监审发〔2016〕6 号）等文件规定，按照宜宾市政府和临港经济开发区审计局等部门的具体要求，对委托项目的建设程序、工程量清单、预算控制价、费用结算等情况进行跟踪审计。检查相关法律法规及行业规范在项目中的运用情况。通过审核，发现和披露项目建设过程中存在的问题，及时、如实地向临港经济开发区监察审计局提供审核信息。从造价管理角度对建设项目内部控制有效性方面分析问题产生的根本原因，为临港经济开发区审计局进一步提高建设项目政府资金使用成效提出合理建议。

3.2 咨询服务的方法及手段

（1）施工阶段采用现场跟踪、全面审计的方式，开展跟踪审计工作。

① 项目组根据建设内容派驻建筑、结构、装饰、给排水、电气、暖通等各专业的造价师项目服务人员常驻现场，在施工合同履行的整个时期对现场进行跟踪核查、记录。对各专业所用的材料规格、数量与施工图、设计变更单及工程实物进行对照核查，通过现场测量、取证、拍照等方式，做好备查记录，并作为变更签证计价和结算审计的真实造价依据。

② 对隐蔽工程部分或有可能索赔或反索赔等特殊事项方面，在现场跟踪过程中及时进行书面取证，以作为后期解决争议的证据。

③ 将现场存在的问题及时汇报委托单位，并去函至相关建设单位，提出整改要求并督促落实。

④ 做好跟踪日志，记录每天发生的与造价相关的事件，作为处理造价管理的基础资料。

⑤ 全过程参加本工程项目管理的相关会议，及时掌握信息，避免信息不对称及不及时的情况。

（2）充分利用审计依据，规范跟审行为。

项目组主要依据跟踪审计业务委托合同、经批复的设计概算、招投标文件、施工合同及经批准的施工方案、施工组织设计、施工方案、施工图、地勘报告、图纸会审记录，以及国家法律法规、行业计价规范及计费文件等资料开展跟踪审计工作。

（3）跟踪审计重点。

① 项目管理内控制度审计。

审查工程建设法人单位项目管理内控制度的建立与执行情况，特别关注内控制度的全面性、科学性、严密性、可操作性，审查职责分工是否明确，不相容职务是否做到了分离、是否有相互牵制，授权管理措施是否健全、质量控制措施是否得当，针对内控制度存在的不足及执行过程中出现的问题，及时提出合理化建议。

② 隐蔽工程审计。

对施工现场隐蔽工程按图施工情况进行审核，并核实工程项目重要隐蔽工程验收的真实性。在隐蔽工程施工过程中及隐蔽前，审计组人员对隐蔽部位的主要尺寸、施工做法、使用材料等进行抽查，并留取影像资料；对过程中存在的问题及时提出整改意见，督促整改。

对隐蔽工程施工过程进行审计，跟审组主要进行过程控制，以施工质量符合要求为目的进行监督。如施工单位不配合整改，则提出跟审联系函，要求相关单位对其施工质量进行复查并做相应的经济处罚。

③ 工程材料审核。

主要审查工程项目重要设备、材料的采购以及使用程序的合规性，是否明确材料设备的品种、规格、型号、质量等级，是否在必要时取样封存，确保供货的材料同认价时的材料品质一致；审查是否与合同约定的品牌、规格、型号、质量等级以及技术标准相一致；抽测进入现场的材料型号规格、品牌是否符合要求，质量证明文件是否齐全；检查甲供材料的采购与使用是否执行了内控制度，管理控制是否得当。

④ 材料认质认价审计。

审查工程材料认质认价程序是否根据合同约定按临港经济开发区认质认价管理办法的规定执行。跟审人员按委托方要求对合同约定需要认质认价的工程材料进行询价时，每种材料需询 3 家以上，在规定时间内完成询价后整理上报委托单位，并保留询价底稿作为过程资料备查。

⑤ 专业工程暂估价确认的审核。

审查建设单位及施工总承包单位是否对应依法招标的专业工程按合同约定的方式及原则进行了招标；审查建设单位是否严格按照国家法律法规或行业工程管理相关规定，对暂估专业工程履行了管理职责。

⑥ 经济签证审计。

跟审人员对每一个涉及经济签证的事项进行现场同步核实，并保留现场签证底稿。现场需审核经济签证提出依据是否充分；对于发生的设计变更、现场签证等事项进行责任划分；审核经济签证内容是否真实、准确。计价方式按合同内或者合同外依据现场议定进行书面记录。

⑦ 工程变更审计。

审核工程变更是否按合同约定符合临港经济开发区变更管理办法规定流程实施；审核变更实施的必要性；对工程造价影响大的设计变更，重点对其技术性、经济性进行对比分析；审查新增加的工程量清单项目预算计价方式和定额套取的合规性、合理性，计价原则是否与施工合同相抵触。

⑧ 工程进度款审计。

审查工程建设项目已完工程量价款的真实性和准确性；审查是否严格按照合同约定方式和金额支付进度款；审查施工单位实际完成的工程量，是否严格按合同条款关于工程进度款支付比例进行资金拨付，是否按约定的抵扣方式扣回预付款项。当实际进度与计划进度产生偏差时，分析偏差产生的原因，并提出相关的改进及预防措施，防止超付工程款的现象发生。

对于设计变更、技术核定单及经济签证等预算外增加造价，进行增加工程造价审核，若合同有约定则按约定比例支付，若未约定，增加部分待结算审计后一并支付，避免工程进度款超额支付。

4 经验总结

4.1 咨询服务的实践成效

（1）取得的经济效益。

跟踪审计工作组通过全程参与施工过程监督，对不影响结构安全的未按图或方案施工的情况进行核实，扣减冗余费用，采取对认质认价材料价格核减等措施直接节约建设资金 612.72 万元。但在工作过程中，大部分是通过参与每一项签证收方，督促相关单位如实、客观记录现场情况来进行工程费用控制，这样不仅避免了虚增工程量或者责任界定不清造成多计工程费用，也为结算审计工作提供了现场依据。

（2）取得的管理效益。

跟踪审计工作组在项目施工阶段全过程跟踪审计工作中，深度介入项目建设各环节，提出审计建议或整改意见 158 条，至竣工日，所涉及问题基本完成整改。

在程序审计方面，从跟审工作组进场开始，即对项目建设前期程序履行情况进行清理，并将有关情况及时反馈至业主和代建单位，并向其提供全过程和全方位的项目建设咨询服务。

在现场管理中，跟踪审计组每天对现场进行巡查，对发现的质量、安全问题及时反馈至管理单位，并督促整改。整个项目建设过程中，我工作组所负责的跟审范围内未发生安全事故，工程质量符合设计要求。例如质量管理方面，在跟审过程中发研发中心一区三层 K-C/7 轴与 B-C/20 轴位置轻质隔墙下未按研发中心建筑施工图设计说明 4.4 条内墙 B 施工说明中“标高 FL+0.150 m 以下采用 C25 混凝土带”的要求设置止水带的问题；研发中心三区一层 D/18 轴处管道穿墙时未按照《消防验收规范》中 5.1.16 条“穿过墙体或楼板时应加设套管”的规定设置套管的问题；PACK 车间 1/E 轴独立基础未经报验私自回填、回填土质及方式不符合设计及规范要求，且未清理基坑底部积水的问题，跟审单位及时发出工作联系函要求整改，并对整改情况进行跟踪检查，形成闭环。

（3）取得的社会效益。

宜宾市新能源汽车及零部件产业园基础设施一期项目是宜宾市政府根据战略发展规划，以新能源汽车为主要市场目标，发展高端成长型产业而实施的重点建设项目。该项目为汽车产业园一期项目，以房建内容为主，创造招商引资平台，为引进奇瑞汽车入驻及后期的同济大学汽车研究院的成立奠定基础，项目的实施对宜宾市汽车产业集聚和上下游一体化发展，以及区域产业结构调整、地区经济发展和环境改善意义重大，同时社会关注度极高。

本项目于2017年底场平开工，2019年底主体工程基本完成，期间进行了调试、零星整改和单体验收。受新冠肺炎疫情影响，项目推迟至2020年4月进行试运行，最终于2020年9月29日完成整体竣工验收。该项目的顺利竣工验收并交付使用，对区域经济及就业影响巨大。

跟踪审计组在工作中认真履职，客观记录、反映现场情况，积极提供咨询建议，为推动项目顺利、合规合法建设起到了积极作用。

4.2 咨询服务的经验和不足

本项目建设投资额大，建设内容多，公司投入充足的资源全程参与建设过程监督，以期高质量完成委托方要求。经过两年多的现场跟踪审计，取得了一定的工作经验，但也存在不足和需要改进的地方，主要体现在以下几个方面：

（1）充分关注程序的合规情况。

① 跟审人员需要提前了解关于建设程序通用管理规定以及地方相关政策要求，以判断项目建设程序中是否存在问题，怎样处理才能合规。对此，跟审人员进场后，对项目立项、土地用地、环保、规划许可、工程招投标和合同签订等及时进行了清理并将存在的问题书面反馈至业主单位，以完善建设程序，尽量避免因程序问题影响项目建设进度。至竣工验收时，本项目建设程序基本完善，未出现影响验收的问题。

② 关注内部管理程序合规情况。例如，对施工蓝图必须先图纸会审才能施工，会审时各单位需熟悉图纸，多沟通交流，群策群力预见可能出现的状况，并要求施工单位加强技术交底管理，避免施工中出现问题再进行调整而出现不必要的返工和责任纠纷。因本项目涉及土建工程与生产设备安装工程两部分内容，本项目建设范围只涉及土建安装工程，生产设备安装属于使用方自行建设，使用方可能会根据市场情况对局部区域进行调整。为避免不必要的返工，在一次管线施工图图纸会审时，要求使用方也同时参加，提出意见，对可能发生变化的部分进行预留，以尽量避免施工后拆除返工的情况。在项目管理方面，因总装车间管道复杂，跟审人员在图纸会审中提出了采用BIM技术先进行管道碰撞检查，但该技术运用范围较小，仅运用在一、二次电气配管检查中，同时，本项目因建设工期紧、图纸先后提供、现场情况发生改变等原因，管线部分仍存在较多的施工后拆除的情况。在以后工作中，怎样扩大运用范围仍是跟审工作需要思考的重点。

③ 对相关单位管理制度进行检查督促完善，并核实制度落实情况。例如，在总装车间网架钢结构施工时，由于现场工期紧，进场材料多，构件多采用进场后编号，现场钢构材料管理一度混乱，导致现场发生杆件编号错误安装后返工，影响施工进度的情况。对此，跟审单位向管理单位提出加强材料加工单位管控，出厂前配套编号、打包包装出厂的建议。

④ 关注变更程序的合规情况。因本项目参与方较多，先由使用方根据市场情况提出需求，再由业主进行投资评价后作为设计输入，但出图后使用方根据市场变化以及现场生产设备安装过程中出现的问题，仍然存在调整需求的情况。使用方的需求、业主与代建的沟通、代建指令的下发均需要有明确的流程和记录，明确变更责任后，再按临港经济开发区变更管理办法申报审批。至竣工验收时，本项目变更程序基本符合要求。

（2）充分熟悉现场情况，准确计量。

例如，要了解地勘报告内容，在参与收方的基础之上对桩基成桩长度合理性进行判断，如发现异常，须及时提出并与相关单位共同核实现场情况。本项目因地形复杂，存在较多的软土换填的情况，审计人员必须与相关人员共同对现场是否为软弱土进行判断，并对换填量进行测量记录。

此外，跟踪审计人员应加强相关规范学习，才能对施工图设计及施工方案提出更多更好的建议，对设计及方案审批中不合理的部分提出审计意见，以控制造价。

5 项目主要经济技术指标

5.1 建设项目造价指标分析表

表 2 建设项目造价指标分析

项目名称：宜宾市新能源汽车及零部件产业园基础设施一期　　项目类型：工业项目

项目地点：四川省/宜宾市临港经济开发区（三江新区）　　投资来源：国有公司

总建筑面积：302 700 m^2　　功能规模：达产后 30 万辆/年

承发包方式：施工总承包　　造价类别：基于施工图的结算价

开工日期：2017 年 12 月 27 日　　竣工日期：2020 年 9 月 29 日

地基处理方式：部分碎石换填、强夯等　　基坑支护方式：钢筋混凝土挡土墙

序号	单项工程名称	规模/m^2	层数	结构类型	装修档次	计价期	造价/元	单位/（元/m^2）	指标分析和说明
1	研发中心及餐厅（含地下室）	18 976	5	门式钢结构加框剪结构	精装房	2019 年 12 月	191 736 391	10 104.15	含所有建筑及安装工程费用，下同
2	总装车间（加涂总连廊）	90 612	1	网架钢结构	精装房	2018 年 12 月	393 885 963	4 346.95	
3	PACK 车间	9 089	1	门式钢结构	精装房	2019 年 12 月	59 293 723	6 523.68	
4	动力中心	5 826	1	门式钢结构	精装房	2019 年 12 月	120 999 240	20 768.84	
5	涂装车间	56 245	1	门式钢结构	精装房	2019 年 12 月	222 850 220	3 962.13	
6	冲焊联合厂房	95 853	1	门式钢结构	精装房	2019 年 12 月	498 662 407	5 202.37	
7	试验中心	7 465	1	门式钢结构	精装房	2019 年 12 月	49 559 940	6 638.97	
8	生产管理中心及食堂	7 168	1	门式钢结构	精装房	2019 年 12 月	45 393 127	6 332.75	
9	污水处理站	2 721	1	门式钢结构	精装房	2019 年 12 月	31 222 755	11 474.74	
10	供液站	383	1	门式钢结构	精装房	2019 年 12 月	2 229 956	5 822.34	
11	固废站	742	1	门式钢结构	精装房	2019 年 12 月	4 397 684	5 926.8	
12	厂区总平					2019 年 12 月	213 992 393		含 4 间门卫室，各类停车场、运动场、景观绿化、管网等
13	地基处理	96 032				2017 年 12 月	12 154 492	126.57	
14	场平土石方					2017 年 12 月	21 834 493		
15	合计		—	—	—		1 868 210 974		

5.2 单项工程造价指标分析表

表 3 总装车间建筑工程造价指标分析

单项工程名称：总装车间　　业态类型：厂房

单项工程规模：90 612 m^2　　层数：1 层

装配率：91%　　绿建星级：未评级

地基处理方式：局部碎石换填、强夯　　基坑支护方式：挡土墙

基础形式：桩基、独基、承台等　　计税方式：一般计税

序号	单位工程名称	规模/m²	造价/元	其中/元				单位指标/（元/m²）	占比	指标分析和说明
				分部分项	措施项目	其他项目	税金			
1	建筑工程	90 612	272 189 005	233 450 036	9 577 430	0	29 161 539	3 003.90	69.10%	税金含规费，下同
1.1	钢结构	90 612	111 793 705	97 458 083	3 424 127	0	10 911 585	1 237.77	28.38%	含钢柱、梁、檩条、网架、钢梯等
1.2	屋盖	90 612	48 316 690	41 625 795	2 045 286	0	4 645 609	533.23	12.27%	含屋面钢承板、保温岩棉、TPO 防水卷材等
1.3	室内装饰工程	90 612	43 445 990	36 461 142	2 632 365	0	4 352 393	479.47	11.03%	含内墙、天棚、地面、楼梯等
1.4	外装工程	90 612	20 855 589	17 785 562	1 031 879		2 038 148	230.16	5.29%	外墙板、立面装饰等
1.5	其他分部	90 612	47 777 031	40 119 454	443 773		7 213 804	527.27	12.13%	土石方、桩基及其他基础、地坪及构造柱等钢筋混凝土工程、防水等
2	水电安装	90 612	10 086 873	8 486 466	399 279		1 201 128	111.32	2.56%	包括照明系统、防雷接地和除虹吸系统外的给排水工程
3	虹吸排水	90 612	6 618 181	5 954 059	39 252		624 870	73.04	1.68%	HDPE 排水管，进口不锈钢虹吸雨水斗、镀锌导轨
4	供配电	90 612	33 648 929	29 051 129	966 901		3 630 899	371.35	8.54%	包括高低压配电柜、配电箱（大部分为仿威图）、大跨距金属桥架、电缆、母线槽等；含一次配电和二次配电（管线）、临时 110 kV 配电（业主委托）
5	通风空调安装工程	90 612	41 859 808	24 703 884	557 077		2 888 548	461.97	10.63%	主要包括 50 000 m³/h 组合式空调机组 16 组、18 000 m³/h 离心式屋顶排风机 131 台、多联机室外机、四面出风室内机等
6	综合支架	90 612	7 377 245	5 955 515	471 932		949 798	81.42	1.87%	定制热镀锌型钢综合支架
7	动力管道设备	90 612	3 828 747	3 378 137	64 431		386 178	42.25	0.97%	包括压缩空气系统、无油螺杆变频空压机、流量计、阀门法兰、燃油系统等
8	消防工程	90 612	6 137 203	5 200 700	171 063		765 440	67.73	1.56%	包括室内消火栓系统、火灾自动报警系统、消防广播系统等

续表

序号	单位工程名称	规模/m²	造价/元	其中/元				单位指标/（元/m²）	占比	指标分析和说明
				分部分项	措施项目	其他项目	税金			
9	建筑智能化	90 612	12 139 972	10 211 477	518 298		1 410 198	133.98	3.08%	包括综合布线系统、视频监控系统、机房建设、中心大屏显示系统、冷通道系统、LED 大屏、中心机房供配电系统、机房动力环境检测系统、计算机应用及网络系统、网络安全系统、门禁系统等
10	合计		393 885 963					4 346.93	100.00%	

表 4 研发中心及餐厅建筑工程造价指标分析

单项工程名称：研发中心及餐厅　　业态类型：/
单项工程规模：18 976 m²　　层数：5 层
装配率：78%　　绿建星级：未评级
地基处理方式：局部碎石换填、强夯　　基坑支护方式：挡土墙
基础形式：桩基、独基、承台基础、筏板基础等　　计税方式：一般计税

序号	单位工程名称	规模/m²	造价/元	其中/元				单位指标/（元/m²）	占比	指标分析和说明
				分部分项	措施项目	其他项目	税金			
1	建筑与装饰工程	18 976	140 662 498	121 227 288	4 265 512	0	15 169 698	7 412.65	73.37%	税金含规费，下同
1.1	钢结构部分	18 976	47 565 482	41 526 529	1 077 497		4 961 456	2 506.61	24.82%	含钢柱、梁、檩条、钢梯等
1.2	幕墙装饰工程	18 976	30 340 894	26 526 404	663 675		3 150 815	1 598.91	15.82%	含外门窗、外墙柱面装饰、铝板及玻璃幕墙、外墙保温防水等
2	交安工程	18 976	715 421	637 292	8 225		69 903	37.7	0.37%	包括厂前区停车场交通安全设施
3	门窗工程	18 976	2 161 141	1 936 847	17 484		206 809	113.89	1.13%	室内防火门、防火卷帘、木质门、不锈钢玻璃门及感应门等
4	厨房设备	18 976	3 944 648	3 586 044	0		358 604	207.88	2.06%	主要包括 1～3 层厨房设施；二、三楼油烟抽排楼顶牵引系统等
5	建筑智能化	18 976	3 956 932	3 393 246	128 160		435 526	208.52	2.06%	包括监控系统、电子巡更系统、门禁系统、光纤布线系统、综合布线系统、智能系统布线桥架、预留等

续表

序号	单位工程名称	规模/m²	造价/元	其中/元				单位指标/（元/m²）	占比	指标分析和说明
				分部分项	措施项目	其他项目	税金			
6	电梯安装	18 976	2 805 826	2 512 581	23 984		269 261	147.86	1.46%	包括客梯、观光电梯、货梯的设备及安装、调试等
7	消防工程	18 976	6 109 793	5 152 472	261 693		695 628	321.97	3.19%	包括室内消火栓系统、喷淋系统、水炮系统、火灾自动报警系统、消防广播系统、防火门监控系统、消防设备电源监控系统、厨房灭火系统、大空间智能型主动喷水灭火系统、气体灭火系统等
8	供配电	18 976	11 243 123	9 785 274	273 799		1 184 050	592.49	5.86%	包括变压器、高低压配电柜、配电箱、母线槽、大跨距防火桥架及金属桥架、电缆、配管配线等
9	水电安装	18 976	6 773 212	5 822 696	170 031		780 485	356.94	3.53%	包括给排水系统
10	通风空调	18 976	10 854 892	9 542 462	212 032		1 100 397	572.03	5.66%	包括管道离心风机、多联机室外机、中静压风管机、环绕嵌入机
11	抗震支架	18 976	2 508 905	2 257 307	14 776		236 822	132.21	1.31%	本工程属于震区，抗震设防烈度为 7 度。包括水管共架、水管、桥架、风管等抗震支架
12	合计		191 736 391	53 174 355	5 375 696		20 507 184	10 104.15	100%	

5.3 单项工程主要工程量指标分析表

表 5 总装车间工程主要工程量指标分析

单项工程名称：总装车间

业态类型：厂房　　　　建筑面积：90 612 m²

序号	工程量名称	工程量	单位	指标	指标分析和说明
1	土石方开挖量	56 292	m³	0.62	沟槽土石方深度 2 m 以内；基坑土石方 6 m 以内约 5%，4 m 以内约 65%，2 m 以内约 30%
2	桩（含桩基和护壁桩）	37 755	m³	0.42	包括 450 mm 的内夯沉管灌注柱；600 mm 钢筋混凝土预制管桩，旋挖机钻孔
3	砌体	1 001	m³	0.01	包括 207 m³ 砖胎膜
4	混凝土	114 499	m³	1.26	包括大体量设备基础及结构地坪、基础部分、构造柱等
4.1	装配式构件混凝土	509	m³	0.01	主要包括钢桁架板混凝土量

续表

序号	工程量名称	工程量	单位	指标	指标分析和说明
5	钢筋	4 163 000	kg	45.94	包括基础部分、结构地坪、设备基础、构造柱等用量
5.1	装配式构件钢筋	17 600	kg	0.19	主要包括钢桁架板配筋量
6	型钢	5 506 000	kg	60.76	包括钢梁、钢柱、网架、钢梯等钢结构材料
7	模板	42 879	m^2	0.47	现场采用复合模板
8	外门窗及幕墙	7 515	m^2	0.08	包括 4 752 m^2 电动排烟天窗
9	保温	110 286	m^2	1.22	包括屋面及外墙面保温岩棉面积
10	楼地面装饰	83 264	m^2	0.92	主要为矽钛合金耐磨骨料、块料地面、特殊地面等
11	内墙装饰	8 420	m^2	0.09	包括水性乳胶漆墙面、成品复合钢板玻璃隔断、块料墙面、彩钢复合板内墙、隔声墙等
12	天棚工程	2 658	m^2	0.03	包括乳胶漆顶棚、矿棉板吊顶、成品夹芯彩钢板吊顶、穿孔铝板吊顶、石膏板吊顶、铝合金板吊顶等
13	外墙装饰	110	m^2	0	主要为各类生产商 LOGO

表 6　研发中心工程主要工程量指标分析

业态类型：公司办公楼　　　　　　　　建筑面积：18 976 m^2

序号	工程量名称	工程量	单位	指标	指标分析和说明
1	土石方开挖量	34 962	m^3	1.84	一般土石方约 58%，沟槽土石方约 2%，基坑土石方约 40%
2	桩	2 298	m^3	0.12	为 450 mm 内夯沉管灌注桩
3	砌体	5 772	m^3	0.3	包括 1 446 m^3 砖胎膜，含实心砖墙和加气混凝土砌块墙
4	混凝土	11 160	m^3	0.59	包括独立基础、筏板基础、构造柱、剪力墙、地梁等
4.1	装配式构件混凝土	4 017	m^3	0.21	主要包括钢桁架板混凝土量
5	钢筋	1 183	kg	0.06	包括基础部分、剪力墙、地梁、构造柱等用量
5.1	装配式构件钢筋	417	kg	0.02	主要包括钢桁架板配筋量
6	型钢	3 259	kg	0.17	包括钢梁、钢柱、网架、钢梯等钢结构材料
7	模板	27 565	m^2	1.45	现场采用复合模板
8	外门窗及幕墙	23 307	m^2	1.23	外门窗 1 830 m^2，幕墙 21 477 m^2
9	保温	30 073	m^2	1.58	包括地库地板下 50 mm 厚挤塑聚苯板、75 mm 厚外墙保温岩棉板、屋面泡沫混凝土找坡层、5 mm 聚丙烯防水透气膜（自带搭接胶条）、100 mm 厚屋面保温竖纤维岩棉等
10	楼地面装饰	18 559	m^2	0.98	大部分为块料地面
11	内墙装饰	43 305	m^2	2.28	包括干挂石材料、纤维增强硅酸盐板墙体及表面涂料（加玻璃纤维网）、75 mm 厚岩棉板、会议室吸音材料装饰等
12	天棚工程	18 559	m^2	0.98	包括矿棉板吊顶、铝合金方板吊顶、石膏板吊顶、混合砂浆抹灰等
13	外墙装饰	410	m^2	0.02	部分氟碳漆外墙

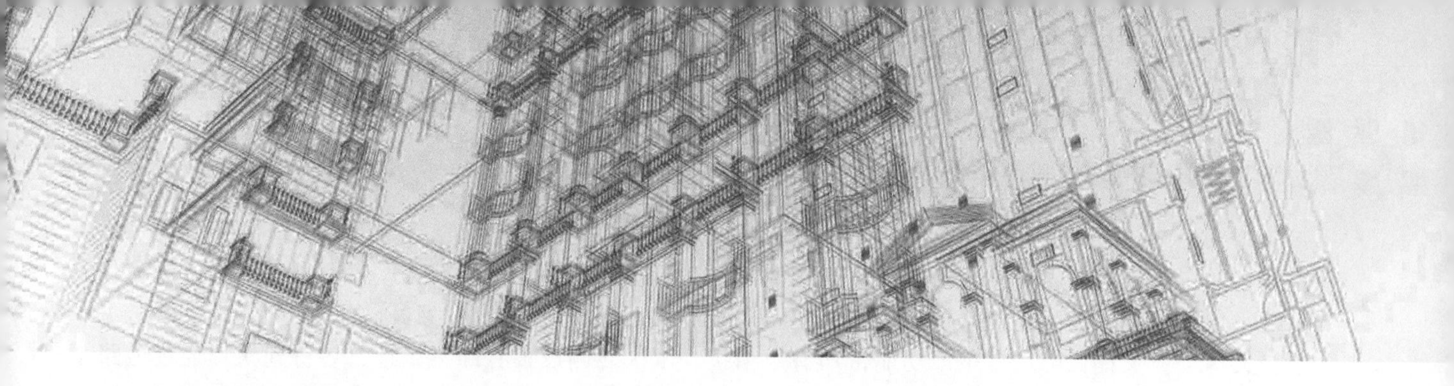

智慧海派成都标准化厂房工程项目

——四川华慧工程造价咨询有限公司

◎ 杨洁，张静茹，杨竹，张英，梁予骕，杜江山

1 项目概况

1.1 项目基本信息

智慧海派成都标准化厂房工程项目位于成都市成华区，包括生产厂房、科研用房及附属用房，包含地下基础、建筑主体、装饰装修、压缩空气系统、氮气系统、冷暖空调、排废气系统、净化车间系统、消防通风、送变电、总平绿化以及燃气和给水等相关配套设施工程。位于项目区域西侧，占地约 69 333.33 m^2，总建筑面积 107 080.51 m^2。

1.2 项目特点

（1）项目实施环境复杂、管理难度大。

项目施工环境较为复杂，农灌渠、机耕道、河道以及企业厂房众多，在长期规划还未实施、周边为高层安置房小区的情况下，既要保证周边居民生产生活不受影响，又要完成本项目的实施，同时需要修建大量的临时工程，例如临时沟渠、临时便道等。措施项目繁杂，管理难度大。

（2）项目采用费率招标，前期投资控制目标不确定。

本项目采用费率招标，施工合同中的综合单价是财评后的综合单价。由于综合单价确定的滞后性，施工过程中建安投资的确定、变更及签证的金额确定是跟踪审计工作中的难题。

（3）项目采用融建模式，跟审工作存在挑战。

项目采用融建模式，引进社会资金进行建设。对施工方的选择范围变窄，成交价格的竞争性不强，建设单位的强势地位被削弱；过程中对产值的审核精度高，产值影响后期的利息，施工过程中只支付部分进度款。

（4）项目定位及建设标准高。

本项目为成都市重点项目，其平面布置除应遵循国家有关工业企业总体设计原则外，还需符合有利于环境净化、避免交叉污染等要求。厂区按行政、生产、辅助和生活等划区布局。生产厂房布置在厂区内环境清洁、人流货流无交叉干扰的位置，并应考虑产品工艺特点，防止生产时发生交叉污染，合理布局，间距适当。厂区主要道路应贯彻人流与货流分流的原则，洁净厂房周围道路面层应选用整体性好、发尘少的材料。

本项目配合使用单位的主要产品为移动终端产品，产品自身不产生有害污染物，生产中产生废水

主要为职工生活废水，可排入市政污水管网处理后达标排放。厂区按标准化厂房要求，配置万级净化系统，保障生产区清洁生产。根据生产工艺要求布设的生产厂房各自相对的独立，间距合理，既避免了交叉污染，又能保障厂区生产功能密切有效衔接。厂区北侧设置有卸货场地，各栋建筑均通过道路和硬化路面连接，保障了生产车辆行驶、人员通行的要求。厂区内四周道路通达，设有环形道路、消防车道，消防车辆均可到达。厂区四周布置有小型乔灌木绿化，具有一定的除尘、防噪功能，厂区周边设置雨污水管道，暗敷于道路下。

厂房建筑强调与环境的和谐感，各功能空间布局科学合理，建筑平面紧凑布置，内部工作流线清晰。建筑的立面及细部的处理充分体现出建筑的严谨性和整洁性。项目通过建筑材料以及装饰风格体现出项目科技、绿色、环保的理念。

整个厂房建筑主体色彩既分明又相互协调，生产性用房外墙拟主要采用浅色外墙砖。楼梯间色彩上可使用深灰色，栏杆可采用灰蓝色烤漆栏杆。凸窗上下板及侧板刷白色外墙漆。

工艺设计包括各工艺房间的平面布置、工艺设备的具体布置以及生产线及设备发热量、工艺房间温湿度详细要求。本项目按现有建筑平面进行电气、给排水、通风、消防等公用工程工艺设计。

（5）项目采用了先进的工程造价管控理念。

① 工程造价动态管控：将“动态”的思想理念体现在每一个造价管理的环节中。在既定目标的范围内，造价动态管控可以实现进一步的精确化，确保各环节之间造价投入的协调性，提高造价控制的明确性和有序性。

② 构建完善的造价动态管理体系：各单位之间的协调配合是确保工程有效开展的关键，因而单纯加强造价制定环节，而忽略与其他几个环节之间的配合，会导致整个制定过程出现失误。因而在具体的实施过程中，需要建立起完善的建筑工程造价动态管理体系，通过专业化的管理，实现各单位之间的协调配合，既可以对市场价格有更加清晰的认知，又可以实现系统化的管理。

③ 信息化管理：跟踪审计人员通过使用“360 安全云盘”软件，将项目与造价相关信息及资料上传至“360 安全云盘”共享，通过会员名与密码的控制，向特定人员开放。

（6）项目工期紧。

本项目要求的施工工期远比常规工期紧张，同时工程各参与方、各专业之间的交叉协调任务繁重。智慧海派对精密机械、工业机器人、增材制造等高端装备制造项目的布局及智能制造组团助力工期的目标达成。

（7）项目采用了先进的建造技术。

“智慧海派成都标准化厂房 1 号楼配套机电安装工程”荣获了 2021—2022 年度第一批中国安装工程优质奖（中国安装之星），展示了先进的技术水平，对同期同类项目具有示范作用。

① 本项目注重节能。承担本建设项目任务的规划和勘察设计单位、施工图审查机构、施工企业、监理单位均高度重视建筑节能，严格执行建筑节能设计标准，层层把关，确保本项目在原设计能耗水平的基础上，达到节能 50%以上的标准。在满足眩光限制、配光、照度、显示指数、色温要求的条件下，采用高效节能型灯具和光源。一般场所为 T8 荧光灯或节能紧凑型光源，并配电子镇流器，应急照明采用能快速点燃的光源。光源显色指数 Ra 大于 80，一般场所色温为 3 300 ~ 5 300 K、功率因数 $\cos\phi \geq 0.95$。照明功率密度值不大于现行国家标准《建筑照明设计标准》（GB 500034）规定的目标值。楼梯间照明采用热释红外线感应自熄开关控制，此开关带消防应急功能。室外照明、走道照明等照明系统均纳入 BAS 系统进行监控。公共建筑应对照明插座、空调、动力、特殊用电这 4 个分项独立设置计量装置。按照建筑使用功能、物业归属、运行管理等情况分项、分区或分层设置计量。公共建筑设置能耗管理系统，系统应具有监测建筑内各类能耗并进行实时统计、分析和管理等功能，并且具备能耗数据远传功能。

② 本项目为绿色建筑。项目位于夏热冬冷地区，按照现行国家标准《公共建筑节能设计标准》（GB 50189）进行建筑节能设计。与《公共建筑节能设计标准》相比较，规定性指标未满足要求，须进

行围护结构节能权衡计算，经权衡计算该设计建筑的全年能耗均小于参照建筑的全年能耗，节能率均大于 50%。本工程均采用距施工现场 500 km 以内生产的环保节能建筑材料。参考《绿色建筑评价标准》（GB/T 50378）和《四川省绿色建筑评价标准》（DBJ51/T 009），构建由规划、建筑、设备及系统、环境与环境保护、运行管理等 5 个维度组成的评价指标体系，每个维度均包括控制性、一般项与优选项。结合项目的实际情况，确定本项目为绿色建筑设计标识二星级。

③ 本项目给排水系统合理、完善、安全，室外排水系统采用雨污水分流的系统。卫生器具采用节水型器具，给排水设备采用节水、节能高效产品，并符合相应规范要求。建筑节水符合《四川省绿色建筑评价标准》（DBJ51/T 009）的相关要求，运行中节水率不低于 10%。各类特殊性质的排水须按照相关排放条件，采取相应的处理措施并达到排放标准后方可排放至市政污水管网。本工程位于废水处理厂覆盖区域，生活污废水须经过室外沉渣池处理后方可排入市政污水管网。

④ 本项目采用装配式构件施工，构件都在工厂生产，质量可以更好地控制，也可以节约材料。装配式墙构件为标准产品，运到现场可直接进行安装，可减少现场施工强度，也可省去砌筑和抹灰工序，缩短整体工期。施工机械化程度增加，减少了现场人员的配备，节约了用工成本，有利于安全生产。此外，构件工厂化生产，减少了施工现场的建筑垃圾，有利于环境保护。

2 咨询服务范围及组织模式

2.1 咨询服务的业务范围

从立项阶段至竣工验收阶段，对智慧海派成都标准化厂房工程项目提供全过程跟踪审计咨询服务。

（1）审查工程施工发包的合规性［规模以上工程施工是否经招标（或比选）发包］。

（2）审查工程施工招标的合规性（招标方式是否经核准并按核准实施，招标文件和《工程量清单》内容是否违反有关强制性规定等）。

（3）审查工程施工合同签订的合法性（签订的施工合同是否违反招投标文件的实质性内容；合同内容是否违反有关强制性规定等）。

（4）审查工程有关签证、索赔的合规性（签证内容是否违反招投标文件和有关强制性规定，手续是否齐备，依据是否充分，业主代表、监理是否严格履行审核责任，工程管理中是否存在严重损失浪费现象等）。

（5）审查设计变更（或技术核定）的合理性（是否经技术经济优化，经济性是否合理，业主代表、监理是否严格履行审核责任等）。

（6）检查隐蔽工程是否按照施工、规范要求实施。

（7）审查进度款支付是否按照合同约定支付。

（8）审查新增项目组价施工合同是否违反招投标文件的实质性内容，合同内容是否违反有关强制性规定等。

（9）审查新增材料的价格确认是否违反招投标文件的实质性内容，合同内容是否违反有关强制性规定等。

（10）审查索赔、合同的执行情况等。

（11）超估算、概算分析。

（12）审查工程结算的真实性。

2.2 咨询服务的组织模式

智慧海派成都标准化厂房工程项目的全过程咨询服务的内部组织模式如图 1 所示。

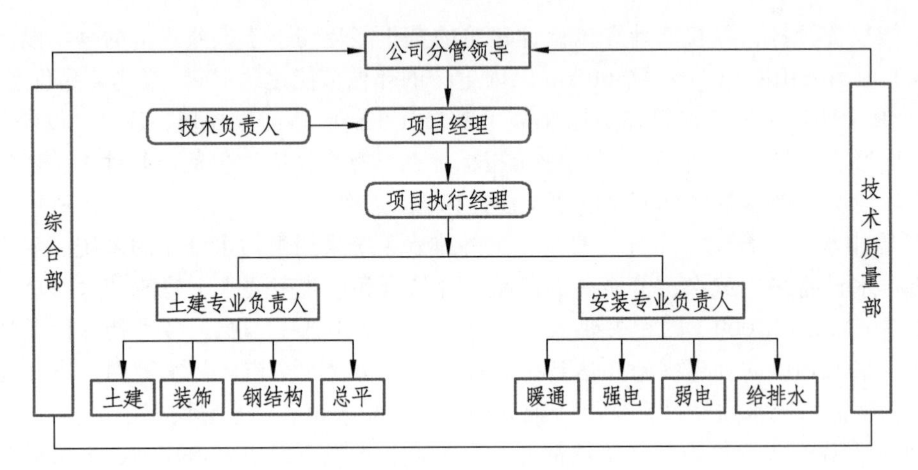

图 1 项目咨询服务组织模式

由于委托项目的全过程造价咨询工作内容涉及土建（装饰、总平绿化景观）、消防、强弱电安装、设备安装等多个专业。咨询工作能否满足委托人的要求，在很大程度上受造价人员的知识结构、专业水平等综合素质影响。因此，由专业能力强、知识结构合理的造价人员组成项目组，是顺利开展造价咨询工作的必要条件。

因此，科学、合理的组织结构将为其提供可信赖的组织保证。根据该项特点，我公司对拟实施项目实行公司监控下的造价项目经理部的管理模式，以便专业工程师能更好、更全面地为委托方提供满意的服务。

我公司将针对项目规模和专业特点，选派业务能力强、综合素质高、专业工作经验丰富的造价人员组成项目组实施委托项目的造价咨询工作。

2.3 咨询服务工作职责

（1）坚持依法、独立、客观公正、职业谨慎、廉洁奉公的原则，对项目真实性、合法性、效益性进行监督和审计。

（2）通过对政府投资项目的结算审计，保证项目能有效控制投资，检查建设资金使用和项目管理的真实性和合规性，提出加强管理的建议，正确核算建设成本。

（3）以“服务性、公正性、独立性、科学性、职业谨慎、廉洁奉公”为原则，贯彻和执行国家对建设工程审计方面的法律法规，严格遵守《政府投资建设项目审计任务委托合同》的约定和本公司审计的规章制度，依法维护各参与实施单位的权益。

（4）加强对工程投资的计划管理和使用建议，及时防弊纠错，避免超计划、超规模情况的发生，促进和提高项目建设投资效益的最大化。

（5）提醒参与项目建设各主体单位认真履行各自职责，依法依规办事，提高建设工程质量，促进项目建设管理的法治化、制度化、规范化。

（6）披露工程建设领域中的重大违法违规问题和经济犯罪线索，促进反腐倡廉建设。

（7）披露投资管理体制、机制和制度方面的问题，促进投资管理体制、机制和制度的建设。

（8）按时保质完成审计内容，实现审计目标，对审计程序和审计结果的真实性、合法性、完整性负责，并承担相应法律责任。

（9）审计组应按照“分期审核、迅速反馈、及时纠正”的原则，针对发现的问题提出意见和建议，并出具审计意见书。审计组组长、主审应负责督促被审计单位执行、落实审计组提出的意见和建议，并取得相应回执，做好相关记录。审计过程中遇到或发现比较严重的问题，应及时向审计局请示汇报。

3 咨询服务的运作过程

3.1 咨询服务的理念及思路

本项目采用基本建设全过程全面审查法，即从立项阶段至竣工验收阶段，逐阶段逐项审查。以各阶段的逻辑关系为脉络贯穿于项目审计的始终，以子项逻辑关系为指针，以正确理解设计图并结合现场实际实施为方法，保质保量完成每一项审计任务。

根据施工合同和招投标文件，咨询服务分为招标范围内、招标范围外和其他三部分，并对以下内容进行全面审查：

（1）审查竣工决算（结算）依据资料的真实性、完整性。

（2）现场勘察、检查实际施工是否与图纸、招标文件、答疑、图集、施工规范的要求相符，对不符部分，按合同约定的调整方式调整。

（3）对超报、虚报部分的造价按合同约定予以扣减。

① 审查工程子目。

② 核定施工工程量。

③ 审查决算（结算）工程量清单单价是否与中标单价一致。

④ 审查子目单价，尤其是审查清单漏项、变更和新增工程等需要重新进行组价的综合单价，主要审查是否执行合同约定。

⑤ 审查措施费是否符合招标文件及合同约定。

⑥ 审查有关风险分摊是否按合同及招标文件执行（人、材、机）。

⑦ 审查规费和安全文明施工费计算是否符合规定。

⑧ 审查索赔是否符合招标文件及合同约定。

（4）审查附属工程。对列入建安主体的水、电与室外配套的附属工程，应防止混淆和重复计算。

（5）审核有无甲供材料，对甲供材料按有关规定扣除。

（6）按施工过程中约定的罚款金额在结算中扣除。

（7）通过指标评价，防止各种计算误差。

3.2 咨询服务的方法及手段

（1）审前调查的主要内容。

① 立项批复、建设地点、建设规模、资金来源、建设单位、施工单位、设计单位、监理单位、招标代理单位、勘察单位、项管公司等情况。

② 调查规划、地勘、设计、预算、评审、招投标合同等的签订情况。

③ 收集可研审批、初设审查、施工图审查、概算审批、招标核准、评审、勘察招标、设计招标、施工招标、监理招标、材料以及设备的招标采购等资料，审查是否符合有关规定，并提出书面意见。

（2）开工前审查的主要内容。

① 审查建设资金来源及落实情况。

② 审查前期费用的支出情况。

③ 审查建设项目立项及审批情况。

④ 审查设计内容是否全面，是否是最合理的方案，审查图纸是否为具备资质的单位设计，是否经过图纸审查。

⑤ 审查建设项目的概算编制及评审工作。

⑥ 审查工程量清单的编制及评审工作，审核项目特征、有无重大错漏项以及材料品牌、档次、价格。

⑦ 审查工程招（投）标情况及清标情况（必须进行清标，为确保工程量的准确，要求施工单位与

清单编制单位对工程量进行核对）。

⑧ 审查工程施工图纸交底及图纸会审情况。

（3）工程实施阶段审查的主要内容及重点。

① 主要内容。

· 做好现场记录（重大变更、现场发生的特殊情况、签证收方、原始高程抄测、地基、室外附属等隐蔽验收等）。

· 审查建设项目经济合同的签订及合同执行情况。

· 审核工程施工中出现重大变更所发生工程量及费用，如需会签，按相关文件规定执行。

· 审查工程材料（量大或价值大者）的定价情况（或提出建设性意见）。

· 审查实际施工单位是否与合同单位一致，工程的分包、暂定价材料设备的采购是否经过建设单位按规定认可的原则办理。

· 对工程质量事故，审查施工单位是否有报告，是否保护现场并配合处理。

· 审查主要材料是否有合格证、质保书等。

② 重点审计。

· 设计变更资料是否齐全，有无可行性论证，资料是否科学合理。设计优化是否到位，有无人为增加工程成本等问题。

· 隐蔽资料与现场的事实是否相符，有无弄虚作假、降低质量标准或影响使用效果等问题。

· 审查标内外调整增加的工程投资是否按有关法律法规的规定执行。

（4）出具审计结果。

① 每月报告全过程造价咨询情况。

② 季度投资分析报告。

③ 年度全过程造价咨询小结。

④ 竣工后出具工程竣工结算审核报告。

⑤ 结算完成后对整个投资概算控制情况进行总结。

4 经验总结

4.1 咨询服务的实践成效

（1）项目前期阶段。

① 跟审资料问题。

问题情况：资料提供滞后。

存在的问题：本项目已施工快 9 个月，但尚有相关造价资料未提供到位。

审计组采取的措施：报告审计局，要求相关单位进一步核查并进行必要的修正工作。

风险及隐患：项目无施工方案相关备案资料可能会对项目后期管理造成影响。

② 控制价评审报告滞后。

问题情况：未收到控制价报告。

审计组采取的措施：通知相关单位，督促其尽快提交控制价报告。

风险及隐患：控制价未收到可能会造成项目前期管理无序，对相关重点问题忽略把控等。

（2）项目施工阶段。

① 资料完善问题。

问题情况：现场实施情况与图纸不一致时，资料的完善问题。

存在的问题：在进行跟审过程中，我方发现因施工单位前期平整场地原因，导致二期场地内 Z82

号桩至 Z116 号桩现有地貌低于原设计冠梁顶标高。

审计组采取的措施：针对上述存在的问题，跟审人员已将此事告知建设单位，建议督促相关单位对比现场实际做法与图纸有差异的部分，尽快完善资料，避免在结算过程中引起争议。

② 现场定额测算问题。

问题情况：关于现场叠合板支撑定额测算问题。

存在的问题：因该项目控制价评审时对叠合板支撑存在争议，建设单位、评审单位、施工单位、过控单位、跟审单位等参与方一同咨询了市造价站。根据市造价站意见，2015 年《四川省建设工程工程量清单计价定额》中无适用定额，属于定额缺项，需编制临时定额。因此，现场对叠合板支撑拆除进行工时记录，为编制临时定额做参考。

在叠合板支撑阶段，由过控单位牵头，各相关单位参与，对叠合板支撑系统脚手架搭设相关数据进行了收集及统计，并记录数据内容、拍摄影像资料。目前叠合板支撑拆除阶段，则未见叠合板支撑拆除数据记录、统计工作。

审计组采取的措施：建议及时完成支撑系统拆除数据收集及统计，包括影像资料，以便编制临时定额参考时，依据更充分有效。告知建设单位，建议督促相关单位完善数据收集、统计。

4.2 咨询服务的经验和不足

跟踪审计单位作为接受投资监督管理部门委托的第三方审计机构，必须坚持“客观、公平、公正、科学”的跟踪审计原则，依法依规履行跟踪审计职责，独立开展跟踪审计工作；必须严格要求审计工程师在获取专业知识的同时，具备现场实际解决突发事件的应变能力。

跟踪审计针对项目建设的全过程，目前大多集中在施工阶段介入，就建设单位而言，也认为审计的主要成果体现在施工阶段工程造价的控制上。实践表明，在施工阶段介入，仍然有很多缺陷不能得到弥补。按照规定施工合同应是对招标文件进行实质性的响应，忽视招投标阶段的审计，施工合同和建设过程中的很多问题和矛盾将得不到解决。

建设单位在跟踪审计实施过程中，对于协审机构的配合不够积极和全面，对于审计建议、决定整改及落实的响应不够积极；建设单位在项目建设前积极主动要求审计机关进行跟踪审计，但是审计组进入现场开展工作后，仍存在诸多配合问题。

建议建立健全内控制度，变“亡羊补牢”为“防患未然”，并严格按制度执行，履行各自的权力和责任。同时，实现“审”与“被审”各方互动，加强建设项目参与各方之间的充分交流和有效沟通。审计人员自身的心理素质、业务素质、工作经验、职业判断、表达能力和谈话技巧在跟踪审计中尤为重要。审计人员在与被审计单位交换意见时，要讲究语言艺术，树立良好的审计形象，对被审计单位进行审、帮、促，让被审计单位主动配合支持审计，积极采纳审计意见建议，及时纠正建设过程中出现的问题。同时，审计部门与监理、代建等单位要做到资源共享，与其他建设项目监管部门之间实现信息共享，形成合力。对于质量方面的审计，从检查制度建立和运行情况入手，通过对监理单位、施工单位的质量保证体系、内控制度进行检查，熟悉质量管理的主要内容和流程，检查监理人员到位和履职的情况，并结合现场检查情况进行评价和分析，然后给予指导、建议、处理或处罚。

5 项目主要经济技术指标

5.1 建设项目造价指标分析表

表 1 建设项目造价指标分析

项目名称：智慧海派成都标准化厂房工程项目（二期）　项目类型：工业项目

投资来源：国有公司　项目地点：四川省成都市成华区

总建筑面积：107 080.51 m²　　功能规模：标准化厂房面积 105 778.51 m²
承发包方式：施工总承包　　造价类别：控制价
开工日期：2018 年 2 月 2 日　　竣工日期：2019 年 12 月 25 日
地基处理方式：置换及拌入法　　基坑支护方式：支护桩

序号	单项工程名称	规模/m²	层数	结构类型	装修档次	计价期	造价/元	单位/（元/m²）	指标分析和说明
1	1 号厂房	52 910.78	3 层	框架	精装房	2017 年 12 月	252 199 946.1	4 766.51	车间净化等级为十万级，每层 2 个防火分区
2	2 号厂房	39 308.28	4 层	框架	精装房	2017 年 12 月	172 512 278.5	4 388.7	车间净化等级为十万级，每层 2 个防火分区
3	3 号厂房	13 559.45	3 层	框架	精装房	2017 年 12 月	101 198 218.8	7 463.3	动力房、食堂、活动中心、设备用房
4	4 号厂房	300	1 层	框架	精装房	2017 年 12 月	877 706.69	2 925.69	生产配套用房
5	5 号厂房	150	1 层	框架	精装房	2017 年 12 月	435 368.13	2 902.45	生产配套用房
6	消防水泵房	584.98	2 层	框架	精装房	2017 年 12 月	3 832 727.24	6 551.89	消防水泵房
7	1#垃圾房	24	1 层	框架	精装房	2017 年 12 月	122 468.7	5 102.86	垃圾房
8	1#门房	210	1 层	框架	精装房	2017 年 12 月	901 795.07	4 294.26	门房
9	2#门房	24	1 层	框架	精装房	2017 年 12 月	97 436.46	4 059.85	门房
10	3#门房	9	1 层	框架	精装房	2017 年 12 月	86 256.99	9 584.11	门房
11	总平	36 482.59	—	—	—	2017 年 12 月	23 793 476.11	652.19	道路、绿化、景观等
12	合计		—	—			556 057 678.7		

5.2 单项工程造价指标分析表

表 2　1 号厂房建筑工程造价指标分析

单项工程名称：1 号厂房　　业态类型：厂房
单项工程规模：52 910.78 m²　　层数：三层
装配率：30%　　绿建星级：二星
地基处理方式：置换及拌入法　　基坑支护方式：/
基础形式：桩基础　　计税方式：一般计税

序号	单位工程名称	规模/m²	造价/元	其中/元				单位指标/（元/m²）	占比	指标分析和说明
				分部分项	措施项目	其他项目	税金			
1	建筑与装饰工程	52 910.78	135 583 880.3	95 922 706.73	13 366 091.79	10 928 879.85	13 436 240.39	2 562.5	52.71%	
1.1	幕墙	52 190.78	4 519 678.16	3 560 180.03	93 241.6	365 342.16	447 896.03	85.42	1.76%	
2	强电工程	52 910.78	20 276 161.44	15 247 810.61	1 072 692.86	1 632 050.35	2 009 349.33	383.21	7.88%	
3	给排水工程	52 910.78	2 523 250.26	1 917 421.53	107 553.2	202 497.47	250 051.83	47.69	0.98%	
4	消防工程	52 910.78	7 010 534.26	5 123 586.66	447 235.07	557 082.17	694 737.63	132.5	2.73%	
5	通风工程	52 910.78	4 706 445.94	3 506 550.85	273 406.58	377 995.74	466 404.55	88.95	1.83%	
6	抗震支架工程	52 910.78	7 588 452.69	5 764 685.92	368 524.45	613 321.04	752 008.83	143.42	2.95%	
7	1#厂房电梯工程	52 910.78	1 677 654	1 374 000		137 400	166 254	31.71	0.65%	
8	低压配电室	52 910.78	4 689 414.48	3 791 480.66	32 403.57	382 388.42	464 716.75	88.63	1.82%	
9	通风空调工程	52 910.78	57 473 111.41	44 148 789.62	2 286 571.98	4 643 536.16	5 695 533.56	1 086.23	22.34%	
10	气体工程	52 910.78	3 307 183.15	2 601 900.17	75 546.19	267 744.64	327 738.87	62.5	1.29%	
11	弱电工程	52 910.78	3 582 324.13	2 752 526.78	122 431.66	287 495.84	355 005.09	67.7	1.39%	
12	自控系统	52 910.78	3 781 534.03	3 048 661.16	31 941.72	308 060.29	374 746.62	71.47	1.47%	

表3　2号厂房建筑工程造价指标分析

单项工程名称：2号厂房　　业态类型：厂房
单项工程规模：39 308.28 m²　　层数：四层
装配率：30%　　绿建星级：二星
地基处理方式：置换及拌入法　　基坑支护方式：/
基础形式：桩基础　　计税方式：一般计税

序号	单位工程名称	规模/m²	造价/元	其中/元				单位指标/（元/m²）	占比	指标分析和说明
				分部分项	措施项目	其他项目	税金			
1	建筑与装饰工程	39 308.28	101 234 102.9	71 358 998.26	10 215 246.44	8 157 424.47	10 032 208.4	2 575.39	57.34%	
1.1	幕墙	39 308.28	3 671 832.35	2 893 286.71	75 117.32	296 840.4	363 875.28	93.41	2.08%	
2	强电工程	39 308.28	17 207 061.2	13 067 166.43	907 190.01	1 397 435.64	1 705 204.26	437.75	9.75%	
3	给排水工程	39 308.28	861 289.03	651 397.04	39 357.93	69 075.5	85 352.97	21.91	0.49%	
4	消防工程	39 308.28	5 140 340.28	3 782 079.5	309 335.59	409 141.51	509 403.09	130.77	2.91%	
5	通风工程	39 308.28	3 003 603.98	2 207 358.9	206 154.51	241 351.34	297 654.45	76.41	1.70%	
6	抗震支架工程	39 308.28	3 751 583.72	2 833 645	195 535.44	302 918.05	371 778.57	95.44	2.12%	
7	2#厂房电梯工程	39 308.28	1 750 914	1 434 000		143 400	173 514	44.54	0.99%	
8	低压配电室	39 308.28	3 650 661.65	2 943 435.6	31 147.27	297 458.29	361 777.28	92.87	2.07%	
9	通风空调工程	39 308.28	28 309 945.45	21 929 058.61	980 477.87	2 290 953.65	2 805 490.09	720.2	16.03%	
10	气体工程	39 308.28	912 855.5	705 264.44	29 980.11	73 524.46	90 463.16	23.22	0.52%	
11	弱电工程	39 308.28	4 288 463.12	3 318 963.52	130 368.28	344 933.18	424 982.83	109.1	2.43%	
12	自控系统	39 308.28	2 401 457.63	1 929 944.45	24 312.97	195 425.74	237 982.29	61.09	1.36%	

表4　3号厂房建筑工程造价指标分析

单项工程名称：3号厂房　　业态类型：厂房
单项工程规模：13 559.45 m²　　层数：三层
装配率：30%　　绿建星级：二星
地基处理方式：置换及拌入法　　基坑支护方式：/
基础形式：桩基础　　计税方式：一般计税

序号	单位工程名称	规模/m²	造价/元	其中/元				单位指标/（元/m²）	占比	指标分析和说明
				分部分项	措施项目	其他项目	税金			
1	建筑与装饰工程	13 559.45	37 575 858.93	25 898 725.23	4 201 489.03	3 010 021.43	3 723 733.77	2 771.19	36.59%	
1.1	幕墙	13 559.45	1 356 600.44	1 068 385.2	28 130.49	109 651.57	134 437.88	100.05	1.32%	
2	强电工程	13 559.45	4 006 478.85	3 021 864.39	204 877.55	322 674.2	397 038.45	295.48	3.90%	
3	高低压配电室	13 559.45	6 114 055.78	4 927 391.91	52 754.77	498 014.67	605 897.42	450.91	5.95%	
4	给排水工程	13 559.45	12 113 109.37	9 885 105.53	25 806.33	991 091.19	1 200 398.22	893.33	11.79%	
5	消防工程	13 559.45	2 263 894.86	1 643 574.31	153 018.02	179 659.23	224 349.94	166.96	2.20%	
6	通风空调工程	13 559.45	7 137 516.06	5 552 331.18	229 106.64	578 143.78	707 321.41	526.39	6.95%	
7	抗震支架工程	13 559.45	986 663.3	768 175.52	30 089.74	79 826.52	97 777.44	72.77	0.96%	
8	3#厂房电梯工程	13 559.45	838 827	687 000		68 700	83 127	61.86	0.82%	
9	气体工程	13 559.45	22 183 221.99	18 147 721.17	14 235.1	1 816 195.63	2 198 337.31	1636	21.60%	
10	弱电工程	13 559.45	3 235 397.14	2 586 332.66	43 025.06	262 935.77	320 624.94	238.61	3.15%	
11	自控系统	13 559.45	4 743 195.47	3 871 616.03	8 627.12	388 024.32	470 046.4	349.81	4.62%	

表 5　4 号厂房建筑工程造价指标分析

单项工程名称：4 号厂房　　业态类型：厂房
单项工程规模：300 m²　　层数：地上一层
装配率：/　　绿建星级：二星
地基处理方式：机械碾压法　　基坑支护方式：/
基础形式：独立基础　　计税方式：一般计税

序号	单位工程名称	规模/m²	造价/元	其中/元				单位指标/（元/m²）	占比	指标分析和说明
				分部分项	措施项目	其他项目	税金			
1	建筑与装饰工程	300	738 397.43	501 362.47	89 414.8	59 077.73	73 174.52	2 461.32	84.13%	按建筑面积
2	强电工程	300	116 649	91 219.03	2 845.64	9 406.47	11 559.81	388.83	13.29%	按建筑面积
3	给排水工程	300	2 452.4	1 737.28	183.84	192.11	243.03	8.17	0.28%	按建筑面积
4	消防工程	300	20 207.86	15 476.09	730.32	1 620.64	2 002.58	67.36	2.30%	按建筑面积

表 6　5 号厂房建筑工程造价指标分析

单项工程名称：5 号厂房　　业态类型：厂房
单项工程规模：150 m²　　层数：地上一层
装配率：/　　绿建星级：二星
地基处理方式：机械碾压法　　基坑支护方式：/
基础形式：独立基础　　计税方式：一般计税

序号	单位工程名称	规模/m²	造价/元	其中/元				单位指标/（元/m²）	占比	指标分析和说明
				分部分项	措施项目	其他项目	税金			
1	建筑与装饰工程	150	404 318.7	274 637.63	48 706.12	32 334.38	40 067.62	2 695.46	92.87%	按建筑面积
2	强电工程	150	28 404.61	21 194.33	1 364	2 255.83	2 814.87	189.36	6.52%	按建筑面积
3	给排水工程	150	2 644.82	1 939.49	154.46	209.4	262.1	17.63	0.61%	按建筑面积

表 7　消防水泵房建筑工程造价指标分析

单项工程名称：消防水泵房　　业态类型：附属用房
单项工程规模：584.98 m²　　层数：单层
装配率：/　　绿建星级：/
地基处理方式：机械碾压法　　基坑支护方式：支护桩
基础形式：筏板基础　　计税方式：一般计税

序号	单位工程名称	规模/m²	造价/元	其中/元				单位指标/（元/m²）	占比	指标分析和说明
				分部分项	措施项目	其他项目	税金			
1	消防泵房土建	584.98	2 423 462.71	1 740 344.33	212 430.44	195 277.48	240 162.97	4 142.81	63.23%	按建筑面积
2	强电工程	584.98	973 454.34	787 467.12	6 455.7	79 392.28	96 468.45	1 664.08	25.40%	按建筑面积
3	给排水工程	584.98	26 782.51	20 680.09	854.08	2 153.42	2 654.12	45.78	0.70%	按建筑面积
4	消防工程	584.98	394 160.62	301 430.36	14 475.78	31 590.61	39 060.96	673.8	10.28%	按建筑面积
5	通风工程	584.98	8 842.87	6 529.76	528.01	705.78	876.32	15.12	0.23%	按建筑面积
6	抗震支架工程	584.98	6 024.19	4 665.56	201.11	486.67	596.99	10.3	0.16%	按建筑面积

表 8　垃圾房建筑工程造价指标分析

单项工程名称：垃圾房　　业态类型：附属用房

单项工程规模：24 m²　　层数：地上一层

装配率：/　　绿建星级：/

地基处理方式：机械碾压法　　基坑支护方式：/

基础形式：独立基础　　计税方式：一般计税

序号	单位工程名称	规模/m²	造价/元	其中/元				单位指标/（元/m²）	占比	指标分析和说明
				分部分项	措施项目	其他项目	税金			
1	建筑与装饰工程	24	90 324.6	61 666.65	10 300.71	7 196.74	8 951.09	3 763.53	73.75%	按建筑面积
2	强电工程	24	30 266.48	23 059.82	1 139.44	2 419.93	2 999.38	1 261.1	24.71%	按建筑面积
3	给排水工程	24	1 877.62	1 394.57	99.52	149.41	186.07	78.23	1.53%	按建筑面积

表 9　1#门房建筑工程造价指标分析

单项工程名称：1#门房　　业态类型：附属用房

单项工程规模：210 m²　　层数：地上二层

装配率：/　　绿建星级：/

地基处理方式：机械碾压法　　基坑支护方式：/

基础形式：独立基础　　计税方式：一般计税

序号	单位工程名称	规模/m²	造价/元	其中/元				单位指标/（元/m²）	占比	指标分析和说明
				分部分项	措施项目	其他项目	税金			
1	1#门房	210	661 788.15	458 466.17	70 918.71	52 938.49	65 582.61	3 151.37	73.39%	按建筑面积
2	强电工程	210	48 888.21	36 983.31	2 014.73	3 899.8	4 844.78	232.8	5.42%	按建筑面积
3	给排水工程	210	21 597.84	15 540.87	1 439.19	1 698.01	2 140.33	102.85	2.39%	按建筑面积
4	消防工程	210	6 091.9	4 553.72	294.6	484.83	603.7	29.01	0.68%	按建筑面积
5	通风空调工程	210	163 428.97	128 556.6	3 871.33	13 242.79	16 195.66	778.23	18.12%	按建筑面积

表 10　2#门房建筑工程造价指标分析

单项工程名称：2#门房　　业态类型：附属用房

单项工程规模：24 m²　　层数：地上一层

装配率：/　　绿建星级：/

地基处理方式：机械碾压法　　基坑支护方式：/

基础形式：独立基础　　计税方式：一般计税

序号	单位工程名称	规模/m²	造价/元	其中/元				单位指标/（元/m²）	占比	指标分析和说明
				分部分项	措施项目	其他项目	税金			
1	2#门房	24	83 324.6	54 778.14	11 658.29	6 643.64	8 257.39	3 471.86	86%	按建筑面积
2	强电工程	24	12 434.55	9 334.89	559.69	989.46	1 232.25	518.11	13%	按建筑面积
3	给排水及消防工程	24	1 677.31	1 208.37	111.35	131.97	166.22	69.89	2%	按建筑面积

表 11 3#门房建筑工程造价指标分析

单项工程名称：3#门房　　业态类型：附属用房

单项工程规模：9 m²　　层数：地上一层

装配率：/　　绿建星级：/

地基处理方式：机械碾压法　　基坑支护方式：/

基础形式：独立基础　　计税方式：一般计税

序号	单位工程名称	规模/m²	造价/元	其中/元				单位指标/（元/m²）	占比	指标分析和说明
				分部分项	措施项目	其他项目	税金			
1	3#门房	9	42 269.87	27 993.27	5 744.36	3 373.76	4 188.91	4 696.65	49%	按建筑面积
2	强电工程	9	40 225.61	31 865.9	711.25	3 257.72	3 986.32	4 469.51	41%	按建筑面积
3	给排水及消防工程	9	3 761.51	2 984.71	65.54	305.03	372.76	417.95	4%	按建筑面积

表 12 总平建筑工程造价指标分析

单项工程名称：总平　　业态类型：总平绿化

单项工程规模：36 482.59 m²　　层数：/

装配率：/　　绿建星级：/

地基处理方式：机械碾压法　　基坑支护方式：/

基础形式：/　　计税方式：一般计税

序号	单位工程名称	规模/m²	造价/元	其中/元				单位指标/（元/m²）	占比	指标分析和说明
				分部分项	措施项目	其他项目	税金			
1	强电工程	36 482.59	796 663.36	602 583.57	32 885.29	63 546.89	78 948.62	21.84	3%	按总平面积
2	给排水工程	36 482.59	6 131 520.38	4 826 159.23	141 976.44	496 813.57	607 628.15	168.07	26%	按总平面积
3	弱电工程	36 482.59	599 203.75	404 711.18	75 659.85	48 037.1	59 380.55	16.42	3%	按总平面积
4	道路总平工程	36 482.59	14 635 570.97	11 068 041.18	727 907.56	1 179 594.87	1 450 371.9	401.17	62%	按总平面积
5	园林绿化工程	36 482.59	1 630 517.65	1 391 352.98	49 458.89		161 582.83	44.69	7%	按总平面积

5.3 单项工程主要工程量指标分析表

表 13 1号厂房工程主要工程量指标分析

单项工程名称：1号厂房

业态类型：厂房　　建筑面积：52 910.78 m²

序号	工程量名称	工程量	单位	指标	指标分析和说明
1	土石方开挖量	9 460.35	m³	0.18	挖一般土方+挖沟槽土方+挖基坑土方
2	桩（含桩基和护壁桩）	6 745.58	m³	0.13	干作业成孔灌注桩总和
3	砌体	4 980.912	m³	0.09	砖砌体、加气混凝土砌块墙、装配式轻质隔墙
4	混凝土	17 188.7	m³	0.32	混凝土之和，包含装配式构件混凝土
4.1	装配式构件混凝土	1 245.98	m³	0.02	
5	钢筋	2 871 807	kg	54.28	所有钢筋之和
6	模板	285 678.62	m²	5.40	所有模板之和
7	门窗及幕墙	8 840.34	m²	0.17	门窗+玻璃幕墙+铝板幕墙
8	屋面	17 312.64	m²	0.33	屋面

续表

序号	工程量名称	工程量	单位	指标	指标分析和说明
9	楼地面装饰	51 616.97	m^2	0.98	地砖+水泥豆石+洁净区域
10	内墙装饰	47 108.11	m^2	0.89	面砖+水泥砂浆+洁净区域
11	天棚工程	54 243.39	m^2	1.03	吊顶+涂料+洁净区域
12	外墙装饰	12 853.5	m^2	0.24	涂料

表 14　2 号厂房工程主要工程量指标分析

单项工程名称：2 号厂房

业态类型：厂房　　　　　　　　建筑面积：39 308.28 m^2

序号	工程量名称	工程量	单位	指标	指标分析和说明
1	土石方开挖量	9 660.17	m^3	0.25	挖一般土方+挖沟槽土方+挖基坑土方
2	桩（含桩基和护壁桩）	4 751.67	m^3	0.12	干作业成孔灌注桩总和
3	砌体	4 212.39	m^3	0.11	砖砌体、加气混凝土砌块墙、装配式轻质隔墙
4	混凝土	12 117.16	m^3	0.31	混凝土之和，包含装配式构件混凝土
4.1	装配式构件混凝土	1 005.418	m^3	0.03	
5	钢筋	2 161 712	kg	54.99	所有钢筋之和
6	模板	217 933.31	m^2	5.54	所有模板之和
7	门窗及幕墙	6 797.21	m^2	0.17	门窗、玻璃幕墙、铝板幕墙
8	屋面	9 907.67	m^2	0.25	屋面
9	楼地面装饰	37 355.16	m^2	0.95	地砖+水泥豆石+洁净区域
10	内墙装饰	40 525.59	m^2	1.03	面砖+水泥砂浆+洁净区域
11	天棚工程	37 964.88	m^2	0.97	吊顶+涂料+洁净区域
12	外墙装饰	13 680.34	m^2	0.35	涂料

表 15　3 号厂房工程主要工程量指标分析

单项工程名称：3 号厂房

业态类型：厂房　　　　　　　　建筑面积：13 559.45 m^2

序号	工程量名称	工程量	单位	指标	指标分析和说明
1	土石方开挖量	11 370.17	m^3	0.84	挖一般土方+挖沟槽土方+挖基坑土方
2	桩（含桩基和护壁桩）	1 614.16	m^3	0.12	干作业成孔灌注桩总和
3	砌体	2 058.85	m^3	0.15	页岩实心砖墙+页岩多孔砖墙+加气混凝土砌块墙
4	混凝土	5 001.94	m^3	0.37	所有混凝土之和，包含装配式构件混凝土
4.1	装配式构件混凝土	285.2	m^3	0.02	
5	钢筋	781 926	kg	57.67	所有钢筋之和
6	模板	86 707.99	m^2	6.39	所有模板之和
7	门窗及幕墙	2 039.82	m^2	0.15	门窗、玻璃幕墙、铝板幕墙
8	屋面	6 609.43	m^2	0.49	屋面
9	楼地面装饰	12 202.81	m^2	0.90	地砖+水泥豆石
10	内墙装饰	14 281.62	m^2	1.05	面砖+水泥砂浆
11	天棚工程	12 260.22	m^2	0.90	板材+涂料
12	外墙装饰	12 063.1	m^2	0.89	涂料

表 16　4 号厂房工程主要工程量指标分析

单项工程名称：4 号厂房

业态类型：厂房　　　　　　　　　　　　建筑面积：300 m^2

序号	工程量名称	工程量	单位	指标	指标分析和说明
1	土石方开挖量	173.98	m^3	0.58	挖一般土方+挖沟槽土方+挖基坑土方
2	砌体	47.59	m^3	0.16	加气混凝土砌块墙
3	混凝土	131.62	m^3	0.44	所有混凝土之和
4	钢筋	17 407	kg	58.02	所有钢筋之和
5	模板	906.92	m^2	3.02	所有模板之和
6	门窗	58.14	m^2	0.19	门窗
7	屋面	329.16	m^2	1.10	屋面保温
8	楼地面装饰	282.04	m^2	0.94	防（导）静电环氧自流平楼地面
9	内墙装饰	242.71	m^2	0.81	水泥砂浆
10	天棚工程	282.04	m^2	0.94	石膏板
11	外墙装饰	340.47	m^2	1.13	涂料

表 17　5 号厂房工程主要工程量指标分析

单项工程名称：5 号厂房

业态类型：厂房　　　　　　　　　　　　建筑面积：150 m^2

序号	工程量名称	工程量	单位	指标	指标分析和说明
1	土石方开挖量	100.94	m^3	0.67	挖一般土方+挖沟槽土方+挖基坑土方
2	砌体	29.82	m^3	0.20	加气混凝土砌块墙
3	混凝土	72.81	m^3	0.49	所有混凝土之和
4	钢筋	9124	kg	60.83	所有钢筋之和
5	模板	498.91	m^2	3.33	所有模板之和
6	外门窗及幕墙	31.42	m^2	0.21	外门窗
7	保温	162.66	m^2	1.08	屋面保温
8	楼地面装饰	138.96	m^2	0.93	防（导）静电环氧自流平楼地面
9	内墙装饰	154.95	m^2	1.03	水泥砂浆
10	天棚工程	138.96	m^2	0.93	石膏板
11	外墙装饰	211.37	m^2	1.41	涂料

表 18　消防水泵房工程主要工程量指标分析

单项工程名称：消防水泵房

业态类型：厂房　　　　　　　　　　　　建筑面积：584.98 m^2

序号	工程量名称	工程量	单位	指标	指标分析和说明
1	土石方开挖量	5 442.58	m^3	9.30	挖一般土方+挖沟槽土方+挖基坑土方
2	砌体	74.905	m^3	0.13	加气混凝土砌块墙+页岩实心砖
3	混凝土	1 070.85	m^3	1.83	所有混凝土之和
4	钢筋	82 473	kg	140.98	所有钢筋之和

续表

序号	工程量名称	工程量	单位	指标	指标分析和说明
5	模板	4 253.26	m^2	7.27	所有模板之和
6	门窗及幕墙	19.15	m^2	0.03	外门窗
7	屋面	20.4	m^2	0.03	屋面
8	楼地面装饰	561.42	m^2	0.96	
9	内墙装饰	726.9	m^2	1.24	水泥砂浆
10	天棚工程	173.72	m^2	0.30	石膏板+水泥砂浆
11	外墙装饰	216.55	m^2	0.37	涂料

表 19　1#垃圾房工程主要工程量指标分析

单项工程名称：1#垃圾房

业态类型：厂房　　　　建筑面积：24 m^2

序号	工程量名称	工程量	单位	指标	指标分析和说明
1	土石方开挖量	79.39	m^3	3.31	挖基坑土方
2	砌体	8.27	m^3	0.34	加气混凝土砌块墙
3	混凝土	12.91	m^3	0.54	所有混凝土之和
4	钢筋	1 402	kg	58.42	所有钢筋之和
5	模板	106.25	m^2	4.43	所有模板之和
6	外门窗及幕墙	12.175	m^2	0.51	外门窗
7	保温	20.16	m^2	0.84	屋面保温
8	楼地面装饰	20.16	m^2	0.84	地砖
9	内墙装饰	40.1	m^2	1.67	面砖+水泥砂浆
10	天棚工程	20	m^2	0.83	涂料
11	外墙装饰	65.86	m^2	2.74	涂料

表 20　1#门房工程主要工程量指标分析

单项工程名称：1#门房

业态类型：厂房　　　　建筑面积：210 m^2

序号	工程量名称	工程量	单位	指标	指标分析和说明
1	土石方开挖量	137.4	m^3	0.65	挖基坑土方
2	砌体	48.49	m^3	0.23	加气混凝土砌块墙
3	混凝土	109.89	m^3	0.52	所有混凝土之和
4	钢筋	13263	kg	63.16	所有钢筋之和
5	模板	773.71	m^2	3.68	所有模板之和
6	外门窗及幕墙	2.49	m^2	0.01	外门窗
7	保温	195.36	m^2	0.93	屋面保温
8	楼地面装饰	208.89	m^2	0.99	地砖
9	内墙装饰	321.46	m^2	1.53	面砖+水泥砂浆
10	天棚工程	208.89	m^2	0.99	涂料
11	外墙装饰	262.32	m^2	1.25	涂料

表 21 2#门房工程主要工程量指标分析

单项工程名称：2#门房

业态类型：厂房　　　　建筑面积：24 m^2

序号	工程量名称	工程量	单位	指标	指标分析和说明
1	土石方开挖量	25.66	m^3	1.07	挖基坑土方
2	砌体	7.72	m^3	0.32	加气混凝土砌块墙
3	混凝土	14.72	m^3	0.61	所有混凝土之和
4	钢筋	1627	kg	67.79	所有钢筋之和
5	模板	122.94	m^2	5.12	所有模板之和
6	外门窗及幕墙	10.11	m^2	0.42	外门窗
7	保温	20.16	m^2	0.84	屋面保温
8	楼地面装饰	23.84	m^2	0.99	地砖
9	内墙装饰	41.96	m^2	1.75	面砖+水泥砂浆
10	天棚工程	20	m^2	0.83	涂料
11	外墙装饰	67.88	m^2	2.83	涂料

表 22 3#门房工程主要工程量指标分析

单项工程名称：3#门房　　　　建筑面积：9 m^2

业态类型：厂房

序号	工程量名称	工程量	单位	指标	指标分析和说明
1	土石方开挖量	12.95	m^3	1.44	挖基坑土方
2	砌体	3.55	m^3	0.39	加气混凝土砌块墙
3	混凝土	7.62	m^3	0.85	所有混凝土之和
4	钢筋	988	kg	109.78	所有钢筋之和
5	模板	69.62	m^2	7.74	所有模板之和
6	外门窗及幕墙	9.07	m^2	1.01	外门窗
7	保温	6.76	m^2	0.75	屋面保温
8	楼地面装饰	8.316	m^2	0.92	地砖
9	内墙装饰	19.1	m^2	2.12	面砖+水泥砂浆
10	天棚工程	6.624	m^2	0.74	涂料
11	外墙装饰	36.44	m^2	4.05	涂料

表 23 总平工程主要工程量指标分析

单项工程名称：总平工程

业态类型：厂房　　　　建筑面积：36 482.59 m^2

序号	工程量名称	工程量	单位	指标	指标分析和说明
1	总平道路	17 506.3	m^2	0.41	道路面积
2	园路	7 857.29	m^2	0.19	停车位、园路、球场等
3	园林绿化	11 119	m^2	0.26	绿化面积

成都第一骨科医院迁建工程项目

——四川正则工程咨询股份有限公司

◎ 罗利晓，陈忠林，吴生东，陈宏，罗云连

1 项目概况

1.1 项目基本信息

成都第一骨科医院迁建工程项目坐落于成都市青羊区。规划用地面积约 2.02 万 m^2，建筑基底面积约 5.65 万 m^2，容积率为 2.93，总建筑面积约 7.55 万 m^2。其中地下建筑面积约 2.81 万 m^2，地上建筑面积约 4.74 万 m^2，建筑高度为 65.6 m，建筑层数为 15 层；地下 3 层，包含食堂、厨房、地下停车及设备用房，地上 15 层，包含门诊医技楼、住院楼、污水处理设施用房、物管用房、制氧机房、消毒供应中心、手术净化、垃圾用房及总平工程等，床位 592 床，手术室 12 间，是一个典型的公共建筑项目。项目采用固定单价合同类型，清单计价模式。可研批复总投资 3.09 亿元，实际结算金额 3.09 亿元。建设工期约 27 个月。

1.2 项目特点

（1）根据现场施工形象进度审核工程量，不超计，不漏计，客观反映进度产值，根据合同及相关管理办法要求在规定期限内完成计价成果文件。针对现场发生重大变更、新技术、新工艺、新材料等具体情况，与原招标造价对比审核，做好变更方案阶段、实施阶段等各阶段的咨询工作。

（2）安装系统多且大部分为非常规住宅系统，联合体投标，作业面多，对各专业工作的工作进度和实施情况掌控难度偏大，需要专业工程师根据需要随时到现场确认并完善相关资料，确保形象进度准确并保证进度款审核科学合理。

由于初步设计中医院各功能区需求未完全满足，对于发生变更的范围进行核价并扣减原招标对应范围的造价，难度大。我方为了保证工程实施费用的准确性，将涉及范围工程进行全面重新核算，大大增加了工作量。

2 咨询服务范围及组织模式

2.1 咨询服务的业务范围

本工程咨询服务的业务范围分为前期阶段、施工阶段、结算阶段等 3 个阶段。

（1）前期阶段。

① 审核招标文件、招标控制价、工程量清单、投标文件、合同条款及补充协议书等，签批前必须报审计局备案，参与合同谈判过程，并从造价管理的角度提供意见。

② 发现并提出招标用图纸不完善的地方，分析施工中可能遇到的增加投资风险的内容及风险金额。

③ 参加施工图会审及技术交底会议，站在投资管控的角度提出意见及建议。

④ 审核前期建设程序的合规性、合法性，提出意见及建议。

⑤ 对建设方内部控制制度进行检查。提出意见及建议。

（2）施工阶段。

① 组建项目部进驻现场开展工作，按项目需求配置项目部成员，人数及专业合理搭配。

② 审核月进度计量支付报表，并出具月进度支付审核报告。

③ 参与设计变更、现场签证合理化的论证，并在实施后对工程量及造价及时进行审核，一单一算。

④ 对暂定价材料、新增材料和甲供材料价格的审核。

⑤ 对重大变更、新技术、新工艺、新材料进行审核并提供造价分析报告。

⑥ 对调整和新增项目综合单价的审核。

⑦ 隐蔽工程造价审核，对项目有关的零星施工、返工、迁改等项目进行造价审核。

⑧ 参加参建单位组织的各种会议（其中主审必须参加由建设单位组织的各种会议），并在合同授权范围内发表审计意见。

⑨ 5 万元以上的签证单签批前必须报审计局备案。

⑩ 委托方要求的与本项目有关的其他工作。

（3）结算阶段。

① 在施工过程中分阶段、分专业办理工程结算审核。

② 在法规及合同约定时间内办理完所有工程结算审核。

③ 编制竣工结算审核报告。

④ 归纳整理造价相关资料，提供工程造价咨询工作报告。

2.2 咨询服务的组织模式

我公司根据该项目特点组建了与项目相匹配的项目团队（表 1），根据咨询项目具体服务范围、服务要求及进度管控要求，编制了咨询工作计划，并在咨询服务过程中严格按计划落实专业技术人员投入，分步骤落实各项咨询服务工作；及时响应委托人的要求，提供相应的咨询数据、指标及报告，完成各项审计任务并做好相应的咨询过程记录，通过合理的分工、协调，有效控制了造价咨询服务质量及咨询服务进度管理。

表 1　项目组人员安排

序号	职务	姓名	专业	技术职称	注册证号	工作年限
1	公司技术负责人（土建）	陈××	土建	高级工程师	建［造］01510000565	31 年
2	公司技术负责人（安装）	罗××	安装	高级工程师	建［造］11510004536	26 年
3	部门经理/项目负责人	吴××	土建	中级工程师	建［造］11205100002689	28 年
4	驻场主审工程师	吴××	土建	工程师	建［造］19510015395	11 年
5	驻场工程师	黄××	土建	—	建［造］11215100008405	5 年
6	驻场主审工程师	陈××	安装	高级工程师	建［造］09510004371	13 年
7	驻场工程师	胡××	安装	—	川 080005631［审］	12 年
8	驻场资料档案管理	罗××	土建/安装	—	—	6 年

（1）职责分工。

① 根据招标文件及中标文件对项目进行清标并出具清标报告，发委托人审批备案。

② 对承包人报送的验工计价申请进行审核确认，对经监理审核的已完合格工程量、设备到货、安装、验收等资料进行复核。

③ 出具验工计价及支付审核报告，审核签字人必须具有中华人民共和国造价工程师资格并在本公司注册。

④ 严格执行委托方相关管理办法的规定，防止出现超验、不合格产品计量，并对审核成果文件的及时性、合规性、合法性、真实性及准确性负责。

⑤ 参与变更方案审查，负责对工程变更申请的合理性、合规性以及费用进行审核，并提交成果文件。

⑥ 按要求建立验工计价、变更审核及支付相关台账。

⑦ 参与隐蔽工程验收并做好相关记录台账。

（2）项目团队人员流动情况下的应急预案。

根据以往的经验，为应对项目团队可能发生的人员流动，本项目提前预备两名专业且经验丰富的工程师（土建、安装各 1 名），若出现临时的人员流动，公司在满足咨询项目审计时限及审计质量的前提下，抽调提前预备的工程师，进行准确及时的“补位”，确保审计咨询工作的顺利完成。

（3）咨询服务工作职责。

① 参与工程前期阶段（对招标文件、招标控制价、施工合同、监理合同等共提出约 31 条跟审意见）、施工阶段、结算阶段的相关会议，对建设工程项目设计、招标、施工、变更、结算等方面进行“全过程、穿透式”的造价咨询管理。

② 遵从委托单位各项制度规定，负责对委派项目的合同条款、控制价审核、零星工程、变更、结算等各项业务进行审核，并提供审核成果文件。

③ 严格按照国家有关法律、法规、制度规定以及有关执业道德规范的要求，遵循独立、客观、公正、诚实信用的原则完成造价咨询工作，并对咨询报告的真实性、合理性、合法性负责。

④ 按照合同约定，组建项目咨询团队，任命项目负责人、技术负责人与建设公司建立工作联系，并安排项目咨询团队的造价人员承担造价咨询工作。

⑤ 咨询服务期间妥善保管参建单位提供的资料，并对其安全性、完整性负责，在出具咨询报告后 3 个工作日内完整退还提供单位。

⑥ 遵守甲方对造价咨询活动的相关规定，接受甲方的统筹管理及监督检查，接受甲方的日常管理、考核及处罚。

⑦ 咨询服务过程中发现问题，及时向委托单位报告，不得隐瞒不报、徇私舞弊。

⑧ 未经委托单位同意，不得对外提供工程造价咨询服务过程中获知的商业秘密和业务资料。

3 咨询服务的运作过程

3.1 咨询服务的理念及思路

我们遵循“客观、公正、公平、合理”的原则，在工程前期，我方主要针对项目前期资料进行审查，对招投标程序是否合法合规，签订的合同条款与招标文件精神是否一致，与招标文件和投标承诺是否一致，中标合同价是否真实合理，中标单位投标承诺是否得以体现，是否在合同谈判时解决明显的不平衡报价及漏项增项情况。在施工期间，我方主要的工作重点是监督合同执行情况，审核工程变更程序是否真实合理，审核隐蔽工程和签证资料是否合理合规，审查大宗设备、材料采购等。在竣工结算过程中，主要审查竣工结算资料（含变更、索赔）的完整性、合法性、合理性、准确性和程序合规性等内容。

具体各阶段内容如图 1 所示。

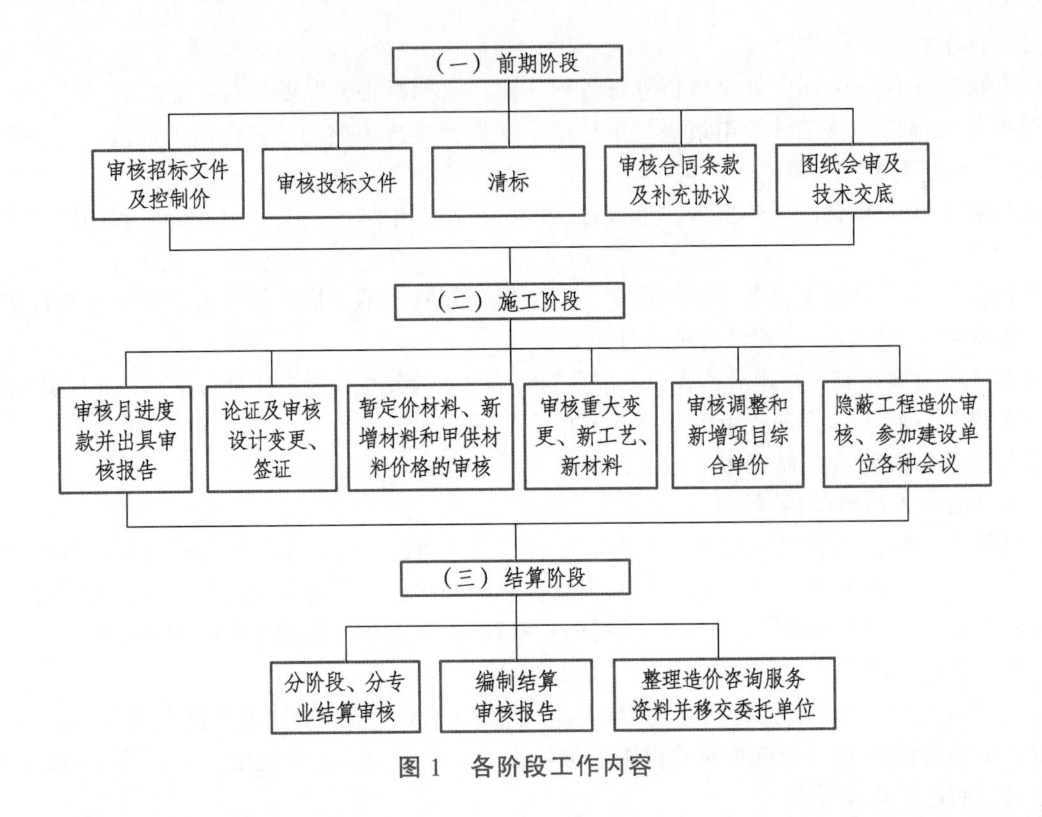

图1 各阶段工作内容

3.2 咨询服务的方法及手段

（1）根据本项目特点组建咨询项目团队，分别就造价咨询合同、施工合同的关键条款对参与本项目咨询服务的所有工程师进行详细交底，主要明确咨询工作的范围、内容、重点、方法、流程以及咨询目标，并形成交底记录分发给所有参与工程师。

（2）建立完善的咨询工作流程、咨询成果三级复核制，使造价咨询工作能够在各个造价业务环节紧密结合，为提高工作效率提供制度保障。

（3）建立项目负责制，组建项目经理部；对项目实行信息化管理，利用我公司的云平台对各个过程中的工作进行实时沟通、协调。

（4）全力提倡使用电算化平台，建立算量模型计算标准，精装修项目提倡优先选用经公司多年审核验证总结的计算式及建立算量模型同比验证。

（5）实行项目台账制度，建立项目文档文件夹、各分包专业文件夹、各类依据资料文件夹和项目台账，使项目实施过程中保持整个项目团队人员的依据资料实时更新并绝对一致，避免造成重复计量工作。

（6）定期组织各项目负责人、专业负责人进行专业探讨，并对目前造价业务开展工作的流程和业务质量进行分析，并提出更加高效的工作流程，更高效地处理变更审核等。

（7）实施工作工期计划目标跟踪制度，由各项目负责人对负责项目建立工期计划目标，并实施目标跟踪，出现偏差须及时与委托单位项目负责人沟通及备案，为后期结算材料调差、人工费调差等做好准备工作。

4 经验总结

4.1 咨询服务的实践成效

（1）充分熟悉合同，科学审定进度费用。

通过对参与咨询服务的所有工程师的合同交底，使各专业咨询工程师清楚施工合同范围，明确甲

乙双方责、权、利的划分。以工程前期批复文件、招投标文件及施工合同为基础，清标、施工图设计为依据开展全过程造价咨询服务工作。对过程中发生的争议问题，及时向施工单位沟通解释，沟通无效的上报委托单位解决，并最终达成一致意见。根据合同原则对于施工方错误报送的超承包范围费用进行了审减，合同内部分也避免施工单位进行超报，做好了过程中的投资控制工作。

（2）了解现场隐蔽施工情况，合理计取费用。

各参建单位（建设单位、项管单位、监理单位、施工单位）对措施钢筋方案进行了审核批准，其中包括基础、楼板措施钢筋详细实施方案。在施工过程中，我公司工程师对施工时的基础及楼板措施钢筋进行了现场测量核对，记录实际施工相关数据并与经批准的实施方案进行了对比分析，将存在明显误差的内容书面上报委托方。例如：现场基础底板马凳钢筋的布置方案为“HRB400 25 间距 1 200”，而抗水板（厚度 400 mm/500 mm）现场实际施工为“HRB400 16 间距 2 000”，筏板（厚度 1 500 mm）现场实际施工为“HRB400 25 间距 1 500”；楼板措施钢筋方案为“楼板负矩弯钩垂直向下，为防止跑位，在弯钩下方绑扎 HPB300 6 钢筋一根”，但现场未实施。虽此类问题最终未进行整改，但我方结算以现场实际实施计取，扣减了相应的金额。

（3）依据合同及招标文件合理解决争议问题。

该项目在整个咨询过程中遇到了较多争议问题，可能因合同约定不明或清单特征描述不完善等原因造成，我方均依据合同条款结合清单特征描述及相关文件提出了合理的可行性建议，在及时解决争议问题的同时合理控制了造价，获得了委托方的肯定和信任。

（4）结合项目实际情况给建设方提出合理建议。

① 工程增减后的综合单价确定问题。

该项目合同约定，本工程工程量清单有误或设计变更引起的工程量增减超过 15%时，其增加部分的工程量或减少后的工程量的综合单价须经发包人重新确认，但合同内容并未对重新确认综合单价的方式进行约定，各参建单位站在不同的立场，提出不同的处理方式，给结算和项目管理带来了相应的难度。

我方针对以上合同条款提出以下建议：可签订补充协议（或情况说明）明确具体的综合单价确定方式，以清单规范的指导思想为原则，工程量增加超过 15%部分的综合单价适当调减，工程量减少超过 15%部分的价格适当调增。

② 变更审核资料完整性的问题。

我方在变更审核中发现较多变更送审资料不完善，故我方协助建设单位拟定了变更的管理流程及资料要求，并对每一个环节的工作提出了相应的时间要求，规范了签证变更的管理。

③ 解决多专业图纸分阶段出图，图纸矛盾的问题。

针对医院项目的专业图纸为分阶段分单位出图的特点，我方提出建设单位委派各单位出图时，提前对各专业、各阶段图纸进行叠图，减少图纸矛盾，避免造成拆改无效成本及工期的增加，保证能更有效地控制成本及工期。

④ 解决多专业交叉施工，界面重叠的问题。

针对医院项目涉及专业系统较多，工作面较多的特点，我方在前期即建议建设方在招标前将工作界面划分清晰，避免招标内容重复，并采用 BIM 技术对工人进行施工培训、技术交底以及远程移动办公，为项目进度及界面控制提供保障。

4.2 咨询服务的经验和不足

4.2.1 咨询服务的经验

（1）对特殊的专业确定特殊的工作模式。

通过对该项目咨询工作的实施，我方人员对医院类公共建筑建设特点有了更深入的了解。该项目涉及安装系统较多（有 IBM 系统集成平台、无线查房系统等 17 个系统），与常规的公共建筑及住宅项目相比较，更加复杂，定价更困难，对安装人员专业要求较高。因此在项目实施过程中，我方对安装专业建立了单独的变更台账，且要求安装人员对招标文件、合同及图纸进行认真解读和分析，并形成书面记录备查。

（2）对于争议问题寻求合理的解决途径。

该类项目外墙为异形铝单板幕墙，其计算方式及计算难度较为复杂，针对该项招标时项目特征描述的计算方式不清晰，造成争议工程量差异较大。我方建议由招标编制单位进行书面盖章澄清，我方拿到书面澄清后与相关各方进行沟通协调，最终以更合理的方式解决了争议。

（3）合理合规地处理特殊变更。

根据合同原则，施工材料品牌应该在招标品牌范围内，由于本项目施工过程中遇到环保督察，部分约定的材料品牌厂家无法在要求的工期内提供相应的材料设备（如电线电缆、桥架、配电箱等），因此需进行品牌变更。为了满足项目的质量要求，我方协助建设方对变更的品牌及厂家进行评判及价格谈判，在保证了材料设备质量的同时控制了成本。

（4）关注现场实施内容与合同或经批准的方案不一致问题。

例如，多功能区域的精装修工程，因装饰做法较多，部分混凝土墙面抹灰在实际施工时考虑效果及成本的因素，将大部分混凝土墙面抹灰调整为满刮腻子墙面，而原设计图并无此要求。遇此类情况咨询方应督促相关方办理变更签证手续，并在工程量计算时要将抹灰量扣除，调整为腻子墙面。

（5）特别注意审查验工计价是否存在超报。

承包单位为了追求最大现金流，可能存在工程量超报的情况。例如，该项目现场未施工装修工程内容上报了计量计价，基层及吊顶龙骨等刚开始实施还未达到合同的支付节点也上报了计量计价，要求支付进度款。我方在实施进度款审核时，除了查阅监理、建设、项管等单位出具的相关证明资料外还必须到现场进行形象进度核查。

4.2.2 咨询服务的不足

（1）由于项目系统较多，各专业交叉作业较多，施工进度较快，对施工现场进度个别情况掌握得不够详尽，在计价过程中可能存在个别超报但已完成了计价的情况。

（2）个别变更审核时，由于送审资料不齐全无法进行审核，在要求承包单位补充资料的过程中，因整体工作量较大未能及时跟进，导致个别变更审核时间延长。

5 项目主要经济技术指标

5.1 建设项目造价指标分析表

表 2 建设项目造价指标分析

项目名称：成都第一骨科医院迁建工程项目	项目类型：医院
投资来源：政府	项目地点：四川省成都市青羊区
总建筑面积：75 457 m^2	功能规模：592 床位、手术室 12 间
承发包方式：施工总承包	造价类别：结算价
开工日期：2017 年 4 月 1 日	竣工日期：2019 年 7 月 31 日
地基处理方式：抗浮锚杆	基坑支护方式：混凝土支护桩

序号	单项工程名称	规模/m²	层数	结构类型	装修档次	计价期	造价/元	单位/（元/m²）	指标分析和说明
1	地下室	28 062	3	框剪结构	精装房	2016 年 7 月—2019 年 7 月	106 527 335.2	3 796.14	含地下建筑、装饰、机电等建安费用单方，不含土方护壁降水
2	地上	47 395	15	框剪结构	精装房	2016 年 7 月—2019 年 7 月	190 775 602.1	4 025.23	含地上建筑、装饰、机电等建安费用单方，不含电梯
3	总平	10 466	—	—	—	2016 年 7 月—2019 年 7 月	11 562 499.2	1 104.77	含软景、硬景、景观道路等建安费单方
4	合计	75 457	—	—	精装房		308 865 436.5		

5.2 单项工程造价指标分析表

表 3 地下室工程造价指标分析

单项工程名称：地下室　　业态类型：医院

单项工程规模：28 062 m²　　层数：3 层

装配率：0　　绿建星级：/

地基处理方式：抗浮锚杆　　基坑支护方式：混凝土支护桩

基础形式：筏板基础　　计税方式：增值税模式

序号	单位工程名称	规模/m²	造价/万元	其中/万元				单位指标/（元/m²）	占比	指标分析和说明
				分部分项	措施项目	其他项目	税金			
1	建筑工程	28 062	5 716.6	4 382.1	745.0	117.5	472.0	2 037.12	53.66%	
1.1	钢结构	—								
1.2	屋盖	—								
2	室内装饰工程	28 062	1 037.0	838.7	70.1	42.6	85.6	369.55	9.73%	
2.1	室内普通装修工程	28 062	683.4	542.6	52.4	32.1	56.4	243.54	6.42%	
2.2	室内精装修工程	28 062	353.6	296.1	17.8	10.6	29.2	126.01	3.32%	
3	外装工程	—								
3.1	幕墙	—								
4	给排水工程	28 062	413.4	365.1	9.0	5.2	34.1	147.33	3.88%	
5	高低压配电工程	28 062	676.5	610.4	6.6	3.7	55.9	241.09	6.35%	
6	电气工程	28 062	1 541.0	1 361.2	33.2	19.3	127.2	549.14	14.47%	
7	暖通工程	28 062	696.4	611.2	17.6	10.1	57.5	248.17	6.54%	
8	消防工程	28 062	393.5	331.3	19.0	10.8	32.5	140.22	3.69%	
9	建筑智能化工程	28 062	47.7	39.2	2.9	1.7	3.9	16.98	0.45%	
10	污水处理工程	28 062	130.6	117.2	1.7	1.0	10.8	46.54	1.23%	
11	电梯工程	—								不在总包范围
12	精装修安装	—								
13	小计							3 796.14		

表 4　地上工程造价指标分析

单项工程规模：47 395 m^2　　层数：15 层

装配率：0　　绿建星级：/

地基处理方式：抗浮锚杆　　基坑支护方式：混凝土支护桩

基础形式：筏板基础　　计税方式：增值税模式

序号	单位工程名称	规模/m^2	造价/万元	其中/万元				单位指标/（元/m^2）	占比	指标分析和说明
				分部分项	措施项目	其他项目	税金			
1	建筑工程	47 395.00	7 029.31	4 866.71	1 423.06	159.13	580.41	1 483.13	36.85%	
1.1	钢结构	—	—							
1.2	屋盖	—	—							
2	室内装饰工程	47 395.00	4 540.85	3 853.21	197.11	115.59	374.93	958.09	23.80%	
3	外装工程	47 395.00	1 716.51	1 483.09	56.88	34.82	141.73	362.17	9.00%	
3.1	幕墙	47 395.00	1 490.11	1 296.95	43.49	26.63	123.04	314.40	7.81%	
4	给排水工程	47 395.00	769.81	663.55	26.99	15.71	63.56	162.43	4.04%	
5	电气工程	47 395.00	1 894.22	1 608.14	66.08	63.61	156.40	399.67	9.93%	
6	暖通工程	47 395.00	1 835.48	1 547.23	86.37	50.33	151.55	387.27	9.62%	
7	消防工程	47 395.00	688.52	577.18	34.66	19.83	56.85	145.27	3.61%	
8	医用气体工程	47 395.00	366.92	329.71	4.38	2.53	30.30	77.42	1.92%	
9	建筑智能化工程	47 395.00	235.93	157.36	11.80	47.29	19.48	49.78	1.24%	
10	电梯工程	47 395.00	—	—	—	—	—	—	—	未含在总包内
11	精装修安装		—	—	—	—	—	—	—	
12	合计							4 025.23		

表 5　总平工程造价指标分析

单项工程名称：总平　　业态类型：医院

单项工程规模：10 466 m^2　　层数：/

装配率：/　　绿建星级：/

地基处理方式：/　　基坑支护方式：/

基础形式：/　　计税方式：增值税模式

序号	单位工程名称	规模/m^2	造价/万元	其中/万元				单位指标/（元/m^2）	占比	指标分析和说明
				分部分项	措施项目	其他项目	税金			
1	景观附属及绿化工程	10 466	832.5	700.0	48.2	15.6	68.7	795.45	72.00%	
2	交安工程	10 466	44.6	38.3	1.7	1.0	3.7	42.63	3.86%	
3	给排水工程	10 466	172.9	149.2	6.0	3.4	14.3	165.22	14.96%	
4	电气工程	10 466	87.2	77.2	1.8	1.0	7.2	83.35	7.54%	
5	建筑智能化工程	10 466	19.0	15.4	1.3	0.7	1.6	18.11	1.64%	
6	合计		1 156.2							

5.3 单项工程主要工程量指标分析表

表 6 地下室工程主要工程量指标分析

单项工程名称：地下室

业态类型：医院　　　　建筑面积：28 062 m^2

序号	工程量名称	工程量	单位	指标	指标分析和说明
1	土石方开挖量		m^3		单独发包
2	桩（含桩基和护壁桩）		m^3		单独发包
3	护坡		m^2		单独发包
4	砌体	3 026.58	m^3	0.108	
5	混凝土	24 787.83	m^3	0.883	不含基坑支护，另外招标
5.1	装配式构件混凝土	—	m^3	—	
6	钢筋	3 060 440	kg	109.06	筏板基础 1.5 m 厚，抗水板 0.5 m 厚
6.1	装配式构件钢筋	—	kg	—	
7	型钢	3 696	kg	0.132	
8	模板	74 660.6	m^2	2.661	
9	外门窗及幕墙	—	m^2	—	
10	保温	—	m^2	—	
11	楼地面装饰	24 681	m^2	0.88	
12	内墙装饰	29 233	m^2	1.042	不含抹灰
13	天棚工程	34 141.87	m^2	1.217	不含抹灰
14	外墙装饰	—	m^2	—	
15	门窗工程	858.11	m^2	0.031	
16	防水工程	61 423.82	m^2	2.189	
17	……				

表 7 地上工程主要工程量指标分析

单项工程名称：地上工程

业态类型：医院　　　　建筑面积：47 395 m^2

序号	工程量名称	工程量	单位	指标	指标分析和说明
1	土石方开挖量	—	m^3	—	
2	桩（含桩基和护壁桩）	—	m^3	—	
3	护坡	—	m^2	—	
4	砌体	8 902.82	m^3	0.188	
5	混凝土	17 630.54	m^3	0.372	
5.1	装配式构件混凝土	—	m^3	—	
6	钢筋	3 114 450	kg	65.713	
6.1	装配式构件钢筋	—	kg	—	
7	型钢	412 471	kg	8.703	含吊顶反向支撑
8	模板	137 825.2	m^2	2.908	

续表

序号	工程量名称	工程量	单位	指标	指标分析和说明
9	外门窗及幕墙	28 843.7	m^2	0.609	
10	保温	14 017.42	m^2	0.296	
11	楼地面装饰	37 043.71	m^2	0.782	不含消毒供应中心单独发包（工程量有 1 113.57）
12	内墙装饰	79 990.27	m^2	1.688	
13	天棚工程	38 316	m^2	0.808	
14	外墙装饰	—	m^2	—	
15	室内门窗工程	6 148	m^2	0.13	
16	各种分诊台、柜台	739.99	m	0.016	
17	防水	21 450.31	m^2	0.453	含墙面及屋面防水，屋面防水两道且材料不同
18	……				

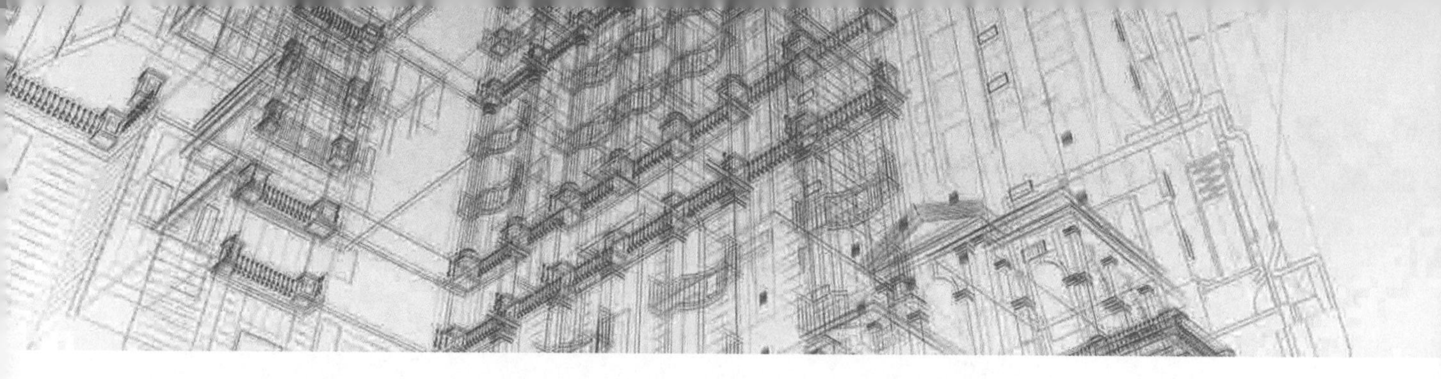

川陕路熊猫大道节点提升工程项目

——四川天堃工程项目管理有限公司

◎ 谢文兵，陈玉萍，谭周泉，张兵，陈安琪

1 项目概况

1.1 项目基本信息

川陕路熊猫大道节点提升工程项目（EPC）位于成都市成华区川陕路熊猫大道规划红线范围内，对川陕路熊猫大道进行景观提升改造，实施面积约 80 000 m²，包含道路排水、绿道、景观、绿化、安装等相关配套设施工程，建设单位为成都成华城市建设投资有限责任公司，总承包单位为成都建工集团总公司、四川省建筑设计研究院，监理单位为四川三信建设咨询有限公司。

在全过程跟踪审计的过程中，公司组建审计项目组，配备相应的人员进行驻场审计，结合川陕路熊猫大道节点提升工程项目（EPC）的实际情况，实施了包括全过程跟踪审计及竣工结算审核，很好地控制了工程造价，结算金额未超合同价，本项目合同价 56 490 599.50 元，结算送审金额 56 991 586.62 元，审定金额 53 271 591.24 元，审减金额 3 719 995.38 元，审减率 6.53%。

1.2 项目特点

川陕路熊猫大道节点提升工程项目具有以下特点：

（1）本项目占地约 80 000 m²，包含绿道、硬质铺装、绿化、熊猫雕塑、安装、夜景光照等相关配套设施工程，由区财政统筹出资。

（2）本项目为模拟清单、“设计—采购—施工”一体化承包模式招标，重点是对沿线景观提档升级。项目在实施期间，该行政区域还未开展过类似发承包模式，无可借鉴的经验，从上至下的监管与被监管意识也未成型，因此在造价成本控制、跟审制度执行、资源组织与调动等方面，都存在较大的难度与压力。

（3）项目在不增加工作内容的情况下，采用最终结算价不突破投标报价的方法对工程造价进行宏观控制。工程竣工结算未超过投标报价。

2 咨询服务范围及组织模式

2.1 咨询服务的业务范围

（1）受区审计局委派，对本项目进行全过程跟踪审计，包括但不限于对项目立项、控制价编制、项目招投标、合同签订、施工全过程、进场材料、施工组织、隐蔽工程、质量、安全、工期及验收进行跟踪审计。

（2）对参建单位履职履责情况进行跟踪审计。

2.2　咨询服务的组织模式

该项目由公司组建审计项目组，采用项目经理负责制，配备相应的人员进行驻场审计。该项目咨询服务的组织模式如图 1、图 2 所示。

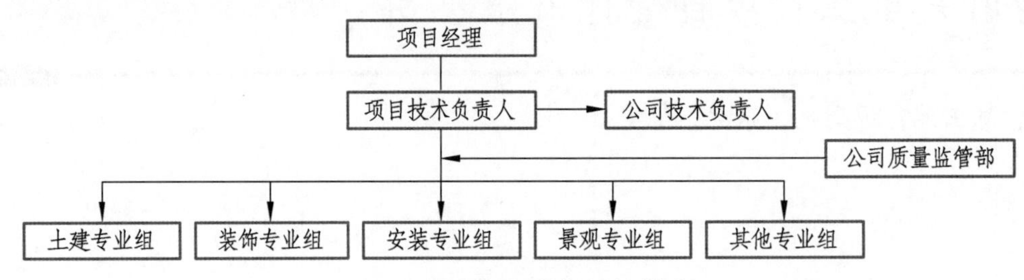

图 1　项目咨询服务组织模式

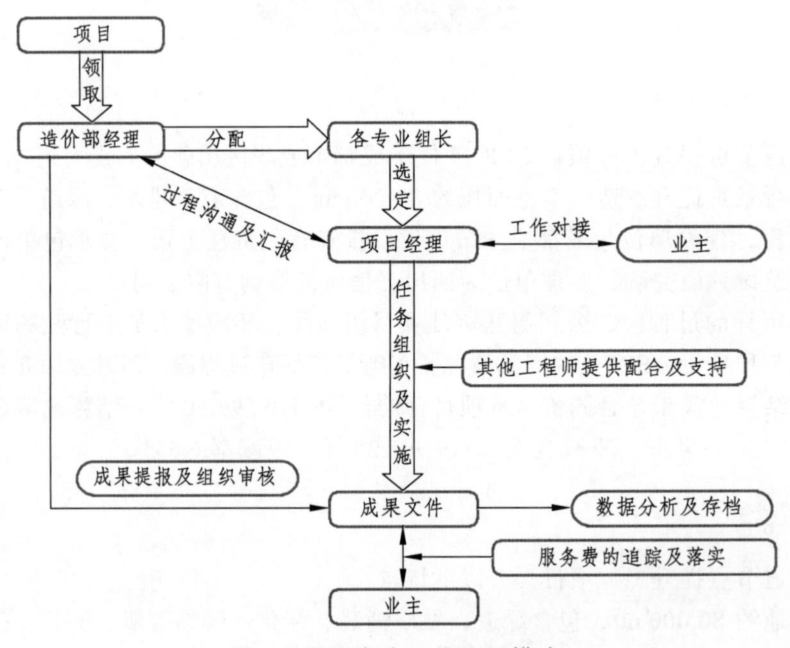

图 2　项目咨询工作组织模式

2.3　咨询服务工作职责

（1）咨询服务职责。

① 审查项目立项是否合规。

② 审查是否按照规定编制清单及控制价。

③ 审查项目是否在规定的媒介发布招标公告、招投标程序是否合规合法。

④ 审查合同签订是否与招标文件保持一致。

⑤ 审查进场材料是否满足设计要求、是否按照批准的施工组织进行施工，质量、安全、工期是否达到合同约定的标准。

⑥ 对新增材料设备价格进行市场调查，确保新增材料设备价格相对准确。

⑦ 对隐蔽工程进行取证。

⑧ 对工程款是否按照合同约定支付进行审计。

⑨ 对参建单位是否按照合同约定履行义务进行审计。

（2）项目组工作职责。

① 项目经理工作职责。

·指导和督促项目组的管理工作和业务活动，并向公司总经理负责。

·遵守政府和行业主管部门关于工程造价咨询的法规、规范、标准和指导规程，执行企业规章制度。

·落实所负责项目组咨询计划编制，建立和发展与客户以及外界的公共关系。

·确保咨询合同的履行，对项目组的咨询成果质量负责。

·在权限范围内，安排、调度分管部门人员力量，指派专业技术负责人，安排经费开支，制订分配方案，决定咨询项目收费额。

·负责召集委托方和相关单位就咨询项目中的一般问题和分歧进行协商，以求得一致意见。

·负责检查和监督本部门从业人员执业行为；负责对从业人员进行职业道德教育，落实继续教育和培训计划。

② 项目技术负责人工作职责。

·遵守政府和行业主管部门有关工程造价咨询的法规、规范、标准和指导规程，执行企业规章制度。

·承担咨询项目的组织实施、各专业间协调和质量管理工作；对项目组成员的执业行为进行管理。

·负责起草咨询项目委托合同，接收和验核委托方提供的资料。

·制订项目作业计划，经部门负责人批准后实施。

·负责统一咨询项目的技术经济分析的原则、编审依据和编审方法。

·动态掌握咨询项目实施状况，负责督促检查各咨询子项和各专业的进度，研究并解决存在的问题。

·对咨询项目的咨询质量负责，监督专业咨询员进行质量校核；负责对项目初步成果进行复核。

·综合编写咨询成果报告及其总说明、总目录，确保成果文件格式规范、表述清晰和满足使用需要。

·负责咨询报告的送达，负责与委托方结算咨询费，将必须归还委托方和归档的资料，及时整理，收集齐全，分别办理归还和移交归档手续。

③ 主审工程师工作职责。

·在项目负责人的领导下负责执行作业计划，对本专业的咨询质量和进度负责。

·遵守政府和行业主管部门有关工程造价咨询的法规、规范、标准和指导规程，执行企业规章制度。

·根据作业计划制定的咨询原则、技术标准选用正确的调查分析方法、计算公式、计算程序，确保数据和结果的准确性、完整性、真实性。

·对专业成果质量进行自主控制，认真校核咨询成果。

·编写本专业咨询成果文件，确保成果文件格式规范、表述清晰并满足使用需要。

·完成作业计划后，将必须归还委托方和归档的资料，及时整理，收集齐全，交项目负责人或专人办理归还和移交归档手续。

④ 专家顾问组工作职责。

专家顾问组成员由公司专家顾问组派员组成，协助项目负责人处理造价咨询中的重大技术难题，解决造价工程师之间的意见分歧。

3 咨询服务的运作过程

3.1 咨询服务的理念及思路

（1）咨询服务的理念。

① 以服务性、公正性、独立性和科学性为原则，及时贯彻和执行国家对建设工程审计方面的法律法规，依法维护委托单位和各方的合理利益。

② 加强对工程投资的计划管理和使用监督，及时防弊纠错，避免超计划、超规模，促进和提高建

设投资效益的最大化和真实体现。

③ 监督检查项目建设内部的控制及有关管理制度落实，跟踪、检查和记录项目实施的全过程，发现并纠正实施过程中出现的偏差，及时监督解决项目实施过程的纠纷。降低工程成本，提高投资收益，尽可能避免投资失误造成的经济损失。

④ 监督参与项目建设各主体单位认真履行各自职责，依法依规办事，提高建设工程质量，促进项目建设管理的法治化、制度化、规范化。

⑤ 从源头上预防不正之风，预防腐败和治理腐败，控制工程造价，降低工程成本，提高国家投资效益。

（2）咨询服务的思路。

由于本项目施工周期较长、难度较大，为了确保跟踪审计质量，审计组在跟踪审计时采用“三结合”的方法，即：定员跟踪与现场跟踪相结合，单项结算审计与财务收支审计相结合，工程跟踪审计与基础审计制度相结合。

将审计、造价、管理 3 个专业有机整合，协助业主对建设工程全过程进行依法审计和造价控制并提供管理咨询的管理审计思路。

3.2 咨询服务的方法及手段

（1）咨询服务的方法。

跟踪审计人员常驻现场，根据需要随时深入施工现场，掌握工程实时动态，通过审阅、询问、现场查勘、计算、分析性复核、对比分析、现场核查、重点审核等方式获取能够证实审计事项真实情况的充分、相关、可靠的审计证据。在跟踪过程中，通过工作联系函的方式进行沟通或信息传递，对审计中发现的重要问题报请委托方同意后向被审计单位发出跟踪审计整改函或联系函并对整改情况进行跟踪和记录，对审计工作中的重要事项以及审计组人员的专业判断进行记录，编制工作底稿，审计组向委托方提交跟踪审计月报，项目跟踪审计结束后，出具跟踪审计总结报告。

（2）借助信息化手段，利用外部资源为结算工作提供支撑。

随着工程类型的不断丰富，以及新材料、新设备、新工艺的不断运用，结算工作对造价咨询单位及技术人员在工程信息收集、材料设备信息收集以及政策文件学习等方面的要求也越来越高。因此，做好造价信息资源的积累与运用，就显得非常重要。

我们利用咨询机构业务类型多、范围广等优势，通过共享我公司内部、外部的各种平台（例如融创招采平台，见图 3）及资源，为委托方提供造价咨询增值服务，使委托方的内部资源与社会资源都得到更有效的整合。

（3）充分发挥造价咨询专业优势，为委托方提供风险管控服务。

风险包含两个要素：一是事件发生的可能性；二是该事件发生带来的影响。从以上两个要素分别缩小不可预知风险事件的范围，从而减少审计过程中不可预知风险事件发生的可能性。

① 风险规划。

从开始审计之前就对风险进行规划，从源头抓起。强化意识，从审计的重点、难点出发，进行系统分析。

② 风险评估。

从接到项目审计开始，就对整个审计项目有可能发生的风险事件进行评估，对审计过程中的最困难、最耗时的内容进行详细评估，搜集相关审计资料，对风险事件进行细化。

③ 风险识别。

鉴定及分析各审计阶段及关键过程的风险，以尽可能达到成本、技术和进度目标。开展风险识别，以便发现风险并记录下来。某种程度上，风险通常存在于项目本身、技术、检查、生产等各个领域，所以风险识别还需关注项目所有潜在的风险事件，包括对项目、委托方的全面调查。

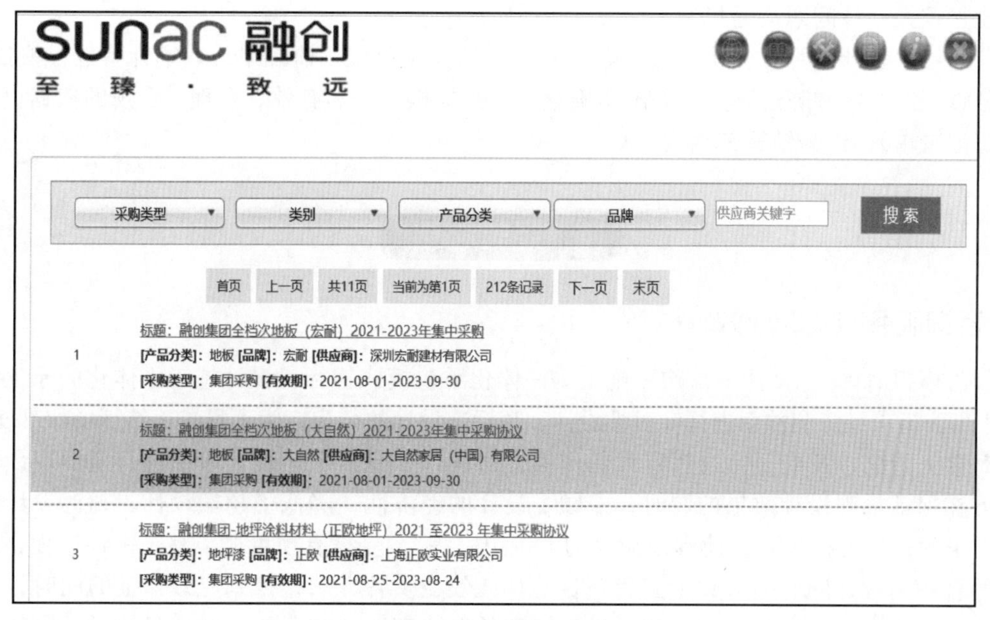

图 3　融创招采平台

④ 风险监控。

风险监控就是对项目的风险进行监督和控制，跟踪已经识别的风险、监控残余风险和识别新风险，保证风险管理计划和风险应对计划的执行。

⑤ 建立有效的事前预测、事中控制、事后反馈的风险管理系统。

在业务执行过程中，对面临的风险进行深入分析、判断，制定审计计划和方法，将风险控制在可接受范围内。选派审计人员加强审计证据的风险控制、编制审计报告的风险控制、审计质量检查等。

（4）建立分类专家库，为结算审核工作提供技术支持。

工程竣工结算审计是一个动态的过程，是合理确定工程造价的必要程序和重要手段，是对竣工结算资料的真实性、合法性和完整性进行全面、系统的审查和复核。我公司依据房屋建筑与装饰工程、仿古建筑、通用安装、市政公用、园林绿化、城市轨道交通、维修加固、水利水电等专业分类建立对应专业的专家库，《专家咨询意见单》（表 1）作为审计依据之一。

表 1　专家咨询意见单（示例）

<table>
<tr><td>项目名称：</td><td>川陕路熊猫大道节点提升工程项目</td></tr>
<tr><td>审计类别：</td><td>跟踪结算审核</td></tr>
<tr><td colspan="2">专家组综合意见：
该项目重点控制点为非常规费用及签证费用计取审核。</td></tr>
</table>

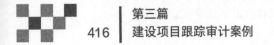

（5）建立重大分歧问题沟通机制。

由审计局组织召开结算工作协调会，参会各方包括编制单位、监理单位、审计单位、项目业主等，针对重大分歧问题，各方陈述观点，提出明确意见，并提供充分、有效、合理、合规的依据，形成《结算工作会议记录单》，作为结算依据之一。

4 经验总结

4.1 咨询服务的实践成效

本项目为模拟清单、“设计—采购—施工”一体化承包模式招标，设计施工一体化的原生结构，极有可能衍生出为追求经济利益而进行针对性设计、超标准设计的行为，为项目竣工结算增加难度和风险。

为应对以上情况，我们充分发挥审计的作用，对设计、施工、建设等单位进行全面审计监管，推动建设各方在保证景观设计效果的同时，兼顾了设计的经济性，降低了超额设计、超标设计以及“三边工程”带来的造价失控风险，使本来无序的“三边工程”，变得有规可循。整个审计过程，既维护了发承包方的合法利益，同时又兼顾了工程项目的社会效益。各方利益得到有效保证的同时，项目建设各方的争议也大大减少，各项款项支付、民工工资的发放都能顺利开展，对项目建设的顺利推进发挥了重要作用。

通过本次跟踪审计，促进参建各方全面发挥作用，使各参建单位更好地履行了合同义务。最终本项目结算价格未超过合同价，项目工程造价目标得以全面实现。

综上所述，本项目造价控制成效显著。

4.2 咨询服务的经验和不足

本项目为模拟清单、“设计—采购—施工”一体化承包项目，重点是对沿线景观提档升级，项目在实施期间，该行政区域还未开展过类似发承包模式，无可以借鉴的经验。因此在造价成本控制、跟审制度执行、资源组织与调动等方面都存在较大的难度与压力。

（1）本项目的招采模式决定了设计的合理性也是审计的重点之一，我公司将此项工作作为控制核心来抓。例如：分析投标报价，对设计的乔木、灌木、硬质景观等重点审核，是否对高利润的品种加大数量、对低利润或无利润的品种减少或取消设计，在项目开工前与建设单位分析设计效果能否满足要求，满足要求的情况下分析投标价对工程总价的影响，实施前计算出工程造价，明确造价的红线位置。

（2）重点控制变更。项目实施过程中变更引起的成本增加，也是控制的一个难点。在实施前与建设单位商定，EPC 项目不允许出现变更，如果因变更导致的无效成本，由总承包单位自行负责，但变更导致金额减少，按实扣除，通过这样的方法规避变更造成的成本风险。

（3）对技术经济签证的控制。技术经济签证是建设工程中影响工程造价的主要内容，我们与建设单位在实施前与总承包单位约定，签证必须经业主签发任务单以后再实施，任务单包括工作内容、涉及的金额等，这样每发一笔费用就知道对工程造价的影响，不至于最终导致工程结算超投标总价。

（4）应加强成本数据沉淀的累积。对于“三边工程”项目建设，缺少区域性的建设指标与参数，很容易在建设完成后才发现造价远远超过以往的类似项目。应运用知识管理建立完善的区域成本数据库，将各种成本指标沉淀下来，总结成本控制得失，归档总结数据，提炼出关键成本指标，对“三边工程”限额设计的约束具有现实指导意义。

（5）模拟清单的经验总结。

① 工程量尽可能地接近于实际工程量。

② 列项齐全，能预见后期工程发生的项目，提前将其预估到模拟工程量清单中。尽量避免实施期间变更多、新增单价多、认质核价较多，影响计量计价及后期结算办理工作。

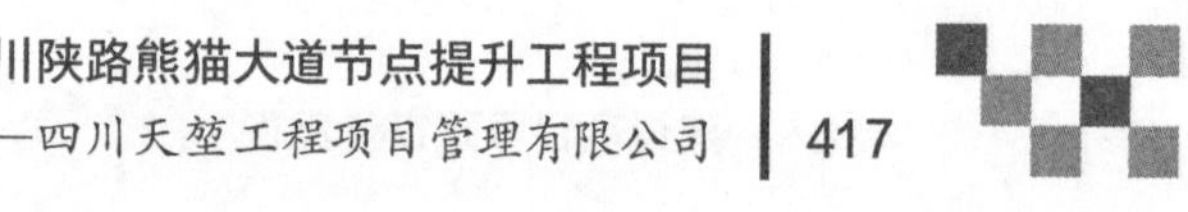

③ 完善清单不能反映内容的解决办法，清单漏项增加工程量的计价原则。

④ 模拟清单项目特征与编制说明要严谨，避免投标方钻漏洞进行不平衡报价。

（6）应加强施工现场管理工作。

① 优化施工组织设计，选择技术先进、经济合理的施工方案（但确定方案不代表确定按方案计费）。

② 对甲供材料的剩余材料及多次使用性材料的回收与保管进行监督管理。

③ 加强现场工程量签证的监督和管理工作，做到签证内容与实际相符，责任主体描述准确。

④ 严格控制工程进度款的支付。根据施工合同相关条款进行点对点进度款支付申请审核，做到只有按图施工并通过监理人员质量检验合格、计量核实的工程项目进度款才能审核支付。

⑤ 实时预警，在实际造价出现较大偏差时，提出预警信号并根据日常累计数据，找出偏差原因。

5　项目主要经济技术指标

5.1　建设项目造价指标分析表

表 2　建设项目造价指标分析

项目名称：川陕路熊猫大道节点提升工程项目

项目类型：市政公园

投资来源：政府投资　　　　项目地点：四川省成都市成华区

总面积：80 000 m^2　　　　道路等级：/

红线宽度：24 m　　　　造价类别：结算价

承发包方式：EPC 总承包　　　　建设类型：改扩建

开工日期：2018 年 2 月 1 日　　　　竣工日期：2018 年 6 月 30 日

序号	单项工程名称	面积/m^2	长度/m	计价期	造价/元	单位指标/（元/m）	单位指标/（元/m^2）	指标分析和说明
1	道路工程	30 501.2	1 820	2019 年 2 月—6 月	27 704 115.92	15 222.04	908.30	以路面面积
2	园林工程	30 501.2	1 820	2019 年 2 月—6 月	24 807 073.05	13 630.26	813.31	以路面面积
3	安装工程	30 501.2	1 820	2019 年 2 月—6 月	760 402.27	417.80	24.93	以路面面积
4	合计				53 271 591.24	29 270.11	1 746.54	

5.2　单项工程造价指标分析表

表 3　单项工程造价指标分析

单项工程名称：川陕路熊猫大道节点提升工程项目　　　　业态类型：市政公园

总面积：30 501.2 m^2　　　　单位造价：1 746.54 元/m^2

序号	单位工程名称	面积/m^2	造价/元	其中/元				单位指标/（元/m^2）	占比	指标分析和说明
				分部分项	措施项目	规费	税金			
一	道路工程	30 501.2	27 704 115.92	24 511 803.68	231 332.31	215 527	2 745 452.93	908.30	52.01%	以路面面积
1	建渣弃置	1 385.32	45 646.29	45 646.29				1.50	0.09%	
2	其他块料面层拆除	333.79	2 002.74	2 002.74				0.07	0.00%	
3	拆除砖石结构	85.05	7 618.78	7 618.78				0.25	0.01%	
4	拆除混凝土结构（有筋、无筋综合考虑）	115	25 193.05	25 193.05				0.83	0.05%	

续表

序号	单位工程名称	面积/m²	造价/元	其中/元				单位指标/（元/m²）	占比	指标分析和说明
				分部分项	措施项目	规费	税金			
5	拆除侧、平（缘）石	5 520	19 044.00	19 044.00				0.62	0.04%	
6	5 mm 厚镀锌钢板市政井座、井盖（方形）	25	17 990.25	17 990.25				0.59	0.03%	
7	圆形检查井升降	25	8 472.00	8 472.00				0.28	0.02%	
8	方形市政井升降	4	1 355.52	1 355.52				0.04	0.00%	
9	人行道整形碾压	805	1 191.40	1 191.40				0.04	0.00%	
10	水性 EAU 地面	24 508.9	3 927 551.23	3 927 551.23				128.77	7.37%	
11	乳化沥青油黏层	267.75	615.83	615.83				0.02	0.00%	
12	50 mm 厚中粒式沥青混凝土 AC-20	267.75	14 779.80	14 779.80				0.48	0.03%	
13	透明密封层	805	20 551.65	20 551.65				0.67	0.04%	
14	级配碎石垫层	161	38 313.17	38 313.17				1.26	0.07%	
15	不锈钢边条	11.119	209 425.32	209 425.32				6.87	0.39%	
16	C15 混凝土垫层	35.53	20 306.11	20 306.11				0.67	0.04%	
17	人行道整形碾压	2 300	3 404.00	3 404.00				0.11	0.01%	
18	砂卵石垫层	690	137 530.80	137 530.80				4.51	0.26%	
19	C15 混凝土垫层	345	207 255.30	207 255.30				6.79	0.39%	
20	50 mm 厚芝麻灰火烧面花岗石	30.33	7 121.48	7 121.48				0.23	0.01%	
21	50 mm 厚丰镇黑火烧面花岗石	136.36	60 250.67	60 250.67				1.98	0.11%	
22	65 mm 芝麻黑火烧面盲道砖花岗石	14.12	4 978.15	4 978.15				0.16	0.01%	
23	花岗石路缘石	430.94	79 258.48	79 258.48				2.60	0.15%	
24	零星砌砖	9.44	6 720.15	6 720.15				0.22	0.01%	
25	50 mm 厚芝麻黑火烧面花岗石	1.15	285.23	285.23				0.01	0.00%	
26	50 mm 厚芝麻白火烧面花岗石	1.15	233.31	233.31				0.01	0.00%	
27	拆除混凝土结构（有筋、无筋综合考虑）	563.86	29 687.23	29 687.23				0.97	0.06%	
28	拆除侧、平（缘）石	568.44	1 693.95	1 693.95				0.06	0.00%	
29	5 mm 厚镀锌钢板市政井座、井盖（方形）	9	6 068.52	6 068.52				0.20	0.01%	
30	圆形检查井升降	302	80 854.46	80 854.46				2.65	0.15%	
31	人行道整形碾压	1 271.37	1 754.49	1 754.49				0.06	0.00%	
32	透明密封层	3 662.57	87 535.42	87 535.42				2.87	0.16%	
33	级配碎石垫层	3 254.28	724 858.33	724 858.33				23.76	1.36%	
34	人行道整形碾压	3 202.79	4 419.85	4 419.85				0.14	0.01%	

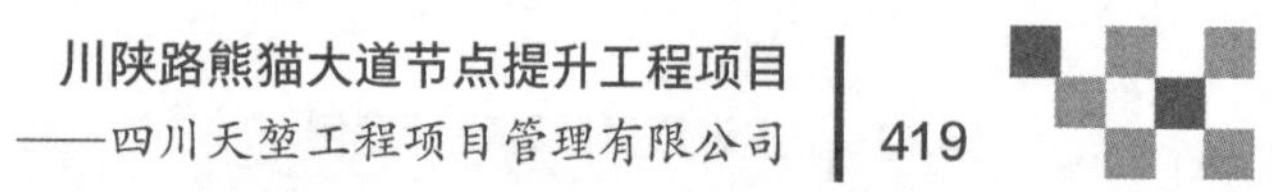

续表

序号	单位工程名称	面积/m²	造价/元	其中/元				单位指标/（元/m²）	占比	指标分析和说明
				分部分项	措施项目	规费	税金			
35	砂卵石垫层	4 409.54	822 643.76	822 643.76				26.97	1.54%	
36	C15 混凝土垫层	418.37	212 360.43	212 360.43				6.96	0.40%	
37	50 mm 厚芝麻黑火烧面花岗石	695.1	161 367.47	161 367.47				5.29	0.30%	
38	50 mm 厚芝麻白火烧面花岗石	3 573.82	678 668.42	678 668.42				22.25	1.27%	
39	拆除混凝土结构（有筋、无筋综合考虑）	563.86	29 687.23	29 687.23				0.97	0.06%	
40	拆除侧、平（缘）石	568.44	1 693.95	1 693.95				0.06	0.00%	
41	5 mm 厚镀锌钢板市政井座、井盖（方形）	9	6 068.52	6 068.52				0.20	0.01%	
42	圆形检查井升降	302	80 854.46	80 854.46				2.65	0.15%	
43	人行道整形碾压	1 271.37	1 754.49	1 754.49				0.06	0.00%	
44	透明密封层	3 662.57	87 535.42	87 535.42				2.87	0.16%	
45	级配碎石垫层	254.28	56 638.33	56 638.33				1.86	0.11%	
46	人行道整形碾压	3 202.79	4 419.85	4 419.85				0.14	0.01%	
47	砂卵石垫层	409.54	76 403.78	76 403.78				2.50	0.14%	
48	C15 混凝土垫层	418.37	212 360.43	212 360.43				6.96	0.40%	
49	50 mm 厚芝麻黑火烧面花岗石	695.1	161 367.47	161 367.47				5.29	0.30%	
50	50 mm 厚芝麻白火烧面花岗石	573.82	108 968.42	108 968.42				3.57	0.20%	
51	木栈道拆除	315.02	2 460.31	2 460.31				0.08	0.00%	
52	墙面铲除涂料面	5 750	26 622.50	26 622.50				0.87	0.05%	
53	其他物件拆除（本清单未列的项目）	1	20 000.00	20 000.00				0.66	0.04%	
54	挖土石方	2 675.87	28 417.74	28 417.74				0.93	0.05%	
55	回填方	62.66	291.37	291.37				0.01	0.00%	
56	成品镀锌钢板垃圾桶	109	134 867.88	134 867.88				4.42	0.25%	
57	3 mm 厚拉丝不锈钢板墙面	3.17	1 901.62	1 901.62				0.06	0.00%	
58	C15 混凝土垫层	1.57	988.96	988.96				0.03	0.00%	
59	C25 混凝土基础	8.64	5 815.32	5 815.32				0.19	0.01%	
60	C30 后浇混凝土	12.08	8 797.02	8 797.02				0.29	0.02%	
61	C40 细石混凝土灌浆	0.081	56.99	56.99				0.00	0.00%	
62	预埋铁件	30.46	241 258.43	241 258.43				7.91	0.45%	
63	市政设备箱包裹钢骨架制安	20.37	143 895.31	143 895.31				4.72	0.27%	
64	包裹饰面穿孔铝板墙面	662.4	294 933.60	294 933.60				9.67	0.55%	

续表

序号	单位工程名称	面积/m^2	造价/元	其中/元				单位指标/（元/m^2）	占比	指标分析和说明
				分部分项	措施项目	规费	税金			
65	金属面氟碳漆饰面	1 324.8	108 169.92	108 169.92				3.55	0.20%	
66	砂卵石垫层	14.91	2 971.86	2 971.86				0.10	0.01%	
67	C15 混凝土垫层	15.68	9 304.36	9 304.36				0.31	0.02%	
68	20 mm 厚进口印尼菠萝格防腐防裂木坐凳面层	91.07	29 152.42	29 152.42				0.96	0.05%	
69	砂卵石垫层	68.58	13 669.37	13 669.37				0.45	0.03%	
70	C15 混凝土垫层	24.15	13 624.71	13 624.71				0.45	0.03%	
71	C25 混凝土基础	34.5	21 951.66	21 951.66				0.72	0.04%	
72	砖砌体	20.12	12 874.39	12 874.39				0.42	0.02%	
73	现浇构件钢筋制安	123.105	588 349.52	588 349.52				19.29	1.10%	
74	型钢构件制安	0.69	5 034.99	5 034.99				0.17	0.01%	
75	级配碎石垫层	11.04	2 627.19	2 627.19				0.09	0.00%	
76	C25 混凝土基础	40.74	24 423.22	24 423.22				0.80	0.05%	
77	20 mm 厚聚合水泥砂浆墙面	172.54	7 443.38	7 443.38				0.24	0.01%	
78	现浇构件钢筋制安	4.503	21 520.96	21 520.96				0.71	0.04%	
79	C15 混凝土垫层	1.98	1 117.06	1 117.06				0.04	0.00%	
80	C25 混凝土基础	5.57	3 339.16	3 339.16				0.11	0.01%	
81	镀锌钢结构制安	6.9	52 730.35	52 730.35				1.73	0.10%	
82	3 mm 铝板墙面	46	20 723.00	20 723.00				0.68	0.04%	
83	3 mm 穿孔铝板墙面	46	20 481.50	20 481.50				0.67	0.04%	
84	彩色氟碳漆饰面	9.55	779.76	779.76				0.03	0.00%	
85	现浇构件钢筋制安	0.501	2 394.40	2 394.40				0.08	0.00%	
86	金属字 0.5 m^2 以内	6	2 802.54	2 802.54				0.09	0.01%	
87	C15 混凝土垫层	1.35	801.08	801.08				0.03	0.00%	
88	氟碳漆饰面	178.78	14 597.39	14 597.39				0.48	0.03%	
89	艺术栏杆——5 mm 异型穿孔钢板	138	117 618.78	117 618.78				3.86	0.22%	
90	艺术栏杆——钢结构	0.039	292.65	292.65				0.01	0.00%	
91	C20 混凝土垫层	1.18	677.23	677.23				0.02	0.00%	
92	30 mm 厚户外高耐竹地板拉槽板	17.28	8 125.57	8 125.57				0.27	0.02%	
93	镀锌钢矩管制安	1.06	8 100.60	8 100.60				0.27	0.02%	
94	钢结构安装	4.789	33 829.88	33 829.88				1.11	0.06%	
95	现浇构件钢筋制安	0.452	2 160.22	2 160.22				0.07	0.00%	
96	氟碳漆饰面	115	9 389.75	9 389.75				0.31	0.02%	

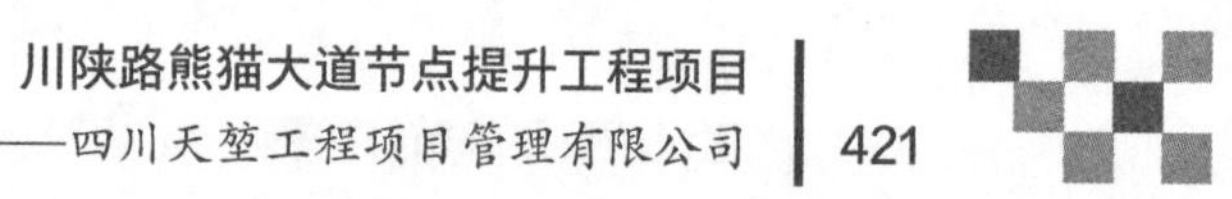

续表

序号	单位工程名称	面积/m²	造价/元	其中/元				单位指标/（元/m²）	占比	指标分析和说明
				分部分项	措施项目	规费	税金			
97	高耐竹墙面 18 mm	28.75	9 625.50	9 625.50				0.32	0.02%	
98	竹质构件制安	0.07	1 080.21	1 080.21				0.04	0.00%	
99	竹制屋顶制安	110.51	34 879.17	34 879.17				1.14	0.07%	
100	母子熊猫组合（母）制安	1	134 384.54	134 384.54				4.41	0.25%	
101	母子熊猫组合（子 1）制安	1	86 749.34	86 749.34				2.84	0.16%	
102	母子熊猫组合（子 2）制安	1	86 949.34	86 949.34				2.85	0.16%	
103	大型单体熊猫（父）制安	1	173 964.84	173 964.84				5.70	0.33%	
104	单体熊猫（子 1）制安	1	133 748.14	133 748.14				4.39	0.25%	
105	单体熊猫（子 2）制安	1	86 878.04	86 878.04				2.85	0.16%	
106	单体熊猫（子 3）制安	1	88 739.44	88 739.44				2.91	0.17%	
107	跑道熊猫组合（3）制安	1	54 048.34	54 048.34				1.77	0.10%	
108	围墙抹灰墙面	2 396.31	73 614.64	73 614.64				2.41	0.14%	
109	围墙乳胶漆墙面	10 921.63	381 164.89	381 164.89				12.50	0.72%	
110	围墙涂鸦墙面	8 625	1 484 190.00	1 484 190.00				48.66	2.79%	
111	排水沟 混凝土垫层	63.05	35 984.53	35 984.53				1.18	0.07%	
112	排水沟 砖砌体	224.68	140 937.27	140 937.27				4.62	0.26%	
113	排水沟 抹灰	2 252.92	60 400.79	60 400.79				1.98	0.11%	
114	成品高分子雨水箅子	5.7	1 725.68	1 725.68				0.06	0.00%	
115	成品钢筋混凝土盖板	864.46	163 849.75	163 849.75				5.37	0.31%	
116	花岗石整石材车挡制安	342	125 732.88	125 732.88				4.12	0.24%	
117	自然景石安装	115	189 799.45	189 799.45				6.22	0.36%	
118	墙面真石漆	1.15	104.67	104.67				0.00	0.00%	
119	墙面铲除涂料面	3 642.39	15 771.55	15 771.55				0.52	0.03%	
120	成品镀锌钢板垃圾桶	71	82 227.23	82 227.23				2.70	0.15%	
121	预埋铁件	0.68	5 041.23	5 041.23				0.17	0.01%	
122	包裹饰面穿孔铝板墙面	1 045.8	416 019.24	416 019.24				13.64	0.78%	
123	金属面氟碳漆饰面	514.08	39 291.13	39 291.13				1.29	0.07%	
124	C15 混凝土垫层	37.37	18 711.53	18 711.53				0.61	0.04%	
125	C25 混凝土基础	136.42	81 246.30	81 246.30				2.66	0.15%	
126	现浇构件钢筋制安	6.781	30 334.06	30 334.06				0.99	0.06%	
127	型钢构件制安	0.237	1 618.73	1 618.73				0.05	0.00%	
128	级配碎石垫层	7.65	1 703.96	1 703.96				0.06	0.00%	
129	C15 混凝土垫层	2.84	1 519.26	1 519.26				0.05	0.00%	

续表

序号	单位工程名称	面积/m²	造价/元	其中/元				单位指标/(元/m²)	占比	指标分析和说明
				分部分项	措施项目	规费	税金			
130	C25 混凝土基础	39.8	22 332.58	22 332.58				0.73	0.04%	
131	镀锌钢结构制安	1.678	12 002.72	12 002.72				0.39	0.02%	
132	3 mm 铝板墙面	239.5	95 778.45	95 778.45				3.14	0.18%	
133	3 mm 穿孔铝板墙面	69.55	27 666.99	27 666.99				0.91	0.05%	
134	现浇构件钢筋制安	2.05	9 170.45	9 170.45				0.30	0.02%	
135	金属字 0.5 m² 以内	14	6 120.80	6 120.80				0.20	0.01%	
136	艺术栏杆——5 mm 异型穿孔钢板	13.09	10 442.68	10 442.68				0.34	0.02%	
137	氟碳漆饰面	5.4	412.72	412.72				0.01	0.00%	
138	高耐竹墙面 18 mm	17.17	5 380.56	5 380.56				0.18	0.01%	
139	大型单体熊猫（父）制安	2	325 662.18	325 662.18				10.68	0.61%	
140	单体熊猫（子 1）制安	8	597 885.68	597 885.68				19.60	1.12%	
141	单体熊猫（子 2）制安	4	325 271.40	325 271.40				10.66	0.61%	
142	单体熊猫（子 3）制安	6	498 360.72	498 360.72				16.34	0.94%	
143	跑道熊猫组合（3）制安	1	50 589.25	50 589.25				1.66	0.09%	
144	围墙涂鸦墙面	4 287.74	1 633 886.14	1 633 886.14				53.57	3.07%	
145	自然景石安装	957.05	1 478 460.41	1 478 460.41				48.47	2.78%	
146	墙面真石漆	4 320.61	533 484.52	533 484.52				17.49	1.00%	
147	150 mm 厚 10～20 mm 粒径 C30 透水混凝土素色层	2 318.74	387 855.65	387 855.65				12.72	0.73%	
148	6 cm 厚 C30 彩色透水混凝土地面	3 600.93	307 231.35	307 231.35				10.07	0.58%	
149	水性 EAU 地面（成华绿道 LOGO，自行车 LOGO）	130.88	18 495.96	18 495.96				0.61	0.03%	
150	30 mm 厚芝麻灰火烧面花岗石	2 165.73	343 636.38	343 636.38				11.27	0.65%	
151	30 mm 厚丰镇黑火烧面花岗石	1 077.24	314 974.20	314 974.20				10.33	0.59%	
152	30 mm 厚芝麻黑火烧面花岗石	63.84	10 674.05	10 674.05				0.35	0.02%	
153	30 mm 厚芝麻白火烧面花岗石	1 724.21	238 027.19	238 027.19				7.80	0.45%	
154	艺术栏杆-10 mm 拉丝面不锈钢板立柱	48	42 983.04	42 983.04				1.41	0.08%	
155	单体熊猫制安（类似项目）	5	612 358.55	612 358.55				20.08	1.15%	
156	50 mm 厚芝麻灰火烧面雨箅子	40.79	18 191.52	18 191.52				0.60	0.03%	

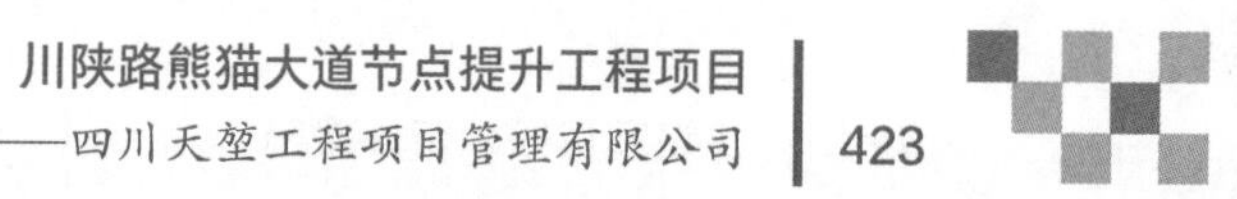

续表

序号	单位工程名称	面积/m^2	造价/元	其中/元				单位指标/（元/m^2）	占比	指标分析和说明
				分部分项	措施项目	规费	税金			
157	6 mm 厚特色陶瓷马赛克黑白色渐变（定制熊猫特色图案）	1 178.18	332 553.09	332 553.09				10.90	0.62%	
158	100 mm 厚异形丰镇黑光面花岗石压顶	919.8	1 125 596.05	1 125 596.05				36.90	2.11%	
159	30 mm 厚丰镇黑火烧面花岗石立面	29.61	10 372.09	10 372.09				0.34	0.02%	
160	3.0 厚自黏聚酯胎改性沥青防水卷材	11.52	707.44	707.44				0.02	0.00%	
161	50 mm 厚金属岩棉芯板	11.52	1 490.34	1 490.34				0.05	0.00%	
162	铝合金门联窗	6.075	3 413.42	3 413.42				0.11	0.01%	
163	铝合金窗	30.375	17 444.97	17 444.97				0.57	0.03%	
164	铝合金防盗纱窗	2.7	694.82	694.82				0.02	0.00%	
165	亚克力魔术板	1 440.22	272 014.35	272 014.35				8.92	0.51%	
166	安全文明施工费、规费、税金				7.58	7.07	90.01	104.66	5.99%	
二	园林工程	30 501.2	24 807 073.05	21 815 340.04	275 358.510 9	257 993.559 7	2 458 380.939	813.31	46.57%	以路面面积
1	移栽乔木，胸径：5≤ϕ<10 cm	15	3 264	3 264				0.11	0.01%	
2	移栽乔木，胸径：10≤ϕ<20 cm	10	6 871.5	6 871.5				0.23	0.01%	
3	移栽乔木，胸径：20≤ϕ<30 cm	24	29 131.2	29 131.2				0.96	0.05%	
4	移栽乔木，胸径：ϕ>30 cm	6	8 698.74	8 698.74				0.29	0.02%	
5	砍伐乔木，胸径：ϕ>30 cm	2	160.62	160.62				0.01	0.00%	
6	砍伐乔木，胸径：20≤ϕ<30 cm	20	1 352.2	1 352.2				0.04	0.00%	
7	砍伐乔木，胸径：10≤ϕ<20 cm	56	1 151.92	1 151.92				0.04	0.00%	
8	砍伐乔木，胸径：5≤ϕ<10 cm	30	367.5	367.5				0.01	0.00%	
9	清除地被植物	87 692.35	372 692.49	372 692.49				12.22	0.70%	
10	回填方	2 875	13 368.75	13 368.75				0.44	0.03%	
11	整理绿化用地	87 031.51	345 515.09	345 515.09				11.33	0.65%	
12	种植土回（换）填	3 726.38	106 723.52	106 723.52				3.50	0.20%	
13	栽植皂角（干径≥40 cm，自然高≥13 m，冠幅≥6.0 m）	9	354 869.55	354 869.55				11.63	0.67%	
14	栽植皂角（干径≥35 cm，自然高≥11 m，冠幅≥5.0 m）	6	177 318.9	177 318.9				5.81	0.33%	

续表

序号	单位工程名称	面积/m²	造价/元	其中/元				单位指标/（元/m²）	占比	指标分析和说明
				分部分项	措施项目	规费	税金			
15	栽植丛生朴树（丛生，自然高≥12 m，冠幅≥6.0 m，每杆≥3 杆，干径总和≥60 cm）	7	197 559.25	197 559.25				6.48	0.37%	
16	栽植银杏（干径≥32 cm，自然高≥10 m，冠幅≥4.5 m）	51	903 779.16	903 779.16				29.63	1.70%	
17	栽植红叶李（干径≥15 cm，自然高≥3.5 m，冠幅≥3 m）	95	532 679.25	532 679.25				17.46	1.00%	
18	栽植日本红枫（地径≥12 cm，自然高≥3 m，冠幅≥2.5 m）	86	312 414.78	312 414.78				10.24	0.59%	
19	栽植黄连木（干径≥35 cm，自然高≥13 m，冠幅≥8.5 m）	10	179 963.5	179 963.5				5.90	0.34%	
20	栽植黄连木（干径≥30 cm，自然高≥12 m，冠幅≥5.5 m）	5	76 612.15	76 612.15				2.51	0.14%	
21	栽植国槐（干径≥35 cm，自然高≥10 m，冠幅≥5.0 m）	27	482 040.45	482 040.45				15.80	0.90%	
22	栽植香樟（干径≥25 cm，自然高≥8 m，冠幅≥4.0 m）	6	31 125.24	31 125.24				1.02	0.06%	
23	栽植乐昌含笑（干径≥18 cm，自然高≥6 m，冠幅≥3.5 m）	3	12 144.33	12 144.33				0.40	0.02%	
24	栽植日本晚樱（干径≥15 cm，自然高≥4.0 m，冠幅≥3.0 m）	9	54 706.95	54 706.95				1.79	0.10%	
25	栽植日本晚樱（干径≥12 cm，自然高≥3.5 m，冠幅≥2.5 m）	158	447 982.14	447 982.14				14.69	0.84%	
26	栽植碧桃（干径≥14 cm，自然高≥2.5 m，冠幅≥2.5 m）	22	68 134.88	68 134.88				2.23	0.13%	
27	栽植紫薇（干径≥12 cm，自然高≥3.5 m，冠幅≥3.0 m）	210	925 539.3	925 539.3				30.34	1.74%	
28	栽植垂丝海棠（干径≥14 cm，自然高≥4 m，冠幅≥4 m）	212	1 451 845.96	1 451 845.96				47.60	2.73%	
29	栽植蜡梅（丛生，自然高≥2.5 m，冠幅≥2.5 m 每丛≥5 杆）	23	20 377.77	20 377.77				0.67	0.04%	

续表

序号	单位工程名称	面积/m²	造价/元	其中/元				单位指标/(元/m²)	占比	指标分析和说明
				分部分项	措施项目	规费	税金			
30	栽植蓝花楹（干径≥25 cm，自然高≥8 m，冠幅≥4.0 m）	3	104 378.4	104 378.4				3.42	0.20%	
31	栽植蓝花楹（干径≥20 cm，自然高≥7 m，冠幅≥3.0 m）	124	2 279 912.36	2 279 912.36				74.75	4.28%	
32	栽植丛生蓝花楹（丛生，自然高≥8 m，冠幅≥5.5 m每丛≥3杆）	18	495 126.72	495 126.72				16.23	0.93%	
33	栽植元宝枫（干径≥15 cm，自然高≥3.5 m，冠幅≥3.5 m）	25	93 088.75	93 088.75				3.05	0.17%	
34	栽植金桂（干径≥15 cm，自然高≥5 m，冠幅≥4.5 m）	32	135 961.6	135 961.6				4.46	0.26%	
35	栽植八棱海棠（地径≥18 cm，自然高≥4.5 m，冠幅≥5.0 m）	3	26 969.91	26 969.91				0.88	0.05%	
36	栽植八棱海棠（地径≥15 cm，自然高≥3.5 m，冠幅≥3.0 m）	9	55 638.54	55 638.54				1.82	0.10%	
37	栽植白玉兰（干径≥20 cm，自然高≥5 m，冠幅≥4.5 m）	5	28 997.45	28 997.45				0.95	0.05%	
38	栽植木芙蓉（干径≥15 cm，自然高≥2.5 m，冠幅≥2.0 m）	30	42 400.5	42 400.5				1.39	0.08%	
39	兰引3号草皮	66 610.01	2 252 750.54	2 252 750.54				73.86	4.23%	
40	栽植桂花球，冠幅2.5 m	15	46 023.6	46 023.6				1.51	0.09%	
41	栽植红叶石楠球，冠幅3.0 m	17	72 973.18	72 973.18				2.39	0.14%	
42	栽植红叶石楠球，冠幅2.5 m	49	73 663.66	73 663.66				2.42	0.14%	
43	栽植红花檵木球，冠幅2.5 m	11	17 231.94	17 231.94				0.56	0.03%	
44	栽植红花檵木球，冠幅1.5 m	52	15 039.44	15 039.44				0.49	0.03%	
45	栽植金禾女贞球，冠幅1.5 m	165	38 728.8	38 728.8				1.27	0.07%	
46	栽植海桐球，冠幅1.5 m	49	9 325.68	9 325.68				0.31	0.02%	
47	栽植三角梅，冠幅0.6 m	19	14 780.67	14 780.67				0.48	0.03%	
48	栽植二栀子（H=0.2～0.3 m，64株/m²）	393.08	35 306.45	35 306.45				1.16	0.07%	
49	栽植红叶石楠（H=0.4～0.5 m，64株/m²）	153	21 239.46	21 239.46				0.70	0.04%	

续表

序号	单位工程名称	面积/m^2	造价/元	其中/元				单位指标/（元/m^2）	占比	指标分析和说明
				分部分项	措施项目	规费	税金			
50	栽植红花檵木（H= 0.4～0.5 m，64 株/m^2）	301.06	47 573.5	47 573.5				1.56	0.09%	
51	栽植金禾女贞（H= 0.4～0.5 m，64 株/m^2）	261.5	34 627.83	34 627.83				1.14	0.07%	
52	栽植海桐（H=0.4～0.5 m，64 株/m^2）	27.57	3 474.37	3 474.37				0.11	0.01%	
53	栽植西洋鹃（H=0.25 m，40 株/m^2）	1 258.34	147 502.61	147 502.61				4.84	0.28%	
54	栽植细叶美女樱（H=0.2～0.3 m，64 株/m^2）	116.93	22 712.48	22 712.48				0.74	0.04%	
55	栽植葱兰（H=0.1～0.2 m，81 株/m^2）	1 081.67	103 007.43	103 007.43				3.38	0.19%	
56	栽植西伯利亚鸢尾（H=0.4～0.5 m，49 株/m^2）	804.01	94 824.94	94 824.94				3.11	0.18%	
57	栽植木春菊（H=0.3～0.4 m，49 株/m^2）	342.91	33 721.77	33 721.77				1.11	0.06%	
58	栽植细叶麦冬（100 株/m^2）	759	60 750.36	60 750.36				1.99	0.11%	
59	栽植吉祥草（H=0.2～0.3 m，64 株/m^2）	92	9 626.88	9 626.88				0.32	0.02%	
60	栽植桑托斯马鞭草（H=0.25～0.3 m，64 株/m^2）	107.41	14 676.5	14 676.5				0.48	0.03%	
61	栽植花境	2 208	906 074.88	906 074.88				29.71	1.70%	
62	栽植美国红枫秋火焰（干径≥12 cm，自然高≥4.5 m，冠幅≥3.5 m）	1	4 323.93	4 323.93				0.14	0.01%	
63	栽植安吉金竹	1.15	17.71	17.71				0.00	0.00%	
64	栽植紫叶狼尾草（H=0.5～0.6 m，16 丛/m^2）	1.15	236.26	236.26				0.01	0.00%	
65	移栽乔木，胸径：ϕ<20 cm（外部单位移栽）	1	812.84	812.84				0.03	0.00%	
66	移栽乔木，胸径：20≤ϕ<25 cm（外部单位移栽）	1	1 350.52	1 350.52				0.04	0.00%	
67	移栽乔木，胸径：25≤ϕ<30 cm（外部单位移栽）	1	1 659.3	1 659.3				0.05	0.00%	
68	移栽乔木，胸径：30≤ϕ<35 cm（外部单位移栽）	1	1 999.46	1 999.46				0.07	0.00%	
69	移栽乔木，胸径：ϕ≥35 cm（外部单位移栽）	1	3 016.74	3 016.74				0.10	0.01%	
70	栽植花境	3 612	1 385 779.23	1 385 779.23				45.43	2.60%	
71	栽植银杏（干径≥32 cm，自然高≥10 m，冠幅≥4.5 m）	株	1 061 565.44	1 061 565.44				34.80	1.99%	
72	栽植红叶李（干径≥15 cm，自然高≥3.5 m，冠幅≥3 m）	株	178 441.52	178 441.52				5.85	0.33%	

续表

序号	单位工程名称	面积/m²	造价/元	其中/元				单位指标/(元/m²)	占比	指标分析和说明
				分部分项	措施项目	规费	税金			
73	栽植日本红枫（地径≥12 cm，自然高≥3 m，冠幅≥2.5 m）	株	530 432.76	530 432.76				17.39	1.00%	
74	栽植国槐（干径≥35 cm，自然高≥10 m，冠幅≥5.0 m）	株	367 635.4	367 635.4				12.05	0.69%	
75	栽植垂丝海棠（干径≥14 cm，自然高≥4 m，冠幅≥4 m）	株	926 392.61	926 392.61				30.37	1.74%	
76	栽植蜡梅（丛生，自然高≥2.5 m，冠幅≥2.5 m每丛≥5 杆）	丛	2 487.87	2 487.87				0.08	0.00%	
77	栽植蓝花楹（干径≥20 cm，自然高≥7 m，冠幅≥3.0 m）	株	1 711 505.94	1 711 505.94				56.11	3.21%	
78	栽植丛生蓝花楹（丛生，自然高≥8 m，冠幅≥5.5 m每丛≥3 杆）	丛	308 958.96	308 958.96				10.13	0.58%	
79	栽植红叶石楠球，冠幅3.0 m	株	124 552.73	124 552.73				4.08	0.23%	
80	栽植红花檵木球，冠幅1.5 m	株	17 324.8	17 324.8				0.57	0.03%	
81	栽植海桐球，冠幅 1.5 m	株	712.52	712.52				0.02	0.00%	
82	栽植三角梅，冠幅 0.6 m	株	393 195.6	393 195.6				12.89	0.74%	
83	栽植红叶石楠(H= 0.4～0.5 m，64 株/m²)	m²	26 958.46	26 958.46				0.88	0.05%	
84	栽植细叶麦冬（100 株/m²）	m²	123 914.84	123 914.84				4.06	0.23%	
85	栽植吉祥草（H=0.2～0.3 m，64 株/m²）	m²	47 999.15	47 999.15				1.57	0.09%	
86	栽植美国红枫秋火焰（干径≥12 cm，自然高≥4.5 m，冠幅≥3.5 m）	株	91 542.99	91 542.99				3.00	0.17%	
87	栽植安吉金竹	株	33 054.38	33 054.38				1.08	0.06%	
88	栽植紫叶狼尾草（H=0.5～0.6 m，16 丛/m²）	m²	12 965.79	12 965.79				0.43	0.02%	
89	安全文明施工费、规费、税金				7.58	7.07	90.01	104.66	5.62%	

5.3 单项工程主要工程量指标分析表

表 4 单项工程主要工程量指标分析

单项工程名称：川陕路熊猫大道节点提升工程项目　　业态类型：市政公园

总长度：1 820 m　　道路面积：30 501.2 m²

宽度：24 m　　车道数：4

序号	工程量名称	单项工程规模		工程量	单位	指标	指标分析和说明
		数量	计量单位				
一	道路工程	30 501.2	m^2				道路面积
1	建渣弃置	30 501.2	m^2	1 385.32	m^3	0.05	
2	其他块料面层拆除	30 501.2	m^2	333.79	m^2	0.01	
3	拆除砖石结构	30 501.2	m^2	85.05	m^3	0.00	
4	拆除混凝土结构（有筋、无筋综合考虑）	30 501.2	m^2	115	m^3	0.00	
5	拆除侧、平（缘）石	30 501.2	m^2	5 520	m	0.18	
6	5 mm 厚镀锌钢板市政井座、井盖（方形）	30 501.2	m^2	25	座	0.00	
7	圆形检查井升降	30 501.2	m^2	25	座	0.00	
8	方形市政井升降	30 501.2	m^2	4	座	0.00	
9	人行道整形碾压	30 501.2	m^2	805	m^2	0.03	
10	水性 EAU 地面	30 501.2	m^2	24 508.9	m^2	0.80	
11	乳化沥青油黏层	30 501.2	m^2	267.75	m^2	0.01	
12	50 mm 厚中粒式沥青混凝土 AC-20	30 501.2	m^2	267.75	m^2	0.01	
13	透明密封层	30 501.2	m^2	805	m^2	0.03	
14	级配碎石垫层	30 501.2	m^2	161	m^2	0.01	
15	不锈钢边条	30 501.2	m^2	11.119	m^2	0.00	
16	C15 混凝土垫层	30 501.2	m^2	35.53	m^2	0.00	
17	人行道整形碾压	30 501.2	m^2	2 300	m^2	0.08	
18	砂卵石垫层	30 501.2	m^2	690	m^3	0.02	
19	C15 混凝土垫层	30 501.2	m^2	345	m^3	0.01	
20	50 mm 厚芝麻灰火烧面花岗石	30 501.2	m^2	30.33	m^2	0.00	
21	50 mm 厚丰镇黑火烧面花岗石	30 501.2	m^2	136.36	m^2	0.00	
22	65 mm 芝麻黑火烧面盲道砖花岗石	30 501.2	m^2	14.12	m^2	0.00	
23	花岗石路缘石	30 501.2	m^2	430.94	m	0.01	
24	零星砌砖	30 501.2	m^2	9.44	m^3	0.00	
25	50 mm 厚芝麻黑火烧面花岗石	30 501.2	m^2	1.15	m^2	0.00	
26	50 mm 厚芝麻白火烧面花岗石	30 501.2	m^2	1.15	m^2	0.00	
27	拆除混凝土结构（有筋、无筋综合考虑）	30 501.2	m^2	563.86	m^3	0.02	
28	拆除侧、平（缘）石	30 501.2	m^2	568.44	m	0.02	
29	5 mm 厚镀锌钢板市政井座、井盖（方形）	30 501.2	m^2	9	座	0.00	
30	圆形检查井升降	30 501.2	m^2	302	座	0.01	
31	人行道整形碾压	30 501.2	m^2	1 271.37	m^2	0.04	
32	透明密封层	30 501.2	m^2	3 662.57	m^2	0.12	
33	级配碎石垫层	30 501.2	m^2	3 254.28	m^2	0.11	
34	人行道整形碾压	30 501.2	m^2	3 202.79	m^2	0.11	

续表

序号	工程量名称	单项工程规模		工程量	单位	指标	指标分析和说明
		数量	计量单位				
35	砂卵石垫层	30 501.2	m^2	4 409.54	m^2	0.14	
36	C15 混凝土垫层	30 501.2	m^2	418.37	m^3	0.01	
37	50 mm 厚芝麻黑火烧面花岗石	30 501.2	m^2	695.1	m^2	0.02	
38	50 mm 厚芝麻白火烧面花岗石	30 501.2	m^2	3 573.82	m^2	0.12	
39	拆除混凝土结构（有筋、无筋综合考虑）	30 501.2	m^2	563.86	m^3	0.02	
40	拆除侧、平（缘）石	30 501.2	m^2	568.44	m	0.02	
41	5 mm 厚镀锌钢板市政井座、井盖（方形）	30 501.2	m^2	9	m^2	0.00	
42	圆形检查井升降	30 501.2	m^2	302	座	0.01	
43	人行道整形碾压	30 501.2	m^2	1 271.37	m^2	0.04	
44	透明密封层	30 501.2	m^2	3 662.57	m^2	0.12	
45	级配碎石垫层	30 501.2	m^2	254.28	m^2	0.01	
46	人行道整形碾压	30 501.2	m^2	3 202.79	m^2	0.11	
47	砂卵石垫层	30 501.2	m^2	409.54	m^2	0.01	
48	C15 混凝土垫层	30 501.2	m^2	418.37	m^3	0.01	
49	50 mm 厚芝麻黑火烧面花岗石	30 501.2	m^2	695.1	m^2	0.02	
50	50 mm 厚芝麻白火烧面花岗石	30 501.2	m^2	573.82	m^2	0.02	
51	木栈道拆除	30 501.2	m^2	315.02	m^2	0.01	
52	墙面铲除涂料面	30 501.2	m^2	5 750	m^2	0.19	
53	挖土石方	30 501.2	m^2	2 675.87	m^2	0.09	
54	回填方	30 501.2	m^2	62.66	m^2	0.00	
55	成品镀锌钢板垃圾桶	30 501.2	m^2	109	m^2	0.00	
56	3 mm 厚拉丝不锈钢板墙面	30 501.2	m^2	3.17	m^2	0.00	
57	C15 混凝土垫层	30 501.2	m^2	1.57	m^2	0.00	
58	C25 混凝土基础	30 501.2	m^2	8.64	m^2	0.00	
59	C30 后浇混凝土	30 501.2	m^2	12.08	m^2	0.00	
60	C40 细石混凝土灌浆	30 501.2	m^2	0.081	m^2	0.00	
61	预埋铁件	30 501.2	m^2	30.46	m^2	0.00	
62	市政设备箱包裹钢骨架制安	30 501.2	m^2	20.37	m^2	0.00	
63	包裹饰面穿孔铝板墙面	30 501.2	m^2	662.4	m^2	0.02	
64	金属面氟碳漆饰面	30 501.2	m^2	1 324.8	m^2	0.04	
65	砂卵石垫层	30 501.2	m^2	14.91	m^2	0.00	
66	C15 混凝土垫层	30 501.2	m^2	15.68	m^2	0.00	
67	20 mm 厚进口印尼菠萝格防腐防裂木坐凳面层	30 501.2	m^2	91.07	m^2	0.00	

续表

序号	工程量名称	单项工程规模		工程量	单位	指标	指标分析和说明
		数量	计量单位				
68	砂卵石垫层	30 501.2	m^2	68.58	m^2	0.00	
69	C15 混凝土垫层	30 501.2	m^2	24.15	m^2	0.00	
70	C25 混凝土基础	30 501.2	m^2	34.5	m^2	0.00	
71	砖砌体	30 501.2	m^2	20.12	m^2	0.00	
72	现浇构件钢筋制安	30 501.2	m^2	123.105	m^2	0.00	
73	C25 混凝土基础	30 501.2	m^2	40.74	m^2	0.00	
74	20 mm 厚聚合水泥砂浆墙面	30 501.2	m^2	172.54	m^3	0.01	
75	现浇构件钢筋制安	30 501.2	m^2	4.503	t	0.00	
76	C15 混凝土垫层	30 501.2	m^2	1.98	m^2	0.00	
77	C25 混凝土基础	30 501.2	m^2	5.57	m^2	0.00	
78	镀锌钢结构制安	30 501.2	m^2	6.9	m^2	0.00	
79	3 mm 铝板墙面	30 501.2	m^2	46	m^2	0.00	
80	3 mm 穿孔铝板墙面	30 501.2	m^2	46	m^2	0.00	
81	彩色氟碳漆饰面	30 501.2	m^2	9.55	m^2	0.00	
82	30 mm 厚户外高耐竹地板拉槽板	30 501.2	m^2	17.28	m^2	0.00	
83	钢结构安装	30 501.2	m^2	4.789	t	0.00	
84	围墙抹灰墙面	30 501.2	m^2	2 396.31	m^2	0.08	
85	围墙乳胶漆墙面	30 501.2	m^2	10 921.63	m^2	0.36	
86	围墙涂鸦墙面	30 501.2	m^2	8 625	m^2	0.28	
87	排水沟 砖砌体	30 501.2	m^2	224.68	m^3	0.01	
88	排水沟 抹灰	30 501.2	m^2	2 252.92	m^2	0.07	
89	成品钢筋混凝土盖板	30 501.2	m^2	864.46	m^2	0.03	
90	花岗石整石材车挡制安	30 501.2	m^2	342	个	0.01	
91	自然景石安装	30 501.2	m^2	115	t	0.00	
92	墙面铲除涂料面	30 501.2	m^2	3 642.39	m^2	0.12	
93	包裹饰面穿孔铝板墙面	30 501.2	m^2	1 045.8	m^2	0.03	
94	金属面氟碳漆饰面	30 501.2	m^2	514.08	m^2	0.02	
95	3 mm 铝板墙面	30 501.2	m^2	239.5	m^2	0.01	
96	3 mm 穿孔铝板墙面	30 501.2	m^2	69.55	m^2	0.00	
97	围墙涂鸦墙面	30 501.2	m^2	4 287.74	m^2	0.14	
98	自然景石安装	30 501.2	m^2	957.05	m^2	0.03	
99	墙面真石漆	30 501.2	m^2	4 320.61	m^2	0.14	
100	150 mm 厚，粒径 10～20 mm，C30 透水混凝土素色层	30 501.2	m^2	2 318.74	m^2	0.08	

续表

序号	工程量名称	单项工程规模		工程量	单位	指标	指标分析和说明
		数量	计量单位				
101	6 cm 厚 C30 彩色透水混凝土地面	30 501.2	m^2	3 600.93	m^2	0.12	
102	水性 EAU 地面（成华绿道 LOGO，自行车 LOGO）	30 501.2	m^2	130.88	m^2	0.00	
103	30 mm 厚芝麻灰火烧面花岗石	30 501.2	m^2	2 165.73	m^2	0.07	
104	30 mm 厚丰镇黑火烧面花岗石	30 501.2	m^2	1 077.24	m^2	0.04	
105	30 mm 厚芝麻黑火烧面花岗石	30 501.2	m^2	63.84	m^2	0.00	
106	30 mm 厚芝麻白火烧面花岗石	30 501.2	m^2	1 724.21	m^2	0.06	
107	亚克力魔术板	30 501.2	m^2	1 440.22	m^2	0.05	
二	园林工程						
1	清除地被植物	30 501.2	m^2	87 692.35	m^2	2.88	
2	回填方	30 501.2	m^2	2 875	m^3	0.09	
3	整理绿化用地	30 501.2	m^2	87 031.51	m^2	2.85	
4	种植土回（换）填	30 501.2	m^2	3 726.38	m^3	0.12	
5	栽植花境	30 501.2	m^2	3 612	m^2	0.12	
6	栽植皂角（干径≥35 cm，自然高≥11 m，冠幅≥5.0 m）	30 501.2	m^2	6	株	0.00	
7	栽植丛生朴树（丛生，自然高≥12 m，冠幅≥6.0 m 每杆≥3 杆，干径总和≥60 cm）	30 501.2	m^2	7	株	0.00	
8	栽植银杏（干径≥32 cm，自然高≥10 m，冠幅≥4.5 m）	30 501.2	m^2	51	株	0.00	
9	栽植红叶李（干径≥15 cm，自然高≥3.5 m，冠幅≥3 m）	30 501.2	m^2	95	株	0.00	
10	栽植日本红枫（地径≥12 cm，自然高≥3 m，冠幅≥2.5 m）	30 501.2	m^2	86	株	0.00	
11	栽植黄连木（干径≥35 cm，自然高≥13 m，冠幅≥8.5 m）	30 501.2	m^2	10	株	0.00	
12	栽植黄连木（干径≥30 cm，自然高≥12 m，冠幅≥5.5 m）	30 501.2	m^2	5	株	0.00	
13	栽植国槐（干径≥35 cm，自然高≥10 m，冠幅≥5.0 m）	30 501.2	m^2	27	株	0.00	
14	栽植香樟（干径≥25 cm，自然高≥8 m，冠幅≥4.0 m）	30 501.2	m^2	6	株	0.00	
15	栽植乐昌含笑（干径≥18 cm，自然高≥6 m，冠幅≥3.5 m）	30 501.2	m^2	3	株	0.00	
16	栽植日本晚樱（干径≥15 cm，自然高≥4.0 m，冠幅≥3.0 m）	30 501.2	m^2	9	株	0.00	
17	栽植日本晚樱（干径≥12 cm，自然高≥3.5 m，冠幅≥2.5 m）	30 501.2	m^2	158	株	0.01	
18	栽植碧桃（干径≥14 cm，自然高≥2.5 m，冠幅≥2.5 m）	30 501.2	m^2	22	株	0.00	
19	栽植紫薇（干径≥12 cm，自然高≥3.5 m，冠幅≥3.0 m）	30 501.2	m^2	210	株	0.01	
20	栽植垂丝海棠（干径≥14 cm，自然高≥4 m，冠幅≥4 m）	30 501.2	m^2	212	株	0.01	
21	栽植蜡梅（丛生，自然高≥2.5 m，冠幅≥2.5 m 每丛≥5 杆）	30 501.2	m^2	23	株	0.00	
22	栽植蓝花楹（干径≥25 cm，自然高≥8 m，冠幅≥4.0 m）	30 501.2	m^2	3	株	0.00	
23	栽植蓝花楹（干径≥20 cm，自然高≥7 m，冠幅≥3.0 m）	30 501.2	m^2	124	株	0.00	
24	栽植丛生蓝花楹（丛生，自然高≥8 m，冠幅≥5.5 m 每丛≥3 杆）	30 501.2	m^2	18	株	0.00	

续表

序号	工程量名称	单项工程规模		工程量	单位	指标	指标分析和说明
		数量	计量单位				
25	栽植元宝枫（干径≥15 cm，自然高≥3.5 m，冠幅≥3.5 m）	30 501.2	m^2	25	株	0.00	
26	栽植金桂（干径≥15 cm，自然高≥5 m，冠幅≥4.5 m）	30 501.2	m^2	32	株	0.00	
27	栽植八棱海棠（地径≥18 cm，自然高≥4.5 m，冠幅≥5.0 m）	30 501.2	m^2	3	株	0.00	
28	栽植八棱海棠（地径≥15 cm，自然高≥3.5 m，冠幅≥3.0 m）	30 501.2	m^2	9	株	0.00	
29	栽植白玉兰（干径≥20 cm，自然高≥5 m，冠幅≥4.5 m）	30 501.2	m^2	5	株	0.00	
30	栽植木芙蓉（干径≥15 cm，自然高≥2.5 m，冠幅≥2.0 m）	30 501.2	m^2	30	株	0.00	
31	兰引 3 号草皮	30 501.2	m^2	66 610.01	株	2.18	
32	栽植桂花球，冠幅 2.5 m	30 501.2	m^2	15	株	0.00	
33	栽植红叶石楠球，冠幅 3.0 m	30 501.2	m^2	17	株	0.00	
34	栽植红叶石楠球，冠幅 2.5 m	30 501.2	m^2	49	株	0.00	
35	栽植红花檵木球，冠幅 2.5 m	30 501.2	m^2	11	株	0.00	
36	栽植红花檵木球，冠幅 1.5 m	30 501.2	m^2	52	株	0.00	
37	栽植金禾女贞球，冠幅 1.5 m	30 501.2	m^2	165	株	0.01	
38	栽植海桐球，冠幅 1.5 m	30 501.2	m^2	49	株	0.00	
39	栽植日本红枫（地径≥12 cm，自然高≥3 m，冠幅≥2.5 m）	30 501.2	m^2	156	株	0.01	
40	栽植国槐（干径≥35 cm，自然高≥10 m，冠幅≥5.0 m）	30 501.2	m^2	22	株	0.00	
41	栽植垂丝海棠（干径≥14 cm，自然高≥4 m，冠幅≥4 m）	30 501.2	m^2	143	株	0.00	
42	栽植蜡梅（丛生，自然高≥2.5 m，冠幅≥2.5 m 每丛≥5 杆）	30 501.2	m^2	3	株	0.00	
43	栽植蓝花楹（干径≥20 cm，自然高≥7 m，冠幅≥3.0 m）	30 501.2	m^2	204	株	0.01	
44	栽植丛生蓝花楹（丛生，自然高≥8 m，冠幅≥5.5 m 每丛≥3 杆）	30 501.2	m^2	12	株	0.00	
45	栽植红叶石楠球，冠幅 3.0 m	30 501.2	m^2	31	株	0.00	
46	栽植红花檵木球，冠幅 1.5 m	30 501.2	m^2	64	株	0.00	
47	栽植海桐球，冠幅 1.5 m	30 501.2	m^2	4	株	0.00	
48	栽植三角梅，冠幅 0.6 m	30 501.2	m^2	540	株	0.02	
49	栽植红叶石楠（H=0.4～0.5 m，64 株/m^2）	30 501.2	m^2	210.35	m^2	0.01	
50	栽植细叶麦冬（100 株/m^2）	30 501.2	m^2	1 664.18	m^2	0.05	
51	栽植吉祥草（H=0.2～0.3 m，64 株/m^2）	30 501.2	m^2	492.4	m^2	0.02	
52	栽植美国红枫秋火焰（干径≥12 cm，自然高≥4.5 m，冠幅≥3.5 m）	30 501.2	m^2	23	m^2	0.00	
53	栽植安吉金竹	30 501.2	m^2	2 293.85	m^2	0.08	
54	栽植紫叶狼尾草（H=0.5～0.6 m，16 丛/m^2）	30 501.2	m^2	67.59	m^2	0.00	

成巴高速延线基础设施提升改造项目

——中锦冠达工程顾问集团有限公司

◎ 郑心惠，刘丹，周化强

1 项目概况

1.1 项目基本情况

成巴高速延线基础设施提升改造项目位于成都市成华区，占地面积约 19 万 m^2，总长约 9 400 m，包含道路、人行道、道路沿线立面、店招等提升改造，新建慢行系统、绿道、公园绿地、小品、街道空间品质提升等。项目采用单价合同类型，清单计价模式。可研批复总投资 14 437.98 万元，建设工期 150 日历天。

1.2 项目特点

（1）绿色建筑设计：本项目采用绿色建筑专项设计，从场地及总平面、建筑、结构、给排水、暖通、电气、景观环境到室内装修均进行了专项绿色建筑设计。

（2）项目构成复杂：本项目规划的功能齐全，单位工程及零星工程繁多，施工组织及管理难度较大。

（3）跟踪审计难度大：本项目工期紧、单位工程多、施工段长且分散，给项目的跟踪审计及投资控制带来了较大难度。

2 咨询服务范围及组织模式

2.1 咨询服务的业务范围

2.1.1 全过程跟踪审计

（1）项目基本建设程序履行情况。审查项目建设前期阶段投资决策和行政审批情况，主要包括项目建设规划、项目建议书、项目立项（备案）、可行性研究、选址规划意见书、建设用地规划许可证、施工许可证等情况。

（2）项目建设资金情况。审查项目建设资金筹集和管理使用情况，主要关注资金的筹集情况，项目资金到位情况和项目建设资金管理使用情况。

（3）项目征地拆迁情况。审查项目征地拆迁管理，评价其是否符合国家相关法律法规的规定，主要审查征地拆迁手续是否齐备，征地拆迁程序是否规范，拆迁补偿和安置是否合法合规，征用集体土地是否符合要求等。

（4）项目招投标情况。审查工程、设备、物资和材料采购、设计、勘察、监理、过控等服务采购是否严格履行招投标程序；招标、评标过程是否合法合规；是否依据招投标结果签订合同，合同执行是否合规等。

（5）项目质量安全与进度管理情况。审查建设等相关单位工程质量、安全和进度内部管理制度的建立健全情况，主要抽查关键部位实体质量和相关安全管理措施有效性；关注项目建设中存在质量、安全问题的整改情况；项目进度控制情况；项目各项质量、安全、进度目标的完成情况及项目验收情况。

（6）项目建设相关事项情况。审查与项目建设直接有关的设计、勘察、监理、施工、供货等单位取得建设项目资金的真实性、合法性。除上述单位外，跟踪审计还可能涉及项目规划、审批、建设主管等单位，以及与政府投资项目有密切联系的相关事项。

（7）项目生态环境保护情况。审查项目建设管理相关单位是否按规定履行环境保护和水土保持的文件（方案）报批程序；项目建设中是否按照要求采取了必要的环境保护和水土保持措施；环境保护和水土保持措施是否与土体工程同时设计、同时施工和同时完成，是否达到了预期效果。

（8）其他需要审计的事项。

2.1.2 竣工结算审计

（1）项目基本建设程序履行情况。审查项目建设前期阶段投资决策和行政审批情况，主要包括项目建设规划、项目建议书、项目立项（备案）可行性研究、选址规划意见书、建设用地规划许可证、施工许可证等情况。

（2）项目工程量情况。审查工程竣工验收资料的真实性和完整性，查看勘察、设计、监理、施工和项目单位是否签字确认；审查施工图纸、设计变更单、施工合同是否高估冒算；审查采用有关工程量计算规则的准确性；审查工程结算总量与子目是否重复计算；审查大宗材料用量与工程量是否匹配等。

（3）项目工程计价情况。根据合同的定价方式，审查综合单价是否正确，价格发生变化的依据是否充分。审查综合单价分析表中管理费与利润费率是否与该工程类别相适应，是否存在不合理的利润。审查组成综合单价的人工费、材料费、机械费是否符合合同要求或者招标文件要求。审查材料价差、暂估价、暂列金额和相关取费是否符合要求。

（4）项目工程变更和签证情况。审查工程变更和签证的真实性、完整性、合理性、经济性、时效性。关注变更签证的产生原因，有无虚假变更签证，有无项目单位与施工单位相互串通、利益输送的问题。

（5）其他需要审计的事项。

2.1.3 竣工决算审计

（1）建设资金情况。审查建设项目的资金来源，使用和结余是否真实、准确、合规；检查有无挪用资金和非法集资等情况；有无扩大开支范围、提高开支标准，以及存在违纪违法行为的情况；剩余的设备、材料及其他物资的处理和资金的收回是否得当等。

（2）建设成本情况。审查成本核算是否准确、完整，有无挤占工程成本、虚列成本和其他建设成本不实等问题。

（3）交付使用资产情况。审查竣工结算中所列的交付使用资产价值是否真实、准确；应计入交付使用资产成本的报废工程损失、坏账损失和非常损失等，是否已按规定程序报经有关部门批准；应分摊计入交付使用资产成本的待摊投资，是否已按规定的方法分摊计入交付使用资产成本，其分摊标准是否合理；有无多报、重报、虚报交付使用资产价值的情况等；同时核实在建工程完成额，查明未能全部完成和及时交付使用的原因。

（4）其他基建支出情况。审查转出投资、应核销投资和应核销支出的列支依据是否充分，手续是

否完备，内容是否真实，核销是否合规，有无虚列投资的问题。

（5）竣工财务决算报告情况。审查竣工财务决算编制依据是否真实、完整、合法，竣工财务决算中所提及的文字和数据是否均有来源，相关勾稽关系是否正确。

（6）其他需要审计的事项。

2.2 咨询服务的组织模式

本项目规模较大、单项工程多、专业性综合性强。公司秉承做好咨询服务的宗旨，增加委托人建设程序、风险管控、合同管理等增值服务，实行项目责任制，公司委派指定项目经理，由项目经理根据业务类型及工程师的专业特长进行人员搭配组合，工程师对其承担工作负责，项目经理对整个项目质量负责，项目内部交叉检查复核，对比分析各个造价指标，通过横向纵向交叉检查对比，确保工程基础数据的准确性和完整性。具体组织内容如下：

（1）领导小组。

本项目由总经理牵头成立项目领导小组，从项目启动、实施到结束全程进行动态跟踪监管，对重大疑难问题进行决策处理，监督贯彻执行，作为第三级终审复核成果文件。

（2）建立复核制度。

工程造价的复核必须深入项目，跟踪项目动态了解项目实际情况，为确保工作质量，领导小组成员参与项目启动会，对项目的计量规则、设计依据、设计规范等进行统一设置，确保基础数据的真实可靠，对项目分工、人员职责进行划分，明确项目组成员的任务、目标，制定质量考核标准，量化考核指标，贯彻考核制度，使项目组成员从根本上重视成果文件质量。为保证造价咨询工作质量，公司内部实行项目经理、造价部主管（造价部经理）、质量控制部主管（技术负责人）的三级复核制度。

① 项目经理复核的内容：已编制的造价咨询工作方案是否经批准；是否已收集齐与该项目造价咨询工作有关的资料；是否已进行现场勘查；造价咨询成果文件是否按照相关法律法规及其他文件进行编制，同时检查其正确性；预定造价咨询程序是否已执行完毕；单项经济指标是否正常。

② 造价部主管（造价部经理）复核的内容：重点审核程序的制定、实施是否恰当；是否按造价咨询工作实施方案实施咨询；造价咨询工作实施方案的变动是否经批准；项目负责人对其他助理人员的监督是否落实到位；各种计价是否符合相关要求；造价咨询报告格式及内容是否符合规定。

③ 质量控制部主管（技术负责人）复核的内容：造价咨询工作依据是否齐全；工程量计算是否符合造价咨询要求；各种计价是否符合造价咨询要求；项目是否齐全；重大问题是否已披露；工作底稿是否齐全；报告及附件是否正确。

上述三级质量复核工作，必须做出复核记录，项目责任人应进行修改，修改后重新进行复核，书面表示复核意见并签名，凡是在复核中发现问题的，公司总经理在正式造价咨询报告发出前要再次复核同意后方可出具报告。

（3）组织机构。

本项目造价咨询服务的组织机构如图 1 所示。

① 项目经理：负责项目内部及外部沟通协调工作，对项目的总进度和质量负责；负责组建项目团队，编制项目实施方案，组织项目启动会，宣讲项目实施细则，明确项目实施进度、质量要求，协调、分配专业工程的工作任务。

② 土建装饰造价工程师：负责本项目的土建工作计量组价工作；熟悉图纸及相关资料，根据施工合同约定计量规则进行计量组价，将计算底稿交项目负责人复核后与施工单位核对。

③ 安装造价工程师：负责本项目的安装工作计量组价工作；熟悉图纸及相关资料，根据施工合同约定计量规则进行计量组价，将计算底稿交项目负责人复核后与施工单位核对。

④ 市政造价工程师：负责本项目的安装工作计量组价工作；熟悉图纸及相关资料，根据施工合同

约定计量规则进行计量组价，将计算底稿交项目负责人复核后与施工单位核对。

项目负责人将土建、安装、市政计算底稿合稿，报送质检组进行三级复核后，根据质检组复核意见调整初稿并报送委托人，待委托人复核后形成定稿，出具审核报告。

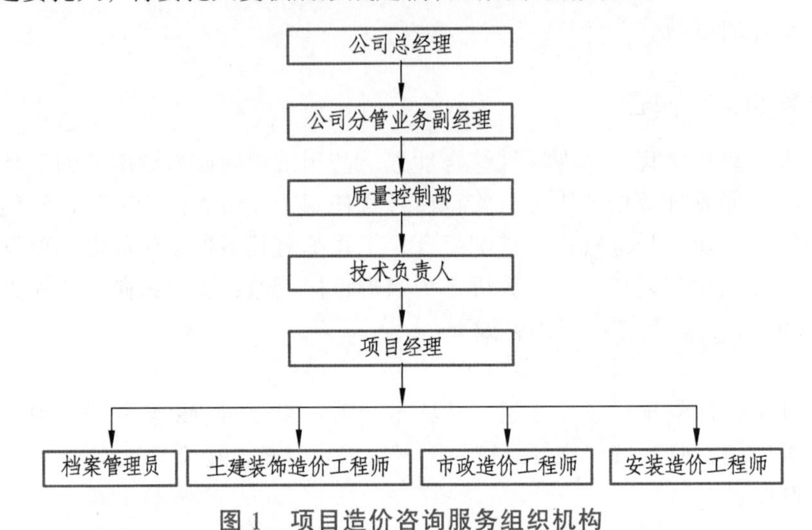

图 1 项目造价咨询服务组织机构

2.3 咨询服务工作职责

（1）项目经理职责。

项目经理负责组织项目组的工作，对委托人及公司负责，代表公司向委托人提供造价咨询成果文件，协调各方关系，及时反馈有关意见。其主要工作内容：

① 负责造价咨询业务中各子项、各专业间的技术协调、组织管理、质量管理工作。

② 根据造价咨询实施方案，有权对各专业交底工作进行调整或修改，并负责统一咨询业务的技术条件，统一技术经济分析原则。

③ 动态掌握造价咨询业务实施状况，负责审查及确定各专业界面，协调各子项、各专业进度及技术关系，研究解决存在的问题。

④ 综合编写造价咨询成果文件的总说明、总目录，校核相关成果文件，并按规定报审，向委托人送交经公司负责人批准的最终成果文件和相关成果文件。

⑤ 协调公司与各参与单位之间的关系，为公司高质量地完成造价服务工作创造良好的外部条件。

（2）技术负责人职责。

① 审阅重要咨询成果文件，审定咨询条件、咨询原则及重要技术问题。

② 协调处理咨询业务各层次专业人员之间的工作关系。

③ 负责处理审核人、校核人、编制人员之间的技术分歧和意见，对审定的咨询成果质量负责。

（3）专业组成员职责。

专业组成员为执行具体工程业务的专业人员，负责完成项目经理分配的工作，对项目经理负责。其主要工作内容包括：

① 依据造价咨询业务要求，执行作业计划，遵守有关业务的标准与原则，对所承担的咨询业务质量和进度负责。

② 根据造价咨询实施方案要求，展开本职咨询工作，选用正确的咨询数据、计算方法、计算公式、计算程序，做到内容完整、计算准确、结果真实可靠。

③ 对实施的各项工作进行认真自校，做好咨询质量的自主控制。审核成果经审校后，专业组成员按审校意见进行修改。

3 咨询服务的运作过程

3.1 咨询服务的理念及思路

（1）加强沟通，了解情况。

我公司造价咨询项目组重视与委托方的沟通，通过沟通了解项目情况，对工作内容有关要求、双方的权利与义务等都有了较为清楚的界定。

（2）进驻咨询现场。

接收咨询项目后，我公司造价咨询项目组进驻施工现场，严格执行造价咨询行业及企业现场的有关规定，在建设单位的配合下完成相关咨询工作。

（3）认真研究项目的相关资料。

进驻施工现场接收审核资料后，我公司造价咨询项目认真、详细地研究了有关资料，包括项目的背景材料、国家的相关法规、项目的有关文件，以及与项目相关的其他情况资料。

（4）踏勘现场，进一步了解工程情况。

在对项目相关资料进行认真研究的基础上进行现场踏勘，进一步了解工程情况。

3.2 咨询服务的方法及手段

（1）组织实施。

我公司造价咨询项目组成员根据咨询方案的要求，按照各自分工完成相关的工作任务。项目负责人在各相关部分工作完成的基础上，进行必要的系统性的组合与优化工作，并对出现的差异部分进行修正，以此作为基本工作成果。

（2）咨询工作记录。

① 造价咨询人员对工作中发现的问题，应当做出详细、准确的记录，并且写明资料的来源。

② 对用以证明审核事项的原始资料、有关文件和实物等，可以通过复印、复制、拍照等方法取得。

③ 造价咨询人员参加有关会议时，对涉及审核事项的会议内容，应当做出记录。必要时，可以要求被审核单位，提供会议有关记录材料。

④ 对重要的事项进行调查时，造价咨询人员不少于 2 人。

⑤ 造价咨询人员收集的证明材料，在经过当事人核阅，并且签名、盖章。

（3）积极参与现场管理，出具审计意见书。参与及见证日常施工单位、监理单位及业主单位的作业和管理工作，并对以上工作进行记录和监督，在不影响各责任主体作业和管理的前提下，适当提出跟审意见。

（4）及时提出审计意见书、工作联系函。

（5）形成跟审日志、月报及阶段性汇报。

4 经验总结

4.1 咨询服务的实践成效

（1）动态跟踪记录。

我公司的跟审人员从控制工程造价的角度，在施工合同履行的整个时期对现场进行动态跟踪核查、记录。我方将适时地派出有关专业的造价人员对各专业所用的材料规格、数量与施工图、设计变更单及工程实物进行对照核查，通过现场测量、取证、拍照等方式，做好备查记录，作为变更签证计价和结算审计的真实造价依据。在现场跟踪审计过程中，我公司特别关注隐蔽工程部分或有可能索赔或反索赔等方面，对工程实施过程中的质量、安全、进度款以及变更等起到了一定的审核、监督作用。

（2）完善资料管理工作。

重视资料的收集与整理工作（包括电子文档），确保资料的规范性、完整性和真实性，为项目跟踪审计工作的顺利进行提供基础性保障。现场跟踪审计过程中资料管理工作质量的高低，不仅体现了一个造价咨询单位的审计基础工作水平，而且也反映出审计业务工作质量的高低。关于跟踪审计资料的收集与整理应做到提高审计人员资料管理工作的质量意识。审计人员要在思想上重视跟踪审计资料的管理，这是保证审计资料质量的前提。审计资料管理工作质量的高低，直接影响到审计业务的工作质量。良好的资料管理制度会促进审计业务的开展，提高审计工作效率，反之，资料不齐全、不完善在一定程度上会影响审计工作的组织实施。因此，在日常工作中，不仅要关注审计业务工作，也要关注审计资料工作，把审计资料工作和审计业务工作放在同等位置进行检查、考核，使每个审计人员形成“跟踪审计项目终结只是完成了一半任务，高质量的立卷归档后才算圆满完成跟踪项目”的意识。

4.2 咨询服务的经验和不足

（1）建立管理台账，实行动态管理。

本项目建立了形象进度台账、材料动态台账、变更台账、签证台账、进度款台账，实时反映了真实的项目成本，有效控制了项目管理成本目标。

（2）建立汇报机制。

① 跟审工作进场后，向审计局提交审前调查报告。

② 及时向审计局沟通、汇报项目进展情况，按时报送跟审日志、跟审月报。

③ 对跟踪审计中发现的重大问题，及时向审计局项目负责人汇报。

（3）强化结算审核工作。

跟踪审计的优势在于对整个项目的建设期的情况非常熟悉，对竣工结算的审核创造了很好的前提条件。本工程的合同价款类型及计价原则采用固定综合单价合同，工程量按照核定的工程量结算。由于全程参与，我们对核量、核价、变更处理、认质认价单等资料的处理十分熟悉，保证了结算价款的真实性。

5 项目主要经济技术指标

5.1 建设项目造价指标分析表

表 1 建设项目造价指标分析

项目名称：成巴高速延线基础设施提升改造项目　　项目类型：附属工程

投资来源：政府　　项目地点：四川省成都市成华区

项目规模：177 110 m²

承发包方式：施工总承包　　造价类别：中标价

开工日期：2020 年 11 月 24 日　　竣工日期：2021 年 4 月 29 日

序号	单项工程名称	规模/m²	单项工程特征	材料设备档次	计价期	造价/元	单位指标/（元/m²）
1	民兴路	47 227	包括建筑立面整改、围墙、园林绿化、景观、地面铺装、安装工程等	合格	2020 年 8 月	9 498 386.98	201.12
2	成致路	18 218	包括建筑立面整改、围墙、景观、地面铺装、安装工程等	合格	2020 年 8 月	16 062 596.04	881.69

续表

序号	单项工程名称	规模/m^2	单项工程特征	材料设备档次	计价期	造价/元	单位指标/(元/m^2)
3	华盛路	47 568	包括建筑立面整改、园林绿化、景观、地面铺装、安装工程等	合格	2020 年 8 月	18 822 062.83	395.69
4	双龙路	4 652	包括园林绿化、景观、地面铺装、安装工程等	合格	2020 年 8 月	5 520 107.33	1 186.61
5	龙港路	59 445	包括建筑立面整改、围墙、园林绿化、景观、地面铺装、安装工程等	合格	2020 年 8 月	12 557 205.43	211.24
6	合计	177 110	科技智慧型街区，构建慢行系统和“五位一体”体系	合格	2020 年 8 月	62 460 358.61	352.66

5.2 单项工程造价指标分析表

表 2 单项工程造价指标分析

单项工程名称：民兴路　　业态类型：附属工程

单项工程规模：47 227 m^2

序号	单位工程名称	建设规模/m^2	造价/元	其中/元				单位指标/(元/m^2)	占比
				分部分项	措施项目	其他项目	税金		
1	建筑立面装饰工程及店招	47 227	4 076 394.60	2 386 773.40	156 818.33	1 147 092.43	336 583.04	86.31	42.92%
2	围墙装饰工程	47 227	868 066.26	633 854.49	66 424.88	74 967.35	71 675.20	18.38	9.14%
3	园林绿化工程	47 227	1 201 204.25	926 221.33	44 533.38	110 242.47	99 182.00	25.43	12.65%
4	节点、景观小品、城市家具工程	47 227	810 258.07	179 996.07	17 127.54	541 795.11	66 902.04	17.16	8.53%
5	地面铺装工程	47 227	1 166 104.57	917 828.81	29 117.77	107 119.36	96 283.86	24.69	12.28%
6	安装工程	47 227	1 376 359.23	1 085 957.79	33 015.12	123 800.98	113 644.34	29.14	14.49%

5.3 单项工程主要工程量指标分析表

表 3 单项工程主要工程量指标分析

单项工程名称：民兴路　　业态类型：附属工程

单项工程规模：47 227 m^2

序号	工程量名称	单项工程规模		工程量	单位	指标
		数量	计量单位			
1	拆除工程	47 227	m^2	4 207.83	m^2	0.09
2	砌筑工程	47 227	m^2	299.9	m^3	0.01
3	铺装工程	47 227	m^2	2 404.5	m^2	0.05
4	土石方工程	47 227	m^2	5 637.37	m^3	0.12
5	成品定制铝合金雨棚	47 227	m^2	1 527.45	m^2	0.03
6	城市家具	47 227	m^2	108 226.9	元	2.29

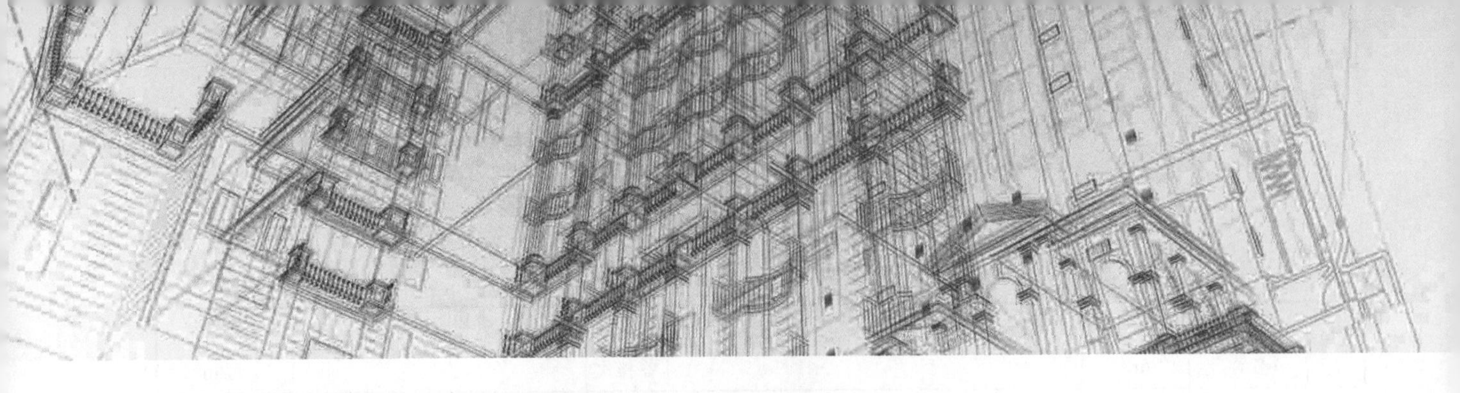

木龙湾小学建设工程项目

——四川德维工程管理咨询有限公司

◎ 彭玉官，彭菊，黄治民

1 项目概况

1.1 项目基本信息

木龙湾小学建设工程项目坐落于成都市金牛区天回街道木龙湾社区 1、2 组及白塔社区 5 组地区。规划净用地面积约 1.46 万 m^2，总建筑面积约 1.78 万 m^2。其中，地上建筑面积约 1.48 万 m^2，地下建筑面积约 0.3 万 m^2，包含地下车库及设备用房。地上建筑通过设置抗震缝分为 6 个独立结构单体，其中 1、3 号单体地上 5 层，建筑高度为 20.05 m；2 号单体地上 3 层，建筑高度为 12.25 m；4 号单体地上 2 层，建筑高度为 12.25 m；5 号单体地上 4 层，建筑高度为 16.15 m；6 号单体地上 3 层，建筑高度为 12.85 m；门房和垃圾房为单层建筑，建筑高度分别为 3.2 m 和 3.6 m。

3～6 号单体地下为局部 1 层地下室（含部分人防区域，为核常 6 级人防地下室，甲类防空地下室），采用钢筋混凝土框架结构，为重点设防类建筑，按 7 度烈度确定地震作用，按 8 度烈度采取抗震措施。1、2、5 号单体基础以上框架抗震等级均为二级；3 号单体除钟楼相关范围框架抗震等级为一级外，其余均为二级；4、6 号单体除大跨部分框架抗震等级为一级外，其余均为二级；无上部结构地下室部分框架抗震等级均为二级；门房和垃圾房框架抗震等级均为三级。

项目采用单价合同类型，清单计价模式。可研批复总投资：8 963.05 万元，实际结算总投资仅 7 208.57 万元，实际建设工期 18 个月。

1.2 项目特点

该项目地下室因地质条件特殊需采用先张法预应力混凝土管桩基础加固。建筑造型为“S”形，具有良好的抗震性。外墙装饰主要为面砖，为保证面砖牢固采用内保温系统；窗户下部分为固定窗，上部分为可开启扇，具有较高的安全性。各类房间装修达到可直接投入使用的要求，空间的灵活使用性较高，地面主要为水磨石地面、防滑地砖、防静电地板、防火强化木地板、运动木地板楼等；墙面主要为无机涂料、墙砖、矿棉吸音板、瓷砖等；顶棚主要为无机涂料、铝扣板、穿孔吸音板、纸面石膏板天棚等。总平主要包括透水混凝土路面、石材铺装、透水砖铺装、塑胶跑道、假草坪操场、玻璃围墙、绿化景观、楼层庭院等。安装包含强电、弱电、给排水、消防、电梯、通风空调、智能钟等。

2 咨询服务范围及组织模式

2.1 咨询服务的业务范围

（1）建设程序。

收集该项目的立项、环评、安评、水土保持评价、可研、招标核准、勘察设计、概算、控制价、招投标、施工、竣工验收等文件资料，评价项目实施是否符合建设程序规定。

（2）项目推进。

收集该项目进度计划及实际完成情况，编制进度计划完成对比表，包括工期计划完成情况对比表和投资计划完成情况对比表，反映实际完成情况与计划存在的差异，分析出现差异的原因，提出弥补差异的建议。

（3）质量控制。

① 收集该项目质量资料，反映该项目分部工程及以上工程质量情况。

② 收集建设单位针对该项目的质量控制制度，评价质量控制制度是否有针对性、可操作性，提出改进建议。

（4）合同管理。

① 审核施工合同主要条款是否与招标（比选）文件（含工程量清单编制说明）一致。

② 对施工合同及清单编制说明中可能存在争议的部分，提出处理建议。

③ 对建设单位的指定分包合同、专项分包合同进行审核，提出审核意见。

（5）投资控制。

① 根据招标文件（含工程量清单、招标答疑会会议纪要、招标补遗书等）、投标文件、招标施工图纸，在规定时间内完成清标（清标报告需提出投标文件商务部分存在的问题及合同签订的详细建议意见）。

② 施工合同签订后，根据招标文件（含工程量清单、招标答疑会会议纪要、招标补遗书等）、投标文件、施工图纸、施工合同、委托人提出的具体要求、国家有关法律法规等，编制本工程跟踪审计方案（方案必须涵盖投资控制关键控制点、重点、注意事项、建议处理意见等内容），并将此方案书面报送委托人、监督人各一份。

③ 参与施工组织（设计）方案的审核。主要针对在投标中已报价的措施方案及施工过程中需单独编制的专项施工方案，对涉及工程造价变化部分进行审核，并提出建议。

④ 参加图纸会审及重大工程变更方案论证会。对变更签证，督促建设单位严格按照《金牛区政府性工程建设项目管理办法》规定的程序办理。

⑤ 参加现场的相关会议并做好记录，纳入委托人对咨询人平时工作的考核。做好工程跟踪审计管理日志，重点记录影响工程造价的现场详细记录（含详细尺寸、高程等）及相关处理情况，日志要求定本式连续页、手写体并需要项目负责人每周签字。

⑥ 对施工过程中新增项目、漏项项目暂定综合单价的审核，暂定综合单价的核定必须符合国家相关法律法规及招投标文件、施工合同规定。

⑦ 见证隐蔽工程验收和涉及工程造价增减的原始测量。

⑧ 按时提供已完成月进度报表的审核建议意见。

⑨ 按照招标文件要求、施工合同约定及国家的相关法规和政策，对工程索赔事件提出处理建议。

⑩ 审核建设项目相关间接费用。

⑪ 进行工程合同总价控制，支付进度款、退还保证金符合合同规定。

⑫ 对暂估价中的材料、设备以及漏项、设计变更等新增项目材料、设备进行询价，并提交询价报告。对单项暂估价金额、设备金额达到招标或比选余额时，及时告知建设单位，按规定程序进行比选招标或政府采购。

⑬ 对建设单位提供的结算资料进行预审，主要审核资料的合法性、真实性、完整性，审核送审造价的合理性，以确保送审金额与审定金额的差异不超过5%。咨询人预审结果以《跟踪审计项目工程竣工资料及结算预审建议书》的形式报送审计局并抄送建设单位。

（6）工程竣工结算审计阶段。

① 对工程竣工结算进行初审。

② 参加工程竣工结算审计相关会议，按国家法律法规、施工合同、招投标文件（含工程量清单、招标答疑会会议纪要、招标补遗书等），提出公平、公正的处理方案或意见。

③ 根据建设单位、施工单位双方签章确认的定案结果，出具工程竣工结算审计报告。

2.2 咨询服务的组织模式

本项目采用直线式组织模式，如图1所示。

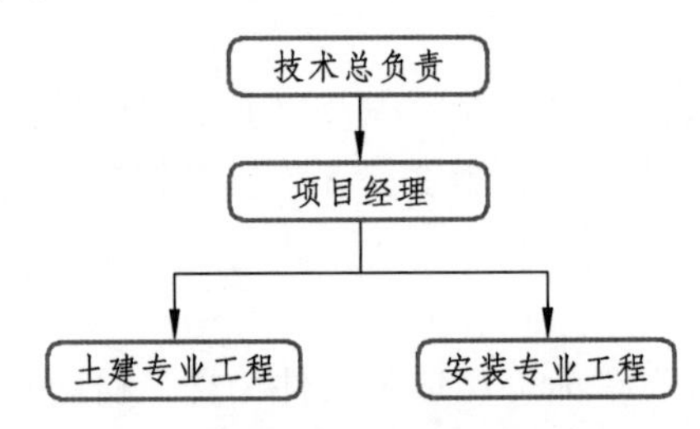

图1 项目咨询服务组织模式

2.3 咨询服务工作职责

（1）施工总承包合同签约前。

① 了解建设单位制定造价管理的程序和办法。

② 审查合同争议。

③ 对工程前期工作进行专项审计。

（2）施工期间。

① 收集并审查建设单位签订的合同文件并建立档案。

② 完成清标工作，出具清标报告。

③ 审查建设工期用款进度计划。

④ 计量已完工程量和工作量，审核工程进度款支付申请，并以书面形式提供审核报告。

⑤ 按月、季编制经济报表和投资分析表（所有主要内容以概算定额划分的章节及子项形式详列）。

⑥ 见证建设单位处理洽商、变更、询价及索赔事宜，并随时提供书面审查或处理意见。

⑦ 分阶段、分部位编制洽商、变更所造成造价的增减。

⑧ 定期根据所编制的投资控制规划表和所签署的洽商、变更及索赔文件，分阶段、分部位控制各专业工程造价。

⑨ 在工程计划选购关键设备或材料时，应建设单位要求随时提供对比分析报告。

⑩ 审查承包商/供应商结算书并以书面形式提供建议或出具审核报告。

⑪ 参加相关工程例会及造价方面的专题会议。

（3）工程完工后。

在金牛区审计局领导下，审核工程竣工结算，并出具竣工结算审核报告；审核建设单位编制的各分项合同的最终结算报告；审核建设单位汇总及编制的项目最终结算报告；审核建设单位办理的本项目工程决算。具体职责如下：

① 制定造价控制的实施细则，确定成本控制目标。

② 进行中标价与控制价对比分析。

③ 按业主要求提供投资及资金控制情况报告，并根据建设情况适时提出资金调整及控制计划和方案。

④ 参与工程造价控制相关的工作会议。

⑤ 参加施工图会审。

⑥ 派驻专业造价人员及时开展清标及各项目工程量的计算工作。

⑦ 每月审核承包单位实际完成产值，并依据承包合同条款审核每月应付款金额，提供当月付款建议书。

⑧ 审核设计变更、工程变更等发生的费用，相应调整造价控制目标。

⑨ 根据比选文件和合同约定，审核业主确定调整的综合单价价格。

⑩ 审核暂定价和新增材料价格，了解新技术、新工艺综合单价。

⑪ 对重大变更、新技术、新工艺、新材料提供造价分析结论报告。

⑫ 对项目有关的零星施工、返工、迁改等项目进行工程量计算、预算编制及造价审核并出具分析报告。

⑬ 当发生（提出）工程索赔时，了解情况，审核索赔。

⑭ 负责工程结算初审工作。

⑮ 提供涉及委托咨询项目的人工、材料、设备等造价信息和造价控制相关的其他咨询服务。

（4）专业分包工程管理。

① 审核专业分包范围。专业分包是指总承包企业将建筑工程项目的非主体工程，依法分包给具有相应专业承包资质的建筑企业的行为。由于土建施工总承包单位和综合安装工程已确定，结合本项目特点，以下工程可能存在分包管理：通风工程、人防工程、抗震支架工程等专业工程。

② 审核工程总进度安排计划，统筹安排各专业分包工程招标工作计划，保证专业分包商进场时间，不能影响工程总进度计划。

③ 审核分包项目招标文件、工程量清单和工程控制价。在招标过程中要注重风险的控制，特别关注编制工程控制价及拟签合同的主要条款。这一部分主要应重点关注合同价款容许调整的条件、计价方式及所容许采用的计价文件。审核工程预算，合理确定工程招标控制价也是控制成本的关键。

3 咨询服务的运作过程

3.1 咨询服务的理念及思路

（1）在建设项目咨询服务中依法维护参与项目建设各经济单位利益，规范工程建设成本控制，及时纠正工程建设中存在的问题，在保证工程质量的同时，节约建设资金，提高建设资金的使用效益，确保建设项目保质按期完成。

（2）根据咨询服务委托的范围和职权，从组织、管理的角度，采取经济、技术、法律等手段，公正行使权力，确保建设项目的各项目标圆满实现。

3.2 咨询服务的方法及手段

（1）建设项目审核风险评估。

要有效地规避审核风险，必须准确地对它做出评估，否则审核风险规避无从谈起。

① 从项目建设程序入手，认定项目的合法性。

目前我国建筑市场环境已趋完善，建设项目有一套必须遵循的程序，如项目设计、立项、计划、规划、环保、招投标、资金来源等各个环节，都以法规或规章的形式确定下来。审计人员只需按程序的要求逐一核实上述环节的相关文件资料的真实完备情况，便可认定项目的合法性。如果审核人员忽略了建设项目的程序或某一环节，审核风险可能被低估，审核风险也因此增大。

② 测试业主及有关单位的内部控制制度，初步确定项目的风险水平。

内部控制制度测试通常分符合性测试和实质性测试。首先，通过符合性测试可初步确定业主及各相关单位是否值得信赖。建设项目一般都涉及业主、设计部门、项目总包、分包公司和监理公司等。这些单位内部控制制度是否健全和完善，可能影响项目各个环节的成本和质量水平。因此，初步调查了解这些单位的控制环境、会计系统、控制程序是非常必要的，它告诉我们这些单位有无达到审核人员所要求的“最基本信赖水平”和下一步的审核人员重点。如果上述单位（或个别单位）某些必要的内部控制制度没有建立，或存在缺陷，审核人员就应降低这些单位“可信赖水平”；假如内部控制制度的缺陷被忽略，审核人员面临的审核风险可能会大些。例如，审核人员对某项工程的监理制度进行符合性测试时，没有注意到监理制度缺少“工程监理确认单必须经现场监理工程师、业主经理、施工经理三方签认方可生效”这一条文（作为完善的监理制度应包括这一点），误认为监理制度是完善的，那么可能在以后的审核中忽略了对工程监理确认单的审核，最终做出错误的审核判断，因而承担对内部控制制度评估错误可能形成的审核风险。其次，在符合性测试基础上进行的实质性测试，是评估内部控制制度运作的有效性的一种方法（这种方法也适合于无内部控制事项的测试）。假如上述各单位的内部控制制度是完善的，那么审核人员应根据制度的规定核查相关经济业务活动有无遵循或违反这些规定；如果一项制度对既有的业务不起作用，审核风险水平可能提高。仍以上述监理条文为例，假如工程监理确认单上只有监理工程师和施工经理签认，会计部门却据此付款，显然，按监理制度规定，这些缺少业主经理签认的工程监理确认单应是无效的。对此，审核人员有理由怀疑工程投资的真实性，当然，项目的风险水平理应提高。

③ 根据职业经验判断，评估项目的审核风险水平。

通常审核人员面对的是一个投资上亿元或数十亿元的审核项目，要想在有限的时间内全面评估投资项目的审核风险水平是做不到的。因此运用应有的职业经验判断就显得非常必要，它可有效地找到高风险区域。一般来说，在审核人员素质和其他因素一定的情况下，工程项目的复杂程度和投资大小等与审核风险水平成正比，并可据此判断项目的审核风险水平。例如：① 投资额大的单项工程，其风险水平相应较高；② 土建工程中，±0 以下工程的风险要高于±0 以上的风险；③ 新增投资或变更工程的风险高于原设计风险；④ 特殊设备和材料的购置风险高于普通设备和材料的购置风险，而舍近求远的购置风险较大；⑤ 带有垄断性质的项目的风险高于非垄断项目；⑥ 应付工程款累计发生额越大，风险可能越高。

（2）建设项目审核风险规避。

审核风险与审核行为、审核队伍的素质和风险意识有关。我们将从以下 3 个方面考虑审核风险的规避：

① 严格执行相关审核制度，规范审核行为。政府审计经过十多年的发展，已经建立了一整套行之有效的审计规范体系，严格按制度的要求操作投资项目审核，是有效规避审核风险的关键。

② 强化投资审核项目组人员的配备。将我公司具有丰富财会、工程等方面知识和经验的优秀审核人员配备到审核项目组，通过查阅与工程项目有关的财务报表和相关账册，更全面真实地反映工程面貌。

③ 增强审核人员的风险意识。树立依法行政的观念，增强现代审核风险意识，让应有的职业谨慎和严谨的工作作风贯穿项目审核的全过程。

4 经验总结

4.1 咨询服务的实践成效

（1）变更签证管理。

具体变更签证情况如表 1 所示。

表 1 变更签证记录

序号	签证编号	签证内容	签证送审金额/元	签证审定金额/元
1	1#签证	地下室部分开挖后，部分基础持力层下为杂填土软弱层，根据地勘意见和现场实际情况进行设计变更换填处理	1 048 599.71	947 976.6
2	2#签证	对本工程外墙内保温施工区域平面进行深化，明确保温部位，保温层与墙体之间增加一层找平层	249 918.73	256 192.71
3	3#签证	采光井由专业厂家设计，人防因封堵口的要求，对图纸进行完善	137 796.59	155 188.87
4	4#签证	规划方案通过后，规划局要求增加部分真石漆外墙饰面	268 923.69	44 959.8
5	5#签证	民用发电机房预埋封堵框及通气管密闭处理修改	11 993.89	11 098.54
6	6#签证	办公室空调栏内增加空调地漏空调立管	5 644.9	2 469.87
7	7#签证	根据结构设计说明，对木工程构造柱等进行深化	785 888.18	498 923.74
8	8#签证	对窗台压顶、装饰线条内配砖等进行深化	167 591.3	114 379.27
9	9#签证	强弱电深化变更	1 889 458.42	1 645 445.06
10	10#签证	水磨石变更（基层及厚度）	293 724.96	270 307.33
11	11#签证	外墙面砖增加钢丝网	201 617.94	189 338.93
12	12#签证	二、四层景观变更	−150 582.66	−329 336.99
13	13#签证	围墙深化变更	76 568.82	46 864.67
14	14#签证	教育局要求变更	−14 772.97	12 547.41
15	15#签证	增设挡烟垂壁	101 224.51	91 907.34
16	16#签证	木龙湾工程图纸会审-满足验收条件的要求	358 142.51	329 775.23
17	17#签证	木龙湾工程图纸会审-遗漏和不完善	499 827.69	488 007.88

（2）结算管理。

该项目送审结算金额 73 203 573.00 元，经结算审核后的审减金额 1 117 875.85 元。

主要审减原因：分部分项及单价措施项目因工程量差审减金额 889 329.07 元，因综合单价调整审减金额 50 546.47 元，总价措施费用审减金额 60 460.54 元，规费审减金额 25 238.10 元，税金审减金额 92 301.67 元。

（3）工期评价及说明。

本工程合同约定工期 360 天，实际工期 545 天，超合同工期 185 天，主要原因为基础软弱层换填、新冠疫情影响等，造成工期顺延。

4.2 咨询服务的经验和不足

变更中基础换填涉及金额 94.797 6 万元，占暂列金比例 15.98%，建议加强前期工作管理，多方案测算评价，避免造成不必要的损失。

本工程于 2020 年 11 月 11 日竣工，2021 年 11 月 24 日提交结算审查申请，因提交结算审查申请时间与竣工时间相隔较远，现场实际已发生变化，现场踏勘与竣工图不符，给结算工作带来很多困难。建议加强过程中的管理，对现场进行分段管理记录，整理成册，便于结算工作。

针对进度款、人工材料调差表、实际降水台班收方记录送审不及时的情况，建议加强工程管理和及时提醒参建各方履职工作，提高工作效率，以便及时提供工程资料并履行相关程序。

5 项目主要经济技术指标

5.1 建设项目造价指标分析表

表 2 建设项目造价指标分析

项目名称：木龙湾小学建设工程　　项目类型：学校等教育项目
投资来源：政府　　项目地点：四川省成都市金牛区
总建筑面积：17 847.96 m²　　功能规模：24 班数/学校
承发包方式：施工总承包　　造价类别：结算价
开工日期：2019 年 5 月 15 日　　竣工日期：2020 年 11 月 11 日
地基处理方式：抗浮锚杆、混凝土换填　　基坑支护方式：喷锚护壁

序号	单项工程名称	规模/m²	层数	结构类型	装修档次	计价期	造价/元	单位/（元/m²）	指标分析和说明
1	地下室	2 998.35	1	框架结构	精装房	2019-03 期—2020-09 期	20 564 337.85	6 858.55	
2	教学楼	14 834.61	3～5	框架结构	精装房	2019-03 期—2020-09 期	43 851 223.03	2 956.01	
3	门卫室	15	1	框架结构	精装房	2019-03 期—2020-09 期	75 505.93	5 033.73	
4	总平	10 170.34	—	—	—	2019-03 期—2020-09 期	7 594 630.34	746.74	
5	合计	17 847.96	—	—			72 085 697.15	4 038.88	

5.2 单项工程造价指标分析表

表 3 地下室工程造价指标分析

单项工程名称：地下室　　业态类型：学校等教育项目
单项工程规模：2 998.35 m²　　层数：1
装配率：0%　　计税方式：增值税
地基处理方式：抗浮锚杆　　基坑支护方式：喷锚护壁
基础形式：钢筋混凝土柱下独立基础加抗水底板，钢筋混凝土墙体下均采用墙下条形基础

序号	单位工程名称	规模/m²	造价/元	其中/元				单位指标/（元/m²）	占比	指标分析和说明
				分部分项	措施项目	其他项目	税金			
1	建筑工程	2 998.35	19 369 741.64	15 665 929.86	1 790 234.15	323 338.56	1 590 239.07	6 460.13	94.19%	包含土石方、地基处理、基坑支护、基础、地下室主体结构、门窗、防水、人防工程
1.1	钢结构	2 998.35	0.00					0.00	0.00%	无
1.2	屋盖	2 998.35	0.00					0.00	0.00%	无
2	室内装饰工程	2 998.35	866 966.70	739 732.68	36 986.63	15 534.39	74 713.00	289.15	4.22%	包含地面、墙面、天棚的简易装修工程
3	外装工程	2 998.35	0.00					0.00	0.00%	无
3.1	幕墙	2 998.35	0.00					0.00	0.00%	无
4	人防强电工程	2 998.35	111 941.94	93 557.58	6 028.59	3 166.53	9 189.24	37.33	0.54%	
5	人防给排水工程	2 998.35	70 280.15	59 638.3	3 049.97	1 842.6	5 749.28	23.44	0.34%	
6	人防通风工程	2 998.35	145 407.42	121 909.14	8 614.66	2 932.77	11 950.85	48.50	0.71%	
7	合计	2 998.35	20 564 337.85					6 858.55	100.00%	

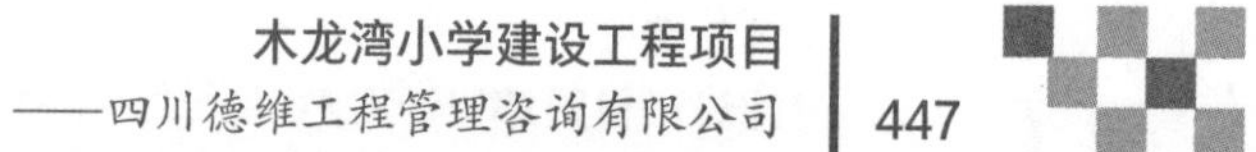

表 4　教学楼工程造价指标分析

单项工程名称：教学楼　　业态类型：学校等教育项目
单项工程规模：14 834.61 m²　　层数：3～5
装配率：20%　　绿建星级：二星级
地基处理方式：无　　基坑支护方式：无
基础形式：先张法预应力混凝土管桩基础　　计税方式：增值税

序号	单位工程名称	规模/m²	造价/元	其中/元				单位指标/（元/m²）	占比	指标分析和说明
				分部分项	措施项目	其他项目	税金			
1	建筑工程	14 834.61	24 766 568.95	18 213 757.37	4 090 967.00	506 120.92	1 955 723.67	1 669.51	56.48%	包含桩基、主体结构、门窗、防水、保温工程
1.1	钢结构	14 834.61							0.00%	无
1.2	屋盖	14 834.61							0.00%	无
2	室内装饰工程	14 834.61	9 344 865.47	7 879 313.21	393 965.66	228 500.08	843 086.51	629.94	21.31%	包含地面、墙面、天棚、卫生间隔断、栏杆等装饰工程
3	外装工程	14 834.61	1 080 076.75	910 688.66	45 534.43	26 409.97	97 443.69	72.81	2.46%	包括外墙砖、瓦屋面等室外装饰工程
3.1	幕墙	14 834.61							0.00%	无
4	给排水工程	14 834.61	1 013 758.92	854 612.49	50 715.46	25 327.6	83 103.37	68.34	2.31%	包括地下室
5	电气工程	14 834.61	3 318 681.18	2 895 068.64	95 754.18	55 086.93	272 771.43	223.71	7.57%	包括地下室
6	暖通工程	14 834.61	641 525.06	537 678.31	35 840.65	15 376.38	52 629.72	43.25	1.46%	包括地下室
7	消防工程	14 834.61	1 665 262.63	1 430 073.09	62 504.98	36 015.22	136 669.34	112.26	3.80%	包括地下室
8	建筑智能	14 834.61	1 269 563.85	1 117 266.47	30 491.81	17 361.78	104 443.79	85.58	2.90%	包括地下室
9	电梯工程	14 834.61	525 442.54	467 181.14	9 533.29	5 465.66	43 262.45	35.42	1.20%	包括地下室
10	精装修安装	14 834.61	225 477.68	197 215.69	6 155.49	3 571.84	18 534.66	15.20	0.51%	包括地下室
11	合计	14 834.61	43 851 223.03					2 956.01	100.00%	

表 5　门卫室工程造价指标分析

单项工程名称：门卫室　　业态类型：学校等教育项目
单项工程规模：15 m²　　层数：1
装配率：0%　　绿建星级：无
地基处理方式：无　　基坑支护方式：无
基础形式：独立基础　　计税方式：增值税

序号	单位工程名称	规模/m²	造价/元	其中/元				单位指标/（元/m²）	占比	指标分析和说明
				分部分项	措施项目	其他项目	税金			
1	建筑工程	15	55 662.62	43 428.20	6 703.22	1 398.44	4 132.76	3 710.84	73.72%	包含基础土石方、基础、主体结构、门窗、防水、保温工程
1.1	钢结构	15	0.00						0.00%	无
1.2	屋盖	15	0.00						0.00%	无
2	室内装饰工程	15	5 042.37	4 201.28	210.06	68.05	562.97	336.16	6.68%	包含地面、墙面、天棚、卫生间隔断、栏杆等装饰工程
3	外装工程	15	10 115.54	8 427.73	421.39	137.11	1 129.32	674.37	13.40%	包括外墙砖等室外装饰工程
3.1	幕墙	15	0.00						0.00%	无
4	电气工程	15	4 685.40	4 148.27	106.01	44.25	386.87	312.36	100.00%	仅电气照明系统
5	合计	15	75 505.93					5 033.73	100.00%	

表 6　总平工程造价指标分析

单项工程名称：总平

业态类型：学校等教育项目　　　　　　　　总面积：10 170.34 m²

序号	单位工程名称	面积/m²	造价/元	其中/元				单位指标/（元/m²）	占比	指标分析和说明
				分部分项	措施项目	其他项目	税金			
1	大型土石方工程	10 170.34	368 043.42	320 549.22	11 634.88	6 425.64	29 433.68	36.19	4.85%	
2	道路工程	10 170.34	1 300 245.75	1 131 664.06	41 075.68	20 146.27	107 359.74	127.85	17.12%	
3	硬质铺装	10 170.34	3 333 067.90	2 901 579.73	105 317.78	50 962.94	275 207.44	327.72	43.89%	
4	绿化工程	10 170.34	666 031.32	564 197.25	30 474.92	16 693.75	54 665.40	65.49	8.77%	
5	安装工程	10 170.34	1 927 241.95	1 638 894.96	84 200.82	45 997.26	158 148.91	189.50	25.38%	
6	合计	10 170.34	7 594 630.34					746.74	100.00%	

5.3　单项工程主要工程量指标分析表

表 7　地下室工程主要工程量指标分析

单项工程名称：地下室

业态类型：学校等教育项目　　　　　　　　建筑面积：2 998.35 m²

序号	工程量名称	工程量	单位	指标	指标分析和说明
1	土石方开挖量	30 681.71	m³	10.23	
2	桩（含桩基和护壁桩）	368.62	m³	0.12	
3	护坡	2 179.71	m²	0.73	
4	砌体	317.59	m³	0.11	
5	混凝土	6 141.05	m³	2.05	
5.1	装配式构件混凝土		m³	0.00	
6	钢筋	714 270.00	kg	238.22	
6.1	装配式构件钢筋		kg	0.00	
7	型钢		kg	0.00	
8	模板	21 041.30	m²	7.02	
9	外门窗及幕墙		m²	0.00	
10	保温		m²	0.00	
11	楼地面装饰	2 752.61	m²	0.92	
12	内墙装饰	4 240.60	m²	1.41	
13	天棚工程	4 267.66	m²	1.42	
14	外墙装饰		m²	0.00	
15	……				

表 8　教学楼工程主要工程量指标分析

单项工程名称：教学楼

业态类型：学校等教育项目　　　　　　　　建筑面积：14 834.61 m²

序号	工程量名称	工程量	单位	指标	指标分析和说明
1	土石方开挖量		m³	0.00	
2	桩（含桩基和护壁桩）		m³	0.00	
3	护坡		m²	0.00	

续表

序号	工程量名称	工程量	单位	指标	指标分析和说明
4	砌体	2 472.03	m^3	0.17	包含轻质隔墙
5	混凝土	5 560.69	m^3	0.37	
5.1	装配式构件混凝土	338.63	m^3	0.02	
6	钢筋	886 960.00	kg	59.79	
6.1	装配式构件钢筋	4 914.14	kg	0.33	
7	型钢		kg	0.00	
8	模板	43 019.25	m^2	2.90	
9	外门窗及幕墙	3 025.14	m^2	0.20	
10	保温	12 253.67	m^2	0.83	内保温屋面及保温天棚
11	楼地面装饰	14 254.61	m^2	0.96	
12	内墙装饰	26 780.15	m^2	1.81	
13	天棚工程	17 812.43	m^2	1.20	
14	外墙装饰	11 538.93	m^2	0.78	
15	……				

表 9　门卫室工程主要工程量指标分析

单项工程名称：门卫室

业态类型：学校等教育项目　　　　建筑面积：15 m^2

序号	工程量名称	工程量	单位	指标	指标分析和说明
1	土石方开挖量	174.53	m^3	11.64	
2	桩（含桩基和护壁桩）		m^3	0.00	
3	护坡		m^2	0.00	
4	砌体	3.83	m^3	0.26	
5	混凝土	7.72	m^3	0.51	
5.1	装配式构件混凝土		m^3	0.00	
6	钢筋	1265	kg	84.33	
6.1	装配式构件钢筋		kg	0.00	
7	型钢		kg	0.00	
8	模板	64.11	m^2	4.27	
9	外门窗及幕墙	7.4	m^2	0.49	
10	保温	46.27	m^2	3.08	
11	楼地面装饰	11.93	m^2	0.80	
12	内墙装饰	28.18	m^2	1.88	
13	天棚工程	11.96	m^2	0.80	
14	外墙装饰	66.79	m^2	4.45	
15	……				

合江长江公路大桥PPP项目

——华信众恒工程项目咨询有限公司

◎ 刘正伟，黄耀东

1 项目概况

1.1 项目基本信息

合江长江公路大桥 PPP 项目路线起点位于长江南岸旧城区符阳路与少岷路原有城市的交叉点，跨越长江南岸滨江路、护岸大堤和长江后，与合江白塔组团规划城区道路连接。合江长江公路大桥主桥采用（80.50+507.00+80.50）m 中承式钢管混凝土系杆拱桥，主跨为中承式钢管混凝土主拱，边跨为钢管混凝土劲性骨架外包混凝土拱桥；符阳路岸引桥采用 20×30.00 m 预应力混凝土简支 T 梁，开发区岸引桥采用 4×25.00 m 预应力混凝土简支 T 梁，桥梁全长 1 420.00 m，其中主桥 668.00 m，引桥长（含桥台）752.00 m。建设内容包含桥梁工程、人行天桥、路基工程、路面工程、交安工程、照明工程、绿化工程等。

项目采用 PPP 投建一体的建设模式，由 PPP 项目投资人（中交第二公路局有限公司）与政府方依法依规组建项目公司，由项目公司对项目的投融资、建设、运营维护、移交等全过程负责，并在项目运营维护期满后，按照 PPP 项目合同的约定将本项目及相关资料移交给政府方。PPP 合同约定本项目建设期为 3 年，运营维护期为 7 年。PPP 项目合同附件《合江县基础设施建设 PPP 项目概预算编制管理办法》约定"合江县交通运输局和项目公司双方依据经审查的设计施工图及施工图审查意见，经双方认可的评审后施工组织设计或方案，按照对项目属性的预算编制办法、预算定额、材料信息等相关的标准，对勘察设计单位提交的施工图预算进行审核，并经双方确认后送财评，双方按财评结果共同执行，作为计量计价依据"。

本项目批复概算投资 51 303.272 5 万元（其中建安费为 43 119.873 2 万元，基本预备费为 2 400.127 3 万元），实际初步审计的建安费工程结算价为 43 428.302 5 万元（不含材料调差），同口径比较，实际完成建安费未超出批复概算建安费加基本备费的合计投资，完成投资控制在批复概算范围内。

1.2 项目特点

本项目桥型为飞燕式中承式钢管混凝土系杆拱桥，属于全世界同类型桥梁跨度世界第一，建桥技术复杂，科技含量高，且属于 PPP 投建一体的按实结算项目，跟审工作难度大。由于项目采用 PPP 投建一体模式，因审批施工设计图方案已确定，PPP 项目合同双方争议的焦点是财评施工图预算造价。由于本项目是一座跨长江飞燕式中承式钢管混凝土系杆拱桥，桥型独特，建桥施工技术难度大，施工技

术复杂，PPP 项目投资人从投资利益最大化考虑，必然编制一套施工操作安全且效益好的桥梁施工措施方案，从而达到增加投资效益的目的。本项目施工单位编制的经审批的专项施工方案共计 125 份，且大部分专项方案作为预算编制依据，因此，专项施工方案的技术安全性及经济合理性是投资控制的关键，也是跟踪审计工作的难点和重点。与一般常规性公招的政府性投资项目或商业性投资项目的投资审计服务工作相比，本 PPP 项目跟踪审计工作具有以下特点：

（1）预防性。

本项目跟踪审计工作的目的是控制建设成本、确保工程质量、规范项目管理。因此委托方要求我公司开展跟踪审计服务工作，就是把事后监督的关口前移，及早发现项目管理和资金使用中的苗头问题，促进被审计单位及时整改和完善，避免项目建设过程中的先天不足，避免事后审计发现了问题却已成事实。充分发挥跟踪审计的预防作用，目的是推进 PPP 项目顺利建设，按期完成政府方目标任务。

（2）持续性。

本项目合同建设工期为 36 个月，按照委托方提出的委托服务工作要求，本项目跟踪审计与项目建设前期准备、建设实施、验收交付、营运维护等阶段同步持续进行，贯穿项目的全过程，审计的周期长、现场审计次数多，且要求驻场审计。跟踪审计工作对项目建设、管理活动进行动态审计，监督项目建设管理单位持续整改，审计目标层层递进，保障项目达到预期建设目标和发挥预期效益。

（3）及时性。

传统的事后审计是在被审计事项完成后实施的审计，在时间上具有滞后性，其事后审计发现的问题，有些是无法整改的。而本项目开展的全过程跟踪审计，是过程审计与项目建设进度同步，具有时效性强的特点。具体体现在三个方面：一是及时发现问题，通过动态跟踪审查项目建设过程中的关键事项和环节，力求第一时间发现存在的问题；二是及时提出审计建议或意见，将跟踪审计工作中发现的问题，及时通报给项目建设管理相关单位；三是促进及时整改，通过持续性的跟踪审计，督促对问题进行及时有效整改，促进规范管理，保障项目建设健康推进。

（4）全面性。

本项目是受政府审计机关委托，在委托方统一组织、监督和指导下，重点围绕控制建设成本、确保工程质量、规范项目管理、提高投资效益以及建章建制、降低风险等方面。除重点关注工程投资数据的真实性、准确性以及财务收支的真实合法性外，还要审查项目建设管理、工程质量、建设进度、投资控制、环境保护和投资绩效等内容。既要关注项目建设管理，还要关注国家宏观政策落实情况；既要关注过程，也要关注结果；因此本项目跟踪审计工作内容更加广泛和全面。

（5）灵活性。

① 审计方式上比较灵活。由于常规审计方式已不能及时发现问题，不能满足跟踪审计的需要，我公司根据本项目建设内容和特点，采用技术与经济相结合的方式，及时向委托方和政府方提出有价值的审计建议，在得到政府方采纳后，最终取得良好的效果。

② 审计发现问题的处理方法上比较灵活。考虑到参与本项目参建单位及部门，涉及从立项、可研、设计、施工、移交等若干个环节。为此，我们咨询单位在跟踪审计工作中及时将发现问题书面报告委托方，同时建议委托方在法律法规允许的前提下，采用跟踪审计建议单、召开专项审计问题整改落实会议等方式，及时将发现问题整改落实。该建议被委托方采纳，实施过程中有关问题的处理将按此建议开展。

2 咨询服务范围及组织模式

2.1 咨询服务的业务范围

负责建设期工程跟踪审计、建设期财务跟踪审计、工程竣工结算审计、财务竣工决算审计、其他必要的审计事项。要求在委托方统一组织、监督和指导下，按照经审核同意的审计实施方案驻场审计。重点围绕控制建设成本、确保工程质量、规范项目管理、提高投资效益以及建章建制、降低审计风险等方面，按照国家相关法律法规的规定开展审计工作。

2.2 咨询服务的组织模式

根据委托人需求，根据本项目采用 PPP 投建一体的建设模式，我公司严格按政府投资跟踪审计相关法律法规，按照经委托方同意的跟踪审计实施方案，确立了以“以风险把控为重点、以投资控制为核心”的管控思路，依托我公司多年工程造价咨询及财务管理咨询服务的工作经验，精心策划，精细组织，为委托人提供全方位全过程的咨询服务，以达到委托人所需的保证质量、规范管理、推进项目、提高投资效益、降低审计风险等目标。本项目的审计工作组织模式如图 1 所示。

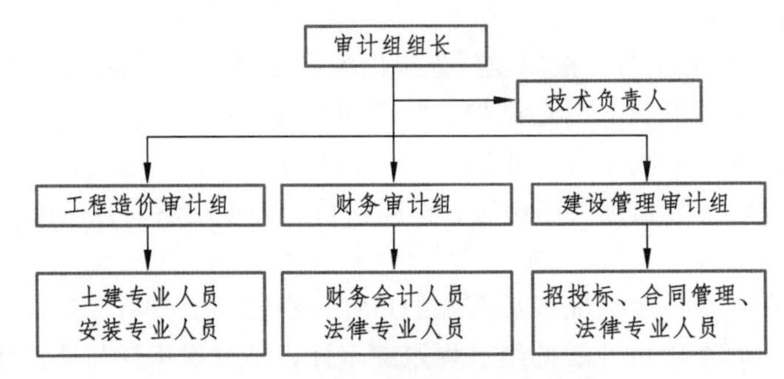

图 1 项目咨询服务组织模式

2.3 咨询项目组内部人员分工

2.3.1 审计组组长工作职责

（1）对内工作职责：协调及安排人员分工，全面负责检查内部工作底稿及成果文件等。

（2）对外工作职责：了解委托人需求，随时与委托人沟通工作进度情况，向委托人提供整个项目的跟踪审计工作方案和工作计划。对跟踪审计工作过程中发现的问题向委托人进行书面汇报。协助委托人组织建设管理单位、施工单位、设计单位、监理单位等讨论处理审计单位提出的问题，事前准备各种审计取证资料及相关汇报材料。按委托方要求分阶段分时段开展跟踪审计工作，按时向委托方提交阶段性跟踪审计报告和跟踪审计专题报告、跟踪审计月报等成果文件。

2.3.2 技术负责人工作职责

负责审计组有关审计工作流程、审计方法、审计原则等技术问题，复核各小组提交的咨询成果文件并提出修改意见，及时解决施工过程中的争议问题，及时参与有关本项目施工技术方案的会商会议和工地会议，对涉及方案中的技术经济合理性，提出初步咨询意见；对阶段性审计报告、工程进度款、变更审核报告、索赔事项审核报告、材料价差调整审核咨询报告、新增材料单价审核报告等进行复核，提交复核意见并呈报审计组组长；参加重大设计变更或重要工程交工（竣工）验收。

2.3.3 工程造价审计组工作职责

（1）审查是否按国家有关规定、定额以及招投标文件、合同、设计图纸、变更资料结算工程价款，工程造价计算是否正确。审核是否存在虚列工程、套取资金、弄虚作假、高估冒算的行为等。

（2）审查补充协议、变更签证资料的真实性、合规性和执行情况。

（3）审查工程建设与概算、设计是否一致，有无设计不周、设计深度不够、自行更改设计以及偷工减料的情况，通过与概算对比，分析造价增加（减少）的具体原因。

（4）审查设备及材料的采购是否经批准、采购程序是否规范、价格是否合理以及验收、入库、保管及维护制度是否规范。

（5）审查使用材料与招标文件、设计要求和实际需求是否相符，是否满足质量要求。

2.3.4 财务审计组工作职责

（1）负责审计资金到位情况。审查项目建设资金是否按计划及时、足额拨付到位，是否存在滞留闲置建设资金问题，地方政府或主管部门配套资金是否落实到位，有无因资金不落实或到位不及时而影响项目建设的情况；是否存在截留、挪用建设资金的问题。

（2）负责审计项目资金使用情况。审查有无转移、挪用、挤占建设资金问题，工程款是否按照合同约定及时、足额拨付，是否存在拖欠工程款的问题。

（3）负责审核往来款项情况。有无多头开设银行账户或虚列支出转移建设资金，以及公款私存和私设“小金库”等问题。

（4）负责审计项目财务核算情况。审查项目财务管理及会计核算是否真实、合法，是否严格按照国家有关规定归集建设成本，有无弄虚作假、乱摊乱挤费用的问题；是否按规定及时足额缴纳各项税费，有无少缴、漏缴等问题。

（5）负责审核征地拆迁补偿情况。主要审查征地拆迁工作是否按国家相关法规的规定和程序办理；支付拆迁补偿费标准是否符合规定，拆迁补偿款是否及时、足额拨付，有无挤占、挪用等问题，审核征地拆迁档案资料是否齐全、完备、真实；被征地农民的权益是否得到保障。

2.3.5 建设管理审计组工作职责

（1）履行基本建设程序情况。

（2）建设管理制度制定和执行情况。

（3）概（预）算编制、审批、执行和调整变动情况。

（4）招投标程序和执行情况。

（5）合同签订、履行及变更情况。

（6）工程质量管理和验收情况。

（7）参建单位履职履约情况。

（8）建设项目绩效情况。

（9）发现和揭露重大违纪违规问题。

2.4 咨询服务工作职责

（1）根据有关规定和跟踪审计工作需要，编制跟踪审计实施方案并报委托方审核批准。

（2）参加由建设单位主持的工地会议及专题会议。

（3）确定工程计量支付，审核工程款支付申请，提出资金使用计划建议，并报委托方审核、批准。

（4）参加验收隐蔽工程、分部分项工程。

（5）施工过程的设计变更、工程签证和工程索赔的处理。

（6）提出工程设计、施工方案的优化建议，各方案工程造价的编制与比选。

（7）参加工程竣工验收。

（8）审计工程竣工结算并报委托方。

（9）审计竣工决算。

（10）编制、整理工程跟踪审计归档资料并交付委托方。

（11）委托方委托的其他事项。

3 咨询服务的运作过程

3.1 确定本项目跟踪审计目标和重点

3.1.1 确定本项目跟踪审计目标

跟踪审计单位进场后及时对前期建设情况开展阶段性审计工作，及时掌握项目建设进程和确定本项目审计目标。重点围绕控制建设成本、确保工程质量、规范项目管理、提高投资效益和建章建制、防范风险等方面开展审计工作。及时了解项目建设过程中在政策执行、资金和建设管理方面的内容，同时对项目招投标、投资完成情况、工程质量、施工单位和其他参建单位履职履约等内容进行审计，揭示本项目在建设中存在的管理漏洞、损失浪费和违法违规等突出问题，深入分析产生问题的原因。

3.1.2 确定本项目跟踪审计重点

（1）围绕规范项目管理为审计目标，重点对建设管理单位的建章立制开展审计工作，同时针对参建单位履职履约方面进行审计，保证项目管理单位及时建立一套行之有效的制度和办法，避免出现管理漏洞。同时加强对参建单位履职履约管理，严格责任追究制度，依据国家法律法规及合同来规范和约束参建单位管理行为，保证项目顺利推进。

（2）围绕控制建设成本审计目标，重点抓好合同工程量清单、设计变更和工程进度计量等三方面的审核工作，特别是跟踪审计进场前已发生的设计变更和进度计量投资，采用现场抽查、资料查阅、现场走访等方法，及时核实前期已发生变更事项的真实性及原因，同时督促参建单位围绕规范设计管理，严格执行先批后建的原则，避免出现先建后批的问题出现。

（3）围绕确保工程质量审计目标，重点抓好现场施工标准是否符合设计及规范要求，现场施工使用材料的材质标准和规格是否满足设计要求。跟踪审计单位通过现场见证隐蔽工程验收、加强日常巡视检查、委托有资质的第三方质量检测单位抽检、采用现代测绘设备及技术等方式和方法，及时调查核实现场施工存在的质量问题，提前向委托方和建设管理单位提出审计建议，避免造成返工损失和资源浪费。

（4）围绕确保投资效益审计目标，重点对项目进度进行审计，重点分阶段分析影响施工进度的因素，及时向委托方和建设管理单位提出审计建议，围绕建设计划工期目标开展工作，确保本项目按计划工期建成，充分发挥本项目使用功能和投资效益。

3.2 咨询服务的方法及手段

3.2.1 准备阶段审计工作

由于本项目实际开工时间为 2017 年 4 月 30 日，委托方于 2015 年 12 月才决定通过公开招标选择中介机构参与本项目全过程跟踪审计，我咨询单位实际于 2016 年 1 月 1 日进场配合委托方开展前期跟踪审计服务工作，前期主要参加 PPP 项目合同谈判，于 2016 年 4 月 7 日向委托方提交有关 PPP 项目合同条款修改建议，客观真实地反映项目推进过程中存在的问题，并及时提出审计建议，此审计建议得到委托方和政府方的采纳，政府方与 PPP 项目公司最终按咨询单位提出的审计建议修定 PPP 项目合同，确保 PPP 项目合同条款内容齐全完整，避免了后期合同纠纷的发生。

3.2.2 施工阶段审计工作

（1）重点对合同执行情况进行审计。

跟踪审计单位在项目建设期，重点对合同执行情况进行审计。跟踪审计单位进场后主要开展的审

计工作内容包括：审计是否全面、真实地履行合同；有无违约行为，处理结果是否符合有关规定；工程变更、现场签证、索赔处理、进度计量、结算方式等是否按合同相关规定执行，特别是计量计价是否按 PPP 项目合同附件一《合江县基础设施建设 PPP 项目概预算编制管理办法》和附件二《合江县基础设施建设 PPP 中间计量管理办法》执行；所签认合同工程量清单是否与财评预算结果发生实质性背离。跟踪审计单位在开展工作中，发现财评单位于 2017 年 6 月 30 日才出具合江长江公路大桥工程财评预算结果，但出具财评预算结果是公路工程施工图预算计价模式结果，未提供按 PPP 合同约定的以《公路工程标准施工招标文件》（2009 年版）编制的公路工程工程量清单计价模式财评预算结果，造成合同双方无法按 PPP 项目合同开展进度计量工作。合同双方对按财评预算结果转合同工程量清单存在分歧，无法确认合同工程量清单，无法正常开展进度计量报批，严重影响项目推进。跟踪审计针对此问题，积极主动开展财评预算转合同工程量清单之间差异审查分析工作，及时向政府方和合江县审计局提出财评预算转清单的审计建议，同时及时召集相关单位会商讨论，最终促进 PPP 合同双方在 2018 年 9 月 12 日签字盖章确认合同工程量清单，推动了本项目正常计量计价工作的开展，保障了项目建设的顺利推进。

（2）重点审查 0#变更台账。

本项目采用公路工程工程量清单计价模式，因此 PPP 项目公司对合同工程量清单与施工设计图的差异以 0#变更方式向政府方提出，要求在合同工程量清单造价的基础上增加投资 604.379 7 万元。针对此情况，跟审单位及时开展 0#变更台账审核工作，认真复核施工设计图的图算工程量，对审核过程中发现的施工设计图的差、错、漏等问题，及时以书面形式报告政府方，最终按设计单位书面回复澄清或以读图答疑作为审核依据，及时向委托方和政府方、PPP 项目公司提出审计建议，最终 0#变更台账审核结果为变更增减后减少金额为 165.909 5 万元，报审与审核差异金额为 770.289 2 万元，该审计建议得到 PPP 合同双方采纳，及时解决了合同双方对 0#变更台账的争议问题，保证了后期进度计量审核、后续设计变更审核等工作正常开展，同时提前有效控制了本项目预计总投资。

（3）重点审查工程进度计量款。

跟踪审计单位进场后，发现合同双方因按财评预算转合同工程量清单存在分歧，无法按合同开展进度计量报批工作。对此，跟踪审计单位通过认真分析双方存在分歧的原因，在审阅财评预算结果与初步合同工程量清单差异后，及时提出跟踪审计建议，同时多次召集相关单位讨论会商解决，促进合同双方在最短时间内解决确认合同工程量清单，同时督促合同双方及时开展进度计量报批工作，跟踪审计单位对提交进度计量资料及时进行审查，提出中间计量审核意见，保证整个项目资金使用安全，促进项目顺利建设。截至本项目完工，跟踪审计单位共出具 65 期中间计量审核咨询意见和 11 期材料调差计量审核意见，核减多计或超计进度计量投资 4 812.215 5 万元，及时准确锁定每月实际完成进度投资金额及反映进度计量过程存在问题，为后期竣工结算审计和建设期可用性付费审计提供有效依据，达到了预期的投资控制目的。

（4）重点审查设计变更的真实性、合规性、合法性、经济性。

由于种种原因，在工程项目的建设期间工程设计变更难以避免，并且难以确定，对工程项目质量、进度和投资控制影响较大，因此，对设计变更审计是跟踪审计工作关键点。跟踪审计单位进场后，发现本项目存在设计变更管理工作不规范，PPP 项目公司没有及时严格按 PPP 项目合同附件三《合江县基础设施建设 PPP 项目工程变更管理办法》规定及时完善变更审批资料，且未建立变更台账，无法动态掌握投资变更情况，同时跟踪审计单位还发现现场存在先施工后报批问题，投资控制存在风险。对此，跟踪审计单位在进场后的阶段性审计报告中建议向建设管理单位下发跟踪审计建议书，要求建设管理单位立即清理已发生设计变更，完善设计变更审批手续，对前期已发生的设计变更，应厘清变更原因和责任，规范设计变更管理。同时，跟踪审计单位主要从以下五个方面对前期已发生设计变更资料进行审查：

① 审查设计变更是否必要，是否有利于确保工程质量、控制工程造价和工期，是否属于施工单位为获得高额利润改变施工方式而提出的变更。

② 审查设计变更是否真实。工程设计变更是否客观存在、真实发生，是否有建设单位、施工单位或监理单位为了牟取不当利益进行虚假设计变更。

③ 审查设计变更的责任主体是否明确。是否存在设计遗漏或错误，阻碍了现场施工继续进行，导致不得不进行设计变更；是否影响原设计造成结构存在安全隐患而不得不进行设计变更；是否由于施工单位工作失误使结构不能满足要求而不得不进行设计变更。

④ 审查设计变更程序是否合规。在合规性审计中，重点对由施工单位提出的变更申请，审查各项手续是否齐全，变更依据支撑资料是否齐全，变更理由是否充分，是否按相关规定上报相关部门审批。

⑤ 审查设计变更是否及时。审查是否存在先施工后办理设计变更的情形，是否存在已经实施完成变更内容但没有办理变更手续的情形。

针对每一份设计变更，跟踪审计单位均出具变更审核咨询意见，提交给委托方和建设管理单位。截至本项目完工，跟踪审计单位共出具设计变更审核咨询意见 16 份，核减多计变更增加金额 640.975 9 万元。从源头上控制了建设投资，真正发挥了审计监督作用，保证了项目决策的科学性，有效节约和合理利用了社会资源，控制了工程造价。

（5）重点关注审批的施工措施方案与现场采用施工措施方案一致性问题。

由于本项目是一座跨长江飞燕式中承式钢管混凝土系杆拱桥，桥型独特，施工难度大，施工技术复杂。作为 PPP 项目投资人为了从投资利益最大化考虑，必然编制一套施工操作安全且效益好的桥梁施工措施方案，从而达到增加投资效益的目的。本项目为 PPP 投建一体项目，合同双方约定计量计价以财评预算结果为依据，属于按实结算方式，由于经审批施工设计图方案已作为财评预算编制依据，且本项目大部分施工措施方案已在编制预算阶段完成，但施工方在正式施工过程中，因多种原因，肯定会优化施工措施方案，但多种措施方案肯定会出现不同建造成本。因此，施工过程中施工方是否真正按审批施工措施方案施工是跟踪审计的重点和难点。跟踪审计单位在 2018 年 6 月开展现场见证收方验收开发区岸锚固岩锚钻孔深度时发现，开发区扣塔锚碇一般构造图（二）标注的设计岩锚共 66 根，每根设计长度 49.5 m，而现场抽查右幅锚碇岩锚钻孔深度为 45.3 m、47.9 m、48.6 m，均未到达设计深度要求。跟审单位现场拍照取证后，及时向政府方和合江县审计局呈报审计建议函，要求由政府方牵头，督促 PPP 项目公司和监理单位查明原因，最终该审计建议得到政府方和 PPP 项目公司采纳，由施工方重新安排钻机返工复钻，避免质量事故发生。经查，该岩锚设计长度与跟审单位核查长度存在 198 m 差异，差异造价 5.76 万元。

（6）运用技术经济方法，结合项目现场实际，提出优化设计建议，以达到节约投资的目的。

本项目长江南岸上跨越符阳路四十米街道，原符阳路四十米街道为水泥混凝土路面。本次施工图设计桥下（符阳路街道）的路面恢复方案为：20 cm 水泥稳定碎石基底层+0.6 cm 改性乳化沥青稀浆封层+6 cm 改性沥青 AC-20C+6 cm 改性沥青 AC-20+4 cm 改性沥青 SMA-13，人行道为 15 cm C20 混凝土基层，中央分隔带边缘两侧安置 15 cm×50 cm×100 cm C30 预制混凝土路缘石。跟审单位现场发现，本项目南岸上桥梁基础和桥墩完成后，符阳路街道大部分路面状况良好，不需按原设计方案满铺 20 cm 水泥稳定碎石基底层，且沥青混凝土 3 层面层方案可进行优化，跟踪审计单位现场多次勘验，进行多方面咨询和技术经济比较，向政府方和合江县审计局提出《优化合江长江公路大桥南岸桥下符阳路路面恢复方案的审计建议》，该建议得到政府方和设计单位采纳，经政府方组织召开专项会议，同意采纳跟审单位提出的建议，最终设计单位于 2021 年 3 月 26 下发《合江长江公路大桥桥下路面施工方案调整的设计变更通知单》（合江变 028 号），路面施工方案优化内容为：① 沥青面层由 3 层变更为 2 层，具体面层为 4 cm 改性沥青玛蹄脂碎石混合料 SMA-13+6 cm 中粒式改性沥青混凝土 AC-20，0.6 cm 改性乳化沥青稀浆封层保持不变；② 对于现状道路沥青路面下，完整的混凝土路面层结构保持不变，沥青路面破除后，若局部混凝土路面存在明显的沉降、块裂病害等，则采用 20 cm 厚的 C20 素混凝土进行修复；③ 中央分隔带的花坛，统一采用沥青路面结构层进行铺装，仅在桥墩周边设置路缘石隔离墩身和道路；④ 道路改造后，重新在靠近路缘石的位置设置集水井，通过设置管道接入现状集水井，管

道直径和埋设于现状集水井管道相同，桥面排水通过PVC管引入桥下墩身边的新建集水井后，从该新建集水井埋设管道接入现状集水井。经优化设计后，节约投资金额101.646 2万元，避免了投资浪费。

3.2.3 结算阶段审计工作

本项目于2021年6月23日竣工通车后，跟踪审计单位及时向委托方提出建议，建议由委托方及时召集相关单位召开竣工决算审计专题会议，同时向被审计单位下发开展竣工决算审计的通知书。严格按合同要求施工单位和项目公司限期提交竣工结算资料和竣工财务决算资料，保证该项工作按时开展并顺利完成。该条审计建议得到委托方认同，相关单位及时提交了竣工结算审计工作所需资料，保证按计划开展本项目竣工结算审计工作。目前，本项目初步审计工程结算价为43 428.302 5万元，预计实际投资控制在批复概算投资范围以内，达到了控制建设成本的预期审计目标。

4 经验总结

（1）通过跟踪审计单位在建设过程中进行审查督促，将审计工作关口前移，帮助建设单位及时纠正项目建设中不规范的管理行为，强化参建各方责任意识，促进规范管理和科学管理，保证项目建成通车，达到预期建设目标，真正发挥跟踪审计促进规范管理作用，取得了较好成效。

（2）通过本项目跟踪审计工作，有效遏制了投资项目乱决策、乱签证、乱变更、乱计价、高估冒算等现象，预计本项目经审计的建安费造价为43 428.302 5万元（不含材料调差），实现完成投资控制在批复概算投资合理范围内，有效控制了工程造价，切实维护了国家、建设单位、施工企业各方的利益，提高了建设项目投资的经济性、效率性、效果性。

（3）本项目跟踪审计工作中，造价咨询单位充分发挥技术经济方面咨询管理经验，重点关注设计方案的合理性和经济性，通过现场反复勘验和测算，向委托方和政府方提出本项目符阳路岸桥下恢复路面结构层需优化设计的建议，得到政府方和设计单位同意和采纳，通过优化设计方案，为项目节约投资101.65万元。这彻底改变了传统跟踪审计工作思维方式和方法，为今后类似政府投资项目开展跟踪审计提供了宝贵经验。

（4）跟踪审计服务工作获得相关单位认可。本项目应政府审计机关要求，配合审计机关开展建设项目全面的跟踪审计工作，本次开展的跟踪审计服务工作具有咨询服务和代表政府监督的双重功能。从实践效果来看，本项目“以风险把控为重点、以投资控制为核心的”为目标工作思路，将项目投资效益、建设成本、质量、进度、安全、环保等多目标、多环节密切结合，由造价咨询单位配合政府审计机关实现项目从基本建设程序管理、合同管理、现场管理、完工交验、竣工结算审计、竣工决算审计等全过程各环节、各专业的密切配合，通过整体把控，避免了传统事后审计模式下即使发现问题也无法及时整改的弊端，保证及时发现项目建设及管理存在问题，促进规范管理，充分发挥审计以“预防为主”的作用，使得本项目建设获得了预期目标价值，避免出现类似PPP项目投资严重超概算的问题，本项目全过程跟踪审计咨询工作得到了政府审计部门和建设管理单位的一致认可。

5 项目主要经济技术指标

5.1 建设项目造价指标分析表

表1 建设项目造价指标分析

项目名称：合江长江公路大桥　　项目类型：公路桥梁
投资来源：政府投资　　项目地点：四川省泸州市合江县城符阳路
总面积：/　　道路等级：一级公路

红线宽度：120 m　　造价类别：结算价
承发包方式：施工承包　　建设类型：新建
开工日期：2017 年 4 年 30 日　　竣工日期：2021 年 6 月 23 日

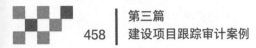

序号	单项工程名称	面积/m²	长度/m	计价期	造价/元	单位指标/（元/m）	单位指标/（元/m²）	指标分析和说明
1	主桥	18 036	668	2017—2021 年	359 019 149	537 453.82	19 905.70	中承式钢管混凝土系杆拱桥
2	引桥	16 544	752	2017—2021 年	68 424 613	90 990.18	4 135.92	预应力 T 梁桥
3	下行桥	630.7	180.2	2017—2021 年	6 839 263	37 953.73	10 843.92	钢管混凝土钢板桥
4	合计				434 283 025			

5.2 单项工程造价指标分析表

表 2 主桥工程造价指标分析

单项工程名称：主桥工程　　业态类型：公路桥梁
总长度：0.668 m　　道路面积：18 036 m²
宽度：27 m　　车道数：6
车行道宽度：22 m　　人行道宽度：2.5 m
绿化带宽度：/　　隔离带宽度：/

序号	单位工程名称	建设规模/m²	造价/元	其中/元				单位指标/（元/m²）	占比	指标分析和说明
				分部分项	措施项目	其他项目	税金			
一	合江长江公路大桥主桥段	18 036	357 704 611					19 832.81	99.63%	指标为全费用单
1	桥梁基础工程（桩基）	18 036	2 435 964					135.06	0.68%	指标为全费用单
2	桥梁基础工程（不含桩基）	18 036	2 759 704					153.01	0.77%	指标为全费用单
3	桥梁下部结构（混凝土）	18 036	22 260 939					1 234.25	6.20%	指标为全费用单
4	桥梁上部结构（钢结构）	18 036	222 592 544					12 341.57	62.00%	指标为全费用单
5	桥梁上部结构（混凝土）	18 036	21 772 417					1 207.16	6.06%	指标为全费用单
6	桥梁附属结构	18 036	34 281 821					1 900.74	9.55%	指标为全费用单
7	钢筋	18 036	22 325 473					1 237.83	6.22%	指标为全费用单
8	主桥安装系统（大型临时措施费用）	18 036	29 275 749					1 623.18	8.15%	指标为全费用单价
二	主桥路面	18 036	1 314 538					72.88	0.37%	指标为全费用单
三	合计	18 036	359 019 149					19 905.70	100%	

表 3 引桥工程造价指标分析

单项工程名称：引桥工程　　业态类型：公路桥梁
总长度：0.752 m　　桥梁面积：16 544 m²
宽度：22 m　　车道数：6
车行道宽度：22 m　　人行道宽度：/
绿化带宽度：/　　隔离带宽度：/

序号	单位工程名称	建设规模/m²	造价/元	其中/元				单位指标/（元/m²）	占比	指标分析和说明
				分部分项	措施项目	其他项目	税金			
一	合江长江公路大桥引桥段	16 544	61 331 505					3 707.18	89.63%	指标为全费用单价
1	桥梁基础工程（桩基）	16 544	8 395 398					507.46	12.27%	指标为全费用单价
2	桥梁基础工程（不含桩基）	1 6544	5 757 928					348.04	8.41%	指标为全费用单价
3	桥梁下部结构（混凝土）	16 544	12 762 303					771.42	18.65%	指标为全费用单价

续表

序号	单位工程名称	建设规模/m^2	造价/元	其中/元				单位指标/（元/m^2）	占比	指标分析和说明
				分部分项	措施项目	其他项目	税金			
4	桥梁上部结构（T梁钢绞线）	16 544	2 942 068					177.83	4.30%	指标为全费用单
5	桥梁上部结构（混凝土）	16 544	11 102 383					671.08	16.23%	指标为全费用单
6	桥梁附属结构	16 544	4 662 271					281.81	6.81%	指标为全费用单
7	钢筋	16 544	15 709 154					949.54	22.96%	指标为全费用单
二	路基工程	16 544	1 620 728					97.96	2.37%	指标为全费用单
三	路面工程	16 544	1 966 144					118.84	2.87%	指标为全费用单
四	交安工程	16 544	53 539					3.24	0.08%	指标为全费用单
五	照明工程	16 544	37 139					2.24	0.05%	指标为全费用单
六	绿化工程	16 544	1 485					0.09	0.00%	指标为全费用单
七	南岸下层道路工程	16 544	3 414 073					206.36	4.99%	指标为全费用单
八	合计	16 544	68 424 613					4 135.92	100.00%	

表4　下行人行桥工程造价指标分析

单项工程名称：下行人行桥工程　　业态类型：公路桥梁
总长度：0.18 m　　桥梁面积：630.7 m^2
宽度：3.5 m　　车道数：/
车行道宽度：/　　人行道宽度：/
绿化带宽度：/　　隔离带宽度：/

序号	单位工程名称	建设规模/m^2	造价/元	其中/元				单位指标/（元/m^2）	占比	指标分析和说明
				分部分项	措施项目	其他项目	税金			
一	人行天桥（2座）	630.7	6 839 263					10 842.92	100.00%	指标为全费用单价
1	桥梁基础工程	630.7	252 292					400.02	3.69%	
2	桥梁下部结构（钢管内混凝土）	630.7	213 196					338.03	3.12%	
3	桥梁上部结构（人行桥钢结构）	630.7	6 278 711					9 955.15	91.80%	
4	钢筋	630.7	95 064					150.73	1.39%	
二	合计	630.7	6 839 263					10 843.92	100.00%	

5.3　单项工程主要工程量指标分析表

表5　主桥工程主要工程量指标分析

单项工程名称：合江长江公路大桥　　业态类型：公路桥梁
总长度：668 m　　道路面积：18 036 m^2
宽度：27 m　　车道数：6

序号	单位、分部工程名称和工程特征	单项工程规模		工程量	单位	指标	指标分析和说明
		数量	计量单位				
1	合江大桥	35 210.70	m^2				
1.1	主桥	18 036.00	m^2				
1.1.1	桥梁基础工程（桩基）	18 036.00	m^2	1 195.67	m^3	0.07	桩基
1.1.2	桥梁基础工程（不含桩基）	18 036.00	m^2	5 361.36	m^3	0.30	
1.1.3	桥梁下部结构（混凝土）	18 036.00	m^2	268 347.00	m^3	14.88	
1.1.4	桥梁上部结构（钢结构）	18 036.00	m^2	13 518 376.00	kg	749.52	钢管拱+格子梁+扣塔+钢结构附属

续表

序号	单位、分部工程名称和工程特征	单项工程规模		工程量	单位	指标	指标分析和说明
		数量	计量单位				
1.1.4.1	主拱钢结构（钢管、钢板等）	18 036.00	m^2	7 615 369.00	kg	422.23	钢管拱
1.1.4.2	主拱钢结构（格子梁、系杆架钢结构）	18 036.00	m^2	5 632 553.00	kg	312.30	格子梁、系杆架钢结构
1.1.4.3	桥梁上部（其他钢材）	18 036.00	m^2	270 454.00	kg	15.00	检修道等
1.1.5	桥梁上部结构（混凝土）	18 036.00	m^2	21 264.57	m^3	1.18	
1.1.6	桥梁附属结构	18 036.00	m^2	153 236.18	m^2	8.50	
1.1.7	钢筋	18 036.00	m^2	5 585 519.00	kg	309.69	
1.1.8	主桥安装系统	18 036.00	m^2	2 646 548.00	kg	146.74	
1.1.8.1	混凝土（含扣塔管内混凝土、锚碇等）	18 036.00	m^2	8 111.95	m^3	0.45	
1.1.8.2	钢材（含扣钢绞及钢筋）	18 036.00	m^2	2 646 548.00	kg	146.74	
1.1.9	吊杆（环氧喷涂钢绞线）	18 036.00	m^2	182 661.10	kg	10.13	
1.1.10	系杆（环氧喷涂钢绞线）	18 036.00	m^2	1 165 807.00	kg	64.64	

表 6 引桥工程主要工程量指标分析

单项工程名称：合江长江公路大桥　　业态类型：公路桥梁
总长度：729 m　　道路面积：16 944 m^2
宽度：22 m　　车道数：6

序号	单位、分部工程名称和工程特征	单项工程规模		工程量	单位	指标	指标分析和说明
		数量	计量单位				
1	合江大桥	35 210.70	m^2				
1.1	引桥	16 944	m^2				
1.1.1	桥梁基础工程（桩基）	16 944.00	m^2	5 399.82	m^3	0.32	桩基
1.1.2	桥梁基础工程（不含桩基）	16 944.00	m^2	10 116.28	m^3	0.60	
1.1.3	桥梁下部结构（混凝土）	16 944.00	m^2	9 262.66	m^3	0.55	
1.1.4	桥梁上部结构（T 梁钢绞线）	16 944.00	m^2	270 057.89	kg	15.94	
1.1.5	桥梁上部结构（混凝土）	16 944.00	m^2	124 062.43	m^3	7.32	T 梁及附属
1.1.6	桥梁附属结构	16 944.00	m^2	610.40	m^3	0.04	
1.1.7	钢筋	16 944.00	m^2	3 689 182.00	kg	217.73	

表 7 下行人行桥工程主要工程量指标分析

单项工程名称：合江长江公路大桥　　业态类型：公路桥梁
总长度：180 m　　道路面积：630.7 m^2
宽度：3.5 m　　车道数：/

序号	单位、分部工程名称和工程特征	单项工程规模		工程量	单位	指标	指标分析和说明
		数量	计量单位				
1.1	下行桥	630.70	m^2				
1.1.1	桥梁基础工程	630.70	m^2	491.96	m^3	0.78	
1.1.2	桥梁下部结构（钢管内混凝土）	630.70	m^2	273.50	m^3	0.43	
1.1.3	桥梁上部结构（人行桥钢结构）	630.70	m^2	493 583.00	kg	782.60	
1.1.4	钢筋	630.70	m^2	23 297.00	kg	36.94	

表 8　引道工程主要工程量指标分析

单项工程名称：被交道工程　　业态类型：市政道路

总长度：492 m　　道路面积：15 104.4 m^2

宽度：30.7 m　　车道数：6

序号	单位、分部工程名称和工程特征	单项工程规模		工程量	单位	指标	指标分析和说明
		数量	计量单位				
1	南岸下层道路工程	15 104.40	m^2				
1.1	车行道路面积	15 104.40	m^2	15 502.00	m^2	1.03